ホルツ博士の最新恐竜事典

トーマス・R・ホルツ Jr. [著]　ルイス・V・レイ [イラスト]　小畠郁生 [監訳]

DINOSAURS
The Most Complete, Up-to-Date Encyclopedia
for Dinosaurs Lovers of All Ages

朝倉書店

DINOSAURS
The Most Complete, Up-to-Date Encyclopedia for Dinosaur Lovers of All Ages

Text copyright © 2007 by Thomas R. Holtz, Jr.
Illustrations copyright © 2007 by Luis V. Rey.
Sidebars copyright © 2007 by their credited authors.
Japanese translation rights arranged with
Random House Children's Books, a division of Random House, Inc., New York
through Japan UNI Agency, Inc., Tokyo.

To the late Alan Charig, Ned Colbert, and John Ostrom, and to Bob Bakker,
Phil Currie, Jack Horner, Dave Norman, and Dave Weishampel,
and to all other fellow paleontologists who recognize the importance of reaching young minds.
To all who love dinosaurs (extinct and extant).
To all teachers of Science.
To Alice, for putting up with the fact that paleontologists sometimes
operate on a geologic time scale.
To Mom and Dad, for all your care and support.
And most of all, to Sue, with all my heart.
—T.R.H.

To my nieces and nephews all over the world (and in particular the ones in Metepec, Edo. de México)
and to the memory of Celsus and Charles Darwin.
—L.V.R.

Luis Rey would like to thank Leon Baird, Robert Bakker, L. V. Beethoven,
Eric Buffettaut, Sandra Chapman, Per Christiansen, Scott Hartman, Tom Holtz,
Alice Jonaitis and the rest of the Random House team, Mary Kirkaldy, Charlie and Flo Magovern,
David Martill, Darren Naish, Carmen Naranjo, James P. Page,
Marco Signore, Janet Smith, and Raoul Vaneigem
for invaluable help and general inspiration.

The editor would like to thank Artie Bennett, Godwin Chu, Shane Eichacker,
Melissa Fariello, Jan Gerardi, and Jenny Golub for their unstinting assistance with this book.
Many thanks also to Thom Holmes for editing and organizing the contributors' sidebars.

目　次

はじめに	恐竜の世界―変化する恐竜の世界	1
1	恐竜発見の歴史	6
	●恐竜学最前線（マシュー・C・ラマンナ）	12
2	岩石と環境	13
3	化石と化石化作用	18
	●恐竜の糞を相手に奮闘（カレン・チン）	22
4	地質学的時間―恐竜化石の古さとその調べ方	23
	●どのくらいの古さ？―地球上の生物の進化（レイモンド・R・ロジャーズ）	28
5	発掘現場から博物館へ―化石発見	29
	●恐竜を組みたてる（ジェイソン・「チューイ」・プール）	33
6	恐竜を生き返らせる―恐竜アート	34
7	分類学―恐竜の名前はなぜ奇妙なのか？	41
	●恐竜の名前の研究（ベン・クライスラー）	45
8	進化―変化をともなう系統	46
9	分岐論―恐竜の系統樹を作成	51
10	脊椎動物の進化	56
11	恐竜の起源	60
12	竜盤類―トカゲのような骨盤をもつ恐竜	68
13	コエロフィシス類とケラトサウルス類―原始的な肉食恐竜	76
	●小さな獣脚類，大きな発見（ロン・ティコスキ）	86
	●ケラトサウルス類の多様性（フェルナンド・E・ノバス）	87
14	スピノサウルス上科の恐竜―メガロサウルス類と背中にひれのある魚食恐竜	88
	●魚を食べる巨大恐竜―スピノサウルス類（アンジェラ・C・ミルナー）	97
15	カルノサウルス類―巨大な肉食恐竜	98
	●群れで狩りをする巨大恐竜（フィリップ・J・カリー）	106
	●アロサウルスの採食習慣（エミリー・レイフィールド）	107
16	原始的なコエルロサウルス類―羽毛をもった最初の恐竜	108
17	ティラノサウルス上科の恐竜―暴君恐竜	116
	●ティラノサウルスの若もの―暴君トカゲとともに成長する（トーマス・D・カー）	128
	●骨に応える―再び骨をかんだティラノサウルス・レックス（グレゴリー・M・エリクソン）	129
18	オルニトミモサウルス類とアルヴァレズサウルス類―ダチョウ恐竜と親指にかぎ爪をもつ恐竜	130
	●大きな鳥もどき―オルニトミモサウルス類（小林快次）	139
19	オヴィラプトロサウルス類とテリジノサウルス上科の恐竜―卵どろぼうとナマケモノ恐竜	140
20	デイノニコサウルス類―ラプトル恐竜	150
21	鳥　群	162
	●最初期の鳥類（ルイス・キアッペ）	172
	●鳥類の飛行の起原（ケヴィン・パディアン）	173

22	古竜脚類―原始的な首の長い植物食恐竜	174
23	原始的な竜脚類―初期の巨大な首長恐竜	182
	●最大の恐竜の生存―竜脚類の適応（ポール・アプチャーチ）	189
24	ディプロドクス上科の恐竜―むちのような尾をもつ巨大な首長恐竜	190
	●竜脚類の進化（ジェフリー・A・ウィルソン）	201
25	マクロナリア類―大きな鼻，長い首をもつ巨大な恐竜	202
26	鳥盤類―鳥類のような骨盤をもつ恐竜	212
27	原始的な装盾類―装甲をもつ初期の恐竜	220
28	剣竜類―骨板をもつ恐竜	226
29	よろい竜類―戦車のような恐竜	234
30	原始的な鳥脚類―くちばしがある原始的な恐竜	242
	●たくましい小型恐竜（パトリシア・ヴィッカース-リッチ，トーマス・H・リッチ）	249
31	イグアノドン類―くちばしがある進化した恐竜	250
32	ハドロサウルス類―カモノハシ竜	258
	●ハドロサウルス類（マイケル・K・ブレット-サーマン）	267
33	厚頭竜類―ドーム状の頭部をもつ恐竜	268
	●石頭恐竜―厚頭竜類（ラルフ・E・チャップマン）	275
34	原始的な角竜類―オウムのようでフリルがある恐竜	276
	●争っている姿で―モンゴルで発見された「闘争化石」（マーク・A・ノレル）	283
35	ケラトプス類―角がある恐竜	284
	●恐竜の雌雄―見分けられるか？（スコット・D・サンプソン）	291
36	恐竜の卵と赤ん坊	292
	●恐竜の成長速度（ジョン・R・「ジャック」・ホーナー）	300
	●恐竜の成長―アパトサウルスの例（クリスティーナ・カリー・ロジャーズ）	301
37	恐竜の行動―恐竜の行動はどうすればわかる？	302
	●歩き，走る恐竜（マシュー・T・カラノ）	308
	●T・レックスについていく―どのくらいの速さで走れたのか（ジョン・R・ハッチンソン）	309
38	恐竜の体の働き―生きている恐竜	310
	●恐竜の体を内側から探る―骨からわかること（アヌスヤ・チンサミー＝チュラン）	321
	●恐竜は混血か冷血か（ピーター・ドッドソン）	322
	●恐竜の古病理学（エリザベス・リーガ）	323
39	三畳紀の生物	324
40	ジュラ紀の生物	334
	●ジュラ紀の刑事（ロバート・T・バッカー）	343
41	白亜紀の生物	344
	●南アメリカの恐竜（ロドルフォ・コリア）	354
	●ヨーロッパの恐竜（ダレン・ナッシュ）	355
42	絶滅―恐竜の世界の終わり	356
	●ジュラシックパークは実現するか？（メアリー・ヒグビー・シュヴァイツァー）	365
	恐竜リスト	366
	監訳者あとがき	447
	用語解説	451
	索引	458

こんにちは．トリケラトプスの赤ちゃん誕生

はじめに
恐竜の世界
The World of Dinosaurs
変化する恐竜の世界

　恐竜の世界は今も変化している，と聞くと不思議に思う人がいるだろう．だって恐竜は6550万年前に絶滅したじゃないか．そんな昔の世界が変わるはずない，と．

　だが，そうとはかぎらない．

　実をいうと，変化しているのは恐竜の世界ではなく，恐竜の世界に対する見方なのだ．恐竜や，恐竜をとりまく世界についてはいろいろな事実がわかっている．今ではあたりまえに思えるこうしたことがらも，20世紀のはじめなら大きな驚きだっただろう．それどころか，ほんの10年前や15年前に発見されて世間を驚かせた事実もある．たとえば，恐竜のなかには（悪名高きヴェロキラプトル *Velociraptor* など）腕や脚や尾に長い羽毛をもつものがいたこと．アパトサウルス *Apatosaurus* のような巨大恐竜が，わずか10年から20年でおとなの大きさになったこと，などがそうだ．小さなアルヴァレズサウルス類（なんと手の指が「ぜんぶ親指」ともいえる恐竜）や大きなルーバーチーサウルス類（長い首と幅広の口をもつ，「生きた芝刈り機」のような植物食恐竜）など，まったく新しい恐竜グループも見つかった．

　新種の恐竜は毎年発見されている．そして，新発見があるたびに，疑問も増える．この恐竜はどんな生活をしていたのか．なにを食べたのか．食べられることもあったのか．ずいぶん前に見つかった恐竜について，新たな疑問が浮かぶこともある．ティラノサウルス *Tyrannosaurus* は獲物を襲ったのか，死肉を食べたのか．最大の恐竜はどのくらいの大きさだったのか．恐竜はどこから現れたのか．恐竜になにが起きたのか．

　こうした疑問に答えを見つけるのが恐竜学だ．恐竜学は古生物学という大きなわくぐみのなかにある．古生物学は，絶滅した動植物などの古生物を研究する学問だ．古生物学者は化石を調べる．化石は生物の遺骸やあとかたが岩石に保存されたもので，さまざまな種類がある．植物の葉や花粉や木質部分，

ページの上：**1960**年代に雑貨店で売っていたプラスチックのおもちゃ（ティラノサウルス・レックスと「ブロントサウルス」*"Brontosaurus"*）．このようなおもちゃの恐竜に魅せられて，この本の著者トム・ホルツは古生物学者になった．

貝殻，恐竜のような脊椎動物の骨，歯，足跡，卵も化石になる．

化石は古生物学の研究材料だが，スタートラインにすぎない．野外の岩石に埋もれたり，博物館に展示されている化石は，「科学」ではなく，ただの化石だ．恐竜学の研究を始めるには，まず化石を観察する必要がある．化石になった骨の形を調べ，ほかの化石と比べる．骨の全体や一部の長さを測る．X線やCTスキャナーにかけたり，薄く切ってなかみを調べる．恐竜が生きていた環境や死んだ状況がわかるような手がかりを，化石が埋まっていた岩石から探しだす．

だが，観察するだけではまだ科学とはいえない．問いを発し，願わくば答えを見つけるのが科学だ．自然のなかに，なにかのパターンが見つかると，疑問が浮かぶ．そのパターンを説明できそうな答えは仮説とよばれる．たとえば，ある恐竜が肉食だったという仮説を立てたとする．仮説は観察結果とてらしあわせて確かめる．歯のふちが鋭いかそれとも鈍いか．現生種の肉食動物や植物食動物と比べたとき，どちらの歯に似ているか．化石の腹部になにか残っていないか．残っていた場合，それは骨のかけらか，植物の断片か．あるいは，まったく別のものか．この恐竜の種から糞は見つかっているか．見つかっていたなら，そこに含まれるのは骨のかけらか植物か．すぐに答えを出せるだけの骨格がそろわなくても，以前に発掘された恐竜化石と比較して調べることはできる．

こうした仮説を確かめるのが恐竜学だ．化石の観察を重ねるほど，恐竜やまわりの世界について完全に近い再現図を描ける．どの恐竜がいっしょにくらしていたかということや，恐竜どうしのかかわりもみえてくる．新しい恐竜グループが現れたり，古いグループが消えた時期も明らかにできる．すべての恐竜にとって共通の祖先（2億3500万年以上前）から，いろいろな恐竜が生じた道すじまでたどれる．鼻にこぶがあるパキリノサウルス *Pachyrhinosaurus* や，トゲを生やしたトウチャンゴサウルス *Tuojiangosaurus*，巨大なアルゼンチノサウルス *Argentinosaurus*，ほっそりとしたストルティオミムス *Struthiomimus*，羽毛をもつアルカエオプテリクス *Archaeopteryx* など，ここから出現した動物の特徴はさまざまだ．6550万年前に恐竜の世界は幕を閉じた．恐竜学ではその終わり方を調べることができる．また，一部の恐竜がこの大災害を生きのび，今も生きていることまでわかる（知らない人が多いかもしれないが）．化石の発見や観察，そして仮説を確かめる作業はすべて，研究とよばれるものの一部．この研究こそが「科学」なのだ．

科学者がじかに観察できないときでも，かなり近いところまで推測できることがある．この推論は，確かな根拠にもとづくのがいちばんだ．たとえば，恐竜の頭骨のなかに眼球が残っていなくても（眼球は腐るので），別の証拠から恐竜に眼球があったと推理できる．頭骨には眼窩や，動物が生きていたときに目を包んでいた骨がある．眼球と脳をつなぐ神経が通った穴もある．さらに，恐竜のなかまにあたる現生動物もすべて眼球をもっている．もう一つ例をあげよう．ほとんどの恐竜骨格は不完全で，四肢の一部や尾，頭骨などが欠けていることが多い．それでも，恐竜の近縁動物はみなこうした特徴をそなえているので，恐竜にも四肢や尾があったと推定してもむりはない．逆にそうではなかったといいたいときは，確かな証拠が必要になる．

科学の領域はそれだけではない．科学は多くの疑問に答えられるが，すべてに解答を見つけるのは不可能だ．ときには，たった1つの答えに達することもあるが，複数の異なる答えが出てくることもある．そういう場合，本当の答えはわからないのだと認めるしかない．2つか3つまで可能性をしぼることができても，絶対に正しい1つの答えには行きつかないかもしれない．それでもいいのだ．「科学」では「わからない」というのが最良の答えというときもある．

はっきりとした答えが出ないことがらについて，想像をめぐらすのもときには楽しい．恐竜の皮膚に色がついていたことはわかるが（透明だったはずはないので），どの恐竜でも化石から色はわからない．たぶん，これからもわからないままだ．トリケラトプス *Triceratops* の臭いや，マッソスポンデュルス *Massospondylus* の赤ん坊の泣き声は，あて推量しかできない．こうした場合は，推測することはかまわないだろう．あくまで推測だと意識していれば．もしかすると，将来の発見で，その推測がまちがっていたことがわかるかもしれない．そういうときは観察の段階まで戻って，どんなに捨てがたくても，推測した内容の一部をけずるしかない．

4 ● はじめに：恐竜の世界

肉食恐竜デイノニクス *Deinonychus* に羽毛があったことは「科学」で推理できるが，
色や模様はわからないので，羽毛の見かけは，描く人間がそれぞれ推測する．

「科学」とは事実の集合にすぎないと，たいていの人が思っている．たしかに，科学の本や授業の多くは，もりだくさんの事実を覚えさせるだけのものだ．しかし，この本はそれで終わらせたくない．恐竜学者（古生物学者）が恐竜にまつわる謎をどのように解きあかしていくか，おみせしたい．

私は恐竜学者だが，実は，恐竜本のなかには専門外の人間が恐竜学者にインタビューをして書いたものがかなりある．私は子供のころから肉食恐竜が大好きで，今でも肉食恐竜をおもに研究している．とくにお気に入りはティラノサウルス・レックス *Tyrannosaurus rex* とそのなかまだ（私がはじめてみた T・レックスは 2 ページの上にあるようなプラスチックのおもちゃだった）．いちばん好きなのは肉食恐竜だが，恐竜ならどれでも心をひかれるし，生物の歴史に関係があれば，たいていのことに興味がわく．この本では，恐竜についてわかっていることを，なるべく簡潔に説明したい．

とはいえ，私もすべての疑問に答えられるわけではない．それは誰にもできないことだ．だからこそ，恐竜学者は研究しつづけるのだ．恐竜の研究をくわしく紹介するのは，1 人ではむりだ．そこで，大勢の恐竜学者に協力を頼み，研究中の内容を簡単にまとめてもらった．その記事はこの本のいたるところに差しこまれている．彼らが出した答えに，すべての古生物学者が同意しているとはいえない．なにしろ，研究材料は骨，歯，足跡などの化石なので，情報がずいぶん不足しているからだ．私も，ほかの恐竜学者とのあいだで意見が一致するときと，あわな

9 歳にしてすでに恐竜マニアだった著者のトム・ホルツ

いときがある．結局は，新しい発見や観察結果から答えが見つかるのを待つしかない．

　恐竜の骨，歯，足跡といった化石は目を楽しませてくれる（少なくとも私はそう思う）が，生きていたときの姿をみたいと思う人は多い．この本では，すぐれた恐竜イラストレーターのルイス・V・レイが，恐竜に息を吹きこむ手助けをしてくれた．このあとの章を読むと，地下に埋もれた化石から，生きた恐竜の絵がどのようにしてできあがるかがわかるだろう．

　最後にひとこと．この本にはできるかぎり最新の情報をもりこむようにつとめた．しかし，新しい恐竜は次々と発見されている．今までの恐竜リストに1種か2種を加えるだけの程度の発見かもしれないが，最初の羽毛恐竜，はじめて見つかった恐竜の巣，最初の恐竜化石のような，世紀の大発見があるかもしれない．くり返しになるが，恐竜の世界はつねに変化している．

　そのうち，読者の誰かがこうした発見をする日が来るだろう．

イラストレーターのルイス・レイ（10歳）とステゴサウルス *Stegosaurus*．1965年のニューヨーク万博で．

現在の恐竜復元図．1960年代のぶかっこうな姿（p.2）と見比べてほしい．

1 恐竜発見の歴史
History of Dinosaur Discoveries

　その昔，恐竜のことはなにもわかっていない時代があった．それどころか，1842年までは，「恐竜」という言葉さえなかった．しかし，恐竜の化石はずっと以前から見つかっていた．実は，人類が現れる何百万年も前から，恐竜の化石は地表に散らばっていたのだ．ではなぜ，1800年代まで，恐竜の化石が特別なものだということに気づかなかったのか．その後，恐竜に対する見方はどう変わったのだろうか．

竜の骨か，変な形の結晶か？

　恐竜という動物がいたのだと気づく前に，骨の化石や足跡化石は本物の骨や足跡だったのだということがわかっていなくてはならない．そんなことはすぐわかると思うだろう．

　だが，化石だとわかるのは，岩石ができるしくみを理解できているからだ．そのしくみを科学者が解きあかすまで，どのようにして岩石ができるかを誰も知らなかった．岩石は最初からそのままの形や大きさで存在していたのだと考えられていた．火山や堆積作用で岩石ができるとは思いもしなかったのだ．

　そんなふうに，岩石のでき方を知らない人間が，骨のようなものが岩石から突きでているのを見つけたとする．そして，どうして岩のなかに入りこんだのだろうか，と考える．

　まず，岩石のなかにすんでいた動物の骨と思うかもしれない．それとも，悪霊が入れたにせものの骨だろうか．もしかすると，骨などではなく，変な形の結晶ではないか．これらの解釈はどれも，過去にもちだされたことがある．

　しかし1600年代までには，科学的証拠が十分に集まったおかげで，岩石は昔，違った形をしていたのだと信じられるようになった．こうしてようやく地質学が発達し，恐竜発見の用意がほぼととのった．

謎の生き物と消えた世界

　だが最初に，次にあげる2つの重要なことがらに

ページの上：19世紀のアメリカ西部の恐竜発掘

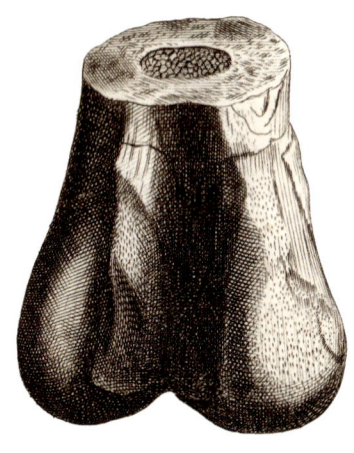

イギリスで見つかった恐竜の大腿骨の下端．昔は巨人の骨だと思われていた．

気づく必要があった．①化石は現在の動物とは違う生き物の遺骸である．②化石標本が現在の動物と違うのは絶滅した動物のものだからだ．

　1600年代から1700年代に，ヨーロッパから遠洋航海に出た人々が新しい種類の動植物を世界中からもち帰った．科学者たちはこうした動物の解剖学的構造を調べ，なじみのある動物と比較しはじめた．いろいろな現生動物を研究した科学者（比較解剖学者）には，世界に生息する動物の多様性がだんだんつかめるようになってきた．

　そこで，すでに集まっていた化石を観察すると，現生動物によく似たものもあるが，ほとんどは大きく異なっていることがわかった．化石動物はまさに謎の動物だった．なぜ岩石のなかから見つかるのか．どうして野生のままの姿で見つからないのか．これ

らの動物がまだ生きているとしたら，誰かが目撃しているはずだった．

1700年代の終わりから1800年代のはじめにかけて，フランスの比較解剖学の第一人者，ジョルジュ・キュヴィエ男爵が「絶滅」という解答を見つけた．これらの動物をみたものがいないのは，もはや生息していないからだ．同じころ，地質学者たちは，地球の年齢がずいぶん古いことを認めるようになる．当時の世間の常識とは違って，地球の年齢はたった数千年ではなく，数百万年（現在では数十億年とされている）にもなるとわかったのだ．謎の動物はかつて地球上に生息していたが，はるか昔に死滅したのだという説をキュヴィエは立てた．そこからわずかに残った遺骸が化石だった．

キュヴィエがこれに気づいたおかげで，重要なことがらが明らかになった．岩石や化石は，大昔の地球が現在とは違っていたことのあかしだった．大昔の世界には現在とは異なる動植物が生息していた．そして，地球の歴史のいろいろな時期に，さまざまな動植物が出現しては絶滅していったのだ．

「恐ろしく大きなトカゲ」

本当の意味での恐竜発見が始まったのは1800年代初期で，場所はイギリスだった．このころ，聖職者のウィリアム・バックランドが大きな爬虫類の骨を見つけ，1824年にメガロサウルス *Megalosaurus*（大きなトカゲ）と名づけた．バックランドは骨の配置をいくつかまちがえていたが，それでも，この動物が当時知られていたどの爬虫類とも違うことはわかった．オオトカゲのものに似た鋭い歯をもつので，肉食だったはずだ．だが大腿骨の形がトカゲとは異なり，うしろ脚が現生種の哺乳類や鳥類のように胴体のま下にのびていた．メガロサウルスは大昔の巨大な陸生爬虫類だとつきとめられた最初の化石だった．

バックランドがメガロサウルスを研究していたのと同じころ，医師のギデオン・マンテルも妻のメアリー・アンとともに新しい発見をしていた．労働者がもちこんだ骨や歯の化石に，マンテル夫妻は以前から興味をそそられていた．化石は動物の体のほんの一部だったが，巨大な爬虫類のものであることは明らかだった．メガロサウルスと同様，この動物のうしろ脚は胴体からまっすぐ下にのびていた．しかし，メガロサウルスとは違って，歯は全然鋭くなかった．むしろ，それは植物食のイグアナの歯に似ていた．1825年，マンテルはこの化石爬虫類をイグアノドン *Iguanodon*（イグアナの歯）と名づけ，巨大なイグアナに似た動物を想像した．

1833年，マンテルは新しい化石爬虫類の骨を見つけ，ヒラエオサウルス *Hylaeosaurus* と名づけた．ヒラエオサウルス（森林トカゲ）という名前は，発見場所のウィールド地方が森におおわれていたことにちなんだものだった．化石は骨格の一部分だったが，大きなトゲが体から突きでていたことはわかった．よろい竜が見つかったのはこれが最初だった．

そして1842年，ついに「恐竜」という言葉がつくられる．名付け親はイギリスの代表的な古生物学者リチャード・オーウェンだ．オーウェンはメガロサウルスとイグアノドン，ヒラエオサウルスを調べて，いくつかの類似点に気づいた．すべて陸上で生活していたこと．胴体のま下に脚がつき，腰の骨が余分にあること．そして，現生爬虫類のどれよりも大きいことだ．

19世紀半ばに描かれた，イグアノドンとメガロサウルスの戦い

ここから，メガロサウルスとイグアノドン，ヒラエオサウルスを独自の爬虫類グループにまとめることができる，とオーウェンは判断した．そしてこのグループをディノサウリア（恐竜）と命名した．古代ギリシャ語のデイノス（「恐ろしく大きな」もしくは「恐ろしい」）とサウロス（「トカゲ」もしくは「爬虫類」）を組みあわせた造語だ．

あとから考えると，「恐ろしく大きなトカゲ」という言葉は正しくなかった．厳密にいえば，恐竜はトカゲではないので，この本ではほとんどの場合，サウロスを「爬虫類」と訳すことにする．また，今

8 ●恐竜発見の歴史

ベンジャミン・ウォーターハウス・ホーキンズがつくったイグアノドンの「中」で，大みそかのパーティが開かれた．

では常識になっているが，恐竜には小さい種類もいる．それでも「恐竜」というのはなかなかいい言葉だ．

最初の「ジュラシック・パーク」

　オーウェンは，一般人に科学への興味をもたせることが大事だと考えていた．そして1850年代に，世間の関心を恐竜へ向かわせる手段を見つけた．当時，ロンドンでは大規模な万国博覧会が予定されていた．これは最近発見されたばかりの化石を披露する絶好の機会になる．

　オーウェンは，骨の化石を展示するのではなく，恐竜をよみがえらせたいと思った．そのために，科学の知識がある彫刻家ベンジャミン・ウォーターハウス・ホーキンズに協力を求め，化石から生体復元模型を作成した．この模型は実物大で，恐竜が生きていた時代にあわせてグループごとにまとめられ，一連の島にのった状態で展示された．考えようによっては，この試みは，はじめての「ジュラシック・パーク」だった．

　イグアノドンの模型2体のうちの一つが展示される前に，オーウェンとホーキンズは，模型の体内で出席者20名のディナー・パーティを開いた．実物のイグアノドンも大きかったが，ホーキンズがつくった模型はもっと巨大だった（本当の大きさでつくった模型なら，2，3人の客しか入れなかっただろう）．しかし，模型のまちがいはこれだけではなかった．現在の基準からみると，解剖学的構造がきわめて不正確だったのだ．だからといって，オーウェンやホーキンズを責めるのは気の毒だ．今の人間が思い描く恐竜像も，未来の古生物学者にとってはきっと奇妙で不正確なものにみえるだろう．

　オーウェンの計画は大成功に終わった．たくさんの観客がホーキンズの復元模型を見物にとおとずれた．そして，「恐竜」という言葉が広く知れわたることになる．

　　　　　　　＊　＊　＊

立ちあがれ，恐竜！

　ロンドン万博の開催中，アメリカでは，やがて恐竜のイメージを大きく変える新発見がなされていた．ニューイングランドにある三畳紀とジュラ紀の岩石からは，3本の指がついた2足歩行の足跡が過

去に見つかっていた．この足跡化石を1836年にエドワード・ヒッチコックがくわしく記載したが，そのときには誰もこれが恐竜のものだとは思わなかった．なぜなら，メガロサウルス，イグアノドン，ヒラエオサウルスの記載内容によると，これらの恐竜はすべてずっしりとした体つきの4足歩行動物だったからだ．そのため，ヒッチコックはこれは鳥の足跡だと考えた．ただし，なかにはかなり大きな足跡もあり，そこから計算した背丈は4.5mをこえるほどだったが．

イギリスで見つかった恐竜の骨と，ニューイングランドの足跡化石を結びつけるのに役立つ証拠が，1858年にニュージャージーで発見される．この年，ジョセフ・ライディが新種の恐竜ハドロサウルス *Hadrosaurus*（ずっしりとした爬虫類）を記載したのだ．ハドロサウルスの骨の多くは，イグアノドンのものによく似ていた．歯もそっくりだった．骨格には欠けている部分があったが，イグアノドンのものより完全に近かった．うしろ脚より前脚がずいぶんほっそりしているので，2本足で歩きまわることが多かったと推測できた．2足歩行の恐竜という発想を得たライディは，イグアノドンの化石がもっとそろえば，うしろ脚に比べて腕が細いことがわかるだろう，と予測した．1870年代にベルギーでイグアノドンの完全骨格が見つかったとき，ライディの予想は的中した．

1866年，ライディの友人で教え子でもあったエドワード・ドリンカー・コープが同じような発見をする．このとき見つけた肉食恐竜の化石をコープは（神話上の猟犬にちなんで）ラエラプス *Laelaps* と名づけたが，その後，ドリプトサウルス *Dryptosaurus*（ひきさく爬虫類）という名前に変更された．ドリプトサウルスの歯やあごはメガロサウルスのものに近かったが，細長いうしろ脚に比べて腕がかなり短いので，4足歩行ができたとはとても思えなかった．つまり，肉食恐竜のなかにも2足歩行の種類がいたということだ．

開拓時代のアメリカ西部

恐竜発見の次の大きな波はアメリカの西部開拓時代におとずれた．1860年代から1890年代まで続いたこの時代に，先住アメリカ人と開拓民とのあいだでは戦いがくり返されていた．鉄道がどんどん敷かれて新しい町や都市が発展し，アメリカバイソンが絶滅寸前に追いやられたのもこの時期だ．そしてもう一つ，実に奇妙な戦いが西部でくり広げられていた．戦いを交えたのは東海岸の古生物学者，エドワード・ドリンカー・コープとイェール大学のオスニエル・チャールズ・マーシュだった．2人はそれぞれ発掘隊を西部へ送りこみ，できるだけたくさんの恐竜を見つけて，東部の博物館に送るように指示した．2人にとってこれは，新種の記載数でトップを争う競争だったのだ．

エドワード・ドリンカー・コープ

コープとマーシュの戦いにはおろかな一面もあった．あせるあまりに，岩石から化石をとりだす前に記載することも多かったからだ．たがいに汚い手を使うこともいとわず，ライバル陣営にスパイを送りこんで，相手が見つけたものを探らせた．敵陣の発掘を遅らせるために，先住アメリカ人の部族に発掘隊を襲わせたことさえあった．

それでも，悪いことばかりではなかった．この化石争奪戦のおかげで，すばらしい化石がたくさん見つかったのだ．申し分のない完全骨格（アロサウルス *Allosaurus*，ステゴサウルス *Stegosaurus*，トリケラトプス *Triceratops* はそのごく一部）がこの時期にはじめて掘りだされた．恐竜は想像をはるかに上

オスニエル・チャールズ・マーシュとレッド・クラウド酋長

まわるすばらしい動物だった．もはや，ただの「大きなトカゲ」として片づけるわけにはいかなかった．

これらの骨格から，恐竜の解剖学的構造と多様性

が明らかになってきた．そして，恐竜の食べ方や動き方を本格的に研究する基盤がととのった．また，自然選択による進化という新しい概念を使って，恐竜どうしの類縁関係を探ることも可能になった．

コープとマーシュが他界してまもなく，世紀の変わり目にまた大きな発見があった．恐竜骨格を博物館に運びこみ，生きていたときのように骨を組みたてると，入館料を払ってみにくる客がいることがわかったのだ．恐竜化石を集める理由は，今や科学研究だけではなくなった．恐竜骨格はすばらしい見世物になるのだ．

恐竜の世界

マーシュとコープがアメリカ西部で恐竜争奪戦をくり広げていたころ，ヨーロッパでも発見が続いていた．ジュラ紀の鳥類化石（アルカエオプテリクス *Archaeopteryx*）と小型恐竜（コンプソグナトゥス *Compsognathus*）の完全骨格がドイツではじめて見つかり，ベルギーではイグアノドンの完全骨格がはじめて発掘された．

そして1900年以降，各地の博物館は展示用の恐竜骨格を見つけるために世界中へ調査隊を送りはじめた．なかでも最も有名なのは，ニューヨーク市のアメリカ自然史博物館から派遣された中央アジア探検隊だろう．この探検隊は1920年代に中国やモンゴルへ毎年出かけ，重要な化石を山ほどもち帰った．たとえば，恐竜の完全な巣やヴェロキラプトル *Velociraptor* の標本は，世界初の発見だった．しかし，探検隊の行く手には，はげしい砂嵐や，砂漠に出没する強盗が立ちはだかっていた．隊長の動物学者ロイ・チャップマン・アンドルーズは，映画の主人公インディ・ジョーンズさながらに，そこへムチと拳銃を携えて向かった．

恐竜ルネサンス

ところが，大恐慌とそれに続く第二次世界大戦で，恐竜研究の勢いがおとろえてくる．1900年代の半ばになると，活動中の恐竜学者は世界でもごくわずかになっていた．恐竜はただの「子供だまし」で，まともな研究に値しないと考える科学者が増えたのだ．せいぜい博物館へ入館者を誘い，もっと「重要な」展示物を見せる客よせぐらいの価値しかない，と．

幸いにも，そうは思わない人物もいた．そのうちの一人がイェール大学のジョン・オストロムだった．1960年代に，オストロムは発掘調査隊に加わってモンタナとワイオミングをおとずれ，前に恐竜化石が少しばかり発掘された岩石層を調べた．この調査隊が発見したなかで最も重要な化石は，デイノニクス *Deinonychus*（恐ろしい爪）とオストロムが名づけた恐竜の骨だ．完全に近い状態でドロマエオサウルス類（「ラプトル類」ともよばれる）の骨格が見つかったのははじめてだった．デイノニクスはうしろ足にかまのようなかぎ爪をもつことで有名だ．このかぎ爪を使って狩りをしたのなら，デイノニクスはびんしょうで活動的な動物で，ワニより鳥やネコに近かったはずだとオストロムは推理した．これより前にオストロムは，カモノハシ竜や角竜類のあごを調べ，これらの恐竜は食べ物をしっかりかめたので，消化が速かったにちがいないと分析している．また，温暖な中生代でさえ寒かった地域から恐竜が見つかることも指摘している．

こうした事実すべてを考えあわせると，恐竜は変温動物ではなかったように思われた．変温動物よりもっと活発で，現在の哺乳類や鳥類のような恒温動物だったのではないか，というのがオストロムの出した結論だった．

ジョン・オストロム

ロイ・チャップマン・アンドルーズ

実をいうと，リチャード・オーウェンも同じことを考え，恐竜という造語を発表した1842年の論文でもそう述べている．マーシュやコープ，そして彼らと同世代の科学者たちもこの点には同意していた．恐竜は動きのにぶい変温動物だったと決めつけたのは，もっと新しい世代だ．1900年代はじめから半ばの古生物学者の多くにとって，恐竜はそれほど興味深い動物ではなかったからだ．

オストロムは，デイノニクスと初期の鳥類であるアルカエオプテリクスの骨格を比較した．そして，ラプトル類のデイノニクスとアルカエオプテリクスの解剖学的構造がよく似ていることに気づいた．デイノニクスとほかの肉食恐竜，アルカエオプテリクスと現生鳥類を比べたときより，デイノニクスとアルカエオプテリクスのほうがたがいに近い構造をしていた．これを根拠に，オストロムは，恐竜は鳥類の祖先だという発想を復活させた．

恐竜はまた「興味深い」動物として返りざき，新たな研究がさかんに行われるようになった．こうして関心が再び燃えさかり，新時代がおとずれる．これをオストロムの教え子ロバート・バッカーは「恐竜ルネサンス」とよんだ．本書の情報の多くは，この恐竜ルネサンス時代の研究にもとづいている．

ここ20～30年はまた，遠い国へ遠征隊を送る大がかりな調査も行われている．しかし今は，標本をヨーロッパやアメリカへもち帰って展示するのではなく，発掘現場の国で化石コレクションの作成や展示を手助けするほうに目的が移っている．恐竜は現在，南極大陸を含むすべての大陸で見つかる．一方で，1世紀以上にわたって調査されてきた（イギリスやアメリカのモンタナ州のような）場所でも，まだ新種の恐竜が掘りだされている．

恐竜のデジタル化

恐竜学の研究は，新種の発見にとどまらなかった．恐竜研究の新領域，あるいは古くからある課題への新しいとりくみが始まったのだ．たとえば，モンタナ州立大学のジョン・ホーナーと教え子たちは，恐竜の営巣行動と，卵から生まれておとなになるまでの成長過程を調べ，この分野の研究を大きく前進させた．中生代末に起きた大量絶滅の研究は，この時期に飛んできた小惑星の衝突跡が見つかったことで勢いを増した．分岐論という新しい研究方法が切り

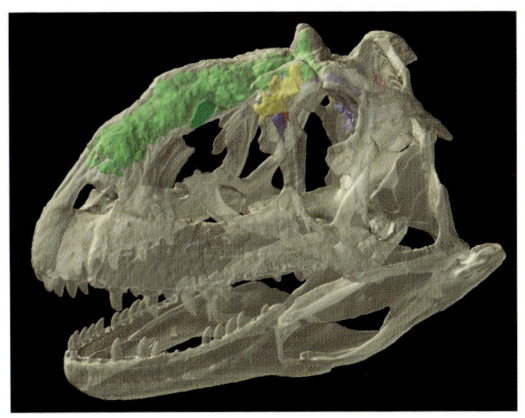

レーザーとCTスキャン，コンピューター・グラフィックスを組みあわせると，このマジュンガサウルス *Majungasaurus* のように，恐竜の頭骨の内部をのぞける．

開かれたおかげで，いろいろな恐竜グループの進化上の関係は推測しやすくなった．数学や工学の法則や現生動物の観察結果を用いて，恐竜の行動に関する仮説を確かめる方法も次々と開発されだした（私はこのすべてに興味がある！ そして，ティラノサウルス *Tyrannosaurus* をはじめとする肉食恐竜の系統樹を作成し，肉食恐竜の走り方や食べ方，ほかの恐竜とのかかわりを研究することに多くの時間をさいてきた）．

新しい研究手段のなかでも注目すべきは，コンピューター関連の科学技術だ．骨の形や大きさを測ってコンピューターに入力すれば，生きていたときの動きを予測できる．CTスキャナー（コンピューター断層撮影装置）にかければ，骨を傷つけずに頭骨のなかをのぞきこみ，脳腔や内耳の形を確かめることができる．コンピューターとセンサーを使って，まだ地下に埋まっている化石を見つけた研究者もいる．

科学者は今後も新しい恐竜を発見しつづけるだろう．だが，その恐竜についてくわしく知るには，ゼロからスタートしなくてはならない．化石が岩石に埋もれた過程について考え，恐竜が生きていた環境の手がかりを岩石から探しだす．これが恐竜学研究の第一歩だ．

恐竜学最前線

マシュー・C・ラマンナ博士
カーネギー自然史博物館

ケン・ラコヴァラ撮影

恐竜学はどこまで進んだのか．この先になにが起きるのか．古生物学の疑問はたいていそうだが，はっきりとしたことは誰にもわからない．だが，最近の画期的なできごとから，今後を予想する大きなヒントは得られる．

新しい恐竜化石はこれからもたくさん見つかるだろう．その多くは人里離れた砂漠や荒れ地から掘りだされるだろうが，すぐ目の前で発見される化石もあるはずだ．すばらしい恐竜化石が数多く見つかった国（アメリカ合衆国や中国，アルゼンチン，カナダ，モンゴルなど）にも，まだ数えきれないほどの化石が埋もれている．そのほかにも，めずらしい場所で恐竜が見つかりそうなところがいくつもある．北アフリカ，中東，シベリア，インド，マダガスカルはそのごく一部だ．私個人としては南極大陸をくわしく調べてみたい．

化石の探し方も大きく変わる可能性がある．地下探査レーダーのような新しい科学技術で地中を探り，恐竜骨格の位置を正確に特定できる日がくるかもしれない．数年前には，岩石や砂に埋もれたアロサウルス *Allosaurus* の頭骨を探しだすのに，放射線を利用した．

これから先の発掘で，あっと驚く新種の恐竜が見つかるかもしれない．しかも，ある程度は予測できる．ここで予言しておこう．飛べない恐竜で羽毛をもつ骨格が新たに見つかる．それもジュラ紀のもので，以前の化石よりはるかに古く，知られているかぎり最古の羽毛恐竜になる．これで，鳥類の進化上の空白をまた一つ埋めることができる．

新しい種類の恐竜が発掘されるだけでなく，すでに知られている恐竜の化石でも状態がよいものが将来，発見されるにちがいない．巨大なデイノケイルス *Deinocheirus* は今のところ，2m 半ほどの腕と肩の骨しか見つかっていない．これだけで全体像を描くのはむずかしい．ほかの恐竜との類縁関係はどうなのか．もっと完全に近い骨格が見つかるまで，よくわからないままだろう．

奇妙な恐竜の発見は想像力をかきたてるが，恐竜学の未来にはもっとおもしろいことが待ちうけている．新しいことに進んでとりくむ科学者が，生きていたときの恐竜について考えをめぐらし，問いを発する機会がますます増えるだろう．恐竜の皮膚や器官はどんなふうだったのか．恐竜の成長速度はどのくらいか．恐竜は恒温動物だったのか．集団で生活をしたのか，単独生活だったのか．子供の世話はしたのか．まわりの環境やほかの生き物と，どのように影響をおよぼしあったのか．恐竜の体の動きや行動については，まだ解明できていないことがたくさんある．

こうした問いの多くは今後の化石発見で答えが出ると思われる．たとえば，アルゼンチンで巨大な営巣地が見つかったおかげで，首の長い大型恐竜がどんなふうに産卵し，子育てをしたかがだんだんわかってきた．目を見張るほどの新しい科学技術や研究方法から，別の手がかりも得られるだろう．**CT スキャナー**とよばれる高度な **X 線**装置が開発された結果，今では，恐竜の頭骨を傷つけずに内部を観察し，脳の形状を調べることが可能になった．鳥類やワニ類をはじめとする現生動物と比較すれば，恐竜の日常生活についてまた違った見方ができる．

異なる分野の科学者が協力しあうと，恐竜の世界をのぞく窓が大きく開かれる．現在，私たちは地質学者や化学者と共同研究を行い，恐竜の生息環境を明らかにしようとしている．恐竜と同時代に生息してた多くの動植物について調べている古生物学者もいる．

最後になったが，チャレンジ精神にあふれる科学者についてふれておこう．恐竜の遺骸から **DNA** のような生物分子を見つけようとしている科学者がいるのだ．そのうち，クローン技術などを使って，恐竜をよみがえらせることができる日が来るかもしれない．今はとうていむりに思えても，先のことはわからない．

恐竜学の未来にはなにが待っているのか．きっと，びっくりするような発見が次々と起きるはずだ．それも，今の私たちには想像もつかないような発見にちがいない．

2 岩石と環境
Rocks and Environment

生きたステゴサウルスやアルゼンチノサウルス，スピノサウルスをみた人間は誰もいない．ではなぜ，このような恐竜たちが存在したことがわかるのか．その手がかりは化石だ．化石は大昔の生物の遺骸が岩石に保存されたものだ．化石のでき方を理解するには，まず岩石のでき方を知る必要がある．

小石を拾いあげても，それがどこからきたのか深く考えることはあまりないだろう．だが，小石ができる過程がわかると，この世界の歴史がわかるようになる．

今は丸い小石も最初から丸かったわけではない．もっと大きな岩石が割れ，そのかけらが水にもまれて角がとれたのだ．小石のもとになった岩石までたどっていくと，崖や山に行きつく．しかし，ここも小石の「生まれ故郷」ではない．なぜなら，崖や山は，もっと前からあった岩石が押しあげられて浸食を受けてできたものだからだ．

地質学者（地球の構造や活動を研究する科学者）にとって，「岩石」はただの石や山や崖ではない．地質学で岩石について語るときにはふつう，地球の表層のかたい部分をさす．地殻とよばれるこのかたい層は厚さが数十 km ある．海底の地殻は薄くて数 km しか厚さがないが，山脈の下では 100km をこえる．ずいぶんな厚さに思えるが，これはほんの一部にすぎず，地球の中心までは 6380km もある．

岩石のでき方

岩石のでき方は 3 通りある．そのため，岩石は 3 種類に分けられる．

地球の奥深くにある熱い液体からできる岩石はそのうちの一つだ．この液体，つまりとけた岩石は地球の内部にあるときはマグマとよばれ，陸上や水中に（火山をつくって）噴きだすと溶岩とよばれる．とけた岩石が冷えてできたのが火成岩だ．火成岩には氷に似たところがある．はじめは液体だが，冷える

と固体になるからだ．火成岩は，もとになった物質の化学組成や，冷えた場所が地下か地上かによって，さまざまなタイプになる．

火成岩のなかから化石は見つからない．生物は熱い溶岩に入ると燃えつきるため，化石になるものはまったく残らない．それでも，大昔のできごとが起きた時期を特定するのに役立つので，火成岩は科学者にとって非常に重要だ．また，ときには火山灰に化石が保存されることさえある．

前からあった岩石がきわめて高い温度と圧力にさらされると，別の種類の岩石ができる．岩石が高温で焼かれたり地中深くに埋もれたり，陸塊の衝突で押しつぶされたりすると，岩石中の原子の結びつき方が変わることがある．このように高温や高圧で変化した岩石を変成岩という．変成岩には高温・高圧のもとでしかできない結晶が含まれていることが多い．

この片麻岩のように，変成岩は折り重ねられ，しわくちゃにねじ曲げられて，もとの状態から大きく変化している．

ページの上：どの小石も地球の歴史を記録している．

火成岩は地表でできることもあれば，地下深くでできることもある．左の写真のように，まっ赤に燃える溶岩が火山から噴きだして冷えると，黒い玄武岩ができる．ピンク色の花崗岩（右）は，マグマが地下深くで冷えてできた．こうして目にすることができるのは，花崗岩が押しあげられたあと，まわりを包むやわらかい岩石が浸食を受けてはがれたからだ．

想像できると思うが，岩石中の原子が組みかわるほどの温度や圧力がかかれば，なかの化石は消えてしまう．したがって，もとの岩石に化石が含まれていたとしても，変成岩になったものから化石が見つかることはない．

ありがたいことに，化石を含む種類の岩石も存在する（そうでなければ，私は仕事を失う）．それは，動植物が生息していたのと同じ環境の地表でつくられた岩石だ．この岩石は，もとからあった岩石のかけらや，生物のかたい部分（骨格や殻など）が積みかさなって層をつくり，くっつきあってできる．このような岩石や生物のかけらは堆積物とよばれるので，この岩石の名前は堆積岩という．

堆積岩のでき方

堆積岩のでき方にはいろいろな種類がある．海には無機物の炭酸カルシウムから骨格や殻をつくる生物がたくさんいる．このような動物が死ぬと，骨格がこわれ，一部は海水にとけこむこともある．こわれた骨格や海水にとけこんだ無機物は海底に積もり，泥の層をつくる．この泥が長いあいだ埋もれていると，重みで圧縮されて石灰岩ができる．石灰岩には貝のような海生動物の化石がよく含まれている．しかし，恐竜など陸生動物の化石はあまりみられない（石灰岩から見つかるものは，海へ押し流された死体の化石だ）．

陸上で堆積岩ができる例で最も多いのは，古い岩石のかけらが別のところへ移動して堆積した場合だ．場所はたいてい崖や山などのそばだ．マグマや変成岩を生みだすのと同じ高温・高圧がかかって地面がもりあがり，できた岩石が雨風にけずられて，かけらがはがれおちる．このかけら，つまり堆積物が水や風，氷に運ばれて移動する．もとの岩石に含まれていた鉱物の組成や，どれだけの距離を移動したかによって，堆積物のなかみは変わる．大礫や中礫，もっと小さい砂，さらに小さなシルト，ごく細かな粘土や泥などが堆積物には含まれている．流された石や砂などはやがて動きを止めて積みかさなる．風がやむと砂漠に砂が落ちる．川岸から水があふれると，運ばれてきた泥が周辺の陸地に積もる．こうして積もった堆積物の層は「地層」とよばれる．洪水や暴風はたいてい何度もくり返され，古い地層の上に新たな堆積物が積もって層をつくる．

堆積物に泥しか含まれていないときは，埋もれて押しつぶされるだけで岩石（石灰岩など）になる．こういう種類の岩石は泥岩（芸のない名前だが）とよばれる．薄い層をなしているときは頁岩という．しかし，シルトや砂，小石はそのままではくっつきあわない．天然の「のり」のようなものが必要になる．世界中のほとんどの地域では，さまざまな鉱物を含む堆積物のなかを水が通りぬけている．この水がシルトや砂の粒のあいだを流れると，水中の物質が粒のふちにくっつき，粒どうしを接着させる．これをセメント化とよぶ．このセメント化作用で，ばらばらだった堆積物が堆積岩に変わる．おもに砂でできた堆積岩は砂岩という．もっぱらシルトででき

もとからあった岩石のくずが集まり固まって地層とよばれる層状構造をつくるときに，堆積岩ができる．

た堆積岩は（驚くなかれ！）シルト岩とよばれる．大礫や中礫でできた堆積岩は，石が丸ければ礫岩，角張っていれば角礫岩とよばれる．

　ここで，堆積岩ができるための条件について考えよう．まず，もとになる岩石がもりあがって浸食を受け，堆積物に変わらなくてはならない．次に，風や水，氷が堆積物を運ぶ．そして，この堆積物が積もる場所が必要になる．いつでも，どこでもこれらの条件がすべてそろうわけではない．平たい場所には堆積物のもとがない．堆積物を運ぶ風や水，氷が足りない場所もある．風や水，氷の動きが速すぎると，堆積物が積もらない．そのため，堆積岩がつくられる場所はいつでもかぎられている．大昔の世界について，科学者でも十分な情報をもたないのは，こういう理由があるからだ．ある特定の時期，特定の場所で堆積岩ができていなければ，化石も得られない．そのせいで，地域によっては，記録が残っていない空白部分がある．そこで起きたできごとについては知りようがない．

　堆積岩ができる状況は，ほかにもいくつか考えられる．たくさんの塩水が（塩湖や潟湖などで）干あがると，岩塩の層ができる．これも堆積岩の一種だ．また，大量の植物が細菌の作用で腐敗する前にすばやく埋もれると，圧縮されて石炭という堆積岩になる．これらの堆積岩にはどれも化石が含まれている可能性がある．しかし，恐竜は陸生動物なので，泥岩やシルト岩，砂岩，礫岩，角礫岩といった，陸上でできた岩石から遺骸が見つかることのほうが多い．

堆積構造と古環境

　堆積岩は，積もるときの環境によって変化する．波が押しよせ流れの動きがあったり，日光があたって乾燥すると，層の表面が変化し，堆積構造とよば

堆積岩のサイクル

もとからあった岩石がもりあがって山ができると……

岩石が浸食されて堆積物になり……

川の水に流され……

積もって，地層が陸上にも……

海中にもできる．

堆積岩は，もっと古い岩石（どんな種類でも）がもりあがり，雨風を受けて浸食されたときに形成される．古い岩石の細片（堆積物）が下のほうへ運ばれて積みかさなり，地層をつくる．陸上に積もる堆積物もあれば，はるばる海まで運ばれて積もる堆積物もある．

れるものができる。この堆積構造から古環境、つまり岩石ができたときの環境を推測できる。

最も一般的な堆積構造は層状構造だ。層の厚さから、その環境で動いた堆積物の量がわかる。そこからさらに、水や風、氷が動いた速さを推測できることもある。層が非常に薄い場合は、水や風の流れが堆積物を乱したり、ぜん虫が層に穴をあけたりしない、静かな環境だったと考えられる。層が厚ければ、強い流れが大量の堆積物を一度に運んできた可能性が高い。

リップルマーク（漣痕）も堆積構造によくみられる。リップルマークは水の流れや風でできたあとかただ。その形から、水が（川のように）一方向へ流れていたのか、（岸辺のように）往復していたのかを推測できる。川のさざ波がつけたあとなのか、砂漠や海岸にできた大きな砂丘だったのかということも、リップルマークからわかる。

マッドクラック（乾裂）という堆積構造もある。泥が乾燥すると、収縮して表面がひび割れる。その上にまた泥の層がかぶさって割れ目に入りこむと、ひび割れが保存される。そして長い年月が過ぎたあとに、マッドクラックのついた岩石となって見つかる。これとよく似たのが雨痕、つまり雨つぶのあとだ。ときには数百万年前の雨つぶのあとが見つかる

10億年前の泥岩についた雨つぶのあと

こともある。マッドクラックや雨痕があれば、その古環境には泥ができるほどの湿り気があったが、完全な水中ではなかったことがわかる（水中なら、泥が乾いたり雨にうたれたりすることはない）。

以上のような堆積構造（層、リップルマーク、マッドクラック、雨痕）を手がかりに、地質学者は古環境を推測する。その際、同じような堆積構造が見つかる場所を現在の世界で探しだし、大昔の岩石と比較する。たとえば、まん中に薄い層があり、そのまわりを往復するリップルマークがとりかこみ、マッドクラックと雨痕がふちについていれば、そこには昔、湖があったと考えられる。

どの場所でも、現在の環境が過去の環境とずいぶん違うことは多い。また、岩石のつらなりを下から上へみていくと、時とともに古環境が大きく変わる場合もある。たとえば、アリゾナ州のグランドキャニオンで岩石を観察すると、同じ場所が昔は温かい浅海や砂漠、熱帯の湿地など、今とは異なる環境だったことがわかる。

プレートテクトニクスと岩石のサイクル

岩石の種類や古環境の変化、山脈の形や位置、火山や地震の発生、そのほかさまざまな証拠を観察してつなぎあわせた結果、地球がつねに変化しつづけている理由と全体像が明らかになった。

地球の上層（かたい岩石からなる地殻と、その下にあるもっとやわらかめの層）は、10枚あまりの巨大なプレートからできている。このプレートはゆっくりと動く物質の上に浮かび、大きな氷の板のように漂っている。プレートは移動しながら、たが

リップルマークが残っているので、この砂岩は流水の下に砂が沈殿してできたものだとわかる。

いにこすれあったり，ぶつかったり，押しつぶしたりする．ときには，プレートどうしが離れ，表面にできた大きな溝にそって，新しい地殻が（火成岩という形で）できることもある．こうした動きを地質学用語でプレートテクトニクスという．

プレートが動くと，地球の表面に大きな乱れが生じる．このような乱れのうち，地震や火山の噴火などは突然起きる．山脈の隆起や海洋底の拡大はゆっくりと進行する．この動きが長いあいだ続いた結果，地球の表面はすっかり姿を変えた．

たとえば，現在の世界地図は，恐竜が出現した三畳紀の世界とはずいぶん違っている．今はおもな大陸が6つ（北アメリカ，南アメリカ，ユーラシア，アフリカ，オーストラリア，南極）と，小さめの陸塊がたくさんある．ところが，三畳紀にはパンゲア（すべての陸地）という名の大陸が1つしかなかった．三畳紀の終わりにパンゲアは分裂しはじめ，その割れ目に大西洋が誕生した（第39章を参照）．中生代から新生代の2億5000万年をかけて，プレートは離れたり衝突したりしながら，移動しつづけた．

実は，プレートは今も動き続けている．GPS（全地球測位システム）の装置と人工衛星を使って測定したところ，指の爪がのびるのとほぼ同じ速度で大西洋が拡大していることがわかった．

このプレートテクトニクスがひきおこす変化が，岩石をつくる．地下のマグマや火山から地表に吹きでた溶岩は，冷えると火成岩になる．プレートがくずれたりくだけたりするときに生じる圧力が，古い岩石を変成岩に変える．山がもりあがったところでは，風や水に浸食されて堆積物ができ，堆積岩になる．

それで終わりではない．古い火成岩や変成岩，堆積岩は，とけて新しい火成岩に生まれ変わる．古い火成岩や変成岩，堆積岩が押しつぶされ，焼かれると，新しい変成岩になる．そして，古い火成岩や変成岩，堆積岩がばらばらにこわれたあとくっつくと，新しい堆積岩ができる．岩石は形成されたあと，このように次々と作り変えられていく．これを岩石のサイクルという．

今度，石を拾ったときは，次のことを思い出してほしい．その岩石のかけらは，過去に少なくとも1回は岩石サイクルをへていたのだということを．もしかすると何百回も作り変えられてきたのかもしれない．この世に存在する石はどれも，つまるところ，地球の表面が形を変えるときにつくられたものなのだ．

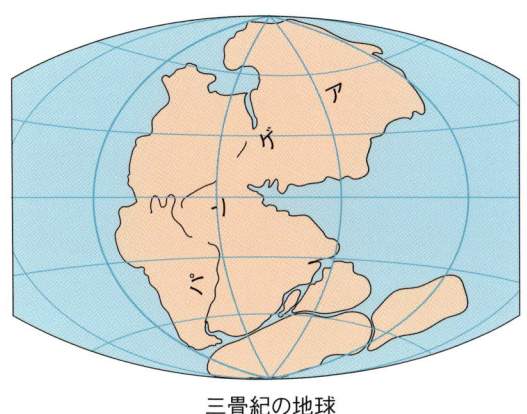

三畳紀の地球

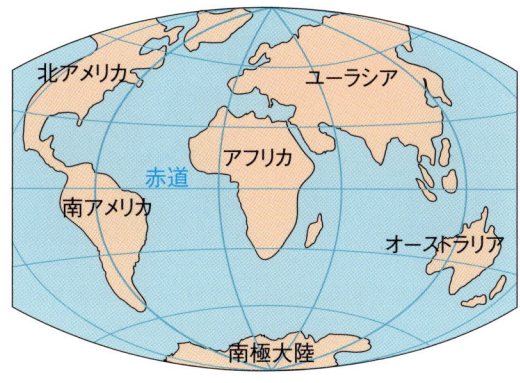

現在の地球

3
化石と化石化作用
Fossils and Fossilization

化石は生物の遺骸や行動したあとかたが堆積岩に残されたものだ．第2章で説明したように，堆積岩は水や風のある場所でできる．これは動植物の生息環境と同じだ．堆積岩のでき方についてはすでに学んだ．次は，動植物が堆積岩のなかに埋もれる過程をみていこう．

岩石のなかへ

化石は大きく2種類に分けられる．体化石は，骨，歯，殻，爪，葉，枝など，生物の体が化石になったものだ．これに対して，生痕化石は，足跡，巣穴，糞など，生物が行動したあとかただ．想像はつくと思うが，体化石と生痕化石のでき方や保存のされ方はさまざまだ．

体化石ができるためには，まず体が必要だ．ふつうは死体だ（生きた動物から抜け落ちた歯や，生きのは，少数の幸運な恐竜だけだ．しかし，恐竜が死んだからといって，その体が化石になるとはかぎらない．

化石ができるには2つ目の条件が必要になる．死んだ動物，抜け落ちた歯，植物などが埋もれなくてはならない．それもなるべく早いほうがいい．死体が長いあいだ外気にさらされていると，腐食動物に食い荒らされたり，細菌がついて腐敗したり，雨風にあたってくずれてしまうおそれがある．

ステゴサウルス *Stegosaurus* が，ケラトサウルス *Ceratosaurus* と戦って傷を負い，死ぬ……

ている植物から落ちた葉は，明らかな例外）．現在の動物と同様，恐竜もいろいろな原因で命を落とした．ほかの動物に殺されたものもいるだろう．病気や事故で死んだものもいた．天寿をまっとうできた

ページの上：このステゴサウルスの骨格のような化石は，もとは生きた動物だった．

では，恐竜はどのようにして埋もれるのだろう．それは現在の動物が埋もれるのと同じだ．川の水があふれたり，砂嵐が起きたりして，大量の堆積物が一気に動いたときに動物は埋もれる．小さな恐竜が埋もれる状況はいくつも考えられる．しかし，大型恐竜が埋もれる場合はたいてい次の2つのうちのどちらかだ．1つ目は洪水で，大きな川が氾濫したり，

ハリケーンが起きて岸から水があふれたときだ．もう一つは，水飲み場が干あがったせいで急死した場合だ．中生代には（現在と同じように），乾季になると，水量がだんだん減っていく水飲み場に動物たちが集まった．とくに厳しい季節の終わりには，干あがった水飲み場の泥にひび割れが入り，たくさんの種類の動物がそのなかで息絶えていた．この死体は，雨季がおとずれると，すぐに埋没した．

化石ができるために必要な3つ目の条件はなんだろう．死体が埋もれた堆積物が岩石に変わることだ．肉や皮膚など，体のやわらかい部分はたいてい，死体が埋もれる前にすぐ腐ってしまう．しかし，骨はふつう，もっと長くもちこたえる．堆積物のなかを通る水が，泥や砂の粒，鉱物をくっつけてかためるときに，骨の表面にあいた穴から内側へ入りこみ，こうした混合物を骨の内部にも少しばかり残す．これを化石化作用という．化石のなかには，骨に侵入した堆積物がごくわずかだったため，骨が白いまま保たれ，まるで7年前（7000万年前ではなく）に埋もれたようにみえるものもある．堆積物が大量に

の食べ物や食べ方についていろいろなことがわかる．

ばらばらのかけら

博物館へ出かけたり，本書のような恐竜本を開くと，恐竜の完全な骨格が目に入ることが多い．しかし，発掘現場で完全骨格を見つけるのは不可能に近い．

化石ができるまでの段階を考えてみるといい．恐竜がほかの動物にかまれて死ねば，かみとられた部分が化石から欠け落ちる．死体がすぐに埋もれなければ，一部は食べられたり，雨風にあたってぼろぼろになるだろう．水にしばらく流されて埋もれた場合は，なくなる部分がもっと多いはずだ．そして，化石になったあと，浸食を受けて外気にさらされれば（そのおかげで化石が見つかることも多いが），外に出た部分がこわれて風化する．

このような悪条件が重なるため，化石の大半は，たった1個の歯や骨のかけらでしかない．完全な形の骨化石はめずらしい．2, 3本の骨がまとまって

……肉食動物や翼竜に食べられ……

骨にしみこんで黒くなり，落とすと割れて，ただの石にみえる化石もある．

生痕化石の一部は，これと同じような過程で保存される．恐竜の卵が入った巣が洪水や砂嵐で埋もれると，卵は（そして，なかの赤ん坊の骨も）化石になる．同様に，恐竜の糞も埋もれて化石になる．化石になった糞は糞石とよばれる．糞石からは，恐竜

見つかることはもっとまれだ．完全に近い骨格が見つかる可能性はさらに低い．そのためには恐竜が死んだあとすぐさま埋没し，なおかつ，地表にごく一部が出た直後に発見されなくてはならない．

岩石のようにかたいくちばし，角，うろこ，羽毛，筋肉

めったにない例だが，骨以外の組織，たとえばくちばし，爪，羽毛などが保存されることがある．恐竜のくちばしや角の表面は，鳥やカメのくちばし，アンテロープの角と同じように，角質とよばれる物質でできている．爪の成分も角質だ．角質は骨や歯ほどかたくないが，皮膚や筋肉よりはずっとじょうぶだ．ごくまれに，恐竜の角質が保存されることがある．そうすると，くちばしや角や爪の形を推測する手がかりが得られる．

恐竜の皮膚は，たいていは保存されない．しかし，恐竜の死体がやわらかい泥の上に横たわり，泥がかたまったときにあとかたが残ることがたまにある．こうしてできた化石から，恐竜には小さな丸いうろこにおおわれた種類が多いことが明らかになった．実は，恐竜のうろこはトカゲやヘビの（重なりあった）うろことは違って，カメやワニ，鳥の脚を包む（くっつきあって並んだ）うろこに似ていたこともわかっている．とはいっても，たいていは皮膚そのものではなく，皮膚のあとかたでしかないので，実

……近くの川が氾濫して，死体が埋もれ……

際の色はわからない．

皮膚のあとかたからは，典型的なうろこにおおわれていなかった恐竜もいたことが知られている．たとえば，一部の竜脚類の尾や，大半のカモノハシ竜の背中には，骨をなかに含まないとげが並んでいたが，これは皮膚のあとかたからしか確認できない．原始的な小型恐竜プシッタコサウルス *Psittacosaurus* の尾にはヤマアラシのものに似た長い針がずらりと生えていた．最近発見された化石がなければ，これもわからなかっただろう．

高等な肉食恐竜（コエルロサウルス類）の体は，違うものにおおわれていた．それは羽毛だ．この羽毛は，原始的なコエルロサウルス類では房状の単純な構造だが，もっと進んだグループでは，本物の羽毛になっている．羽毛のあとかたが化石に保存されている場合もあれば，もとの羽毛に含まれていた物質が岩石の表面に炭素の膜となって残っている例もある．このような炭素の層が保存される条件はめったにそろわない．20世紀の初期から，古生物学者（のうちの少なくとも何人か）は，コエルロサウルス類には羽毛があったのではないかと推測していたが，1996年にシノサウロプテリクス *Sinosauropteryx* の化石が発見されるまで確認はできなかった（その後，羽毛恐竜はほかにも見つかっている）．

化石のなかでもとくにまれな種類は，やわらかい組織が鉱化したものだろう．筋肉や腱など，ふつうならすぐに腐る部分が，ある種の細菌の作用で岩石に変わったときに，こういうことが起きる．しかしそれは，熱帯の潟湖や肉食動物の糞のなかなど，特

定の条件のもとだけだ．このような化石があると，恐竜の内部構造が見えてくる．

* * *

恐竜と歩く

体化石（抜け落ちた歯をのぞく）は恐竜が死んだあとにできる．一方，生痕化石は，恐竜がまだ生きているあいだにつくられる．生痕化石の一部（卵や

噴石）についてはすでに説明した．これらは体化石と同じ方法で保存される．

恐竜の生痕化石で最もよくあるタイプは足跡だ．足跡化石は，あとかたが残るが，すぐに洗い流されはしない程度に湿った泥の上を，恐竜が歩いたときにできる．このような場所は，湖岸や海岸，ぬかるんだ川岸にみられる．恐竜の足跡は（マッドクラックや雨痕と同様）堆積構造の一種だ．ほかの堆積構造と同じように，足跡も埋もれなければ保存されない．

恐竜の足跡からはいろいろな情報が得られる．まず，恐竜の足の裏の様子がわかる（なかには，うろこのあとがついたものまである）．恐竜の歩行跡（連続した足跡）を調べると，脚が胴体の横ではなく，ま下にのびていたことが確かめられる．昔の復元図とは違って，恐竜が尾をひきずっていなかったことも，歩行跡からわかる．尾をひきずっていたのなら，あとがついていなければおかしい．イグアナでさえ（ほとんどの恐竜よりはるかに小さいのに）尾をひきずったあとを残すが，恐竜の歩行跡にはそれがない．

恐竜の足跡からできた化石

いの大きさの獣脚類が時速38.6kmで走っていたことがわかった．最速のオリンピック選手を上まわるスピードだ．

テキサス州ではほかにも恐竜の行動を示す足跡が見つかっている．それは，狩りをしている最中のもので，巨大な捕食恐竜（たぶんカルノサウルス類のアクロカントサウルス *Acrocanthosaurus*）が，もっと大きな植物食恐竜（竜脚類のサウロポセイドン *Sauroposeidon* と思われる）を追いかけていたときについた足跡だった．2つの足跡がいっしょになるところで，捕食者のほうは奇妙な足の動かし方をしている．足の運び方が左右左右左ではなく，左右右左右というようになっているのだ．体重3tの肉食恐竜が石けり遊びをしていたのでなければ，左足が1回飛んでいる理由は次のように考えるのがいちばん簡単だ．アクロカントサウルスが強力なかぎ爪で植物食恐竜につかみかかり，1歩分ひきずられたあとに，振りほどかれたのだ．植物食恐竜は逃げきれたのか．それはわからないままだろう．残りの足跡は浸食されて消えていたので，最後まで確認することはできなかったからだ．

……骨格が化石になる．

もっと重要なのは，歩（走）行跡から恐竜が動いた速度を推測できることだ．足跡をつけた恐竜の背丈がわかれば，数式を使って速度を計算できる．予想はつくと思うが，恐竜の歩行跡の多くは歩いたときについたものだ（わざわざ泥に足を踏み入れて走ることはあまりないだろう）．だが，恐竜がかなりの速度で動いたことを示す足跡もいくつかある．テキサス州で見つかった足跡からは，人間と同じくら

絶滅した恐竜について知る直接の手がかりは，体化石と生痕化石しかない．しかし，動物の記録を完全に保存している化石はない．化石には必ず欠けている部分がある．それでも，かけらをつなぎあわせれば，恐竜の外見や生活，進化の道すじを推測することはできる．

恐竜の糞を相手に奮闘

カレン・チン博士
コロラド大学
（インタヴュアーはトム・ホームズ）

写真提供はカレン・チン

カレン・チンは変わった研究を専門にしている恐竜学者だ．彼女の研究対象は恐竜が残したものだが，骨ではない．化石になった糞だ．

科学の世界では何にでもこった名前をつけるが，恐竜の糞も例外ではない．恐竜の糞はコプロライト（糞石）とよばれる．糞石は大昔の動物の糞が化石になったものだ．糞の化石からなにがわかるのだろう．実は，糞石にはいろいろな情報がつまっている．カレンの話では，コプロライトから「大昔の動物の食べ物や，動物どうしのかかわりがわかる」そうだ．

カレンは愛用の顕微鏡で糞石を観察する．「糞を出した動物の種類を特定するのは，むりとはいいませんが，たいていはとても困難です．でも，糞のなかみを調べれば，肉食と植物食の区別はつきます．年代や地理的な位置といったほかの手がかりがあれば，いちばん可能性の高い動物をあげることができます．カナダのサスカチュワンで見つかった標本には，骨の断片が含まれていたので，たぶんティラノサウルス *Tyrannosaurus* のものでしょう．モンタナ州で掘りだされた標本にはかたい植物の組織が入っていました．これを食べたのは植物食恐竜で，カモノハシ竜ではないかと思います．」

糞石から，恐竜と環境の関係を示す証拠が得られることもある．カレンは，白亜紀後期の糞石に糞虫があけた穴があいているのを見つけた．「ここから，糞虫が恐竜とともに進化したことがはっきりしました．恐竜は大量の糞を出したはずですが，それをリサイクルするのに糞虫が一役買っていたのです．」最大の陸生動物が，ごく小さな動物を生きのびさせていたということだ．

恐竜の糞石はそう簡単には見つからない．やわらかい糞が化石になるのは，ちょうどぴったりの条件がそろったときだけだ．「恐竜の糞のもとの大きさや形は，たいていの場合，よくわかりません．大型動物の糞はくずれやすく，雨にうたれたり，踏まれたり，埋もれたりしたときに変形するからです．」カレンが見つけた糞石で最大のものは，7リットルほどもあった．

糞石がこわれると臭うのだろうか．そんなことはない．カレンの説明では，恐竜が残したコプロライトはとても古いので，臭いはしないそうだ．もう岩石になっているからだ．「でも，更新世の動物が残した200万年ほど前の乾燥した糞には，まだ有機物がたくさん含まれているので，湿らせたら臭うかもしれません」．

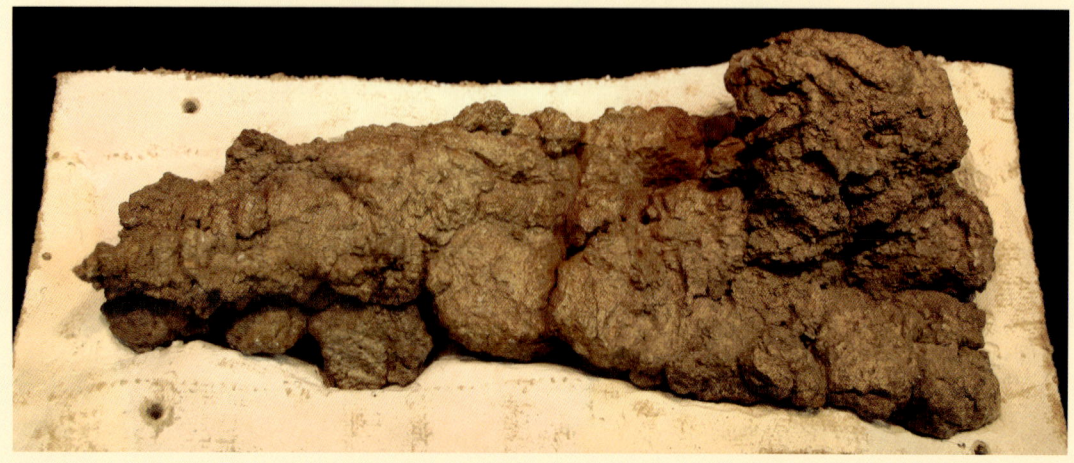

巨大恐竜は糞も巨大．ティラノサウルス・レックス *Tyrannosaurus rex* の体積が2リットルもある糞石（糞の化石）

4
地質学的時間
Geologic Time
恐竜化石の古さとその調べ方

　地質学の発見のなかでもとりわけ人々を驚かせたのは，地球の古さと，恐竜が生きていた時代の遠さだった．地球の年齢は約 **46 億年**で，恐竜が現れたのはおよそ **2 億 3000 万年前**だということが今ではわかっている．とほうもなく大きな数字だ．地球が誕生してから過ぎたこの長い期間を地質学的時間（地質年代）という．この数字はどうやって計算したのだろうか．

数値年代と相対年代

　時間の測り方にはおもに 2 つの方法がある．一つは数値で表される「数値時間」だ．午後 4 時 50 分や，西暦 2004 年 9 月 2 日という表現がそれにあたる．ポップコーンをつくるのに電子レンジに 3 分 30 秒かけるとか，ケンタウルス座のα星から地球へ光が届くのに 4.3 年かかるというように，時間の長さを数値で表すこともある．恐竜の話をする場合にも，ある時期（ティラノサウルス・レックス *Tyrannosaurus rex* は 6550 万年前に絶滅した）や，ある期間（白亜紀は 1 億 4550 万年前から 6550 万年前まで，全体で 8000 万年のあいだ続いた）を表すのに「数値時間」を使う．

　これとは別に，できごとの流れで表される「相対時間」を使うこともできる．今朝，登校前に朝食を食べたとか，アメリカ独立戦争はアポロ 11 号の月面着陸より前に起きた，という言い方だ．この表現は「数値時間」より不正確だ，ということは決してない．むしろ，「数値時間」より「相対時間」のほうが確かな場合もある．森にドングリの木が生えているとき，いつドングリが地面に落ちて芽を出し，大きな木に成長したかはわからなくても，木になる前はドングリだったこと（相対的な時間の前後関係）はまちがいない．

　1600 年代に，科学者たちは地球にも同じような見方をあてはめられるのではないかと考えはじめた．過去に起きたできごとの連続（「相対時間」で表された地球の歴史，つまり相対年代）を探りだし，できごとが起きた時期（「数値時間」で表された地球の歴史，つまり数値年代，絶対年代）をつきとめることができるのではないか，と気づいたのだ．やがて，1 つ目のほうが，2 つ目よりはるかに簡単だということがわかった．

時間の層

　地球の歴史を相対年代で表すのにまず必要なのは，岩石のでき方を理解することだった．とくに，堆積岩が層状構造，つまり地層をつくる過程を知ることが大事だ．地層は，岩石がもとあった場所から堆積場所へ運ばれ，積みかさなるだけでできる．

　岩石の層を観察して時間を言いあてる方法は，こんなふうに物が積みかさなっていく状況を考えればわかるだろう．寝室の床に，汚れた服が山積みになっている（あなたの部屋でなければいいけれど）．いちばん下にあるのは最初に脱ぎすてられた服だ．その上に，次に脱ぎすてられた服がのる．このパターン（いちばん下に最も古いもの）がずっと上まで続くので，直前に脱ぎすてた服は山のてっぺんで見つかる．

　積みかさなり方をみれば，時間の前後関係を推測できる．一つ一つの服が脱ぎすてられた正確な時間はつかめないかもしれないが，脱ぎすてられた順番はわかる．

　これと同じ原則で堆積岩を観察するのだ．ある場所で最初に堆積した最古の岩石はいちばん下にあ

ページの上：グランドキャニオンの岩石は，何億年にも達する地質年代を表している．

る．その上の層は下の層より新しく，次々たどると，最も新しい層がてっぺんにある．

　第2章で説明したように，化石を含む岩石は堆積岩だけだ．そして，ある岩石層から見つかる化石は，その層ができるあいだに死んだ生物のものだ．そうすると，ある層である化石が見つかり，その上の層で2つ目の化石が見つかったときには，2つ目の化石は1つ目の化石より新しい（現在により近い）と考えてよい．どれだけ現在に近いかはわからなくても，順番はわかる．

　岩石の層をみると，折れ曲がったり，ねじれたりして，平らではなくなっていることがある．そういう場合は，層ができたときにいちばん下になっていた部分がはっきりしない．それでも，マッドクラックやリップルマーク，足跡のような堆積構造があれば，もとはどっちが「上向き」だったか，推測できる．なぜなら，このような特徴は堆積層のいちばん上の面にしかできないからだ．そこで，堆積構造が見つかれば，いちばん新しい層を特定し，さらには層どうしの年代の前後関係も推測できる．

　地層の折れ曲がりやねじれから，相対的な時間の関係についてほかにもわかることがある．それは，折れ曲がったりねじれたりする前から，その岩石が存在していたということだ．こうした変化は，岩石ができたあとに起きたはずだ．

　ただの堆積岩ではなく，このちょっとした情報が加わったために，いろいろなことが明らかになる．たとえば，マグマがほかの岩石にもぐりこんだあとに冷えて，火成岩の板をつくるときがある．この部分はまちがいなく周囲の岩石より新しい（現在に近い）．また，前からあった岩石が浸食され，その上へ新しい岩石層が堆積していれば，浸食された岩石のほうが古いことがわかる．

ページ番号になる化石

　このように岩石の位置関係を観察すると，ある場所（たとえばグランドキャニオンなど）で起きたできごとの流れを推測できる．しかし，この観察結果は，それをほかの場所で起きたできごとと関連づけるのには役立たない．そのためには別の情報が必要になる．両方の場所の岩石から見つかり，ごくかぎられた期間しか存在しなかったものがあれば比較できる．つまり，ある時期に出現し，ある期間だけ存続したあと消滅し，二度と再び現れなかったものが役に立つのだ．

　1800年代のはじめに，ウィリアム・「地層」・スミス（なんとニックネームが「地層」）という人物が，岩石のなかから，まさにぴったりのものを見つけだした．それは化石だ．決まった期間だけ地層に現れたあと消滅する化石があるのだ．そういう化石は上や下の岩石層からは見つからない．すると，このような化石種を含む岩石は，その種が出現してから絶滅するまでのあいだにできたと考えられる．こんなふうに，化石を地球史の「ページ番号」がわりに利用できるのだ．ページ番号になる化石はやがて示準化石とよばれるようになった．

　実は，化石が決まった順番で現れる理由を「地層」スミスは知らなかった（現在のような進化論がはじめて発表されたのは1859年のことだった）が，それでもスミスの功績は大きい．

　示準化石として利用できる化石は，ごくありふれたものでなくてはならない．さまざまな場所の地層から発見できることが必要だ．しかも，比較的短い期間しか存続しなかった種がいい．

　この最後の条件は非常に大事だ．示準化石を含む岩石はどれも，その種の出現から消滅までのあいだにつくられたものだ．種が続いた期間が短ければ，いろいろな場所の地層の年代を比べるときに，より細かな数字を出せる．化石種の存続期間が5億年前から2億5000万年前だとすると，その種を含む地層の年代は，最大で2億5000万年違う．これはかなりの開きだ．だが，その種が2億5100万年前から2億5000万年前というごく短い期間しか存在していなかったら，2つの岩石層の年代差は，多く見積もっても100万年にしかならない（それでも今の人間の目から見ればずいぶん長いが，2億5000万年よりはずっとましだ）．

地質年代の名前

　19世紀から20世紀はじめの地質学者は，化石を利用して地質年代を区切り，名前をつけだした．年代区分のめやすになったのは，示準化石の大きな変化だ．あとでわかったことだが，この変化はたいてい多くの種が大量絶滅した時期を示していた．

　地質年代の区分にはそれぞれ名前がつけられた．そして，大きな区分の一つ一つがさらに細かく区切

られた．このように大きな単位を次々と小さな単位に区切っていく方法を地質年代区分とよぶ．

地質年代区分で最大の単位は累代だ．ヒトや恐竜をはじめ，顕微鏡なしで確認できる生物はほとんどすべて，顕生累代（4つの累代で最も新しい時代）のものだ．顕生累代とは「目に見える生物の時代」を意味する．

累代は代に分けられる．顕生累代は古生代（古い生物の時代），中生代（中ごろの生物の時代），新生代（新しい生物の時代）に分けられる．現在は新生代で，恐竜時代は中生代だった．古生代と中生代の境界には古生物学史上最大の大量絶滅が起きた．このとき，すべての動物種の95％ほどが絶滅している．中生代と新生代の境目に起きた絶滅事件はそれ

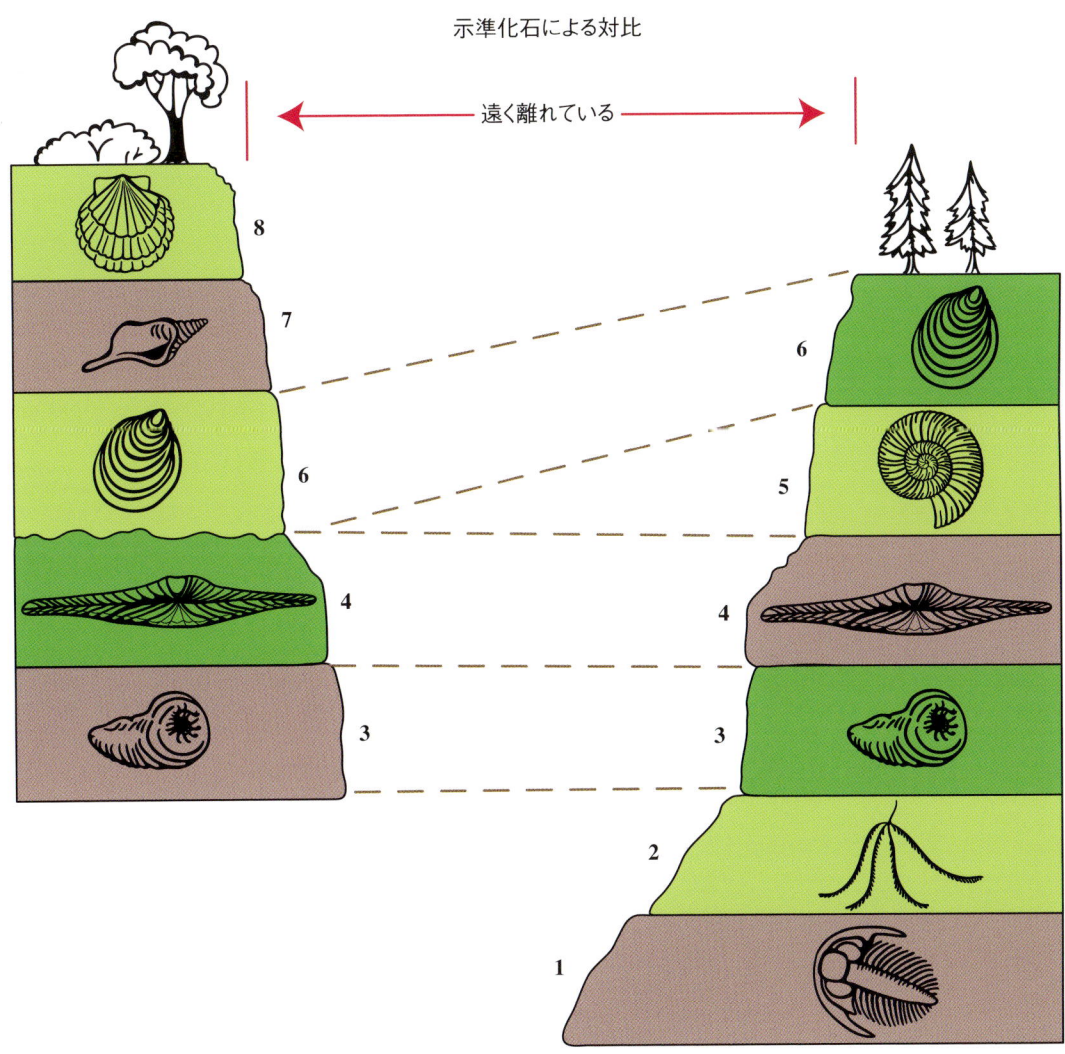

示準化石による対比

同じ示準化石を含む岩石はすべて，同じころ（その化石種の出現から絶滅までのあいだ）に堆積した．そのため，図の化石3を含む岩石はどちらも年代がほぼ同じで，化石4を含む岩石どうしもほぼ同時代のもの，というように対比できる．しかし，すべての時代の地層がそろっている場所は世界中のどこにもない．たとえば，左側の岩石の断面図には，右側より新しい地層（化石7と8を含む層）が含まれ，右側の岩石には左側より古い地層（化石1と2を含む層）が含まれている．また，左側の断面図には，化石5の年代にあたる岩石がない．これは，その時代の岩石がこの場所で堆積しなかったか，化石6を含む岩石ができる前に浸食されたからだろう．

ほどひどくなかったが，恐竜王国が終わりを告げた（だが，あとで説明するように，恐竜がすべて消えたわけではない）．

代は紀に分けられる．中生代には三畳紀（3つの部分），ジュラ紀（ジュラ山脈にちなんで），白亜紀（「白亜」はチョーク）が含まれる．

紀は，世とよばれるさらに小さな単位に区分される［訳注：世は下記のように，事実上は期と訳されることが多い．新世代では暁新世，始新世，…などと世に訳されている］．三畳紀には前期，中期，後期，ジュラ紀にも前期，中期，後期という3つの世がある．残念ながら，19世紀の地質学者は白亜紀を前期と後期の2つにしか分けなかった．地質学の名称は規則に従わなくてはならないので，白亜紀については，今でもこの2つだけの区分を押しつけられている．

ここで一つ考えなくてはならないことがある．累代や代，紀，世の説明で，数値年代にふれなかったが，それにはわけがある．昔は，地質年代区分について考えるときに数値年代を使わなかったのだ．地質年代を数値で表す方法が決まったのは，20世紀に入ってからだった．というのも，そのころまで放射能が発見されていなかったからだ．

放射年代

放射能というと，医療用のスキャナーや原子力発電所，原子爆弾のような人工物を思い浮かべることが多い．だが，自然界には天然の放射性物質がたくさん存在する．放射性元素は長い時間をかけて崩壊し，別の元素に変わる．放射能は私たちの身近にあるのだ．

100年ほど前に，すべての放射性原子が同じような方法で崩壊することがわかった．ある一定の時間がたつと，物体のなかの放射性原子の半分が崩壊し，娘生成物とよばれる原子に変わる．さらに同じ期間が過ぎると，残った放射性原子の半分が崩壊して娘生成物になり，放射性原子はもとの4分の1になり，娘生成物が4分の3をしめるようになる．そしてまた同じ期間が過ぎると，残った放射性原子の半分が崩壊し，というように続いていく．この一定の期間を半減期という．細かく調べた結果，放射性元素にはそれぞれに決まった長さの半減期があることがつきとめられた．

岩石に含まれる放射性元素と娘生成物の量を測定すると，岩石ができてからどれだけの半減期がくり返されたかがわかる．すると，放射性元素の半減期にその数をかければ，岩石の年代，つまり放射年代を計算できる．同じ岩石に対して，種類の異なる（半減期が異なる）放射性元素を使って年代を測定することも可能だ．

これに気づいた地質学者たちは大喜びした．この技術を使えば，半減期が大きく異なる元素を使っても，ゆらぎのない測定結果が得られる．いろいろな元素を使うと，それぞれの結果を比較できるので便利だ．半減期がかなり違っても，異なる元素を使った測定結果が一致すれば，正しい数値が得られたと確信できる．しかし，古生物学者にとってはやっかいな問題があった．堆積岩は放射年代測定ができないのだ．測定してみたとしても，出てくる結果は，その堆積岩の「もとになった岩石」の年代で，堆積岩そのものの年代ではない．

だが，ここで古生物学者は次のようなことを思いおこした．古い堆積岩のなかに火成岩が入りこんでいることもあれば，堆積岩が古い火成岩の上に積みかさなっていることもある．そういう場合，火成岩の放射年代を測定すれば，それと比較して堆積岩の（さらには，そこに含まれる示準化石の）年代を推定できる．こうして相対年代と数値年代をいっしょに利用できるようになった．

完全な地質年代区分

地質学者は以上の手順を世界各地で何度もくり返し，地質年代区分に数値をあてはめていった．科学で使われる数値の多くは新しい実験結果に従ってしょっちゅう書きかえられているが，数値年代も例外ではない．ある本では白亜紀の終わりを6550万年前としているが，別の本では6400万年前だったり，6600万年前だったりする．それにはこうした理由があるのだ．

右ページの地質年代区分表には，地球の歴史と生物の進化に起きた大きなできごとを書きこんでいる．この本のテーマは恐竜なので，中生代の説明がいちばんくわしい．しかし，古生物学や地質学では，ほかの地質時代も同じように研究されている．

数値年代を計算すると，恐竜時代（最初の恐竜が現れた，およそ2億3500万年前から，6550万年

前の大量絶滅まで）の長さは約 1 億 7000 万年だった．年代を考えると，恐竜時代の最後（6550 万年前）にいたティラノサウルス・レックス Tyrannosaurus rex は，ステゴサウルス Stegosaurus（1 億 5000 万年前）よりも現在に近い時代を生きていたことになる．また，T・レックスとステゴサウルスのあいだの年代差は，恐竜時代全体のちょうど半分にあたる．

さて，個々の恐竜の年代はどうしたらわかるのかという問題だが，これに答えを出す方法はたくさんある．崖の側面で恐竜が見つかったとき，もっと下の地層に含まれる化石より新しいことは，相対年代の尺度から推測できる．岩石から示準化石が見つかれば，地質年代区分のどの位置でできた岩石かを推定できる．さらに，放射年代決定法を利用して（発掘場所か，同じ示準化石を含む別の場所で測定し），数値年代の見当をつけることができる．

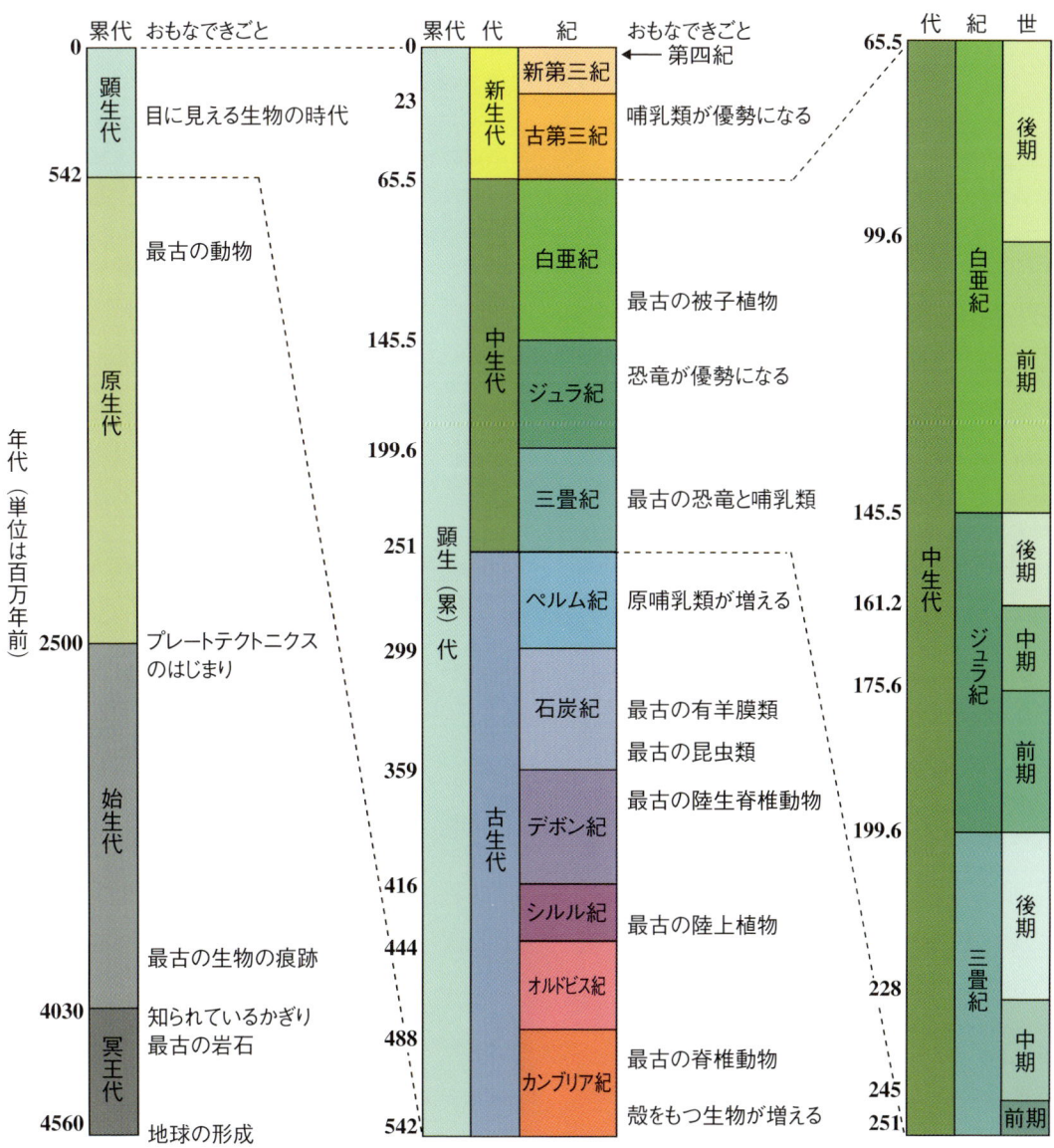

地質年代区分．単位は百万年前．左端は，地球の形成から現在までの全期間．まん中は，顕生累代（「目に見える生物の時代」）の拡大図（地球史の最後の部分にあたる 5 億 4200 万年）．右端は，「爬虫類の時代」とよばれる中生代の年代区分［訳注：累代は省略して代とよばれることが多い］．

どのくらいの古さ？──地球上の生物の進化

レイモンド・R・ロジャーズ博士
マカレスター大学（ミネソタ州セントポール）

写真提供はレイモンド・R・ロジャーズ

ところで，あなたは何歳？　きっと字が読めるくらいの歳にはなっているだろうね．でも，ご両親やおじいちゃん，おばあちゃんよりはずっと若いはずだ．おじいちゃんやおばあちゃんはずいぶん歳をとってるから．とはいっても，地球の歳にはかなわない．地球の年齢はおよそ46億年，と今の地質学者は見積もっている．私たちの住む地球や，太陽系のほかの惑星が誕生して，太陽のまわりを回りだしたのはそのくらい遠い昔だ．はじめのころの地球はとても住めた場所ではなかった．あたり一面どろどろの溶岩で，空の色もどぎつく，赤みがかった黄色をしていた．私たちが生きていくのに必要な酸素もそこにはなかった．ありがたいことに，地球は時間をかけて冷えていった．地球が冷えると，溶岩がかたい岩石に変わり，水蒸気が凝縮して水になり，生物が登場する用意ができた．

地球上の生物は最初は小さくて単純だった．まず現れたのは，現在の細菌に似た単細胞生物だ．化石の記録をみると，35億年近く前には単細胞生物がいたことがわかる．大昔の海岸でささやかな生活を始めた生物は，やがて勢いを増し，多様化していった．まもなく（といっても数十億年後だが，長い時間をあつかいなれた地質学者にとっては，まもなく），クラゲや海綿のように，今の私たちにもなじみのある動物が進化する．

さらに，5億年ほど前に海綿のあいだを魚類が泳ぎだし，ほどなく，そのあごでクラゲにかみつきはじめた．そして，勇気のある魚類が，じょうぶな肉質のヒレを使って海から陸へ上がってみた．現在の肺魚のなかまが3億7500万年前に果たしたこの大冒険は，両生類の進化へつながり，さまざまな陸生動物に道を開いた．そのなかにはカメ類や哺乳類，そしてもちろん，すばらしい恐竜が含まれていた．

恐竜がいた時代の古さや長さについては，今はかなり明らかになっている．恐竜の骨や歯がはじめて現れるのは2億3500万年ほど前の岩石で，6550万年前より新しい岩石からは見つからない．単純に計算すると，恐竜が地球上をのし歩いていた期間は1億7000万年ほどになる．

ここで忘れてはいけない大事なことが2つある．恐竜のいた世界を探るときに注意しなければならない問題だ．まず第一に，恐竜は目を引く動物だが，生物進化の長い歴史のなかではごく一部にすぎない．この歴史は今まで続いている．恐竜がいた1億7000万年は，なにからなにまですばらしい時代だが，35億年におよぶ生物史のたったひとこまなのだ．覚えておかなくてはならない2つ目のことがらは，人類や，現生人類に最も近い祖先が地球上を歩きはじめたのは，わずか数百万年前だということだ．数百万年という期間は，時の流れにすると，大きなバケツにたらされたほんの数滴でしかない．

5 発掘現場から博物館へ
From the Field to the Museum
化石発見

動植物がどんなふうにして化石になるかはもうわかった．だが，化石が見つかる場所はどうすればわかるのか．そして，化石が見つかったときは，どうしたらいいのか．

掘る場所

新種の恐竜が見つかったと聞くと，すぐさま外へ飛び出して自分も恐竜化石を発掘したい，と多くの人が思うだろう．ところが，恐竜の化石はなかなか見つからず，岩石からとりだすのも同じくらいむずかしい．

恐竜化石は，恐竜が生きていた時代にできた岩石からしか見つからない．だから，古生代や先カンブリア時代の岩石のどこを探してもむだだ．なぜなら，これらの時代は恐竜が現れるよりずっと前だからだ．また，新生代の岩石から見つかる恐竜化石は（恐竜の一種である）鳥類か，古い岩石が浸食されて外へ出たあとに新しい堆積物に再び埋もれて岩石となったものだけだ．

恐竜化石を見つけたければ，まず最初に，中生代にできた岩石を探すことだ．こういう岩石はあちらこちらにあるが，そのすべてに化石が含まれているわけではない．たとえば，火成岩にも変成岩にも化石は含まれない．海でできた岩石に恐竜化石が入っていることはごくまれで，恐竜の足跡や糞石はまったく見つからない．

恐竜化石を見つけるには，中生代に「陸上でできた」岩石を探す必要がある．うれしいことに，このような岩石がむきだしになっている場所は，地球上にたくさんある．

むきだしという点はとても大事だ．岩石が地中にすっかり埋もれていると，化石がなかにあるかどうか知りようがない．化石が地表に近づいたり，一部が表に現れたときにはじめて見つけることができる．新しい自動車道や建物を造ろうとしたときに化石が出てくることもときたまあるが，「母なる自然」に掘りだしてもらうのがいちばんだ．つまり，雨風に浸食された岩石を探すのだ．このような岩石に含まれる化石の一部が，時間をかけて外に出てくることがある．そうすると，歯のかけらから，一面に広がる恐竜の歩行跡まで，いろいろな化石を見つけることができる．

ページの上：ワイオミング州のシェルに近い場所にある，恐竜化石を含む堆積岩

ワイオミング州のシェル付近で，ジュラ紀後期の恐竜の骨の発掘を手伝う著者．10年以上前で，今よりほっそりとした形態だった（つまり，もっとやせていた）．

化石を掘りだしたあとに保護する作業には、時間と忍耐、そして石膏とトイレットペーパーが必要だ。

テレビや映画ではよく、古生物学者が大がかりな調査隊を組んで恐竜化石を探す様子が映しだされる。たしかにこうした大規模な調査も行われるが、ほとんどの恐竜化石はその気で探していたのではない人間が発見している。偶然見つかるのだ。別の目的で地面を掘っていた人間が見つけることもある。たとえば、ハドロサウルス Hadrosaurus の骨格をはじめて見つけたのは、ニュージャージーで家の土台を造るために地面を掘っていた人だった。ただ散歩をしていただけで化石を見つけた人もいる。ある有名なティラノサウルス Tyrannosaurus の骨格は、モンタナ州の牧場主がちょうどいいタイミングで地面をながめていたときに見つかった。地質学者や、別の分野の科学者が、自分の研究のために岩石を調べていたときに、たまたま恐竜の骨や卵、足跡に出くわすこともある。恐竜学者がお気に入りの恐竜を掘りだす目的で調査中に、実際に恐竜化石を見つけることは少ない。

こそげおとす

恐竜の骨が見つかったら、すぐにシャベルや掘削機で掘りだしてはいけない。恐竜の化石はとてももろいので、ていねいにあつかわないとくだけてしまう。運よく化石の骨らしきものを見つけたら、岩に埋まったままにして、プロの科学者に見てもらったほうがいい。質のいい化石の多くは、がまんできずに掘りだそうとしたために、こわれている。

化石そのものより、化石が埋まっている現場について考えなくてはならないことも多い。岩石のなかに骨が埋まっている状態から、その動物になにが起きたかがわかる。川の氾濫で死んだのか。動物に食い荒らされてばらばらになったのか。太陽に照らされて乾燥したのか。化石をとりかこむ岩石に、皮膚のあとかたなど細かな部分が残っているかもしれないが、これは簡単にくずれるおそれがある。

恐竜の発掘には余分なものを「こそげおとす」という言葉のほうがぴったりくるのは、こういう理由があるからだ。実際に恐竜化石を岩石からとりだす段階になると、プロは歯科用のピックと移植ごてなど、細かな作業に向いた道具を使う。シャベルや掘削機、削岩機を使うのは、何トンもある岩石が上にのっているときだけで、化石に近い部分の岩石をけずるときには絶対に使わない。

自然に外へ出てきた骨が見つかると、古生物学者と協力者のグループが野外調査を始め、近くにほかの化石がないかどうかを調べる。骨1本で終わる場合もあるが、ときには1本の骨が骨格全体につながっていることもある。ごくまれにだが、骨格がほかにもたくさん見つかるときがある。こうしてうまく恐竜化石を見つけたあとは、掘りおこす作業が待っている。それに何年もかかることもあるが、化石からは新しい情報がたくさん得られるだろう。

化石の掘りだしを現場ですべてやり終えるのもやめたほうがいい。化石はこわれやすいので、動かそうとしただけでばらばらになるかもしれない。そのため、古生物学者は見つけた化石をジャケットで包む。化石のまわりの堆積岩を一部残して、石膏や発

作業室へもち帰って，まわりの岩石をていねいにとりのぞくと，化石が現れる．

泡プラスチック，黄麻布でいくえにも包み，化石とまわりの岩石を保護するのだ．保護材が化石にくっつくのを防ぐために，あいだにはさむものも必要になる．これはセパレーターとよばれる．「むかしむかし」はライスペーパーを使ったが，今はトイレットペーパーをセパレーターにするほうがはるかに多い．トイレットペーパーでも同じ役目を果たせるし，ほかの使い道もあるからだ．

博物館へもち帰って，コレクションに入れる

化石の埋まっている場所で情報を集め，全体を保護材で包めば，標本を博物館の研究室へ運んでもいい．研究室では，もっと細かく化石を調べることができる．

化石の保護材をはずし，いたんだところを補修する仕事は，プレパレーターとよばれる専門家のグループが行う．プレパレーターがみずから科学的な研究をするとはかぎらない（する人もいる）が，プレパレーターがいなければ，ほかの研究者は仕事ができない．この作業にはかなりの技術と時間が必要になる．そのため，多くの博物館には，ずいぶん前に発掘して保護材で包んだまま，処理をしていない化石がある．（100年以上前の保護材がついた化石をもっている博物館もあるくらいだ．）それでも，なれない人間にまかせたり，急いで作業をしたりすれば，化石をこわすことがあるので，処理をせずに保護材に包んだままにしておくほうがまだましだ．

化石の処理をするときには，古生物学者が確認のために立ちより，化石の形などの特徴を細かく調べて書きとめる．化石に特別変わったところがあれば（新種のようだったり，前に見つかった骨格にはなかった部分だったりすれば），研究者はすぐにノートをとりはじめる．本当に特別な化石だということがわかると，その説明をくわしく記載し（そして公表し），この発見をほかの科学者に知らせたいと思うだろう．

すべての化石から新しい情報が得られるわけではない．しかし，新発見であっても，ハドロサウルス類の肋骨がまた1本見つかっただけであっても，博物館の所蔵品として登録しなくてはならない．つまり，標本に固有の番号をつけて，研究している博物館のコレクションに入れるのだ．できるだけたくさんの情報（どの種に属している動物の，どの骨で，いつ，どこで，どの岩石層から見つかり，誰が収集し，誰が同定したか，といったこと）を集めて，データベースに入れれば，将来，研究者がまた調べなおすことができる．

博物館のコレクションには登録されている化石が数多くあるが，すべてを展示するのはむりだ．そこで，世界中どこの博物館でも，展示室の裏に倉庫を造って，化石を天井まで積みあげている．人によっては，つまらないところと思うだろうが，研究者にとって，この倉庫はとても重要だ．倉庫に保管されている化石は，別の場所で見つかった化石のかけらを同定するのに使えるかもしれない．新しい発見物と比較するためにも必要だ．ときには，たいしたことないと思われていた標本に，捕食者の歯形や病気のしるしなど，役に立つ情報が含まれていることも

ある．実は，新種の恐竜の多くは，何十年も前に登録された標本を古生物学者が観察しているときに命名されている．登録した当時は，新種だとは気づかなかったのだ．

展示に値する数少ない骨格

博物館の化石がすべて展示されていないのはなぜだろう．まず第一に，全部展示したら退屈でしかたがないものになるからだ．みてみたいと思うほどの肋骨や指の骨は，ほんの少ししかない．それに，展示場所も足りない．頭骨1つを展示するスペースがあれば，標本をいくつも保管できる．

では，どんな標本が展示室に飾られるのだろうか．ふつうは，サイズが大きいなどの特徴があって，大勢の人にみせる価値がある重要な化石が展示される．骨格が完全に近い恐竜化石ほど，展示される可能性は高い．結局のところ，たいていの人間は，たった1個の骨より，完全な骨格を見たいだろう．

しかし，完全な骨格を組みたてて展示するのは簡単ではない．骨をまとめる筋肉や腱，皮膚がないのに，正しい位置に骨がおさまるようにしなくてはならないからだ．おまけに，完全な化石はめったにないので，たいていは，たくさんの不足部分をおぎなわなくてはならない．昔は手近にある骨をなんでも使って埋めあわせた．その結果，フランケンシュタインの怪物を思わせる奇妙な展示物ができあがった．たとえば，トリケラトプス *Triceratops* の骨格にカモノハシ竜の足をつけたり，大きさの違う標本をつなぎあわせてステゴサウルス *Stegosaurus* の骨格をつくったりしていたのだ．

今はプラスチックで骨の複製をつくっている．コンピューターとレーザースキャナーを使えば，左の上腕骨から左右が逆のコピーをつくり，欠けている右上腕骨をおぎなうこともできる．

恐竜の展示用骨格は，組みたてるのにもずいぶんお金がかかる．そのため，残念なことに，恐竜の立ち方や腕のかまえ方が昔のイメージとは違うことがわかっても，組みたて方を変更しない博物館が多い．こういう理由から，ほとんどの博物館には時代遅れの展示物が残っている．そういう恐竜骨格はすみずみまで正確とはいえないが，それでも見ごたえがあることにかわりはない．

今度，博物館へ行ったときは，展示物をながめて楽しむだけでなく，それを組みたてた人たちが一生懸命頭を使い，苦労したことを，少しのあいだでいいから思い出してほしい．プレパレーターの仕事はすばらしいが，その努力が恐竜本やテレビ番組で紹介されることはほとんどない．

骨をつなぎあわせて展示用骨格をつくるのは大仕事だ．

恐竜を組みたてる

ジェイソン・「チューイ」・プール
［訳注：「チューイ」は映画『スター・ウォーズ』に登場するチューバッカの愛称］
自然科学博物館（フィラデルフィア）

トーマス・R・ホルツ撮影

最後に博物館で恐竜骨格をみたのはいつだった？ 誰が組みたてたのだろうと考えたことはある？

化石のプレパレーターは大昔の動植物を相手に仕事をする人たちだ．プレパレーターは化石を含む母岩をていねいにとりのぞき，化石をとりだす．

恐竜の化石はかたい岩石に入っていることが多い．地下から骨格を掘りだすのに数週間から数年かかる．一度に掘りだせる骨は数本だ．化石は，保護のために，黄麻布の包帯とどろどろの石膏でつくった「フィールドジャケット」に包まれる．腕や脚が折れたときにつけるギプスと同じだ．骨のまわりの岩石はささえにもなるので，作業室へ運ぶまでのあいだ，一部はたいていつけたままにしておく．化石が作業室へ運びこまれたところで，プレパレーターの仕事が始まる．

化石が到着すると，プレパレーターは化石をクリーニングし，こわれるのを防ぐための処理をする．

ばらばらのかけらになった恐竜化石をつなぎあわせて組み立てるのは，完成図なしにジグソーパズルを組み合わせるようなものだ．この作業を助けるために，恐竜化石を掘りだした人からいろいろな情報が渡される．発掘現場の地図や，発掘前と発掘中の写真も情報の一つだ．骨が見つかったときの状況を説明するスケッチやメモもあるだろう．こうした情報はどれも，骨を正しくつなぎあわせるのに役立つ．

フィールドジャケットを開いたばかりのときには，なかの骨はまだ岩石や泥，沈殿した鉱物に一部おおわれている．これを小さなノミやキリ，歯科医が歯を掃除するのに使うようなピックで，念入りにとりのぞく．岩石などの余分なものは，化石を傷つけないようにしながらはがさなくてはならない．

化石は乾燥していて衝撃に弱く，ひび割れることがよくある．ひび割れたりこわれたりしたところは，特殊な接着剤や留め具で固定する．腕のいいプレパレーターは，化石の傷をそれ以上広げずに固定する方法をいくつも身につけている．この作業が終わるまでに数週間から，場合によっては数か月もかかる．

化石プレパレーターの仕事はいらいらするほど手間がかかるように思えるかもしれない．けれども，その見返りは大きい．なにしろ，復元された化石を誰よりも先にみることができるのだから．プレパレーターの仕事は，化石の発見に負けないくらい，わくわくするものなのだ．

恐竜化石のクリーニングがすんで，じっくり観察できるようになると，古生物学者が化石を調べはじめる．そして，どういう種類の恐竜かを見定める．ときには，驚くような情報が得られることもある．歯形や，病気にかかったしるし，骨折のあとが見つかるかもしれない．新しい発見が１つあるたびに，恐竜というジグソーパズルを完成させるこまが１つ増える．

恐竜骨格の一部は，博物館で展示されて人々の目にふれる．ほかの科学者が調べられるように，研究室へ運ばれる標本もある．化石のコレクションは，科学者が化石について情報を集めるための図書館のようなものだ．

恐竜骨格を組みたてるときには，キャスト（実物の骨からつくったプラスチックの複製）を使わなくてはならないこともある．

6
恐竜を生き返らせる
Bringing Dinosaurs to Life
恐竜アート

この本の読者なら,きっと恐竜をながめるのが好きなはずだ.そして,恐竜をながめるのが好きなら,同じ恐竜でもずいぶん違う絵があるのを不思議に思ったことがあるだろう.

恐竜を復元するのは(少なくとも博物館やこの本の復元図は)古生物アーティストとよばれる人たちの仕事だ.古生物アーティストは,生きていたときの恐竜の姿を図や絵,彫刻,コンピューターの立体映像でよみがえらせる.しかし,正しく恐竜を復元するには,恐竜学を学ばなくてはならない.

骨格からスタート

古生物学者の恐竜研究がまず化石から始まるように,古生物アーティストが恐竜を復元するときにも,化石から出発する.化石の情報が多いほど,復元図も科学研究もより正確になる.19世紀に描かれた恐竜の絵がまちがっているようにみえるのは,そういう理由があるからだ.当時の科学者やアーティストはとぼしい材料をもとに大昔の姿を想像するしかなかった.そのため,過去の復元図をみると,メガロサウルス *Megalosaurus* は2本足ではなく4本足で立ち,ティラノサウルス *Tyrannosaurus* は尾を引きずっている.

理想をいえば,完全な骨格をもとに復元するのがいちばんだ.しかし困ったことに,すべての恐竜について完全な骨格が見つかっているわけではない.実は,完全骨格がある恐竜はごくわずかなのだ.それに骨格がすべてそろっていても,たいていはばらばらの状態で,死んだときの様子しかわからない.生きていたときの姿を知るには,まず,恐竜の骨格を(せめて紙の上だけでも)もとどおりに組みたてる必要がある.欠けている骨はおぎなって,全体の骨格を再現するのだ.

ページの上:ルイス・レイが科学と芸術を組みあわせて,スティラコサウルス *Styracosaurus* をよみがえらせる.

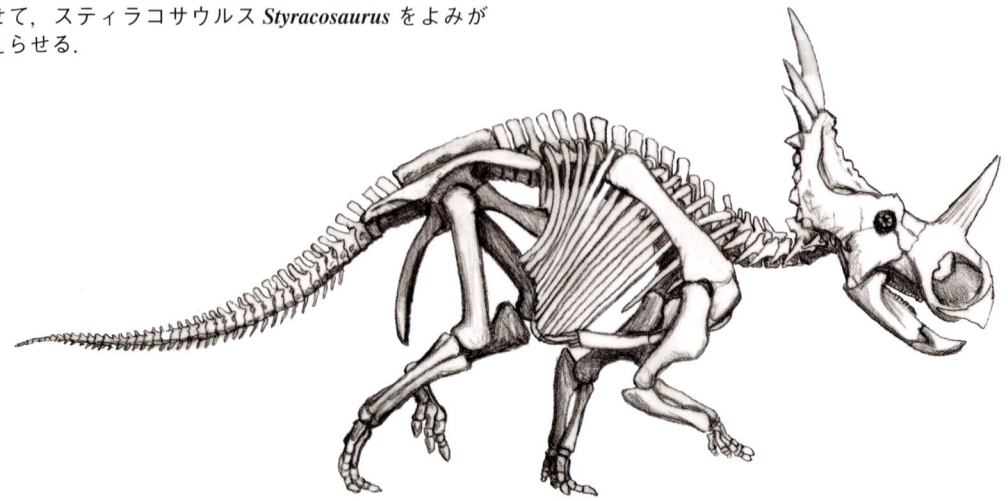

恐竜復元の第一歩は骨格の復元だ.

骨格が全部あれば正しく組みたてるのは簡単だ,と思うかもしれない．骨の一つ一つをとなりの骨の関節にきちんとはめていくだけでいいじゃないか,と．ところが,それでも混乱は起きる．たとえば,肩甲骨は関節でほかの骨と実際につながっているのではなく,本当は軟骨でささえられているが,この軟骨は化石にならない．そこで,肩甲骨と,それにつながる腕がおさまる位置は,いつでもあいまいな推量に頼るしかない．

混乱を招くもう一つの原因は,骨が埋もれて堆積岩に保存されるときに,ゆがんで変形しがちなことだ．形が変わっていることが明らかな場合もあるが,そうでない場合もある．正しく復元するためには,その違いを見ぬけなくてはだめだ．

化石の骨に足りない部分があるときは,ほかの骨から得た情報を使って復元するのがのぞましい．たとえば,化石に右脚が欠けているときは,左脚を使って「鏡像」をつくると,骨格を完成できる．背骨に欠けているところがあるなら,前後の骨から形を推測して埋める．

同種や近縁種の骨格が別にあれば,その情報をもとに足りない部分を推測する．だが,かなり気をつけないといけない．なにしろ,同じ種でも,すべての個体が同じ大きさとはかぎらないので,そこから取った骨も大きさが違うかもしれないからだ．たとえば,上半身は身長180cmをこす重量挙げ選手で,下半身は身長120cmの体操選手という組みあわせで,ヒトの骨格を復元したとしたら,とんでもない姿になる（実際,昔はこのくらい変な復元をされた恐竜もあった）．

見つけた骨をどうあつかったらいいかわからないときもあるだろう．その有名な例がイグアノドン *Iguanodon* の親指だ．イグアノドンの化石は円錐形の奇妙な骨といっしょに見つかった．しかし,その骨がどの位置にあったのかはわからなかった．発見者たちは,鼻についていた角だろうと考えた．そのため,長いあいだ,イグアノドンは鼻に角のある姿で描かれていた．もっと完全に近い化石が見つかったときに,はじめて,この骨が実はスパイク状の親指だったことがわかった．

古生物アーティストが復元図を描くとき,一部が欠けていることを示すために,空白を残したり,その部分だけ破線にすることもある．骨格だけの復元ならそれでもいいが,完全な復元図を描くときにはこの手は使えない．

筋肉と内臓

骨格は復元のわくぐみになるが,最初の一歩にすぎない．骨格ができたあと,肉づけをほどこし,筋肉や腱,内臓といった,やわらかい組織を加える（ここで本当に重要なのは筋肉だ．腸や胃などの位置がわかれば,腹部を埋めるのに役立つが,動物の形を

骨格を復元したあと,筋肉や腱を付け加える．

筋肉と内臓の配置を決めるためには，現生動物の内部の構造について知る必要がある．現生鳥類は恐竜の系統から生きのびているグループなので，ある程度の情報はここから得られる．しかし，鳥類はかなり違う環境に適応しているため，ほかの恐竜とは体の形も大きく異なる．そうすると，鳥類だけでは不十分だ．古生物アーティストは，ワニやトカゲのような現生爬虫類の内部構造についても勉強しなくてはならない．

以上の動物（現生鳥類，恐竜，ワニ類，トカゲ類）はすべて，共通の祖先をもつので，体の構造を決める基本的な設計図は同じだ．ということはつまり，グループによって筋肉の大きさに違いがあっても，筋肉がついている位置はだいたい同じだろう．だとすれば，恐竜の骨格の正しい位置に筋肉をつけるのに，現生動物の情報を利用できる．筋肉の多くは骨の特定の表面やふくらみ，こぶ，突起につく．このような筋肉の付着点を正確にとらえることができれば，それぞれの筋肉をどこにつければいいかがわかる．

外側を付け加える

骨に筋肉をつけたら，次は，外側の復元だ．これがかなりやっかいだ．恐竜の皮膚の表面については，過去10年のあいだに，ずいぶんとらえ方が変わっている．

ほかの動物と同じように，恐竜の皮膚も筋肉や内臓を包んでいた．だが，動物のグループによって，皮膚をおおう外皮の種類は違っている．哺乳類はたいてい毛皮に包まれている．トカゲやヘビはうろこ，カメやワニはうろこと甲板，鳥類はうろこと羽毛をもつ．両生類の皮膚は「むきだし」だ（ヒキガエルのように，かなりでこぼこしていることもあるが）．恐竜は爬虫類なので，うろこにおおわれていただろうと，科学者はずいぶん前から推測していた．実際，恐竜の皮膚のあとかたは，1世紀以上前から見つかっているので，恐竜のうろこがワニやカメの足についているものに似ていたことはわかっている．つまり，いろいろな大きさのこぶがたくさんつらなった形で，トカゲやヘビのように，うろこが重なりあってはいなかった．

しかし，恐竜の体を包んでいたのはうろこだけではなかったようだ．過去数十年にわたる研究で，現生鳥類が恐竜の系統の生き残りだということは明らかになった．そこで数十年前から，古生物学者は，鳥類を包む特別なおおい，つまり羽毛をもつ恐竜がどれだけいたかという問題について考えをめぐらしてきた．最古の鳥類が現れるまで羽毛は進化しなかったので，中生代の「ほかの」恐竜には羽毛はなかった，と言う者もいた．一方で，最古のきわめて原始的な種類も含めて，たくさんの恐竜グループに羽毛があった，と推測する者もいた．

筋肉を皮膚でおおう．

恐竜の皮膚のあとかたから，うろこの大きさや形はわかるが，色はわからない．

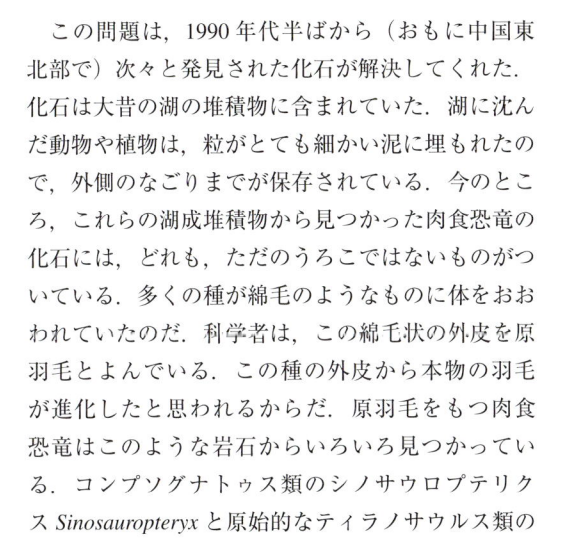

ミクロラプトルのような恐竜には，うろこのほかに羽毛もあった．

　この問題は，1990年代半ばから（おもに中国東北部で）次々と発見された化石が解決してくれた．化石は大昔の湖の堆積物に含まれていた．湖に沈んだ動物や植物は，粒がとても細かい泥に埋もれたので，外側のなごりまでが保存されている．今のところ，これらの湖成堆積物から見つかった肉食恐竜の化石には，どれも，ただのうろこではないものがついている．多くの種が綿毛のようなものに体をおおわれていたのだ．科学者は，この綿毛状の外皮を原羽毛とよんでいる．この種の外皮から本物の羽毛が進化したと思われるからだ．原羽毛をもつ肉食恐竜はこのような岩石からいろいろ見つかっている．コンプソグナトゥス類のシノサウロプテリクス *Sinosauropteryx* と原始的なティラノサウルス類の

ディロング *Dilong* はその一部だ．
　それだけではなく，本物の羽毛をもつ恐竜もいる．それは鳥類と，鳥類に最も近い種類の恐竜だ．たとえば，カウディプテリクス *Caudipteryx* やプロトアルカエオプテリクス *Protarchaeopteryx* のようなオヴィラプトロサウルス類，ミクロラプトル *Microraptor* やシノルニトサウルス *Sinornithosaurus* のようなデイノニコサウルス類（ラプトル類）がそうだ．鳥類，オヴィラプトロサウルス類，デイノニコサウルス類はみな，マニラプトル類とよばれる肉食恐竜グループに含まれる．これまでのところ，マニラプトル類の外皮が見つかるたびに，腕や尾に（ときには脚にも）幅の広い羽毛があり，体の残りの部分はもっと小さめの羽毛に包まれていたことが明ら

上の写真のような化石に残るうろこの模様から，皮膚の肌あいを復元する．

かになっている．そうすると，マニラプトル類はすべてこのような外皮をもっていたものと推測できる．

シノサウロプテリクスやディロングに比べて，鳥類との関係が遠い恐竜では，まだ原羽毛は見つかっていない．ほかの肉食恐竜グループで確認できているのは典型的な恐竜のうろこだけだ．しかし，現生鳥類のことを考えると，注意が必要だ．もし鳥類がすべて絶滅していて，ニワトリやダチョウの脚のあとかたしか見つかっていなかったら，鳥類には羽毛がなく，うろこしかついていなかったと思いこむだろう．実際は，現生鳥類のすべてにうろこと羽毛の両方がある．ある肉食恐竜の体にまったく羽毛が生えていなかったことを証明するには，体のすみずみまで皮膚のあとかたが残っている必要がある．しかし，皮膚のあとかたの一部が見つかることさえまれなので，どれだけの数の肉食恐竜に原羽毛があり，体のどの部分に生えていたかをつきとめるのは，今はまだ不可能だ．そのため，原始的な肉食恐竜の外皮について推測するときには用心しなくてはならない．原羽毛をもっていたものもいれば，うろこしかもたなかったものもいるだろう．その区別がはっきりしない以上，どの復元図もあて推量にすぎない．十分な情報にもとづいていても（そう期待したいが），あくまであて推量だ．

古生物アートは科学的な仮説の一種とみなすことができる．ほかの仮説と同じように，手に入るなかで最も確かな証拠を利用する．したがって，ヴェロキラプトル Velociraptor の外皮がまだ見つかっていなくても，今までに知られているヴェロキラプトルにいちばん近いなかまがすべて腕と尾に幅の広い羽毛をもち，そのほかの部分には小さな羽毛がついているのなら，ヴェロキラプトルも同じだったと推測できる．これがまちがっていることを証明するには，そのような羽毛がないことを示す皮膚のあとかたを見つける必要がある．そのため，奇妙だと思う人たちがいたとしても，ラプトル類に羽毛があったという説を古生物学者は受けいれ，一流の古生物アーティストたちも，この説をもとに復元図を描いている．

最近の発見で，一部の植物食恐竜が独特の外皮に包まれていたことがわかった．小型で植物食の角竜類のプシッタコサウルス Psittacosaurus は，シノサウロプテリクスが埋もれていたのと同じ中国の湖成堆積層から見つかった．皮膚のあとかたからすると，プシッタコサウルスの体の大部分は恐竜によくみられるうろこでおおわれていたようだが，尾の部分のあとかたはずいぶん違っていた．尾の上端に，しなやかで細長い羽軸のようなものがずらりと並んでいたのだ．これはうろこでも羽毛でもなく，原羽毛ですらない．もしかすると羽毛と進化上のつながりがあるかもしれないが，原羽毛や本物の羽毛とは別に発達した可能性もある．そうすると，ほかの恐竜にはまた違った種類の奇妙な外皮があったかもしれない．シチメンチョウの肉垂やオンドリのトサカ，ライオンのたてがみのように，現生動物にはもっとめずらしい特徴がたくさんみられるが，こうした特徴は骨格には現れない．生きている姿を目にすることができなければ，そういうものが存在したとはわからないだろう．

さて，恐竜に色づけをする前に，まだ考えなくてはならないことがある．それは鼻孔やほおといった，外部の細かな特徴．恐竜の鼻孔が外側のどこについていたかということや，一部の恐竜にほおがあったかどうかという問題については，今も議論が続いている．恐竜の骨格にはたいてい大きな鼻孔があいているので，以前は，古生物アーティストの多くが，肉づけをほどこしても鼻の穴を大きく描いていた．だが，頭骨にあいた鼻孔はたいてい，いろいろな種類の生きた組織で満たされている．外へ向かって穴があいているだけではないのだ．オハイオ大学のラリー・ウィトマーと共同研究者は，現生動物の頭骨とやわらかい組織を観察し，実際に鼻孔がついている位置には血管や神経が通る小さな穴があることを発見した．そして，恐竜の頭骨を観察すると，鼻孔が上向きにあいていても，小さな穴は鼻先にあることがわかった．そこで，どの恐竜でも，肉がついていたときの鼻孔は鼻先にあったものと，今の古生物学者や古生物アーティストは考えている．

ではほおはどうだろうか．ほおについては第26章をごらんいただきたい．

色の問題

最後は，色の問題だ．現生動物の色や模様にははっきりとした特徴がある．ダチョウの雄は黒色と白色

右ページ：シノルニトサウルスと死んだ孔子鳥 Confuciusornis の，色つき復元図

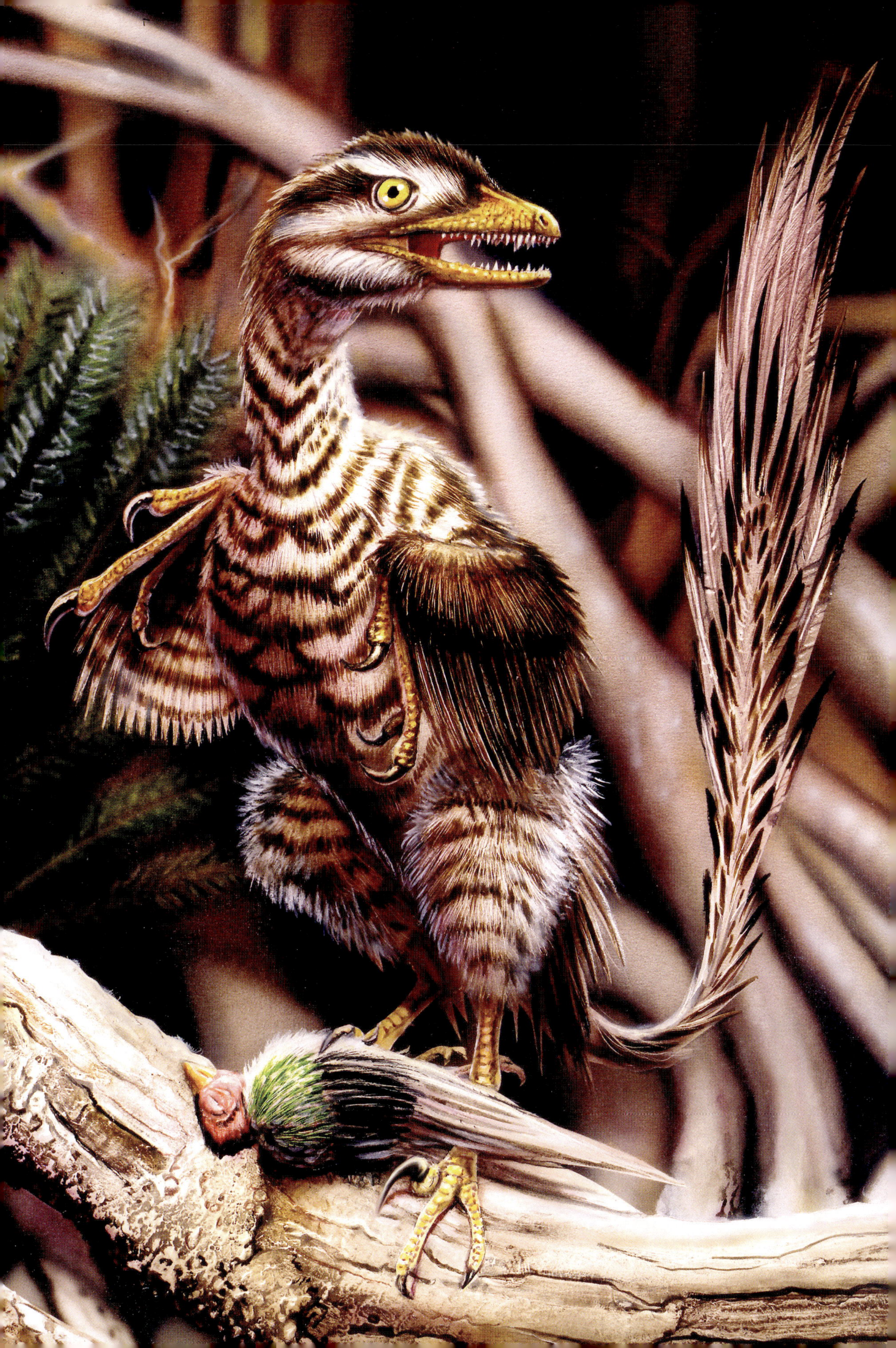

40 ●恐竜を生き返らせる

左と下：色はふつう，化石に保存されないので，自分なりの判断や現生動物についての知識，想像力をたよりに絵の仕上げをする．

の羽毛，オウムはあざやかな色，シマウマはしま模様，チーターは斑点が特徴だ．残念ながら，こうした色や模様は「皮1枚」だけのものなので，骨や外皮のあとかたからは見わけられない．

　恐竜の化石も同じだ．中生代のどの恐竜についても，色を知る手段はまったくない．はでな模様をもつ種類もいれば，地味な種類もいたはずだが，どの恐竜がどっちに入るかはわからない．ただ，むりのない推測はできる．剣竜類のプレートや角竜類のえり飾りのように，大きく目立つ表面がある場合は，たぶん，ほかの恐竜にこれを見せつけただろう．すると，少なくともある期間だけでも，こうした構造には明るい色がついていたと考えてもおかしくはない．

　現生動物のなかで，中生代の恐竜に最も近い子孫やなかま（つまり，鳥類や爬虫類）はみな色をしっかり見わけられるので，絶滅した恐竜もそうだった

と思われる．すぐれた色覚をもつ動物はあざやかな色をしていることが多い．少なくとも繁殖期には，相手をひきつけるために，はなやかな色を身につける傾向がある．

　一方，ハンターの恐竜があまりにもはでな色をしていると，別の恐竜をつけねらうときに困るし，植物食恐竜の色もあざやかすぎると，ハンターが近くにいるときにねらわれやすい．そうすると，恐竜の多くは，まわりにとけこむ色をしていただろう．

　古生物アーティストになりたい人には，こう助言したい．恐竜の色の復元は（タイムマシンでもなければ），まちがっていたとしても証明がむずかしい．だから，想像力を働かせて色づけすればいい．だが，復元しようとしている動物は，昔は生きて呼吸をしていたのだということを忘れずに，なるべく本物らしい姿にしてほしい．恐竜アートはいつでも恐竜学にもとづいていなくてはならないのだ．

7 分類学
Taxonomy
恐竜の名前はなぜ奇妙なのか？

恐竜の名前はおもしろいと若者は思い，年かさの人たちはむずかしいと感じる．短い名前（メイ *Mei* など）でも，長い名前（ミクロパキケファロサウルス *Micropachycephalosaurus* など）でも，恐竜の名前はネコ，ワニ，ウマといった現生動物の名前とはずいぶん違う．それはなぜだろうか．

学名

「ネコ」や「ワニ」や「ウマ」は動物をさす普通名詞だ．人間は何千年も前からこれらの生き物を知っていたので，はるか昔にこういう名前を思いついていた．どの文化でも，目にふれる生き物には普通名詞がついている．「耳が三角形で，ヒゲが長く，引っこめることのできる鋭いかぎ爪をもつ，毛皮におおわれたもの」というより，「ネコ」といったほうが簡単だからだ．

しかし，困るのは，それぞれの文化で独自の名詞がついていることだ．そのため，英語で「キャット」とよばれる動物が，スペイン語では「ガト」，フランス語では「シャ」，ドイツ語では「カッツェ」，日本語では「ネコ」，中国語では「マオ」，スワヒリ語では「パカ」，古代ラテン語では「フェリス」と「カトゥス」，古代ギリシア語では「アイロウロス」というように，違った名前を与えられている．

1600年代から1700年代の自然科学者や言語学者は，一般的な呼び名がこれだけ多くあることは問題だと考えた．そして，それぞれの地域でどうよばれていても，同じ動物や植物をさすなら，世界中の人々が使える共通の名前が1つだけあればいいのにと願った．つまり，分類学の必要性を感じ，生物に学名を与える規則をつくりたいと思ったのだ．

現在の命名法の基礎をつくった中心人物はスウェーデンの博物学者カール・フォン・リンネだ．リンネは1700年代の学者なので，当時の学者の多くと同様，ラテン語で本を書いた．この時代には，世界中の教養ある人間はたいていラテン語を読むことができたからだ．そこで，著書のなかでは，カール・フォン・リンネという名前ではなく，ラテン語名のカロルス・リンナエウスが使われている．リン

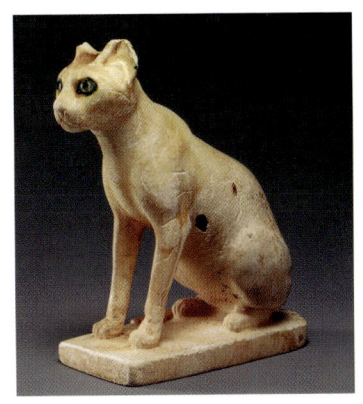

ページの上：リンネ式分類法を考案したカロルス・リンナエウス．上：各言語で（古代エジプトや19世紀のアメリカ，20世紀のフランスの言語など）「ネコ」をさす言葉はそれぞれ違っている．しかし，世界中の科学者はこの動物種をさすのに「フェリス・カトゥス *Felis catus*」という同じ学名を使う．

ネが考えついた命名の法則は，リンネ式分類法とよばれている．

リンネがラテン語のペンネームを使ったことを考えれば，動植物にラテン語の名前をつけたのもそれほどの驚きではない（リンネは岩石や鉱物にもラテン語名をつけたが，地質学者はリンネ式分類法をあまり好まず，別の命名法を考えだした）．

リンネ式分類法はいくつかの規則からできている．すべての名前をラテン語やギリシャ語でつけるか，少なくともラテン語やギリシャ語風の言葉にするのもその一つだ．もう一つの規則は，すべての生物を「種」とよばれる小さなカテゴリーにグループ分けし，さらに，それをまとめてもっと大きなカテゴリーの「属」に入れるというものだ（リンネは属をまとめてさらに大きなカテゴリーに入れたが，これについてはあとであつかう）．ではまず，属の説明から始めよう．

英語の「generic（ジェネリック）」（属の，一般的な）や「general（ジェネラル）」（全体的な，一般的な）という言葉の語源は，ラテン語の「genera（ゲネラ）」だ．この3つはどれも基本的な意味は同じで，広いカテゴリーを示している．「genera」の単数形が「genus」（属）だ．それぞれの属には1つ以上の種が含まれる．大多数の属はたくさんの異なる種を含む．たとえば，英語で「クロコダイル」（ワニ）というときには，実際は，リンネ式分類法で「*Crocodylus*（クロコディルス）」とよばれる属をさす．クロコディルス属には12の現生種と，化石でしか知られていない種が山ほど含まれる．どの属にも1語だけで表される固有の属名がある．属名は大文字で始まり，属名全体は斜字体になる．

種（species）は属よりさらに区別がはっきりした分類だ．実は，「はっきりとした」（英語でspecific）という言葉も，この「species」からきている．リンネ式分類法では，どの属にも1つ以上の種が含まれる．また，どの種もどれか1つの属に分類される．種の名前は2つの言葉でできている．最初にくるのが，その種が含まれる属の名前だ．2番目に加わる言葉と属名の組み合わせはたった1つしかない．たとえば，クロコディルス属には，クロコディルス・ニロティクス *Crocodylus niloticus*（和名はナイルワニ），クロコディルス・ポロスス *Crocodylus porosus*（イリエワニ），クロコディルス・アクトゥス *Crocodylus acutus*（アメリカワニ）などが含まれる．（省略形を使うと，C・ニロティクス，C・ポロスス，C・アクトゥスとなる．）

生物の化石がはじめて見つかったときにも，科学者たちはラテン語名をつけたいと考えた．そして，実際にそうした．しかし，生きている姿はどの国でも目撃されていないので，ラテン語に翻訳するための一般的な名称がなかった．そこで，科学者たちは新しい名前をつくりだした．ここでもとになったのは，動物の見かけ（「3本の角のある荒々しい顔」という意味で，トリケラトプス・ホリドゥス *Triceratops horridus*）や，想像される行動（「暴君トカゲの王」という意味で，ティラノサウルス・レックス *Tyrannosaurus rex*）などだった．化石の発見者や，世話になった科学者などに敬意を表してつけられた名前もある（ランベオサウルス・ランベイ *Lambeosaurus lambei* はローレンス・ラムにちなんだ名前だ）．神話上の人物や場所も名前のもとになる．イョバリア・ティグイデンシス *Jobaria tiguidensis* は，北アフリカの神話に出てくる動物「イョバル」と，骨格がはじめて見つかった場所の近くにある崖の名前「ティグイディ」を組みあわせた名前だ．

たいていの場合，恐竜の名前をいうときは属名しか使わない．ティラノサウルス・レックスは誰もが種名を知っている唯一の恐竜といってもいいだろう．もちろん，1属に1種しか知られていない例もあるが，たくさんの種が見つかっている属もある．たとえば，アパトサウルス *Apatosaurus* 属には，アパトサウルス・アジャクス *Apatosaurus ajax*，アパトサウルス・エクセルスス *Apatosaurus excelsus*，アパトサウルス・ルイーザエ *Apatosaurus louisae*，という3つの異なる種が含まれると，多くの古生物学者は考えている．この3つが本当に別々の種なら，ライオン，トラ，ヒョウのあいだの違いと同じくらい，差があっただろう．

まとめるか分けるか

ところで，3つの異なる種が含まれると考えるのが，「すべての古生物学者」ではなく，「多くの古生物学者」としかいえないのはなぜか．ライオンとトラなら簡単に区別できるのに，と不思議に思うだろう．

たしかに，ライオンとトラは外見から区別できる

ライオンとトラは，肉や毛皮がついていると簡単に見わけられるが，骨格はほとんど同じだ．

かもしれないが，なかみ（とくに骨格）はそっくりだ．おまけに，恐竜化石の場合，見つかっているのはほとんど骨ばかりだ（その骨も，たいていは完全にそろってもいない）．そのため，たがいに少しだけ違う化石が2つあったとき，その違いについていくつかの仮説が出てきて，行きづまることがある．その2つはまったく異なる2属かもしれないし，同じ属に分類される2つの種かもしれない．あるいは，2つとも同じ種で，完全なおとなと育ちきっていない子供，もしくは雄と雌だった可能性もある．それに，現実には同じ種のメンバーでも100%同じものは2つとない．

種検知器や属判定計のようなものがあれば，すぐに片づくのだが，そんなものは存在しないのでむりだ．実は，2つの個体が同じ種に属すかどうかという問題で悩んでいるのは，古生物学者だけではない．現生動物を研究している生物学者でも，同じ問題を抱えている（ただ，動物の全体像をみることができないぶん，古生物学者のほうがたいへんだ）．

種検知器や属判定計は実現不可能なので，別の手段を利用しなくてはならない．まずは，同じ種に属す現生動物のあいだでどれだけの違いがあるかを観察することだ．ほとんどの生物学者が同種と認めている現生動物について，集団のなかでの違い，つまり変異を調べる．それから，化石を観察する．このとき，2つの化石の違いが現生種のなかの変異と同じくらいであれば，この2つの化石は同じ種に属していると考えられる．現生種の典型的な変異より大きな違いがあるが，属の範囲内におさまっているなら，2つの化石は同じ属だが異なる種だといえる．もっと違いが大きいなら，この2つは異なる属とみられる．

想像はつくと思うが，どの程度の変異が種のレベルで，どの程度なら属レベルかという点について，すべての科学者の意見が一致しているわけではない．明らかにまちがっている者と正しい者がいるのではない．それぞれの正直な意見がくい違っているだけなのだ．どの種や属にもたくさんの変異があると考える科学者はランパー（併合派学者）とよばれる．いろいろな標本を同じ種や属へ「ランプ（ひとまとめに）」していくからだ．種や属のなかの変異はわずかだと考える科学者は，標本をいくつものグループに「スプリット（分割）」するので，スプリッター（細分派学者）とよばれる．

模式と先取権

さて，まとめるのと分けるのでは，恐竜の名前がどう変わってくるのだろうか．こういう意見のくい違いが起きることは，リンネのような昔の分類学者も予測していたので，どの名前を使うかを決める規則をつくった．

第一の規則は，それぞれの種に模式標本（タイプ標本）を決めるというものだ．正式名を与えられた特定の個体が模式標本になる．こうすれば，ほかの標本をこの模式標本と比べて，どれだけの違いがあるかを確かめることができる．新しい化石が見つかったとき，ある種の模式標本と比べてかなりの違いがあれば，その化石は別の種に属している可能性が高い．すでに命名されている種の模式標本のすべてと大きな違いがあれば，まったく新しい種と思われるので，これが新種の模式標本になる．

2番目の規則は先取権の原則で，簡単にいえば，

最も古い名前を使う，ということだ．そのため，現在の科学者が2つの種や属をひとまとめにしようとするときには，最も古い種や属の名前が優先される．その有名な例がブロントサウルス・エクセルス *Brontosaurus excelsus* だ．この名前は1879年につけられたが，その後，アパトサウルス・アジャクス *Apatosaurus ajax* （1877年に命名）と同じ属と見なされるようになった．ブロントサウルス（カミナリ竜）という名前のほうがアパトサウルス（人をまどわす爬虫類）よりはるかに広く知られていたし，個人的にはかっこいいと思うのだが，アパトサウルスという名前のほうが古いため，先取権があった．その結果，ブロントサウルス・エクセルススは，今はアパトサウルス・エクセルススとよばれている．

こうした規則があっても，化石の分類について古生物学者のあいだで意見が合わないことがある．そのため，この本に出てくる恐竜に，別の本では別の名前がついているかもしれない．そうした意見のくい違いがある場合には，巻末のリストに注を書きこむようにした．

＊　＊　＊

属より上の区分

リンネをはじめとする分類学者は，属より上の分類についても考えた．リンネは自然界のおもしろい特徴に目を向けた．それは，どの種もたった1つの属にしか入らないことだ．また，属はより大きなグループにまとめられ，そのグループもさらに大きなグループに楽々とまとめられることにもリンネは気づいていた．リンネ式分類法では，大きめのグループにもそれぞれ名前が与えられる．この大きなグループの名前はすべてラテン語の一語で表され，大文字で始まるが，（属名とは違って）斜字体にはしない．例をあげると，ティラノサウルス・レックス（*Tyrannosaurus rex*）という種はティラノサウルス属（*Tyrannosaurus*）に入れられ，さらにもっと大きなグループのティラノサウルス科（Tyrannosauridae），ティラノサウルス上科（Tyrannosauroidea），コエルロサウルス類（Coelurosauria），獣脚亜目（Theropoda），恐竜類（Dinosauria）へと順に入れられる．

だが，なぜ生物はこんなふうに大きなグループへとまとめられていくのだろうか．リンネはこれを解明できなかったが，100年後の科学者，チャールズ・ダーウィンが謎を解きあかした．そしてダーウィンからさらに100年後，ヴィリ・ヘニッヒという科学者が，動物をより大きなグループへ順にまとめていく科学的手段と，ダーウィンの発見をうまく組み合わせた．次の章では，ダーウィンの発見をふり返り，最も近い関係にある生物を見つけだす方法がヘニッヒの発想でどう変わったかをみていく．

古生物学者たちは長いあいだ，「ブロントサウルス」を独立した属と見なしていた．しかし今は，アパトサウルス属の一種とする見方が一般的だ．新しいことがいろいろわかってきたので，復元図も，のっぺりとした外見で尾を引きずった姿（左）から，もっと見ばえのいい姿（下）になっている．

恐竜の名前の研究

ベン・クライスラー
www.dinosauria.com

写真提供はベン・クライスラー

どうして恐竜には長くてわかりにくい名前がついているのだろう．

はじめてそんな疑問をもったのは，幼稚園で先生から大昔に生きていた「お家くらい大きな」動物の絵をみせてもらったときだった．恐竜に想像力をかき立てられ，「すごい」と思った私は，奇妙な学名を夢中で覚えた．

恐竜についているギリシャ語やラテン語の名前をきっかけに，私はあらゆる言語に興味をもつようになった．いくつかの大学でいろいろな言語の勉強をしたあと，まちがった意味にとられている恐竜の名前について論文も書いた．さらに調べ続けて，恐竜の名前と意味や発音をリストにまとめ，インターネットのウェブサイトにのせた．古生物学者が新種の恐竜の学名を考えるのを手伝ったこともある．

ギリシャ語やラテン語の複雑な名前を発音するのは簡単ではない．人によって発音のしかたが違うこともある．たとえばデイノニクス *Deinonychus* を「ダイノーニカス」とか「ダイノニーカス」と発音する人もいる．どちらもまちがいではなく，「恐ろしいかぎ爪」という意味に変わりはない．ただし，ある読み方のほうがほかの読み方よりのぞましいこともある．たとえば英語で「プテロダクティルス」（**pterodactyl**）というときは「**t**」の前の「**p**」を発音しなくても，カウディプテリクス（*Caudipteryx*，「尾にある羽毛」という意味）の場合はヘリコプター（**helicopter**）と同じように「**p**」を発音したほうがいい．

発音がとりわけむずかしいのは中国語からきている言葉だろう．それでも，いくつかコツを覚えると役に立つ．たとえば，「**x**」は「シュ」，「**q**」は「チ」，「**zh**」は「ジュ」のような音になる．*Xiaosaurus* はシャオサウルス（夜明けのトカゲ），*Qinlingosaurus* はチンリンゴサウルス（秦嶺のトカゲ），*Zizhongosaurus* はツーチョンゴサウルス（資中のトカゲ）と読む．

古生物学者は恐竜の名前をどうやって選ぶのだろう？

トリケラトプス *Triceratops*（3本の角のある顔）のように外見を言い表すこともできる．行動がもとになっているのは，マイアサウラ *Maiasaura*（よいお母さんトカゲ）だ．アルバートサウルス *Albertosaurus*（アルバータ（カナダ）のトカゲ）のように，発見場所がわかる名前もある．マーショサウルス *Marshosaurus*（O・C・マーシュのトカゲ）などは，ある人物をたたえてつけられた名前だ．冗談かと思う名前もいくつかある．ガソサウルス *Gasosaurus*（ガストカゲ）はガスの掘削会社が中国南部で恐竜の骨を見つけたことからついた名前だが，「ガス」にあたる中国語には「困らせる」という意味もある．肉食恐竜にぴったりの名前だ．

恐竜の名前は2007年の時点で800をこえている．最も長いのはミクロパキケファロサウルス（ぶ厚い頭の小さなトカゲ）だ．アルファベットでたった5文字の名前は2つある．カーン（*Khaan*，モンゴル語で「支配者」の意味）とミンミ（*Minmi*，オーストラリアの地名）だ．奇妙な名前のなかでもとくに変わっているのは，中国で見つかった巨大な植物食恐竜フディエサウルス *Hudiesaurus*（チョウのトカゲ）だろう．背骨の一部がチョウの羽に少しばかり似ていたので，中国人の科学者が中国語で「チョウ」を意味する「フディエ」という言葉を使ったのだ．

ときには，一人前の科学者にならなくても恐竜の名付け親になることがある．14歳のウェス・リンスターは，モンタナ州で小さな肉食恐竜の骨格を発見した．そして，これに「バンビラプトル *Bambiraptor*（赤ん坊の略奪者）というニックネームをつけた．バンビはディズニー映画に出てくる子ジカの名前だ．驚くことに，古生物学者はこのバンビラプトルを正式な名前にしたのだ．

恐竜に自分の名前を付けてもらえることもありうる．バイロノサウルス *Byronosaurus* は，モンゴルでの恐竜調査に資金を出した一家の息子バイロン・ジャッフェの名前がもとになっている．リアレナサウラ *Leaellynasaura* は古生物学者のリッチ夫妻が，幼い娘リアレンにちなんでつけた名前だ．

恐竜の名前は恐竜と同じくらい風変わりで，おもしろい．

8
進化
Evolution
変化をともなう系統

　1800年あたりまでに，科学者は化石についてきちんと理解しはじめ，岩石に遺骸が保存されている動植物は現生種の動植物とは異なるのだ，と考えるようになった．現生種によく似ている種類もあれば，全然違う種類もあったが，まったく同じものはほとんどなかった．そこで，科学者から出てきたのは進化という発想だった．生物は長い時間をかけて変化しているという説だ．進化をうまく説明した表現に「変化をともなう系統」という，ほかならぬダーウィンの言葉がある．進化を理解する第一歩は，いろいろな動物の解剖学的構造を観察することだ．

家畜比較解剖学

　次の段落を読む前に，問題を1つ出そう．ひざがうしろ向きについている家畜はなに？

　頭に浮かんだのはウマ，ウシ，ヒツジなど，4本足で歩く哺乳類だった？　それとも，ニワトリやアヒル，ガチョウのような鳥だった？　どっちにしても大まちがい（でも心配しなくていい．たいていの人が同じまちがいをおかすのだから）．

　ここにあげた動物だけでなく，どの動物もひざがうしろ向きについたりはしていない．そんなふうにみえる動物もいるけれど，うしろ向きについているのはひざではない．足首だ．ほとんどの人は，この動物たちのどの部分が私たち（ヒトという動物）の体のどの部分にあたるか，わかっていない．体の部分を正しく見わけるには，比較解剖学の基礎を理解する必要がある．比較解剖学は，近い関係にある生物が共有する解剖学的な「青写真」を研究する学問だ．

　ジョルジュ・キュヴィエのような比較解剖学者は，家畜を含む脊椎動物の基本構造が同じだということに，200年以上前から気づいていた．たとえば，脚の上部の骨はどの動物でも1本で，上のはしが腰に，下のはしがひざにつながっている．ひざと足首のあいだには1対の骨がある．足首はいくつかの小さな骨でできている．足首と足指のあいだには細長い骨がある．足指の骨は指ごとに複数の部分に分かれている．自分の脚をながめて確かめるといい．今の説明と同じ形になっているはずだ．

　ウシやイヌ，ニワトリの骨格をみると，同じ基本構造をしていることがわかるだろう．だが，太ももがかなり短いので，人間に比べると，ひざが腰に近い位置にある．大多数の人がウシ（やイヌやニワトリ）のひざだとかん違いしているのは，本当は足首だ．だから，人間の足首と同じようにうしろを向いている．実は，ウシやイヌ，ニワトリは（そのほかの家畜もみな）足裏ではなく，つま先で立っているのだ．

　比較解剖学では，どんな動物でもすべて，同じ骨には同じ名前がつけられている．たとえば，太ももの骨は大腿骨，すねの骨は脛骨と腓骨とよばれる．

　類縁関係のある動物で，骨などの構造が同じになっている理由は，体全体のつくりが同じ祖先から生じたからだ．大昔の哺乳類や鳥類の化石を観察すると，それぞれ現生種の哺乳類や鳥類と同じ骨が見つかるが，よくみると形や大きさの比率は違う．大昔の動物のなかには，今はまったく別のグループにみられる特徴をもつ種類もいる．たとえば，アルカエオプテリクス *Archaeopteryx* は鳥らしい羽毛におおわれているが，典型的な爬虫類と同じように，骨でできた長い尾と，かぎ爪のついた指，歯がある．

　類縁関係のある動物のあいだで，体の特徴がどうしてこんなに違うのだろう．この違いはなんの役に立つのか．そして，違いが生じた原因はなにか．

ページの上：自然選択による進化を別の科学者とともに発見した，チャールズ・ダーウィン

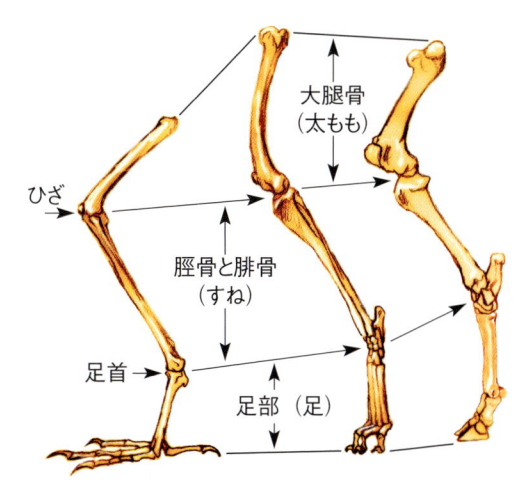

ニワトリ，ネコ，ウシの脚は同じ構造の骨でできている．

適 応

　これから，恐竜の前肢（前脚，つまり腕）を観察しよう．恐竜の前肢は，ほかの脊椎動物すべてと同じように，後肢によく似たつくりになっている．上腕骨は1本で，前腕に1対の骨があり，手首には小さな骨が集まっている．手のひらの骨は長く，指の骨はそれぞれに複数の部分に分かれている．しかし，前肢の形は機能によって違う．異なる生き方に適応しているのだ．すると，形の違いは適応の結果といえる．このような違いは生物が特定の方法で行動するのに役立つため，特殊化ともよばれる．たとえば，肉食恐竜デイノニクス Deinonychus は，長い指と鋭いかぎ爪で獲物をすばやくつかむことができる．ステゴサウルス Stegosaurus は四肢の骨がずっしりとしていて，前足の幅が広いが，これは大きな体重をささえるための特殊化だ．アナトティタン Anatotitan の細長い手は体重をささえるのにもある程度役立つが，小指がほかの指と向かいあわせになるのは，食べ物をつかめるように特殊化したからだ．こうした例と比べると，プラテオサウルス Plateosaurus の手は標準的な形をしている．ものをつかむことも少しはできるし，体重もある程度ささえられるが，特殊化とよべるほどの特徴はない．

自然選択

　以上のような適応が起きるしくみを発見したのは，2人のイギリス人科学者だった．19世紀半ばに，チャールズ・ダーウィンとアルフレッド・ラッセル・ウォレスはそれぞれ別個にこのしくみを発見し，自然選択と名づけた．自然選択は次のように働く．すべての生物は（同じ種のメンバーでも）たがいに少しずつ違う．このような小さな違い（変異）のなかに，自然界で生きのびるのに有利なものが含まれることがある．たとえば，動きが少しばかり速い，かしこい，体が小さいといった特徴がそれにあたる．自然界では，生きのびられる数よりはるかに多くの子供が生まれる．そこで，有利な特徴をもっていれば，生きのびるチャンスがいくらかでも増える．生きのびるのに役立つ変異をもつものは，成長して自分の子供をもつ可能性が高い．そして，その変異が遺伝するなら（DNAで子供に受けつがれるなら），少なくとも一部の子供はその変異をもって生まれるだろう．つまり，より速い，かしこい，体が小さいといった特徴を受けつぐのだ．

　十分な時間があれば，こうした変化はだんだん増えていく．次の世代が生まれるたびに少しずつ変化すると，やがて祖先とは見かけも行動もまったく異なってくる．外見や習性が異なる子孫が生まれ，ほんの小さな変異にすぎなかった特徴が完全に新しい特殊化になる．言いかえれば，この子孫は新しい生

プラテオサウルス，ステゴサウルス，アナトティタン，デイノニクスの前肢は骨のつくりが同じだが，使い方が違うので，骨の比率は違う．

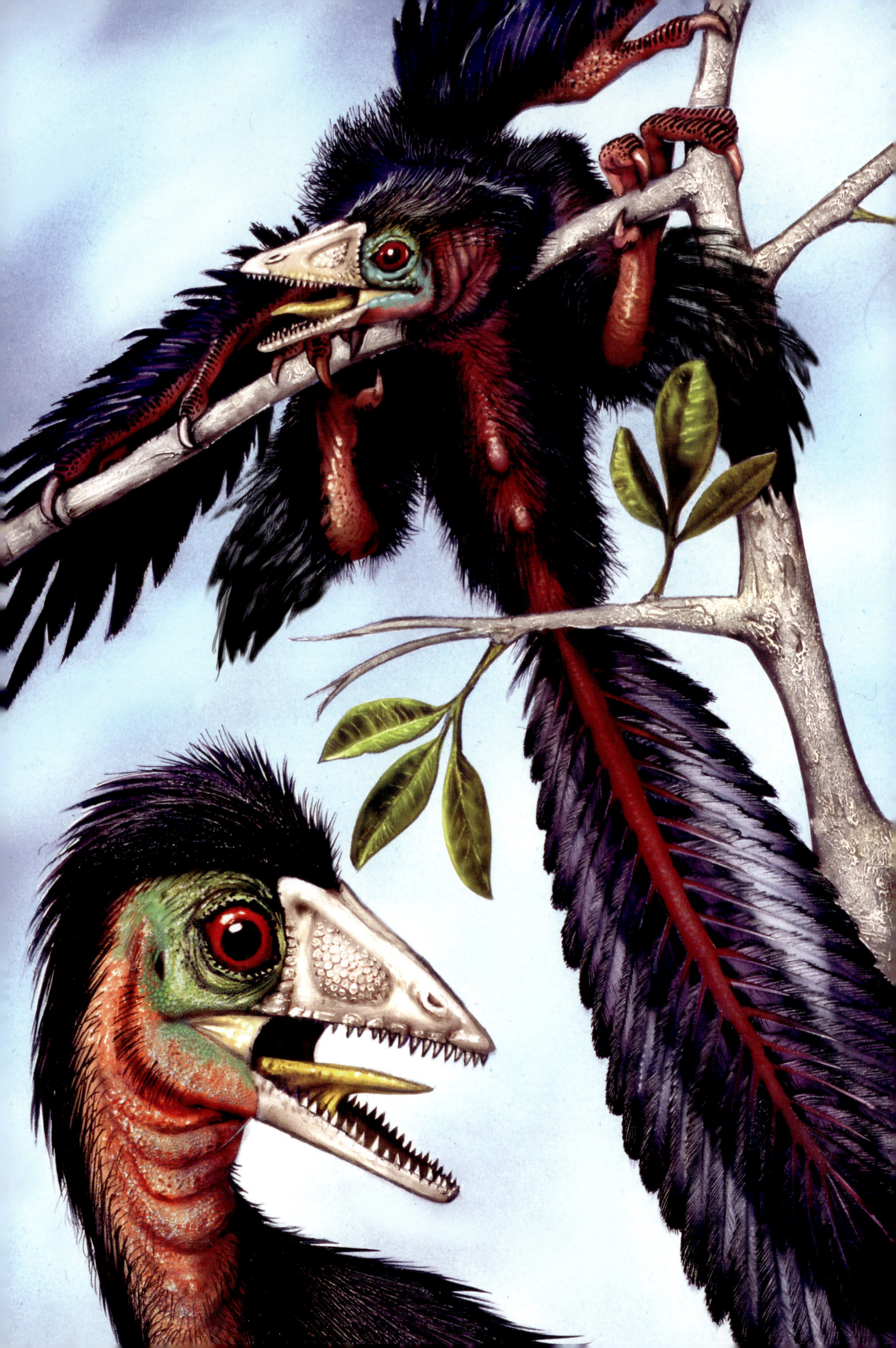

トリケラトプス *Triceratops* のえり飾りやステゴサウルスのプレートなどは，同じ種のなかまをひきつけるために進化したのかもしれない．

物になり，新種に進化したのだ．

　地球の年齢がとても古いということが明らかになるまで，自然選択のしくみに気づかなかった理由はわかるだろう．かすかな変異が複雑な特殊化に変わるまでには何世代もかかるが，地球ができてほんの数千年しかたっていないのなら，それだけの時間を確保できない．

　ダーウィンの時代には進化についてよくわかっていない人たちがいた．現代でもそうだ．そういう人たちは，進化とは生物が時間をかけてより「完全に」なることだという，まちがったとらえ方をしている．たしかに，祖先から子孫へ大きな改良が加わっていることもある．たとえば，ミクロラプトル *Microraptor* やアルカエオプテリクスのような初期の羽毛恐竜は，飛べたとしても，あまりうまくはなかっただろう．しかし，羽毛の生えた腕を利用して木の幹をかけのぼることはできた（くわしくは第19章で）．そのあとに出てくる恐竜たちは，このように羽ばたかせることのできる羽毛つきの腕を受けついでいた．そして同じような使い方を続けた恐竜

左ページ：ジュラ紀のアルカエオプテリクスは，羽毛のように進んだ特徴と，歯の生えたあごや骨でできた長い尾のような，原始的特徴の両方をもつ．のちに進化する鳥類は，くちばしに歯がなく，尾はもっと特殊化している．

もいたが，なかには（たぶん，幅がやや広い羽毛をもつ種類で）もっと別の使い方ができるようになったものもいた．羽毛のついた腕を使って木から舞いおりたり，枝から枝へ滑空したのだ．そして，長い時間が過ぎるうちに，より大きな翼をもつ種類の子孫が，別の新しい特徴を進化させた．胸の筋肉が大きくなって，木から木へ飛び移る力が増したのもその一つだ．つまり，本物の飛行動物になったのだ．

　このような例の一方で，なにかをするうえで祖先より「完全」に近づいたとはいいがたい子孫もいる．自然選択がどんなふうに作用するかを考えてみよう．ある環境で有利に働く変異は，次の世代へ受けつがれる可能性が高い．しかし，環境がつねに変化していることは，地質学の研究からわかっている．だから，祖先にとっては有利だった変異が，子孫にはあまり役立たないかもしれない．おまけに，まわりにいるほかの生物も進化しているので，昔はたいした助けにならなかった変異が突然，利益をもたらすようになるかもしれない．

　すると，「最適者生存」という言葉（ビジネスの世界で使われ，やがて進化にもあてはめられるようになった用語）は，進化を最もうまく言い表した表現とはいえない．「変化をともなう系統」のほうがいい．

　ダーウィンが気づいていたことはほかにもある．

特殊化は，動きの速さや脳の機能のように，個々の動物が自然界で生きのびるのに有利な特徴だけにかぎらないということだ．より魅力的にみせる特徴が特殊化で表れることもある．異性をひきつける特徴（より美しい羽毛や大きな角など）をもつ動物は，ほかのなかまより子供をもつチャンスが増える．ダーウィンはこれを性選択と名づけた．クジャクの尾羽のように，現生生物にみられる風変わりな（そう人間の目には映る）特徴は，性選択で説明できる．ケラトプス科のえり飾りや角，ステゴサウルスのプレートなどは，性選択の面から説明するとわかりやすいだろう．

生命の樹

ダーウィンの時代より前から現在にいたるまで，進化とは，1つの種からもう1つの種が現れ，ハシゴや鎖のようにつらなっていくものだ，と思っている人が多くいる．だが，ダーウィンたちは，進化がもっと複雑なことを見ぬいていた．1つの種から，子孫にあたる種がたった1つだけ生じることもある．子孫を残さずに絶滅する種もある．1つの種から複数の種が生まれることもある．どういう結果になるかは，何組の変異が自然選択で残るかにかかっている．

たとえば，植物食の動物1種から2種類の子孫が現れたとしよう．一方は小型で身を隠しやすい種類で，もう一方は大型でハンターを追いはらう力のある種類だ．時がたつと，この2種類の子孫は2つの種になるだろう．片方は祖先より小型で，もう一方は大型だ．そうすると，進化のパターンは，ハシゴや鎖のようではなく，樹木に近いことがわかる．この「生命の樹」では，時間を高さで表す．木の幹の根元に位置するのは，共通の祖先にあたる種だ．この祖先はしばらく生きのびる（つまり，幹が上へのびる）が，やがて，祖先系列は2つ以上に枝分かれする．この枝の一つ一つがまったく新しい種になる．この枝がそれぞれ進化しつづけ，成長して新しい種を生みだす．そうならずに，とだえることもある．長い時間が過ぎると，もとは1本の幹だったところから大小さまざまな枝が出てくる．

いちばん小さな枝の先についた葉は，今の世界にみられる現生種だ．もしも，知られている生物がすべて現生種なら，葉がびっしりおい茂った木になる

だろう．葉と葉が近づいているところでも（つまり，たがいによく似た動物がいても），そのあいだをじかにつなぐものはない．木質の部分（幹や枝）は現生種にとって過去の歴史だ．この木質の部分は，化石でしかみられない．化石の一部は現在の生物の祖先にあたり，現生種に直接つながる枝に位置している．一方で，現生生物の祖先から分かれて横へのび，途中で消えた枝もある．

ダーウィンやウォレス，そして同時代の科学者たちは，動植物のいろいろなグループを系統発生という木の形にまとめようとした．だが当時は，ほとんどあて推量に頼っていた．どの枝がどの枝につながるかを見ぬく科学的な（観察をもとに仮説を確かめる）手段がなかったからだ．すぐれた解決方法が見つかったのは20世紀の半ば，ダーウィンとウォレスが自然選択という考え方を発表してから100年ほどあとのことだった．

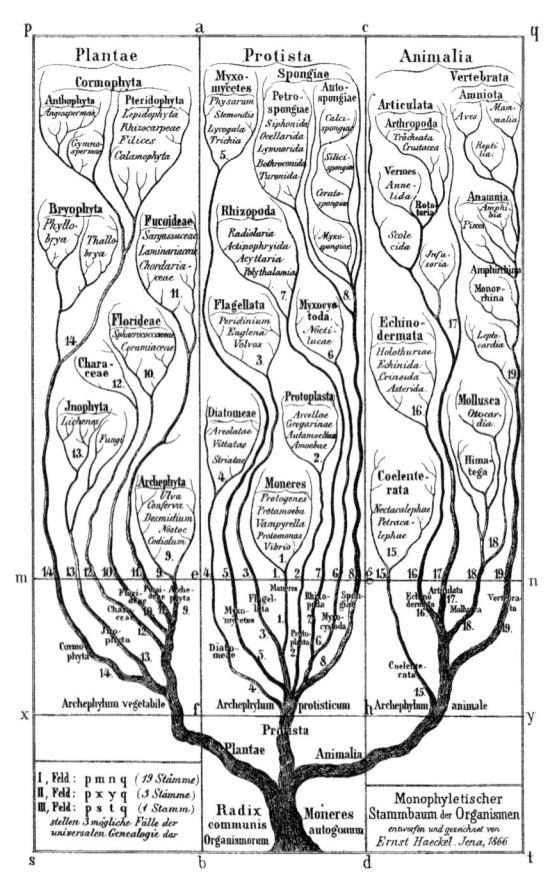

「生命の樹」を描こうとした初期の例．ドイツの科学者エルンスト・ヘッケルによる．

9
分 岐 論
Cladistics
恐竜の系統樹を作成

　1700年代に，リンネは生物をまず小さなグループに分類し，その後，だんだんと大きなグループにまとめていく方法を考案した．たとえば，ライオン，トラ，イエネコはすべてネコ科 Felidae の動物だ．ネコ科とクマ科 Ursidae，イヌ科 Canidae は，ほかのなかまといっしょにもっと大きなグループの食肉目 Carnivora（肉を食べる哺乳類）に入れられる．食肉目と齧歯目 Rodentia，翼手目 Chiroptera（コウモリ類）その他は，さらに大きな区分の哺乳綱 Mammalia にまとめられる．だが，こういうふうにできる理由を，リンネは知らなかった．リンネから100年後，チャールズ・ダーウィンとアルフレッド・ラッセル・ウォレスがある理論を考えつく．さて，その答えとは．生物は時間をかけて進化しているということだ．リンネ式分類法の生物グループは，共通の祖先から生まれた子孫なのだ．小さいグループどうしは共通の祖先がいた時期が新しく，大きめのグループはもっと遠い昔に共通の祖先をもつ．

　単純でわかりやすい理論に思えるだろう．だが，いちばん近い時期に共通の祖先をもつグループを，どうやって見つけたらいいのだろう．そのカギは類縁関係にあるグループが共有する特殊化ではないか，とダーウィンとウォレスは考えた．しかし，2人とも，特殊化を利用して類縁関係を決める方法を思いつかなかった．それを実現したのは100年ほどのちのドイツ人科学者（ハエの研究者）ヴィリ・ヘニッヒだった．ヘニッヒの方法では，動物の体などの特徴を観察し，これを利用して，ほかのグループとの類縁関係を推定する．分岐論とよばれるこの方法を使うと，どの生物グループでも（菌類やエビ類，ネコ類，そしてもちろん恐竜でも）系統樹を描くことができる．

系統樹の形を探りだす

　1859年，ダーウィンはリンネ式分類法を進化系統樹で表せることに気づいた．たとえば，同じ属に入る種（ヒョウ属 Panthera のなかのライオン Panthera leo やトラ Panthera tigris など）のように，小さめのグループに分けた動植物は近い過去に共通

ページ上：恐竜の特徴をコンピューターのコードに変換し，分岐分析をする．

の祖先をもつが，同じ科に入る属（ネコ科のなかのヒョウ属とネコ属 Felis など）や同じ目に入る科（食肉目のなかのネコ科とクマ科など）のように，もっと類縁関係が遠い種類は，分かれた時期がもっと古い．ダーウィンの生命樹を使って比較すると，近い関係にある種は同じ小枝から出た葉で表される．そして，もっと遠い関係にあるグループは，同じ大枝から出た小枝にあたる．こうしていくと，すべての生物が木の根元で結びつく．すると，木の両側に分かれた葉どうしのあいだにも，ある程度のつながりはあるということだ．

　生物が進化するにつれて（生命樹が育つにつれて），枝ごとに新しい特殊化が生じ，受けつがれていく．このあたりまでは，ダーウィンもつかんでいた．特殊化にパターンがあることはわかっていたが，そのパターンの利用方法が頭に浮かばなかったのだ．

　ヘニッヒはダーウィンの観察結果をもとに1950年代から1960年代に研究を進め，特殊化の共有に目をつければ，生命樹を逆にたどれることに気づいた（つまり，葉から出発して小枝，大枝を通り幹までたどるのだ）．この共有されている特殊化は，進化の歴史が残した目印のようなものだ．どの種にどの目印がついているかを見きわめると，進化上の関

係を探りだせる．それをヘニッヒは明らかにした．

たとえば，クマ，シマウマ，カモノハシ，トカゲには引っこめられるかぎ爪がないが，ライオンとトラにはある．そこで，ライオンとトラはほかの動物とは異なる共通の祖先をもつことがわかる．ライオンとトラは，ひっこめられないかぎ爪をもつ祖先から進化し，ひっこめられるかぎ爪を発達させたのだ．この特殊化は，ライオンとトラがほかの動物との共通の祖先から分かれたあとに起きたが，そのときにはまだライオンとトラのあいだは分かれていなかった．

ライオンとトラ，クマは，肉を切りきざんで食べる形に奥歯が特殊化しているが，シマウマとカモノハシ，トカゲにはそのような奥歯はみられない．すると，ライオンとトラ，クマの祖先は，ほかの動物の祖先から分かれたあとに，この特殊化を起こしたと考えられる．ライオン，トラ，クマは，そのように変化した祖先の子孫なのだ．

生命樹をさらにさかのぼると，ライオンとトラ，クマ，シマウマは赤ん坊を産む，という特徴でまとめられる．カモノハシとトカゲは卵を産む．つまり，赤ん坊を産むという特殊化は，ライオンやトラ，クマ，シマウマが共通の祖先をもつことを示しているのだ．もっとさかのぼると，ライオンとトラ，クマ，シマウマ，カモノハシは毛皮におおわれ，子供に母乳を与えるという共通の特徴が認められる．トカゲにはこうした特徴はみられない．

このように，ほかの動物とは違った特徴をどれだけ共有しているかを観察すると，系統樹の形を推測できる．では，その手順をみていこう．ライオンとトラ，クマ，シマウマ，カモノハシの共通の祖先は，毛皮と母乳を進化させた動物だった．この祖先は少なくとも2つの枝に分かれた．片方の子孫系統からカモノハシが生まれ，もう一方は残りのグループにつながっていった．この2つ目の子孫系統は赤ん坊を生むように進化し，そのうちの一つの系列がシマウマに，もう一つがライオンやトラ，クマの祖先につながった．さらに，この祖先が2つの系列に分かれ，一つがクマに，もう一つがネコ類に行きつく．あとのほうの祖先系統に，トラとライオンの祖先が含まれる．

類縁関係を示すこうした仮説はいろいろな形で表される．ある特徴を共有する動物を線で囲んでいく

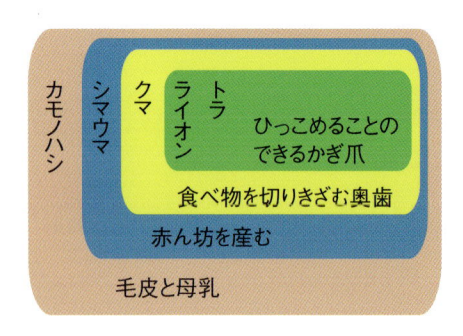

と，次のような図ができる．

これを枝分かれ図で表すこともできる．このような図は分岐図（英語でcladogram）とよばれる（cladogramの語源は，ギリシャ語で「枝」を意味するklados（クラドス））．分岐図は，生命樹の形を推測したものだ．下の図は，これまでとりあげた動物の分岐図だ．

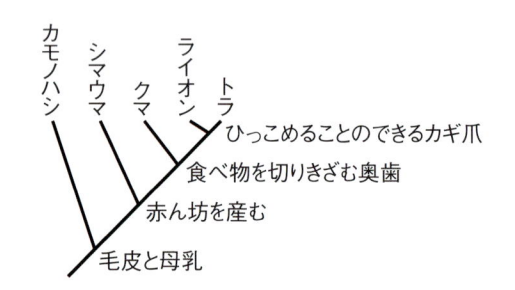

（注：これは完全な生命樹ではなく，一部にすぎない．これ以外にも，ほかのネコ類やイヌ類，アライグマ類，クマ類のなかま，そのほかの哺乳類がいる．絶滅哺乳類も含んでいない．ここでの目的は，今，話題にしている個々の葉（つまり種）をつなぐ枝の形を明らかにすることだ．）

分岐論の基本は分岐図を描き，研究することだ．現在の生物学者は（恐竜学者も含めて），最も近い関係にある動物を見つけだすときに，この分岐論をおもな手段として使っている．分岐論はちょっとわかりにくいと思う人もいるだろう．たしかに，完全に理解するのはたいへんだ．それでも，基本的な原則を見ると，分岐論はすっきりとしている．

最も近い関係にある動物を見つけるのに，生物の特徴すべてが役立つわけではないことをヘニッヒはわかっていた．前に出した例を使うと，トカゲやカモノハシ，クマ，トラ，ライオンはみな前足に指が5本あるが，シマウマには1本しかない．そこで，5本指の動物はシマウマよりたがいに近い関係にあ

る，と思うかもしれない．だが，そのほかの動物（カメやワニ，オポッサムなど）をみると，たいていが5本の指をもつことに気づく．5本の指は「祖先の」，「原始的な」状態なのだ．つまり，5本指の動物も1本指のシマウマも含めて，今，比較している動物すべてにとっての共通の祖先にみられた状態ということだ．クマとトカゲが両方とも5本指をもつ理由は，1本指のシマウマとは違う祖先を共有しているからではない．クマとトカゲが，祖先から受けついだ5本指を変えなかっただけのことだ．そうすると，5本指をもつ祖先の状態は，いちばん近い関係にある動物を見つけだす助けにはならない．

さらに，1本指の足はシマウマにつながる系列に固有の特殊化で，ほかの動物にはみられない．この特徴から，シマウマがトラとトカゲのどちらに近いかを決めることはできないのだ．すると，固有の特殊化も分岐図の作成には利用できない．使えるのは，すべての動物ではなく，一部の動物が共有する特殊化だけだ．

トラにもシマウマにもしま模様があるので，ほかの動物より（しま模様を進化させた動物を通して）たがいに近い関係にあると思うかもしれない．だが，別の特徴（ひっこめられるかぎ爪やものを切りきざむ歯など）にも目を向けると，トラはシマウマよりライオンやクマに近いことがわかる．トラとシマウマがもつしま模様は別々に進化した特徴，つまり収斂進化にちがいない．収斂進化で現れた特徴はまぎらわしいので，生物学者はさまざまな特徴を観察する．1つの特徴だけに集中すると，進化上の関係を見あやまるおそれがある．

生命樹をつくるのにいちばんいい方法は，できるだけ多くの特殊化を観察することだ．ここにあげた例は複雑に思えるかもしれないが，生物学者がライオンやトラ，クマ，シマウマ，カモノハシ，トカゲの関係を推測するときに実際に使われるものよりはるかに簡単だ．現実の分岐分析では，いくつもの種を見比べ，数十から数百の特殊化を調べる．

分岐分析の作業には時間がかかるので，科学者はコンピューターを利用する．動物の観察結果や特殊化の情報をプログラムに入力して，いろいろな分岐図を比較するのだ．このプログラムでは，分岐図の枝の一つ一つについて，自然界で目にする動物の状態になるには，原始的なところから特殊化したところまで，いくつの変化を加えればいいかを数える．このとき，科学者は「オッカムのかみそり」とよばれる原則に従う．複雑な理論より簡潔な理論をつねに選べ，というのが「オッカムのかみそり」だ．そこで，必要とする変化の数がいちばん少ない分岐図が選ばれる．もしかすると正しい分岐図ではないかもしれないが，現在得られる資料をもとにした「いちばん確かな推測」ではある．これに新しい情報（ほかの特殊化や新しい観察結果，新種）が加われば，前に出した結果を調べなおして，正確な答えに近づけることができるだろう．

分岐論の長所

ヘニッヒが分岐論を考えつく前は，生物の系統樹を描くときに，調べようとする動物の直接の祖先が化石で見つかっていないと，たいていの研究者が不安になったものだ．ヘニッヒは，祖先や子孫がすべて含まれていなくても，系統樹を描けることを示した．

祖先や子孫を一つ残らず探しださなくても，かぎられた数の種にみられる特殊化を調べれば，分岐図を描ける．そのため，分岐論は古生物学者にとってとても便利な道具になった．なにしろ，化石になって発見されるのは，過去に存在した動物のごく一部でしかない．そのため，化石の資料からすべての祖先や子孫を見つけだすのはむずかしい．それでも，分岐論を使えば，生命樹のその部分に近い形を描くことはできる．

分岐図の作成は，それ以前の系統樹の描き方より科学的だ．仮説を確かめることができなければ，科学的方法とはいえない．分岐分析をするには，個々の種について，どんな特殊化を調べたかをはっきりさせる必要がある．その後，この観察結果を最も簡潔に説明できる分岐図（ときには一組の分岐図）を，コンピューターで見つけだす．別の科学者が同じ資料を使って確かめても，同じ答えを出せなくてはならない．

古生物学で分岐論を利用すると，欠けている情報の「穴をうめる」こともできる．次ページの図はティラノサウルス上科の分岐図だ．

アルバートサウルス *Albertosaurus*，ダスプレトサウルス *Daspletosaurus*，ティラノサウルス *Tyrannosaurus* の共通の祖先は，前足の指が2本に

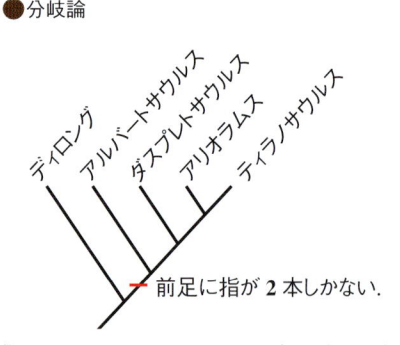

54 ●分岐論

[分岐図: ディロング／アルバートサウルス／ダスプレトサウルス／アリオラムス／ティラノサウルス － 前足に指が 2 本しかない．]

特殊化しているので，これらの恐竜の共通の祖先は，前足に 3 本の指がある（ディロング Dilong のような）恐竜から 2 本指の恐竜に進化したことがわかる．（ドロマエオサウルス類やオルニトミモサウルス類，アロサウルス類など，ティラノサウルス類につながりのある肉食恐竜のほとんどは前足に 3 本の指があるので，3 本指の前足が祖先の状態だと考えられる．）アリオラムス Alioramus は部分頭骨とうしろ足の骨の一部しか見つかっていないので，前足の骨格はない．しかし，分岐図から，この恐竜も 2 本指の祖先から生じたことがわかるので，前足の指は 2 本だけだったことはほぼまちがいない．さらにいえば，前足に指が 3 本（あるいは 4 本か 5 本）あったと主張するのは，証拠もないのに，ある進化が起きたと断言するのと同じだ．科学では，証拠がない主張は（あからさまな主張であっても，ほかの情報からの推測であっても）ゆるされない．

リンネ式分類法と分岐分類法の違い

リンネの分類法では，全体的な類似性がグループをまとめる基本原則になっている．ダーウィンとヘニッヒの考えにそった分岐分類法では，共通の祖先をもとにグループをつくるようにしている．

リンネ式分類法が，共通の祖先にもとづく分析とぴったり合うこともときにはある．この章のはじめに出てきた分岐図の表記をつけなおすと，哺乳類の伝統的な分類に一致することがわかる．

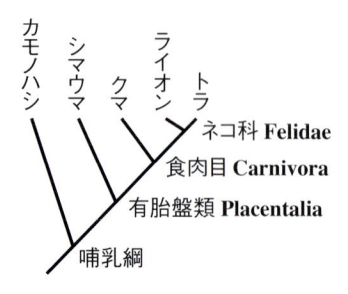

[分岐図: カモノハシ／シマウマ／クマ／ライオン／トラ — ネコ科 Felidae／食肉目 Carnivora／有胎盤類 Placentalia／哺乳綱]

一方で，リンネやその支持者の判断がまちがっているときもある．特殊化でわかる共通の祖先ではなく，原始的な特徴をもとに動物をグループにまとめているのだ．下の分岐図をみてほしい．

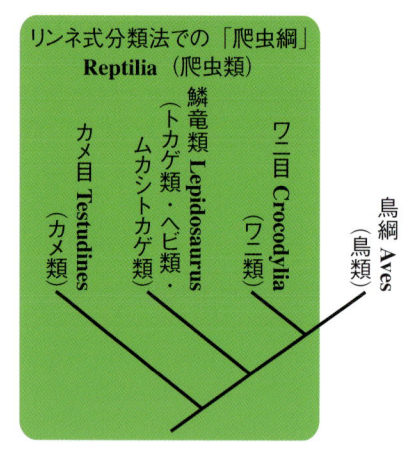

[分岐図: リンネ式分類法での「爬虫綱」Reptilia（爬虫類） — カメ目 Testudines（カメ類）／鱗竜類 Lepidosaurus（トカゲ類・ヘビ類・ムカシトカゲ類）／ワニ目 Crocodylia（ワニ類）／鳥綱 Aves（鳥類）]

リンネ式分類法では，鳥類は鳥綱という独自のグループになる．ほかの動物とはずいぶん違っているからだ．たとえば，鳥類は恒温性で羽毛をもち，ほとんどが飛べる．カメやトカゲ，ワニは，うろこでおおわれ，変温性で，水中ではなく陸上に卵を産むので，爬虫綱としてまとめられた．ところが，これらはすべて原始的な特徴で，特殊化ではない．鳥類にはなく，カメ，トカゲ，ワニのみに共通した独自の特殊化というのはみられない．だが，たいていの人の目には，ワニは全体的に鳥類よりトカゲに似ているように映るだろう．

しかし，特殊化からわかる進化上の関係を利用すると，グループ分けが違ってくる．原始的特徴ではなく，鳥類にもみられる特殊化でまとめられた結果，鳥類は爬虫類の一部になる．

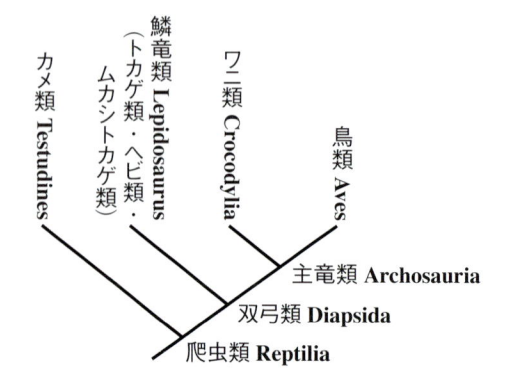

[分岐図: カメ類 Testudines／鱗竜類 Lepidosaurus（トカゲ類・ヘビ類・ムカシトカゲ類）／ワニ類 Crocodylia／鳥類 Aves — 主竜類 Archosauria／双弓類 Diapsida／爬虫類 Reptilia]

そうすると，見かけはあまり似ていなくても，ワニと鳥類の関係は，それぞれとトカゲとのあいだよ

り近いといえる．

　だからといって，分岐論を利用しはじめる前より，鳥類が「鳥らしく」なくなったわけではない．鳥類が独特のグループであることにかわりはない．だが今は，爬虫類とは全然違うグループではないことがわかっている．鳥類は爬虫類のなかのきわめて特殊なグループなのだ．

　分岐図は，異なる動物どうしの関係を探る道具として大いに役立つ．また，どの動物がどんな特殊化をしているかを明らかにするときにも利用できる．

下の図は角竜類（えり飾りと角をもつ恐竜）の分岐図に説明をつけたものだ．

　こうして，ごく大ざっぱに分岐論の説明をしてきたが，分岐論について学ぶことや分岐論から学ぶことはほかにもたくさんある．しかし，手始めとしてはこれで十分だろう．次の章では，分岐論を使って，脊椎動物の系統樹に恐竜を位置づける．さらに，竜盤類と鳥盤類の章で，現在のとらえ方にもとづく恐竜の分岐図を紹介する．

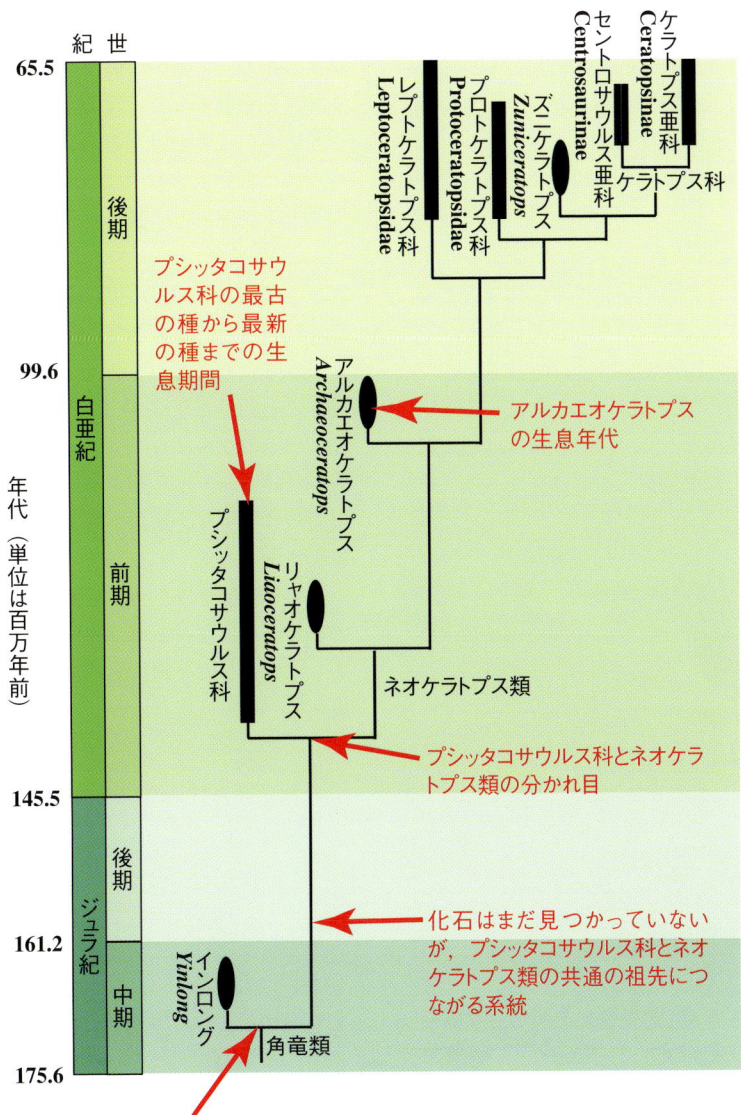

10
脊椎動物の進化
Evolution of the Vertebrates

恐竜は，脊椎動物（体の内側に骨格をもつ動物）の系統樹に生えた，たくさんの枝の1つにすぎない．恐竜の骨格にも，私たち人間の骨格にも，脊椎動物がたどった進化史のあとがみえる．驚くことに，この歴史は水のなかで始まった．

脊椎動物を含む生物はすべてまず海で進化し，水中から酸素をとりこむようになった．現在も，水中から酸素をとりこんでいる脊椎動物がいる．それは魚類だ．しかし，魚類は生命樹でたった1本の特別な枝ではない．「魚類」の枝はたくさんあり，なかにはほかの魚類より人間や恐竜に近いものも含まれる．

脊椎動物の歴史は壮大だ．それを語りつくすには，この本と同じくらいの厚さの本が何冊も必要になる．とりあえず，今は，簡単にふり返るだけでがまんしてほしい．

最初の脊椎動物が現れたのは，今から5億年以上前のカンブリア紀だった．この動物には頭と尾があったが，かたい骨やヒレ，あごはなかった．それから1億年のあいだに，こうした特徴が進化し，さまざまな子孫へ受けつがれた．ある系統では単純な肺が進化した．水中の酸素が足りないとき，この肺を使うと空気を大きく吸いこむことができた（金魚をかっている人なら，そんな姿を見たことがあるだろう）．

かたい骨とあご，肺をもつ魚類のグループの一つが，手首と足首のある特殊なヒレを進化させた．堅頭類とよばれるこのグループはデボン紀に出現した．堅頭類は，手首と足首を使って沼地の茂みをかき分けていくことができた．また，別の池や川へ移動する必要があれば，陸上を進むこともできた．（現在の魚類のなかにも，トビハゼやライギョのように，ヒレだけで陸上を移動する種類がみられる．しかし，堅頭類には手首と足首があったので，もっと簡単に移動できた．）

右の分岐図をみると，堅頭類の進化がわかる．このグループには両生類，単弓類（人間もここに入る），そしてさまざまな爬虫類が含まれる．そのような爬虫類の一つが恐竜だった．

上：水中にすむたくさんの堅頭類の一つ，クラッシギリヌス *Crassigyrinus* が，石炭紀の湖で肺魚を追いかけている．
ページの上：脊椎動物はみなそうだが，このヘビの骨格もさまざまに異なる骨が組みあわさってできている．

堅頭類の進化

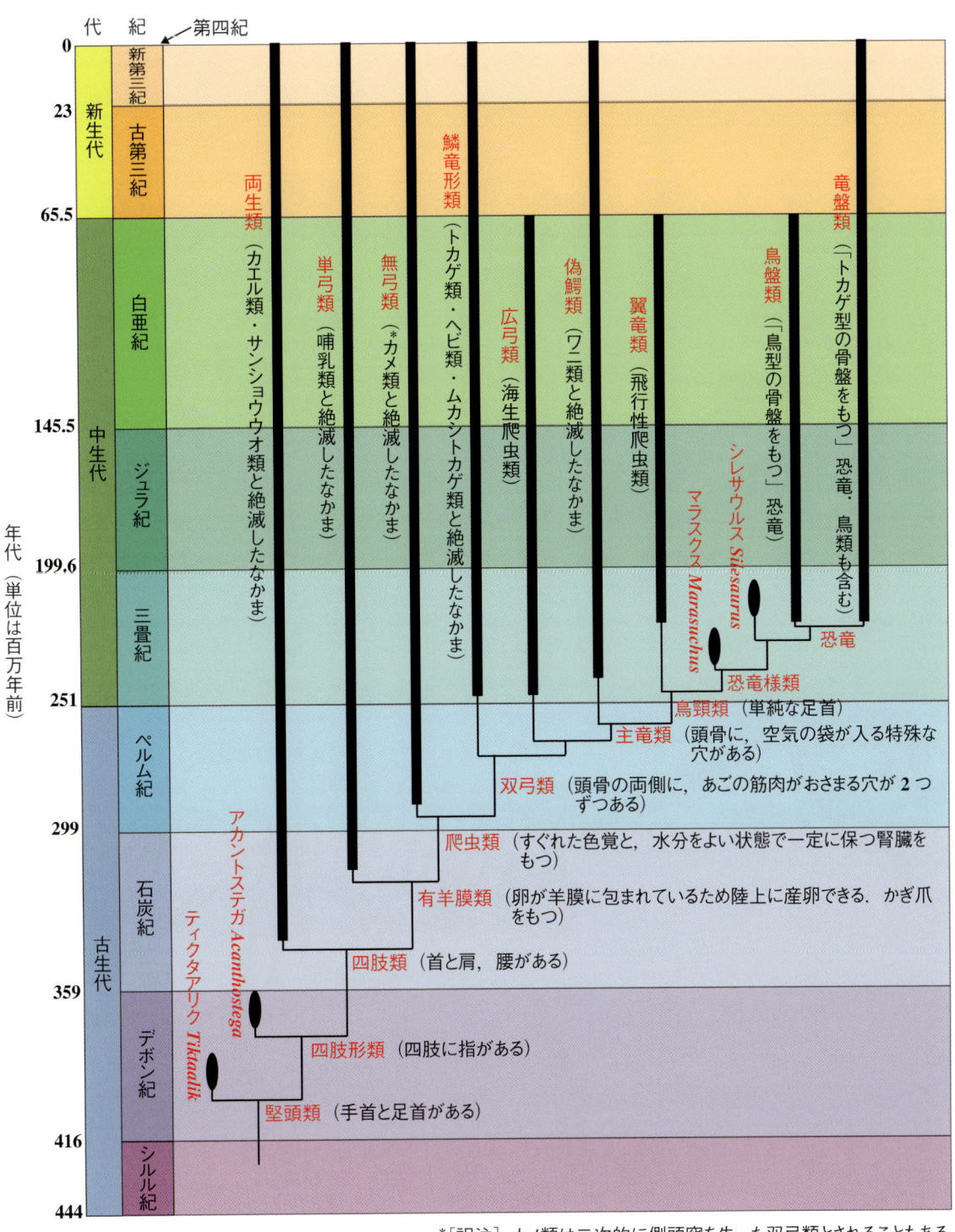

代	紀	年代(単位は百万年前)
新生代	第四紀	0
	新第三紀	23
	古第三紀	65.5
中生代	白亜紀	145.5
	ジュラ紀	199.6
	三畳紀	251
古生代	ペルム紀	299
	石炭紀	359
	デボン紀	416
	シルル紀	444

系統樹の分類群（左から右へ）：

- 両生類（カエル類・サンショウウオ類と絶滅したなかま）
- 単弓類（哺乳類と絶滅したなかま）
- 無弓類（*カメ類と絶滅したなかま）
- 鱗竜形類（トカゲ類・ヘビ類・ムカシトカゲ類と絶滅したなかま）
- 広弓類（海生爬虫類）
- 偽鰐類（ワニ類と絶滅したなかま）
- 翼竜類（飛行性爬虫類）
- シレサウルス *Silesaurus*
- マラスクス *Marasuchus*
- 鳥盤類（「鳥型の骨盤をもつ」恐竜）
- 竜盤類（「トカゲ型の骨盤をもつ」恐竜・鳥類も含む）

分岐点：

- 恐竜
- 恐竜様類
- 鳥頸類（単純な足首）
- 主竜類（頭骨に，空気の袋が入る特殊な穴がある）
- 双弓類（頭骨の両側に，あごの筋肉がおさまる穴が2つずつある）
- 爬虫類（すぐれた色覚と，水分をよい状態で一定に保つ腎臓をもつ）
- 有羊膜類（卵が羊膜に包まれているため陸上に産卵できる．かぎ爪をもつ）
- 四肢類（首と肩，腰がある）
- アカントステガ *Acanthostega*
- 四肢形類（四肢に指がある）
- ティクタアリク *Tiktaalik*
- 堅頭類（手首と足首がある）

*［訳注］カメ類は二次的に側頭窓を失った双弓類とされることもある．

頭骨の構造

前のページにのせた脊椎動物の分岐図をみてほしい．動物が進化するにつれて，新しい解剖学的特徴（骨格のいろいろな部分など）が加わっていることがわかるだろう．恐竜のことや，その進化上の類縁関係，体の働きについて理解を深めるためには，解剖学的構造をくわしく知る必要がある．

ほとんどの有羊膜類は，骨格の基本構造が似ている．骨格は，頭骨とそのほかの骨（頭部よりうしろの骨格）に分けられる．頭骨のなかには脳とたくさんの感覚器官（鼻，目，舌，耳）がおさめられる．頭骨はいくつもの骨でできていて，感覚器官など，やわらかい組織でできた構造が入るための穴があいている．

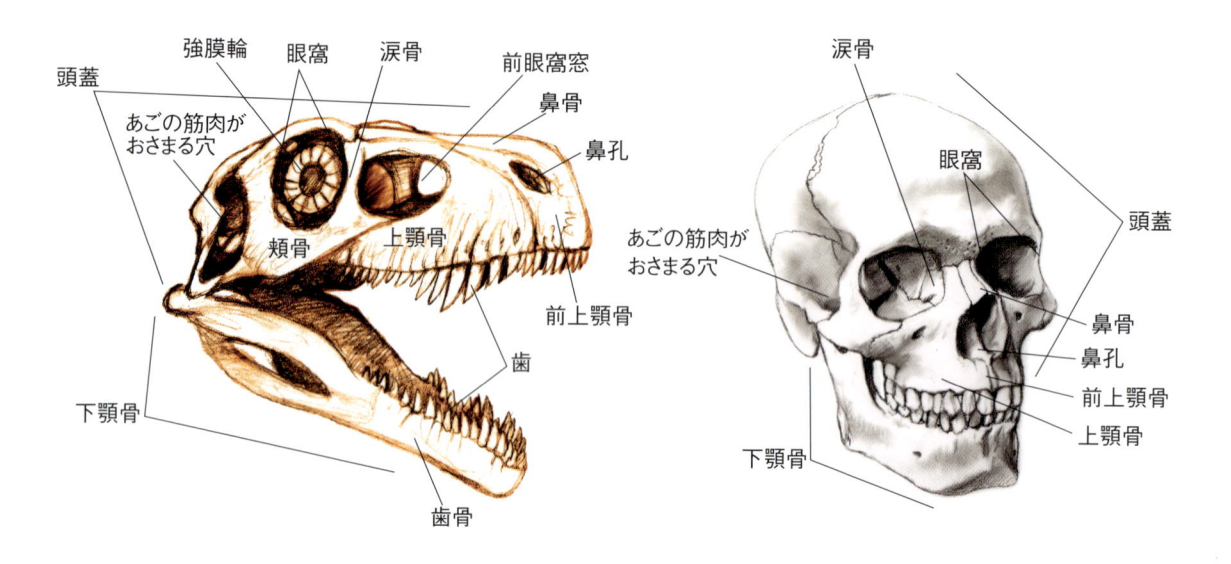

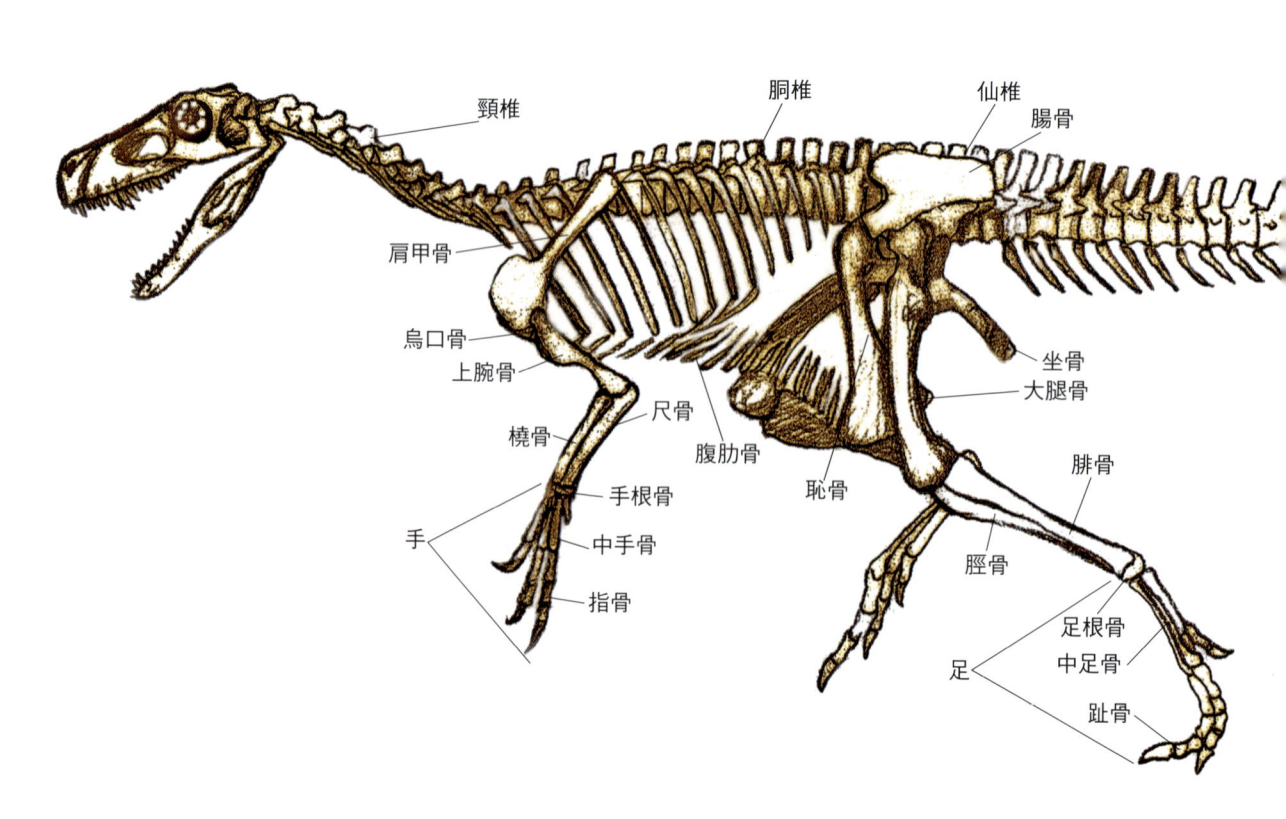

頭骨よりうしろの骨格

頭部よりうしろの骨格（頭骨後方骨格）は，恐竜でもほかの脊椎動物でも，おもに2つの部分からなる．「中軸骨格」は，背骨と，胴体にあるほかの骨でできている．「付属骨格」は，四肢と，中軸骨格に四肢をつなぐ骨から構成される．

骨格をつくる骨は形や大きさがそれぞれ異なるが，その違いをつかむと，いろいろな恐竜の生活や行動について仮説を立てることができる．

恐竜の骨格で今まで見つかった骨や構造はほとんどすべて，ヒトの骨格にもある．

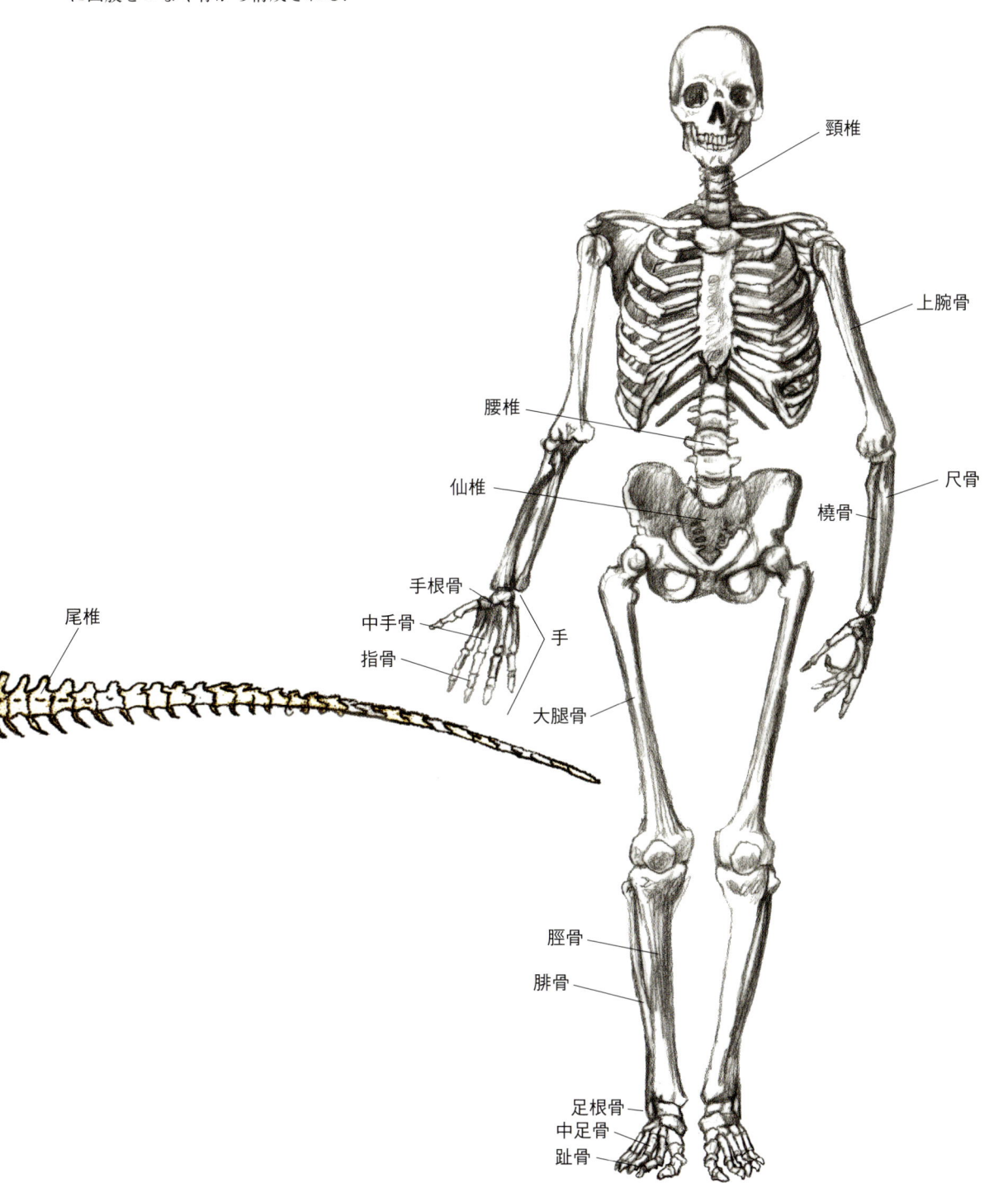

ラゲルペトン

シレサウルス

マラスクス

11
恐竜の起源
The Origin of Dinosaurs

さまざまな種類の恐竜をみる前に，恐竜の起源を調べてみよう．そうすると，恐竜とはどんな動物かがわかるだろう．

恐竜類は本当に存在するのか？

現代科学の解釈では，ある生物グループのメンバーすべてが，そのグループの一員である祖先から生じているとき，この生物グループは「存在する」，あるいは「自然分類群」だという言い方をする．たとえば，クジラとイルカとネズミイルカはみな一つの祖先を共有し，クジラ類という自然分類群を構成する．すると，「恐竜類」というグループが存在するためには，すべての恐竜にとって共通の祖先が恐竜でなくてはならない．

共通の祖先がそのグループに入らないようなまとめ方を，科学者は「不自然な」グループ（人為分類群）という．自然界には存在しないグループということだ．たとえば，ゾウとサイ，カバをまとめて「厚皮動物」（皮膚の厚い動物）とよんだ時代があった．しかし，その後の発見で，ゾウはカイギュウ，サイはウマ，カバはブタのほうに近いことがわかった．つまり，厚皮動物の共通の祖先は厚皮動物ではなかったのだ．そこで今は，厚皮動物は不自然なグループとされている．

1800年代後半から1970年代まで，ほとんどの古生物学者は，恐竜も厚皮動物のように不自然なグループだと思っていた．種類の異なる爬虫類が別々のグループ（鳥盤類や竜脚類，獣脚類など）に進化し，それが今ではまとめて恐竜とよばれていると考えたのだ．恐竜は自然分類群ではなく，「恐竜類」は存在しない，というのがこうした古生物学者の判断だった．彼らの目には，トリケラトプス *Triceratops*，ティラノサウルス *Tyrannosaurus*，サルタサウルス *Saltasaurus* のたがいの関係は，トリケラトプスとワニとの関係と同じくらい遠いものに映っていた．

厚皮動物は巨大な哺乳類をまとめた不自然なグループだ．カバ，サイ，ゾウはそれぞれ，まったく異なる小型哺乳類から進化して，巨体をもつようになった．この祖先の小型動物はどれも厚皮動物とはみなされない．

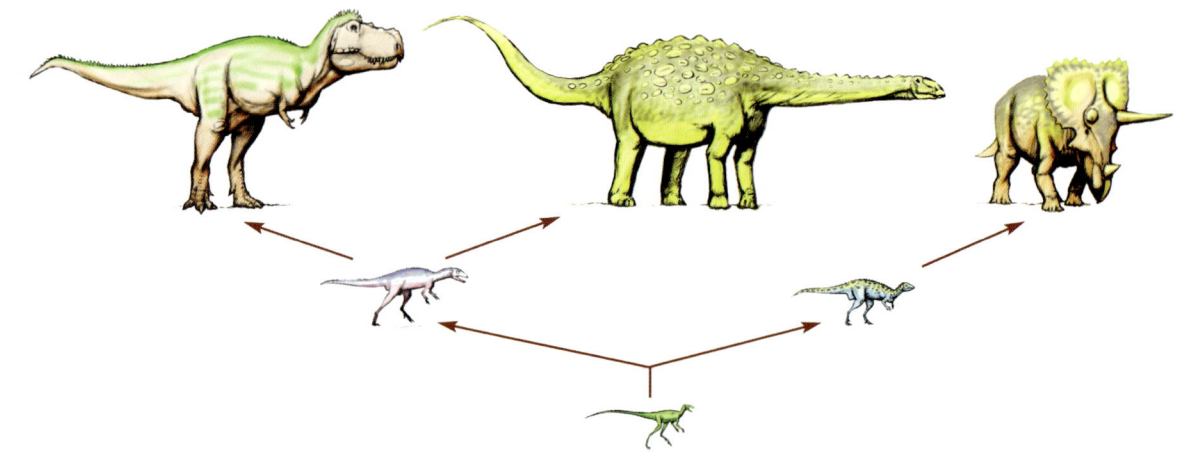

恐竜類は自然分類群だ．恐竜類の種すべてにとって共通の祖先も恐竜だったと思われる．

　ところで，恐竜は自然分類群でないと主張した古生物学者たちは，直立姿勢や，腰に余分な骨がみられる点など，恐竜に共通する特徴を，どう説明したのだろうか．実は，1970年代まで，こうした特徴は，似たような生活を送る爬虫類のグループで別々に発達した「収斂進化」だと，ほとんどの古生物学者が思っていた．はじめは見かけが異なっていた複数のグループが，似た姿に進化することを「収斂進化」という．そのような例はたくさん知られている．

　収斂進化は，ある生活で有利に働く特徴が，同じような生活をする別のグループで独立して進化するときに起きる．たとえば，イルカは陸にすむ哺乳類から進化し，サメは水底にすむ軟骨魚類から進化したが，体の形はそっくりで，背中にひれがあり，四肢もひれ状になっている．この2つの異なるグループがよく似た体形に進化したのは，水中で速く動ける形だったからだ．

　恐竜類は自然分類群ではないとした古生物学者は，この収斂進化をもとに推測したのだ．もしも恐竜の各グループが，恐竜ではない別々のグループから進化し，こうした特徴をもつようになったのだとしたら，それぞれのグループの最古のメンバーは外見にかなりの違いがあり，恐竜ではないほかの爬虫類のほうに似ていたはずだ．

　ところが，1970年代に，恐竜の起源は収斂進化だとする説が大きくゆらぐ．アメリカのロバート・バッカーやピーター・ゴールトン，アルゼンチンのホセ・ボナパルテといった古生物学者が，すべての恐竜にとって共通の祖先も恐竜だったことを示す証拠を見つけたのだ．恐竜の祖先にも，ほかの恐竜と同じ特徴がいくつもあったということだ．

　この発見の一部は，恐竜の歴史を過去へたどるほど，さまざまな種類の恐竜がたがいにだんだん似てくる，という観察結果にもとづいていた．三畳紀後期のあいだ，恐竜のおもなグループで最古の，最も原始的なメンバーはどれも体長が1.2mから1.8mほどだったが，あとから現れる恐竜はゾウと同じくらいか，もっと大きい．最古の恐竜類は2本足で歩いたが，のちの恐竜の多く（ステゴサウルス *Stegosaurus*，トリケラトプス，アパトサウルス *Apatosaurus* など）は4本足で歩いた．さらに，あとから現れた恐竜の前足は，ティラノサウルスのようにかぎ爪のついた2本の指や，アンキロサウルス *Ankylosaurus* のような幅広の足など，さまざまに異なるが，最古の恐竜の前足はどれも5本指で，ものをつかめるつくりになっていた．

　バッカー，ゴールトン，ボナパルテは，収斂進化とはまったく逆のできごとが起きたのだと考えた．つまり，各グループで最古の恐竜はたがいにもっと似ていて，時間がたつにつれて違いが大きくなったのだ．

　だが，このような類似点は答えの一部にすぎなかった．バッカーたちは，新しく発見された三畳紀中期の化石にも，恐竜の共通の祖先について知る証拠を見つけた．

　　　　　＊　＊　＊

三畳紀中期の動物園

　今，ごくふつうの動物園にいる動物を思い浮かべてみるといい．ほとんどが哺乳類だろう．毛皮におおわれ，母乳で子育てをする動物だ．鳥もたくさんいる．爬虫類館では，カメやトカゲ，ヘビ，ワニといった，現生爬虫類のおもな種類をみることができる．爬虫類館には，カエルやサンショウウオなど，現生種の両生類もいる．

　ところで，恐竜時代（白亜紀の終わりから，さらに昔の三畳紀後期まで）の動物園へ行ったとしたら，ちょっと違った動物を目にするだろう．ゾウやトラのような大型哺乳類のかわりにいるのは，たくさんの大型恐竜だ．哺乳類も少しはいるが，アナグマくらいの大きさしかない．このような小型哺乳類は，現生哺乳類のどれとも違っているが，毛皮におおわれ，母乳を出す．今の世界にいる爬虫類や両生類と同じグループもいくらか見られる．現生動物とは違う種でも，カメやトカゲ，カエルであることにかわりはない．

　だが，恐竜が出現したところまで時をさかのぼると，どうなるだろう．三畳紀中期の動物園には，ずいぶん違う動物がいるはずだ．現在の動物園にいる動物はまったくみられない．哺乳類も鳥類も，カメやトカゲ，ヘビ，ワニもいない．カエルやサンショウウオも見かけない．爬虫類と両生類はいるが，現在のグループに属していないものばかりだ．おまけに，爬虫類でも両生類でもない，まったく別の動物がいる．

　三畳紀中期の動物園でもとりわけ変わったグループは，植物食のディキノドン類だろう．カメとセイ

三畳紀の奇妙な動物がみな恐竜というわけではない．左側にいるのは原哺乳類のディキノドン類だ．うしろにみえるのは，よろいに身を包んだ植物食のアエトサウルス類．頭一つ抜きんでているのは，強大な肉食動物のラウイスクス類．右下にいるのはワニに似たパラスクス類だ

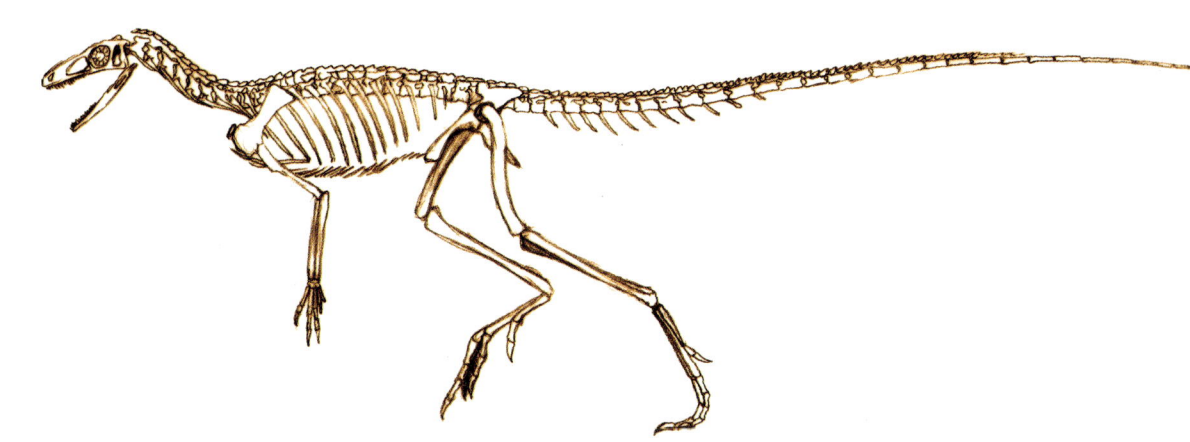

原始的な恐竜の近縁動物ラゴスクスの骨格．アルゼンチンの三畳紀中期の地層から発見された．

ウチ，ブルドックを混ぜあわせたような姿の奇妙な動物で，ネコほどの大きさからウシくらいの大きさのものまでいる．ディキノドン類は，哺乳類の祖先にあたるキノドン類と関係がある．キノドン類も三畳紀中期の動物園でよく見かける動物だ．大きさはネコからオオカミくらいまでで，肉食と雑食の種類がいる．鼻先はイヌに似ていて，はって歩く形の足をしている．体は毛皮に包まれていたかもしれない．このディキノドン類とキノドン類は，その昔，地球上にあふれていた原哺乳類の，最後の生き残りだ．

三畳紀中期の動物園には，さまざまな種類の主竜類（支配的な爬虫類）もいる．現在の主竜類にはワニ類と鳥類が含まれるが，三畳紀には，そのほかの種類がたくさんいた．湖や川にひそんでいたのは，魚食で鼻先が長く，見かけがワニに似た（たぶん行動も似ていた）パラスクス類だ．陸上には植物食の武装した主竜類アエトサウルス類がいた．その体はよろいにおおわれ，両側にトゲが突きでている．この世界でトップに立つのは巨大な肉食動物のラウイスクス類だ．こうした動物はみな四つんばいで走りまわり，現在のトカゲやワニのように，足が体の横に張りだしていた．

しかし，このような大型主竜類はどれも恐竜の祖先ではない．恐竜の祖先をみたければ，足元に目を向ける必要がある．恐竜は巨大なものと思われがちだが，実は，イエネコにもおよばないくらいの小さな動物から生まれたのだ．

恐竜の祖先

恐竜の祖先にあたる主竜類は，長い脚が胴体のま下にのびた，小型動物だった．脚が体から下にのびていると，すばやく，長時間走れる（腹をすかせた大きなラウイスクス類やキノドン類，地響きを立てるアエトサウルス類の群れがいっぱいの世界で，役に立つ特徴だ）．

長い脚をもつこの小さな主竜類は，原始的な鳥頸類（「鳥の首」の意味）だ．あとから現れる鳥頸類には恐竜と（たぶん）空を飛ぶ翼竜類が含まれる．これらの動物と同様，初期の鳥頸類も胴体のま下に脚があり，足首は単純なちょうつがいの形をしていた．

たまたまだが，初期の鳥頸類の情報はほとんど南アメリカで見つかった化石から得られた．鳥頸類の完全な骨格はまだ見つかっていない．なぜか，腰と脚はかなりきれいに保存されているのに，体のほかの部分がうまく保存されていないからだ．これまで見つかったなかで状態が最もよい化石から推測すると，腕がずいぶん短かいので２足歩行だったようだ．そして，大半が，三角形の短い頭と，昆虫を食べるのに向いた，小さくとがった歯をもっていた．

1970年代に，古生物学者のアルフレッド・シャーウッド・ローマーが，初期の鳥頸類を数種類発見し，命名した．そのなかでもとくに有名なのは，ラゴスクス *Lagosuchus* と，近いなかまのマラスクス *Marasuchus*，そしてやや大きめのラゲルペトン *Lagerpeton* だ．ラゴスクスとマラスクスはかなり小

●65

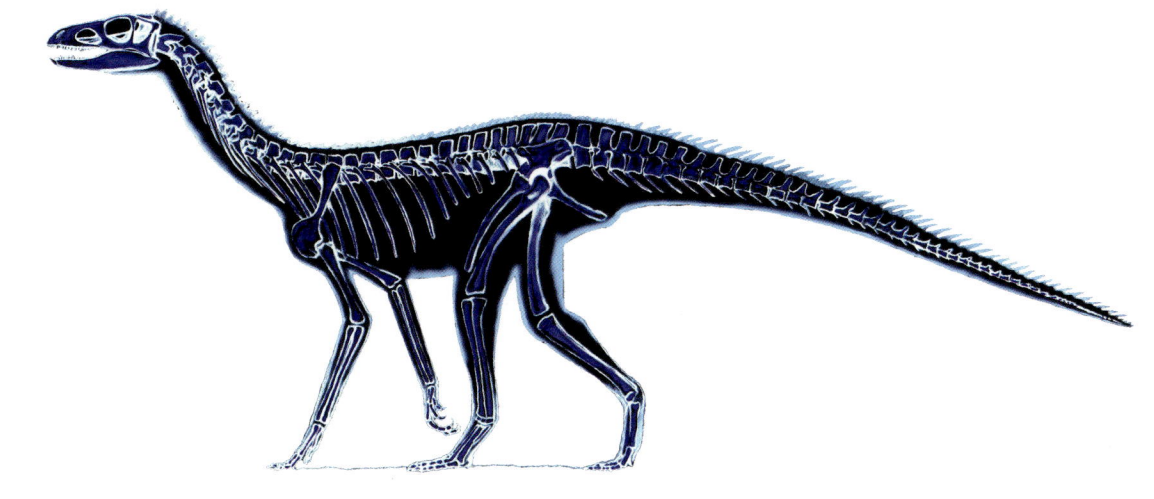

2000年に発見されたシレサウルスは，これまで知られているなかで，恐竜の祖先に最も近い爬虫類の一つだ．植物食で，体長は 1.7m ほどだった．

さく，2本足で走りまわる動物で，昆虫食だったと思われる．ラゲルペトンはもっと大きいが，残念なことに，腰と脚，足，背骨の一部しか見つかっていない．この足と背骨の形から，ラゲルペトンはウサギのようにとびはねた，と考える古生物学者もいる．

ラゲルペトンよりもっと大きいのはルイスクス Lewisuchus とプセウドラゴスクス Pseudolagosuchus だ．ルイスクスは，ほかのなかまと比べると，胴体に対する頭の割合が大きい．どうやら，昆虫より大きな動物をつかまえたようだ．もしかすると，ラゴスクスやマラスクス，ラゲルペトンを殺して食べたのかもしれない．脚の特徴をもとに，一部の古生物学者は，ルイスクスをプセウドラゴスクスと同じ種と見なしている．その一方で，ルイスクスは鳥頸類ですらなく，ワニの祖先のなかまだと考える古生物学者もいる．

ごく最近発見された恐竜の近縁動物に，これまでのところ恐竜の祖先に最も近いと思われるものがいる．それはポーランドで発掘された体長1.7mのシレサウルス Silesaurus だ．シレサウルスは 2000 年に見つかり，2003 年に命名された．恐竜の近縁動物の多くと違って，シレサウルスは骨格の大部分が見つかっている．それだけではなく，同じ場所から，少なくとも 4 体が掘りだされた．恐竜の近縁動物としてはめずらしく，植物食のトカゲや恐竜のように，木の葉型の歯をもつので，シレサウルスも植

シレサウルスの生体復元図と，頭部の拡大図

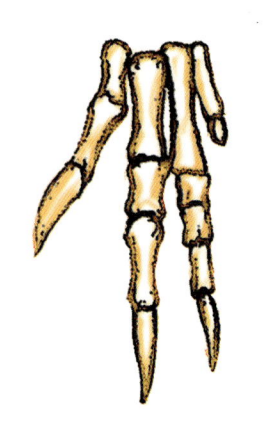

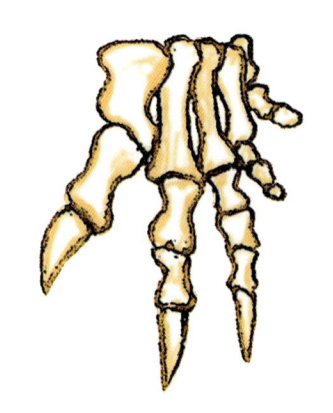

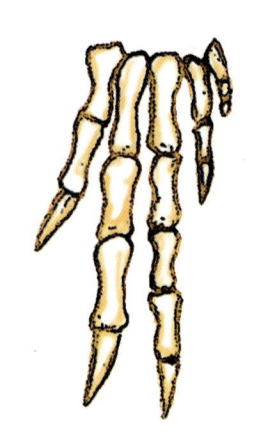

恐竜の左手．左から右へ，メガプノサウルス *Megapnosaurus*，プラテオサウルス *Plateosaurus*，ヘテロドントサウルス *Heterodontosaurus*．ほかの爬虫類の前足と違って，親指が残りの指と向かいあわせになる．また，第4指と第5指（薬指と小指）がずいぶん小さい．

物食だったのではないかと，古生物学者は考えている．ラゴスクスやマラスクス，ラゲルペトンとは異なり，恐竜に似た特徴はほかにもある．腰にある恥骨と坐骨が細長いのだ．ここから，アルゼンチン産のラゴスクスなどより，恐竜に近かったと推測される．腕が細長いので，4本足で歩くこともできたが，急ぐときにはうしろ足で立ちあがったと思われる．ただし，三畳紀後期の地層に含まれていたので，恐竜の祖先としては，時期が遅すぎる．

これらの動物は恐竜と近い関係にあるが，本物の恐竜すべてがもつ特徴は現れていない．こうした三畳紀の爬虫類は，本物の恐竜といっしょに恐竜様類というグループにまとめられる．本物の恐竜がはじめて現れたのは2億3000万年ほど前で，三畳紀後期が始まろうとするころだった．このような初期の恐竜と，いちばん近いなかまの鳥頸類とのあいだには，それほど大きな違いはなかった．初期の恐竜はみな体長が1.8m未満で，うしろ足で立っていた（とくに，走るときは2本足だった）．原始的な鳥頸類がもっと進んだなかまと同じ世界にいた時期は，長くは続かなかった．恐竜は，より速く走り，うまくえさを手に入れるといった，新しい適応をみせた．三畳紀の終わりまでに，原始的な鳥頸類はすべて絶滅する．そして世界は本物の恐竜のものになった．

恐竜とはどんな動物か

多くの人々が（一部の科学者も含めて！），「恐竜」とそうではないものを区別できていない．空を飛ぶ翼指竜類や背中に帆があるディメトロドン *Dimetrodon*，海にすむ首長竜，マンモスを恐竜だと思っているのだ．それは完全なまちがいだ．古生物学で「恐竜」といえば，植物食のイグアノドン *Iguanodon* と肉食のメガロサウルス *Megalosaurus*（中生代の恐竜で，科学者によって確認された最初の2種類）に共通する最も近い祖先と，その子孫すべてをさす．

とはいうものの，どうすれば恐竜を見わけられるのか．恐竜には固有の特徴がいくつかある．まず最初は前足だ．自分の手のひらをみて，親指にほかの指の先でさわってみるといい．ほかの指と親指の先がふれあうだろう．それは，親指をほかの指と向かいあわせにできるからだ．恐竜の親指も同じようにほかの指と向かいあわせにできた．だが，恐竜の手は人間の手とは違っていた．ここでもう一度，手のひらをみて，親指でほかの指にさわってみてほしい．親指は手首から上の部分が全部動くのがわかるはずだ．恐竜の前足は，手のひらの指がすべて固定されたままだった．恐竜の親指はほかの指とは違う角度でついていたので，前足でものをつかむことができたのだ．そのため，恐竜が手をにぎりしめると，親指とほかの指が向かいあった．

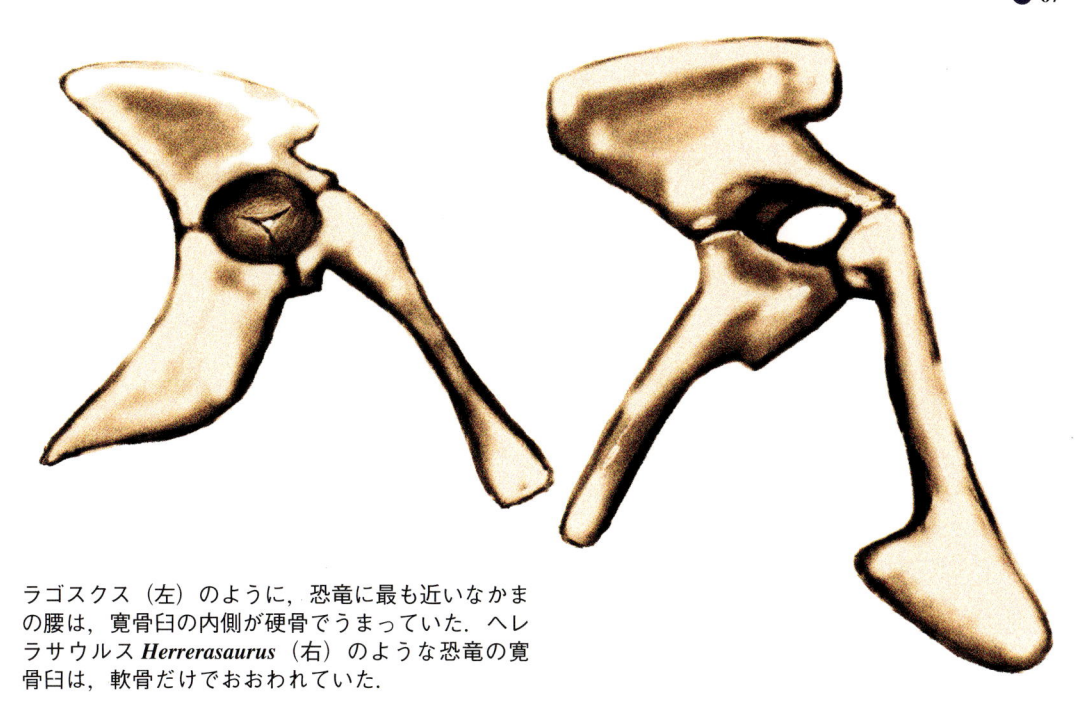

ラゴスクス（左）のように，恐竜に最も近いなかまの腰は，寛骨臼の内側が硬骨でうまっていた．ヘレラサウルス *Herrerasaurus*（右）のような恐竜の寛骨臼は，軟骨だけでおおわれていた．

　なぜ恐竜はものをつかめる前足を進化させたのだろうか．なにかをよじのぼるときに，このような前足は役立ったかもしれない．おもな使い道は獲物をつかまえたり植物を集めたりするためだっただろう．恐竜がこの便利な前足をもつように進化できたのは，祖先がすでに2足歩行だったからだ．うしろ足だけで動きまわれたので，前足を別の目的に使うことが可能になったのだ．

　恐竜と祖先のあいだにはほかにも大きな違いがある．それは腰だ．ほとんどの現生動物では，寛骨臼という，大腿骨がはまる骨盤のくぼみの内側が，骨の壁でしっかりとおおわれている．恐竜の場合は違う．寛骨臼に骨の壁はなく，あるのは軟骨とよばれるやわらかい組織だけだった．軟骨はめったに化石にならないので，恐竜の腰の化石では，くぼみのなかになにも残っていない．そのため，古生物学者は「開いている」という言い方をする．

　どうして恐竜の寛骨臼は開いているのだろうか．これまで，この問いにきちんと答えられた者はいない．最初の恐竜はまだ小型だったので，腰の骨に穴をあけて重さを減らす必要はなかったはずだ．考えられる理由は，寛骨臼の内側が軟骨だけなら，脚がなめらかに動くということだ．

　恐竜は小型動物として出現し，のちにもっと大きくなった．恐竜の祖先の脚はすでに胴体のま下にのびていたので，恐竜はまさに人きくなるのにうってつけの立場に立っていたのだ．ワニのようにはって歩く形の脚で，体がぐんと大きくなったら，陸上を歩きまわるのはたいへんだろう．脚をまげたまま体重をささえなくてはならないからだ．しかし，脚が体のま下についていたら，もっと大きな重みにたえられる．そのため，恐竜のいろいろなグループのほとんどすべてで，巨体の子孫が現れている．

　古生物学者は恐竜の系統樹に2つの大きな枝があることを認めている．この2つの枝は共通の祖先から進化し，両方とも三畳紀後期には存在していた．1つ目の枝は竜盤類（「トカゲ型の骨盤をもつ」恐竜）だ．竜盤類には，首の長い巨大な竜脚類と小さめの祖先，そして多種多様な肉食獣脚類がいる．鳥盤類（「鳥型の骨盤をもつ」恐竜）は，これまでわかっているかぎりでは，すべて植物食だ．よろい竜類，カモノハシ竜類とそのなかま，ドーム状の頭をもつ厚頭竜類，角竜類はみな鳥盤類だ．ここで一つ忘れてはならないのは，このようにさまざまな種類がいても，恐竜はみな，ちょこちょこと走りまわり，人間が手でつかまえられるほど小さな動物から進化したということだ．

ヘレラサウルス

エオラプトル

12
竜 盤 類
Saurischians
トカゲのような骨盤をもつ恐竜

　竜盤類は恐竜の系統樹を構成する2本の太い枝の一つである．この中には，これまでに知られている最も大きな恐竜と，最も小さな恐竜がともに含まれる．竜盤類は2つの多様なグループを含む．長い首をもち，植物を食べる竜脚形類と，ナイフのような歯をもち，肉を食べる獣脚類である．またそのほかに，進化上の正確な位置があまりよくわかっていないいくつかの三畳紀の種もここに含まれる．何よりも驚くべきことは，竜盤類恐竜は今なお絶滅していないということだ！今も生きている恐竜，すなわち鳥類は竜盤類の一種なのである．

トカゲの骨盤と中空の骨

　19世紀を通じて，古生物学者たちはさまざまな恐竜の化石を発見してきた．最初に発見された骨格はきわめて不完全なものだったが，1860年代以降にはほとんど完全といってよい骨格が発見されるようになった．これらの新しい発見によって，古生物学者は恐竜をいくつかのグループに分けて考えられる段階に入ったこと，すなわちどの恐竜とどの恐竜が最も近い類縁関係にあるかを考えることができるようになったと確信するに至った．

　これ以降，科学者たちはさまざまな恐竜のグループ分け，つまり分類の方法を提唱してきた．これらのうちで最もよく知られているもの（そして今日でもなお用いられているもの）が，英国のハリー・G・シーリーの分類法だった．シーリーは1887年，わずか7ページからなる短い論文を書き，それは今なお恐竜科学の世界で最も大きな影響力をもった論文のひとつとなっている．

　どうしてこの小さな論文が，これほど大きな影響力をもちえたのだろうか？　1887年以前にも，古生物学者は恐竜のいくつかの大まかなグループを認識していた．なかでも，米国イェール大学の古生物学者O・C・マーシュが名前をつけた4つの恐竜のグループは，今日でも用いられている．それは剣竜類 Stegosauria（ステゴサウルス *Stegosaurus* やポラカントス *Polacanthus* のようなよろいを身につけた恐竜．今日ではこのグループ全体を装盾類 Thyreophora とよんでいる），鳥脚類 Ornithopoda（ヒプシロフォドン *Hypsilophodon*，イグアノドン *Iguanodon*，カモノハシ恐竜類などのくちばしをもった植物食恐竜），竜脚類 Sauropoda（カマラサウルス *Camarasaurus* やディプロドクス *Diplodocus* のような長い首をもつ巨大な植物食恐竜），それに獣脚類 Theropoda（アロサウルス *Allosaurus* やコンプソグナトゥス *Compsognathus* のような2本脚の肉食恐竜）である．しかしマーシュは，これら4つのグループがどのような関係にあるかについては何も述べなかった．

　それに対してシーリーは，この点について考えを述べている．彼は剣竜類と鳥脚類に多くの共通の特徴がみられること，特に骨盤の恥骨が後方に伸びていることに気づいていた．鳥類の骨盤にも後方に伸びた恥骨がみられることから，シーリーは剣竜類と鳥脚類を含む目（もく）に鳥盤目 Ornithischia（鳥のような骨盤をもつもの）という名前をつけた．

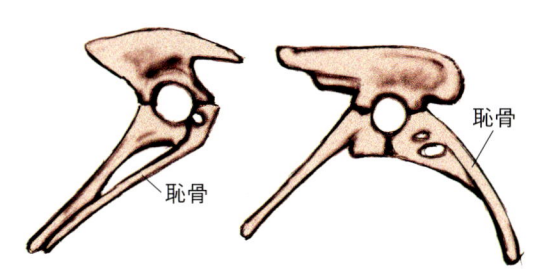

鳥盤類の恥骨は左側のレソトサウルスのように，尾の方向に伸びているのに対して，多くの竜盤類の恥骨は右側のメガプノサウルスのように，頭のほうに伸びている．

竜盤類の多くは、この竜脚類の例にみられるように、椎骨に空洞がある.

これに対して竜脚類や獣脚類の恥骨は（少なくともシーリーが知っていたものはすべて），前方に向かって伸びている．これはトカゲ類の恥骨と同じであり，したがってその目（もく）を竜盤目 Saurischia（トカゲのような骨盤をもつもの）と名づけ，竜脚類と獣脚類をそこに含めた．もちろん，恥骨はワニ類，カメ類，哺乳類などでも前方に伸びており，したがってシーリーはこれらの恐竜を「ワニ盤類恐竜」，「カメ盤類恐竜」，「哺乳類盤類恐竜」などと名づけることもできたわけだが，「竜盤目」が彼が選んだ名前であり，われわれはそれを用いているのである．

シーリーはまた，竜脚類と獣脚類が互いに似ていて，鳥盤類恐竜とは違う特徴をそのほかにももつことに気づいていた．特に竜脚類と獣脚類の椎骨には，その中に多くの空洞がみられた．それに対して鳥盤類の椎骨は，中まで骨がつまっている．シーリーは空洞のある竜盤類の椎骨を鳥類の骨と比べて，これらの恐竜の中空の背骨は（現在生きている鳥類と同じように）空気で満たされていたのだろうと考えた．最近数年の発見は，シーリーが正しかったことを示している．まさにシーリーは，現代鳥類がもつ特殊な気嚢系が進化してきた最初期の変化に気づいたのである．

シーリーは，鳥盤類と竜盤類との違いはきわめて大きなもので，この両者が類縁関係にあると考えることはできないと述べた．この2つは爬虫類というグループの中で2つの異なる枝をなすものであり，両者を恐竜類という単一のグループに入れていたのは誤りだというのが彼の主張だった．

ほとんど1世紀にわたって，古生物学者の多くはシーリーと同じ考え方をしていた．しかし1970年代の発見は，恐竜類が"真に独立の"グループであること，すなわちすべての恐竜が，ただひとつの共通の祖先から生まれたものであり，その共通の祖先自体も恐竜であることをを示した．そうであるとしても，シーリーが明らかにした2つの大きなグループは，今も恐竜系統樹の2本の大きな枝として認められている．

長い首と第2指

シーリーの論文が発表されたのちも，鳥盤類，竜盤類を含めて，さらに多くの種類の恐竜が発見された．竜盤類では，これらの発見によって以前は獣脚類と考えられていた三畳紀の首の長い恐竜（具体的にはプラテオサウルス Plateosaurus やアンキサウルス Anchisaurus）が実は竜脚類と近い類縁関係をもつことが明らかになり，竜脚形類 Sauropodmorpha という新しいグループが認められた．現在では，竜盤目は獣脚亜目と竜脚形亜目の2つの大きなグループからなると考えられている．

それぞれのグループでさらに多くの骨格が発見されると，古生物学者は竜盤類の進化の歴史をさらに細かく追跡することができるようになった．三畳紀の獣脚類および竜脚形類恐竜がさらに発見されるのにともなって，これはいっそう容易になっていった．これらの初期の恐竜は，あらゆる竜盤類恐竜の共通の祖先から進化する時間があまりたっていないため，（祖先の）原始的な特徴をまだ多く残していた．

三畳紀の獣脚類（コエロフィシス Coelophysis やプロコンプソグナトゥス Procompsognathus）と三畳紀の竜脚形類（プラテオサウルスやリオハサウルス Riojasaurus）が共通にもっていた特徴の一つは，長い首だった．これらの恐竜の首と原始的な鳥盤類（たとえばレソトサウルス Lesothosaurus）の首を比べてみると，竜盤類では首が確かに長くなっているのがわかる．特に，初期の竜盤類の首の骨で最も長いのは，肩の近くにある骨だった．これはそれと類縁の恐竜の多くとは異なり，それらの恐竜では首の中央部の骨が最も長い．

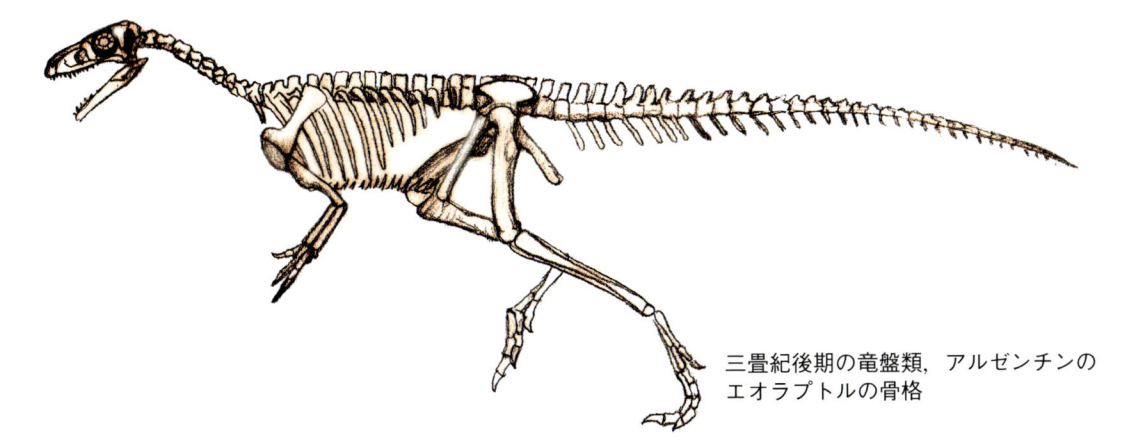

三畳紀後期の竜盤類，アルゼンチンの
エオラプトルの骨格

エオラプトルとヘレラサウルス類

　竜盤類の多くは，獣脚類か，または竜脚形類のいずれかであることがはっきりしている．この２つのグループはどちらも三畳紀後期の初めごろにはすでに出現していたので，獣脚亜目と竜脚形亜目の共通の祖先はそれよりも早い時期（三畳紀中期）に生きていたにちがいない．

　しかし，三畳紀後期の竜盤類恐竜のうちには，系統樹の中の位置を決めるのがむずかしいものもいる．このような「問題の竜盤類」のうちで最もよく知られているのが，アルゼンチン産の小さなエオラプトル *Eoraptor* と，もう少し大きいヘレラサウルス *Herrerasaurus* である．この２つの恐竜については骨がじゅうぶんに発見されていて，その体を構成するほとんどすべての骨について，それらがどのような形をしていたかがわかっている．そのほかにも，ヘレラサウルスによく似た他のいくつかの恐竜（スタウリコサウルス *Staurikosaurus*，キンデサウルス *Chindesaurus*，ケイスオサウルス *Caseosaurus*）のものであることがわかっている骨の断片があり，これ

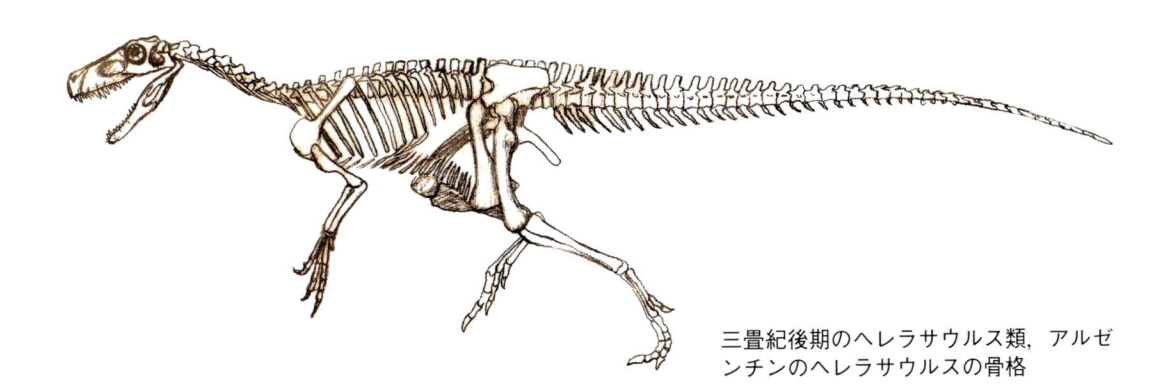

　初期の竜脚形類では，長い首は同じ時代の他の植物食恐竜よりも高いところに口が届くことを意味していた．初期の獣脚類では，長い首は地上にいる小さな獲物をすばやくつかまえられることを意味したが，同時に頭を高く上げて，自分よりも大きく，恐ろしい肉食恐竜がやってこないか見張ることができるということでもあった．

　初期の竜盤類が他の恐竜と異なるもう一つの点は，その手の形だった．初期の恐竜では，すべて手はものをつかむようにできており，長い指とものを握るようにできた親指をもっていた．鳥盤類は中指が最も長いという祖先の特徴を保っている．

　竜盤類の手はこれと違っていた．竜盤類恐竜の手をみれば，その多くは第２指が最も長いことがわかるだろう．また，初期の竜盤類の多くでは，親指のかぎ爪がきわめて大きい．原始的な竜脚形類や，獣脚類の多くは，このような竜盤類の特殊な手を保っていた．しかし竜脚類では，手は歩くとき地面につくのに用いられるだけであり，したがって柱のような形をしていた．

三畳紀後期のヘレラサウルス類，アルゼンチンのヘレラサウルスの骨格

らはすべてヘレラサウルス科 Herrerasauridae というグループにまとめられている.

エオラプトルとヘレラサウルス,およびそれと似たその他数種の恐竜はギザギザのついたナイフのような肉食恐竜の歯をもち,そのためこれらは初期のタイプの獣脚類と考えられることが多い.しかし,恐竜と近縁の他の動物たち（ラウイスクス類やその他の原始的なワニの仲間など）もギザギザのついたナイフのような歯をもっており,したがってわれわれは最も初期の恐竜たちも同様の歯をもっていたと予想している.鳥盤類や竜脚形類の木の葉型の歯は,植物を食べるのを助けるため,この２つのグループでそれぞれ別個に進化してきた特殊化した特徴だと考えられる.つまりナイフのような歯から,それをもつ恐竜が獣脚類と考えることはできない.その恐竜が肉食だと考える根拠になるだけである.

これら問題の竜盤類は,明確な獣脚類にみられるいくつかの特徴も欠落している.たとえば,獣脚類の足の第１指（人間の足の親指に当たる）は短く,ふつうその恐竜が歩くときに地面には触れない.また中足骨（足の長い骨）は足首にまで届いていない.エオラプトルやヘレラサウルス類は獣脚類以外の恐竜に似ていて,足の第１指は地面に触れるくらい長く,中足骨は足首にまで達する.

またエオラプトルやヘレラサウルス類には,竜脚形類や獣脚類にみられる長い首（肩の近くの椎骨が長い）,大きな親指,長い第２指などがみられない.しかし,中空の椎骨はもっている！ このことから,これらの恐竜は竜脚形類と獣脚類が分岐する以前に,竜盤類の系統樹から枝分かれしたと考える古生物学者もいる.

他方,ヘレラサウルス類やエオラプトルのかぎ爪や手指の骨のいくつかは,竜脚形類よりも真の獣脚類に形が似ている.また,これらの恐竜の椎骨の内側にある空洞の形は,真の獣脚類の椎骨内部にある空洞に似ている.そのためエオラプトルやヘレラサウルス類はごく原始的な初期の獣脚類だと考える学者もいる.筆者個人としては,まだ結論は出ていないと考えており,新しい標本によってやがていずれかの形で結論が得られるだろう.

これらの恐竜が獣脚類か,それともただの原始的な竜盤類かはさておき,エオラプトルもヘレラサウルス類も,竜脚形類以外のその他のあらゆる恐竜も,獣脚類以外の竜盤類はどれもジュラ紀まで生きのびることはなかった.しかし次の第13章で述べるように,竜脚形類と獣脚類はジュラ紀と白亜紀にも繁栄を続けた.

三畳紀後期の捕食性竜盤類恐竜,アルゼンチンのヘレラサウルス

三畳紀後期のアルゼンチンで初期の哺乳類をみる竜盤類恐竜エオラプトル

74 ●竜盤類

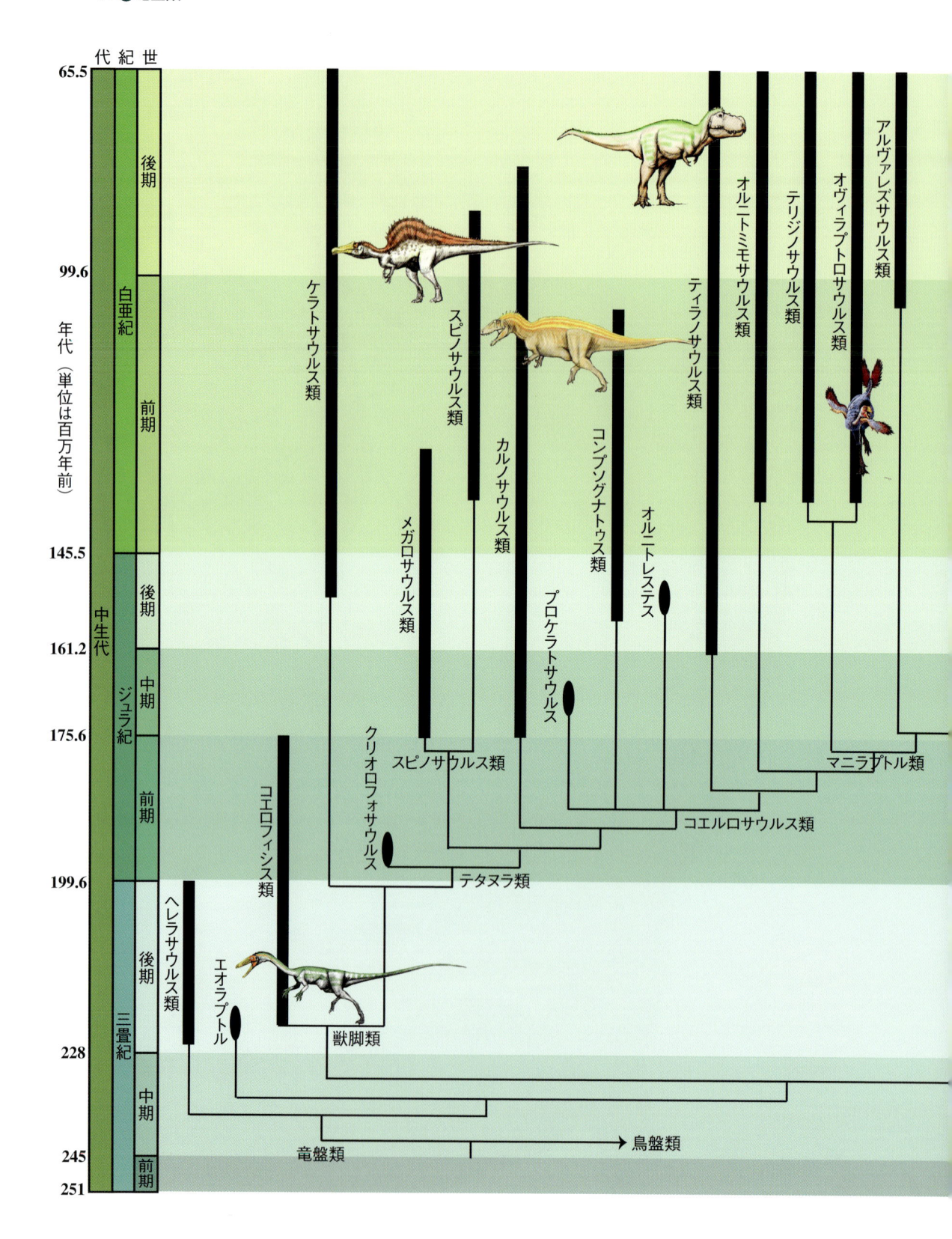

代	紀	世	年代（単位は百万年前）
中生代	白亜紀	後期	65.5 – 99.6
		前期	99.6 – 145.5
	ジュラ紀	後期	145.5 – 161.2
		中期	161.2 – 175.6
		前期	175.6 – 199.6
	三畳紀	後期	199.6 – 228
		中期	228 – 245
		前期	245 – 251

ケラトサウルス類
スピノサウルス類
カルノサウルス類
ティラノサウルス類
オルニトミモサウルス類
テリジノサウルス類
オヴィラプトロサウルス類
アルヴァレズサウルス類
メガロサウルス類
コンプソグナトゥス類
オルニトレステス
プロケラトサウルス
マニラプトル類
コエロフィシス類
クリオロフォサウルス
スピノサウルス類
テタヌラ類
コエルロサウルス類
ヘレラサウルス類
エオラプトル
獣脚類
竜盤類 → 鳥盤類

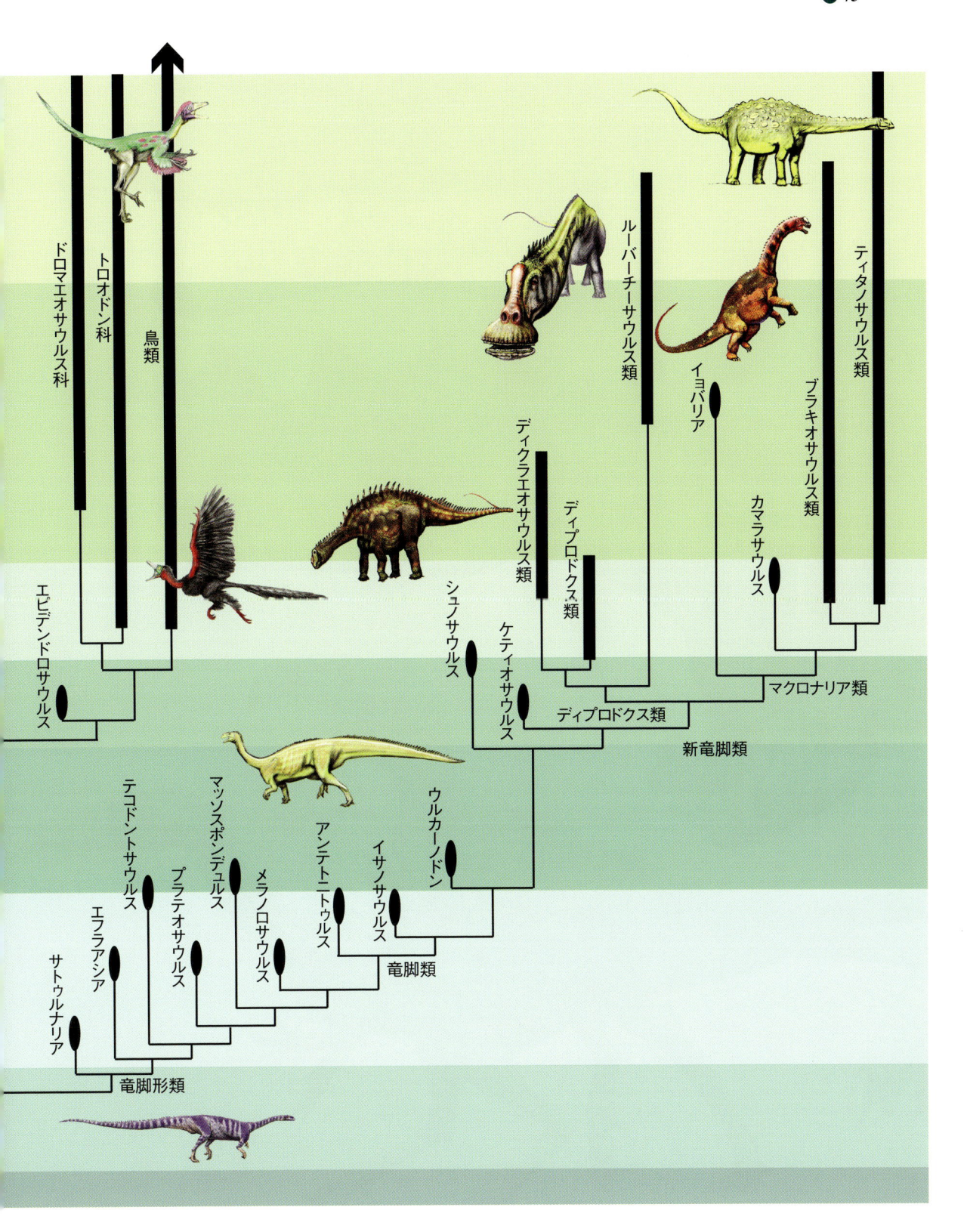

ドロマエオサウルス科
トロオドン科
鳥類
ティタノサウルス類
ルーバーチーサウルス類
イョバリア
ブラキオサウルス類
ディクラエオサウルス類
ディプロドクス類
カマラサウルス
エピデンドロサウルス
シュノサウルス
ケティオサウルス
ディプロドクス類
マクロナリア類
新竜脚類
テコドントサウルス
マッソスポンデュルス
プラテオサウルス
メラノロサウルス
アンテトニトゥルス
イサノサウルス
ウルカーノドン
竜脚類
エフラアシア
サトゥルナリア
竜脚形類

ルゴプス *Rugops*

ケラトサウルス

マシアカサウルス

コエロフィシス

13
コエロフィシス類とケラトサウルス類
Coelophysoids and Ceratosaurs
原始的な肉食恐竜

　肉食の恐竜は獣脚亜目 Theropoda とよばれるグループに属する．これは竜盤目 Saurischia を構成する2つの大きな枝の一つである（もう一つの枝は，竜脚形亜目 Sauropodmorpha とよばれる長い首をもつ植物食恐竜）．獣脚類には，ティラノサウルス Tyrannosaurus やスピノサウルス Spinosaurus のような大きな歯をむき出す巨大な恐竜から，獲物の後をそっと追ったシノサウロプテリクス Sinosauropteryx やメイ Mei のような小型恐竜まで，多くの形や大きさのものがいた．ジュラ紀の初めから白亜紀の終わりまで，これらは陸上に住む捕食動物の頂点に立っていた．獣脚亜目にはカウディプテリクス Caudipteryx からヴェロキラプトル Velociraptor，さらには現代の鳥類まで，地球の歴史に登場した羽毛をもつすべての動物も含まれる．したがって，獣脚類は今日もなおわれわれとともに生きている．

　この章では，獣脚類の解剖学的構造と行動に関する基礎的なことがらについて述べ，恐竜の系統から枝分かれする獣脚類の最初の2つのグループについてみていくことにする．その2つとは，ほっそりした体をもつコエロフィシス上科 Coelophysoidea（最初に出現した獣脚類の最初の大グループ）と，それよりも多様で長く生きつづけたケラトサウルス下目 Ceratosauria である．

大きな脳と速い足

　肉食動物は他の動物を追いかけ，殺して食べるための能力をじゅうぶんに備えている必要があることは，読者も想像するところだろう．それが事実であることを確かめるには，サメやトラ，あるいはオオカミを調べてみればよい．獣脚亜目のさまざまな種についても同じである．このグループの恐竜たちも，食物となる獲物を見つけ，つかまえ，殺すのに役立つ多くの共通の特徴を備えていた．

　まず第一に，獣脚類は大きな脳，少なくとも恐竜としては大きな脳をもっていた．体重が同じくらいの他の恐竜に比べると，獣脚類の脳は植物食の竜脚形類や鳥盤類の恐竜よりも大きかった．これは，他の動物の後を追い，つかまえて殺すのには，植物を見つけて食べるよりも高度の技能が必要であり，そのため情報処理をするのにより大きな"コンピューター"，つまり脳が必要となるからである．恐竜の系統樹の全体を通じて，獣脚類の脳は，本書の各章とおおよそ同じ順序で，より大きく，より高度なものへと進化していった．これは，中生代の獣脚類の中に現代の哺乳類や鳥類と同じくらい頭のよいものがいたといっているのではない．中生代の最も知能の優れた獣脚類でも，その頭の程度は現代の哺乳類や鳥類の中で最も知能の低いオポッサムやエミューなどと同じくらいのものにすぎなかっただろう．これは別に読者にお世辞をいっているのではない．恐竜ファンである私としては，そうであることを望んでいるわけでもない．ただ，証拠によって体の大きさと脳の大きさとの比率を比べると，そう考えられるということである．それでも，これらの恐竜たちの知力は，同時代の動物たちを，中生代の哺乳類も含めてしのいでいた．

　獣脚類は獲物をつかまえることを"考える"だけでなく，実際に"つかまえる"ことも必要だった！

　一般に，肉食の恐竜は植物食の恐竜よりも足が速かった．その脚はほっそりとして長く，歩幅が大きかった．足の幅が狭く，現代の足の速い動物たちと似ていた．実際に足の幅を狭くするため，足の第1指（人間の親指に当たる）はほとんどものの役には立たない，少なくとも走るのには役立たないくらいに小さくなっていた（食物をつかむのには役立った

●コエロフィシス類とケラトサウルス類

北米西部にいたジュラ紀前期のコエロフィシス類ディロフォサウルス

かもしれない).獣脚類の足は実際上3本指で,側面に小さな第1指がついていた.

獣脚類は足が速いだけではなく,敏捷でもあった.原始的な獣脚類では尾骨の先で硬化し尾の後半部が堅い棒のようになり,恐竜が急な方向転換をするとき,バランスを保つのに役立っていた.もっと後の獣脚類(特にドロマエオサウルス類の恐竜では,この適応が極限にまで達していた.肉食の恐竜は植物食恐竜を追いつめ,身をかわして逃げようとする獲物を追って敏速に方向転換することができた.

獲物にかみつくあご,獲物をつかまえるかぎ爪

しかし脳とスピードで捕食動物ができあがるわけではない.獣脚類は獲物を食べる前に,まずそれを殺さなければならなかった!

メガロサウルス *Megalosaurus*(最初に発見された中生代の獣脚類)が発見されていらい,この肉食恐竜はギザギザのついたナイフのような歯をもつことが知られていた.これらの恐竜が肉食であったことを示したのは,この歯だった.現代の肉食のトカゲのあごにも,これと同じような歯がみられるからである.ギザギザのついたナイフのような歯は,ステーキナイフのように肉を切り裂く.

ステーキナイフのような形をした歯の一つの問題は,ねじられると折れやすいということである.しかし恐竜では,生涯,新しい歯が生えてくるので,歯が折れることは哺乳類の場合ほど大きな問題ではなかった.それでも,獲物が暴れても歯があまり大きく傷つかないようになれば,有用な適応であるにちがいない.獣脚類は下顎内関節という形で,このような適応を進化させた.むずかしそうな名前だが,要するにその下あごに関節があるということにすぎない.その関節はあごの歯のある部分と下あごと上あごをつなぐ骨との間にあり,一種の緩衝装置として働く.獣脚類恐竜がかみついている動物が暴れはじめたら,下顎内関節がたわんで,歯にあまり大きな力がかからないようにしていたのだろう.

しかし肉食恐竜は,獲物をつかまえるのにあごだ

けを使っていたのではない．多くのものは手も使うことができた．実は，獣脚類はすべて例外はなく2本脚の恐竜のグループである．現在知られているかぎりでは，竜脚形類や鳥盤類のように4本脚に進化した獣脚類はまったくいない．

すべての恐竜の共通の祖先はものをつかむ手をもち，獣脚類ではその手が獲物を殺すために特殊化した．獣脚類のかぎ爪は，猛禽類のかぎ爪と同じように湾曲していた．獣脚類はそのかぎ爪を獲物の肉に突き立て，獲物の脇腹を切り裂いて傷つけることができたのだろう．現代の大型のネコ科動物は，その鋭いかぎ爪をこの両方のやり方で用いている．

獣脚類の手は別の点でも特殊化している．その手の指は，5本の指をもつ他の多くの恐竜よりも少ない．コエロフィシス類やケラトサウルス類のような原始的な獣脚類では小指が欠けており，第4指（人間の薬指に当たる）は一般に小さくなっている．このため原始的な獣脚類は4本指の手をもつ．もっと進化した獣脚類では，それ以外の指が失われていることもあり，したがって（たとえば）アロサウルスやヴェロキラプトルでは3本指，ティラノサウルスでは2本しか指がない．

獲物にかみつくのと同様，獲物をしっかりとつかまえておくことも捕食動物にとってなかなか簡単ではない場合がある．獣脚類はこれに対処するための方法を進化させている．その鎖骨（collarbone，われわれ人類も含めて多くの動物では別々の2つの骨になっている）は，融合して単一の骨になっている．この単一の骨は叉骨（furcula, wishbone）とよばれる．鳥類では，叉骨はバネとして使われ，飛行中に翼を羽ばたくのに使うエネルギーが少なくてすむようになっている．古代の獣脚類でも叉骨はバネとして働いていたと思われるが，この場合は緩衝装置や支柱として役立っていた．これによって肉食恐竜は，自分の腕をあまり痛めたりすることなく，殺そうとする獲物をしっかりとつかまえておくができたのだろう．

中空の骨と気嚢

植物食の恐竜である類縁の竜脚形類と同様，獣脚類恐竜も中空の椎骨をもっていた．実際，獣脚類には中空の骨がたくさんあった．肉食恐竜の腕や脚の長い骨には空洞があり，顔面や脳頭蓋の骨にはさまざまな孔や室がある．これらの空所は気嚢のスペースとなっていた．

現代に生きている獣脚類，つまり鳥類では，気嚢によって体がいちじるしく軽くなっており，そのためこのような構造は鳥類が飛ぶのを助けるために進化してきたにちがいないと誤って考える人も多い．しかし鳥類はその気嚢を，もっと体が大きく，空を飛ばない，地上に住む祖先から受け継いだにすぎない．それらの動物では，気嚢はどのような目的に役立ったのだろうか？

鳥類は気嚢を，体重を軽くすること以外にも多くのことに利用している．気嚢は休内の余分の熱を排出するのにも用いられる．また気嚢はポンプとして，余分の酸素を肺に送り込むのに使われることもある．鳥類がもつ熱の排出や酸素の注入機能は，いずれも最も初期の獣脚類ももっていたと思われる．

最初の恐るべきもの：コエロフィシス類

何が最初の獣脚類だったのだろうか？　この問題については若干の議論がある．エオラプトル *Eoraptor* やヘレラサウルス科 Herrerasauridae の恐竜たち（前章で述べた）が最も古く，最も原始的な獣脚類だと考える古生物学者もいる．これらは肉食であり，恐竜なのだから，"肉食恐竜"であることは間違いない．だが，本当に獣脚類の系統に含まれる

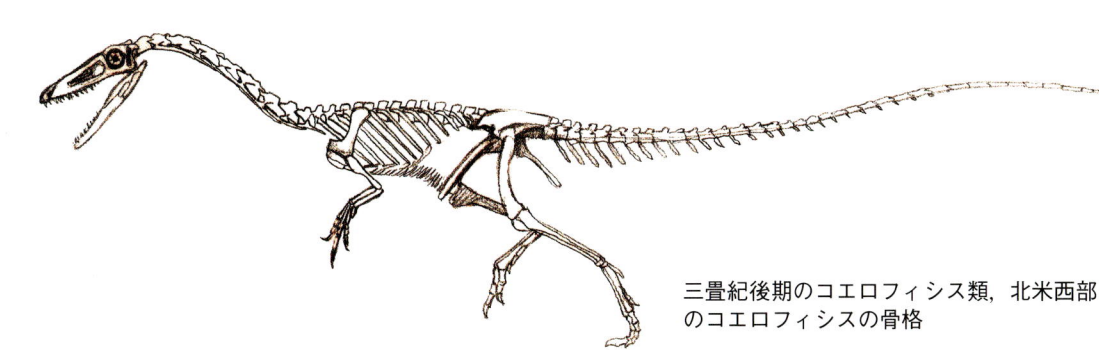

三畳紀後期のコエロフィシス類，北米西部のコエロフィシスの骨格

80 ●コエロフィシス類とケラトサウルス類

のだろうか？　エオラプトル，ヘレラサウルス類，獣脚類に共通のいくつかの特徴，たとえば中空の骨は，他の竜盤類恐竜にもみられる．またヘレラサウルス類は，獣脚類のものと似た（まったく同じではないが）下顎内関節をもつ．しかし第12章で述べたように，竜脚形類と獣脚類には，エオラプトルやヘレラサウルス類にはみられない，いくつかの共通の特徴がみられる．このことは，竜脚形類がエオラプトルやヘレラサウルス類よりも獣脚類に近い類縁関係にあることを示している．もし，やがてこれらの三畳紀後期の肉食恐竜に（別々に分かれた鎖骨ではなく）又骨が発見されれば，それは議論に決着をつけるものであり，これらは獣脚類であることが明らかになる．しかし今のところは，この問題に決着はついていない．

　誰もが獣脚類と認める最も古く，最も原始的な獣脚類のグループはコエロフィシス上科で，これはその中で最もよく知られる属の名コエロフィシス *Coelophysis*（中空の形）をとってそのようによばれる．コエロフィシス類は三畳紀後期，エオラプトルやヘレラサウルス科の仲間のわずか後に出現したもので，したがって知られている最古の恐竜の一つである．最後のコエロフィシス類はジュラ紀前期の終わりに姿を消し，それ以後はもっと進んだ類縁の恐竜がそれらにとってかわった．

　コエロフィシス類が最初に出現したとき，これはその生態系の頂点に位置する捕食動物ではなかった．実は，どの恐竜も生態系の頂点にはいなかった．三畳紀後期のほとんどの時期，恐竜以外のグループ，特に陸上に住む巨大なワニ類の類縁動物が最大，最強の肉食動物だった．コエロフィシス類は，多数あった小型，中型の強力な捕食動物のグループの一つにすぎなかった．しかし三畳紀後期の終わりには大量絶滅が起こり，恐竜のライバルは亡んだ．ジュラ紀初期からは，恐竜が陸上の大型動物の主要グループとなり，コエロフィシス類は肉食動物の頂点に立った．

　コエロフィシス類は一般にほっそりした体つきで，首や尾は長かった．頭骨は幅が細くて長く，ナイフのような歯がたくさん生えていた．コエロフィシス類に共通する独特の特徴は，上あご前部にみられる切れ込みのような部分と，それに対応する下あごの膨らみである．下あごの通常よりも大きな歯は

三畳紀後期のコエロフィシス類，アルゼンチンのズパユサウルス

その膨らみから出て，上あごの切れ込みの内側に収まる．このような構造は現代のある種のワニ類にみられ，それらは暴れる獲物をしっかりとつかまえるのに鼻先のこの部分を用いる．コエロフィシス類もそのあごの切れ込みを同じように用いていたのだろう．

　コエロフィシス類の少なくとも一部にみられる，頭骨のもう一つの変わった特徴は，その頭飾りの稜だった．コエロフィシス類では多くの種に，鼻先部に沿って伸びる半円形をした1対の薄い骨質の稜がみられる．これはきわめて弱いもので，ただの飾り（他の恐竜に見せるためのもの）くらいにしかならなかっただろう．

　コエロフィシス類で最も小さい恐竜，セギサウルス *Segisaurus* やプロコンプソグナトゥスなどは体長1〜1.5mしかなく，そのうちの約半分は尻尾だった．これは野生のシチメンチョウの大きさにすぎな

若いケラトサウルス

い！ もっと大きいコエロフィシス類では，コエロフィシスやメガプノサウルス *Megapnosaurus* が 3～4m，ズパユサウルス *Zupaysaurus* やリリエンシュテルヌス *Liliensternus* は 6m くらいだった．知られている最も大きなコエロフィシス類はゴジラサウルス *Gojirasaurus* やディロフォサウルス *Dilophosaurus* で，これらは体長 7m くらいになったと思われる．これらの恐竜は最初の大型の捕食恐竜だったが，その後に現れるある種の獣脚類たちに比べれば小さなものにすぎなかった．

ケラトサウルス類の登場

1980 年代から 1990 年代には，コエロフィシス類はケラトサウルス下目（ケラトサウルス *Ceratosaurus*（角をもつ爬虫類）から）とよばれる大きなグループに含まれる枝の一つと考えられていた．しかし最新の分岐学的研究では，コエロフィシス類は実はもっと古い枝であり，コエロフィシス類と真のケラトサウルス類に共通する特徴は，すべての獣脚類の祖先に共通してみられるものであることが明らかにされている．

ケラトサウルス類はジュラ紀後期にはじめて化石の記録に現れ，白亜紀後期の終わりまで生きつづけた．ケラトサウルス類には，腰椎が他のものよりも多いこと，一部の腰骨の関節窩が特殊化していること，手の指が比較的短いことなど，共通の特徴が多数みられる．アベリサウルス類やケラトサウルスをはじめとして，ケラトサウルス類の多くでは，頭骨が短く，上下に厚みがあり，コエロフィシス類のように長く，上下に薄いものとは違っていた．

しかしこれらの特徴を別にすると，ケラトサウルス類の多くは，仲間の間で互いにかなりの違いがみられた．ケラトサウルスは知られているケラトサウルス類のうちで最も古いものの一つで（ついでにいえば，最初に発見されたものの一つでも）ある．大きなもので体長 7m に達し，米国西部のジュラ紀後期のモリソン累層から発見されており，同時代のタンザニアのテンダグルー累層から見つかったものもおそらくこの恐竜だろう．同じ地域にみられたもっと進化したある種の獣脚類，アロサウルス *Allosaurus* やトルヴォサウルス *Torvosaurus* ほど大きくはなかったが，それでもケラトサウルスは侮りがたい捕食恐竜だった．その歯は体の大きさのわりにはかなり大きく，短いが力の強い首をもっていた．その「角をもった恐竜」という名前は鼻先部の中央を走る厚さの薄い頭飾り（稜）と，両眼の前にある 1 対のさらに小さな頭飾りからきている．

これに対して体長約 6m のエラフロサウルス *Elaphrosaurus*（これもモリソン累層およびテンダグル累層から出ている）は，コエロフィシス類に似た体つきをしている．長い首，細い尾，きわめて長く，細い脚をもっていた．四肢の長さから考えると，これはジュラ紀で最も足の速い恐竜だったのではないかと考えられる．残念ながら，エラフロサウルスの

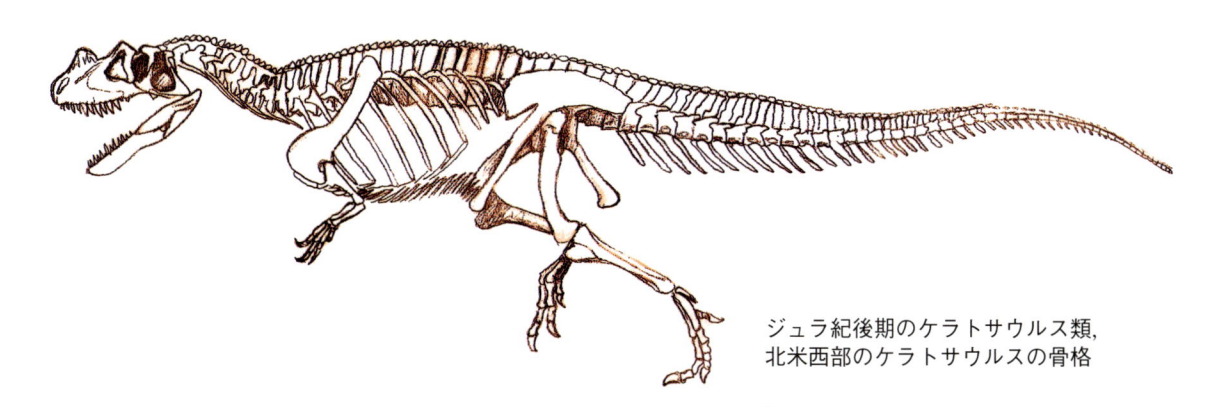

ジュラ紀後期のケラトサウルス類，北米西部のケラトサウルスの骨格

頭骨はまだ見つかっておらず，したがってそのあごや歯の形や大きさはわかっていない．

白亜紀のケラトサウルス類のあるものは，ケラトサウルスやエラフロサウルスに似ていたものと思われる．たとえば，アルゼンチンの白亜紀前期のゲニュオデクテス *Genyodectes* は鼻先の部分の一部しか知られていないが，これまでに発見された部分からは，これがケラトサウルスにきわめてよく似ていたことが示唆される．また，最近命名されたニジェールの白亜紀前期のスピノストロフェウス *Spinostropheus* も同じように，体長が長く，ほっそりした（残念ながら頭骨のない！）ケラトサウルス類である．しかし，これらとは体形の異なる別のグループのケラトサウルス類がいた．そして少なくともその一部については，頭骨が発見されている！ それらはノアサウルス科 Noasauridae およびアベリサウルス科 Abelisauridae の恐竜だった．

謎のノアサウルス類

ノアサウルス類に属する種の中には何十年も前から知られていたものもいくつかあったが，それらをいっしょにして一つのグループにまとめようと考える人は，ごく最近まで誰もいなかった．それは，マダガスカルの白亜紀後期のマシアカサウルス *Masiakasaurus* が発見される以前には，すべての断片的な証拠を一つに結びつけるようなノアサウルス類の骨格が見つかっていなかったためである．

それ以前には，ノアサウルス類の種はどれもきわめて不完全な骨格しか知られず，なかにはまったく別の種類の獣脚類と考えられていたものもあった．たとえば，なかでも図抜けて大きいデルタドロメウス *Deltadromeus* は，長い脚をもつコエロサウルス類（鳥に似ている進んだ獣脚類恐竜）の1種と考えられていた．しかしマシアカサウルスの骨格を手がかりにして，今ではこれらの恐竜の解剖学的構造が以前よりもはるかによくわかっている．

ノアサウルス類は，体長約2mのノアサウルス *Noasaurus* から8mのデルタドロメウスまでいる．これらは白亜紀の南米，アフリカ，インド，マダガスカルでのみ見つかっている．これらの陸地はその時代，ゴンドワナとよばれる超大陸として，全部一つにつながっていた．ノアサウルス類は，走るのがきわめて速かったと思われる．その足は長く，側面の中足骨（足の長い骨）は特にほっそりしていた．かつてノアサウルス類は足指の1本に鎌の刃型のかぎ爪がついていた（ドロマエオサウルス類の恐竜と同じように）と考えられたが，実際にはこれは手のかぎ爪であったことが明らかになっている．

しかし，ノアサウルス類で最も変わっているのはその顔である．これまでのところ，頭骨の多くが知られているのはマシアカサウルスが唯一のもので，その頭骨がきわめて奇妙な形をしているのだ！ 後半部は獣脚類としてそれほどおかしなものではないが，前半部が変わっている．下あごは下にだらんと垂れ，そこにある歯は前方に向かって生えている．これらの歯も，獣脚類としては奇妙なものである．それは円錐形で，先が少し湾曲している（あごの奥のほうの歯は，獣脚類に最もふつうなナイフの刃のような歯である）．マシアカサウルスがこれらの奇妙な歯をどのように使っていたかははっきりしない．この歯で魚を突き刺していたのではないかという古生物学者もいるし，この歯で昆虫をつかまえていたという学者もいる．

白亜紀後期のノアサウルス類，マダガスカルのマシアカサウルス

南方世界の帝王たち，アベリサウルス類

恐竜の時代の最後の時期にゴンドワナ超大陸にいた重要な小型獣脚類の多くは，ノアサウルス科に含まれるものたちだった．しかしその時代，この南の大陸の捕食動物の頂点にいたのは，アベリサウルス科の恐竜たちだった．

ノアサウルス類の場合と同じように，アベリサウルス類に属する個々の種は20世紀の初めから知られていたが，古生物学者がこの白亜紀後期の南方の巨大恐竜を一つのグループとして考えられるようになったのは，アベリサウルス *Abelisaurus* やカルノタウルス *Carnotaurus* が発見され，1980年に記載されてからのことだった．アベリサウルス類には共通する奇妙な特徴がたくさんある．その顔面の骨にはしわの寄った組織がみられる．それが，これらの恐竜の頭の皮膚はしわが寄っていたことを意味するのか，それとも頭の大部分がケラチン（指の爪や角をつくっている物質）でおおわれていたことを意味するのかは，今のところはわかっていない．また，他の獣脚類に比べて，これらの恐竜の歯は比較的小さかった．少なくともアベリサウルス類の一部では，頭のてっぺんに1対のがっしりした角のような突起物がみられた．またこの恐竜たちは，短いが，強力な首をもっていた．

アベリサウルス類の腕は，滑稽なほど短かった．両手を触れ合わせることもできなかった．他のケラトサウルス類やコエロフィシス類と同じように手には4本の指があったが，これらの指は極端に短くずんぐりしていた．前腕骨はきわめて小さく，事実上手首の骨にすぎなかった．遠い親戚に当たるコエルロサウルス類のティラノサウルス類も，腕がきわめて小さいことで知られる．しかし切り落とされた断

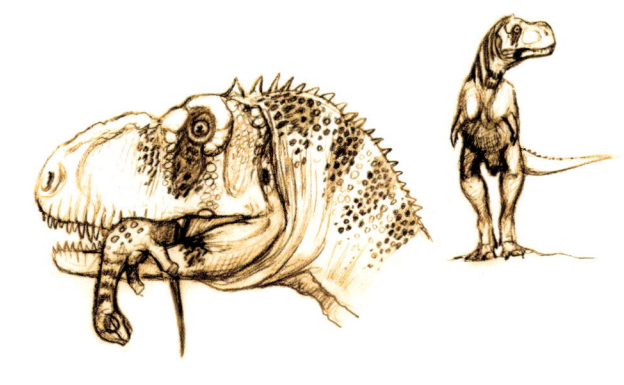

白亜紀後期のアベリサウルス類，アルゼンチンのアウカサウルス

端にすぎないようなアベリサウルス類の前腕に比べると，ティラノサウルス類の腕のほうがまだ力強そうにみえる！ アベリサウルス類の腕は，ほとんど何の役にも立たなかったのではないかと思われる．アベリサウルス類が絶滅せずにもっと生きつづけたとしたら，数千万年ののちには，その腕はまったくなくなってしまっていたのではないかと考えると面白い．

アベリサウルス類の脚は他の獣脚類よりも太くて，やや短く，したがってこれらはおそらく足はあまり速くなかっただろう．しかし，アベリサウルス類はあまり足が速い必要がなかったかもしれない．遠い親戚のティラノサウルス類が角のある角竜類やカモノハシ竜のハドロサウルス類のような比較的足の速い獲物を追いかけなければならなかったのとは違って，アベリサウルス類はサルタサウルス類やティタノサウルス類が植物食恐竜の主力を占める環境に住んでいた．サルタサウルス類は首の長い巨大な竜脚類のうちでは他のものより多少は足が速かったかもしれないが，それでも角竜やカモノハシ竜ほ

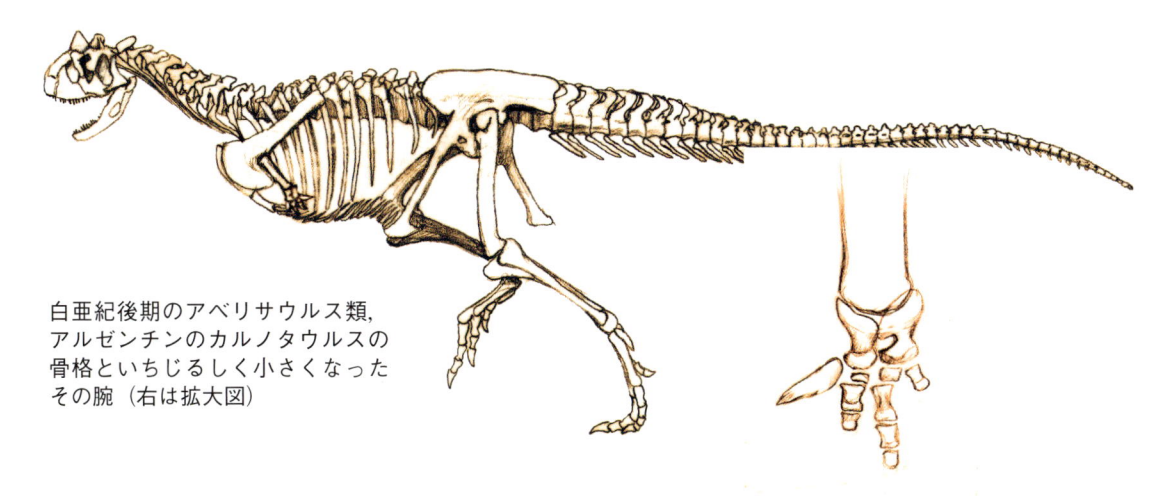

白亜紀後期のアベリサウルス類，アルゼンチンのカルノタウルスの骨格といちじるしく小さくなったその腕（右は拡大図）

84 ●コエロフィシス類とケラトサウルス類

ど速くはなかった．したがってアベリサウルスは強くなければならなかったが，特に足が速いことは必要なかった．

近くに暮らすもっと小型のノアサウルス類と同様，アベリサウルス類は南方の大陸にいた多くの他の大型獣脚類（カルカロドントサウルス類やスピノサウルス類など）が絶滅してしまったずっとのち，恐竜の時代の真の終わりまで生きつづけた．この恐竜たちの時代，これらは南方世界の支配者だった．だがその支配は，北方大陸のティラノサウルス類の場合と同じく，6550万年前に白亜紀末の大量絶滅によって終わりを告げた．

コエロフィシス類とケラトサウルス類の痕跡化石

コエロフィシス類恐竜の足跡は，三畳紀後期およびジュラ紀前期の岩石中に最もよくみられる化石の一つである．このような足跡の一つにエウブロンテス *Eubrontes* と名づけられたものがあり，これは米国コネチカット州の公式な州化石とさえなっている！ これらの足跡については古生物学者たちが1800年代から研究を行っており，アメリカの科学者エドワード・ヒッチコックが最初の詳細な記載を行った．コロンビア大学のポール・オルセンらによる最近の研究は，これらの足跡を用いて，陸上の捕食動物の頂点に立った獣脚類の興隆のようすを明らかにした．彼らが示しているところによると，ニューイングランドのコネチカット川渓谷にみられるコエロフィシス類の足跡は，三畳紀の終わりまでは比較的小さなものである．そこへ大量絶滅が起こり，恐竜たちの競争相手は大部分が一掃された．そのとき以降，獣脚類恐竜の足跡はずっと大きくなっている．

皮膚の印象（圧痕）については，アルゼンチンのアベリサウルス類カルノタウルスのものが知られている．これは，その体が植物食恐竜と同様，大小さまざまな丸いうろこでおおわれていたことを示している．

興味深い痕跡化石の一つに，マダガスカルのアベリサウルス類マジュンガサウルス *Majungasaurus* が残したものものがある．いくつかのマジュンガサウルスの骨に，明らかに他のマジュンガサウルスのもの

カルノタウルスなどのアベリサウルス類は，今日の多くの動物たちと同じように，厚くなった頭骨を使って自分の強さを誇示していたのかもしれない．

と考えられるかみ傷がみられるのだ．これは恐竜における共食いの最初の明白な証拠である．（コエロフィシス類コエロフィシスの化石に，自分と同じ種の赤ん坊を食べていたことを示すと考えられていたものがある．新しい証拠が示すところによると，これらの化石のうちには，恐竜に食べられた恐竜以外の爬虫類の骨も含まれていた．また，それらの赤ん坊は実はおとなの腹の中にあったのではなく，おとなと赤ん坊が死んだあとで骨が混じり合ってしまっただけという場合もあった）．肉食の恐竜がすべて，少なくとも時折は共食いをしたとしても，特に驚くには当たらないだろう．現在生きている肉食動物の多くも，ライオンやオオカミも含めて，ひどく空腹なときには自分と同じ種の仲間を食べるだろう．捕食動物であるということには，そのようなことも含まれるのである．

白亜紀後期のマダガスカルで，アベリサウルス類マジュンガサウルスがティタノサウルス類ラペトサウルスを襲う．

小さな獣脚類，大きな発見

ロン・ティコスキ博士
テキサス大学オースティン校

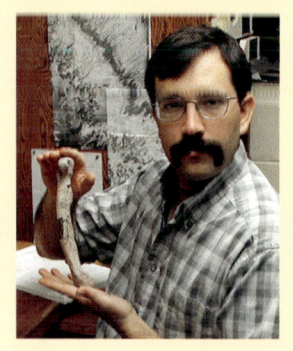

巨大な肉食の獣脚類は，われわれの空想の中で強い畏怖と恐怖を感じさせる特別な位置を占める．しかし小さな獣脚類は，一部の古生物学者にとって，大衆の心を捕らえる巨大な恐ろしいティラノサウルス類やアロサウルス類以上に強い興味をかき立てる存在である．

"小さな"獣脚類とは，どのくらいの大きさなのだろうか？ "小さい"という言葉は，恐竜についていう場合，誤解を招きやすい．体長3m以下，体重100kg以下の獣脚類が，一般に"小さい"と考えられる．

恐竜の類縁関係，解剖学，生活様式などに関するわれわれの知識は，小さな獣脚類についての発見や研究から得られたものが少なくない．かつて発見された最初のほとんど完全な獣脚類の骨格は，1861年に記載されたニワトリほどの大きさのコンプソグナトゥス *Compsognathus* のものだった．コンプソグナトゥスは，恐竜がすべて巨大だったわけではないことを示した．その骨格の細部は，絶滅した恐竜と現在生きている鳥類が近い類縁関係にあったことを示すいくつかの最初の手がかりを与えた．

最も初期の獣脚類の多くは，大きくはなかった．コエロフィシス *Coelophysis* は，三畳紀後期（約2億2000万年前）に北米に生きていた，体長3mほどの体の軽い捕食動物だった．驚くべきことに，何十体という骨格の化石がニューメキシコ州北部のただ1か所の採石場から採掘された．知られているコエロフィシスの化石は，絶滅した他のどの獣脚類よりも多い．コエロフィシスやそれに最も近い恐竜の研究によって，獣脚類の初期の進化や，それらが地球各地に広がっていったようすについて，重要な細部が明らかにされている．

1969年のデイノニクス *Deinonychus* についての記載は，恐竜科学と一般大衆の恐竜人気を復活させるきっかけとなった．鼻先から尻尾の先まで3mほどのデイノニクスの体重は，大型のオオカミくらいのものである．この殺し屋の骨格は鳥類に似た特徴を多数もち，鳥類は恐竜から進化したものかどうかについて新たな論争を起こさせた．さらに多くの化石が発見されて，この両者の関係を裏づける証拠がさらに蓄積されつつある．なかでも最もみごとなものは，中国で発見された骨格標本で，数種の小型獣脚類の骨格のまわりに羽毛の痕跡が残っていた．

これまでの歴史を手がかりに恐竜古生物学の未来を予測することが可能であるとするならば，ある種の最も小さな捕食恐竜から，数多くの最も大きな発見が今後も続く可能性は大きい．

北米西部のコエロフィシス類コエロフィシス

ケラトサウルス類の多様性

フェルナンド・E・ノバス博士
アルゼンチン自然科学博物館（ブエノスアイレス）

　ケラトサウルス類というのは，ジュラ紀および白亜紀に地球上に住んでいた一群の捕食恐竜の名前である．ケラトサウルス類はすべて，頭の上に何らかの種類の角をもっていた．角をもつ肉食恐竜の最もよい例としては，米国西部のケラトサウルス *Ceratosaurus* やアルゼンチン南部のカルノタウルス *Carnotaurus* がある．

　かつて古生物学者は，三畳紀後期からジュラ紀前期にみられた初期の捕食恐竜の一部がケラトサウルスだったと考えていた．それにはコエロフィシス *Coelophysis* やそれと近縁のシンタルスス *Syntarsus*，ハルティコサウルス *Halticosaurus*，ディロフォサウルス *Dilophosaurus* などが含まれた．これらの化石をさらに詳しく調べると，この恐竜たちはケラトサウルスやカルノタウルスよりも原始的な骨盤構造や後肢をもつことが明らかになった．このため今では，これら比較的初期の肉食恐竜は獣脚類進化の独自の支脈をなすものであり，真のケラトサウルス類の進化と密な関係にあるものではないと考える古生物学者も多い．

　ケラトサウルス類はジュラ紀に現れたが，これら初期のものは少数が知られているにすぎない．そのような例としては，ケラトサウルスのほかに，体が細く奇妙な形をした中央アフリカのエラフロサウルス *Elaphrosaurus* がいる．

　ケラトサウルスは白亜紀に，多くの形に進化していった．それらは超大陸ゴンドワナで最も発展し，数も増えた．この巨大な超大陸が，南米，アフリカ，マダガスカル，インドなどに広く住んだケラトサウルス類の1グループであるアベリサウルス類の生まれ育った土地である．北半球の大陸ローラシアと南半球の大陸ゴンドワナが切り離されたのは，白亜紀のことだった．恐竜の多くが北半球と南半球を往き来できなくなったため，地球の南北各半分をそれぞれ形の異なる肉食恐竜が支配するようになった．北の大陸はティラノサウルス類とヴェロキラプトル類が支配し，南の大陸ではアベリサウルス類が最も広くみられる捕食恐竜となった．

　アベリサウルス類の中には，大きさや形のきわめてさまざまなものがみられる．アルゼンチンのアンデス山脈の近くで発見されたリガブエイノ *Ligabueino* は，せいぜいニワトリくらいの大きさしかなかった．アフリカ大陸に近いマダガスカル島で発見されたマシアカサウルス *Masiakasaurus* はもう少し大きく，体長2mくらいあった．アルゼンチンの別の小型アベリサウルス類にノアサウルス *Noasaurus* がいた．これは足の第2指に危険な鎌状のかぎ爪をもっているのが注目され，このかぎ爪はこれ以上に鋭いヴェロキラプトル類の足のかぎ爪とは別個に進化したものだった．ノアサウルスは体長2.4mほどだった．

　最もよく知られ，最も人目を引くアベリサウルス類といえば，ディズニー映画『ダイナソー』の悪役，カルノタウルスだろう．カルノタウルスは約7000万年前，アルゼンチンのパタゴニアに住んでいた．ずんぐりと短く太い顔に雄牛のような角をもち，前肢はティラノサウルス *Tyrannosaurus* よりももっと短かった．がっしりした筋肉質の首をもち，激しい怒りと強烈な力で，その頭を相手にたたきつけることができた．何かの死骸に肉食恐竜が集まってきたとき，カルノタウルスはその頭と角をたたきつけて，他の恐竜を追い払っていたのだろう．また，カルノタウルスが繁殖の相手や食物を手に入れたり，自分の縄張りを守るために，角を使って同じ種の仲間と戦う姿を想像することもできる．このようなカルノタウルスの行動を考えるにあたっては，それを裏づける重要な手がかりがその背骨に認められる．頑丈な背骨は左右へのずれがほとんど生じないようにできており，この恐竜が角のある頭をライバルとぶつけあったとき，生じる激しい衝撃に耐えられるようになっていたと考えられる．

　カルノタウルスは巨大なアベリサウルス類の仲間に属し，そのグループにはマダガスカルのマジュンガサウルス *Majungasaurus*，インドのインドスクス *Indosuchus*，パタゴニアのアウカサウルス *Aucasaurus* なども含まれる．

スコミムス

スピノサウルス

メガロサウルス

14
スピノサウルス上科の恐竜
Spinosauroids
メガロサウルス類と背中にひれのある魚食恐竜

　獣脚亜目（2本脚の肉食恐竜）には多くのグループが含まれる．その系統樹から最初に枝分かれした2つの枝，コエロフィシス上科の恐竜とケラトサウルス類については13章で述べた．残りの獣脚類はすべて，テタヌラ類 Tetanurae とよばれる大きなグループに属する．テタヌラ類は広くさまざまな種を含み，その中には有名な獣脚類アロサウルス *Allosaurus* や，ヴェロキラプトル *Velociraptor*，ティラノサウルス *Tyrannosaurus* などがいる．テタヌラ類はまた，現存するもの，絶滅したものを合わせて，すべての種の鳥類も含む．

　テタヌラ類の主要な枝の一つにスピノサウルス上科 Spinosauroidea がある．その仲間のうちで最も有名なスピノサウルス *Spinosaurus* の名をとったもので，この恐竜はあらゆる肉食恐竜のうちで最も人目を引く存在であり，おそらくは最も大きなものの一つと思われる．スピノサウルス上科の恐竜には，科学の世界に最初に知られた中生代の恐竜であるメガロサウルス *Megalosaurus* も含まれる．

堅い尾
　テタヌラ，「堅い尾」という名前は，このグループにみられる重要な適応の一つにちなむ．獣脚類は，ほとんどすべてのものが尾椎に骨の小さな突起をもち，それが尾を堅くぴんと伸ばしておくのに役立っている．コエロフィシス上科の恐竜やケラトサウルス類では，この突起はかなり小さく，尾の骨のうちの少数にみられるにすぎない．テタヌラ類では，それがもっと大きく，尾の骨の半数以上にみられる．この堅い尾は体のバランスをとる道具として使うために進化したもので，テタヌラ類はそれによって，獲物を追うとき，方向転換がもっと容易にできるようになった．

　テタヌラ類にみられるもう一つの特徴は，大きな手である．これよりも原始的な類縁の恐竜たちに比べて，テタヌラ類の手はもっと長く，指は力が強く，その先につくかぎ爪は一般にもっと大きかった．これは獲物をひっつかむように捕らえるのに用いられたのだろう．コエロフィシス上科の恐竜やケラトサウルス類では，両手にそれぞれ4本の指がある．テタヌラ類では手に4番目の指はなかった．これまでに知られているこのグループの恐竜では，手はすべて指が3本またはそれ以下しかない．

　では，スピノサウルス上科の恐竜は他のテタヌラ類とどのように違っていたのだろうか？　何よりもまず，スピノサウルス上科の恐竜は鼻先部が他のものよりも長い．それどころか，他のほとんどの獣脚類よりも長い．また，腕の筋肉の付着場所が他に例がないほど大きく，したがってこれらはきわめて強力な前腕をもっていたのだろう．

　そのようなわけでスピノサウルス上科の恐竜はテタヌラ類の中の1グループであり，さらにテタヌラ類は獣脚類の中の1グループである．スピノサウルス上科の恐竜にはどのようなタイプのものがいるのだろうか？　スピノサウルス上科にはスピノサウルス科 Spinosauridae とよばれる一群の進化した種と，それよりも原始的な多数の種が含まれる．古生物学者のうちのある人たちは，これらの原始的な種は進化の上ですべて1つの枝に属し，それはメガロサウルスを含むことになるから，メガロサウルス科 Megalosauridae という名前にするのが適切だと考える．しかしそれとは別に，これらの「メガロサウルス科の恐竜」の中にはスピノサウルス類により近いものや，メガロサウルスに近いもの（メガロサウルス科の真のメンバー）や，さらにはスピノサウルス科や真のメガロサウルス科恐竜よりも原始的なものたちが含まれると考える古生物学者たちもいる．

90 ●スピノサウルス上科の恐竜

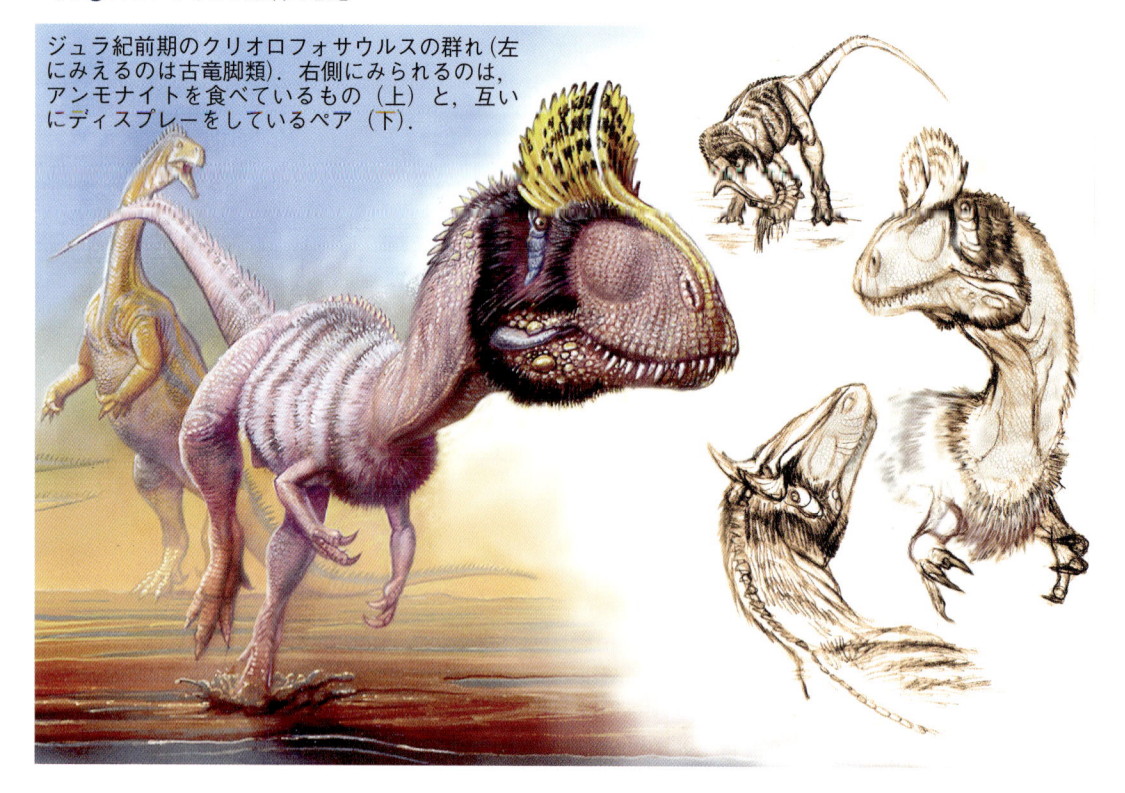

ジュラ紀前期のクリオロフォサウルスの群れ（左にみえるのは古竜脚類）．右側にみられるのは，アンモナイトを食べているもの（上）と，互いにディスプレーをしているペア（下）．

凍りついた恐竜？

　知られている最も古く，最も原始的なテタヌラ類はクリオロフォサウルス Cryolophosaurus である．これはジュラ紀前期の南極大陸に住んでいた．

　今日の南極大陸は，どの動物にとっても世界中で最も生きるのが困難な場所といってよい．大陸のほとんどすべてが，厚さ何 km という氷の下にある．ここで生きている脊椎動物といえば，アザラシ類，ペンギン類，空を飛ぶ海鳥類，それに人間の探検家と科学者くらいのものである．このような科学者の中に，ウィリアム・ハマーとウィリアム・ヒッカーソンの2人がいた．彼らは1991年，氷の上に突き出している数少ない岩の中にある化石を探していて，一連のジュラ紀前期の恐竜やその他の骨を見つけた．そのようなものの中に，植物食の古竜脚類や風変わりな獣脚類の骨の一部があった．

　発見されたのは獣脚類の頭骨と骨格の一部だけだったが，それだけでこれがまったくの新種であることを示すのにじゅうぶんだった．この恐竜で最も変わっているのは，その頭飾り（稜）である．獣脚類に頭飾りをもっているものは多数みられるが，それらはふつう頭骨と平行になっている．だがクリオロフォサウルス（凍った頭飾りをもつ爬虫類）と名づけられたこの新しい恐竜では，頭飾りは前に向

ジュラ紀前期のテタヌラ類，南極大陸のクリオロフォサウルスの骨格

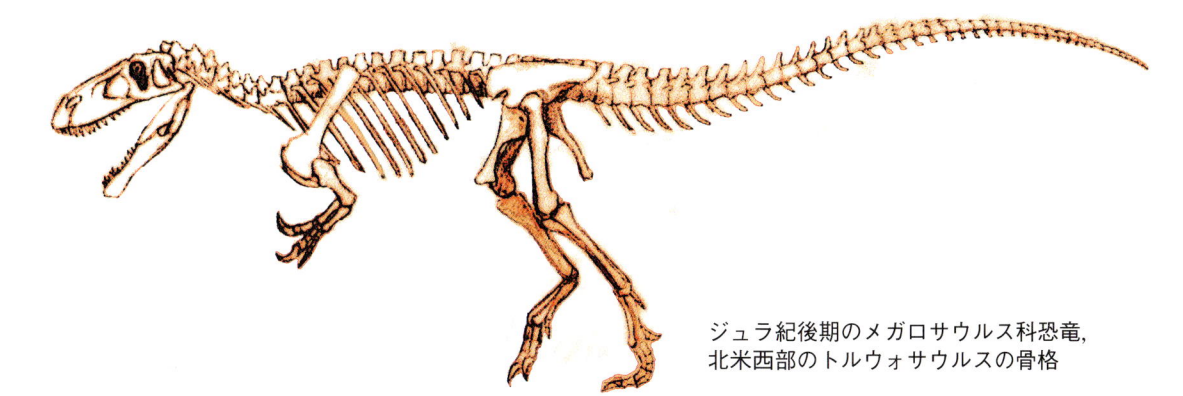

ジュラ紀後期のメガロサウルス科恐竜，
北米西部のトルヴォサウルスの骨格

かってカールしている．それは有名な歌手エルヴィス・プレスリーの髪型にちょっと似ており，この恐竜に"エルヴィサウルス"というニックネームをつけた古生物学者もいた．

現在のところ，クリオロフォサウルスについての総合的な研究はまだ完了していない．学者によって，これはカルノサウルス下目 Carnosauria（次章のテーマ）の中の原始的なものと考える人も，ケラトサウルス類の一つと考える人もいる．しかし最新の証拠が示唆するところによれば，これは原始的なテタヌラ類，もしかしたらメガロサウルス類ではないかとも考えられる．これらの考え方のうちのどれが最も確からしいかは，将来の分析によって明らかにするしかない．

中型の肉食恐竜は，このような凍りついた不毛の土地で何をしていたのだろうか？ 実は，この恐竜が生きていたころ，南極大陸は凍ってはいなかったのである！ ジュラ紀には，さらには中生代が終わってかなりのちでも，南極大陸は現在の位置よりもずっと北にあった．大陸は氷でおおわれておらず，そこには森や丘や川，その他，南極以外の陸地でみられるあらゆるものがあった．南極大陸が南極に移動していったのはずっとのちのことであり，気候が変化して，大陸が氷でおおわれたのはさらにのちのことだった．そこにはまだほかにも，未知の恐竜の化石が氷河の下に隠されていないかどうか？ 誰にもわからない．

また別に，正式名称さえまだついていない初期のテタヌラ類，もしかしたら初期のメガロサウルス類かもしれないものもいる！ 中国の"ディロフォサウルス"・シネンシス *"Dilophosaurus" sinensis* は，最初，コエロフィシス上科ディロフォサウルスの新種と考えられた．真のディロフォサウルスと同じように，これもジュラ紀前期に生き，真のディロフォサウルスと同じように，頭の上に1対の頭飾りをもっていた．しかし真のディロフォサウルスとは異なり，この中国種は顔，椎骨，四肢などの構造がコエロフィシス類には似ておらず，それよりもむしろメガロサウルス類に似ている．これも現在研究が進められている恐竜の一つである．これがどのような種類の獣脚類かを早く古生物学者が明らかにし，正式な名称をつけてくれることが望まれる．

バックランドの大トカゲ

知られている確かなスピノサウルス上科の恐竜のうちで最も古いのは，ジュラ紀中期のものである．そのようなものの一つは，化石が世界で最初に知られた恐竜でもある．メ

ジュラ紀後期のメガロサウルス科恐竜，トルヴォサウルス

ガロサウルスは英国の聖職者ウィリアム・バックランドによって1800年代の初期に発見された。そのときはわずか数個の骨が発見されただけだったが、これがそれ以前に知られていた他のどの動物とも異なるものであることを示すには、それでじゅうぶんだった。その歯は現代の肉食のオオトカゲと似ており、バックランドはそれに（あまり独創的とはいえないが）「大きな爬虫類」、つまりメガロサウルスという名前をつけた。彼は巨大なオオトカゲのような絵を描いたが、その脚は腹から横に突き出すのではなく、体から真っ直ぐ下に伸びていた。

今日まで、メガロサウルスの完全な骨格は誰も発見していない。このことがいくつかの問題を引き起こしてきた。まったく違う種類の獣脚類を発見したのに、新種のメガロサウルスを発見したと考えた古生物学者もたくさんいた。たとえば、コエロフィシス上科のディロフォサウルス、ケラトサウルス類のマジュンガサウルス Majungasaurus、カルノサウルス類のカルカロドントサウルス Carcharodontosaurus などはすべて、かつて新種のメガロサウルスと考えられたが、その後、ほかにいろいろな比較が行われて、別のグループであることが明らかにされた。

また、バックランドが英国のジュラ紀中期の岩石中から発見した骨や、その後、別の人々がそこで見つけた骨が、何種類かの獣脚類の骨であるという可能性もある！　古生物学者ジュリア・デイおよびポール・バレットによる最近の研究では、バックランドの標本には少なくとも2種の恐竜の骨が含まれると考えられることが示されている。その一つであるどっしりした体つきの原始的なテタヌラ類は、真のメガロサウルスだろう。もう一つはケラトサウルス類かもしれないが、これはまったく確かではない。

幸いメガロサウルス科に属するのは、メガロサウルスだけではない！　ほかにも多くのメガロサウルス以外のメガロサウルス科恐竜が、世界各地のジュラ紀中期から白亜紀初期にかけての地層から見つかっている。なかには、バックランドの「大きな爬虫類」ときわめてよく似ていると思われるものもる。そのようなものには、ジュラ紀中期のフランスのポエキロプレウロン Poekilopleuron やジュラ紀後期の米国西部のエドマーカ Edmarka やトルウォサウルス Torvosaurus が含まれる。このグループに属する、まだ名前のついていない2つの新種が、イタリアとドイツのジュラ紀中期の岩石中から発見されている。このうちの後者は、おそらくこれまでにヨーロッパで知られている最大の獣脚類だろう。これらはすべて体重の重い恐竜で、筋肉のじゅうぶんについた大きな腕をもつ。この恐竜はおそらく、足の速い鳥脚類ではなく、剣竜類や竜脚類のような足の遅い獲物を追いかけていたのだろう。

その他のメガロサウルス科恐竜はもっと体が軽くできていた。このようなものにはジュラ紀中期のアルゼンチンのピアトニツキサウルス Piatnitzkysaurus、ジュラ紀中期のフランスのデュブルイユオサウルス Dubreuillosaurus、ジュラ紀中期の英国のエウストレプトスポンデュルス Eustreptospondylus、白亜紀前期のニジェールのアフロウェーナートル Afrovenator などが含まれる。カルヴァドサウルス Calvadosaurus やエウストレプトスポンデュルスの頭骨は、あらゆるメガロサウルス科恐竜のうちで最も完全なものである。これらは長く、上下の深さは極端に大きくはない。かむ力は、ケラトサウルス類やカルノサウルス類ほど強くはなかった（ティラノサウルス類よりは明らかに弱かった）と思われる。これらの恐竜は獲物をつかまえて殺すのに、むしろ頑丈で筋肉の発達した腕を頼りにしていたのかもしれない。

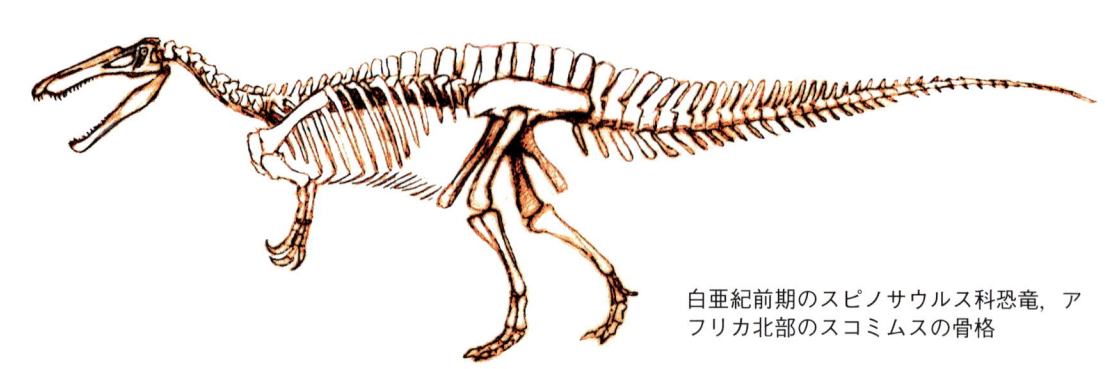

* * *

白亜紀前期のスピノサウルス科恐竜、アフリカ北部のスコミムスの骨格

白亜紀前期のスピノサウルス科恐竜，ヨーロッパのバリオニクス

エジプトの謎

われわれはエジプトといえば，たとえば象形文字，ミイラ，ピラミッドなどといった古代の謎めいたものを思い浮かべることが多い．しかしエジプトの砂（この場合は砂岩）には，最古のファラオより何千倍も古い秘密が隠れている．そしてエジプトの象形文字が，それを解読するカギが見つかるまで，現代人には読めなかったのと同じように，このはるかに古い古代の謎も，別の"カギ"が見つかるまで，あまり大きな意味をもつものではなかった．

その謎というのは恐竜スピノサウルスだった．これは1912年，ドイツの古生物学者エルンスト・フライヘル・シュトローマー・フォン・ライヘンバッハとその現場助手リヒアルト・マルクグラフの率いるチームによって発見された．シュトローマーは1915年，白亜紀後期の初めころエジプトにいた，この不思議な新しい恐竜に関する論文を発表した．発見されたのはこの恐竜の体の10%以下にすぎなかったが，そこにはこれがきわめて変わった恐竜であることを示す多くの特徴がみられた．第一は，その大きさだった．これとティラノサウルス（当時知られていた最大の獣脚類）の骨を比較することのできる部分では，スピノサウルスの骨はティラノサウルスよりも大きくはないとしても，同じくらいの大きさがあった．また，多くの獣脚類の歯とは違って，スピノサウルスの歯は円錐形で，ステーキナイフのような形ではなかった．それはまさに，巨大なワニの歯のようにみえた．

しかし，なかでも最も変わっていたのはその背骨だった．神経棘（椎骨のてっぺんに突き出している突起）が長かったのである．本当に長かった！最も長いものは長さが1.8mほどもあった．この突起が並んで，恐竜の背中に沿って舟の帆のような形になっていた．その後に発見されたいくつかの恐竜（竜脚類ディプロドクス上科のルーバーチーサウルス *Rebbachisaurus* やアマルガサウルス *Amargasaurus*，鳥脚類イグアノドン類のオウラノサウルス *Ouranosaurus* など）も高い帆をもち，原哺乳類のディメトロドン *Dimetrodon* にもこのような帆があった．しかし，スピノサウルスの帆は他のものよりはるかに大きかった．

残念ながら，それ以外にはこの恐竜についてはほとんど何も発見されていない．元の体での骨の配列のようすを描いた絵が1枚だけあるが，失われてい

る骨がきわめて多いため，シュトローマーは失われた部分のモデルとしてアロサウルスとティラノサウルスを用いている．古いスピノサウルスの絵や模型の多くが，帆をもったティラノサウルスのようにみえるのはそのためである．

もう一つ残念なのは，当時知られていた唯一のスピノサウルス類だった，この標本のたどった運命である．このスピノサウルスの骨格は，これが置かれていた博物館が第二次世界大戦中に爆撃を受けて破壊されてしまった．古生物学者がこの恐竜について知ろうとするとき頼りにするものといえば，学術雑誌に発表されたその骨の絵しかないという状態が，長年にわたって続いたのである．新しい，はるかに完全なスピノサウルス類の化石が発見されたのは，1980年代になってからのことだった．

なぜ顔が長いのか？　魚食の恐竜！

英国で新しい発見があり，それはまた謎の始まりともなった．1983年，アマチュアの化石ハンター，ウィリアム・ウォーカーはある粘土坑で巨大なかぎ爪を発見した．ロンドン自然史博物館のチームが，残りの骨格を探しに出かけた．彼らが掘り出したのは，白亜紀前期の新種の恐竜で，彼らはそれをバリオニクス・ウォーカーイ *Baryonyx walkeri*（ウォーカーの太いかぎ爪）と名づけた．この化石について研究を進めると，これが謎の恐竜スピノサウルスと近縁で，それよりも小さく，わずかに古いものであることが明らかになった．また，これはスピノサウルス科の恐竜に関するわれわれの解剖学的知識の欠けた部分を埋めていった．しばらくすると，そのほかにも，バリオニクスやスピノサウルスの新しい断片的な化石，さらに白亜紀前期のブラジルのイッリタートル *Irritator* やニジェールのスコミムス *Suchomimus* などの標本も発見された（スコミムスはバリオニクスにとてもよく似ているため，この両者は同じ恐竜ではないかと考える学者さえいる）．

スピノサウルス科の恐竜で，スピノサウルスとまったく同じような帆をもつものはほかにいないが，それらはすべて，他のほとんどの獣脚類恐竜よりも長い神経棘をもつ．それらの帆は，その持ち主をより大きく，より凶暴そうにみせるのに用いられたのかもしれない．それはまた，近縁の種の区別を示すためにも用いられたかもしれない．あるいは，これらの恐竜は中生代の基準でみても暑い地域に住んでいるものが多かったので，この帆は過剰な体熱を放出するのに役立っていたかもしれない．

スピノサウルス科の恐竜の2番目に目立つ特徴は鼻先の部分だろう．それは他の獣脚類とは似ていない．似ているものといえば，ワニの鼻先である！スコミムス（「ワニに似たもの」を意味する）という名前はそこからきている．その鼻先部は長く，やや管状で，円錐形の大きな歯がいっぱい並んでいる．これらの歯はきわめて深い根をもつ．このような歯は肉をかみきるのに適したものではないが，暴れる獲物をしっかりとつかまえ，引きちぎるのにはきわめて適している．現代のワニ類が獲物を食べるときの食べ方もこれと同じである．ワニ類はオオトカゲのように肉をかみきらない．肉にかみつき，しっかりとくわえ，体を回転させる．またスピノサウルス科の恐竜は，ワニ類とコエロフィシス上科の恐竜とも同じように，上顎縁にある屈曲部に，下あごの大きな歯がぴったりはまるようになっていて，それが食物をしっかりとくわえておくのに役立っている．

体長15m，体重8tもあるスピノサウルスは，どのような種類の食物を食べていたのだろうか？　食べたいものは何でもだ．これは冗談でいっているのではない！　スピノサウルスの腹の中からは直接化石は得られていないが，バリオニクスのそのような化石はある．その腹の中には，イグアノドン *Iguanodon* の子どもの半分消化された骨があった．しかしそこにはまた，大きな魚の半分消化されたうろこもみられた．スピノサウルス科の恐竜は，現代の大型のワニ類と同じような食物を食べていたように思われる．現代のナイルワニやミシシッピワニが陸上の哺乳類や，鳥類，カメ類，多くの魚類など何でも食べるのと同じように，スピノサウルス科の恐竜も，陸上の脊椎動物（恐竜など）でも水中の脊椎動物（カメや魚類など）でも食べることができた．

スピノサウルス科の恐竜は魚を捕らえるのによく適応していた．これらは大型の恐竜であるため，大きなサギ類やハイイログマのように水の中を歩くことができた．かなり長い首をもち，鼻先を水の中に突っ込むことも容易だった．すべてのスピノサウルス類，特にスピノサウルスやイッリタートルでは鼻孔が鼻先部のずっと後ろのほうについていたようであり，そのため鼻先の前のほうを水中に入れたまま，

呼吸を続けることができた．ある種のワニ類の歯と同じように，しかし他の獣脚類のほとんどすべてとは違って，鼻先部の前のほうの歯は，奥のほうの歯よりもずっと大きく，大きな魚をつかまえるのに適していた．

そしてそのあたりの水中には，いくつかの種類のかなり大型の魚が住んでいた．スピノサウルスやイッリタートルの骨が含まれていたのと同じ岩石中に，体長3mほどの魚の化石もみられる！ このような怪魚をつかまえるのに，そのあごだけでは不十分であれば，スピノサウルス科の恐竜はその巨大なかぎ爪や大きな筋肉のついた腕で，その魚を水から引きずりあげることができた．

だがわれわれは，バリオニクスはイグアノドンも食べていたことを知っている．巨大な魚をつかまえるのに適した歯と鼻先は，他の恐竜の脚や首にしっかりとかじりつくのにも適している．スピノサウルス科の恐竜はどちらの世界でも，うまくやっていたのである．水中でも，陸上でも食物を手に入れることができた．もっと"ふつうの"獣脚類は魚をつかまえるのに問題があっただろうし，その時代の巨大なワニ類は陸上の恐竜を簡単につかまえることはできなかっただろう．

メガラプトル：最後のスピノサウルス上科の恐竜？

それでも，スピノサウルス科の恐竜の世界にも約9500万年前に終わりがやってきた．スピノサウルス類は赤道周辺の水の浅い湿地帯に住んでいた．約1億1000万年前から9500万年前にかけて，世界はひじょうに暑くて，海水面がいちじるしく高く，スピノサウルス類の生息環境は広い範囲にわたっていた．しかし9500万年前以降，世界は変化しはじめた．気候は涼しくなり（現在の基準でいえばまだ暑かったが），海面は低下した．これらの変化にともなって，

白亜紀後期の獣脚類，メガラプトル（スピノサウルス科恐竜と近縁と考えられる）が，ティタノサウルス類のサルタサウルス *Saltasaurus* を襲う．

96 ●スピノサウルス上科の恐竜

湿地帯は乾燥していった．スピノサウルス科の恐竜は自分たちの生息環境にはよく適応していたが，以前よりも乾燥した時代に，他の大型獣脚類と競争して生きていくことはできなかったと思われる．スピノサウルスはスピノサウルス科の恐竜のうちで最大であっただけでなく，スピノサウルス科のあらゆる種の中で最後のものでもあった．

しかし2003年以降のいくつかの発見が示唆するところによると，スピノサウルス科やメガロサウルス科の恐竜と近縁のものは，それよりも少し後の9000万年前まで生き残っていたらしい．その発見とは，メガラプトル *Megaraptor* とよばれる恐竜の化石で，アルゼンチンの9000万年前の岩石中から見つかった．最初に発見されたのはわずか数個のメガラプトルの骨で，その中には巨大なかぎ爪も含まれていた．多くの古生物学者は，これはドロマエオサウルス科のラプトル恐竜に似たものではないかと考え，それ以後にこの獣脚類を描いた図はほとんどすべてそのような姿に描かれている．しかしもっと最近に発見された化石は，それとはまた異なる姿を描き出してみせた．あのかぎ爪は足からきたものではなく，手についていたものだった！　またその他の骨も，結局のところメガラプトルがドロマエオサウルス科の恐竜ではないことを示した．

メガラプトルのもつ特徴のいくつかは，カルノサウルス類のカルカロドントサウルス科の恐竜に似ている．しかし別の特徴は，メガロサウルス類とスピノサウルス類のどちらにも似ている．したがって，スピノサウルス上科の恐竜が生きていた最後の場所はエジプトの湿地ではなく，アルゼンチンの森だったということかもしれない．

白亜紀後期のスピノサウルス科恐竜，スピノサウルスが **1.8m** もある魚マウソニア *Mawsonia* を丸呑みにする．

魚を食べる巨大恐竜—
スピノサウルス類

アンジェラ・C・ミルナー博士
ロンドン自然史博物館（イギリス）

肉食の恐竜ならば誰もがおなじみだが，魚を食べる恐竜というと奇妙な感じがするかもしれない．ある一群のきわめて大きな恐竜たち，スピノサウルス類は魚を食べることに特殊化していた．

私は，これまでに発見された最も完全なスピノサウルス類の化石である，バリオニクス・ウォーカーイ Baryonyx walkeri の化石を研究する幸運に恵まれた．これはロンドンからわずか 50km ほどのところで，約 1 億 2000 万年前の白亜紀前期の岩石中から発見された．自然史博物館の研究室でその顎骨を取り出していたとき，顎骨を見た数人の古生物学者が「これはワニの顎骨だ」といった．しかし私は，これは何か別のものではないかと思った．やがて，これがはじめて発見された魚食恐竜の頭骨の一部であることが明らかになった．

スピノサウルス類の頭骨は，魚を食べるワニと似た形をしていた．それらは長さ 0.9m ほどの，きわめて長く，高さの低い頭骨をもっていた．その長さの少なくとも半分は細い顎骨が占めており，そこには歯が多数並んでいる．あごの先はスプーンのような形になっていて，滑りやすい魚をしっかりつかまえておけるようになっていた．スピノサウルス類はきわめて強力な前腕と，鉤のように曲がった巨大なかぎ爪ももっていた．その手のかぎ爪は，ハイイログマがかぎ爪でサケをつかまえるのと同じように，魚をつかまえるのに使われていたのではないかと私は考えた．

バリオニクスについて，魚を食べていたことを示す証拠がさらに発見された．われわれはこの恐竜の胸郭の内側から，大きな魚の半分消化されたうろこや歯を見つけた．その恐竜が食べた最後の食事の残りだった．

スピノサウルス類はきわめて大きな動物だった．われわれのバリオニクスの骨格は体長が約 10m あり，それでもまだ完全に成長したものではなかった．スピノサウルス Spinosaurus はそれよりもまたずっと大きかった．完全な骨格は得られていないが，少なくともティラノサウルス Tyrannosaurus と同じくらいはあったにちがいない．これほど大きな動物が，魚だけを食べて生きていけたのだろうか？ これについては，私は何の疑いももっていない．ヨーロッパ，アフリカ，南米などに住んでいたスピノサウルス類の化石は，海岸の近くか，湖や，川，湿地などのあった場所でのみ発見されている．その化石の近くでは，常に魚の化石も多数見つかっており，なかには 6m もある巨大なシーラカンスや肺魚も含まれる．スピノサウルス類は豊富な食物源をもち，ほかには魚を食べる恐竜がいなかったため，それをすべて独占することができたのだろう．

白亜紀後期のスピノサウルス科スピノサウルス

ギガノトサウルス

アロサウルス

モノロフォサウルス

15
カルノサウルス類
Carnosaurs
巨大な肉食恐竜

　カルノサウルス類 Carnosauria（「肉［を食べる］爬虫類」）は，大型の肉食恐竜のうちで最も長く生きつづけたグループの一つだった．ジュラ紀中期にはじめて出現してから白亜紀後期の初めまで，カルノサウルス類は世界の多くの部分で捕食動物の頂点に立っていた．そのうちのあるもの，たとえばギガノトサウルス Giganotosaurus はティラノサウルス Tyrannosaurus さえしのぐ大きさになり，あらゆる時代を通じて最大の肉食恐竜スピノサウルス Spinosaurus に匹敵するほどだったのではないかと思われる．

　カルノサウルス類は，2本脚の肉食恐竜，獣脚類の1グループである．詳しくいえば，テタヌラ類 Tetanurae の一部ということになる．テタヌラ類は3本指の手と，堅くぴんと伸びた尾をもつ．テタヌラ類のその他のグループには，長い鼻先をもつ原始的なスピノサウルス上科の恐竜や，進化した多様なコエルロサウルス類がいる．

大きな獣脚類というだけではない

　20世紀の恐竜書では多くの場合，「カルノサウリア（カルノサウルス類）」という言葉は，大きな体をした，あらゆるタイプの獣脚類を表すのに用いられている．このような使い方だと，ディロフォサウルス Dilophosaurus，ケラトサウルス Ceratosaurus，アベリサウルス科，メガロサウルス科，スピノサウルス科，ティラノサウルス科の恐竜などがすべてカルノサウルス類に含まれるものと考えられることになる．しかし 1990 年代中ごろ以降，古生物学者の間では一致して，このような名称の使い方は適切ではないと考えられるようになった．現代の科学者は，ある名称が「自然分類群」，すなわちクレード（生物の系統樹を構成する1つの枝全体）を表す場合にのみ，その学名を分類に用いる．旧式の名称である「カルノサウリア」は，枝全体を表すものではなかった．しかし，現代の古生物学者が「カルノサウリア（カルノサウルス類）」とよぶグループは「自然分類群」である．もっと詳しくいえば，それは，アロサウルス Allosaurus およびそれとごく近縁のもの，つまり現代の鳥類よりもアロサウルスのほうに近い種からなるクレードを表す．ドイツの古生物学者フリートリヒ・フォン・ヒューネが 1920 年にカルノサウリアと名づけていらい，アロサウルスはカルノサウルス類の一つと考えられてきたのだった．

　カルノサウルス類の恐竜と血縁関係が最も近いものは，コエルロサウルス類 Coelurosauria（次の数章で述べる）のグループにみられる．カルノサウルス類とコエルロサウルス類はいくつかの点で，スピノサウルス上科，ケラトサウルス類，あるいはコエロフィシス上科に対してよりも，両者相互間のほうがよく似ている．カルノサウルス類とコエルロサウルス類は椎骨の内部がいちじるしく空洞になっていて，きわめて複雑な気室をもつ．これは鳥類の椎骨にみられる複雑な気室にきわめてよく似ており（実は，鳥類はコエルロサウルス類の1タイプなのだ！），カルノサウルス類とコエルロサウルス類がともに複雑な気嚢をもっていたことを示す．現代の鳥類はこの気嚢を，迅速に呼吸し，体を冷やし，肺が乾燥しすぎるのを防ぐのに役立てている．おそらくカルノサウルス類も，これと同じことをしていたのだろう（他の原始的な獣脚類や竜脚形類も椎骨に気室をもっていたが，それはカルノサウルス類やコエルロサウルス類がもっていたものほど複雑ではなかった）．

　カルノサウルス類やそれとごく近い類縁のコエルロサウルス類は，頭骨も他の獣脚類より進化していた．カルノサウルス類とコエルロサウルス類はいず

れも頭の中に，もっと原始的な獣脚類よりも複雑な気囊をもっており，これも体（特に頭）を冷やし，肺の湿気を保つのにも役立っていたのだろう．進化した獣脚類の顔面骨には，その他の恐竜にはみられないような余分な穴があることから，これらの気嚢がより複雑なものであることがわかる．

カルノサウルス類の多様性

カルノサウルス類の顔面骨には他のものにはない穴が多数みられる．10セント・コインほどの小さなものもあれば，ピザくらいもある大きなものもある．このような穴は，それをもつ獣脚類が真のカルノサウルスかどうかを知るための特徴の一つとなる．さらに骨鼻孔（頭骨にあいている鼻道の開口部）は，カルノサウルス類では他の獣脚類よりも大きい．

カルノサウルス亜目の仲間では，顔面に稜（うね状の隆起）をもつものが少なくない．モノロフォサウルス Monolophosaurus の場合は，頭のてっぺんの中央を中空の骨の稜が縦に走っている．アロサウルス上科 Allosauroidea とよばれる進化したカルノサウルス類のグループでは，顔面の両側に1本ずつ，1対の稜がみられるのが特徴である．さらにアロサウルスそのものでは，目の前に小さな三角形の角が突き出している．いずれの場合も，これらの稜は他の恐竜にみせるためのしるしのようなものだったと思われる．つまり，同じ種の恐竜に自分が仲間であることを知らせるのに役立っていたのだろう．

カルノサウルス類は最初，ジュラ紀中期に現れた．中国のモノロフォサウルスとガソサウルス Gasosaurus の2つが最も古い．これらは，進化したアロサウルス上科に属するものではないだろう．同じようにアロサウルス上科に属さないカルノサウルス類には，ジュラ紀後期のポルトガルのロウリンニャノサウルス Lourinhanosaurus（実はメガロサウルス科の恐竜かもしれない），白亜紀前期の日本のフクイラプトル Fukuiraptor，白亜紀前期のタイのシャモテュランヌス Siamotyrannus がいる．これらのうちには，特に巨大なものはいない．体長は4.5〜6m くらいである．

その他のカルノサウルス類（アロサウルス上科）は，一般にもっと大きい．アロサウルス上科には3つの大きな枝がある．シンラプトル科 Sinraptoridae はジュラ紀後期の中国のものが最もよく知られている．シンラプトル科で最も大きいヤンチュアノサウルス Yangchuanosaurus は体長10.7m 以上，体重3.5t 近くに達した．アロサウルス科 Allosauridae はジュラ紀後期から白亜紀前期に生きていたグループである．そのうちで最も大きいのは体長12m 近くに達する米国オクラホマのサウロファガナクス

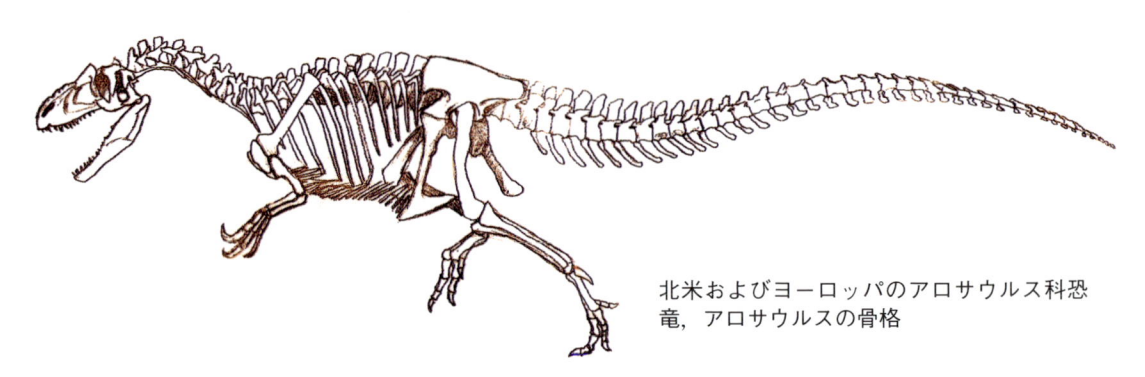

ジュラ紀後期のシンラプトル科恐竜，中国のヤンチュアノサウルス

北米およびヨーロッパのアロサウルス科恐竜，アロサウルスの骨格

● 鮮やかな写真とイラストで，科学の身近さを解説 ●

【図説】科学の百科事典
全7巻
A4変型判　オールカラー
各巻 176頁　定価6,825円（本体6,500円）

① 動物と植物 Animals and Plants
監訳／太田次郎　訳／藪　忠綱　(ISBN 978-4-254-10621-3 C3340)
［内容］壮大な多様性／生命活動／動物の摂餌方法／動物の運動／成長と生殖／動物のコミュニケーション／用語解説・資料

② 環境と生態 Ecology and Environment
監訳／太田次郎　訳／藪　忠綱　(ISBN 978-4-254-10622-0 C3340)
［内容］生物が住む惑星／鎖と網／循環とエネルギー／自然環境／個体群研究／農業とその代償／人為的な影響／用語解説・資料

③ 進化と遺伝 Evolution and Genetics
監訳／太田次郎　訳／長神風二，谷村優太，溝部　鈴　(ISBN 978-4-254-10623-7 C3340)
［内容］生命の構造／生命の暗号／遺伝のパターン／進化と変異／地球上の生命の歴史／新しい生命をつくること／人類の遺伝学／用語解説・資料

④ 化学の世界 Chemistry in Action
監訳／山崎　昶　訳／宮本惠子　(ISBN 978-4-254-10624-4 C3340)
［内容］原子と分子／化学反応／有機化学／ポリマーとプラスチック／生命の化学／化学と色／化学分析／用語解説・資料

⑤ 物質とエネルギー Matter and Energy
監訳／有馬朗人　訳／広井　禎，村尾美明　(ISBN 978-4-254-10625-1 C3340)
［内容］物質の特性／力とエネルギー／電気と磁気／音のエネルギー／光とスペクトル／原子の内部／用語解説・資料

⑥ 星と原子 Stars and Atoms
監訳／桜井邦朋　訳／永井智哉，市來淨與，花山秀和　(ISBN 978-4-254-10626-8 C3340)
［内容］法則の支配する宇宙／ビッグバン宇宙／銀河とクエーサー／星の種類／星の生と死／宇宙の運命／用語解説・資料

⑦ 地球と惑星探査 Earth and Other Planets
監訳・訳／佐々木晶　訳／米澤千夏　(ISBN 978-4-254-10627-5 C3340)
［内容］宇宙から／太陽の家族／熱エンジン／躍動する惑星／地学的なジグソーパズル／変わりゆく地球／はじまりとおわり／用語解説・資料

絶滅危惧動物百科（全10巻）

■自然環境研究センター 監訳

A4変型判　120頁　各定価4,830円（本体4,600円）

- 過去に絶滅したか，現在，絶滅のおそれのある世界の代表的な野生動物414種について，その生態や個体数などの基本情報とともに，絶滅のおそれを高めている原因や，絶滅を回避するための対策，野生動物の保全などについてやさしく解説したカラー図鑑シリーズ。中学生レベルから理解できるようにやさしく，わかりやすく解説。
- 第1巻で，絶滅危惧動物に関する総説をわかりやすく解説し，第2巻から第10巻までに，野生動物ごと見開き2頁で解説。
- 第2巻以降の配列は，日本語動物名の五十音順とした。
- 掲載動物：哺乳類181種，鳥類100種，魚類43種，爬虫類40種，両生類20種，昆虫・無脊椎動物30種

海をさぐる（全3巻）

■T.デイ 著

A4判　各定価4,095円（本体3,900円）

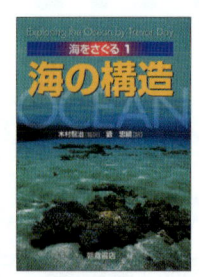

- 重要だけれどもあまり知られていない海の魅力を，海底の移動からエル・ニーニョ現象といったそのメカニズム，熱水噴出孔に生息する不思議な生物からイルカやクジラまでの大小の動植物，海を舞台にした人間の営みとその歴史，などの側面から225枚以上の写真・図表・地図を掲載しながら紹介する。

1. 海の構造　　木村龍治 監訳／藪　忠綱 訳　96頁　(978-4-254-10611-4)
2. 海の生物　　太田　秀 監訳／藪　忠綱 訳　84頁　(978-4-254-10612-1)
3. 海の利用　　宮田元靖 監訳／藪　忠綱 訳　88頁　(978-4-254-10613-8)

海の動物百科（全5巻）

◎第10回 学校図書館出版賞 特別賞 受賞◎

A4判　88～104頁　各定価4,410円（本体4,200円）

- The New Encyclopedia of Aquatic Life (A. Campbell & J. Dawes eds.) の翻訳。
- 動物たちの多様な外観に目をみはる美しい写真とイラストを豊富に収載。
- 各分類群ごとに形態・体制・生態・分布・食性などの特徴を解説。関連する淡水生種・陸生種を含む膨大な海産動物種を紹介。

1. 哺　乳　類　大隅清治 監訳　　　　(978-4-254-17695-7)
2. 魚　類 I　　松浦啓一 監訳　　　　(978-4-254-17696-4)
3. 魚　類 II　　松浦啓一 監訳　　　　(978-4-254-17697-1)
4. 無脊椎動物 I　今島　実 監訳　　　 (978-4-254-17698-8)
5. 無脊椎動物 II　今島　実 監訳　　　(978-4-254-17699-5)

図説 哺乳動物百科（全3巻）

■遠藤秀紀 監訳

A4変型判　84～88頁　各定価4,725円（本体4,500円）

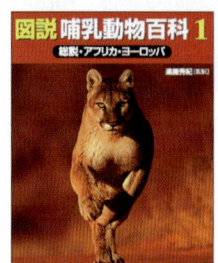

- "MAMMAL"の翻訳。
- 美しく躍動感あふれるカラー写真を豊富に掲載。
- 世界の主な哺乳動物を，地域ごとに生息環境から分布，食性，進化，環境への適応，人間との関わりまでやさしく解説。
- 魅力的な野生動物たちにまつわるコラムを多数収載。
- 野生動物保護などの環境問題にも言及し，進化・分類に関しては最新の学説も盛り込んだ。

1. 総説・アフリカ・ヨーロッパ　　　　(978-4-254-17731-2)
2. 北アメリカ・南アメリカ　　　　　　(978-4-254-17732-9)
3. オーストラレーシア・アジア・海域　(978-4-254-17733-6)

生命と地球の進化アトラス（全3巻）

■小畠郁生 監訳

A4変型判　148頁　各定価9,240円（本体8,800円）

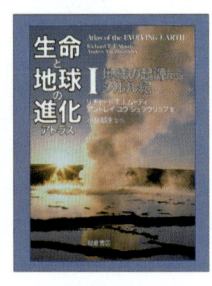

- 魅力的なイラストや写真をオールカラーで多数掲載。生物学や地学の予備知識がなくても理解できる。
- 年代順の構成で，各章冒頭にキーワード，年表，大陸分布図を，章末にはその時代に特徴的な生物の系統図を記載しているので，地球の歴史の流れが自然に把握できる。

I. 地球の起源からシルル紀　　(978-4-254-16242-4)
II. デボン紀から白亜紀　　　　(978-4-254-16243-1)
III. 第三紀から現代　　　　　　(978-4-254-16244-8)

身体装飾の現在（全3巻）

■井上耕一 写真・文

B4判　オールカラー

- 伝統と近代化のはざまで変わりゆく"装いの風景"。服飾，装身具，髪型からボディペインティング，刺青まで少数民族がいまに伝える豊穣な装飾表現の世界を収めた写真集。

1. 人類発祥の地にいま生きる人々　—アフリカ大地溝帯エチオピア南西部—
　216頁　定価12,600円（本体12,000円）　　(978-4-254-10681-7)
2. インド文明に取り込まれた人々　—インド・ネパール—
　218頁　定価10,290円（本体9,800円）　　 (978-4-254-10682-4)
3. 国境に分断されている山地民　—中国・ベトナム・ラオス・タイ・ミャンマー—
　224頁　定価10,290円（本体9,800円）　　 (978-4-254-10683-1)

朝倉書店

〒162-8707　東京都新宿区新小川町6-29／振替00160-9-8673
電話 03-3260-7631／FAX 03-3260-0180
http://www.asakura.co.jp　eigyo@asakura.co.jp

Saurophaganax であり，最もよく知られ，最もよく研究されているのはアロサウルスである．カルカロドントサウルス科 Carcharodontosauridae は白亜紀にしか知られていない．このグループには体長 8m のネオウェーナートル *Neovenator* から，14m 以上に達する巨大なギガノトサウルスまでいる．この後者は体重約 8t に及び，体長，体重ともにティラノサウルスを超える．

　それでもカルノサウルス類の解剖学的構造は，すべて基本的に同じである．稜（頭飾り）が違い，頭骨の形が少し異なり，あるいは前腕に大きい，小さ

アロサウルスは最もよく研究されているカルノサウルス類である．

いの違いはあるとしても，それ以外の点では，カルノサウルス類は全体に同じような姿をしていた．カルノサウルス類は 1 億年にわたって（体の大きさ以外は）ほとんど変化しておらず，これらの恐竜はその生活にきわめてよく適応していたのにちがいない．そしてその生活とは，竜脚類をつかまえて殺し，食べることだった．

＊　　＊　　＊

巨大な殺し屋恐竜の武器

カルノサウルス類が見つかっているところではどこでも，竜脚類も見つかる．ときにはその他の植物食恐竜（剣竜類，鳥脚類，よろい竜類など）もみられることはあるが，竜脚類は必ず存在する．このことは，カルノサウルス類が巨大な首の長い植物食恐竜を特に好んで獲物としていたらしいことを示す．

カルノサウルス類が竜脚類を食べていたことを裏づける生痕化石もいくつかある．たとえば，カルノサウルス類の歯型が，竜脚類の骨に見つかっている．しかしこのようなかみ痕は，カルノサウルス類が巨大な植物食恐竜の死骸を見つけて食べているときにつけられたものである可能性もある．カルノサウルス類が本当に竜脚類恐竜を襲ったことを明らかにするのに必要なのは，両者がまだ生きているときに残された生痕化石，つまり足跡である．そして，まさにそのような生痕化石が存在することが明らかになっている．

テキサス州パルキシーで見つかった有名な歩き跡には，ブラキオサウルス科の竜脚類サウロポセイドン *Sauroposeidon* を追いかける体長 12.2m のカルカロドントサウルス科アクロカントサウルス *Acrocanthosaurus* の足跡がみられる．この歩き跡は，肉食恐竜が植物食恐竜に襲いかかり，1歩だけ引きずられたのち振り落とされて，また追跡を続けたことを示している．

これは，カルノサウルス類が他の植物食恐竜を食べなかったといっているわけではない．たとえば，アロサウルスがステゴサウルス *Stegosaurus* の尾のとげで強打されたことを示す化石がある．ステゴサウルスが巨大な肉食恐竜に自分から攻撃を加える理由はほとんどないだろうから，この植物食の剣竜は攻撃から自分の身を守った可能性が大きい．

カルノサウルス類は植物食の恐竜をどのように襲ったのだろうか？　ステーキナイフのような歯とタカのような爪を使ったのだろう．カルノサウルス類の歯はメガロサウルス科，ケラトサウルス類，その他の原始的な獣脚類と似ている．その歯の側面は平たく，前縁の上部，後縁の下部にはかみ切るためのギザギザが並んでいる．このような形は，肉を切り裂くのに適する．

カルノサウルス類の頭骨は上下に厚みがあり，左右の幅は狭い．その形を肉切り包丁や鉈（なた）になぞらえる学者もいる．事実，英国ケンブリッジ大学のエミリー・レイフィールドらのコンピューター研究では，鉈というのが下手なたとえではないことが示されている．頭骨側面に穴があり，固い口蓋（口腔の天井の部分）が欠けているため，カルノサウルス類の頭部はそれほど強固ではなかった．つまり，カルノサウルス類が暴れる獲物をあごだけで抑えようとするには，その頭骨は弱かった．しかしコンピューター研究の結果によると，鉈のように打撃を加える場合には，カルノサウルス類の頭骨はかなり頑丈であることがわかった．アロサウルスやその類縁の恐竜たちは，おそらく獲物にかみついて大きな肉片を切り取り，大出血を起こさせる．その失血が獲物の力を失わせ，それを殺すことをいっそう容易にしたのだろう．

カルノサウルス類は打撃の加え方をコントロールすることができたのだろうか？　竜脚類の子どもや，鳥脚類，剣竜類のような小型の恐竜が相手ならば，それほどむずかしいことではなかっただろう．カルノサウルス類は，それらの恐竜よりも一般に体高が高かった．しかしおとなの竜脚類となると，ひとかみで有効な打撃を与えるのは簡単ではなかったと思われる．このような場合に，カルノサウルス類の腕が役に立ったのだろう．カルノサウルス類の前腕はそれほど長くはなかったが，力は強く，その先にはタカの爪のようなかぎ爪がついていた．このかぎ爪は文字どおり肉を引っかける鉤となり，カルノ

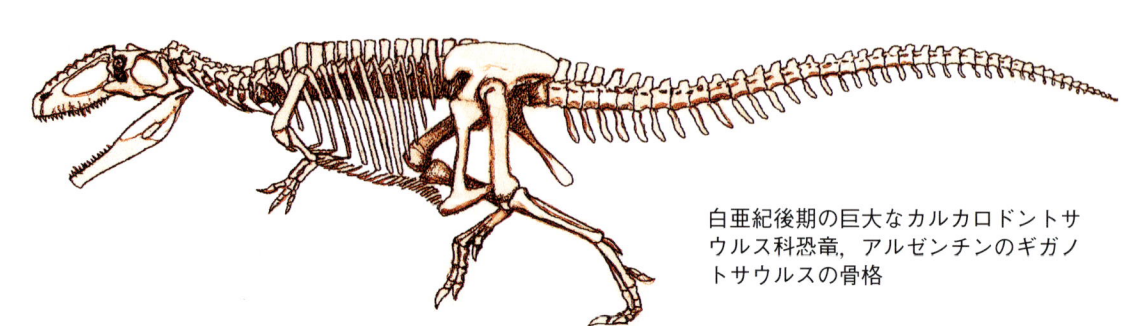

白亜紀後期の巨大なカルカロドントサウルス科恐竜，アルゼンチンのギガノトサウルスの骨格

サウルス類はそれを肉に突き刺し，獲物をしっかりとつかまえることができた．しっかりとつかまえておいて，さらに狙いを定めた一撃を獲物の脇腹に加えることができた（あのアクロカントサウルスとサウロポセイドンの歩き跡は，実はそのような攻撃が未遂に終わったときの記録だったのかもしれない！）．

* * *

ジュラ紀の王者

　あらゆるカルノサウルス類のうちで最もよく知られ，最もよくわかっているのはアロサウルスである．この恐竜の骨格は，ティラノサウルスをはじめとする他のどの大型獣脚類よりもたくさん得られている．確かなアロサウルスの標本は，ジュラ紀後期の北米西部のモリソン累層や同じ時代のポルトガルの岩石中から見つかる．おそらくこの恐竜は，その間に広がるあらゆる場所に住んでいたと思われる．

　アロサウルスの化石は，モリソン累層で見つかる他の獣脚類の化石より2倍は多い．また，モリソン層では少なくとも11種の他の獣脚類が見つかっている！　これらアロサウルスの化石の多くは，1体だけの骨格または部分骨格である．しかしユタ州のクリーヴランド・ロイド採掘場とよばれる場所では，

白亜紀後期のカルカロドントサウルス科恐竜，アフリカ北部のカルカロドントサウルスが，竜脚類の群れを襲う．

40体以上のアロサウルスの個体がいっしょに発見された．この採掘場の岩石は洪水や嵐のときに堆積したものではなく，したがってこれらの骨は一群の恐竜が同じときに一度に死んだものではないと思われる．そうではなくて，その場所は捕食動物の落とし穴だったのかもしれない．捕食動物の落とし穴というのは，捕食動物をおびき寄せる"えさ"になるものと，その捕食動物が身動きできなくさせる何かが必要である．クリーヴランド・ロイド採掘場の頁岩はかつて粘っこい泥で，そこで多数のアロサウルス（数は少ないがその他の獣脚類も）の骨格とともに，少数の植物食恐竜の骨格が化石になっている．これらの植物食恐竜は泥の中に迷い込み，そこで泥に足をとられて動けなくなってしまったにちがいない．わなにはまった植物食恐竜の鳴き声や，それらが死んだ後の腐臭が，アロサウルスやその他の捕食動物を引き寄せたのだろう．簡単に食べ物が手に入ると思った肉食動物たちは，1頭また1頭とそのわなにはまり，さらにまた自分が他の捕食動物をおびき寄せる"えさ"となった（同じような例は，これよりもはるかに新しいカリフォルニア州ロサンゼル

●カルノサウルス類

白亜紀前期のアクロカントサウルスがブラキオサウルス科恐竜の死骸を食べ，そばでははるかに小さいデイノニコサウルスたちが，小さなかけらを盗もうと狙っている．

スのラ・ブレア・タールピットでもみられる．クリーヴランド・ロイド採掘場と同じように，ラ・ブレアの化石も多くは捕食動物で，おびき寄せる"えさ"となった！　植物食動物は少数にすぎない）．

アロサウルスはかなり大型の捕食恐竜で，平均して体長約9.1m，体重1.7tに達した．モリソン層の第2のアロサウルス科サウロファガナクスはもっと大きくなったが，ただ1か所でしか見つかっていない．これはアロサウルスの中の巨大な種にすぎないと考える古生物学者もいる．

サメ恐竜

カルノサウルス類のうちで最大なのは，カルカロドントサウルス科の恐竜たちだった．カルカロドン Carcharodon というのは現代のホオジロザメの学名で，白亜紀後期のアフリカ北部のカルノサウルス類カルカロドントサウルス Carcharodontosaurus にこの名がつけられたのは，その歯がサメの歯に似ていた（ただそれよりも大きかった）ことによる．また，ホオジロザメが小さな魚から大きなクジラまで，さまざまな大きさの動物を獲物にしているのとまったく同じように，カルカロドントサウルスもたぶん，小さなケラトサウルス類から巨大なティタノサウルス類まで食べていたと思われる．

白亜紀にはほかにもいくつか，カルカロドントサウルス類が世界各地に住んでいた．最も完全に知られているのは北米のアクロカントサウルスだが，これは真のカルカロドントサウルス科のメンバーではなく，アロサウルス科の最後のものだと考える古生物学者もいる．その分類上の正確な位置はさておき，この大きなカルノサウルス類は強力なかぎ爪と長い頭骨をもっていた．しかし，その最もよく知られた特徴は，背中の長い棘突起だった．この棘突起は，頭の後ろから尾の先にまで至る稜（うね状の隆起）をつくっていた．

南米では，世界の他のどこよりも多くのカルカロドントサウルス科恐竜が知られている．テュランノティタン Tyrannotitan はアクロカントサウルスよりも大きく，体つきはもっとどっしりしている．それよりもさらに大きく，さらによく知られているのがギガノトサウルスである．「巨大な南の爬虫類」というぴったりの名前をつけられたこの恐竜は，現在知られている最も大きい肉食恐竜だが，あるスピノサウルスの骨格の一部は，エジプトにはさらに大きな恐竜がいた可能性を示している．

また別のアルゼンチンのカルカロドントサウルス科マプサウルス Mapusaurus は，ギガノトサウルスより少し後のものである．それより先に生じたごく近縁のギガノトサウルスとほぼ同じ大きさで，頭骨だけが少し短く，ずんぐりしていたように思われる．しかし最も印象的なのは，群れで狩りをしていた可能性があるということである．この恐竜を発見したロドルフォ・コリアとフィリップ・カリーは，この新種の個体が数体いっしょに化石になっているのを見つけた．岩石中の堆積のようすからこれらは同じときに埋まったものと思われ，ひとつの群れとして生活していた（少なくともいっしょに死んだ）らしいことを示していた．8tもあるこの巨大な怪物は，何を食べていたと考えられるだろうか？　おそらくたまたまということではないと思われるが，これらの岩石中には，植物食で，知られているすべての恐竜のうちで最も大きいアルゼンチノサウルス Argentinosaurus の化石も含まれている．

大型のカルカロドントサウルス科恐竜はその他のものも，あらゆる竜脚類のうちで特に大きなものといっしょに見つかることが多い．アクロカントサウルスはブラキオサウルス科のサウロポセイドンと，カルカロドントサウルスはティタノサウルス類のパラリティタン Paralititan と，ギガノトサ

ウルスはルーバーチーサウルス科のリマユサウルス Limaysaurus やティタノサウルス類のアンデサウルス Andesaurus と，マプサウルスはティタノサウルス類のアルゼンチノサウルスや名前のついていないルーバーチーサウルス科の恐竜と，名前のついていないアルゼンチンのカルカロドントサウルス科の恐竜はサルタサウルス科のアンタルクトサウルス Antarctosaurus，ネウケンサウルス Neuquensaurus，サルタサウルスなどといっしょに見つかっている．これらの巨大な肉食恐竜は，もっぱらあらゆる植物食恐竜のうちで最も大きなものたちを食べていたように思われる．

最後のカルノサウルス類

このように大きなティタノサウルス類を好んで獲物としたことが，カルノサウルス類の没落の原因となったのかもしれない．最後のカルノサウルス類は，約 8500 万年前に姿を消した．最後の超大型ティタノサウルス類が絶滅したのも，これとほぼ同じころだった．竜脚類のうちでは，もっと小さい（それでもなお大きかったが）サルタサウルス科の恐竜たちだけが残った．

これらの消滅は互いに関連していたのかもしれない．何か，たとえば気候の変化が超巨大竜脚類を死滅させ，カルノサウルス類は重要な食物供給を絶たれた状態で残された．確かにもっと小さな植物食恐竜はまだたくさんいたが，一方で新たに獣脚類のもっと進化したグループも出現していた．そのような新しいグループとしては，南半球にはアベリサウルス科，北半球にはティラノサウルス科の恐竜たちがいた．体が大きく，重いカルノサウルス類は，残っている種類の獲物をつかまえる上で，新鋭の捕食恐竜には太刀打ちできなかったのだろう．白亜紀最後の 2000 万年の間，地球上を支配したのは，これら別のタイプの獣脚類だった．長期にわたったカルノサウルス類の支配は終わったのである．

巨竜が巨竜を襲う．白亜紀後期の巨大なカルカロドントサウルス科恐竜，アルゼンチンのマプサウルスが，おとなたちの群れから離れてしまったアルゼンチノサウルスの子どもを襲う．

群れで狩りをする巨大恐竜

フィリップ・J・カリー博士
ロイヤル・ティレル博物館（カナダ・アルバータ州）

『ジュラシックパーク』をはじめとする、あらゆる恐竜映画の中で最も恐ろしいシーンのひとつは、巨大な肉食恐竜がご馳走とする獲物を倒す場面だろう．しかし、ただ1頭だけの孤独のハンターのかわりにこうした凶暴な動物たちの群れが登場したとすれば，その殺しのシーンはどれだけ恐ろしいものになるか想像してみてほしい！　不運な獲物が追跡者から逃げのびようとするドラマを思い描くこともできる．だが、最も大きな捕食恐竜のあごは逃れることができたとしても，もっと小さく，もっと敏捷で，足の速い恐竜たちの群れが，あらゆる逃げ道を断ち切る．

このようなシーンは空想上のものではあるが，多くの種の大型肉食恐竜が群れで狩りをしていた可能性を示す証拠が，古生物学者によってかなりたくさん集められている．これらの恐竜は常にそのようなやり方で狩りをしていたのかもしれない．あるいは、肉食恐竜は，自分たちの縄張りを通って植物食恐竜の大群が移動するとき，年に2回だけ群れをつくって狩りをしたのかもしれない．

恐竜が群をつくって狩りをしたことを示す最も古い証拠のいくつかは，足跡化石の中から得られた．歩き跡の化石によって，数頭の大型肉食恐竜が同じときに，同じ方向に向かって移動していたことが示される場合がある．あるとき私は，足跡がついている巨大な岩盤の化石の整形を行っていて，自分の目の前にあるのが何千万年も前のドラマチックな追跡劇の証拠となるものであることに気づいた．3頭の大きな肉食恐竜がいっしょに歩いており，そのコースは狩りの戦略を示すように，あちこちで互いに交差していた．

1910年，ニューヨークのアメリカ自然史博物館のバーナム・ブラウンは，調査隊を率いてカナダ・アルバータ州のレッドディア川へ出かけ，アルバートサウルス *Albertosaurus* の化石を主とする化石堆積層を発見した．この捕食恐竜はティラノサウルス *Tyrannosaurus* に近い類縁種で，それよりもほんの少し小さいだけだった．ブラウンは9頭の部分骨格を採取したが，彼の研究は最後まで完結しなかった．われわれはその発掘現場を改めて見つけたのち，さらに多くの証拠を得て，これらのティラノサウルス類が皆いっしょに死んだことを明かにした．これらの恐竜が死んだとき，群れとしていっしょに移動していたことはほぼ確実だった．いちばん若いものたちは，まだ半分も成長していないくらいで，細くてダチョウくらいの体つきだった．これらはきわめて足が速く，攻撃的だったにちがいない！　ティラノサウルス類は化石がみられることは比較的まれだが，現在ではティラノサウルス類のその他の種（ティラノサウルスを含む）も群れで狩りをしたらしいことを示す化石のみられる場所が，カナダ，モンゴル，および米国で知られている．

ティラノサウルスと同じくらい，あるいはそれよりももっと大きい肉食恐竜の化石もある．このような恐竜のうちの2つ，カルカロドントサウルス *Casrcharodontosaurus* とギガノトサウルス *Giganotosaurus* は，首の長い竜脚類を襲っていたと思われる．これらの肉食恐竜が，かつて地球上を歩いた最大の動物たちを襲っていたことを考えると，この恐竜たちがいくら大きくても驚くには当たらない！　それでもなお、1997年にアルゼンチン・パタゴニアの荒野で，この恐るべきハンター7頭からなる群れの化石を発見したとき，われわれの驚きはきわめて大きかった．体重100tにも達したかもしれない竜脚類アルゼンチノサウルス *Argentinosaurus* のような巨大な動物を倒すには，この巨大な肉食恐竜でも何頭かの群れの力が必要だったのだろう．

3頭のギガノトサウルスの群れ

アロサウルスの採食習慣

エミリー・レイフィールド博士
ケンブリッジ大学

　アロサウルス *Allosaurus* は肉食であり，その点に関して特にめちゃくちゃな恐竜だった．1億5000万年前ごろ，この恐竜は食べ物を探して北米やヨーロッパの氾濫原や，河川，湖などのあたりをうろついていた．

　アロサウルスが何を食べていたのか，われわれは絶対に確実なことはいえない．アロサウルスの歯で削られたと思われるアパトサウルス *Apatosaurus* の背骨の一部が，われわれのもつ証拠のほとんどすべてである．アロサウルスはディプロドクス *Diplodocus* やカマラサウルス *Camarasaurus* のような大型の竜脚類をつかまえるのに，群れで狩りをしたのだろう．あるいは，もう少し小さいステゴサウルス *Stegosaurus* やカンプトサウルス *Camptosaurus* のような獲物の後を，そっと追いかけたのかもしれない．確かなことはわからない．しかし，アロサウルスがきわめて荒っぽい暮らし方をしていたことは間違いない．その骨格には折れた骨や，折れたのが治った骨などがたくさん含まれているからである．

　アロサウルスの頭骨は，この恐竜がどのようにして獲物をつかまえ，食べていたかについて，多くの手がかりを与えてくれる．そのあごの筋肉は，顎関節に近い下顎骨についていた．このことは，頭骨が特に強い力でかみつくことよりも，速やかに肉をかみきることを目的として特殊化していたことを示す．アロサウルスのかみつく力は，推定されるティラノサウルス *Tyrannosaurus* やワニ類のかみつく力の3分の1か4分の1しかなく，現代のライオンやヒョウのような大型のネコ科動物と同じ程度だったと思われる．アロサウルスの歯は強力でナイフのような形をしており，肉をしっかりつかんでかみきるため，前後の縁にギザギザがついていた．かみついたときの殺傷力をできるだけ大きくするため，ギザギザのついた縁は歯に沿って捻れていて，かむたびに肉をねじきるように働く．しかしかむ力は比較的弱く，歯が細いため，アロサウルスがティラノサウルスと同じように骨をかみくだくことができたとは考えにくい．骨をかみくだくのではなく，肉をかみとるのがアロサウルスのスタイルだった．

　アロサウルスの通常のかむ力は，その大きさの動物としてはきわめて弱かったが，その頭骨はいちじるしく頑強だった．アーチの柱のように，骨の支柱がものをかむときに生じる力を支えるのを助けていた．その他の骨が厚くなった部分や柔軟性のある関節は，かむことによってかかってくる力をさらに弱めるのに役立ち，したがってアロサウルスの頭骨は最大6tもの重量にも折れることなく耐えることができた！　アロサウルスはまた，きわめて強力なS字型の首をもっていた．この恐竜はその強力な首の筋肉を使って，自分の頭を突き出して，不運な獲物の皮膚の内側まで上あごの歯を突き立てていたと思われる．頑丈な頭骨はそのときの激しい衝撃に耐えるのに役立った．獲物の体に打ち込まれた上下のあごをやっとこのように閉じると，さらにその歯を強く引っ張り，ひとかみの肉を食いちぎった．獲物はショックと失血のため急速に弱っていき，アロサウルスが無力な獲物を思う存分食い散らかすことができるようになるのは時間の問題にすぎなかっただろう．

アロサウルスの恐るべき歯とかぎ爪（右下は拡大図）

オルニトレステス

シノサウロプテリクス

スキピオニクス

16
原始的なコエルロサウルス類
Primitive Coelurosaurs
羽毛をもった最初の恐竜

恐竜はすべてが巨大であったわけではない．人間よりも小さいものもたくさんいた．これは植物食恐竜でも，肉食恐竜についても同じことがいえる．初期のエオラプトル *Eoraptor* は体長 0.9m くらいしかなかったし，コエロフィシス上科のプロコンプソグナトゥス *Procompsognathus* やセギサウルス *Segisaurus*，ケラトサウルス類のノアサウルス *Noasaurus* やウェロキサウルス *Velocisaurus* も同様だった．しかし，あらゆる体の小さな恐竜のうちで最もよく知られているのはコエルロサウルス類である．

これらの進化した獣脚類は，最初はニワトリからシチメンチョウくらいの大きさの捕食恐竜だった．このようなもの（この章で取り上げる恐竜）から，あらゆる種類の進んだ種が進化してきた．あるものは，比較的小型のドロマエオサウルス科のラプトル恐竜から巨大なティラノサウルス科に至るまでの凶暴な捕食恐竜となった．別のあるものは，オルニトミモサウルス類やテリジノサウルス類のような植物食恐竜に進化した．またあるものは，鳥類へと進化した．現代科学の最も注目すべき発見の一つは，コエルロサウルス類が，最も原始的な恐竜ではあるものの，実はうろこではなく羽毛でおおわれていたということである！

コエルロサウルス類は，獣脚類のうちのテタヌラ類 Tetanurae とよばれるグループの一部をなす．テタヌラ類は3本指の手（コエロフィシス上科やケラトサウルス類恐竜のような4本指でも，他の大半の恐竜のような5本指でもなく）と，堅くぴんと伸びた尾をもつ．テタヌラ類のその他のグループは，原始的で，鼻先部の長いスピノサウルス上科と，体が大型で，頭骨の大きいカルノサウルス類恐竜である．

ジュラ紀のジャッカル，白亜紀のコヨーテ

かつてはすべての小型獣脚類を表すのに，「コエルロサウリア（コエルロサウルス類）」という名前が用いられた．しかし，これは自然にもとづくグループ分けではなかった．結局のところ，小型のプロコンプソグナトゥスと中型のコエロフィシス *Coelophysis* は進化のうえで，小型のコエルロサウルス類コンプソグナトゥス *Compsognathus* や中型のコエルロサウルス類オルニトレステス *Ornitholestes* よりも，大型のディロフォサウルス *Dilophosaurus* のほうに類縁関係が近い．また，1914年にコエルロサウリア Coelurosauria という名前をつくった古生物学者フリートリヒ・フォン・ヒューネは，巨大な暴君獣脚類（ティラノサウルス科 Tyrannosauridae）が実はコエルロサウルス類であることに気づいていた．コエルロサウルス類をコエルロサウルス類たらしめているのは体の大きさ以外にもっと多いということである．

頭骨のいくつかの細かい特徴のほかに，すべてのコエルロサウルス類に共通する特性には，手の幅が狭いこと（広くはなく）や，尾の後半部が細いことがある．コエルロサウルス類の多く（全部ではない）はまた，他の獣脚類に比べて長い腕をもつ．さらに，コエルロサウルス類では一般に，体の大きさが同等の他の獣脚類に比べて，脳の大きさが2倍か，それ以上ある．

コエルロサウリア（コエルロサウルス類）という名前は，最も初期に発見された，最も古いコエルロサウルス類の一つであるコエルルス *Coelurus*（中空の尾）からきている．この体長 2m の恐竜は，初期の多くのコエルロサウルス類の典型ともいえるもので，かなり長い首，いちじるしく長い尾，長く細い腕と脚をもつ．これはその生息環境（米国西部のジュラ紀後期のモリソン累層）にいた他の多くの捕

110 ●原始的なコエルロサウルス類

ジュラ紀後期のコエルロサウルス類，北米西部のオルニトレステス

食恐竜よりもはるかに小さかった．その生態系を現代のアフリカのセレンゲティ平原と対比するとすれば，アロサウルス Allosaurus やトルウォサウルス Torvosaurus は大きくて強いライオンのようなものであり，ケラトサウルス Ceratosaurus はもう少し小型のヒョウのような捕食動物，小さなコエルルスはジャッカルかキツネのようなものといえるだろう．実は，この生息環境にはそれとは別の「ジュラ紀のジャッカル」がいた．体長1.8mのオルニトレステスや3.5mのタニュコラグレウス Tanycolagreus がそれである．

現代のジャッカルはネズミ，ウサギ，ヘビなどの小動物をつかまえ，アンテロープ，サイ，ゾウなどのような大きな動物は狙わない．小さなコエルロサウルス類もカンプトサウルス Camptosaurus やステゴサウルス Stegosaurus のような大きな獲物は追わず，ブラキオサウルス Brachiosaurus やアパトサウルス Apatosaurus のように自分が簡単に踏みつぶされてしまいかねない巨大な相手には近づかないようにしていたのだろう！　そういう獲物のかわりにコエルロサウルス類は，カエル類，哺乳類，トカゲ類，たまたま見つけた恐竜の赤ん坊などをつかまえていた．このような小動物をつかまえるのならば，獲物に踏みつぶされたり，スパイクで突かれたり，ぺしゃんこにされたりする危険は避けられるものの，それはそれでまた別の問題があった．小さな動物はそれほど持久力はないかもしれないが，敏捷である場合が多い．すばやく身をかわしながら，シダの茂みの中，岩の間，池の中などに逃げ込んでしまう．小さなコエルロサウルス類は，どのようにして獲物を手に入れることができたのだろうか？

同じような獲物を捕らえている現代の動物，ジャッカルやコヨーテ，アライグマ，ネコ類，タカ類，ヘビ類などのことを考えてみよう．これらはそれぞれにいちじるしく異なるが，いくつかの共通の特徴ももつ．いずれも，少なくとも食物を得ることに関しては，きわめて知能が高い．どれも敏捷であり，どれもきわめてすばやく攻撃を加える．

原始的なコエルロサウルス類もやり方は同じだった．回転の速い頭脳，すばやい手，速い足を使って獲物を捕らえた．大きな眼と大きな脳は，これらの恐竜が走るトカゲやチョロチョロする哺乳類を見つけ，追跡できたことを意味する．長く敏捷な腕は，すばやい攻撃を加え，岩や木の枝の間に伸ばすことができた．またその細い脚や尾は，これらの恐竜が俊足で走り，獲物を追いかけながらすばやい方向転換もできたことを意味する（これはまた，コエルロサウルス類がもっと大きな獣脚類の餌食になるのを避けるのにも役立った！）．

コンピー，カーキー，スキッピー：原始的なコエルロサウルス類

ジュラ紀中期のコエルロサウルス類の骨は断片的なものが世界の多くの場所から多数得られているが，名前をつけられた最も古いコエルロサウルス類は，同じ時代に英国にいたプロケラトサウルス Proceratosaurus である．この恐竜は頭骨しか知られていないが，これよりも後に出現する北米のオルニトレステスときわめてよく似ているように思われる．

ジュラ紀後期までには，さらに多くのコエルロサウルス類があちこちに現れた．北米のコエルルス，オルニトレステス，タニュコラグレウスについてはすでにお話しした．原始的なコエルロサウルス類のうちで最もよく知られたものの一つが，ほとんど同じころ，ヨーロッパに住んでいた．それがコンプソグナトゥスである．これは成長すると体長1.1mになったが，その半分以上は尻尾だった．実際には，この恐竜はニワトリくらいの大きさしかなかった！

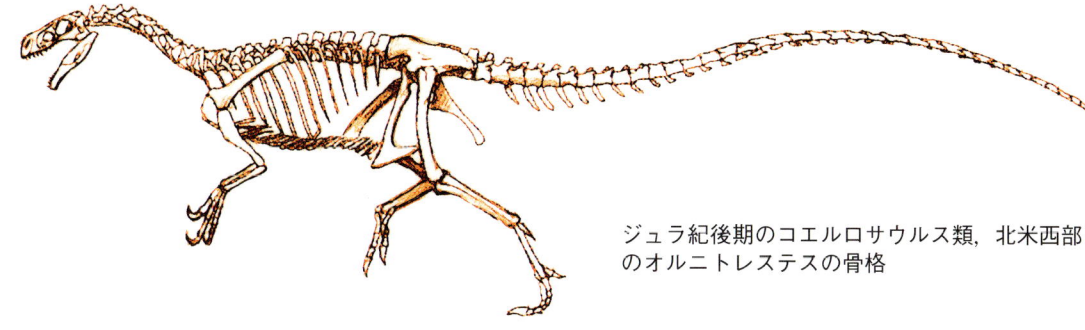

ジュラ紀後期のコエルロサウルス類，北米西部のオルニトレステスの骨格

　中国のごく小さい恐竜が発見され，また古生物学者によって鳥類が恐竜の1グループだと考えられるようになるまで，長年にわたって，"コンピー"（コンプソグナトゥス）は知られている最も小さい種の恐竜だった．

　コンプソグナトゥスは初期のコエルロサウルス類の1グループであるコンプソグナトゥス科 Compsognathidae に属する恐竜の一つである．"コンピー"そのものは，ほとんど完全な骨格が知られた最初の恐竜で，1861年に発見された．コンプソグナトゥス類は恐竜の時代の中ごろに生きており，ジュラ紀後期のコンプソグナトゥスや，白亜紀前期のその近縁種，英国のアリストスクス Aristosuchus，ブラジルのミリスキア Mirischia，中国のシノサウロプテリクス Sinosauropteryx およびファクシアグナトゥス Huaxiagnathus がいた．コンプソグナトゥス科の恐竜は他の多くのコエルロサウルス類とは違って，腕が短かった．そのうえ，比較的進化したコンプソグナトゥス類（コンプソグナトゥスやシノサウロプテリクスなど）の手には，きわめて大きく太い親指がついていた．

　この2つ目の特徴は南アフリカのヌクウェバサウルス Nqwebasaurus にもみられ，この恐竜をコンプソグナトゥス科に属すると考える古生物学者もいる．ヌクウェバサウルスを発見した科学者たちは，これに"カーキー"というニックネームをつけた．これが白亜紀前期の早い時期に当たるカークウッド累層から発見されたことによる．発見されたこのごく小さな恐竜は体長1mにも達しなかったが，その背骨の発達程度からみると，その恐竜は死んだとき，まだ成体になっていなかった可能性があると考えられる．また，ヌクウェバサウルスは骨格1体しか知られていないため，これが完全に成長したとき，どのくらいの大きさになるかについては今のところ見当のつけようもない．

　別のもう一つのコエルロサウルス類も同じ状況にある．スキピオニクス Scipionyx は白亜紀前期のイタリアの可愛らしい小さな恐竜である．すばらしく

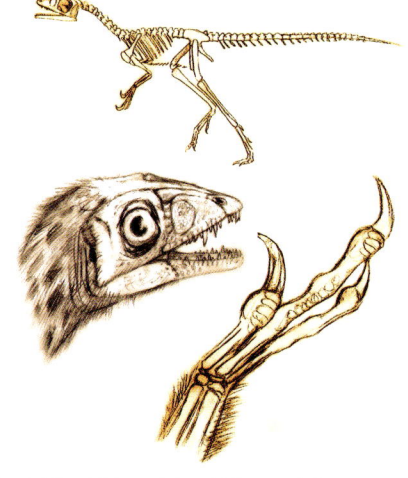

左は白亜紀前期のイタリアのスキピオニクスの死骸．右側は，その骨格（上），頭部（中），三本指のほっそりした手の拡大図（下）

大きな眼のついた大きな頭をもつ．それが死んだときの体長は，おそらく30cm足らずだったと思われる．しかし，骨の組織や歯が示すところによると，それはまだ孵化したばかりの子どもだったのではないかと思われる．この場合も，スキピオニクスが完全に成長したときの大きさがどのくらいになるかはわからない．

スキピオニクス（スキピオのかぎ爪）という名は，異なる2人の人からきている．ハンニバルのカルタゴ軍からイタリアを守った古代ローマの兵士スキピオ・アフリカヌスと，200年近く後にスキピオニクスが発見されることになるのと同じ岩から発見された化石を1798年にはじめて記載した博物学者スキピオーネ・ブレイスラクである．この恐竜とその名前についてはじめて読んだとき，私はこれに"スキッピー"というニックネームをつけた．ごく小さな恐竜にぴったりの可愛らしい名前であり，スキピオという古いラテン語の名前と発音がぴったり合うからである．しかしクリスティアーノ・ダル・サッソおよびマルコ・シニョーレ（これを発見したイタリアの科学者）は，この名前は現代イタリア語では"シーピオ"と発音すると指摘し，彼らはこの小さな恐竜に"シーロ"というニックネームを用いている．それでも私は，やはりこのチビ恐竜を"スキッピー"とよぶことにする．

名前はどうあれ，スキピオニクスは興味深い小さ"スキッピー"とその家族．白亜紀前期のコエルロサウルス類，イタリアのスキピオニクス

な化石である．その身体組織の一部が，死後まもなく石化した．そこにはごく少量の筋肉その他の組織が，今では石となって残っている．この化石の最も注目すべき特徴の一つは，その腸をみることができるという点である！（恐竜に腸があったことは誰でも知っているが，それはふつうには保存されることがない）．しかし，化石化したのは，実際には腸組織そのものではないかもしれない．本当は，死後に石灰質の泥が腸管内に入って，腸管の雄型をつくったということかもしれない．確かなことは，今後の研究によるしかない．

多様な進化したコエルロサウルス類

原始的なコエルロサウルス類から，驚くべき恐竜たちが多数進化してきた．それらの恐竜について，以下の5章で述べる．これら後から現れてきたグループは，それぞれに進化したコエルロサウルス類の一つのタイプであり，やはりコエルロサウルス類に包含される．最初に枝分かれしたのはティラノサウルス上科 Tyrannosauroidea だった．初期のティラノサウルス上科の恐竜，たとえば中国のディロング *Dilong* のようなものはコンプソグナトゥス類やオルニトレステスとそれほど大きくは異ならず，頭骨がそれらより頑丈であること，へらのような形をし

白亜紀前期のコンプソグナトゥス科恐竜，中国のシノサウロプテリクスを多方向からみた図

た前歯をもつことだけが違うくらいだった．しかし小さなティラノサウルス上科の恐竜が最後は巨大なティラノサウルス科のものにまで進化し，この2本指の巨大なハンターは白亜紀最後の2000万年間，北米およびアジアですべての頂点に立つ捕食恐竜となった．

　コエルロサウルス類から分かれた別の枝に，ダチョウに似たオルニトミモサウルス類 Ornithomimosauria がある．この頭が小さく，足の速い獣脚類は，肉食から離れる方向に進化した最初のものの一つだった．

　しかし進化したコエルロサウルス類のグループの大部分は，マニラプトル類 Maniraptora とよばれる大きなクレードに属する．この名は「手でつかむもの」という意味で，このグループの恐竜にみられる主要な適応の一つを表している．マニラプトル類では，腕が特に長くなり，長さが脚とほとんど変わらないような場合もある．長い腕は食物をつかむときに役に立つこともあるが，走るときには邪魔になる！　そのためマニラプトル類では半月手根骨（テタヌラ類にみられる手首の特殊な骨）がきわめて大きくなり，手をしっかりと上へ折りたたむことができるようになっている．また，肩関節は後方よりも側方を向いていた（多くの獣脚類と同じように）．マニラプトル類は腕と手をたたむと，それは胴体にしっかりと引き寄せられた．こうすることによって長い前腕は走る邪魔にならなくなり，速く走ることができた．

　第19〜21章では，マニラプトル類についてもっと詳しくみていくことにする．マニラプトル類のうちで最もよく研究されているのは，われわれが長い間恐竜とさえ考えていなかったものたちで，それは鳥群 Avialae，すなわち鳥類とその祖先たちである．過去130年にわたって，古生物学者は鳥類がコエルロサウルス類の恐竜から進化してきたことを示す証拠を多数集めてきた．しかしわれわれは長い間，鳥類とその祖先であるコエルロサウルス類の間には1つのきわめて重要な違いがあると考えてきた．何といっても，鳥類は羽毛をもち，それ以外のどの恐竜も羽毛はもたないということだった．本当にそうなのだろうか？

中国のドラゴン登場

　実は古生物学者の中にも一部には，たとえばロバート・バッカーやグレゴリー・ポールのように，鳥類以外のコエルロサウルス類も羽毛をもっていた可能性があると考える人もいた．しかし，確かな証拠がなかった．ところが1990年代に入ると，中国東北部の白亜紀前期の岩石中から一連の重要な発見があった．遼寧省にある義県累層（その他いくつかの似たような場所）のきわめてきめの細かい堆積岩は，かつては太古の湖底の泥だった．動物や植物が死んで湖底に沈むと，それがこの粒の細かい泥でおおわれた．その湖底と堆積層の特殊な性質のため，通常は化石化する間に失われてしまう多くの細部が，薄く黒い炭素の層として保存された．花，葉，昆虫，毛，うろこなど，すべてはっきりとみることができる．

　1996年，中国の古生物学者季強および姫書安は中国の科学雑誌に，義県累層から発見された小さなシノサウロプテリクスについて記載した．残念ながらこの論文は，中国国外の科学者にはほとんど知られなかった．しかし李および姫は，その化石にみられたものから判断して，この動物はコンプソグナ

114 ●原始的なコエルロサウルス類

トゥス科恐竜ではなく鳥類であると考えた．この小さな恐竜の骨格のまわりには，中空の繊維の束がみられた．顕微鏡で調べてみると，それはごく原始的なタイプの羽毛と思われた！　李および姫は，羽毛をもつものは鳥類だけだという理由から，シノサウロプテリクスは鳥類であるにちがいないという結論を下した．

その年のうちにカナダの古生物学者フィリップ・カリーは中国を訪れ，この化石をみせられた．彼はいちじるしく興奮した．化石のまわりには綿毛がみられる一方で，それはコンプソグナトゥス科の恐竜の骨格だったからである．それは長いこと予期されていた羽毛をもった恐竜だった！　中国から帰った後でカリーに会ったときのことを私は思い出す．その年の古脊椎動物学会年次会議で，彼は私たちにこの化石の写真をみせた．全員が，彼と同じようにいちじるしく興奮した．

興奮した理由は，この写真が原始的なコエルロサウルス類には羽毛，もしくは現代の鳥類にみられる羽毛が進化してくる元になった何かが存在したことを示していたからである．1980年代以降，恐竜学者の多くは骨格の証拠から，鳥類は進化したタイプのコエルロサウルス類マニラプトル類恐竜であることを確信するに至った．ただそれでもまだ，恐竜の系統樹のどこで羽毛が進化してきたかはわからなかった．鳥類以外のコエルロサウルス類はすべてうろこでおおわれていたのであって，本当にいちばん最初の鳥類までは，羽毛は現れていなかったのではないだろうか？　多くの科学者や古代画家は，これについては慎重に対処するのがよいと考え，古いエルロサウルス類の絵はほとんどすべて皮膚がうろこでおおわれた姿で描かれているのはそのためである．しかし，デイノニコサウルス類（コエルロサウルス類のうちで鳥類に最も近いグループ）は羽毛ももっていたのだろうか？　あるいは（バッカーやポールが示唆したように）コエルロサウルス類はみな羽毛をもっていたのだろうか？　体の印象（圧痕）がなければ，誰も確かなことはいえなかった．義県累層の化石が発見されるまで，誰もそのような化石はもっていなかったのである．

1996年以降，義県の湖底堆積層や中国のそれと似た地層から，多数のコエルロサウルス類が発見された．そして，体の印象（圧痕）が見つかるたびに，そこには何らかの種類の羽毛がみられた．原始的なコエルロサウルス類（シノサウロプテリクスのようなコンプソグナトゥス科やディロングのようなティラノサウルス上科の恐竜）は，簡単な綿毛状の構造物をもっているだけだった．このような構造物は，現代の鳥類にみられるどのようなタイプの羽毛よりも（生まれたてのヒナの綿毛よりも）原始的なものであり，この綿毛は真の爬虫類のうろこと現代の鳥類の羽毛との中間段階を示すもののように思われる．このような構造物を「ディノファズ（恐竜毛）」と名づけた人もいるが，「プロトフェザー（原羽毛）」というほうが専門用語らしい感じがする．

原始的なコエルロサウルス類の原羽毛以上に驚きだったのは，義県累層から見つかったマニラプトル類の体にみられたものだろう．鳥群（初期の鳥類）は真の羽毛をもち，そのことは何の驚きでもなかった．しかしオヴィラプトロサウルス類（たとえばカウディプテリクス *Caudipteryx*）やデイノニコサウルス類（たとえばミクロラプトル *Microraptor* やシノルニトサウルス *Sinornithosaurus*）も正真正銘の真の羽毛をもっているのである！　これらの恐竜の腕や尾（やデイノニコサウルス類の脚）にある羽毛

白亜紀前期のコンプソグナトゥス科恐竜，中国のシノサウロプテリクスの死骸

は，顕微鏡レベルでさえ，現代の鳥類の翼や尾の羽毛とまったく同じようにみえる．

このような証拠を与えられて，古生物学者は今やあらゆるコエルロサウルス類の共通の祖先は，体の少なくとも一部には原羽毛をもっていたと考えるようになっている．コエルロサウルス類の原始的なグループでは，それが恐竜のもつ唯一のタイプの綿毛状外被だった．しかしマニラプトル類では，少なくとも腕，脚，尾では，原羽毛が真の羽毛へと進化していた．

ここで私は，もっと原始的な獣脚類，カルノサウルス類，スピノサウルス上科，ケラトサウルス類，コエロフィシス上科などの恐竜も原羽毛をもっていたかどうかはわからないことを付け加えておかなければならない．これらの恐竜の皮膚の印象（圧痕）はきわめてまれであり，これまでのところ，羽毛を保存するような湖底堆積層からそうした化石はまったく見つかっていない．カルノサウルス類アロサウルスのうろこでおおわれた皮膚の断片がいくつか見つかっており，ケラトサウルス類カルノタウルス *Carnotaurus* の骨格とともに，うろこでおおわれた大きな皮膚が発見されたことが報告されている．何人かの科学者たちは，これらの恐竜にはうろこがあったのだから，これらは羽毛のない祖先から進化したものにちがいなく，原羽毛はコエルロサウルス類にのみみられるものだろうといっている．しかし，それは事実ではないかもしれない．大きなティラノサウルス科がうろこでおおわれた皮膚をもっていたことはわかっているが，この大型の凶暴な恐竜が，それ以前のディロングのような綿毛をもったコエルロサウルス類から進化してきたこともわかっている．したがって，獣脚類がすべてコエロフィシス上科以後の綿毛をもった祖先から出ている可能性もじゅうぶんにある．実は，赤ん坊のアロサウルスやカルノタウルスは綿毛をもっていたが，成長するとその綿毛を失ったということだったかもしれない．もっと化石が得られなければ，確かなことはわからない．

原羽毛は何の役に立つのか？

真の羽毛が飛ぶのに役立つことはわかっている（羽毛が別の形の移動にも役立つことは第19章でみることにする）．しかしシノサウロプテリクスやその他の原始的なコエルロサウルス類の綿毛状の原羽毛は，何の役に立つのだろうか？

可能性の高そうな答えの一つは，体温の保持である．体の小さな動物は，大型の動物に比べてはるかに急速に熱を失う．そのため，体温を保持する必要のある小型の動物は，体内の熱を逃がさないようにする体のおおいをもてば役に立つだろう．現代の鳥類は羽毛を，現代の哺乳類は毛皮を，現代のミツバチは綿毛を，まったく同じ目的のために利用する．したがって，足の速いコエルロサウルス類のように活動的な生活をする小型の恐竜では，あまり熱を失わずにすむようにするため，原羽毛が進化してきたということかもしれない．

綿毛状の外被は，自分をりっぱにみせるのにも役立つ．哺乳類の毛や鳥類の羽毛を調べてみれば，特別な模様や色がついているものが少なくないことがわかるだろう．そのような模様は，同じ種の性の異なる仲間を引きつけるのに使われたり，攻撃してくる相手を追い払うのに用いられたりすることもある．また，その持ち主の動物をカムフラージュするのに役立つ場合もあるだろう．恐竜は色や模様のついた原羽毛をこれと同じような目的に役立てていたのかもしれない．

さらに，原始的なコエルロサウルス類は，卵の上に直接座って卵を温めていたかもしれない．この抱卵という習性は，コエルロサウルス類中のマニラプトル類にみられたことが知られており，原始的なコエルロサウルス類ももっていた可能性はある．原羽毛は卵の温度を保つのに役立っただろうし，親の恐竜が卵の上に座るとき，卵を守るクッションともなっただろう．しかし，卵を抱いて温めている原始的なコエルロサウルス類が実際に見つかるまでは，恐竜はこのようにして巣についていたと断定することはできない．

恐竜が巣についていたようすはどうであったとしても，これらの原始的なコエルロサウルス類が驚異の小型恐竜たちであったことにちがいはなかった．これら自身は圧倒的な印象を与えるものではなかったかもしれないが，あらゆる動物のうちで最も驚異的なものたちのいくつかは，ティラノサウルス *Tyrannosaurus* も，ヴェロキラプトル *Velociraptor* も，ニワトリやハチドリも，いずれもこの恐竜から進化してきたのである．

ゴルゴサウルス

ディロング

エオテュランヌス

17
ティラノサウルス上科の恐竜
Tyrannosauroids
暴君恐竜

あらゆる恐竜のうちで，というより地球の歴史に登場するあらゆる生物の中で最も冷酷で，最もスリリングなものといえば，ティラノサウルス・レックス Tyrannosaurus rex であることに疑問の余地はない（確かに，私の見方が偏っていることは認めなければならない．T・レックスやそれに最も近い恐竜たちは私の専門であり，子どものころから最も好きな恐竜だった）．だがまさに，これは名前すら最高のものをもつ．それは「暴君トカゲの王」という意味である！ ティラノサウルスは，ティラノサウルス上科 Tyrannosauroidea（暴君恐竜）という獣脚類一族の，いちじるしく繁栄した一系統の最後に登場した．ティラノサウルス上科の恐竜が最初に現れたとき，この仲間は足の速い小さな肉食恐竜たちだった．しかし白亜紀最後の2000万年の間に，ティラノサウルス上科の1グループ（2本指で巨大なティラノサウルス科 Tyrannosauridae）が，アジアと北米で最上位に立つ捕食恐竜へと進化した．

しかし暴君恐竜にみられるのは，体の巨大さ，巨大な歯，固有の冷血さだけではない．それらは多くの点で，大型の肉食恐竜のうちでも最も特殊化している．つまりこれらは，すべての獣脚類の祖先にみられた状態から，あらゆる大型捕食恐竜のうちで最も多くの新しい特徴を進化させた．この体の大きさと特殊化との組み合わせが，この暴君恐竜を古生物学者，特に私にとってきわめて興味深いものとしているのである！ 多くの種類の科学分析（コンピューター・モデルから顕微鏡的研究，さらには生化学的試験まで）が，ティラノサウルス科の化石について行われている．

さらにそのうえ，米国，カナダ，モンゴル，中国などで化石を採集している多くの古生物学者や，その他の人々の働きによって，現在，博物館にあるティラノサウルス科の恐竜の骨格は，獣脚類の他のどのグループよりも多いといってよい．このためわれわれは暴君恐竜について，ケラトサウルス類やスピノサウルス上科，あるいはほとんどのカルノサウルス類（アロサウルス Allosaurus は例外として）よりも多くのことを知るに至っている．

暴君恐竜の起原

北米西部の巨大な暴君恐竜の化石は1850年代から知られ，比較的完全な骨格が1910年代から見つかっている．しかしその間のほとんどの期間，古生物学者はティラノサウルス科の恐竜たちが肉食恐竜の進化の系統樹の中でどのような位置を占めるのか，はっきりしたことはわかっていなかった．ある科学者たち，たとえば1905年にティラノサウルス・レックスに名前をつけたアメリカ自然史博物館のヘンリー・フェアフィールド・オズボーンなどは，ティラノサウルス科はカルノサウルス類 Carnosauria の最後の生き残りだと考えた．つまりティラノサウルス科はアロサウルスの子孫か，または体がどんどん大きく，腕はどんどん小さくなっていったそれと近縁のものと考えたのである．

しかし別の科学者たち，ドイツの古生物学者フリートリヒ・フォン・ヒューネやアメリカ自然史博物館のバーナム・ブラウン（彼はワイオミングやモンタナからオズボーンの記載した化石を見つけた）などは，ティラノサウルス科は"スーパーカルノサウルス"ではないと考えた．頭骨，骨盤，後肢などのある種の細部は，これらがそうではなくてコエロサウルス類 Coelurosauria に属することを示していると考えた．多くのタイプのコエルロサウルス類（コンプソグナトゥス科，オルニトミモサウルス類，デイノニコサウルス類など）は体が小さかった．人

118 ●ティラノサウルス上科の恐竜

間より小さいものも少なくなかった．しかし，ティラノサウルス科は巨大な大きさになったコエルロサウルス類だとフォン・ヒューネや，ブラウンや，その仲間は考えたのである．

　20世紀のほとんどの時期，古生物学者はオズボーンが正しいと考え，多くの恐竜書ではＴ・レックスやその類縁の恐竜はカルノサウルス類の最後の生き残りとして示されていた．しかし1980年代後期以降に，何人かの古生物学者（アルゼンチンのフェルナンド・ノバス，カナダのフィリップ・カリー，それに私など）が，正しかったのはヒューネやブラウンであることを明らかにした．獣脚類恐竜の解剖学的細部を調べ，分岐学的方法を用いてその系統樹を再構築してみると，巨大なティラノサウルス科の恐

ジュラ紀後期のティラノサウルス上科恐竜，中国のグアンロン

竜はコエルロサウルス類の仲間であることが明らかになった．

　しかし，ティラノサウルス科の恐竜に関するわれわれの理解は，1996年に原始的なコエルロサウルス類シノサウロプテリクス *Sinosauropteryx* が発見されて再び変わった．この中国の小さなコンプソグナトゥス科の恐竜は，原羽毛とよばれる原始的な綿毛状の構造物でおおわれていた．このわずかばかりの綿毛は，もっと進化したコエルロサウルス類であるマニラプトル類にみられる真の羽毛が進化する最も初期の段階のものである．このマニラプトル類のうちで現代に生きているグループが鳥類とよばれる．

白亜紀前期のティラノサウルス上科恐竜，中国のディロング

コンプソグナトゥス類（シノサウロプテリクスなど）も，マニラプトル類（ミクロラプトル *Microraptor* や鳥類）も，ともにある種の羽毛状構造物をもつため，科学者はこれらの共通の祖先も原羽毛をもっていたのではないかと考えている．

　以前の分岐学的研究によって，ティラノサウルス類はシノサウロプテリクスのようなコンプソグナトゥス類よりも鳥類に近い類縁関係があることが示されていた．したがって，鳥類とコンプソグナトゥス類の共通の祖先が原羽毛をもっていたとすれば，暴君恐竜は綿毛をもった同じ共通の祖先から生まれた子孫ということになる！　1990年代の半ば，私と同僚たちはある予測をした．いずれ誰かがティラノサウルス科に至る系統の初期の恐竜を見つけるとしたら，それは，あらゆる原始的なコエルロサウルス類と同じように長い腕と3本指の細い手をもった小型の恐竜だろう．また，他のあらゆる原始的なコエルロサウルス類と同じように，それは原羽毛でおおわれているだろうというものだった．あとは誰かがこのような恐竜を見つけることができさえすればよいだけだった．

綿毛をもった暴君：まず予測，後で発見

　結局のところ，ある人がそのような恐竜を見つけた！　ディロング *Dilong* が発見され，2004年に記載されて，われわれの予測は真実となった．デイロ

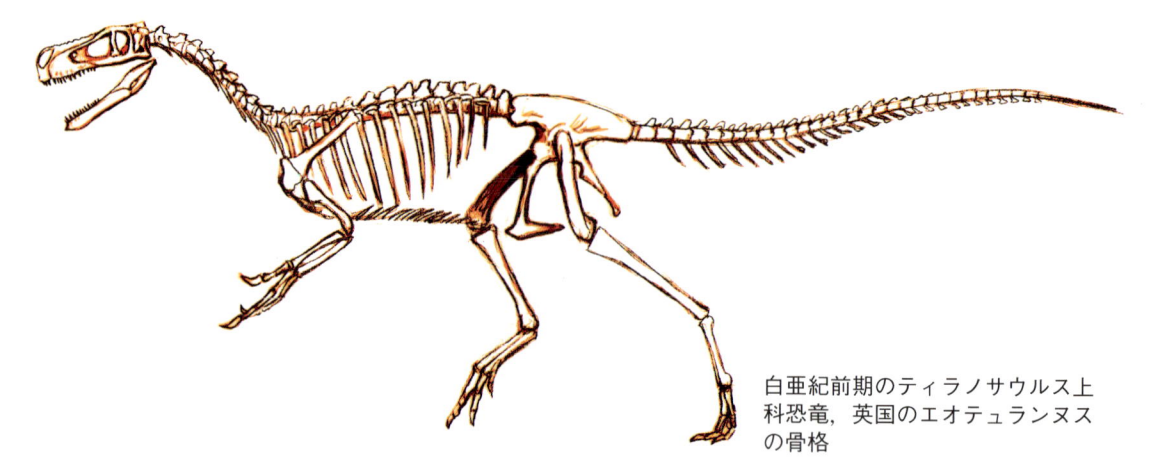

● ティラノサウルス上科の恐竜

白亜紀前期のティラノサウルス上科恐竜，英国のエオテュランヌスの骨格

ングは本当に小さな恐竜で，体長 1.5m ほどだった．それが出たのは白亜紀前期の中国の義県累層で，そこで見つかる化石にはしばしば羽毛，毛，うろこ，その他の軟かい構造物の印象（圧痕）が保存されていることで知られる地層である．そしてディロングの化石は原羽毛を示した．

しかしディロングは本当に，ティラノサウルス科に至る道筋に位置していたのだろうか？ すなわち，つまりそれはティラノサウルス上科に属するものだったのだろうか？ 全体として，ディロングは他の多くの原始的なコエルロサウルス類に似ていた．腕はかなり長く，3 本指の手をもち，尾は細かった．ティラノサウルス科を特徴づける特殊化した足や，骨をもかみくだくような歯はもっていなかった．しかしあの巨大な捕食恐竜にみられ，他のコエルロサウルス類にはみられないいくつかの特徴をもっていた．

たとえば，鼻先部の上部にある複数の骨は，ティラノサウルス科の恐竜と同じように融合してくっつきあっていた．また，前顎骨（下あごの前にある 1 対の骨）にある歯は，多くの獣脚類にみられるような形をしておらず，小さなへらのような形をしていた．このような歯は骨から肉をつまみとったり，こそげとったりするのに役立っただろう．また，ディロングの頭は体のわりにかなり大きく，これもティラノサウルス科の恐竜の特徴である．これらの特徴は古生物学者を，ディロングは確かにティラノサウルス科に至る系統の初期の原始的な恐竜であるという結論に導いた．言い換えれば，これは初期のティラノサウルス上科の恐竜ということである．

ディロングの骨格を研究することによって，原始的なティラノサウルス上科恐竜の行動についてある程度は推測することができる．ディロングは手で獲物をつかむことも，口でパクッと捕らえることもできる小型の捕食恐竜だった．その獲物は，当時中国東北部に住んでいた多くのトカゲ類，哺乳類，その他の小型脊椎動物が含まれていたのだろう．他の小型のコエルロサウルス類さえ食べていたかもしれな

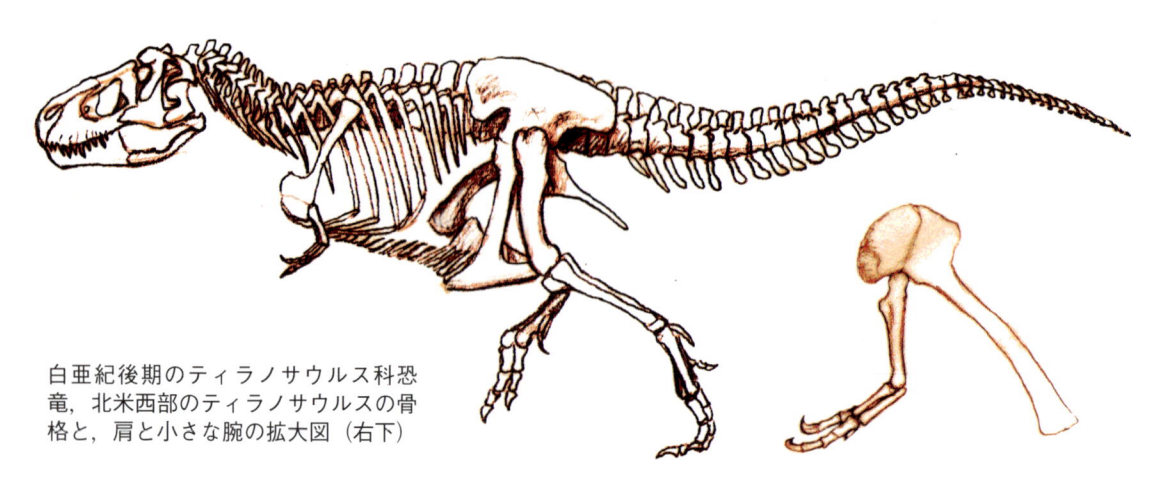

白亜紀後期のティラノサウルス科恐竜，北米西部のティラノサウルスの骨格と，肩と小さな腕の拡大図（右下）

い．しかし何よりも，ディロングはプシッタコサウルス *Psittacosaurus* を獲物とすることが多かっただろう．これは初期のケラトプス類恐竜で，白亜紀前期のアジアで最も多くみられた動物の一つだった．この捕食-被食の関係がその後6550万年にわたるティラノサウルス上科の歴史の全期間を通じて続き，やがてその両者の巨大種，それぞれティラノサウルスとトリケラトプス *Triceratops* によってこの関係が頂点に達することは興味深い．

ディロングは，ほとんど完全な骨格が知られた初期のティラノサウルス上科の恐竜のうちで，最初のものの一つだった．しかし，これは知られている初期のティラノサウルス類の唯一のものというわけではない．最も古いものですらない．ジュラ紀後期のティラノサウルス上科の骨も，少数ながら知られている．このようなものには北米西部のストケソサウルス *Stokesosaurus* やポルトガルのアウィアテュランニス *Aviatyrannis* がいる．しかしこのいずれについても，完全な骨格はまだ誰も見つけていない．

しかし2006年，ジュラ紀のティラノサウルス上科の恐竜のはとんど完全な骨格がついに報告された．中国西部のグアンロング *Guanlong* は，ジュラ紀後期の初めころの，きわめて保存状態のよい2体の化石が知られている．これは初期のティラノサウルス科の恐竜に予期されるいくつかの特徴，たとえば肉をそぎとるような前歯，融合した鼻部，先が3本指になっている長い腕などを示した．しかし予期されるところとは異なり，その頭骨はてっぺんに高い稜（頭飾り）がついていた．この稜はきわめて薄く，おそらくは他の恐竜に見せるためだけのものだったのだろう．

暴君恐竜の進化の次の段階は，エオテュランヌス *Eotyrannus* によって示される．もっと進化したこのティラノサウルス上科恐竜は，ディロングがアジアに住んでいたのとほぼ同じころ，ヨーロッパの森を歩き回っていた．これまでに知られている唯一のエオテュランヌスの標本は，長さが4.6mほどだが，これはまだ完全に成長していないものであるかもしれない．この恐竜は，英国南岸沖にあるワイト島から発見された．ディロングと同じように，しかしその後に現れるティラノサウルス上科の恐竜とは

今日のスペシャル・メニュー：新鮮なアナトティタン *Anatotitan* ！
ティラノサウルスの母親が子どもたちにおいしいカモノハシ竜を食べさせている向こうで，別のおとなたちが獲物をもう1頭，追いつめている．

異なり，エオテュランヌスは長い腕と手を
もっていた．ディロングよりもティラノサ
ウルス科の恐竜に似て，体のわりにはかな
り長い脚と足をもっていた．明らかにこれ
は，それらの手足を使って小型の恐竜を
かまえることができた．ティラノサウルス
上科のあらゆる恐竜にみられるのと同じ，
融合した鼻先部の骨とへら状の前歯をもっ
ていた．ティラノサウルス科の恐竜と同じ
ように，しかしディロングとは異なり，体
の大きさのわりにいちじるしく長い脚や足
をもっていた．おそらくこれは走るのが速
く，その生息環境で最も足の速い肉食動物
だったのかもしれない．このことは，小型
の鳥脚類ヒプシロフォドン *Hypsilophodon* のような
足の速い獲物を追うのに役立っただろう．これはま
た，エオテュランヌスが自分よりもはるかに大きな
捕食恐竜，たとえばスピノサウルス科のバリオニク
ス *Baryonyx* やカルノサウルス類のネオウェーナー
トル *Neovenator* などの餌食になるのを逃れるのに
も役立っただろう．この時期には，ティラノサウル
ス上科の恐竜はまだ弱小の捕食恐竜にすぎなかった
からである．

暴君恐竜は最初から角竜類を獲物としてきた．ジュラ紀の中国
で，インロング *Yinlong* に襲いかかるグアンロング

＊　＊　＊

真の暴君王

　白亜紀後期には，暴君恐竜はさらに大きくなった．
ドゥリュプトサウルス *Dryptosaurus* は白亜紀後期の
米国ニュージャージーの原始的なティラノサウルス
上科の恐竜だった．少数の骨しか知られていないが，
白亜紀前期の暴君恐竜よりも明らかに大きかった．
その体長は 6.1m 以上あったと思われる．またそれ
以前のティラノサウルス上科の恐竜とは異なり，腕
はきわめて短かった．腕と手が完全でも，大腿骨よ
りも短かったかもしれない．これは典型的なコエル
ロサウルス類（原始的なティラノサウルス上科の恐
竜も含めて）とはいちじるしく異なるが，最も近い
類縁の恐竜たち，暴君恐竜のうちで最も進んだもの
たち，すなわち真のティラノサウルス科の恐竜たち
とは似ている．ドゥリュプトサウルスはもっと特殊
化した類縁の恐竜たちと同様，その生息環境で最大
の捕食恐竜だったと思われる．

　真のティラノサウルス科の仲間については，それ
以外の暴君恐竜たちよりも，はるかに多くのことが
わかっている．ティラノサウルス科の恐竜の多くは，
若いものや成体を含めて，複数の標本が知られてい
る．全体的な解剖学的構造という点では，ティラノ
サウルス科の恐竜はすべて互いに似かよっている．
体のわりに頭骨が大きく，鼻先部は尖らず，丸くなっ
ている．ティラノサウルス科の多くで（特にティラ
ノサウルスでは），ふつうの獣脚類よりも眼が前方
を向いている．これは暴君恐竜が優れた重複視をも
ち，自分の前方にあるものに焦点を合わせる能力が
優れていたこと（捕食動物にはきわめて役に立つ特
性）を意味した．多くの進化したティラノサウルス
科の恐竜は頭骨後部の幅がひじょうに広く，いちじ
るしく大きく強力な首の筋肉をもっていた．ティラ
ノサウルス類はまた，大型の獣脚類のうちで，口腔
に固い天井のある唯一のものだった．これによって
ティラノサウルス科の恐竜のあごは，ものを食べる
ときのねじったり，曲げたりする力に対して強化さ
れていた．ティラノサウルス科では，眼窩の上の骨
に小さな突起があるものが多くみられ，鼻の上に隆
起または小さな角のあるものもいた．それぞれの種
によって，頭の隆起の形や大きさは異なっていたよ
うに思われる．

　ティラノサウルス上科のすべての恐竜と同じよう
に，進化した暴君恐竜も上あごの前部にへら型の歯
をもっていた．しかしそれ以外の歯（あごの側面に
ある歯）は特有のものだった．他の多くの獣脚類に
みられるナイフ型の歯ではなく，進化したティラノ
サウルス科の恐竜は左右の厚さの大きい歯をもって

いた．大きな個体では，歯の断面をみると，前後よりも左右のほうが厚い場合もあった．このような厚い（太い）歯は歯根がいちじるしく深く，多くの肉食恐竜の場合のように歯の半分どころではなく，3分の2が歯根だった．ティラノサウルス科の恐竜の歯は長さも長く，大きなバナナほどに達するものもあった！　歯は，その大きさと形によってきわめて頑丈なものとなっていた．その歯は強い皮を突き破り，骨をかみくだき，暴れる獲物をしっかりとつかまえることができた（ごく小さな腕しかもたない恐竜には重要なことだった）．

　ティラノサウルス科の恐竜の腕のことはよく知られている．その腕はほとんど滑稽なほど小さかった．腕はきわめて短く，手はやっと胸筋に届くくらいで，両手を触れ合わせることもできなかった．腕とかぎ爪で自分の歯をほじくることさえできず，手は口に届かなかった！　また，それぞれの手には指が2本しかなかった．

　ちっぽけな腕とは対照的に，ティラノサウルス科の恐竜の脚，特に脛骨と足の長い骨は，他の巨大な獣脚類よりも長かった．このことは，これらの恐竜は足が速かったことを示している．実際に，小型の暴君恐竜の脚の長さの割合は，体の大きさが同等の俊足のオルニトミモサウルス類，すなわちダチョウ恐竜と同じである．またダチョウ恐竜と同じように，ティラノサウルス類の足の長い骨は互いにしっかり組み合わされ，高速で走るときのねじれや曲がりをよく吸収できるようになっていた．全体として暴君恐竜の脚の形は，これらが，とりわけ小型のものではきわめて優れたランナーであったことを示唆している．最近のコンピューター研究によれば，最も大きなティラノサウルス類（例えば，おとなのティラノサウルス）はあまり速く走ることはできなかったらしいが，もっと小さなティラノサウルス類（子どものティラノサウルスも含む）は最も足の速い獣脚類のうちに数えられるだろうという．しかし，完全に成長したティラノサウルスでも，それが獲物とするカモノハシ竜のハドロサウルス類，角をもつケラトプス類，巨大なティタノサウルス類などよりも走るのに適した体をもっていた．

　ティラノサウルス科の恐竜は原羽毛のある祖先をもっていたので，それ自身も原羽毛をもっていたかもしれない．古生物学者の中には（私自身も含めて），暴君恐竜の赤ん坊は，それ以前のコエルロサウルス類と同じように綿毛におおわれていたのではないかといっているものもいる．しかし，断片的な皮膚の印象（圧痕）の化石から，成熟したティラノサウルス科の恐竜の体の少なくとも一部は小さな丸いうろこでおおわれていたことがわかっている．綿毛でおおわれていた動物が，成長してうろこでおおわれるようになるというのは理に適ったことだろうか？原羽毛が体温保持のために進化してきたものであるとすれば，このような形の変化も道理に合ってはいる．体の小さな動物は，体温を保つのに，体の大きなものよりも余計に断熱を必要とする（たとえば，体が巨大で，比較的無毛のアフリカのサイやゾウと，体が小さくて毛の多いアンテロープを比べてみればよい）．また，赤ん坊のゾウが，親たちよりも毛が多いことにも注意してほしい．

　アレクトロサウルス Alectrosaurus とアパラチオサウルス Appalachiosaurus という名前の2種類の原始的なティラノサウルス科の恐竜がいる（これらは真のティラノサウルス科の仲間ではないという古生物学者もいる）．前者はセンゴルおよび中国，後者は米国アラバマ州で発見された．いずれもティラノサウルス科恐竜としては小さい．アレクトロサウルスは体長5m，アパラチオサウルス6.4mだった．しかしこれらは上に述べたような特徴をすべて備えているように思われ，私は今のところこれをティラノサウルス科と考えることにする．

　その後，もっと進化したティラノサウルス科の恐竜はずっと大きくなった．このグループは2つの大

ティラノサウルス科の恐竜は，2本指の，極端に短い腕を特徴とする．

きな枝に分かれる．アルバートサウルス亜科の恐竜 Albertosaurinae（アルバートサウルス *Albertosaurus* やゴルゴサウルス *Gorgosaurus*）は体つきがややほっそりして，首が長かった．体長は 8.5m くらいになった．ティラノサウルス科の大きな暴れ者のほうはティラノサウルス亜科に属する．これらは首が比較的短く，頭骨の幅が広く，頑丈だった．ダスプレトサウルス *Daspletosaurus* はアルバートサウルス亜科の恐竜よりも少し体長が長く 9.1m ほどあった．これよりもさらに大きかったのがアジアのタルボサウルス *Tarbosaurus* で，体長は 10.1m．これらすべてを圧倒するのが最後の，最も進化したティラノサウルスである．これまでに発見された最大の個体は体長 12.5m，体重は約 6t に達しただろう．

ハドロサウルス類や角竜類のハンター（死骸漁りもする）

暴君恐竜が多くの獣脚類と同様，肉食だったことははっきりしている．これらが捕食恐竜であり，他の恐竜を獲物として殺す力をもっていたことは，ほとんどすべての科学者が認めるところである．しかし少数ながら，ティラノサウルス科の恐竜，なかでもティラノサウルスは自分の食べるものを自分で殺す能力をもたなかったのではないかと主張している古生物学者がいる．T・レックスはまったくの腐肉食だったと彼らは考えている．しかし，この考えを支持する直接的な証拠はほとんどなく，暴君恐竜が他の動物を追いかけ，殺すことができた（少なくとも時折は）ことを示す証拠はかなりある．たとえば，モンタナで発見されたカモノハシ竜エドモントサウルス *Edmontosaurus* の骨格には，尾のつけ根に，おとなのティラノサウルスの口の形に一致する傷が残っている．興味深いのは，この傷が治癒しており，そのカモノハシ竜が尻尾をティラノサウルスにかみつかれた後も生きのびたことを示していることである！ ティラノサウルスがもっとしっかりとかみつけなかったのは，そのエドモントサウルスにとって幸運なことだった．さらにその化石が発見されて，そのティラノサウルス（おそらくは他の暴君恐竜も）が，少なくともときには生きている動物を追いかけていたようすを知りえたことは，古生物学者にとって幸運なことだった．

最近発見された角竜類トリケラトプスの化石も同じように，それがティラノサウルスにかまれて生きのびたことを示している．しかしこの角竜はそのとき，角の一部を失っていた．このことは，ティラノサウルス科の恐竜とその他の巨大な肉食恐竜との大きな違いを示している．ティラノサウルス科の恐竜は骨をかみくだくことができたのである！ それこそが，ティラノサウルス科の恐竜でそれまで以上に太くて，歯根の深い歯が進化した理由であることはほとんど間違いない．融合した鼻先の骨も，頭骨を強固にするのに役立ったのだろう．物理的な研究や，ハドロサウルス科，ケラトプス類の骨，さらには装甲を身につけたよろい竜の頭骨に残された歯型の研究は，ティラノサウルス科の恐竜がいちじるしく強力なかむ力をもっていたことを示している．実際にカナダ・サスカチェワン州の白亜紀最後期の地層から得られた糞石（糞の化石．ティラノサウルスのものであることがほとんど間違いないもの）は，主としてウシほどの大きさの，鳥盤類恐竜の子どもの骨が半分消化されたものでできている．砕けた骨の形は，そのティラノサウルス類が獲物をかみくだいてパルプ状にしたのち飲み込んだことを示している．

長い脚と強いあごによって，ティラノサウルス科の恐竜は，同じ生息環境にいる他のどの恐竜でも追いかけてつかまえ，殺すことができたのだろう．しかし現代の肉食動物と同じように，ティラノサウルス科の恐竜も狩りをするだけでなく，見つけた死骸も食べたのだろう．ただで手に入る食事を見逃す動物は多くはない！ ティラノサウルス科の恐竜が生きていたところで，彼らは圧倒的に大きな肉食恐竜であり，したがって他の肉食動物を追い払って，その獲物を横取りするのも簡単だった（ときには，野生動物にとっては弱いものから横取りするのもうまい生き方なのだ）．

初期のティラノサウルス上科の恐竜はその腕で獲物をつかまえていたかもしれないが，ティラノサウルス科のちっぽけな前肢はもはや狩りには役立たなかっただろう．それらの恐竜にとっては，その強大なあごと大きな歯を使って獲物をつかまえ，殺すほうがはるかに容易だったにちがいない．しかしデンヴァーの古生物学者ケネス・カーペンターは，この小さな腕もティラノサウルスの歯がもがく獲物を引き裂くとき，動物の脇腹を押さえておくぐらいの力はあったらしいことを明らかにしている．

暴君王の習性

しかし，腕にはまた別の働きもあったのかもしれない．現代の空を飛べない鳥類でも，翼は同じ種の仲間に合図を送るのに役立っている．ティラノサウルス科の恐竜でも，その小さな腕を合図をするのに使っていたかもしれない（最大級のティラノサウルス科の恐竜が，さらに自分を目立たせるために腕に原羽毛をもっていたりしたのかもしれないと私は考えている）．

暴君恐竜たちはどのくらい社会性をもっていたのだろうか？　彼らは1頭だけで狩りをしたのだろうか？　それとも群れで狩りをしたのだろうか？　アルバートサウルスやティラノサウルスのさまざまな年代（小さな子ども，ある程度成長した"ティーンエージャー"，完全に成熟したおとななど）の化石がいっしょに埋まっているのが見つかっていることは，こうした年代の異なるものたちが，少なくとも時折はグループをつくっていっしょに暮らしていたことを示す．これらの暴君恐竜や，もしかしたらその近縁の恐竜たちのいくつかも，現代のオオカミやライオンと同じように，家族の群れで狩りをしたのかもしれない．足の速い若い恐竜が，待ちかまえている力の強いおとなたちのほうへ獲物を追い立てていたかもしれないという科学者もいるが，タイムマシーンでもないかぎり，このような考えは空想の域を出ない．

これらの恐竜がいっしょに生活したとしても，ティラノサウルス科の恐竜がいつもいっしょに行動したのではないことは明らかである．鼻先の部分に，暴君恐竜が互いに仲間にかみついていたことを示すかみ傷が見られる頭骨も少なくない．このようなかみ傷は命にかかわるものではないが，骨に傷を残すくらい深いものだった．実際に，このかみ傷が感染を起こすこともあった．何が原因でこのような攻撃が起こったのか，確かなことはわからないが，2頭が殺した獲物をめぐって争い，どちらかが相手の急所を軽くひとかみして追い払ったりしたと想像するのは容易である（このような争いや傷は，ライオンやコンドルからコモドオオトカゲに至るまで，現代の多くの肉食動物にもみられる）．

すべての恐竜と同じく，おそらく暴君恐竜も自分の卵を守り，赤ん坊の番をしたと思われる．ティラノサウルス上科の恐竜は明らかに体が大きすぎて，

白亜紀後期のティラノサウルス科恐竜，北米西部のゴルゴサウルス

抱卵する，つまり自分の卵の上に座ることはできなかったが，現代のワニ類やある種の鳥が行うように，腐っていく植物をかぶせて卵を守り，それを温めていたかもしれない．

　ティラノサウルス科の恐竜の孵化したばかりの赤ん坊はまだ見つかったことはないが，小さな個体は知られている．これらの小さな個体は小型の種の成体だと考えた（今も考えている）古生物学者もいるし，もっと大きい種の成長途中の子どもにすぎないと考える人もいる．私個人としては，証拠の示すところからみて，たとえばかつて"ナノテュランヌス *Nanotyrannus*"とよばれた恐竜は，実はT・レックスの子どもにすぎないと考えている．いくつかの古生物学者チームの新しい研究で，ティラノサウルス科の恐竜が成長するのにどのくらいかかったか，成長するにつれてどのように変化したかが明らかにされている．あらゆる恐竜と同じく，ティラノサウルス科の恐竜の赤ん坊もごく小さかっただろう．またたいていの動物と同じように，ある年齢になると成長がいちじるしく速くなり，体形の変化が始まった．たいていの恐竜で，この急速な成長の時期は10歳になる前に（場合によってはそれよりもずっと早く）始まった．ティラノサウルス科の恐竜では人間と同じように，この急成長の時期は約12歳にならないと始まらず，18〜19歳で終わった．その間に頭骨は上下に深く，強力になり，歯は相対的に長くなり，頭のさまざまな隆起が目立つようになった．

　ティラノサウルス科の恐竜はなぜ，他の多くの恐竜よりも子どもの時期が長かったのだろうか？　これはティラノサウルス科の恐竜が住んでいた環境の特殊性と関係があると私は考えている．それ以前の時代（三畳紀後期から白亜紀前期にかけて）には，数種類の異なる獣脚類が同時期に同じ地域に住んでいる（体の大きさの同じくらいのものさえいた）のはふつうのことだった．また，そこには中間的な大きさの肉食恐竜もたくさんいた．たとえば，ジュラ紀後期の北米西部には，巨大なアロサウルス，サウロファガナクス *Saurophaganax*，トルウォサウルス *Torvosaurus*，エドマーカ *Edmarka* などが食物連鎖の最上位におり，中くらいの大きさのケラトサウルス *Ceratosaurus*，体の細いエラフロサウルス *Elaphrosaurus*，さらに小さなその他もろもろの種がその後に続いた．しかし白亜紀後期の北米西部やアジア東部では，体の大きな肉食獣脚類としては，暴君恐竜が知られている唯一のものである．その次に大きな獣脚類（テリジノサウルス上科，オルニトミモサウルス類，およびオヴィラプトロサウルス類）はすべて雑食または植物食だった．実際に，真のティラノサウルス科がみられるところではどこでも，その次に大きい肉食恐竜はドロマエオサウルス科のラプトル恐竜またはトロオドン科恐竜であり，これらはティラノサウルス科のせいぜい50分の1くらいの大きさしかなかった．

　中くらいの大きさの捕食恐竜はどこにいたのだろうか？　私の研究によれば，体重0.5tに満たない暴君恐竜の子どもが，この生態的なすき間を埋めていたと考えられる．極度に長いその脚のプロポーションから考えると，若い暴君恐竜は中生代全体を通して最も足の速い恐竜の一つだったろう．彼らはその生息環境でやはり足の速い獣脚類だったオルニトミモサウルス類やトロオドン科の恐竜さえ，つかまえて殺すことができただろう．多くの恐竜は子ども期がごく短かったのに対して，ティラノサウルス科の恐竜は中くらいの大きさの捕食動物として長い時間を過ごすことが有利さとなった．しかし，やがてこれらの恐竜も年をとって成長し，世界の頂点に立つ捕食者となった．完全に成長したおとなのティラノサウルス科はカモノハシ竜，角竜類，よろい竜類，サルタサウルス科の竜脚類を殺すことができた．

　しかし，ティラノサウルス・レックスですら打ち勝つことのできない危険が一つあった．この種の恐竜の最後のものたちは，白亜紀のいちばん終わりの時期に生きていた．T・レックスは北米西部の南のほうに住んでいたことがわかっている．そこで，最後のT・レックスたちのうちのあるものは6550万年前のある日，南のほうを見ていて，暴君恐竜の時代に終わりをもたらすことになった小惑星が海に落下する閃光を目撃したかもしれない．最初の人類が現れるずっと以前にティラノサウルス科の恐竜が死に絶えていたのは幸いではあっただろうが，それでも私は生きているT・レックスをみることができないのを残念に思う．

次ページ：ティラノサウルスの子どもは，恐るべき捕食恐竜ではあったが，自分たちも他の捕食動物，例えば巨大なワニ類などに襲われる危険があった．腹を空かせた**翼竜**が期待しながらようすをみている．

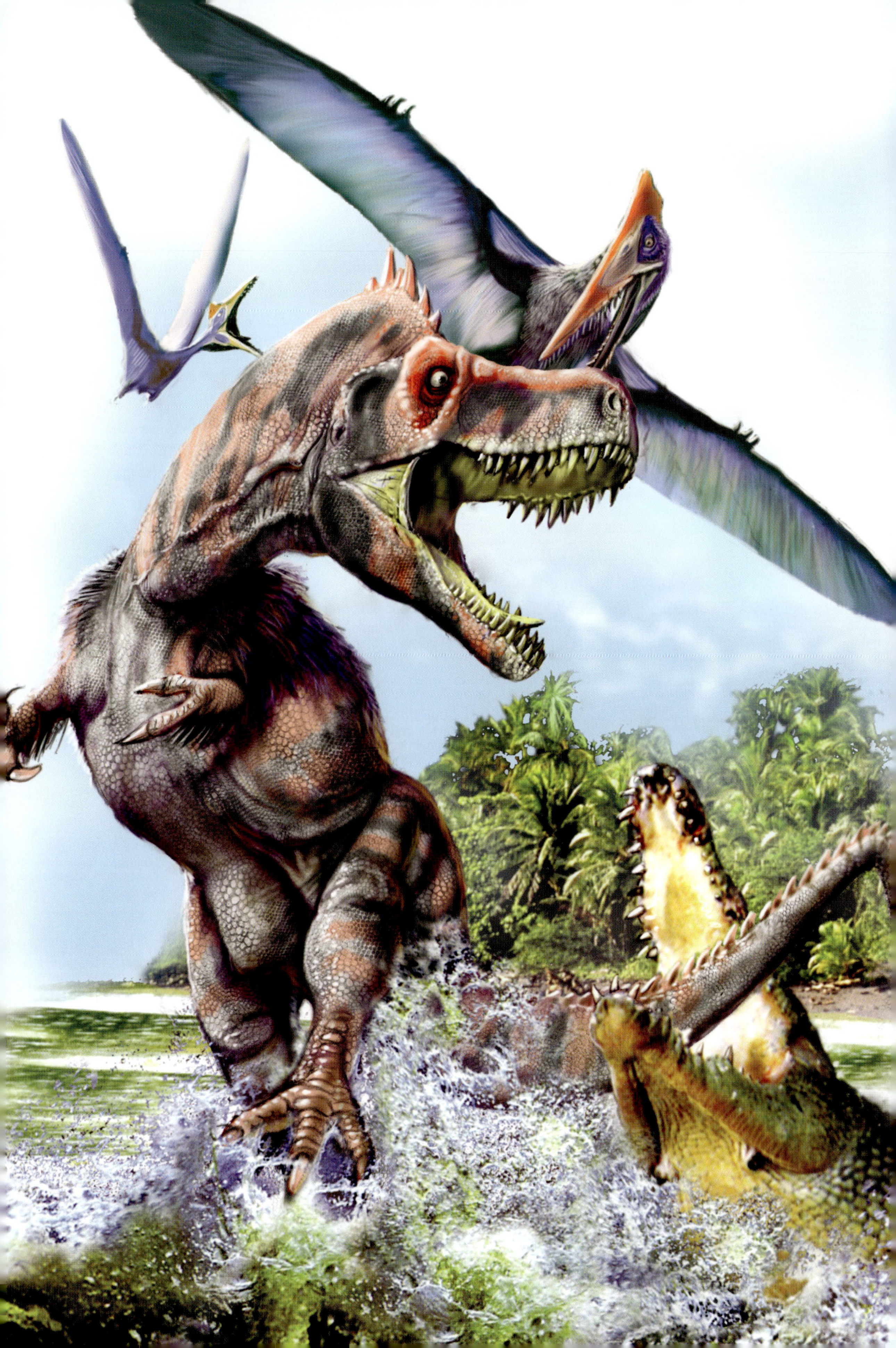

ティラノサウルスの若もの——
暴君トカゲとともに成長する

トーマス・D・カー博士
トロント大学

私が最初にティラノサウルス・レックス *Tyrannosaurus rex* に心を奪われたのは2歳のときだった．この謎に満ちた恐竜について学ぶことは，今や恐竜学者となった私の仕事の核心である．

私はティラノサウルス類が成長するときの頭骨の変化を研究してきた．あるとき私は仕事のため，クリーブランド自然史博物館に，小さなティラノサウルス類のすばらしい頭骨を調べに行くことになった．長さ58cmほどしかないこの頭骨は，矮小型恐竜（大きさが小さいまま成長がとまったおとな）のものと考えられた．

クリーブランドの頭骨はおとなのティラノサウルス類の頭骨とはいちじるしく異なっていたため，これは独特な種類のティラノサウルス類のものかもしれないと科学者たちは考えていた．それは小さく，繊細で，均整がとれているのに対して，大きなおとなのティラノサウルス類はイボイノシシにやや似ていて，頭骨はこぶこぶがあり，大きく開いた口からは歯が突き出していた．私はこの頭骨が多くの点で，カナダのティラノサウルス類アルバートサウルス *Albertosaurus* の若い個体に似ていることを発見した．それはまた，多くの点でおとなのT・レックスにも似ていた．これらの観察結果を考え合わせて，私はクリーブランドの頭骨は若いT・レックスのものだろうという結論を下した．

クリーブランドの頭骨は，T・レックスが成長する間にきわめて大きな変化を遂げることを示している．おとなになるまでに数本の歯がなくなり，あごは上下の深みを増し，歯は長く太くなり，顔面の骨は鼻先部の内部の気嚢によって膨らむ．また成長したT・レックスは，眼の上後方に生えてくる角で飾られる．クリーブランドの頭骨は新しい種類のティラノサウルス類ではないが，この世界で最も有名な恐竜の重要な成長段階を示すものとして計り知れない価値をもつものであることが明らかになった．

現在私はT・レックスとその近縁の恐竜の進化について研究を行っている．その途中で，北米のティラノサウルス類やパキケファロサウルス類（ドーム型の頭をもつ恐竜）の新種に名前をつけるという興奮も味わった．新しい恐竜を発見するのはスリリングなことではあるが，それが古生物学者の最終目標ではない．読者がいつか古生物学者になりたいと思うならば，発見への新しい道を開かなければならない．自分自身に問うてほしい．恐竜に関するまだ解答の得られていない大きな問題のうちで，あなたは何と取り組んでみたいと思うのかを．何よりも大切なのは，科学があなたの夢であるならば，あなたは学校にとどまり，勉強し，勉強し，そして勉強しなければならないということである．

若いティラノサウルス

骨に応える―再び骨をかんだ ティラノサウルス・レックス

グレゴリー・M・エリクソン博士
フロリダ州立大学

ティラノサウルス・レックス *Tyrannosaurus rex* は，あらゆる恐竜のうちで最も殺傷力の高い歯列をもっていた．その口の中には，ギザギザのついた短剣のような歯が 60 本あった．最も長い歯は 15cm も歯肉から出ていた．この歯は暴君の王様が他の恐竜を餌食にしていたことを示すものだという点で，すべての古生物学者の意見は一致している．しかしそれでも，この歯がどのように使われていたかは議論の的となってきた．ティラノサウルス類の歯は，それで骨を突き通すのに要する強大な力に耐えることができたのだろうか？ それとも，肉をはぎとることくらいにしか適さないものだったのだろうか？

この疑問に対する答えを得る一つの方法は，T・レックスの獲物となった可能性のあるものを調べることである．最近モンタナで発見された骨は，T・レックスが 2 種の植物食恐竜，巨大な 3 本角の恐竜トリケラトプス *Triceratops* とカモノハシ竜エドモントサウルス *Edmontosaurus* に歯型を残したらしいことを示している．T・レックスが餌食とした明白なしるしとしては，骨に残っている深さ何 cm にも達する大きな孔や，長いかき傷などがある．恐竜の中には，80 回近くかまれたものもいた．われわれはこれらのかみ痕を，T・レックスの歯の大きさや間隔といくつかの面から比べた．かみ痕の大きさ，歯が骨を削ったときについたギザギザの痕の間隔，歯の突き刺さった孔の歯科用パテ鋳型（歯科医が歯の型取りをするのと同じ材料を用いたもの）は，すべて完全に T・レックスの歯と一致した．この証拠にもとづいて，われわれはこのかみ痕を残したのは T・レックスだという結論を下すことができた．このことはまた，T・レックスがその当時最もたくさん存在した植物食恐竜のうちの 2 つである角竜類とハドロサウルス類を食べていたことも示した．また，T・レックスのかむ力は，歯が骨を貫通するくらい強力だったこと，T・レックスは強大な力をもつ獲物を襲うことのできる力をもっていたこともわかった．T・レックスが歯を痛める心配などしていなかったことは確かだった！

T・レックスの実際のかむ力はどれくらいのものだったのだろうか？ その歯はどのくらいの強さをもっていたのだろうか？ これらの問いに答えるには，T・レックスが食べた動物の骨を調べるだけでは足りない．私はスタンフォード大学の生体機械工学科のエンジニアによる研究チームをつくり，食物を食べるときの T・レックスのかむ力を調べた．

われわれはかまれる骨の微細構造を調べ，それと現在生きている動物の骨とを比較して，ウシの骨盤の骨がちょうどトリケラトプスの骨に相当することを明らかにした．次に，青銅とアルミニウムを混ぜ合わせておとなの T・レックスの歯の実物大模型を鋳造した．動力試験架（ある物体を貫通するのに要する力を止確に測定する装置）を用いて，この金属の歯を，かまれるトリケラトプスの骨と同じ寸法にした新鮮なウシの骨に押し込んだ．毎回テストは，再現しようとする最も深いかみ傷とちょうど同じ深さに達したところでストップした．

驚いたことに，この実験によってできたかみ傷は，恐竜の骨にみられるかみ傷とそっくりだった．T・レックスは 6400 万年ぶりで再び"食事"をしてみせたのだ！ この実験から，T・レックスによって加えられるかむ力は最低で 1500kg のレベルであることが明らかになった．これは小型トラック 1 台の重さが，1 本の歯にかかるのに相当する．これは現代の大型肉食動物，たとえば百獣の王であるライオンや，骨をかみくだく力ではナンバーワンであるブチハイエナのかむ力の約 3 倍にも当たる．明らかに T・レックスの歯は現代の動物に比べて弱いものではなく，暴君恐竜の王国のいかなる動物に対しても，かなりの損傷を与えるなどという程度にはとどまらない能力をもっていたのである．

デイノケイルス

ガリミムス

シュヴウイア

18
オルニトミモサウルス類とアルヴァレズサウルス類
Ornithomimosaurs and Alvarezsaurs
ダチョウ恐竜と親指にかぎ爪をもつ恐竜

恐竜の行動や解剖学的構造がどのようなものだったかを感覚的にわからせるため，古生物学者はときに恐竜と現代の動物とを対比してみせる．そのような意味で，スピノサウルス科の恐竜をワニ類と，あるいはデイノニコサウルス類をネコ類と比較してみるのもよいかもしれない．オルニトミモサウルス類 Ornithomimosauria やアルヴァレズサウルス科 Alvarezsauridae に属する種を現代の動物と対比するとするならば，それぞれダチョウおよびニワトリと比較するのが最もよいだろう．

この章では，あまり華々しい恐竜は登場しない．小さな子どもに話をするとき，彼らの好きな恐竜は何かと聞けば，ペレカニミムス Pelecanimimus とか，ストルティオミムス Struthiomimus とか，シュヴウイア Shuvuuia などという答えが返ってくることは決してない．しかし，ティラノサウルス Tyrannosaurus や，ヴェロキラプトル Velociraptor, トリケラトプス Triceratops のように華やかではないからといって，それらの恐竜は面白くないということではない．オルニトミモサウルス類やアルヴァレズサウルス科の恐竜の解剖学的構造には，きわめて不思議な特徴がたくさん含まれている．そしてそうした不思議を解いていくことによって，中生代の世界についてより完全な理解が得られることになる．

オルニトミモサウルス類もアルヴァレズサウルス科の恐竜もともに獣脚類 Theropoda（2本脚で，主として肉食の恐竜のグループ）の一部である．もっと詳しくいうと，この両者はコエルロサウルス類 Coelurosauria（進化した獣脚類のグループで，鳥類やその類縁のものを含む）に属する．そのほかのコエルロサウルス類には，小さなコンプソグナトゥス科恐竜，巨大なティラノサウルス科の恐竜，ネコに似たデイノニコサウルス類，ナマケモノに似たテリジノサウルス上科恐竜，奇妙なオヴィラプトロサウルス類などがいる．この最後の3つのグループは，鳥類とともにマニラプトル類 Maniraptora（手でつかむもの）という大きなカテゴリーをつくる．マニラプトル類の多くは，体に引き寄せて折りたたむことができるきわめて長い腕と，腕と尾の長い羽毛をもつ．アルヴァレズサウルス科は，マニラプトル類の中の1グループだったのかもしれない．これはまた，オルニトミモサウルス類にも比較的近いものかもしれない．

事実はどうであったにせよ，アルヴァレズサウルス科恐竜やオルニトミモサウルス類は，他の多くの獣脚類とはいちじるしく異なっている．われわれが獣脚類という場合，たいていの人はティラノサウルスやアロサウルス Allosaurus のような巨大な殺し屋か，またはヴェロキラプトルやデイノニクス Deinonychus のような足の速い小さなハンター，言い換えれば大きな頭骨，鋭い歯，獲物を切り裂くかぎ爪をもった恐竜を頭に思い描く．しかしアルヴァレズサウルス科やオルニトミモサウルス類のうちのあるものは確かに歯はもっていたが，その歯はきわめて小さなものだった．それらの頭骨は小さく，先はくちばしのようになっていた．手の先はかぎ爪になっていたが，それは明らかに獲物を切り裂くのに使われたものではなかった．オヴィラプトロサウルス類やテリジノサウルス上科の恐竜（これについては第19章で述べる）と同様，オルニトミモサウルス類やアルヴァレズサウルス科は明らかに捕食恐竜ではなかった．おそらくこれらは肉を食べることさえなかったと思われる！

鳥に似たものたち

オルニトミモサウルス類の最初の化石がはじめて

白亜紀後期のオルニトミムス科恐竜，モンゴルのガリミムス

それと意識されたのは1890年のことだった．イェール大学の古生物学者O・C・マーシュが，コロラドで発見された白亜紀後期の恐竜のいくつかの手足の骨について記載した．マーシュは足の長い骨（中足骨）がしっかりといっしょに束ねられている様子について記している．これは現代の鳥類の中足骨が融合してくっつきあっている様子を彼に思い出させた．この恐竜の足は鳥の足に似てはいるが，完全に同じではなかったので，彼は新しく発見したこの恐竜にオルニトミムス・ウェロックス *Ornithomimus velox*（駿足の鳥に似たもの）という名前をつけた．

他の古生物学者たちも，それに続く数年の間にオルニトミムスやそれと近縁の恐竜の骨の断片を見つけたが，完全な骨格はマーシュの生きている間には発見されなかった．このことが原因となって，マーシュが別のいくつかの不完全なコエルロサウルス類の化石について記載したとき，多くの混乱が生じることになった．たとえば，1892年に彼はティラノサウルスの腰と脚の骨を新種の巨大なオルニトミムスのものと考えた！（それは今のわれわれが感じるほど突拍子もない話ではない．大きさの違いを除けば，オルニトミムスとティラノサウルスの後肢はきわめてよく似ている．すぐ後で述べるようにこのことは，この2グループの恐竜がどのような生き方をしていたかと，ある重要な関係をもつ）．そのため，彼はこの恐竜をオルニトミムス（鳥に似たもの）と名づけたとき，それがいかに正鵠を射たものだったかを知るよしもなかった．

1900年から1916年の間に行われた発見によって，オルニトミムスは現代の鳥類，なかでも現代のダチョウにきわめてよく似た体形をもっていたことが明らかにされた！これらの化石の中で最も完全だったものは，オルニトミムスと類縁のわずかに古いカナダの恐竜の骨格で，これはストルティオミムス *Struthiomimus*（ダチョウに似たもの）という名前を与えられた．これは「鳥に似たもの」よりもさらに正確な名前だった．オルニトミモサウルス類はコマドリ，アオカケス，ハチドリなどにはそれほど似てはいなかったかもしれないが，ダチョウにはよく似ていたからである！実際に，このグループを

「ダチョウ恐竜」というニックネームで呼ぶ古生物学者は（私も含めて）多い.

オルニトミモサウルス類は多くの点でダチョウに似ていた. 多くの種は実際に体の大きさもダチョウと同じくらいだった. 長い首の先に小さな頭がのり, その鼻先は細長くのびていた. 眼はきわめて大きかった. 胴体は短く, 脚はいちじるしく長かった. 進化したオルニトミモサウルス類には歯がなかった.

しかし, ダチョウ恐竜は別のいろいろな点で本物のダチョウと異なっていた. 原始的なオルニトミモサウルス類は, くちばしの中に小さな歯をもっていた. オルニトミモサウルス類はすべて, 翼のかわりに長い腕をもち, その先には3本指の手がついていた. また, 骨のある長く細い尾をもっていた.

古い恐竜書では, ダチョウ恐竜とダチョウとのもう一つの違いについて, 一方がうろこをもち, もう一方（いうまでもなく鳥類）は羽毛をもつことだと説明している場合がある. しかし, 今ではもうこのようなことはいえない. マニラプトル類の化石で羽毛がみられ, もっと原始的なコエルロサウルス類（コンプソグナトゥス科やティラノサウルス上科の恐竜など）の化石では原羽毛が見つかっているからである. 分岐学的研究によれば, オルニトミモサウルス類の祖先を含むあらゆるコエルロサウルス類の共通の祖先は, 簡単な原羽毛の被覆をもっていたらしいことが示されている. したがって, ダチョウ恐竜は綿毛をもった恐竜の子孫であり, おそらくはそれ自身も綿毛をもっていたのだろう.

残念ながらわれわれには, オルニトミモサウルス類が真の羽毛をもっていたのか, それとも原羽毛をもっていただけなのか, 確かなことはわからない. 2007年現在では, オルニトミモサウルス類の体の被覆をはっきりと示す良質の印象化石は見つかっていない. ペレカニミムスとよばれる初期のダチョウ恐竜ののど袋の印象化石は得られているが, それにはうろこも, 原羽毛も, 羽毛もみられない. しかしそのことは, 体のその他の部分が何でおおわれていたかについて何も教えてはくれない. たとえば, 現代のペリカンののど袋には羽毛もうろこもないが, 体は羽毛やうろこでおおわれているのだから.

おおむね害のないものたち

オルニトミモサウルス類のあごは長く, かなり弱いものだった. ペレカニミムスやシェンゾウサウルス *Shenzhousaurus* のような原始的なオルニトミモサウルス類のあごには, 釘のような歯があった. さらにペレカニミムスは, 知られている獣脚類のうちで歯の数が最も多かった（220本）. ただしこれらの歯は, 信じられないほど小さいものだった. ガルディミムス *Garudimimus* のようなもっと進化したオルニトミモサウルス類や, オルニトミムスやストルティオミムスのような高度に特殊化したオルニトミムス科の恐竜では, 歯がまったくなかった. そのかわりにそのくちばしはケラチン（現代の鳥類やカメ類のくちばしをおおっているのと同じ物質）でおおわれていた.

オルニトミモサウルス類は何を食べていたのだろ

白亜紀後期のオルニトミムス科恐竜, モンゴルのガリミムスの骨格. ならびに3本の手のひらの長い骨をもつ特徴的な手（左）とアルクトメタタルスス（arctometatarsus）をもつ足（右）の拡大図.

うか？ 小さな釘状の歯や歯のない平らなくちばしは，肉質の死骸を引き裂いたり，生きている恐竜を切り裂いたりするのにはあまり役に立つとは思われない．しかし，植物をかみきったり，トカゲ，カエル，哺乳類などの小動物をつかまえたりするのにはじゅうぶんだったろう．

　オルニトミモサウルス類の手も，典型的な捕食恐竜の手とは異なっていた．多くの獣脚類がもつ，獲物をつかむ手や，切り裂くかぎ爪のかわりに，オルニトミモサウルス類の手は鉤状あるいはやっとこ状で，そのかぎ爪は比較的真っ直ぐだった．現代の動物で最もよく似ているのは，南米の樹上生のナマケモノの手とかぎ爪だろう．しかしナマケモノとは違って，オルニトミモサウルス類は木からぶら下がるには体が大きすぎた．これらはものを挟む手を使って木の枝をつかんで下に引っ張り，おいしい葉や果実をとっていたにちがいない．

　古生物学者はオルニトミモサウルス類のくちばしや手から，これらが何を食べていたかを明らかにしようと試みている．ある人は，ダチョウ恐竜はカモのようにくちばしで水中を探り，小型の水生無脊椎動物をとっていたのだろうという．またある人は，これらの恐竜は厳密な意味で植物食だったという．ペレカニミムスは小さな魚を吸い込むようにして取り，丸呑みにしていたと考える人もいる．オルニトミモサウルス類の食物を理解するには，ダチョウ（やその類縁のレアやエミュー）が，最もよいモデルとなるだろう．これら現代の空を飛べない大型の鳥類は雑食で，果実，種子，昆虫，小型の脊椎動物（トカゲやカエルなど），卵，植物（これが食べる物の大部分を占める）などを食べる．ダチョウ恐竜でも

オルニトミムス科恐竜の長くて細い脚は，ティラノサウルス科のような肉食恐竜から逃れるのに役立った．同じだったと思われる．

　オルニトミモサウルス類，特に進化したオルニトミムス科の恐竜たちは，長い足をもっていた．オルニトミムス科の恐竜は，同時代の同じくらいの大きさのどの恐竜よりも長い中足骨をもっていたが，若いティラノサウルス科の恐竜だけは大きな例外だった．実は，進化したダチョウ恐竜とティラノサウルス科の恐竜の脚は細部に至るまでほとんど同じといってよい（古く1890年代にも，そのことはときおりマーシュを混乱させた）．オルニトミムス科およびティラノサウルス科では，中足骨がひじょうに長く，第3中足骨は衝撃を吸収する特別な形をして

オルニトミモサウルス類はカモと同じように，水中の小型無脊椎動物をすくいとって食べていたのではないかという古生物学者もいる．

いる．私自身やその他の人々，特にカルガリー大学のエリク・スナイヴリーの研究が示しているように，オルニトミムス科やティラノサウルス科の恐竜はこの適応によって，きわめて細い足で速く走ることができた．私は博士論文のためにこの適応について研究を行い，1992年にこの衝撃吸収構造を正式にアルクトメタタルスス（arctometatarsus,「狭くなった足の長い骨」という意味）と名づけた．

アルクトメタタルススは原始的なオルニトミモサウルス類にも，原始的な暴君恐竜にもみられないので，この足の適応は，進化したダチョウ恐竜と進化した暴君恐竜にそれぞれ独立に生じたものである．どちらのグループでも，アルクトメタタルススはほぼ同じ時期（8000～8500万年前ごろ）に，同じ地域（アジア）で生じた．このことは，これらの適応（長い脚とアルクトメタタルスス）が互いに関連することを示唆している．これは進化の上での武装拡大競争を示すものかもしれない．つまり，おおむね無害なオルニトミムス科の恐竜にみられる特殊化した走るための足は，ティラノサウルス科の恐竜から逃れることができるようになるために進化したのであり，明らかに有害な暴君恐竜の特殊化した走るための足は，ダチョウ恐竜を捕らえることができるようになるために進化したのではないかということである．

オルニトミモサウルス類の多様性

現在のところ，オルニトミモサウルス類は白亜紀にのみ知られている．かつて古生物学者は，ジュラ紀後期にアフリカ東部にいた脚の長いエラフロサウルス *Elaphrosaurus* は原始的なオルニトミモサウルス類だと考えていたが，その骨格の詳細な研究によって，これはケラトサウルス類であることが明らかになっている．原始的なオルニトミモサウルス類は白亜紀前期にヨーロッパ（ペレカニミムス）やアジア（シェンゾウサウルスおよびハルピュミムス *Harpymimus*）にいたことがはっきりと知られている．それほど確かではないが，北米およびオーストラリアからは中型の獣脚類の断片的な化石が得られており，これは白亜紀前期のダチョウ恐竜ではないかと考える古生物学者もいる．知られている唯一の白亜紀後期のダチョウ恐竜は，アジアおよび北米で得られている．これら後期のオルニトミモサウルス

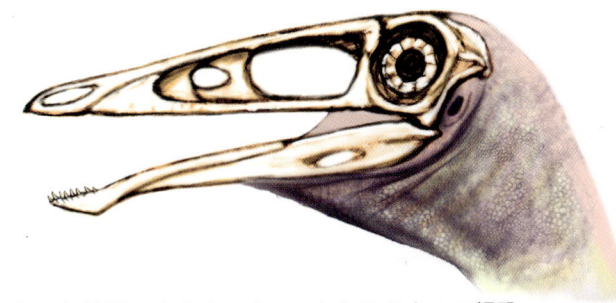

白亜紀前期の歯をもつオルニトミモサウルス類恐竜，スペインのペレカニミムス（上）および中国のシェンゾウサウルス（中）の頭骨と，白亜紀後期の歯のないオルニトミモサウルス類，中国のシノルニトミムスの頭部（下）

類は歯がない．

ペレカニミムスとシェンゾウサウルスはかなり小さな恐竜で，体長1.8～2.4mほどである．それより後のオルニトミモサウルス類はもっと大きく，ふつう体長は4m以上あった．白亜紀後期のモンゴルのガリミムス *Gallimimus* は6.1mあり，オルニトミムス科の仲間で最も大きかったが，その生息環境にいた原始的なオルニトミモサウルス類の恐竜はそれよりもはるかに大きかった．このデイノケイルス *Deinocheirus* は2.4mの大きな腕とその他数個の骨しか知られていないが，巨大な恐竜だった．ただし，そのかぎ爪は先が鈍く，獲物にあまり大きな損傷を与えられるものではなかった．他のオルニトミモサウルス類と同じく，これは主に植物を食べていたの

だろう．いつか誰かがデイノケイルスの残りの骨を見つけて，ティラノサウルスに負けないくらい（あるいはティラノサウルスよりも大きな？）ダチョウ恐竜がどのようなものだったかをみられる日のくることを期待したい．

謎の1本かぎ爪の恐竜：それは鳥か？

　デイノケイルスはあらゆる獣脚類のうちで最も長い腕をもち，モノニクス Mononykus は最も短い腕をもっていた．デイノケイルスと同じように，モノニクスも白亜紀後期のモンゴルにいた．モノニクスやそれとごく近い類縁関係にある恐竜の部分骨格が，1920年代以降，ジャドフタ累層から採集され，ニューヨークやウランバートルの博物館で化石の整形が行われた．これらはそこに何十年も「鳥に似た恐竜」または「コエルロサウルス類」というラベルをつけて置かれていた．おそらく小さな恐竜（大きなニワトリか，小さなシチメンチョウくらいの大きさ）だったためだろう，それらはこれを発見した古生物学者たちの興味も引かなかった．

　しかし1992年，モノニクスの新たな化石がアメリカ自然史博物館のマルコム・マッケンナによって発見された．これはモンゴルの古生物学者アルタンゲレル・ペルレおよびアメリカ自然史博物館のマーク・ノレルをリーダーとするチームによって1993年に記載，命名された．これらの科学者は鳥類の起原に興味をもっており，コエルロサウルス類（鳥類が属する恐竜の1グループ）の化石に，その詳細を知るための重要な情報が含まれている可能性のあることを知っていた．

　この小さな恐竜は，いくつかの点できわめて鳥に似ていた．鳥類と同じように，恥骨（腰骨）は後方に伸びていた．首，背中，腰の椎骨，それに脚の骨のいくつかも鳥類に似ていた．脳頭蓋は現代の鳥類に似た特徴を多数もち，胸骨には中央に鳥類に似た大きな隆起が縦に走っていた（こんどニワトリやシチメンチョウを食べるときに，この隆起を探してみるとよい．これは胸肉が付着する場所である）．しかし，重要な違いもいくつかあった．尾は長く，骨があった．第3中足骨は，ティラノサウルス科やオルニトミムス科の恐竜よりももっと特殊化していた．腕はきわめて短いが，力は強かった．何よりも変わっていたのは，手には指が1本だけ（母指）しかないようにみえることだった．

　ペルレやノレルらは当初，この恐竜にモノニクス Mononychus すなわち「1本かぎ爪」という名前をつけた．しかし，すでに Mononychus という名前の昆虫がいることがわかったため，彼らはその恐竜の

シュヴウイアのようなアルヴァレズサウルス科の恐竜は，アリやシロアリを食べていたのかもしれない．

名前の綴りを Mononykus と変更しなければならなかった．名前の綴りを変更してまもなく，さらにこの恐竜の骨格がいくつか，あるものは野外の現場で，あるものは博物館の収蔵物の中から発見された．さらにそのうえ，パルウィクルソル Parvicursor やシュヴウイアなど，類縁の新種の恐竜が見つかった．ほとんど完全なシュヴウイアの骨格が発見されたことによって，これらの恐竜は実は1本だけでなく，3本の指をもっていたことがわかった．ただし，他の2本の指はいちじるしく小さく，これらの恐竜の手は，あらゆる恐竜の身体部分のうちで最も奇妙なものとなっていた．

最初，古生物学者たちは，モノニクス，シュヴウイア，およびパルウィクルソルはそれ以前に発見されたすべての恐竜とまったく違うものと考えた．しかし以前に発見された恐竜の標本を調べるうちに，このグループの別の仲間がすでに発見され，名前もつけられていることに気づいた．たとえば1994年に私は，O・C・マーシュがすでに1890年代に，北米のモノニクスに似た恐竜の足を発見し，それにオルニトミムス・ミヌトゥス Ornithomimus minutus という名前をつけていることを知った．さらに重要なのは，古生物学者ホセ・ボナパルテがすでに1991年にアルヴァレズサウルス Alvarezsaurus と名づけたアルゼンチンのコエロサウルス類が，これらの奇妙な恐竜と類縁の原始的な恐竜であることが明らかになったことだった．ボナパルテがすでにアルヴァレズサウルス科 Alvarezsauridae という言葉をつくっていたため，今ではその名前がこの変わったグループに用いられている．さらに，アルゼンチンの古生物学者フェルナンド・ノバスは，アルヴァレズサウルスと進化したモノニクス亜科（北米とアジアの奇妙な恐竜たち）との中間的な形をした恐竜にパタゴニクス Patagonykus という名前をつけた．

アルヴァレズサウルス科というのは，どのような種類の恐竜だったのだろうか？ これらがコエロサウルス類の仲間であることは明らかである．しかし，これらがもっている特徴の組み合わせが変わっていて，そのことが分類上の位置の決定をむずかしくしている．たとえばペルレらが最初にモノニクスおよびシュヴウイアについて記載したとき，彼らはこの2つを何らかの新しいタイプの白亜紀の鳥類と考えた．モノニクス亜科やアルヴァレズサウルス科の恐竜が，多くの恐竜たちよりも現代の鳥類のほうに近い特徴をたくさんもっていることは事実である．しかし，比較的原始的なアルヴァレズサウルス科恐竜（パタゴニクスやアルヴァレズサウルス）は，これらの鳥類に似た特徴を全部はもたない．したがってモノニクス亜科恐竜と鳥類の両者にみられる類似の特徴は，それぞれ独自に進化したものであるように思われる．

最も新しい研究の示すところによると，アルヴァレズサウルス科恐竜は，実は初期の鳥類の1タイプではなく，別のタイプのマニラプトル類であるという（公正を期するためにいえば，これらは実はオルニトミモサウルス類と近縁であるという結論を示している研究もある）．私自身の分析では，このグループはマニラプトル類の中に位置するものだが，そのくちばしをもった頭骨や釘状の歯がダチョウ恐竜に似ていることは私も認める．

白亜紀後期のアルヴァレズサウルス科モノニクス亜科恐竜，シュヴウイアの骨格

アリ食い恐竜？

アルヴァレズサウルス科に関して混乱がみられるのは，大きな母指をもつ恐竜の進化上の位置という問題だけではない．これらの恐竜がどのように生活し，食べていたかについてもはっきりした答えは得られていない．

かなりはっきりしていることもある．これらの恐竜，特にモノニクスは長い脚をもち，きわめて足が速かったことはほとんど間違いない．特にモノニクス亜科の恐竜の中足骨はオルニトミムス科やティラノサウルス科の恐竜と似ていたが，それよりもさらに特殊化していた．また，くちばしのある小さな顔と小さな歯は，これらが捕食恐竜ではないことを強く暗示している．これらは植物や，あるいは昆虫を食べていたのではないかと思われる．

アルヴァレズサウルス科の恐竜たちの腕や奇妙な手が，どのようなものだったかを理解することはむずかしい．その腕の大きさがきわめて小さいことは別にして，腕の形だけをみれば，土などを掘るのにきわめて適していると思われるだろう．その腕は強力にできており，（腕の大きさのわりには）筋肉付着部がいちじるしく大きかった．したがって，これらの恐竜は何かに対してくり返し強力な打撃を加えることができた．さらに，強いかぎ爪のついた頑丈な母指は，シロアリの巣を壊すのに役立ったかもしれない．

しかしその腕はあまりにも小さい！これらの恐竜がシロアリの巣を壊すためには，自分の胸をその巣に押しつけなければならないことになる．現時点では，これらの恐竜がどのように生活していたかを示すものとしては，それが最良のモデルであるように思われる．この恐竜はアリ塚の固い泥に穴をうがち，どっと出てくるアリやシロアリを口ですばやくつかまえていたのだろう．それでもなお私には，われわれがまだ考えつかない何かほかの食物の取り方があったのではないかと思われてならない．

アルヴァレズサウルス科は，白亜紀に出現した最後の獣脚類のグループの一つである．現在までのところ，北米，アジア，および南米で発見されており，オーストラリアとヨーロッパでも発見されている可能性はある．すでにこれらの地域で見つかっているからには，アルヴァレズサウルス科の恐竜が最終的にすべての大陸で見つかったとしても特に驚くには当たらない．

ダチョウ恐竜やアルヴァレズサウルス科の恐竜は，恐竜世界の人気を独占する驚異的な存在とはいえないかもしれない．博物館で人々は，これらの骨格の前を足早に通り過ぎて，もっと魅力に満ちたアパトサウルス *Apatosaurus* やティラノサウルスをみにいってしまうかもしれない．しかしそれでもこれらは，今もどれほど不思議で，すばらしく，掛け値なしに謎に満ちた恐竜の化石が発見されつつあるかということを示している．未来の古生物学者が何を発見するかは，誰にもわかりはしない．

アルヴァレズサウルス科恐竜は，近年発見された風変わりな恐竜の一つである．

大きな鳥もどき──
オルニトミモサウルス類

小林快次博士
福井県立恐竜博物館(現在は北海道大学総合博物館)

1890年、古生物学者オスニエル・C・マーシュは、発見された最初のオルニトミモサウルス類について記載した。彼が得た研究材料は手と足の一部がすべてだった。それでも彼はそれらが鳥の骨によく似ていることを知り、これにオルニトミムス *Ornithomimus* という名前をつけた。「鳥に似たもの」という意味だった。やがてオルニトミモサウルス類のもっと完全な骨格が発見されると、それらと鳥類との類似性はさらに驚くべきものとなった。これらの恐竜は、ダチョウのような大型の空を飛ばない鳥ときわめてよく似ていた。これらは小さい頭、長い首、長い後肢をもっていた。

白亜紀後期にオルニトミモサウルス類は北米(オルニトミムス、ストルティオミムス *Struthiomimus*、ドロミケイオミムス *Dromiceiomimus*)やアジア(ガルディミムス *Garudimimus*、アルカエオルニトミムス *Archaeornithomimus*、シノルニトミムス *Sinornithomimus*、アンセリミムス *Anserimimus*、ガリミムス *Gallimimus*)で繁栄し、6550万年前までに他の恐竜たちとともに絶滅していった。最も初期のオルニトミモサウルス類は約1億3000万年前の白亜紀前期にスペイン(ペレカニミムス *Pelecanimimus*)やモンゴル(ハルピュミムス *Harpymimus*)にいた。これら初期のオルニトミモサウルス類はその子孫たちとは異なり、歯をもっていた。

オルニトミモサウルス類の行動は、恐竜学者の間で熱心な論議の的となっている。長く、敏捷な脚から、オルニトミモサウルス類は最も足の速い恐竜だったのではないかと思われる。この恐竜たちは、どうしてそれほど速く走る必要があったのだろうか？　獲物を捕らえるためだったのか？　それとも捕食恐竜から逃れるためだったのだろうか？

オルニトミモサウルス類は獣脚類に分類されるが、知られている他の肉食恐竜のような短剣に似た歯はもっていなかった。そのような歯のかわりに、小さな、太くて短い歯か、または歯のまったくない硬いくちばしをもっていた。シノルニトミムスの胃の内容物の化石は、この恐竜が植物食であったことさえ示唆している。ガリミムスのくちばしには櫛(くし)のような構造が残っており、これは漁網のように川や湖の水から食物を濾しとるのに用いられていたのかもしれない。食性に関するこれらの手がかりは、獲物を求める恐るべき肉食恐竜の姿を暗示するものではない。この恐竜たちはおそらく、捕食恐竜から逃れるために走っていたのだろう。

オルニトミモサウルス類が平和な生活を送っていた可能性を示すもう一つの手がかりは、その化石の一部が、多数の個体を含むボーンベッド(骨堆積層)で発見されているという事実である。このようなボーンベッドには、成熟したおとなとまだ成熟していないものの両方が含まれる。このことは、オルニトミモリウルス類が群れで生活したらしいことを示し、このような社会構造は個々の恐竜を捕食恐竜から守るのに役立つものだろう。こうした点からこの風変わりな獣脚類は、捕食恐竜よりも、植物食の恐竜である可能性が高い。

オルニトミモサウルス類の採食行動は、まだあまりよくわかっていない。

テリジノサウルス

キティパティ

カウディプテリクス

19
オヴィラプトロサウルス類とテリジノサウルス上科の恐竜
Oviraptorosaurs and Therizinosauroids
卵どろぼうとナマケモノ恐竜

　オヴィラプトロサウルス類 Oviraptorosauria およびテリジノサウルス上科 Therizinosauroidea に属する種は，あらゆる恐竜のうちでも最も風変わりなものたちといえる．これらは植物食の肉食恐竜である．こういえば矛盾していると感じられるかもしれないが，実はそうではない．古生物学者はしばしば，獣脚類の恐竜を表すのに，「肉食恐竜」という言葉を用いる．獣脚類のうちに肉食のものがたくさんいることは間違いない．しかし，われわれは動物のグループを分類するとき，それを食物によってではなく，その進化上の位置にもとづいて行う．本章で述べる2つのグループは主として植物食だったと思われ，したがってこれらは肉食恐竜といわれる獣脚類のうちの植物食のものたちということになる．

　この考え方が奇妙な感じを与えることは私も知っている．しかし，同じような例は現代にもみられる．哺乳類のうちで，ネコ類，ハイエナ類，イヌ類，クマ類，アザラシ類や，その類縁の動物を含むグループは食肉目（肉食動物類）とよばれる．しかしパンダ（クマの一種）はタケしか食べず，したがって「植物食の肉食動物」ということになる！

　風変わりな食性のほかに，オヴィラプトロサウルス類やテリジノサウルス上科の恐竜は見かけも変わっている．オヴィラプトロサウルス類は一般に頭骨が短く，歯がまったくないものも多かった（ただし，口腔の天井から1対の突起が出ていた）．頭に高い稜（頭飾り）のあるものもみられた．腕がひじょうに長いものもいたが，ごく短いものもいた．大きさはニワトリくらいのものから，ダチョウより大きなものまでいた．これに対してテリジノサウルス上科の恐竜は先の尖った頭骨，長い首，太い胴体をもち，すべて腕が大きかった．大きさはダチョウくらいのものから，T・レックスほどもあるものまでいた！　しかし何よりも変わっていた点は，すべてが正真正銘の羽毛をもっていたことだった！

　コンプソグナトゥス科，ティラノサウルス上科，オルニトミモサウルス類などと同様，本章の恐竜たちもコエルロサウルス類 Coelurosauria（綿毛でおおわれた獣脚類）に属する．詳しくいうと，これらはコエルロサウルス類のうちのマニラプトル類 Maniraptora（手でつかむもの）とよばれるグループの一部をなす（そのほかの主要なグループには，デイノニコサウルス類と鳥類がある）．マニラプトル類は一般にきわめて長い腕をもつ．これらは手首に半月型の特殊な骨があり，その骨が腕を折りたたんで，その腕を体の近くに保つことを可能にしていた．それによってこれらの恐竜は，下生えのやぶの中を走っても，藪に引っかからないですむ．しかし後でみるように，折りたたむことのできる長い腕を使ってできることはほかにもある．一つは卵を抱くことである．もう一つは，きわめて驚くべきやり方で木に登ることだった．

卵どろぼう？

　オヴィラプトル Oviraptor（オヴィラプトロサウルス類というグループ名のもとになった恐竜）の最初の化石は，1920年代にモンゴルで発見された．アメリカ自然史博物館のロイ・チャップマン・アンドルースらは最初にその頭骨をみたとき，それが多くの獣脚類の頭骨といちじるしく異なることに気づいた．それは短く，上下に厚みがあり，大きな孔がたくさんあいていた．また，歯がまったくなかった．実のところ，彼らはその頭骨のどちらが前で，どちらが後ろかも確信がもてなかった！

　しかしさらに重要なことは，この歯のない獣脚類とともに卵が埋まっているのに彼らが気づいたこと

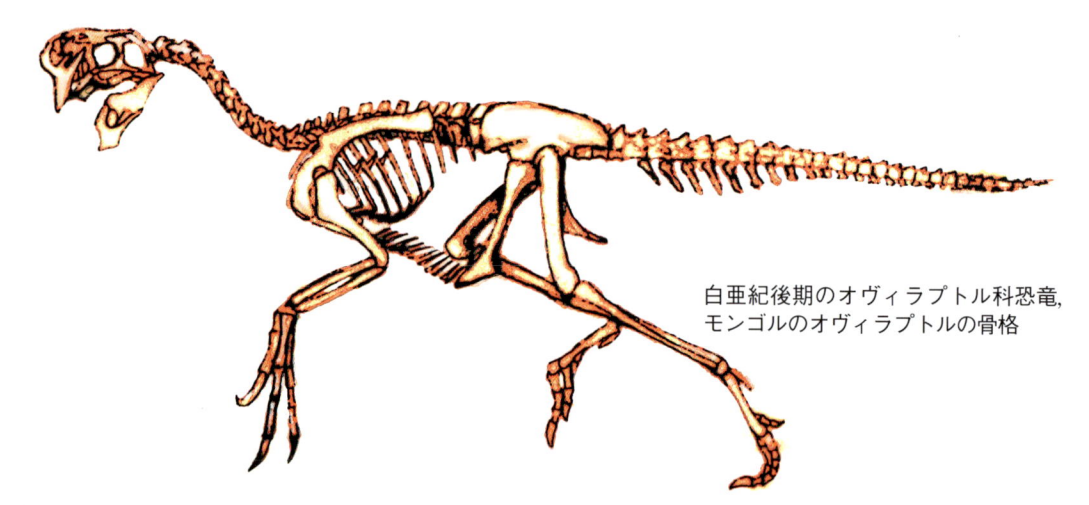

142 ●オヴィラプトロサウルス類とテリジノサウルス上科の恐竜

白亜紀後期のオヴィラプトル科恐竜，モンゴルのオヴィラプトルの骨格

だった．アンドルースらのチームはそれまでにこれらの卵を多数見つけており，それはその地層で最もふつうにみられる種である小型のケラトプス類（角竜類），プロトケラトプスの卵だと考えていた．その歯のない獣脚類は卵を食べる恐竜で，それがプロトケラトプスの卵を盗んだのだと彼らは考え，そこでこの新種の恐竜にオヴィラプトル・フィロケラトプス *Oviraptor philoceratops*（ケラトプス類を好む卵どろぼう）という名前をつけた．

やがて明らかになったところによると，アンドルースらは間違いを犯していた．1990 年代に行われたさまざまな中国およびモンゴル探検によって，まったく同じタイプの卵を抱いているオヴィラプトル（やその類縁種）の化石がほかにも発見された．さらに最終的に，このような卵の中に化石化したオヴィラプトルの胎児（胚）が入ったものが発見された．オヴィラプトルは卵どろぼうではなくて，卵を守っていたのだった！ しかし，オヴィラプトルが自分の卵を食べなかったからというだけで，どのような卵も食べなかったということにはならない．その頭骨は恐竜の卵を盗んで割って食べるのに適した形にできていた．

世界中にいたオヴィラプトロサウルス類

オヴィラプトロサウルス類に属する種は，世界の多くの場所で知られている．このグループの化石はアジア，北米，ヨーロッパで発見されており，オーストラリアや南米でもオヴィラプトロサウルス類の可能性のあるものが見つかっている．現在までのところ，オヴィラプトロサウルス類であることのはっきりしている化石はすべて白亜紀のものだが，このグループの可能性のあるジュラ紀後期の北米の化石も 1 つ見つかっている（しかし，まだ名前のついていないこの標本は，オヴィラプトロサウルス類とテリジノサウルス上科の恐竜の両方の祖先である可能性もあるように思われる）．

知られている最も原始的なオヴィラプトロサウル

白亜紀前期の中国のインキシウォサウルスは，最も古く，最も原始的なオヴィラプトロサウルス類の一つである．その頭骨（拡大図を上に示す）には，前のほうに強力な切歯状の歯，奥のほうには小さな木の葉型の歯（植物を食べるのに適する）がある．

白亜紀前期の中国のカウディプテリクスは，羽毛が保存された状態で発見された最初のオヴィラプトロサウルス類の一つだった．

2類はプロトアルカエオプテリクス Protarchaeopteryx とインキシウォサウルス Incisivosaurus で，どちらも中国の白亜紀前期のものである．プロトアルカエオプテリクスは損傷のいちじるしい頭骨のついた骨格が，インキシウォサウルスは骨格のない完全な頭骨だけが知られている（これらは実は同じ種だと考える学者もおり，それは私にはまったく驚くべき話ではない）．プロトアルカエオプテリクスの体は，多くのオヴィラプトロサウルス類と似ている．多少長い首，3本指の大きな手のついた長い腕，多少長めの脚，それに短い尾をもっていた．インキシウォサウルスの頭骨は四角く角張っていて，前部には長い切歯状の歯，奥のほうには木の葉型の歯があった．前部にあるかみきるための大きな歯のため，この恐竜はややウサギか齧歯類に似ていた．その外見はさておき，これらは肉食動物の歯ではなく，この恐竜はおそらく主として植物を食べていた（もしかしたら植物しか食べなかった）と思われる．

もっと進化した別のオヴィラプトロサウルス類が，この2種（1種？）の恐竜とともに生きていた．カウディプテリクス Caudipteryx は短い腕と長い脚をもつ点でプロトアルカエオプテリクスと異なり，前部に短い歯があって，奥のほうには歯がない点でインキシウォサウルスと異なっている．これと似た北米西部のミクロウェーナートル Microvenator やヨーロッパのテココエルルス Thecocoelurus は，もう少し後の時代に生きていた．

白亜紀後期のオヴィラプトロサウルス類は特に多様だった．アウィミムス Avimimus はニワトリからシチメンチョウくらいの大きさの恐竜で，あごの前部に小さな歯があり，大きな眼，長い首，太った丸い胴体，短い尾，ずんぐりした小さな指のついた短い腕をもっていた．脚はいちじるしく長かった．進化したアルヴァレズサウルス科，オルニトミムス科，ティラノサウルス科や，その他の足の速い獣脚類と同じように，この恐竜も特殊化した第3中足骨（足の長い骨）をもち，それが緩衝装置として働いた．これと同じ中足骨の適応が，アジアおよび北米の白亜紀後期のオヴィラプトロサウルス類の1グループであるカエナグナトゥス科 Caenagnathidae 恐竜にもみられた．ニワトリ大のエルミサウルス Elmisaurus からダチョウ大の北米西部の種（現在未命名）にまで及ぶカエナグナトゥス科の恐竜は，稜（頭飾り）があってあごに歯のない頭骨と，力の強い大きな手のついたいちじるしく長い腕をもつ点でアウィミムスと異なる．これと似た頭骨と前腕は，オヴィラプトル科 Oviraptoridae 恐竜にもみられた．オヴィラプトル科はオヴィラプトロサウルス類に含まれるアジアの恐竜の1グループで，オヴィラプトルそのものはこれに属する．

真の鳥類とオヴィラプトロサウルス類との間には多くの類似点がある．たとえば，オビラプトル科恐竜ノミンギア Nomingia の尾は，先端の数個の骨が融合してくっつきあっている．これは尾端骨とよばれ，テリジノサウルス上科の恐竜のいくつかのものや鳥類の多くにみられる．そもそも数種のオヴィラプトロサウルス類は，もともと最初に発見されたときには，原始的な鳥類と考えられた．オヴィラプトロサウルス類は原始的な飛ぶことのできない鳥類のグループだと考える古生物学者も，少数ながらいたほどだった．進化したオヴィラプトロサウルス類と進化した鳥類との間に多くの類似点があることは私も認めるが，私の研究によると（他の多くの古生物学者の研究でも），鳥類に最も近縁の恐竜はデイノ

144 ●オヴィラプトロサウルス類とテリジノサウルス上科の恐竜

オヴィラプトロサウルス類の頭部は，さまざまな形のものがある．上段（左から右へ）：北米西部の，現段階では名前のついていないカエナグナトゥス科恐竜，リンチェニア *Rinchenia*，北米西部の，これもまだ無名のオヴィラプトロサウルス類恐竜．下段：カーン *Khaan*，まだ無名のモンゴルの恐竜，コンコラプトル *Conchoraptor*

ニコサウルス類（これについては次章で述べる）であり，オヴィラプトロサウルス類に最も近縁の恐竜は，謎の多いテリジノサウルス上科の恐竜であることが示されている．

ナマケモノ恐竜

スミソニアン研究所の古生物学者マイケル・ブレット＝サーマンは，テリジノサウルス上科の恐竜のことを「委員会によってデザインされた恐竜」とよんだ．言い換えると，この恐竜はまるで，恐竜とはどうあるべきかについてまったく異なる考えをもった一群の人々によって組み立てられたみたいであり，その結果，さまざまなグループをごたまぜにしたような姿をしているということである．テリジノサウルス上科の恐竜は発見されていらい，獣脚類，竜脚形類，鳥盤類（巧妙なトリック！）などと考えられてきた．しかし今ではこれらの恐竜について，その身体各部が実際に全部いっしょにつながっていたのであり，これらが獣脚類コエルロサウルス類マニラプトル類の1タイプであると確信できるだけの十分な事実が知られている．

白亜紀前期のユタ州のファルカリウス *Falcarius* は，これまでに知られている最も原始的なテリジノサウルス上科の恐竜である．ファルカリウスは数十体の化石が知られている．長い頭骨に，インキシウォサウルスに似た木の葉型の小さな歯があり，きわめて長い首，典型的なマニラプトル類の長い腕，コエルロサウルス類の脚，長く細い尾をもつ．完全に成

白亜紀前期のテリジノサウルス上科恐竜，北米西部のファルカリウスの骨格

オヴィラプトロサウルス類の頭部（続き），上段（左から右へ）：キティパティとまだ無名のモンゴルの恐竜2種．下段：ネメグトマイア *Nemegtomaia*，ヘユアンニア *Heyuannia*，オヴィラプトル．

長すると，ダチョウくらいの大きさになった．多くの獣脚類と同様，恥骨（骨盤骨の一つ）は前方に伸びていた．

ノアルカリリスと同じように，比較的進化したテリジノサウルス上科の恐竜は，あごの前部に歯のないくちばしがあり，奥のほうには木の葉型の歯があった．その腕と手は体のわりにしてさらに大きく，手は幅が広かった．手のかぎ爪はきわめて大きく，巨大なテリジノサウルス *Therizinosaurus* では，ちょうど昔の農民が使った小鎌の刃と同じような大きさと形をしていた（テリジノサウルス—「鎌トカゲ」—という名前はここからつけられた）．多くのテリジノサウルス上科の恐竜の尾はごく短く，少なくともその1種では先端が尾端骨となっていた．

遅く出現したテリジノサウルス上科の恐竜はふつう，ファルカリウスと同じくらいか，またはそれよりも体長が長く，体はずっとどっしりとしていた．獣脚類としてはかなり太っていて，ビール腹のような腹をしていた．その大きな内臓を入れる場所をつくるため，恥骨は後ろに伸びていた．比較的進化したテリジノサウルス上科の恐竜の脚や足は短く，太かった．ファルカリウスや他の多くの獣脚類では，第2，第3，第4中足骨が長く，足の第1指は通常，地面に触れなかった．進化したテリジノサウルス上科の恐竜では，これらの中足骨がきわめて短く，その足指は4本全部が常に地面に触れていた．

ファルカリウスよりも進化したテリジノサウルス上科の恐竜は，太った腹と太く短い足のため，ハン

白亜紀前期のテリジノサウルス上科恐竜，北米西部のファルカリウス

146 ●オヴィラプトロサウルス類とテリジノサウルス上科の恐竜

ターとしては役立たずだった．しかしこの恐竜たちの主な食物はおそらく植物だったと考えられ，この点で心配はなかった．低木，草本，樹木などは逃げることはなかったからだ！　テリジノサウルス類は強い腕で木の枝をつかみ，くちばしでその葉や果実をつみとることができた．いくつかの点で，これらは今から4000年ほど前までアメリカ大陸に住んでいたオオナマケモノに似ている．そのため，これを"ナマケモノ恐竜"とよぶ古生物学者が，私を含めて何人もいる．

オオナマケモノもテリジノサウルス上科の恐竜たちも，大きく，重く，動きの遅い植物食動物で，先に長いかぎ爪のついた強力な前肢をもつ．そのかぎ爪はおそらく，木の枝をつかむのに用いられたのだろう．しかし，これがまた別の目的（敵からの防御）にも役立っていたことは疑いない．オオナマケモノやテリジノサウルス類は動きが遅いため，捕食動物から走って逃げることはできなかった．そこでこれらの動物はその場にとどまって，強力なかぎ爪のついた手で自分の身を守ったのだろう．テリジノサウルスの90cm近いかぎ爪は，そう考えれば説明がつくのではないだろうか．このかぎ爪は植物を手に入れるための手段としては大きすぎるが，ティラノサウルス科の恐竜を寄せつけないようにするにはちょうどよい大きさである．

現在のところ，テリジノサウルス上科の恐竜は白亜紀のアジアと北米でしか知られていない．しかしそれが，これと近縁のオヴィラプトロサウルス類や，もう少し遠い親戚筋のオルニトミモサウルス類やティラノサウルス上科の恐竜と同じように，白亜紀前期のヨーロッパの岩石中から見つかったとしても，私は驚きはしない．ジュラ紀前期の中国で，テ

テリジノサウルスはその巨大な体と長い首を伸ばして，高い木の上の葉を食べることができた．

白亜紀後期のテリジノサウルス科恐竜，モンゴルのテリジノサウルスの骨格

リジノサウルス上科の可能性のある化石も見つかっている．エシャノサウルス *Eshanosaurus* とよばれるこの恐竜は，下あごだけしか知られていない．古竜脚類はジュラ紀前期の中国ではごくふつうにみられたものであり，その下あごはテリジノサウルス上科の恐竜にきわめてよく似ているので，最終的にエシャノサウルスは古竜脚類の仲間であることが明らかにされるのではないかと私は予想している（はっきりとテリジノサウルス上科の恐竜であるということになれば，このグループはわれわれが現在考えているよりも何百万年も長い歴史をもつことになる）．

のんびりと植物を反芻しているだけではない

テリジノサウルス上科の恐竜（セグノサウルス類とよばれることもある）は最初，魚を食べる恐竜と考えられたが，それは直接的な証拠があってのことではなかった．これを発見した人たちが，この恐竜は肉食だったにちがいない（獣脚類だから—本当だろうか？），また，これらは明らかに動きが遅くて，陸上の動物をつかまえることはできなかったと考えたためにすぎない．しかしこの恐竜の歯は，ナマケモノ恐竜が実は，完全な植物食ではないとしても，主として植物食であったことを示している．ファルカリウスは例外であったかもしれない．その長い脚と尾は，これが足の速い恐竜だったことを示しているからである．したがってこの初期のナマケモノ恐竜は，小動物も追いかけて食べていたかもしれない（もちろん，足が速いことは身を守るのにも役立った）．

オヴィラプトロサウルス類の多くも，おそらく植物食だった．プロトアルカエオプテリクス，インキシウォサウルス，カウディプテリクス，アウィミムスなどは明らかに植物食だったと思われる．これらの恐竜の歯は，肉を食べるのに適した形をしていないからである．しかし，歯のないオヴィラプトロサウルス類のうちの少なくともいくつかについては，肉を食べていた証拠がある．たとえば，最初のオヴィラプトルの骨格では，腹の部分にトカゲが見つかっている．また，オヴィラプトル科キティパティ *Citipati* の巣の中で，デイノニコサウルス類トロオドン科の恐竜の赤ん坊の骨格2体が発見されている．このトロオドン科の恐竜の赤ん坊は，孵化したばかりの赤ん坊の食べ物として巣に運ばれたものではなかっただろうか？ オヴィラプトロサウルス類は貝類を食べていたという古生物学者も何人かいたが，そのあごは貝殻を割るには弱すぎるように思われる．オヴィラプトロサウルス類の多くは，口腔の天井から突き出す1対の突起をもち，これは貝殻を割るほどの強さはないが，卵を割ることはできたかもしれない．結局のところ，これらの恐竜は卵どろぼうだったということかもしれない！

ファルカリウスやアウィミムスは，どちらも大きな集団をつくって暮らしていた．テリジノサウルス上科ファルカリウスの骨格や，オヴィラプトロサウルス類アウィミムスの足跡は，これらが何十頭という群れで生活していたことを示している．これらと類縁の恐竜たちのうちにも，このように多数集まって暮らすものがいたかどうかははっきりしない．

テリジノサウルス上科の恐竜は，水が豊かな湖岸や森のようなところでしか見つかっていない．オヴィラプトロサウルス類もそれと同じような環境で見つかっているが，砂ばかりの砂漠でもみられている．そのような砂漠の堆積層は，オヴィラプトロサウルス類の行動を理解するうえで重要である．これ

ティラノサウルス科タルボサウルス *Tarbosaurus* から身を守る，巨大なテリジノサウルス科恐竜テリジノサウルス．白亜紀後期のモンゴルで．

らの恐竜の巣は，そのような砂岩の中から発見されているからである．

卵を抱く恐竜たち

オヴィラプトロサウルス類は，人間のおとなに近いほどの大きさをもつキティパティのようなものでさえ，巣について卵を抱いた．これらの恐竜が卵の上に座っている化石はかなり多数見つかっており，この行動についてある程度のことはわかっている．卵は砂漠の砂の上に，半分砂に埋まった状態で，環状に産みつけられた．次いで親（それが母親か，父親か，それとも両方かはわからない）は卵の間に座り，体の両側面，尾，腕などで卵をおおった．その腕は他の種類の獣脚類のように体から後方に突き出すのではなく，多くのマニラプトル類と同じように体から側方に突き出していて，卵を抱くのによく適応していた．さらに重要なのは，腕の長い羽毛が卵の上をおおっていたと思われることである．柔らかな体の羽毛も，卵を温め，保護していたのだろう．

プロトアルカエオプテリクスやカウディプテリクスの化石で羽毛が保存されていたことから，オヴィラプトロサウルス類は腕や尾に長い羽毛をもっていたことが知られている．体のその他の部分はそれりも小さな羽毛でおおわれていたようにみえる．この小さな羽毛が，（コンプソグナトゥス科やティラノサウルス上科の恐竜の場合のような）簡単な綿毛状の原羽毛なのか，それとも（現代の鳥類の体にみられるもののような）もっと複雑な体羽毛なのかは，現在のところわかっていない．長い綿毛状の原羽毛は初期のテリジノサウルス上科ベイピャオサウルス *Beipiaosaurus* にみられるが，原羽毛のようにみえるものの中に，実際には保存状態が完全ではない真の羽毛もあるかもしれない．

私のいう「真の羽毛」とは，何を意味するのだろうか？ 現代の鳥類の羽毛のほとんどすべて，特に翼，尾，体の大部分の羽毛は，同じ基本構造をもつ．中空の羽軸があって，羽毛はそれによって皮膚にくっついている．この羽軸から，さらに小さな枝が多数出ている．その枝を顕微鏡でみると，そこからさらに小さな枝が出て，それには鉤が多数ついているのがみえる．この鉤が羽毛全体の形を保つのに役立つ．最もよく保存されたオヴィラプトロサウルス類の腕や尾の羽毛は，正確にこのとおりの構造を示す．

どうして真の羽毛のように精巧なものが，原羽毛から進化してきたのだろうか？ 一つの可能性は，まわりに誇示（ディスプレー）するためということである．オヴィラプトロサウルス類の尾や腕の羽毛や，おそらくはテリジノサウルス上科の恐竜の羽毛も，誇示するための道具として大いに役立っただろう．これらは敵からの防御のためや，異性をひきつけるのに使われたのかもしれない．また，大きい真の羽毛は，卵を抱くのにも役立っただろう．腕や尾の羽毛が長く，幅広くなるほど，それだけ多数の卵をおおうことができる．

WAIR によって木に駆け登る

真の羽毛の進化が何に役立つかについて，考えられるもう一つの用途は，現代の鳥類に関する最近の発見によって示唆されている．われわれは現存する動物について，知りうることはもはやすべて知っていると読者は思うかもしれないが，動物学者はごく身近な動物についてさえ，今も絶えず驚くべき事実を発見しているのである．ここで問題の発見というのは，モンタナ大学の動物学者ケネス・ダイアルによるものだった．彼は，鳥類がその翼を驚くべきや

オヴィラプトルが巣の上に座り，卵をトカゲの一種エステシア *Estesia* から守る．

初期のマニラプトル類は羽毛の生えた腕を羽ばたくことによって、木に駆け登って捕食恐竜から逃れた。

り方で使っていることを発見した。われわれは誰でも、空を飛ぶ鳥については知っている。しかし、鳥類は通常知られているのとは別の形の移動のためにも翼を使っていることが明らかにされたのである。そしてこの形の移動は、オヴィラプトロサウルス類やテリジノサウルス上科の恐竜の赤ん坊にも役立っていた可能性がある。

多くの種の鳥（クジャク類、シチメンチョウ類、シギダチョウ類など）は主として地上で生活するが、捕食動物からの安全を確保するため、木の上や岩の上に巣をつくる。鳥類がその巣にいくときは、ただ木の上に飛んでいったと、かつては考えられていた。しかしケネス・ダイアルは、まだ飛ぶことを学んでいないひな鳥でも木の上の巣にいくことのできる、もう一つの方法があることを発見した。それは木の幹を駆け登ることである！ しかし足だけを使うのでは、落ちてしまって登ることはできないだろう。ダイアルが発見したのは、翼の助けを借りて木の幹を駆け登るということだが、ただその方法が予想もつかないものだった。鳥たちは翼を、木の幹にしがみつくとか、何かそのようなことに使うのではない。翼を前後に羽ばたいて（飛ぶときのように上下に羽ばたくのではなく）、体が落ちないようにするための牽引力（押しつける力）を生じさせるのである。翼を前後に羽ばたいている間は、その力が足を木の幹に押しつける。これはつまり、鳥が文字どおり木の幹を駆け登れることを意味する。

ダイアルはこの行動を「WAIR」(wing-assisted incline running =「翼の助けを借りた急斜面駆け登り」)とよび、これが実際にどのくらい役に立つかを調べる実験を行った。その結果、羽ばたきを用いなければ、鳥類は45度までの斜面しか駆け登ることができず、それ以上の急勾配では、鳥は落ちてしまった。しかし羽ばたきをすると、鳥はそれよりも急な勾配でも駆け登ることができた。また、翼の羽毛の大きさが大きくなればなるほど、鳥は角度のより急な斜面を駆け登れることもわかった。じゅうぶんに大きな羽毛をもった翼を羽ばたけば、鳥は垂直の木の幹を駆け登ることができたのである！

ダイアルが2001年の古脊椎動物学会ではじめてこの研究結果を発表したとき、私も含めて多くの古生物学者が強い印象を受けた。彼が発見したこの行動は、おそらく鳥に限られたものではないと思われた。WAIRのために必要な個々の特性は、すべてオヴィラプトロサウルス類や（おそらくは）テリジノサウルス上科の恐竜にも存在したことがわかっている。これらの恐竜は体から側方に突き出した翼をもち、WAIRを行う鳥類と同じように前後に羽ばたきをすることができた。腕には牽引力を生じさせるのに役立つ大きな羽毛もあった。また、この行動のために必要な強力な胸筋を支える大きな胸骨までももっていた。

おとなのオヴィラプトロサウルス類やテリジノサウルス類は、このようにして木に駆け登るには体が大きすぎただろう（T・レックスくらいの大きさのテリジノサウルスがこのようなやり方で木に登ろうとしたら、たぶん木が倒れてしまっただろう）。だが、赤ん坊の恐竜はごく小さく、しかもこれらは捕食恐竜のご馳走のひとつだった。したがって、オヴィラプトロサウルス類やテリジノサウルス上科の恐竜の祖先を含む初期のマニラプトル類は、赤ん坊時代には木の上に逃れることができるよう、折りたたみのできる長い腕、大きな胸骨、真の羽毛などが進化したのかもしれない。

これらの恐竜がWAIRを用いて敵から逃れることができたからというだけで、飛ぶことができたということを意味するものではない。しかしマニラプトル類の系統樹の別の枝では、真の飛行能力が進化した。鳥類でそのような進化が起こったことをわれわれは知っている。また、近年の驚くべきニュースだが、鳥類にきわめて近い類縁のデイノニコサウルス類も、ある程度の飛行能力をもっていた可能性があるという。しかし飛ぶことのできないマニラプトル類でも、身を守る手段としてWAIRをもつことは、これらのグループが生き残るのに役立ったのだろう。そうしてオヴィラプトロサウルス類とテリジノサウルス上科の恐竜は、ともに白亜紀のいちばん最後まで生き残ったのである。

ミクロラプトル

デイノニクス

トロオドン

20
デイノニコサウルス類
Deinonychosaurs
ラプトル恐竜

　ティラノサウルスに次いで肉食恐竜で最も人気の高いものといえば，おそらくヴェロキラプトル *Velociraptor* だろう．本や映画の『ジュラシックパーク』シリーズで有名になったこの小さな恐竜は（実際には映画でみた姿よりもずっと小さい！），駿足で，知能が高く，敏捷な捕食恐竜だった．ヴェロキラプトルがきわめてスリルに満ちた恐竜であることを知った一般大衆は，デイノニコサウルス類 Deinonychosauria のすべての種に「ラプトル」という名前を用いるようになった．これは「強盗」，「略奪者」という意味である．すべての科学者がこの新しいニックネームを好んでいるわけではないが，私はいい名前だと思っている．

　ついでながら，「ラプトル」という名前は，ワシ，タカ，ハヤブサなど，現代の猛禽類を表すのにも用いられる．現代の猛禽類でも，絶滅したラプトル恐竜でも，足が恐るべき武器となる．現代の猛禽類の獲物をしっかりとつかむかぎ爪と，絶滅した恐竜の獲物を切り裂く鎌状のかぎ爪がそれである．

　デイノニコサウルス類は，大きくドロマエオサウルス科 Dromaeosauridae とトロオドン科 Troodontidae の2つの枝に分かれる．どちらのグループも，ものをつかむ手と独特の足をもつ，カラスぐらいの大きさの駿足の捕食恐竜から始まった．その足には地面につかないようもちあげておける第2指（人間の足のひとさし指に当たる）がついていた．言い換えると，この爪は現代のネコの爪のように引っ込めることができた．そして現代のネコ類の足指と同じように，デイノニコサウルス類の足の第2指にも，先端に湾曲した鋭いかぎ爪がついていた．

重要な恐竜たち

　恐竜古生物学の最も重要な発見の一つに，イェール大学のジョン・オストロムによる1964年のデイノニクス *Deinonychus* の発見がある．この恐竜（その名は「恐るべきかぎ爪」を意味する）は比較的完全な骨格が知られた最初のラプトル恐竜だった．いうまでもなく，このグループ全体を表すデイノニコサウルス類という名前もこの恐竜からきている．

　デイノニクスの発見から，オストロムは恐竜生物学に関するいくつかの重要な考え方を提唱することになった．当時は，恐竜は動きの遅い，不活発な動物だったと考える古生物学者が多かった．肉食恐竜はのろまで，知能も低く，同じようにのろまで，知能の低い獲物の肉をかじりとったり，強打を加えたりするくらいがせいぜいのところと考えられていた．しかしオストロムは，デイノニクスがその足指のかぎ爪を必殺の武器として使うためには，駿足，敏捷でなければならなかったと主張した．もし，のろまで知能の低い動物であれば，かぎ爪はせいぜい他の恐竜の足首をひっかくのに役立つくらいにすぎなかったろう．しかし，デイノニクスが駿足で活発であったとすれば，そのかぎ爪は敵にくり返し切りつけ，引き裂くのに役立っただろう．そのように活発な闘いは，冷血の捕食動物では考えにくい．それは現代の捕食鳥類や哺乳類のような温血の捕食動物の攻撃と似ている．オストロムは，このラプトル恐竜の解剖学的構造が原始的なジュラ紀の始祖鳥アルカエオプテリクス *Archaeopteryx* ときわめてよく似ていることにも気づいた．たとえば，前肢は大きさを除けば，あらゆる細部に至るまで，その構造は事実上まったく同じといってよかった．またこのドロマエオサウルス科の恐竜の骨盤では，鳥類と同じように恥骨が後方に伸びていた．そこでオストロムは，最初1870年代に唱えられた，恐竜が鳥類の祖先だという説を再びもちだした．もっとはっきりいえば，彼は恐竜のさまざまなグループのうちで，血縁関係

が鳥類に最も近いのはデイノニコサウルス類だという仮説を立てたのである．

オストロムが，デイノニクス，あるいはデイノニコサウルス類のいずれかが鳥類の祖先だと主張しているのではないことを，ここで指摘しておきたい．彼は，デイノニコサウルス類には初期の鳥類にはみられない独自の特殊化，たとえば，引っ込めることのできるかぎ爪などがあまりにも多くみられることに気づいていた．また，当時手に入るデイノニコサウルス類の化石がすべて，知られている最も古い鳥類であるアルカエオプテリクスよりも新しいことも知っていた．オストロムが提唱し，その後得られた証拠によって証明されているのは，デイノニコサウルス類と鳥類はともに共通の祖先からきたものであり，その共通の祖先というのは，オヴィラプトロサウルス類，テリジノサウルス上科，および獣脚類恐竜の系統樹でそれらより早く枝分かれしたものたちの祖先とは共通ではないということだった．したがって，デイノニコサウルス類は鳥類の祖先ではなく，鳥類もデイノニコサウルス類の祖先ではない．そうではなくて，鳥類とデイノニコサウルス類は互いに最も近い血縁関係にあるということだった．

最近の10年間に，新しく発見されたドロマエオサウルス科やトロオドン科の恐竜によって，最も初期のデイノニコサウルス類は，オオカミくらいの大きさのデイノニクスよりも，アルカエオプテリクスにもっと似ていることが明らかにされた．2001年以降，デイノニコサウルス類の腕，脚，尾などには，真の鳥のような羽毛があったことがわかってきた．また最近の発見で，少なくとも小型のラプトル恐竜の中には，多少ではあるが飛ぶことができるものもいた可能性のあることが示されている！

樹上の恐竜

デイノニコサウルス類は，それよりも一段上のマニラプトル類 Maniraptora とよばれるカテゴリーに含まれるグループである．マニラプトル類には，そのほか鳥群 Avialae，オヴィラプトロサウルス類，テリジノサウルス上科，それにおそらくはアルヴァレズサウルス科も含まれる．マニラプトルというのは「手でつかむもの」という意味で，マニラプトル類では，前肢の多くの特殊化が共通してみられる．

エピデンドロサウルス（左）やドロマエオサウルス科のミクロラプトル（後ろや右）のような，ある種の小型のマニラプトル類は，木の上で生活していたかもしれない．

これらの恐竜の腕は，他のコエルロサウルス類（マニラプトル類，オルニトミモサウルス類，ティラノサウルス上科，およびその類縁の恐竜たちを含むグループ）よりも長い．その肩関節は鳥類や人間と同じように側方を向いており，ネコ類や多くの恐竜のように後方を向いていない．手首に半月型をした特殊な骨があって，長く細い手を折りたたんだとき，体に近く引きつけてしまいこむことができるようになっていた．また胸骨がひじょうに大きく，強力な胸筋を支えるのに役立っていた．

マニラプトル類では，真の羽毛という特徴も共通していた．これよりももう少し原始的で，獣脚類コエルロサウルス類に属する類縁の恐竜たちでは簡単な綿毛状の原羽毛がみられるのに対して，マニラプトル類の羽毛は中心に羽軸があって，その羽軸から枝が出ており，その枝からさらに小さな構造物が出ていて羽毛の形を保持するようになっている．デイノニコサウルス類は腕や，尾の先，脚などに長い羽毛をもっていた．体のその他の部分は原羽毛か，または小さな体羽毛（現代の鳥類にみられるようなもの）でおおわれていた．

第19章で述べたように，この特殊化した腕と羽毛という組み合わせは，巣の卵を抱くのに有用だった．またこれは，WAIR（翼の助けを借りた急斜面駆け登り）とよばれる特殊な移動方法も可能にした．モンタナの動物学者ケネス・ダイアルによって発見されたWAIRは，現代の鳥類が用いる移動方法の一つで，翼を前後に羽ばたきながら，木の幹を駆け登るものである．この羽ばたきが鳥の足を木に押しつけ，垂直の木の幹を駆け登ることを可能にする．マニラプトル類の多くはWAIRを行うために必要な解剖学的構造をすべて備えており，これらの恐竜が小さいときにはこの方法をとっていた可能性はきわめて高い．

木を駆け登る能力は，大きな利点となる．これは捕食動物から逃れるのに役立つ．実際に，主として地上で生活し，えさをとる現代の鳥類がWAIRを用いる理由の一つはここにある．古代に生きた類縁のものたちも，同じ問題に直面しただろう．現代のニワトリ，ウズラ，クジャクなどと似た，これらの恐竜たちは，実際に樹上に住むには体が大きすぎたが，自分の身を守るため，WAIRを用いて木の上に登っていたかもしれない（樹上は夜間に休息するためにも安全な場所となった）．

かつて古生物学者の多くは，中生代の恐竜の中に大半の時間を樹上で生活するものなどいなかったと考えていた．現代には，それと同じような生活をする鳥類はたくさんいる．しかし，そうした鳥はほとんどすべて体がごく小さく，その多くは地上で暮らす鳥類よりも小さい（オウム類やキツツキ類などのように，高度に特殊化した一部の鳥類は例外である）．カウディプテリクス *Caudipteryx* のような中生代の小型のマニラプトル類でさえ，樹上で生活するたいていの鳥類よりも大きく，それらはすべて地上で生活するものであったにちがいないと考えられていた（ときにWAIRを利用して樹上に逃げ込むことはあったとしても）．しかし2000年代前期に，樹上で生活する小さな恐竜の新しい証拠が発見された．羽毛をもった他の有名な多くの恐竜たちと同じように，これらの新しく発見されたものたちも中国産の小型恐竜である．しかし，これらの小型マニラプトル類が発見された湖底の泥岩は，ミクロラプトル *Microraptor* やシノルニトサウルス *Sinornithosaurus*

木に登る能力は，小さなマニラプトル類が大きな肉食の仲間から身を守るのに役立っただろう．

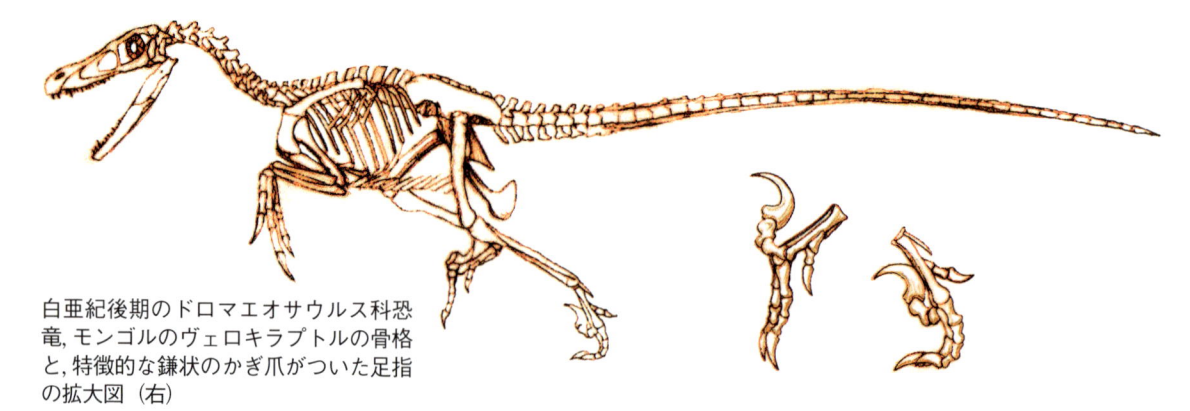

●デイノニコサウルス類

白亜紀後期のドロマエオサウルス科恐竜，モンゴルのヴェロキラプトルの骨格と，特徴的な鎌状のかぎ爪がついた足指の拡大図（右）

が発見された岩石よりもずっと古いものではないかと考えられる．最近の分析では，これはジュラ紀後期または白亜紀前期のごく初期のものである可能性が示されている［訳注：白亜紀前期，約1億2400万年前のものらしい］．

その正確な年代はどうであれ，小型のマニラプトル類恐竜ペドペンナ Pedopenna やエピデンドロサウルス Epidendrosaurus はデイノニコサウルス類でも，鳥類でもなく，この両グループの共通の祖先にきわめて近い類縁のものではないかとも考えられる．ペドペンナは片脚と，腕の一部だけしか知られていないが，その両方とも長い羽毛がついている（デイノニコサウルス類や初期の鳥類と同様）．エピデンドロサウルスは現在，体長11cm ほどの小さな骨格が2体知られているが，これは孵化したばかりの赤ん坊にすぎないものかもしれない．この恐竜の最も興味深い特徴はその手にある．他の多くの獣脚類では最も長い手の指は第2指であるのに対して，エピデンドロサウルスは第3指が特に長い．これと似た奇妙な指をもつアイアイ（マダガスカルに住む霊長類）と同じように，この恐竜の指も木の皮の中にいる昆虫をつつき出すのに使ったという説を提唱している古生物学者もいる．

いずれにせよ，ペドペンナ，エピデンドロサウルス，原始的なドロマエオサウルス科の恐竜，それに鳥類はすべて，後肢の第1指が足のいちじるしく低い位置にある．このような足指は，木の枝にとまるとき，枝をつかむことを可能にする．他の獣脚類は足指がこのような配置になっておらず，したがって進化したマニラプトル類をまとめたこのグループの共通の祖先は，多くの時間を木の上で過ごしていた可能性が高いと思われる．

中国の恐竜のほかに，北米やヨーロッパでも，デイノニコサウルス類がジュラ紀後期までに，もしかするとすでにジュラ紀中期までに，進化してきていた可能性を示すような骨や歯が，いくつか単発的に発見されている．しかし確実なデイノニコサウルス類で最も古いのは，白亜紀前期のものである．

空を飛ぶラプトル恐竜？

デイノニコサウルス類の中の1グループであるドロマエオサウルス科（ヴェロキラプトルとデイノニクスはともにこの科に属する）はきわめて多様である．このグループには，ジャッカルくらいから，ハイイログマ（アメリカヒグマ）くらいまでの大きさの捕食恐竜が含まれる．しかし近年になって，ドロマエオサウルス科の原始的な種が多数発見され，このグループの初期のものたちがどのような姿をしていたかが以前よりもよくわかってきた．ドロマエオサウルス科恐竜は，カラスほどの大きさで，脚とほとんど同じくらいの長さのある腕をもった恐竜から始まった．その頭骨は特に強固なものではなかったが，そこには小さな鋭い歯が多数並んでいた．尾の基部に並ぶ血道弓骨は互いに，他の獣脚類の場合よりもさらにしっかりと組み合っていた．また，原始的なドロマエオサウルス科の腕や脚の羽毛はいちじるしく長かった．

最近，シカゴ・フィールド博物館の古生物学者ピーター・マコヴィッキーらが行った分析では，ドロマエオサウルス科には4つの主要な枝があったことが明らかにされている．すなわち，鼻先部の長いウネンラギア亜科 Unenlagiinae，体の小さなミクロラプトル亜科 Microraptorinae，ほっそりしたヴェロキラプトル亜科 Velociraptorinae，それに体のがっしりし

たドロマエオサウルス亜科 Dromaeosaurinae である．

ウネンラギア亜科は他のものから最初に枝分かれしたグループだった．現在までのところ，南米，アフリカ，およびマダガスカルでしか発見されていない．これらの陸塊は，かつては皆いっしょにくっつきあっていて，ゴンドワナとよばれる一つの超大陸の一部をなしていた．ウネンラギア亜科の恐竜は他のデイノニコサウルス類とは異なり，小さい歯が多数並んだ，いちじるしく長い鼻先部をもっていた．このことは，これらの恐竜が自分よりもずっと小さな動物を捕らえて食べていたことを示す．カラスほどの大きさのマダガスカルのラホナヴィス Rahonavis やシチメンチョウほどの大きさのアルゼンチンのブイトレラプトル Buitreraptor は，ウネンラギア亜科の中で小型のほうの恐竜であ

白亜紀後期のドロマエオサウルス科ウネンラギア亜科恐竜，アルゼンチンのブイトレラプトル

る．そのうちで大きいものとしては，南米のウネンラギア Unenlagia，ネウケンラプトル Neuquenraptor（成長段階の異なるウネンラギアにすぎないかもしれない），体長 2.4m ほどのウンキロサウルス Unquillosaurus などがいる．ウネンラギア亜科のうちで巨大な恐竜が，アルゼンチンの古生物学者フェルナンド・ノバスによって発見されている．彼はこの恐竜についてまだ名前もつけていないし，十分な記載も行っていないが，体長は約 6.1m あり，最大のラプトル恐竜の一つとなっている．

ラホナヴィスは最初，原始的な鳥類として記載された．その骨格は不完全なものだったが，腕が体の割りにいちじるしく長いことは明らかだった．尺骨

白亜紀後期のウネンラギア亜科恐竜ラホナヴィスのような小型のデイノニコサウルス類の中には，多少，飛んだり，滑空したりする能力をもったものもいたかもしれない（ただし，泳ぐラペトサウルスの背中に乗っているのは，まったくの空想にすぎない）．

●デイノニコサウルス類

白亜紀前期のドロマエオサウルス科ヴェロキラプトル亜科恐竜デイノニクスの群れが，イグアノドン類のテノントサウルスを襲う．

（前腕の下側の骨）にはこぶ状の隆起が並んでいて，大きな羽毛が付着していたことを示していた．この小さな恐竜は明らかに，その腕を羽ばたくために使っていた．実際に，これは少なくとも原始的な鳥であるアルカエオプテリクス並みの，優れた飛行能力の持ち主だったと思われる（とはいっても，それほどすばらしい飛行能力をもっていたというわけではない．アルカエオプテリクスは現代の鳥類に比べれば，飛ぶのはずっと下手だったと思われる！）．

その他のウネンラギア亜科の仲間は，体が大きすぎて，少なくとも完全に成長してからは飛ぶことはできなかっただろう．しかし，子どもたちは木から木へ滑空したり，羽ばたきをして飛び移ったり，あるいは木の上から地上に飛び降りたりすることはできたかもしれない．

飛ぶことができたと思われるもう一つのグループは，ミクロラプトル亜科である．"ミクロ"という名前が示すように，知られているミクロラプトル亜科恐竜は体が小さかった．これらの恐竜では，もっと体の大きい近縁のヴェロキラプトル亜科やドロマエオサウルス亜科と同じように，尾椎のてっぺんや，血道弓に沿ってきわめて長い骨の突起がみられる．これは，その尾が基部のごく一部を除いて，きわめて堅くぴんと伸びていたことを意味する．また，ドロマエオサウルス科のもっと体の大きい恐竜たちと同じように，ミクロラプトル亜科の恐竜は，ウネンラギア亜科の恐竜よりも鼻先部が短く，歯が大きかった．

これまでに発見された確かなミクロラプトル亜科の恐竜は，すべて白亜紀前期の中国のものである．それには，シノルニトサウルスやミクロラプトルそのものが含まれる（白亜紀後期の北米の小さなバンビラプトル *Bambiraptor* は，遅くまで生き残ったミクロラプトル亜科か，あるいは小型のヴェロキラプトル亜科の恐竜かもしれない）．化石が示すところによれば，ミクロラプトル亜科の恐竜の腕や脚の羽毛はとりわけ長かった．これらを「四枚翼の恐竜」とよぶ人さえいる．最初，これらの小さなラプトル恐竜は腕と同じように脚も体の横に突き出していたと想像する古生物学者もいたが，それは不可能である．そうするためには，大腿骨を股関節窩からはずさなければならないことになる！（これは，家庭でローストチキンなどを使って調べることができる．大腿骨と股関節窩のつながり方は，鳥類とミクロラプトル亜科の恐竜とはきわめてよく似ている．大腿骨を水平になるまで側方にもち上げれば，脚は完全にはずれてしまう！）．

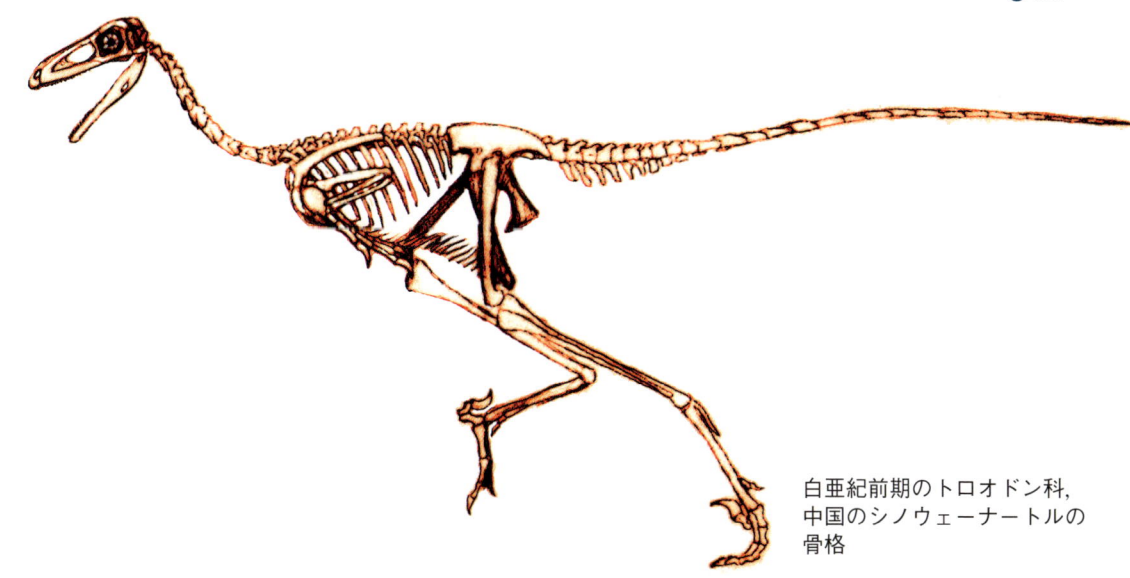

白亜紀前期のトロオドン科，中国のシノウェーナートルの骨格

大腿骨がはずれないままで脚を側方に突き出すことはできないので，滑空するとき，脚は何らかの違う姿勢に保たなければならなかった．脚は体にくっつけるようにして折りたたんだのだろうか？　そうだとすると，脚の羽毛がそんなに大きくなければならない理由はないことになる．飛行中，脚は下にぶら下げて制御に役立てていたのかもしれない（飛行機の垂直尾翼のように）？　脚は後ろに伸ばして，羽毛が尾に沿って並び，"尾翼"を形成するようにしていたのかもしれない？　古生物学者は今もこの問題を解明するため努力中である．

現代の鳥類の中にも，脚にきわめて大きな羽毛をもつものがいる．ある種のワシやタカ類（現代の"ラプトル"たち！）は，そのような羽毛をもつ．それは誇示するためだけのものかもしれないし，獲物を捕らえるため空中から舞い降りるとき，運動を制御

するのに役立っているのかもしれない．原始的なドロマエオサウルス科の恐竜も同じことをしていたのではないだろうか？

白亜紀のネコ類

古生物学者や一般の人々にとって前記のものたちよりなじみが深いのは，ドロマエオサウルス科のうちでもっと大型のヴェロキラプトル亜科とドロマエオサウルス亜科の恐竜たちである．ヴェロキラプトル亜科の恐竜は一般に頭骨や四肢がほっそりできているのに対して，ドロマエオサウルス亜科の恐竜はもっとがっしりと，太めの体つきをしている．どちらのグループも北米とアジアでしか見つかっていないが，おそらくヨーロッパにも住んでいたと思われる．

デイノニクスは3.5mほどのヴェロキラプトル亜科の恐竜で，白亜紀前期の北米にいた．ヴェロキラプトルはそれよりも遅く現れた，白亜紀後期のモンゴルの，もっと小さい類縁の恐竜で，体長2.1m以下しかなかった．その他のヴェロキラプトル亜科には，もっと小さい白亜紀後期の北米の種サウロルニトレステス *Saurornitholestes* がおり，可能性のあるものとしてはバンビラプトルもいた（これはミクロラプトル亜科の最後の恐竜かもしれない）．ドロマエオサウルス亜科には，デイノニコサウルス類のうちで最も大きく，最もどっしりとした体つきをした恐竜たち，白亜紀初期に北米にいた体長7mのユタラプトル *Utahraptor* や，5.2mのアキロバートル

白亜紀後期のトロオドン科恐竜，北米西部のトロオドンと，足（左）および歯（右）の拡大図．

Achillobator が含まれる．この亜科にはそのほかに，もっと体長の小さい白亜紀後期のカナダのアトロキラプトル *Atrociraptor* やドロマエオサウルス，モンゴルのアダサウルス *Adasaurus* などがおり，これらはすべてヴェロキラプトルと同じくらいの大きさだった．

　ドロマエオサウルス亜科やヴェロキラプトル亜科の恐竜の赤ん坊は木の上から滑空したり，飛んだりすることができたかもしれないが，おとなは体が大きすぎて，このようなことはできなかった．しかしこれらの恐竜の祖先（や赤ん坊？）が空中を移動するのに役立った適応は，この恐竜たちが地上で狩りをするのにも役立った．たとえば，長くて堅い尾は，走るときの釣り合い重りとしても役立った．獲物を追いかけるとき，尾を伸ばす方向をあちこち変えることで，急速に方向転換をすることができた．折りたたまれている長い腕（先に鋭いかぎ爪がついている）を，前方にさっと伸ばして獲物をつかまえることもできた．ドロマエオサウルス科の恐竜のおとなは，獲物の背中や脇腹に飛びかかることができた．獲物の体をしっかりつかまえると，その大きな鎌状

プシッタコサウルスを追う3頭のトロオドン科シノウェーナートル．白亜紀前期の中国で

のかぎ爪で相手ののどをかききり，腹を切り裂いた．ドロマエオサウルス科の恐竜は，きわめて腕のよいハンターだった．

　このような攻撃のシーンをどこかでみたことがあるように感じるとすれば，それはおそらく大型のネコ科動物のことを知っているためだろう．現代のライオン，トラ，ヒョウ，チーター，その他の類縁の動物たちは，同じようなやり方で狩りをする．このグループの恐竜に「ラプトル」というニックネームがつけられていなかったとしたら，「ピューマ恐竜」という名前がけっこうふさわしかったのではないかと思うほどである．

　こうした狩りの光景を，どうやって知ることができるのだろうか？　一部は解剖学的な特徴，折りたたんだり，伸ばしたりできる長い腕，堅くぴんと伸びた尾，引っ込めることのできる巨大なかぎ爪，などによる．しかしまた，モンゴルで見つかった，みごとな「戦う恐竜の化石」のおかげでもある．その化石には，ヴェロキラプトルが小型のケラトプス類

（角竜類）プロトケラトプス *Protoceratops* ののどを，鎌状のかぎ爪で切り裂いている姿がそのまま保存されていた．

ラプトル恐竜の群れ

ドロマエオサウルス科の恐竜は群れで狩りをしたのだろうか？　少なくとも，デイノニクスではそうであったと思われる．イグアノドン類の大型植物食恐竜テノントサウルス *Tenontosaurus* の骨格 1 体とともに，多数のデイノニクスが埋まっているのが発見された化石採掘場は何か所かある．これは群れで死骸の腐肉を食べていたデイノニクスが突然土砂に埋まってしまったものという可能性もあるが，これはそのようなものではないらしいことを示す証拠もある．もう少し説明すれば，やはり同じ生息環境に住んでいたよろい竜類であるサウロペルタ *Sauropelta* 1 頭を，多数のデイノニクスが取り囲んでいるものはまったく見つかっていない．デイノニクスの群れは，厚いよろいをつけたサウロペルタではなく，体は大きいけれども，ほとんど無防備なテノントサウルスを襲っていたのではないかと考えられるのである．

オオカミやライオンの群れが獲物を襲う間に仲間を 2 頭失えば，その群れは効果的に獲物を襲うだけの力がなくなってしまうかもしれない．しかし，恐竜は哺乳類とは違う．成熟したメスは毎年 10 個あるいはそれ以上の卵を産むことができ，哺乳類よりも簡単に仲間を補充することができた．したがってラプトル恐竜の群れは，毎年ライオンの群れよりも多数の仲間を失っても，じゅうぶんに生きていくことができた．

しかし，デイノニクスが群れをつくって生きていたからというだけで，ドロマエオサウルス科の恐竜がすべて群れをつくっていたということにはならない！　ライオンは群れで生活するが，ごく近い類縁関係にあるヒョウやトラはおおむね単独で生活する．つまり，ドロマエオサウルス科のいくつかのものは単独で生活をしていたが，別のあるものはペアで狩りをし，また別のものたちは群れで狩りをしたということかもしれない．植物が豊富にある，

したがって獲物にする大型の植物食恐竜がたくさんいる環境に住んでいたデイノニクスは，群れで生活することができたと考えるのが理に適っているだろう．

砂漠に住むヴェロキラプトルは，養わなければならない口が多すぎれば飢えることになり，したがってこれは単独で暮らす動物であった可能性が大きい．ヴェロキラプトルはときには群れをつくったが，いつも協力しあっていたわけではないことがわかっている．脳に損傷を与えるほどの致命的なかみ傷のついたヴェロキラプトルの頭骨が見つかっており，その歯型は別のヴェロキラプトルのものと思われる．

混乱を招くトロオドン科の恐竜

ドロマエオサウルス科ほどよく知られてはいないが，トロオドン科の恐竜は，デイノニコサウルス類のうちで最初に発見されたグループである．1856 年にトロオドン *Troodon* という名前がつけられたとき，知られていたのはその歯だけだった．実は最初，これはトカゲだと考えられ，恐竜などとは思われてもいなかった．その後，トロオドンとパキケファロサウルス類の歯が似ていることが混乱を招き，トロオドン科という名前はドーム型の頭をもち，頭突き合いをする植物食恐竜に用いられた！　最終的には，もっと完全な真のトロオドン科の骨格が発見され，これはコエルロサウルス類の獣脚類と認められるようになった．

しかし，混乱はそこで終わったわけではなかっ

白亜紀前期のトロオドン科恐竜，中国のシヌソナスス *Sinusonasus*

た．長い間，知られているトロオドン科恐竜は，北米のトロオドンやモンゴルのサウロルニトイデス *Saurornithoides* のような白亜紀後期の進化した種だけだった．これらが示す特徴には，獣脚類のまったく別のグループにみられる特徴が入り混じっているように思われた．たとえば，脳頭蓋はある点では鳥類に似ており，別の点ではオルニトミモサウルス類に似ていた．トロオドン科の恐竜の足にはドロマエオサウルス科の恐竜の足と同じように引っ込めることのできる鎌状のかぎ爪があったが，オルニトミムス科やティラノサウルス科の恐竜と同じような，両側から挟みつけられて細くなった第3中足骨もみられた．ドロマエオサウルス科の恐竜や鳥類とは異なるが，原始的な獣脚類とは同じように，恥骨は前方に伸びていた．他の多くのマニラプトル類と同じように，大きな半月型の手首の骨をもち，多くのマニラプトル類とは異なり，かなり短い腕をもっていた．したがって最近まで，トロオドン科は分岐学的分析の「問題児」とされていた．ある研究では，これらは鳥類と最も近い血縁関係にあるとされ，別の研究では，（私がいってきたように）オルニトミモサウルス類に最も近いとされた．さらにまた別の人々は，これをドロマエオサウルス科と近縁と考えた．

　問題の一部は，1990年代半ば以前には，白亜紀後期の本当の末期に生きていた最も特殊化したトロオドン科の恐竜を研究対象とせざるをえなかったことにあった．われわれに必要なのは，初期の原始的なトロオドン科の恐竜の化石だった．それが得られれば，あらゆるトロオドン科の祖先にみられたのはどのような特徴だったか，トロオドン科のその後の歴史の中で進化していったのはどのような特徴だったかを示してくれるはずだった．幸運なことに，1990年代から2000年代に，まさにそのような化石がアジアの白亜紀前期の岩石中から発見された．シノルニトイデス *Sinornithoides*，シノウェーナートル *Sinovenator*，メイ *Mei*，およびジンフェンゴプテリクス *Jinfengopteryx* がこれである．現在では，原始的なトロオドン科の恐竜がドロマエオサウルス科の恐竜や鳥類と同じように，後方に伸びる恥骨をもっていたことがわかっている．トロオドン科の恐竜とオルニトミモサウルス類との頭骨の類似性は，比較的後期の恐竜に現れてきたものにすぎず，したがってそのような類似性は独立した進化によるものである．現在の情報の多くは，トロオドン科の恐竜はドロマエオサウルス科の恐竜とごく近い血縁関係にあることを示している．言い換えれば，デイノニコサウルス類は生命の系統樹の完全な枝の一つだということである．こうした原始的なトロオドン科の恐竜が発見されたことは，これらが系統樹の中のどこに位置するかを理解するのを助けることに（かつて混乱していたわれわれの多くを救済することにも！）なったのである．

　しかし，ここで注意しておかなければならない．トロオドン科のあるもの，たとえばメイなどは頭骨に特に鳥類に似た特徴をもち，したがって新たな発見によって，トロオドン科の恐竜は実はドロマエオサウルス科の恐竜よりも鳥類のほうに近かったことが示される可能性もある．将来の分析や発見が，これらの問題を解決してくれることを期待したい．

　トロオドン科の恐竜が何を食べていたかについても，多くの混乱がある．これらの恐竜の腕はマニラプトル類に比べて一般に小さく，獲物をつかまえるのにはあまり適さなかっただろう．ナイフのような形をしていて，肉を食べるのに適した歯をもつのは，少数のものにすぎない．トロオドン科のさまざまな種では，歯にギザギザがまったくみられない．ギザギザのない歯は，昆虫を食べるある種のトカゲ，さらにはオルニトミモサウルス類やアルヴァレズサウルス科の恐竜にもみられる．トロオドンそのもの，およびそれとごく近縁の少数のものは，小さなギザギザのかわりに大きな隆起のある歯をもっている．歯冠にこのような隆起のある歯は，トカゲのイグアナや，鳥盤類および竜脚形類恐竜などの植物食爬虫類の歯と似ている．これらすべては，トロオドン科の恐竜の食物が多様であったらしいことを示す．小さな脊椎動物，昆虫類，卵，さらには植物まで食べていたのかもしれない．いずれにせよ，これらの恐竜が類縁のヴェロキラプトル亜科やドロマエオサウルス亜科の恐竜がやっていたように，自分と同じくらいか，あるいは自分より大きな動物を捕らえていたとは考えにくい．

　トロオドン科の恐竜の多くは，きわめて長い脚をもっていた．オルニトミムス科やティラノサウルス科の恐竜，オヴィラプトロサウルス類のアウィムス *Avimimus*，その他の足の速い獣脚類と同様，トロオドン科の恐竜の足の第3中足骨にも，衝撃を

吸収するための特別の適応がみられた．ドロマエオサウルス類ウネンラギア亜科やミクロラプトル亜科のうちのいくつかのものもこれと似た足をもち，したがってやはり足が速かった．このような長い脚と衝撃を吸収する足は，トロオドン科の恐竜が小動物を捕らえるのに役立ったかもしれないが，同時にドロマエオサウルス科の恐竜や，ティラノサウルス科の若い恐竜から逃げるのにも役立ったのだろう！（ヴェロキラプトル類は「駿足のどろぼう」という意味の名前をもち，映画ではチーターのようなスピードで走る姿が描かれているにもかかわらず，脚が特に長くなかったり，あるいは足が衝撃を吸収するようにできていなかったりで，トロオドン科の恐竜よりも足が遅かったことはほぼ間違いない）．

トロオドン科の恐竜は一般に小さかった．人間のおとなほどの体重をもつものは一つも知られていない．最も大きかったのはトロオドンそのもので，体長は3mあったが，体重は50kgくらいしかなかった．小さなメイは体長53cmしかなく，ミクロラプトル類の一種であるラホナヴィスや，初期の鳥類アルカエオプテリクスと同じくらいの大きさだった．その他は，この両者の中間になる．

ラプトル恐竜の行動

2つのグループのデイノニコサウルス類は，ともに湿潤な環境でも，砂漠などの乾燥した環境でも見つかっている．両グループの巣や卵も知られている．オヴィラプトロサウルス類や鳥類と同様，デイノニコサウルス類も卵を抱いて温めた．また鳥類と同じように，頭を羽毛の生えた腕の下に突っ込んで眠った．それがわかるのは，そのような姿勢をして，尾で体を包んだトロオドン科の恐竜の骨格が2体（一つはシノルニトイデス，もう一つはメイ）見つかっていることによる．

1970年代に，トロオドン（当時はステノニコサウルス *Stenonychosaurus* とよばれていた）の脳の相対的な大きさが，鳥類を除くすべての恐竜の中で最も大きいことがわかった．このことから，トロオドン科の恐竜は中生代で最も知能の高い恐竜という評判を得た．公正を期するならば，この研究ではマニラプトル類のその他のグループは一つも調べておらず，調べていれば，オヴィラプトロサウルス類やドロマエオサウルス科の恐竜も同じくらい脳が大きい

という結論が出ていた可能性は高い．そのような大きな脳は，獲物を追う複雑な動きを調整するのに役立っただろう．また，木の上に住むデイノニコサウルス類が木から滑空して飛び降りるとき，枝の間をくぐって滑空するときの進路制御にも役立っただろう．しかし，デイノニコサウルス類は脳が大きいといっても，現代の哺乳類や鳥類の基準でみればそれほど大きな脳をもっていたわけではない．SF映画ではどのように描かれているとしても，これらの恐竜がイルカや霊長類よりも頭がよかったということはありえない！

ドロマエオサウルス科も，トロオドン科の恐竜も，その生息環境で最上位に位置する捕食動物ではなかった．場合によっては，これらはその世界で最も小さな恐竜だった．これらの高度に特殊化した獣脚類は白亜紀のほとんどの時期を生き，両グループの骨と歯は6550万年前までずっと存在しつづけて，その時点で死に絶えた．しかし，その最も近い血縁のものたちは生き残り，あらゆる恐竜のうちで最も繁栄を誇るグループとなった．これをわれわれは「鳥類」とよぶ．

恐竜の頭部をどのような軟組織が飾っていたかは，われわれにはわからない．このデイノニクスのシチメンチョウに似た顔はまったくの想像だが，本物の恐竜もこれと同じような奇妙な顔をしていたかもしれない．

ロンギプテリクス

コンフウシウソルニス

アルカエオプテリクス

21
鳥　群
Avialians

　本書を最初から読んできた読者ならば，鳥類が恐竜であることをもうじゅうぶんにわかっているだろう．そうでない読者ならば，「恐竜の本の中に，どうして鳥についての章があるのだろう？」と思っているかもしれない．恐竜とは何かを，思い返してもらいたい．恐竜はただの「先史時代の動物」ではない．「中生代のうろこでおおわれた動物」でもない．「陸上に住んでいた，体の下に真っ直ぐ脚のついた中生代の爬虫類」ですらない．

　現代の科学者にとっては，イグアノドン *Iguanodon* とメガロサウルス *Megalosaurus* の最も新しい共通の祖先から生まれた子孫が恐竜である．その動物の大きさ，生きていた時代，形は関係がない．問題は祖先だけだ．過去40年間の古生物学で最も重要な発見の一つは，鳥類はイグアノドンとメガロサウルスの最も新しい共通の祖先から生まれた子孫だということだった．言い換えれば，鳥類は恐竜なのである！

　古生物学者が「鳥は恐竜だ」といったりするのは，裏庭で恐竜を観察するとか，恐竜はチキンのような味がするなどといって話を面白くするためと考える人もいる．私にいわせてもらえば，「鳥類は恐竜だ」というのは面白い話ではない！　それは頭痛を起こさせるだけだ！　たとえば，「いちばん小さな恐竜は何ですか？」，「いちばん速い恐竜はどれですか？」，「いちばん頭のよい恐竜は何ですか？」，「どうして恐竜は絶滅したのですか？」などという質問に，私はどう答えたらよいのだろうか？

　科学の原理に忠実であろうとするならば，私は次のように答えなければならない．「いちばん小さな恐竜はマメハチドリ *Mellisuga helenae* で体重2g．飛ぶのがいちばん速い恐竜はハヤブサ *Falco peregrinus* で，急降下するときのスピードは時速322kmに達する．走るのがいちばん速い恐竜はダチョウ *Struthio camelus* で，時速64km．いちばん頭のよい恐竜は，さまざまな種のオウムやカラス．そして鳥類は今も生きているから，恐竜は絶滅していない」．

　このような答えは，読者が本書に期待するものとは違うかもしれないが，恐竜であるということは，哺乳類であるとか，脊椎動物であるというのと同様，祖先が誰であるかによって決まるということを認めるならば，これが最も正しい答えである．そして今日，あらゆる証拠は鳥類が恐竜の一種であることを指し示している．

　現代の鳥類はAves（鳥綱）とよばれるグループに属し，Avesはラテン語で「鳥」を意味する．新生代全体を通じて絶滅したさまざまな種の鳥や，中生代白亜紀末のいくつかの種も鳥綱に属する．しかし，鳥綱よりもっと原始的な絶滅種の鳥が白亜紀には多数，ジュラ紀にも1〜2種知られている．1986年に古生物学者ジャック・ゴーティエが，鳥綱そのもの（現代鳥類）と古い原始的な鳥類の両方を含むグループにAvialae（鳥の翼）という名前をつけた．これを日本語では鳥群と訳す．Avialae（鳥群）はAves（鳥綱）を含むだけでなく，有名なジュラ紀後期のアルカエオプテリクス（始祖鳥）*Archaeopteryx*，白亜紀前期の歯のないコンフウシウソルニス *Confuciusornis*，エナンティオルニス類 Enantiornithes の多様な種，白亜紀のいくつかの古い海鳥類なども含む．

どのような場合に，鳥は鳥になるのだろうか？

　では，鳥を他と異なる特殊なものとしているのは何なのだろうか？　人はどのような場合に，ある動物が鳥であると認識するのだろうか？　「鳥は飛ぶ」と答えたくなるかもしれないが，コウモリや昆虫も飛ぶし，絶滅した翼竜も飛んだことを思い出してもらいたい．ある種のデイノニコサウルス類の恐竜さえ飛んだかもしれない．また，完全に文句なしの鳥類であるダチョウやペンギンは，まったく飛ぶこと

164 ●鳥　群

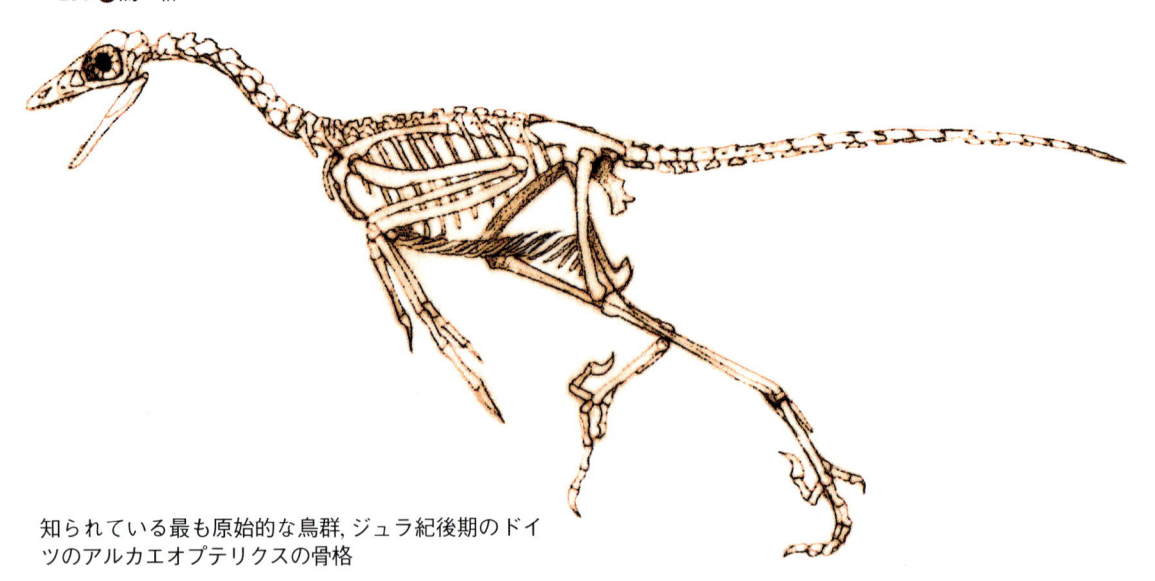

知られている最も原始的な鳥群，ジュラ紀後期のドイツのアルカエオプテリクスの骨格

ができない．

　化石の記録というものがなかったとしたら（恐竜がまったく発見されていなかったら）鳥類を他の生物と区別することはきわめて容易だったろう．古生物学という学問が生まれる以前は，まさにそのような状況にあった．鳥類は常に，現生動物のうちで最も認識しやすいグループの一つだった．鳥類は現生の他のどの動物ともはっきり異なっていたからである．いうまでもなく，鳥類は羽毛をもつ．また現代の世界では，羽毛をもつのは鳥類のみであり，鳥類のあらゆる種が羽毛をもつ．しかし，その解剖学的構造にはほかにも特殊化した特徴がみられる．

　ここで，重要な特徴のいくつかをあげてみよう．鳥類は複雑な気嚢系をもち，それは呼吸の効率を高

最新の研究によって，アルカエオプテリクスは翼と尾のほか，脚にも長い羽毛があったことが知られている．

白亜紀前期の中国で羽毛をもった恐竜は，コンフウシウソルニス（上左および右）のような鳥類だけではなかった．原始的なケラトプス類プシッタコサウルス *Psittacosaurus*（中央および左）は尾に長い羽毛のようなとげをもち，コンプソグナトゥス科シノサウロプテリクス（下右）は体が綿毛状の原羽毛でおおわれていた．ドロマエオサウルス科のミクロラプトル *Microraptor*（中央右で戦っている 2 頭）やテリジノサウルス上科のベイピャオサウルス *Beipiaosaurus*（後方）は正真正銘の羽毛をもっていた．

め，体温や水分の喪失を調節するのに役立つ．この気嚢は，鳥類の頭骨，椎骨，四肢骨の内部に複雑な空洞を多数形成する．鳥類はきわめて大きな脳と，歯のないくちばしをもつ．鳥類は叉骨をもつ．多くの鳥では大きな胸骨の中央に大きなうね状の隆起部（竜骨）があり，ニワトリやシチメンチョウの胸肉はここに付着する．鳥類の前肢（翼）は，通常ひじょうに長い．半月型の手首の骨や，手のひらの骨はすべて融合してくっつきあっている．鳥類は手に3本しか指がなく，中央の指が最も長い．どの指にもかぎ爪はない（南米のツメバケイという鳥のヒナは例外）．鳥類の骨盤骨は融合してくっつきあっている．骨盤の恥骨は後方に伸び，両方の先端は触れあっていない．鳥類はすべて後肢だけで立っており，その脚は体からまっすぐ下に伸びている．足の長い骨（中足骨）はすべて融合してくっつきあっている．鳥類は足の指が4本しかなく，第1指は後方を向き，残りの3本は前方を向いている（ただし，木に登ったり，足で水をかいたりするある種の鳥ではこの形は変化している）．鳥類の尾椎はいちじるしく短く，骨盤のすぐ後ろで可動だが，先端部は全体が融合して尾端骨とよばれる単一の構造物をつくる．

特有の特徴は，実にたくさんあるものだと感じられるにちがいない！すべてが現代の動物の解剖学的構造についてのことであるのなら，確かにそれは多いといえるだろう．しかし，もちろんそれはそうではない．われわれが考慮に入れるべきことは，現代の動物の解剖学的構造だけではない．絶滅した異なる種の動物もすべて考慮に入れなければならない．また，化石に保存されてきた動物を考慮に加えると，何が鳥類であり，何が鳥類ではないかを理解することははるかに複雑な問題となる！それらの

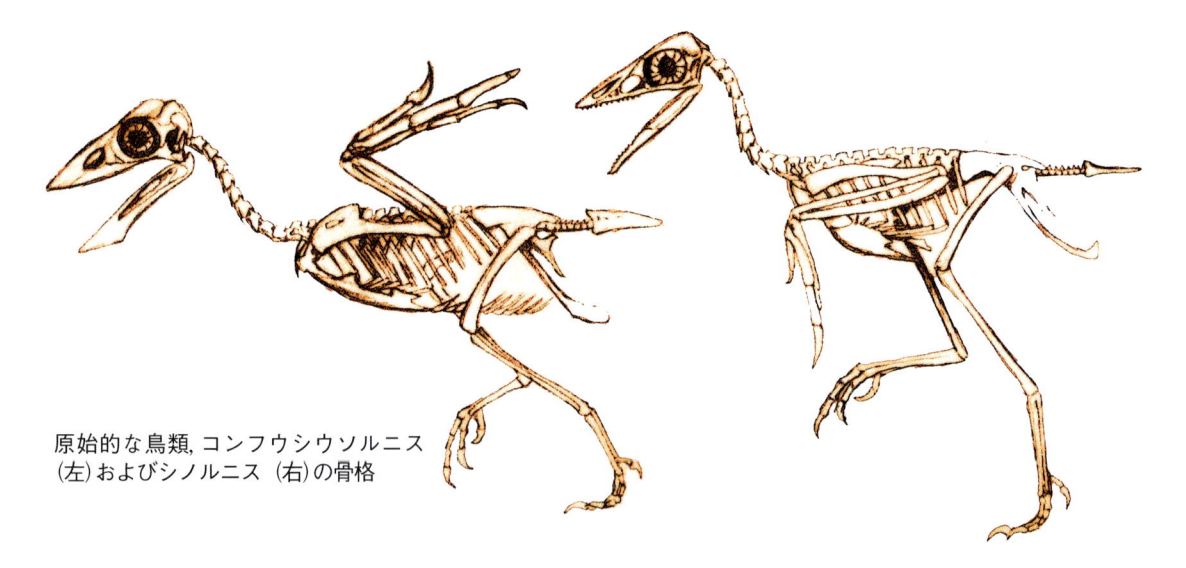

原始的な鳥類，コンフウシウソルニス（左）およびシノルニス（右）の骨格

　中には，進化の上で鳥類に最も近い現存する類縁動物であるワニ類よりも，はるかに鳥類に似たものも多い．これらの鳥類に似た化石動物すべての中で最も重要なのは，いうまでもなく種の異なる恐竜である．本書でみられるように，今日鳥類にのみみられる多くの特徴が，さまざまな種類の恐竜にもみられる．実は，こうした特徴が，恐竜の系統樹の中で鳥類がどのような位置を占めるかを決めるのに役立つのである．

　すべての恐竜と同じく，鳥類の脚は体の下にまっすぐ伸びている．鳥類は竜盤類恐竜であり，他の竜盤類と同じように，気嚢を含む中空の椎骨をもち，手の中央の指（第2指）が最も長い．鳥類は竜盤類獣脚類の恐竜であり，それはその叉骨，頭骨の中の気嚢，大きな3本の指と，それよりも小さな第1指（親指）のある足によってわかる．鳥類は竜盤類獣脚類テタヌラ類の恐竜であり，したがって手の指は3本しかなく，尾は堅くぴんと伸びており，椎骨の中の気室はいちじるしく複雑である．鳥類は竜盤類獣脚類テタヌラ類コエルロサウルス類の恐竜で，そのことは，この恐竜がうろことともに羽毛をもち，またその手がいちじるしく長く，幅が細いことからわかる．鳥類は竜盤類獣脚類テタヌラ類コエルロサウルス類マニラプトル類の恐竜であり，そのことは枝分かれした真の羽毛，半月型の手首の骨のついた長い前肢，大きな胸骨，それに大きな脳をもつことによって示される．マニラプトル類のうちで鳥類と最も血縁関係が近いのは，デイノニコサウルス類，すなわちラプトル恐竜である．どちらのグループでも，後方に伸びている恥骨，骨盤のすぐ後ろの部分が可動の尾椎，足の底部についている第1指などが共通にみられる．

　では，それでどういうことになるのだろうか？それでもなお，鳥綱（現代鳥類）とデイノニコサウルス類とを区別する特徴はたくさんある．現代鳥類は歯のないくちばし，きわめて大きな脳，竜骨のある胸骨，融合した手首および手のひらの骨などをもち，指にはかぎ爪がなく，融合した骨盤骨，両端が中央で互いに接していない恥骨，融合した中足骨，後方を向いた足の第1指，先端が尾端骨になったごく短い尾などをもっている．

　鳥類の進化のある一時点で，これらの特徴が全部いっしょに現れたのであれば，何が鳥類で，何が鳥類でないかを判定するのは簡単だろう．しかし，自然はそのようには進まない．それぞれの特徴は，系統進化の歴史の中で，異なる時期に現れてくる．上にあげた多くの特徴についても同じである．あるものはさまざまな鳥群（現代および中生代の鳥類）にみられるが，鳥綱（現代鳥類）そのもの以外のすべての鳥群のグループにみられるというものは一つもない．言い換えると，鳥類は最も近い類縁の動物ときわめてよく似たものとして生まれたが，その後の中生代全期を通じて，新しい，独特の特徴を進化させていった．本章では，そのような中生代の鳥類と，その進化について述べる．

アルカエオプテリクスとその他の類縁の鳥たち

長い間，中生代の鳥類の研究は，知られている最古の鳥群であるアルカエオプテリクス（始祖鳥）に集中していた．それにはじゅうぶんな理由がある．科学者はアルカエオプテリクスを 1860 年代から知っていた．これは羽毛の印象（圧痕）のみられる化石のうちで，最初に発見されたものだった．しかもこれまでに，保存状態のよい骨格が数体発見されている（これらの骨格のうちのいくつかは，種の異なるものではないかと考えている人もいるが）．

しかし，アルカエオプテリクスはただの 1 種しかいない（3 種も含まれるという人もいるが，私はおそらく 1 種だと考えている）．今日，われわれはアルカエオプテリクスだけでなく，中生代の鳥をずっとたくさん知っている．それでも，これが重要な種であることは変わりなく，したがってこれについてもう少し詳しくみていくことにしよう．

今までに知られているアルカエオプテリクスの化石は，すべて南ドイツで発見された．ゾルンホーフェン累層とよばれるジュラ紀後期の岩層から見つかっている．この岩層は，ジュラ紀後期のヨーロッパの広大な地域をおおっていた温かな浅い海や潟湖に堆積した石灰岩からできている．このような海や潟湖の底には酸素がなく，したがってそこに沈んだ動物の死骸をかき乱すような蠕虫類やその他の動物は生存できなかった．このため，翼竜の翼の皮膚やアルカエオプテリクスの羽毛といった軟部組織の印象（圧痕）がしばしば保存された．

アルカエオプテリクスはカラスほどの大きさの恐竜で，歯のある鼻先部の先端から骨のある尾の先まで 60cm ほどだった．あごの前部にはくちばしではなく，尖った小さな歯があった．脳はデイノニコサウルス類やオヴィラプトロサウルス類と同じくらいの大きさだった．手首と手のひらの骨は融合しておらず，指は長く，その先にはきわめて鋭いかぎ爪がついていた．アルカエオプテリクスの骨盤骨は融合しておらず，恥骨は先端で互いに接していた．中足骨は融合しておらず，足の第 1 指が後ろを向いていたかどうかはあまり確かではない．尾をつくっている骨は，多くのデイノニコサウルス類よりも少なかったが，尾端骨はなかった．

どうすれば，アルカエオプテリクスが本当に鳥類だったということがわかるのだろうか？　正直にいえば，現時点ではこれが確かに鳥だったと知ることはむずかしい！　ラホナヴィスやミクロラプトルのような原始的なデイノニコサウルス類の発見によって，かつてはアルカエオプテリクスとその他の鳥群にのみ知られていた多くの特徴が，ラプトル恐竜にもみられることがわかった．たとえば，アルカエオプテリクスは腕と脚に長い羽毛をもつが，ラプトル恐竜も同じである．ラプトル恐竜も足の第 1 指が足の底部にある．アルカエオプテリクスは（現代の鳥類にはとてもおよばなかったが）飛ぶことができたという意見をもつ古生物学者は多いが，小型の原始的なラプトル恐竜も飛行のための適応を，このアルカエオプテリクスとまったく同じだけもっていたように思われる．

現在のところ，アルカエオプテリクスのほうが原始的なラプトル恐竜よりも，現代の鳥類との血縁関係が近いことを示すものは，2 点の脳頭蓋の細部，顎前部の少数の歯，少数の尾椎，それにひょっとしたら後方を向いている足の第 1 指くらいである．将来の発見によって，実はデイノニコサウルス類の恐竜のほうがアルカエオプテリクスよりも，現代鳥類との血縁関係が近いことが示されたとしても，私は別に驚かないだろう．

白亜紀前期の中国の鳥類コンフウシウソルニス

アルカエオプテリクスは胸骨や腕の発達がじゅうぶんではなく，飛ぶことによく適応しているとはいえない．したがって，飛べたとしても，飛ぶのは下手だった．他のマニラプトル類と同じように，羽毛の生えた腕を使って（WAIR＝翼の助けを借りた急斜面駆け登り法を利用して），木の幹を駆け登っていた可能性が高い．骨格の点では，アルカエオプテリクスは他の小型のコエルロサウルス類（ミクロラプトルやメイなど）とひじょうによく似ており，それらと同じように地上で獲物をつかまえていたのかもしれない．アルカエオプテリクスが何を食べていたかははっきりしないが，鋭い歯はこれが魚類，陸上の小型脊椎動物，もしかしたら昆虫類なども食べていたらしいことを示す．アルカエオプテリクスと同じ岩層に翼竜がきわめてよくみられることから，この小さな恐竜は小型の空飛ぶ爬虫類が地上に降りたときに捕らえていたのではないかと私は考えている．

初期の鳥類の系統樹から次に分かれた枝は，小型の恐竜ジェホロルニス Jeholornis（それにこれと（まったく同じものでないとすれば），ごく近縁のシェンゾウラプトル Shenzhouraptor およびジシャンゴルニス Jixiangornis）である．ジェホロルニスは植物食であることがわかっている最古の，最も原始的な鳥類でもある．シチメンチョウくらいの大きさで，長い尾をもつ鳥類で，白亜紀前期の中国にいた．1体の化石の腹部には，50個ほどの小さな種子が含まれており，したがってこれは少なくとも時には植物を食べていた．多くの点でこれはアルカエオプテリクスに似ていた．手の指にはまだかぎ爪がついており，尾には尾端骨のかわりに個々に離れた骨があった．しかしジェホロルニスは胸骨や，肩の骨もよく発達していた．したがってこれは，現代の鳥と同じくらい飛ぶのがうまかったとはいえないかもしれないが，おそらくジュラ紀の同類たちよりは上手に飛んだと思われる．

白亜紀前期の中国では，多くの種の鳥が知られている．最も数が多いのはコンフウシウソルニスで，数千体の骨格が発見されている．この鳥は歯のないくちばしをもち，種子を食べていたか，または果実を食べていたのではないかと考えられる．もっと後のすべての鳥類と同じく，これは真の尾端骨をもっていた．しかし，コンフウシウソルニスの胸骨にはごく小さな竜骨しかなく，手の骨や中足骨はまだ融合していない．それどころか，3本指の大きな手はまだデイノニコサウルス類やオヴィラプトロサウルス類の手にきわめてよく似ており，たぶんその手は植物の枝や食物をつかむのに使うことができただろう．

コンフウシウソルニスの興味深い特徴の一つは，おとなの中に，1対の長い尾羽をもっているものがみられることである．しかしおとなであっても，これをもたないものも多かった．このことは，長い尾羽はオスにのみみられるもので，これは現代のクジャクと同じように，メスへの求愛のディスプレーに使われていたことを意味するのかもしれない．

エナンティオルニス類とパタゴプテリクス

白亜紀前期の鳥類の多くは，エナンティオルニス類（反鳥類）とよばれるもっと進化した鳥のグループに属する．実は，エナンティオルニス類は白亜紀の鳥類のうちで，世界中で最も広くみられるグループである．すでに数十種が知られており，今も古生物学者によってさらに多くのものが記載されつつある．エナンティオルニス類は最初，白亜紀の初め近くに出現し，白亜紀の本当の最後まで生きていた．これらはすべての大陸で発見されている．

エナンティオルニス類は部分的に融合した手の骨，部分的に融合した中足骨，竜骨のある胸骨，他のものより多い腰椎などがみられる点で鳥類に似ている．少数のエナンティオルニス類は，まだ手指の1本または2本にかぎ爪がある．肩，手のひら，脛骨などの細部にみられる特有の形は，すべてのエナンティオルニス類に共通のものである．

エナンティオルニス類は大きさの異なる多くの種を含み，習性や生息環境もさまざまに異なる．最も小さいものはスズメくらいの大きさだったが，最も大きなものは翼幅が1m以上もあった．虫や植物などを食べていたのではないかと思われる鼻先部の短いもの，水生の無脊椎動物を探っていた鼻先部の長いもの，魚類をつかまえていた鼻先部の長いもの，さらには肉食と思われる種さえいた．エナンティオルニス類の仲間の多くは歯をもっていたが，歯のないくちばしをもったものも少数ながらいた．あるものは湖に住み，あるものは森に，またあるものは太古の砂漠で発見されている．これらの鳥類はおそらく，もっと原始的な種に比べると，はるかに飛ぶ能

白亜紀後期のアルゼンチンの鳥エナンティオルニス

力は優れていただろう．

　しかし，今日でも飛ぶことのできない鳥が多数いるのと同じように，白亜紀の鳥類の中にも飛行能力を失ったものはいた．その一つがパタゴプテリクス *Patagopteryx* である．この種は白亜紀後期のアルゼンチンにいたもので，体高は約50cm あった．現代のダチョウやキウィと同じように，その祖先は飛ぶことができた．しかしパタゴプテリクスの翼ははるかに小さく，したがって走ることしかできなかった．これはエナンティオルニス類よりももっと鳥類に似ており，手のひらの骨，中足骨，骨盤骨は完全に融合しているし（全部がいっしょにくっつきあっていたわけではないが！），恥骨は中央で互いに接していない．

白亜紀の海鳥

　今日，海の近くに住み，海で食物を得ている鳥類はきわめて多種にのぼる．水面近くの魚を捕らえたり，浜辺で腐肉を食べるカモメ類もいれば，巨大なのど袋を用いて魚を捕らえるペリカン類，はるか大洋に飛んでいって食物を探すアホウドリやグンカンドリの類，水中深く潜って獲物を捕らえるカツオドリ類，その他多数のものがいる．海鳥の中にはペンギン類のように，飛行能力さえ失い，泳ぎの速い捕食動物へと進化したものもいる．

　白亜紀の海も，獲物を捕らえる能力をもった海鳥にとっておいしい食物に満ちており，この時代に進化してきた海鳥には2つのグループがあった．現代のものとは異なり，白亜紀の海鳥は厳密な意味での鳥類ではなかった．それでもこれらの海鳥のほうが，ここまでわれわれがみてきたすべての中生代の鳥たちよりも，現代鳥類との血縁関係が近かった．たとえば，他の鳥群よりも背中の椎骨が少なく，骨盤の椎骨が多い．

　これら中生代の海生鳥群は，まだ魚やイカを捕らえるための歯をもっていた．いくつかのもの（イクティオルニス *Ichthyornis* やイアケオルニス *Iaceornis* など）は，飛行能力が優れていた．このような鳥たちは海面に急降下し，小魚を捕らえて食べていたの

白亜紀後期のアルゼンチンの飛べない鳥パタゴプテリクス

だろう．これらは現代のアジサシくらいの大きさで，体長は25cmほどだった．

　もっと大きく，もっとめずらしいのはヘスペロルニス類 Hesperornithes（西の鳥）に属するものたちだった．これらの鳥は泳いで魚やイカを追い，現代のアビ類，カイツブリ類，ガラパゴスコバネウなどのように，足を使って水中で自分の体を推進した．実際に，ヘスペロルニス類の少なくとも一部は，翼がいちじるしく小さくなっていた．ヘスペロルニス Hesperornis やバプトルニス Baptornis では，翼のうちの手と前腕の部分がすっかり失われていた．ヘスペロルニス類は大きさがカモくらいから，体長1.8m近くのものまでいた．これらはヨーロッパ，アジア，北米などで発見されており，ヘスペロルニス類の可能性があると思われるものは南極大陸や南米でも見つかっている．多くは海に住んだが，湖や河に住んでいた種もいる．すべての鳥類と同じく，卵は陸上で産まなければならなかっただろうが，陸上ではせいぜいヨチヨチ歩きくらいしかできなかっただろう．現代のペンギン類の多くと同じように，ほとんどの時間は水中で暮らした．

　ついでに付け加えると，ときに誤って首長竜や魚竜のような海生の爬虫類のことを「海に入った恐竜」と思っている人がいる．他方，海生の恐竜はいなかったという人もいる．どちらの人々も間違っている！

　首長竜や魚竜は恐竜の仲間ではないというのが事実である．つまり，これらはイグアノドンやメガロサウルスの最も新しい共通の祖先から生まれた子孫ではない．しかし，ヘスペロルニス類はその祖先から生まれた子孫である．したがって，ヘスペロルニス類は実は海に入った一種の恐竜だった．まさにこれらは，われわれが知る唯一の，水中での生活に適応した中生代の恐竜なのである．

中生代に生きた現代鳥類

　厳密な意味での現代鳥類は歯のないくちばしをもち，その頭骨をつくる骨は融合してくっつきあっているものが多い．その頭骨，椎骨，四肢骨の中には，あらゆる恐竜のうちで最も複雑な気嚢がある．椎骨や四肢骨には，現代鳥類と鳥群とを区別することを可能にするような特徴もある．

　私は Aves について「現代鳥類」という通称を用いているが，これは読者を混乱させようとしてやっているわけではない．このグループの仲間はずっと中生代にまでさかのぼるものであり，「現代型鳥類」というほうがもっと適当かもしれない．確かな現代型鳥類のうちで最古のものは，白亜紀後期の初めころに存在するが，現代鳥類の近縁または直接の祖先でさえあるかもしれない白亜紀前期の中国のものもいくつか知られている．初期の現代鳥類で，少数の骨以上の化石が知られているものはほんの少ししかなく，したがってこれらの鳥類がどのような習性をもっていたかを知ることはむずかしい．このような鳥たちは海，砂漠，湖，森，それらの中間地域など，多くの生息環境で見つかっている．

　これらの種の中には，現代のグループの初期の仲間もいるかもしれない．たとえば，白亜紀のアホウドリ類，ミズナギドリ類，アビ類，オウム類，フラミンゴ類，カモ類，キジ類などの骨もみられると主張する古生物学者もいる．しかし，すべての古生物学者がこれに同意するわけではなく，これらの化石のうちには現在は絶滅した現代鳥類のものも多いと思われる．それでもこれらの断片的な化石は，恐竜時代の終わりまでには，かなり多様な現代型鳥類がいたことを示す．

　最後にひとつ，お断りをしておかなければならない．本書が本当に多様な恐竜のすべてを概説するものであるならば，ここで文字どおりの現代鳥類についても詳細に述べなければならないだろう．しかし，現在生きている鳥は9000種を超える．現代の鳥類のグループそれぞれに，化石恐竜のグループと同じページを割いていけば，この本は現在の10倍もの厚さになってしまうだろう！　読者がこの本を読むのは中生代の恐竜に興味があるためと思われる（私がこの本を書いているのも同じ理由による）ので，現代鳥類については細部に立ち入らないことにする．しかし機会があったら，現在生きている鳥類に関する本も読んでみることをお勧めする．鳥類は本当に興味深い動物である！　そして，彼らもまたトリケラトプス Triceratops や，サルタサウルス Saltasaurus や，ティラノサウルス Tyrannosaurus とまったく同じように恐竜であることを忘れないでほしい！

次ページ：白亜紀後期，北米カンザス州の海にいた飛べない海鳥ヘスペロルニスは，数少ない中生代の海生恐竜の一つだった．

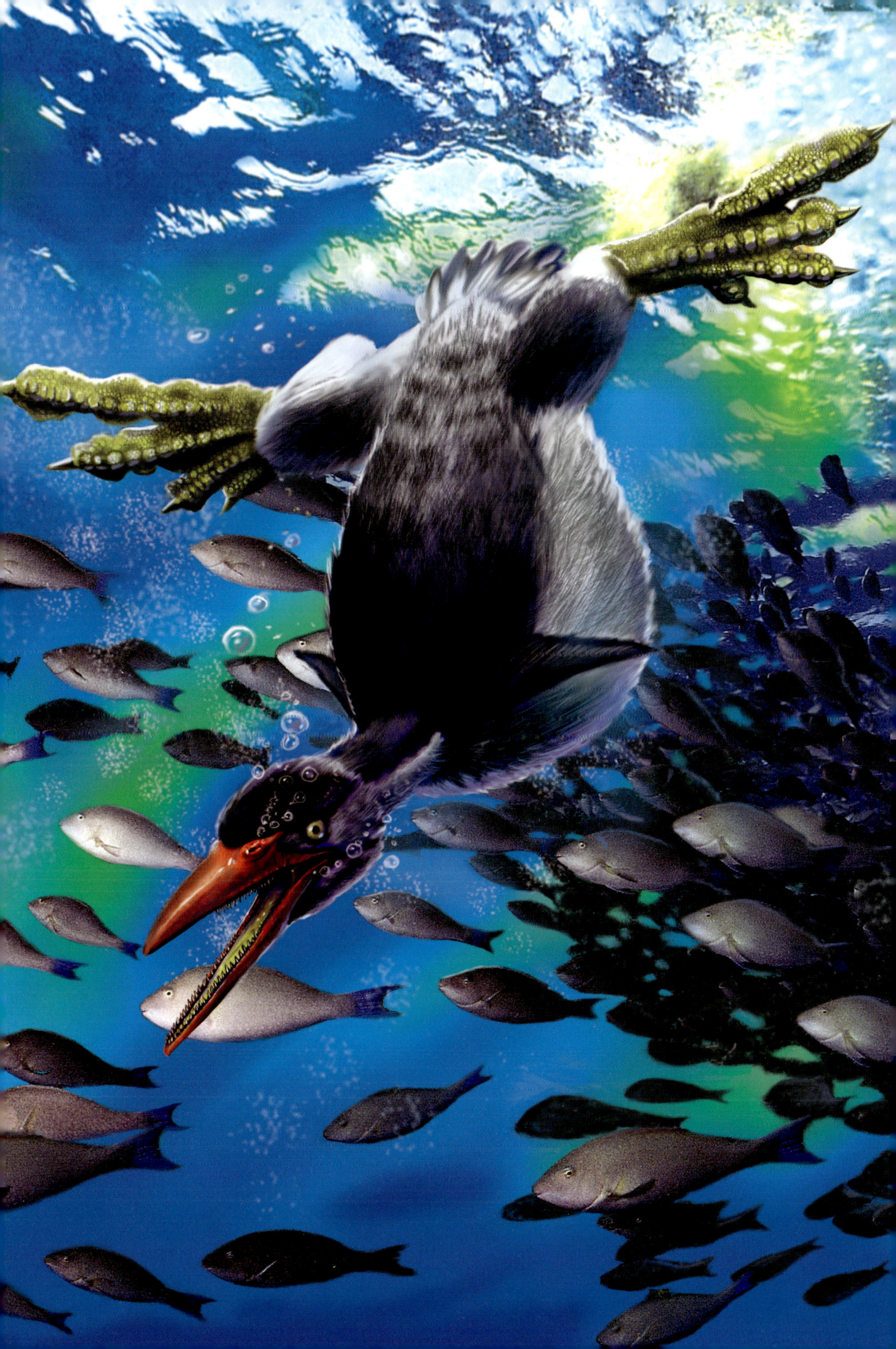

最初期の鳥類

ルイス・キアッペ博士
ロサンゼルス郡自然史博物館

中生代（恐竜の時代）には，鳥類進化の歴史の前半部が起こった．最も初期の鳥類は，ドイツで発見された1億5000万年前のアルカエオプテリクス *Archaeopteryx* だった．これはカモメくらいの大きさで，鋭い歯，かぎ爪のついた翼，骨のある長い尾などをもっていた．アルカエオプテリクスは知られている唯一のジュラ紀の鳥類だが，それよりもわずかに新しい岩層中には，他の原始的鳥類が多数発見されている．

鳥類は白亜紀前期に，多くの形や大きさのものが繁栄した．最も原始的なもののうちには，種子を食べる中国のジェホロルニス *Jeholornis* がいた．この1億2500万年前の鳥は，まだ骨のある長い尾をもっていたが，その翼はもっと現代の鳥に似たものとなっていた．

長い尾をもった鳥類は，中生代のほとんどの時期にふつうにみられたが，現代の鳥類に特徴的な断端のようになった短い尾も，鳥類の歴史のごく早い時期に現れてきた．別の中国の化石鳥類サペオルニス *Sapeornis* も，ジェホロルニスと同じ時代に生きていた．この歯をもつ大型の鳥は，短い尾の先端が断端のようになっていた．その翼は体のわりに，アルカエオプテリクスやジェホロルニスよりもはるかに長く，それはこの鳥は飛ぶのがうまかったことを示している．

鳥類の進化が進むのにともなって，祖先の恐竜たちにみられたような歯をもはやもたないものも現れた．最も初期の歯をもたない鳥はコンフウシウソルニス *Confuciusornis* で，中国の白亜紀前期の岩石中から発見された．カラスほどの大きさのコンフウシウソルニスは，何千点もの化石が知られている．これはおそらく，くちばしを使って種子をつぶしていたものと思われる．

コンフウシウソルニスよりさらに進んでいたのがエナンティオルニス類であり，鳥類から派生した枝のひとつで，現代の鳥類と同じように優雅に飛ぶことのできるグループだった．エナンティオルニス類にも，さまざまに食性の異なるものが多数いた．そのことは，多様な頭骨とくちばし，さらにはいくつかの化石でみられる内臓内容物の化石から知ることができる．種類の異なるエナンティオルニス類は，種子，昆虫，樹液，甲殻類といったものを食べていた．また，最も初期のエナンティオルニス類が小さく，ふつうの鳴鳥類くらいの大きさしかなかったこともわかっている．もっと後に現れてくるエナンティオルニス類は，はるかに大きかった．中生代の終わりころには，ヒメコンドルほどの大きさに達する鳥類も現れた．

恐竜の時代の終わりまでに，鳥類は多くの形，さまざまな生活様式をもつものが生まれた．飛ぶことのできない大型の鳥類の最もよい一例はヘスペロルニス *Hesperornis* で，最初に現れたのは1億年前ごろだった．これは潜水能力が優れ，歯の生えた長いあごを使って水中の魚を捕らえた．ヘスペロルニスとともに，これよりもずっと小型の空を飛ぶ鳥で，同じく魚を食べるイクティオルニス *Ichthyornis* も海岸で暮らしていた．

中生代の終わりまでに，鳥類の多様性はいちじるしく進んだ．最後の恐竜が滅びるころに，新しいグループの鳥類の証拠が現れはじめる．それこそが，やがて，今日われわれのまわりを飛び回っている，カラフルなさまざまな鳥類に至るはずのものたちだった．

白亜紀後期のアルゼンチンの鳥エナンティオルニス

鳥類の飛行の起原

ケヴィン・パディアン博士
カリフォルニア大学バークリー校

何が鳥を飛べるようにしたのだろうか？簡単な答えは、「羽ばたくことのできる、羽毛の生えた1対の翼」というものだろう。しかし、鳥が同時に知能の高い脳と、鳥を空中に保ちつづけるだけの耐久力をもっていなければ、その翼は役に立たなかっただろう。

鳥類はやすやすと飛んでいるようにみえるが、このような能力はどのようにして生まれてきたのだろうか？

羽毛ははじめ、最初の鳥類の祖先となった恐竜に出現した。ある種の小型肉食恐竜は、全身に毛のような被覆をもっていた。別の種類の恐竜たちは、手や尾のあたりに真の羽毛をもっていた。この羽毛は現代の鳥類の羽毛ときわめてよく似ていた。なかには色がついていて、縞模様になっているものもあっただろう。それらの色は、自分と同じ種の仲間を見分けたり、異性を引きつけたり、あるいは捕食恐竜に対するカムフラージュとして役立ったかもしれない。羽毛は、恐竜の親が巣の中の卵をおおうのにも役立ったかもしれない。

鳥類と最も近い類縁関係にある小型の恐竜は、腕に羽毛をもっていた。何百万年もの間に、この羽毛におおわれた腕が翼に進化していった。

どうして羽毛は、すでにほかの仕事をしていながら、腕を翼につくりかえるのを助けたのだろうか？

羽毛はたぶん、鳥類の祖先の移動能力を高めるのを助けたのだろう。もしこれらの動物が木の上で暮らしていたら、木から落ちたり、飛び降りたりするときのスピードを遅くしたりするのに羽毛は役立ったかもしれない。このような鳥類の祖先が地上で暮らしていたら、羽毛は走っていて何かを飛び越えたりするとき、少しばかりの揚力を与えたかもしれない。

木の上からそっと地上に飛び降りたり、地上の障害物を飛び越えたりすることは、飛ぶことと同じではない。飛ぶためには、鳥は羽ばたきとよばれる動きを用いる。羽ばたきは翼の下前方への動きで始まって、上後方への動きが続き、翼は元の位置に戻って次の羽ばたきに入る。翼が空気を切り開くと、空気の伴流が生じ、それが鳥の体を前方に推進する。

翼を羽ばたくためには、大量のエネルギーを要する。このエネルギーのほとんどは、鳥の手首の動きからくる。手首の関節は丸く、これが手を半円状に往復運動させる。ニワトリの翼の尖った先端（手の骨）の基部にある手首関節をみることができる。飛び羽根は、この関節に付着している。

鳥類以外でこれまでに、この丸くなった手首関節をもつ動物は、鳥類と最も近い血縁関係にある小型の肉食恐竜だけだった。

これらの恐竜は、飛ばなかったとすれば、この関節を使って何をしていたのだろうか？獲物を追いつめたとき、両手をたたくようにしてそれをつかまえることができたのではないかと思われる。獲物を追いかけているとき、あるいは捕食動物から逃げているとき、空中でこのような動作をすれば、有利な空気力学的効果が生じ、体が空中にもちあげられたり、地上をより速く走れたりした可能性もじゅうぶんにある。

鳥類の飛行の起原については学ぶべきことがまだたくさんあるが、謎を解くカギは、鳥類に最も近い小型恐竜の骨格にたくさんひそんでいる。

白亜紀後期のアメリカの海鳥イクチオルニス

リオハサウルス

プラテオサウルス

マッソスポンディルス

22
古 竜 脚 類
Prosauropods
原始的な首の長い植物食恐竜

　最も古い恐竜たちの中に，また最も初期に発見された恐竜の中に，原始的な古竜脚類がいる．これらは長い首をもつ植物食恐竜で，三畳紀後期からジュラ紀前期に生きていた．恐竜の時代の初めに，古竜脚類は最もふつうにみられた大型の植物食恐竜だった．これらの恐竜は，その生態学的社会の主役となる最初の恐竜グループだった．最初の獣脚類（肉食恐竜）は他の三畳紀後期の捕食恐竜に比べてごく小さく，鳥盤類（鳥のような骨盤をもつ恐竜）はまれにしかみられなかったのに対して，古竜脚類はその生息環境で最も大きく，最も数の多い植物食恐竜だった．

　首の長い植物食の竜盤類恐竜はすべて，竜脚形亜目 Sauropodomorpha としてまとめられる．竜脚形亜目の中で最もよく知られているのは竜脚下目 Sauropoda（トカゲのような脚をもつもの）の巨大な恐竜たちで，これらはあらゆる時代を通じて最大の恐竜であり，かつて地上に住んだ最大の動物たちでもある．しかし竜脚形類の中には，竜脚類とは別にこれよりももっと原始的なものがいる．これら初期の原始的な竜脚形類がどのような類縁関係にあるのか，正確なところはよくわかっていない．話を簡単にするため，私はこれら初期の恐竜を全部ひっくるめて「古竜脚類」とよんでいる．このほうが，もっと正確に「原始的な竜脚形類」というより簡単だからである．しかし，74〜75ページに示した分岐図は，これらの恐竜について考えられる配列の一例にすぎないことは理解しておいていただきたい．いくつかの分岐学的研究では，これらの恐竜はすべて古竜脚類（竜脚類以前のもの）という単一のクレードにまとめられている．しかし別の研究では，いくつかの原始的な竜脚形類は竜脚類のほうにより近いとされている．さらにまた別の研究では，多くのものは互いに最も近い類縁関係にある（厳密な意味での古竜脚類）が，いくつかのもの—サトゥルナリア *Saturnalia*，エフラアシア *Efraasia*，テコドントサウルス *Thecodontosaurus* など—は，古竜脚類と竜脚類が分岐する以前に系統樹から枝分かれしたと考えている．本当に，これは古生物学者にとってもまったく混沌としている！　古竜脚類の歴史については，もっと研究が必要であることはいうまでもない．

初期の恐竜の最初の発見

　1836年，医師ヘンリー・ライリーと地質学者サミュエル・スタッチベリーは英国ブリストルで爬虫類のさまざまな骨や歯の化石を発見した．彼らは新種の絶滅したトカゲを発見したと考えた．その歯は歯槽にはまっており（哺乳類やワニ類の歯のように），あごの上か内側にただついているだけではなかった（多くのトカゲのように）ので，これにテコドントサウルス（歯槽歯爬虫類）という名前をつけた．その後の発見によって，恐竜の歯はすべて歯槽にはまっていたことが明らかになり，したがってこの名前はあまり本体をよく表す名前とはいえない．また，彼らが発見した動物は実のところ，まるでトカゲに似てはいなかった！　その後の化石によって，テコドントサウルスは 2.4m ほどの 2 本脚の恐竜で，小さな頭，長い首，長い腕の先についたものをつかむことのできる手，長い尾などをもっていたことが明らかにされる．これは原始的な小型の古竜脚類恐竜だった．

　次に古竜脚類が発見されたのは，その 1 年後，ドイツのニュルンベルクでのことだった．ヨハン・フリートリヒ・エンゲルハルトという医師がいくつかの大きな化石の骨を見つけ，彼はそれを古生物学者クリスティアン・エリヒ・ヘルマン・フォン・マイヤーのもとにもちこんだ．フォン・マイヤーはこれが現存するもの，絶滅したしたものをひっくるめ

176 ●古竜脚類

三畳紀後期の古竜脚類，ヨーロッパのプラテオサウルスと，その手の拡大図（右）

一つとなっている．われわれがグループ全体として古竜脚類の解剖学的構造について多くのことを知っているのは，こうして得られたプラテオサウルスの骨格のおかげである．

しかし，フォン・マイヤーの最初の化石から，プラテオサウルスの完全な骨格の発見までの間に，古生物学的な混乱が起こった．いくつかのプラテオサウルスの骨は，肉食爬虫類の頭骨や歯といっしょに発見され，何人かの古生物学者がこれらをこの古竜脚類の頭骨と歯だと考えた．19世紀後半から20世紀前半に，長い首，ずっしりした重い体，かぎ爪のついた大きな手足，鋭い歯がぎっしりと並ぶ頭をもった奇妙な姿の動物が描かれるようになった．この動物はテラトサウルス *Teratosaurus*（怪物トカゲ）という名前を与えられ，肉食恐竜と竜脚形類との間をつなぐものと考える人もいた．

実際には，これはひどい取り違えから生まれた怪物にすぎなかった！ 1980年代に，古生物学者ホセ・ボナパルテ，マイケル・J・ベントン，およびピーター・M・ゴールトンはテラトサウルスの頭骨と歯がワニ類と類縁の巨大な肉食爬虫類のものであることに気づいた．テラトサウルスという名前を今もそのまま保っているその動物は，首がかなり短かった．これは興味深い動物で，その時代の頂点に立つ捕食動物だったが，恐竜ではなかった．"テラトサウルス"の骨格の，その他の部分は本ものの古竜脚類のものだった．古生物学者は捕食動物とその獲物とをごちゃ混ぜにしたのだった！

ありがたいことに，もっと完全な化石が発見されたおかげで，古生物学者は実際の古竜脚類がどのような姿をしていたかをきちんと描き出すことができた．そしていったんそのことを理解すると，科学者たちは古竜脚類がどのような生活をしていたか，これらの恐竜は何を食べ，どのような運命をたどったかを明らかにすることができるようになった．

て，既知のどの爬虫類の骨とも違うことに気づいた．知られていたのは体のごく一部（頭骨のいくつかの骨，脚の骨，背骨，その他）にすぎなかったが，彼は大腿骨の形から，この動物の脚がメガロサウルス *Megalosaurus* やイグアノドン *Iguanodon*（どちらもそれ以前に発見されていた）と同じように，体からまっすぐ下に伸びていたと推定することができた．しかしこの大腿骨の形は，メガロサウルスとも，イグアノドンとも違っていた．この新しい動物はウシよりも大きく，カバかサイくらいの大きさではないかと思われたことから，フォン・マイヤーはこれをプラテオサウルス *Plateosaurus*（幅の広いトカゲ）と名づけた．

ごちゃ混ぜから生まれた怪物

その後さらに，プラテオサウルスやその他の古竜脚類の別の化石がドイツで発見された．それには，フォン・マイヤーが調べた化石に比べて，骨格のはるかに多くの部分が含まれていた．最終的には，プラテオサウルスの完全な骨格は多数発見され，今ではこれは体のすべての骨が知られた数少ない恐竜の

古竜脚類—真の姿

古竜脚類の大きさは，約1.8mから大きなもので10mくらいまであった．これらは本当に大きくなった最初の恐竜のグループだった．実際に最も大きなものは，体重が1〜2tを超えた地球上で最初の陸上動物だったかもしれない．

多くの恐竜（竜脚類を除いて）の頭部に比べると，

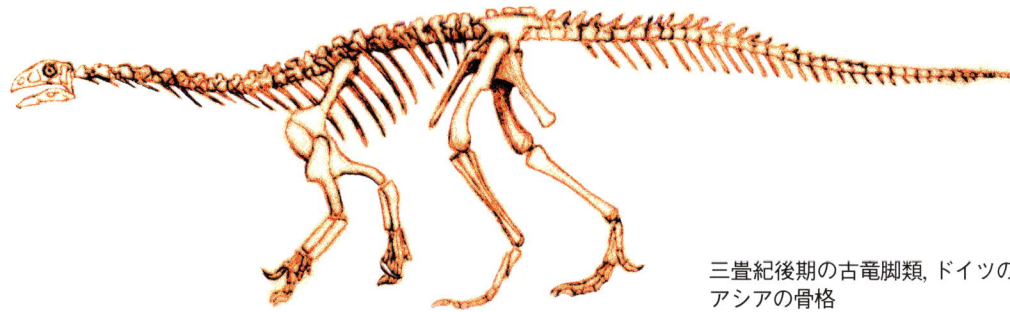

三畳紀後期の古竜脚類，ドイツのエフラアシアの骨格

古竜脚類の頭は体のわりに小さかったと思われる．その頭骨には木の葉型の歯が生え，その歯の側面には大きな隆起（小歯）があった．この種の歯は多くの植物食の爬虫類にみられるもので，それはこれらの恐竜が主として植物を食べていたことを示す．下あごの歯列は上あごの歯列の中に完全に収まり，私のいう「総被蓋咬合」をつくっていた．多くのタイプの恐竜がこのような歯の配列をもっていた．古竜脚類が口を閉じると，歯ははさみか何かのように働き，かんでいる植物を薄く刻んだのだろう．竜脚類の頭骨に比べると，古竜脚類の頭骨はかなり長くみえる．実のところ，それはエオラプトル Eoraptor のような原始的な竜盤類の頭骨によく似ている．古竜脚類は最初の原始的な竜脚類の時代からまだそれほど進化していなかったのだから，そのことはさして驚くには当たらない．

古竜脚類は一般に，柔軟性のある長い首をもち，体はかなりどっしりしていた．スピードの出る体にはできていなかった．前肢と後肢の比率は，（獣脚類や原始的な鳥脚類のような）厳密に2本脚の恐竜と（竜脚類のような）厳密に4本脚の恐竜との中間のどこかに位置する．このことは，古竜脚類がゆっくりと移動するときは4本脚で歩き，走りたいと思えば，2本脚で走ることもできたらしいことを示す．長い尾が，太くて重い前半身と重さのバランスを取っていた．

古竜脚類の手で重要なものの一つは，その母指である．原始的な獣脚類と同じように，古竜脚類は母指にきわめて大きなかぎ爪をもっていた．これらの恐竜はおそらく，肉を引き裂くのにはそのかぎ爪を使わなかった（厳密な植物食ではなく，雑食のものもいたとすれば話は別だが）．また，これらはそのかぎ爪を果実に突き刺すのに使うこともできなかった．古竜脚類は，最初の果実が出現してくるずっと以前に死に絶えてしまっているからである．おそらくこれらの恐竜はそのかぎ爪を，別の種類の植物を割ったり，あるいは攻撃してくる動物から身を守ったりするのに使っていたのだろう．実際がどうであったにしろ，知られているあらゆる種の古竜脚類が母指に大きなかぎ爪をもっていたのをみると，これは1つ，あるいはいくつかの重要な働きをもっていたものと思われる．

古竜脚類はその母指で何をしていたにせよ，それに加えて多くの原始的な恐竜にみられる，ものをつかむ機能も果たしていた．しかし古竜脚類の手はかなり幅が広くもあって，指を広げて手のひらを地面

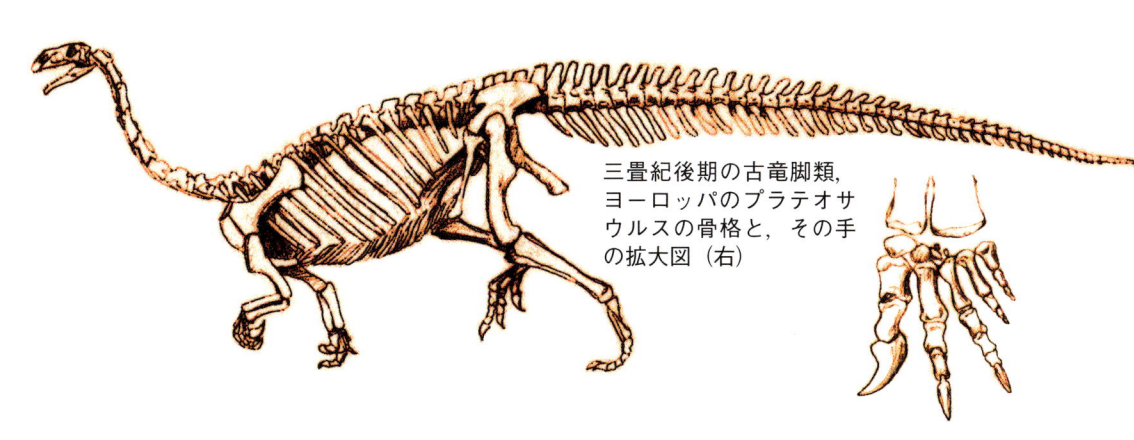

三畳紀後期の古竜脚類，ヨーロッパのプラテオサウルスの骨格と，その手の拡大図（右）

● 古竜脚類

古竜脚類の頭部：三畳紀後期のプラテオサウルス（上）とジュラ紀前期のマッソスポンデュルス（下）

について歩くこともできた．古竜脚類がこのようにして歩いた（少なくともときどきは）ことを示す，保存状態のよい歩き跡の化石もある．

古竜脚類は"万能"の恐竜だった．2本脚でも，4本脚でも歩くことができた．地面にあるものでも，高いところにあるものでも，取って食べることができた．肉さえもある程度食べていたのではないかという古生物学者もいるが，今のところそれを裏づける強力な証拠はない．しかし，古竜脚類を同時代の他の動物とはっきり隔てる特徴が一つある．背が高くなったことである！

背が高いことの利点

三畳紀後期の世界にいた他の動物を調べてみれば，その多くが地面に近い，低い体つきをしていたことに気づくだろう．そのようなものとしては，テラトサウルスのような捕食恐竜や，アエトサウルス類とよばれるよろいをつけたワニと類縁の動物，あるいは2本の牙をもったディキノドン類のような植物食動物などの大型の四肢動物もいた．そのほかまた，初期の鳥盤類や獣脚類のような，2本脚だが，かなり小型のものもいた．これに対して古竜脚類は，いちじるしく長い首をもっていた．また，後脚で立ち上がり，さらに高いところに首を伸ばすこともできた．

背が高いことには，どのような利点があるだろうか？　第一は食物である．背の高い動物は，木の上の葉のように，背の低いものでは届かない食物を食べることができる．アエトサウルス類やディキノドン類（古竜脚類の主なライバルとなるような動物たち）は背が低く，体の重い植物食動物だった．これらは低木や，やぶの茂み，シダ類などを食べることはできたが，木の葉は，木が倒れてこないかぎり食べることはできなかった．古竜脚類は首を伸ばして，木の葉を食べることができた．木の葉をめぐって競争があるとすれば，木に登ることのできる初期の哺乳類のような小さな植物食動物や，他の古竜脚類（最も重要なライバル）くらいのものだった．

長い首をもつことのもう一つの利点は，遠くまで見通しがきくことである．見張り番が必ず船や，城や，灯台のいちばん高いところにいくのには理由がある．高いところに登るほど，視界を遮るものが少なくなり，より遠くまでみることができるようになる．首を高く伸ばした古竜脚類は，おいしい植物や近づいてくる捕食動物を，背の低いライバルよりもずっと先に見つけることができた．

長い時間の間に，古竜脚類のいくつかの種は背がますます高くなり，それらにとっては後脚だけで歩くことはしだいに困難になったのだろう．最大級の古竜脚類はおそらく4本脚で歩き，ものを食べるときだけ後脚で立ち上がった．その子孫である竜脚類は，常時4本脚だった．これらの巨大な恐竜については，次章以下の数章で述べる．

古竜脚類は現代の雄鶏たちの蹴爪と同じように，母指の大きなかぎ爪を仲間どうしの闘いに使ったのかもしれない．

古竜脚類のうちのあるものは，厳密な二足動物だったのか，それとも4本脚でも，必要に迫られて2本脚でも歩いたのかについては，いまだに議論が続いている．

世界中いたるところにいた初期の首長恐竜

　古竜脚類が生きていた時代，世界は基本的に1か所にあった．大陸はすべていっしょに集まって超大陸パンゲアを形成していた．したがって，古竜脚類が世界のあらゆる場所でみられ，同じような種が，今日ではいちじるしく遠く離れた場所で発見されることもしばしばあるといっても，驚くほどのことではない．

　みごとな古竜脚類の骨格が南米で多数発見されている．きわめて原始的な小型（1.8m）の恐竜サトゥルナリアや，それよりも後から現れた，もう少し大きなウナユサウルス *Unaysaurus* はブラジルで発見された．アルゼンチンからは，中くらいの大きさのコロラディサウルス *Coloradisaurus*，巨大なレッセムサウルス *Lessemsaurus* やリオハサウルス *Riojasaurus*，小型のムスサウルス *Mussaurus* が産出している．この最後のものは「マウス・トカゲ」という意味で，最初，小さな赤ん坊の骨格が知られた．ムスサウルスの赤ん坊は（他の古竜脚類の赤ん坊も）短い顔と大きな眼をもつが，おとなは鼻先部がもっと長くなる．

　これに対して北米では，古竜脚類の化石はあまりたくさん見つかっていない．最も良質のものは，ニューイングランドで発見された2つの小型の恐

三畳紀後期の古竜脚類ブラジルのサトゥルナリアは，知られている最も原始的な竜脚形類である．

180 ●古竜脚類

ジュラ紀前期の古竜脚類，アフリカ南部のマッソスポンデュルスの骨格

竜，アンモサウルス Ammosaurus とアンキサウルス Anchisaurus である．

　ヨーロッパの古竜脚類には最も有名なものがいくつか含まれ，特にテコドントサウルス，プラテオサウルス，セッロサウルス Sellosaurus などが知られる．この3つの恐竜は今ではそれぞれに多数の骨格が知られているため，グループ全体として最もよく研究された恐竜となっている．

　アフリカ南部の国々は，三畳紀後期～ジュラ紀前期の岩層を見つけるのに世界中で最も適したところに数えられる．ここで質のよい古竜脚類の化石が多数得られていることは，驚くに当たらない．そのようなものの中には，マッソスポンデュルス Massospondylus（少なくとも80体以上が知られている），巨大な，メラノロサウルス Melanorosaurus やエウスケロサウルス Euskelosaurus などがある．

　しかし古竜脚類を見つけるのに世界中で最も適した場所は，おそらく中国だろう．現在中国では，このグループの恐竜の少なくとも5種について，質のよい骨格が知られている．不完全な骨格なら，ほかにもいくつか得られているかもしれない．これらの中には2.3mの小さなギポサウルス Gyposaurus から，9.1mに近いイーメノサウルス Yimenosaurus まで含まれる．

万能の恐竜の終焉

　古竜脚類がそれほど繁栄したとすれば，これが恐竜の歴史の始まりのころにしかみられないのはどうしてだろうか？　これらの恐竜の繁栄が，実は彼らの没落ともなった可能性が大きいと考えられる．

　古竜脚類は多くのことをある程度うまくこなすことはできた．かなり大きく成長することができ，高く立ち上がったり，低いところにあるものを食べたりもできた．2本脚でも，4本脚でも歩くことができた．肉を食べることさえできたのかもしれない．しかし他のグループの恐竜とは違って，この恐竜たちはこれらのことをどれも本当にじゅうぶんにはできなかった．

　三畳紀後期には，古竜脚類は厳しい競争に直面することはなかった．ただ，他の古竜脚類との間に競争があるくらいだった．しかし三畳紀後期のいちばん最後になると，そのような競争から，新しい種類の竜脚形類が生まれてきた．「古竜脚類」の1つの枝が，真の竜脚類（竜脚下目 Sauropoda）へと進化していったのである．このより進化した恐竜は，より高いところに首を伸ばすことができ，よりよくかめるようになり，その巨大な体によって捕食動物からの安全が増した．

　ジュラ紀前期には，鳥盤類も以前より進化した．鳥脚類は，古竜脚類よりも複雑なあごが進化してきた．装盾類では体の装甲が進化して，遠い親類である首の長い恐竜よりも，攻撃に対する防御力を高めた．

　このようなわけで，古竜脚類は三畳紀後期のほとんどの時期に占めていた，最も進化した植物食恐竜という位置から転落して，ジュラ紀前期には最も原始的な恐竜の一つとして生きることになった．さらに悪いことに，ジュラ紀の新しい肉食恐竜は，三畳紀のワニと類縁のものたちや小型の獣脚類よりも進化した捕食動物だった．ジュラ紀中期になるころには，古竜脚類は死に絶えてしまった．

　しかし古竜脚類は，ある重要な遺産を残した．もちろんこれらの恐竜は多くの骨や足跡，さらにはいくつかの卵さえ化石として残した．しかしそのほかに，子孫の竜脚類も残していった．この子孫は，地球の歴史上存在した最も圧倒的な威圧感のある動物へと進化していった．

襲ってくるコエロフィシス類から身を守る
プラテオサウルス

オメイサウルス

イサノサウルス

シュノサウルス

23
原始的な竜脚類
Primitive Sauropods
初期の巨大な首長恐竜

　この最大の恐竜たちは竜脚下目 Sauropoda とよばれるグループに属する．これらは長い首をもち，4本脚のいちじるしく巨大な植物食恐竜である．おとなの竜脚類はすべて大きかった（最も小さいおとなでも，今日地上で最大の動物であるゾウより大きかった）．あるものは成長すると体長 35m にもなり，これは最大のクジラよりも長い．体重の最も大きいものは 100t にも達し，これはゾウの一群全体にも匹敵する！　竜脚類に比べれば，それ以前およびそれ以後に生きた他のどの陸上動物も，まるで子どもである．これらと同時代の他の恐竜たちでさえも，まるで子どものようだった！　鳥盤類（鳥のような骨盤をもつ植物食恐竜）と獣脚類（肉食恐竜）のうちで最も大きいものたちだけが，最も小さい竜脚類と肩を並べられるくらいだった．

　竜脚類は巨体であっただけでなく，きわめて長い期間生きつづけた．最初の竜脚類は三畳紀の終わる直前，約2億500万年前に現れ，最後の竜脚類が死滅したのは6550万年前の大絶滅のときだった．つまり竜脚類は約1億4000万年間，地球上をのし歩いていたことになる．これに比べて，角竜類（真の角をもった恐竜）が生きていたのは約2000万年間，竜脚類の7分の1にすぎない．竜脚類の化石は，南極大陸を除く，すべての大陸で発見されている（ただし，南極大陸にもいたことはほぼ間違いない）．

　竜脚下目は，それよりもさらに大きいカテゴリーである竜脚形亜目 Sauropodomorpha という植物食の竜盤類恐竜に含まれる1グループである．比較的初期の古竜脚形類である古竜脚類については前章で述べた．真の竜脚類は祖先である古竜脚類から，小さな頭，長い首，ずっしりした体，植物を消化するための大きな内臓などを受け継いだ．しかし，多くの古竜脚類とはちがって，竜脚類は後脚だけで歩くことはできなかった．体重が重すぎて，4本脚で歩かなければならなかった．竜脚類は四足恐竜だった．

　竜脚類という名前はあまり適当なものではない．これは「トカゲの足」を意味するが，竜脚類の足とトカゲの足の共通点は，どちらも指が5本あることくらいしかない．多くの恐竜の足（ふつうは指が4本しかない）よりも指が1本多く，これはトカゲの足と同じである．しかし，これはワニの足，オポッサムの足，人間の足とも同じである！　このグループにはほかにもいくつかの名前が提案されたが（ケティオサウリア Cetiosauria，オピストコエリア Opisthocoelia など），これらは採用されることはなかった．そのようなわけで，われわれはこれらの恐竜を「竜脚類」とよび，それらの足が私たちの足と同じように，あまりトカゲの足とは似ていないことは気にしていない．

　竜脚類はきわめて独特で，現在生きているどのようなものとも似ていない．すべてのものが，小さな頭，長い首，4本足に乗った巨大な体，長い尾をもつ．基本的な形は常に変わらない．それでもさまざまな竜脚類の間には多くの違いがあり，このグループは本書で3章を費やすのにじゅうぶん値する！

　この章では，竜脚類の起原と，このグループの初期の恐竜たちについて述べる．もっと大きく，有名な，進化した竜脚類たち（むちのような尾をもつディプロドクス上科や大きな鼻をもつマクロナリア類の恐竜）については，次の2章で述べる．

クジラ・ワニか？　飛べないプテロダクティルス類か？　いや，巨大な恐竜だ！

　過去100年ほどの間，竜脚類はあらゆるタイプの恐竜の中で最もよく知られたものの一つだった．事実，人々に何か恐竜の絵を描いてもらえば，半数の人は竜脚類の絵を描くだろう．

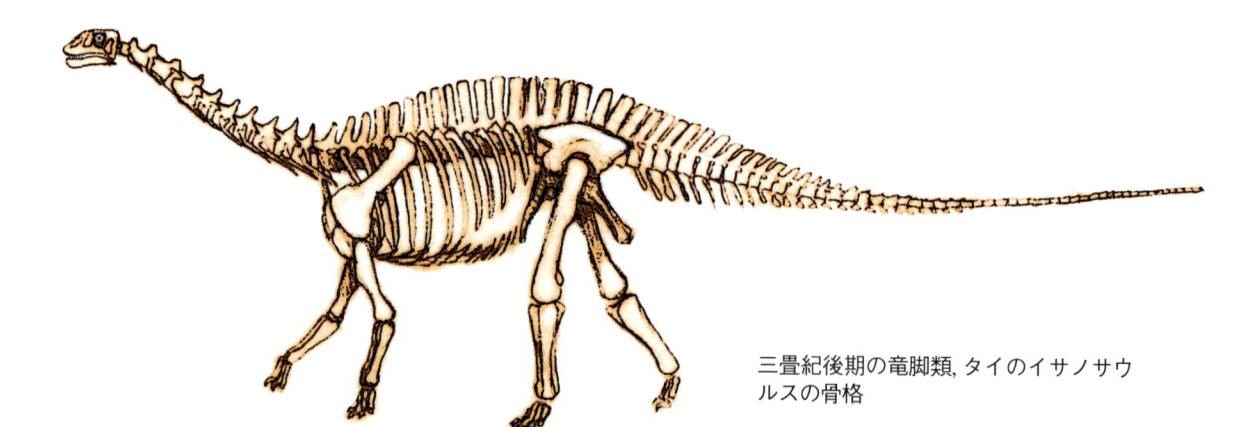

●原始的な竜脚類

三畳紀後期の竜脚類，タイのイサノサウルスの骨格

しかし，いつの時代にもそうであったわけではない．1842年にリチャード・オーウェン卿がDinosauriaという名前をつけたとき，彼にしても，その他の誰にしても，竜脚類が存在したなどということは知るよしもなかった．しかしそれは，誰もまだ竜脚類の化石を見つけていなかったからではない．そのような化石はすでにたくさん発見されていた．実のところ，オーウェン自身，すでにそれをいくつか発見し，記載していた．しかし，彼はその化石がどのような種類の動物のものであるかは知らなかった．

オーウェンが英国で発見した竜脚類の化石の中には，足の骨と椎骨が含まれていた．椎骨は特に彼にワニ類を思い出させた．ただ，それらの骨はとてつもなく大きく，現代のどのワニ類よりもはるかに大きかった．それはクジラの椎骨くらいの大きさがあった．そこでオーウェンは，これが海に入る巨大なワニの骨であると主張し，1841年，これにケティオサウルス Cetiosaurus（クジラトカゲ）という名前をつけた．巨大な「クジラワニ」という考えは，ちょっと聞いて感じられるほどばかばかしいものではない．これよりもはるかに小さなジュラ紀の海生のワニ類の化石は，1810年代から知られていた．ケティオサウルスの化石と同じ岩層から発見されたものさえあった．

古生物学者ハリー・G・シーリーは1870年に，自分ではそれと気づかないままに別の英国の竜脚類の椎骨について記載した．それには鳥類や翼竜類（空を飛ぶ爬虫類）の椎骨のように空洞がたくさんあったことから，彼はオルニトプシス Ornithopsis（鳥のようなもの）という名前をつけた．シーリーは，これがプテロダクティルス類（翼竜の1タイプ）の椎骨ではないかと書いた．その背骨は知られているどのプテロダクティルス類の背骨よりもはるかに大きかったため，彼はそれが飛ぶ能力を失った巨大な翼竜の骨にちがいないという仮説を立てた．これもまた，まるでばかばかしいアイデアというわけではない．飛ぶ能力を失った大きな鳥は，現代のダチョウやエミュー，比較的最近に絶滅したモアやエピオルニス（象鳥）など，たくさんいる．しかしそれいらい，飛ぶことのできない翼竜の骨，特にゾウよりも大きなものなど見つけた人は誰もいない！

ちょうどシーリーがオルニトプシスについて記載したのと同じころ，別の古生物学者たちは，ケティオサウルスやそれと似た化石は，実は何かの巨大な恐竜，"イグアノドン Iguanodon やメガロサウルス Megalosaurus さえしのぐさらに大きな" 恐竜（今日の見方からすれば，これもほとんどばかげたいい方のように感じられる．今ではもはやイグアノドンやメガロサウルスが最大の恐竜と考える人は誰もいない）の骨なのではないかといいはじめていた．しかしまだ，これらの動物がどのような姿をしていたか，はっきりしたイメージを描くことのできた人はいなかった．

そのイメージがはっきりと描き出されるためには，米国でのいくつかの発見が必要だった．エドワード・ドリンカー・コープが記載したカマラサウルス Camarasaurus，オスニエル・チャールズ・マーシュが命名したディプロドクス Diplodocus やアパトサウルス Apatosaurus など，1870年代に発見された化石は，これらの恐竜の完全な骨格がどのようなものであるかを世界に示した．

童顔としっかりしたかみあわせ

　竜脚類は何となく巨大な古竜脚類に似ており，この古竜脚類はある意味で竜脚類の前身である．いちばん小さな竜脚類は，いちばん大きな古竜脚類とだいたい同じくらいの大きさで，体長は 8 ～ 10 m だった．また最も大きな古竜脚類と同じように，最も小さな竜脚類でも常に 4 本脚で歩いた．

　しかしそれらの顔を調べると，そこに若干の違いがあることに気づくだろう．竜脚類の顔は，古竜脚類の顔とよく似ているとはいえない．というよりむしろ，それはおとなの古竜脚類の顔とはあまり似ていない．しかし，古竜脚類の赤ん坊の顔とは似ている．

　古竜脚類の赤ん坊の頭骨では，鼻先部がひじょうに短く，特におとなの古竜脚類に比べるとそれがいちじるしい．上方からみると，赤ん坊の鼻先部は尖っているというより，丸みがかっている．また顎関節も，古竜脚類の赤ん坊の頭骨では，おとなの場合ほど後ろにまで伸びていない．竜脚類の頭骨は（赤ん坊でも，おとなでも），古竜脚類のおとなよりも，孵化したばかりのものにずっと似ている．つまりある意味で，竜脚類は童顔だった．

　しかし，竜脚類は進化した頭骨の特徴もいくつかもっている．古竜脚類なども含めて比較的原始的な恐竜では，「総被蓋咬合」が認められる．古竜脚類の下あごは全体がすっぽり上あごの歯列にはまり込む．古竜脚類が上下のあごを閉じると，上あごと下あごの歯は間にあるものを挟み切るようにしてすれ違い，ちょうどはさみのような動きをする．

　竜脚類では，被蓋咬合はみられない．そのかわりに，竜脚類が上下のあごを閉じると，哺乳類の咬合と同じように，上あごの歯の先端が下あごの歯の先端とぶつかりあう．これによってもっと進化した正確な咬合が得られ，このようなあごをもつ動物は，いっそう自分の好むものだけを選んで食べることができる．

　竜脚類の歯も違っていた．古竜脚類や多くの鳥盤類にみられる木の葉形をした幅の広い歯のかわりに，原始的な竜脚類の歯はスプーン形をしていた．このスプーン形をした大きく，厚い歯は，植物の多少の枝はどんどんかみきるのに役立ち，したがって竜脚類は最もおいしいところ（たとえば，葉の部分）をかみとっていくことができた．

木の葉を食べる
イサノサウルス

大きいということ

　古竜脚類は彼らが住んでいた世界で，他の植物食動物よりも有利な点が一つあった．他の誰よりも，高いところのあるものを食べることができるということだった．竜脚類はこの利点を，さらに極限にまで押し進めた．ジュラ紀中期にはすでに，首を上に伸ばせば林床から 10 m もの高さにある植物の葉を食べることのできる，オメイサウルス *Omeisaurus* のような竜脚類がいくつか現れていた．これは 3 階建てのビルくらいの高さである！

　竜脚類の巨大な大きさは，捕食恐竜に対する防御力も増大させた．そのため三畳紀後期からジュラ紀前期の原始的な捕食恐竜（たとえばコエロフィシス *Coelophysis* やディロフォサウルス *Dilophosaurus* のようなコエロフィシス上科の恐竜など）がジュラ紀中期の進化した捕食恐竜（たとえばモノロフォサウルス *Monolophosaurus* やメガロサウルスなど）にとってかわられたのと同じように，巨大な竜脚類が生き

186 ●原始的な竜脚類

のびたのに対して，古竜脚類は生き残れなかった．

　竜脚類の首は長かった．キリンが他の哺乳類と同じ数の首の骨をもっているのと異なり，竜脚類は他のものよりよぶんに頸椎をもっていた．平均的な恐竜の首の骨は9〜10個だったが，竜脚類は12〜17個の頸椎をもっていた．しかしこのような首は，見た目ほどには重くはなかった．竜脚類の椎骨は，特に頸部では中に多くの空洞があった．現代の鳥類や獣脚類の化石との比較から，これらの空洞は現代の鳥類がもつような複雑な気嚢で満たされていたと推測される．現代の鳥類はこの気嚢をいくつかの目的に使っている．この気嚢はポンプとして肺に空気を送るのに役立つ．体が激しく運動しているとき，体温が高くなりすぎないようにするのにも役立つ．また，これがなかった場合と比べて，体を軽くするのにも役立っている．竜脚類も，その気嚢をこれと同じ目的に使っていたのだろう．

　竜脚類の四肢の骨は重いが，比較的細い．サイなどの大型の哺乳類や，大きな獣脚類の四肢骨のように，大きく複雑な筋肉付着部をもたない．竜脚類の多くは，長い前肢と，さらに長い後肢をもっていた．竜脚類の足は短く，ずんぐりしており，第1指にきわめて大きなかぎ爪がついていた．竜脚類の手の骨格は足の骨格と似ていたが，それに肉がついていたときには，手は足に似てはいなかった！　それはこの恐竜たちの歩き跡からわかる．竜脚類の足は裏に脂肪の大きな卵円形の肉球があり，そのためゾウの足か何かのようになっていた．その足跡は，卵円形をしている．しかし手の歩き跡では，底面に脂肪の肉球はみられない．竜脚類の手の跡は馬蹄の形をしている．

最初の巨大恐竜

　長い間，三畳紀には確かな竜脚類は知られていなかった．三畳紀後期の南アフリカにブリカナサウルス *Blikanasaurus* という恐竜がいたが，これが巨大な進化した古竜脚類なのか，それとも原始的な竜脚

三畳紀後期の竜脚類，南アフリカのアンテトニトゥルス

ジュラ紀後期の首の長い竜脚類，中国の
マメンチサウルスの骨格

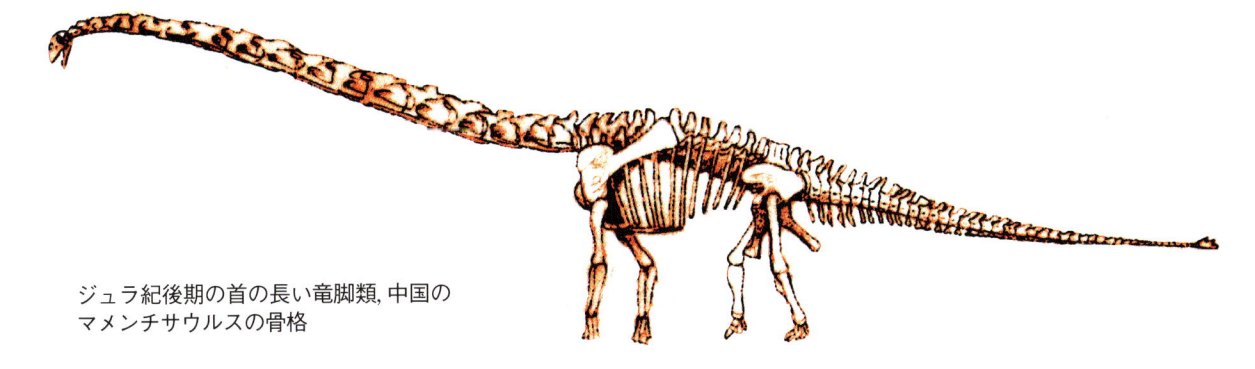

類なのか，古生物学者たちも確信がもてなかった．1990年代から2000年代にかけての発見，特にタイのイサノサウルス Isanosaurus や南アフリカのアンテトニトゥルス Antetonitrus の発見によって，三畳紀の最も最後の時期に竜脚類がいたことが証明され，今ではブリカナサウルスがこのようなものの一つであるということで，多くの古生物学者の意見は一致している．しかし，ひとこと注意しておきたい．これらの三畳紀竜脚類のいずれについても，質のよい頭骨は得られていない．したがって，童顔と特殊な咬合は，古竜脚類から竜脚類が進化してきてしばらく後に現れたという可能性もある．

このほかにも，ジュラ紀前期の原始的な竜脚類は知られている．ジンバブエのウルカーノドン Vulcanodon，中国のゴンシアノサウルス Gongxianosaurus，インドのコタサウルス Kotasaurus やバラパサウルス Barapasaurus，ドイツのオームデノサウルス Ohmdenosaurus などがそれである．これらの化石は，竜脚類がすでに世界の多くの場所に住んでいたことを示すが，この時期にはまだ，もっと小さく原始的な，類縁の古竜脚類のほうがずっと数が多かった．

しかしジュラ紀中期には，それが変わった．古竜脚類は，おそらくもっと進化した恐竜との競争に敗れて死滅し，竜脚類はその世界で最も多くみられる2つのグループの一つとなった（ステゴサウルス類が最も多くみられるもう一つのグループだった）．英国のケティオサウルスや，アルゼンチンのパタゴサウルス Patagosaurus が生きていたのはこの時期だった．しかし，ジュラ紀中期の竜脚類の最も保存状態のよい化石は，ほとんどが中国で見つかっている．

中国の首長恐竜

もし1億6500万年前の中国に戻ったとすれば，いちじるしく異なる2つの種類の竜脚類が同じ場所で互いに近くで暮らしているのがみられるだろう．そのどちらも質のよい骨格の化石が得られており，したがってこれらについては多くのことがわかっている．

この2つのうちの小さいほうはシュノサウルス Shunosaurus である．体長は12mくらいしかなく，首は比較的短かった（竜脚類としては）．これはかなり典型的な初期の竜脚類だが，尾の先にアンキロサウルス科の恐竜に似たような棍棒をもっていた．シュノサウルスはそのような竜類と同じように，捕食恐竜に打撃を加えるためにこの棍棒を使っていたのだろう．

ジュラ紀中期の中国の竜脚類のうちで，より大きく，見た目にも印象の深いのはオメイサウルスだった．体長は17mほどあり，いちじるしく長い（竜脚類としても）首をもっていた．これはシュノサウルスよりもはるかに高い木の上の葉を食べることができただろう．実のところこの2つの類縁の恐竜は，互いに相手の食べる物は食べず，それぞれに独自の高さのところでえさをとる方向に進化したのだろう．現代の類縁の植物食動物でも同じように，いくつかの種類は背の低い植物を食べ，別の種類のものは高さの高い植物を食べるというような例がみられる．

中国で首が極度に長いのは，オメイサウルスだけではなかった．ジュラ紀後期には，もっと首の長い恐竜が2つ，エウヘロプス Euhelopus とマメンチサウルス Mamenchisaurus がいた．この後者はいちじるしく大きかった．体長は25m以上になり，首が

その長さの半分を占めた．実は，これは今までに知られているあらゆる動物のうちで最も長い首である！

どうして中国の恐竜の首はこれほど長いのだろうか？　ジュラ紀の中国の樹木が，世界の他の場所よりもはるかに高かったという証拠は何もない．最も考えられるのは，あらゆる大型の竜脚類が直面する「どうやっていっそう高い木の上に口を届かせるか」という問題を解決するための進化だったということだろう．竜脚類がたくさんいる場合，一般にそれぞれの地域にいる最も大きい種が，"小さな"巨大恐竜には届かないところにある葉を手に入れる新しい方法を発達させた．これらの恐竜の首は比較的軽く，容易に高くもち上げることができ，重くて丸い胴体が，体がひっくり返るのを防いだ．以下の2章では，他の竜脚類のグループが特に木の高いところにまで口を伸ばすための別の方法を，どのようにして進化させたかをみることにする．

新しい竜脚類

最後には，新しい竜脚類，すなわち新竜脚類Neosauropodaが原始的な竜脚類にとってかわった．新竜脚類は，手の形が短く，ずんぐりしているのではなく，円柱のような形をしている点が，その祖先とは異なっていた．新竜脚類の歯は，すべて鼻先部の前のほうに生えていた．鼻孔のための骨の孔は顔のずっと後ろのほう，頭のてっぺんに近いところにあった．

新竜脚類は最初，ジュラ紀中期に現れたが，広くみられるようになるのはジュラ紀後期になってからだった．むちのような尾をもつディプロドクス上科や大きな鼻をもつマクロナリア類などを含むこの恐竜たちの間には，他に例のないような多様性，巨体，最もいちじるしい特殊性などがみられる．次の2章では，これらの新竜脚類についてさらに詳しくみていく．

マメンチサウルスは，地球史上，あらゆる動物のうちで最も長い首をもつ動物の一つだった．

最大の恐竜の生存―竜脚類の適応

ポール・アプチャーチ博士
ケンブリッジ大学

竜脚類は大きかった．知られている最大の陸上動物である．私は身長が183cm近くあるが，私がブラキオサウルス *Brachiosaurus* の骨格の横に立つと，頭がやっとその肘のところに届くくらいしかない！　竜脚類は体長6m，体重2tくらいのウルカーノドン *Vulcanodon* などから，体長約40m，体重40〜50tの巨大なサウロポセイドン *Sauroposeidon* やアルゼンチノサウルス *Argentinosaurus* までいる．ジュラ紀に，竜脚類が自分の近所を通ったら，それに気づかず見逃すなどということはありえなかったろう！

しかし，竜脚類はどうしてそんなに大きかったのだろうか？　また，どうしてその体の大きさには変化があるのだろうか？　その説明の一つは，防御ということである．竜脚類の時代には，たとえばティラノサウルス *Tyrannosaurus* のようなひじょうに大きな捕食恐竜がいた．ある種の竜脚類は体によろいや，スパイク，棍棒のついた尾，飢えた捕食恐竜にたたきつけるための長いむちのような尾をもつことによって身を守った．しかし多くの竜脚類は，このような防御手段をもっていなかった．それらの恐竜は体の大きさを頼りに，身の安全を守った．しかし，竜脚類の体の大きさについてのこの説明には問題がある．これらが巨大な動物に進化していったのは，巨大な捕食恐竜が多数現れてくるより前のことだった．

竜脚類の体の大きさを説明するもう一つの考え方は，大きな体をもつことが，夜の間も体の温かさを（体の機能も）保つことを可能にしたというものである．海岸の小石と，大きな玉石を思い浮かべてみてほしい．小石は太陽によって，大きな玉石よりもずっと速く温まる．しかし日没後は，玉石のほうが小石よりもずっとゆっくり冷える．動物でも同じ効果が認められる．動物が体温を最適の温度に保つことができれば，体のあらゆる器官は最も効率よく働くだろう．しかし，体が大きいことがそれほどよいことであるのなら，どうしてすべての動物が竜脚類のように大きくならないのだろうか？　竜脚類の体の巨大さについては，また別の説明が考えられるのかもしれない．

竜脚類の巨大さを説明するには，食物によるのがよいのではないかと私は思う．第一に，竜脚類の多くは木の上のほうにある葉を食べられるよう，長い首，大きな体，強い脚を必要とした．第二に，竜脚類が利用できる植物は，比較的堅くて，消化されにくかった．竜脚類は石がつまった特殊な胃（砂嚢）で，その葉をすりつぶさなければならなかった．それから食べたものは本物の胃に移され，そこに数日とどまって，その間にゆっくりと分解された．小さな動物はきわめて急速にエネルギーを必要とするのに対して，大型の動物はもっと長い時間をかけて食物を消化することができる．もし，堅い植物の葉を食べたければ，体が大きいことが必要となる．このように考えると，最後の竜脚類の一部が体が小さくなっていったのはなぜかということにも説明がつく．小さくなった竜脚類は木のてっぺんの葉を食べることをやめ，地面に近いもっと栄養価の高い植物に専門化していったのではないだろうか．

竜脚類が巨大になったのは，それが木のてっぺんの堅い葉（他の多くの恐竜は食べることのできなかったもの）を食べるのに役立ったためだろう．捕食恐竜に対する防御とか，体温を一定に保つことも重要だったが，これらは体が大きくなったことによって得られた余禄だった．白亜紀以降，植物や気候が大きく変化して，残念ながら竜脚類に似たようなものが再び現れることはもはや考えにくい．

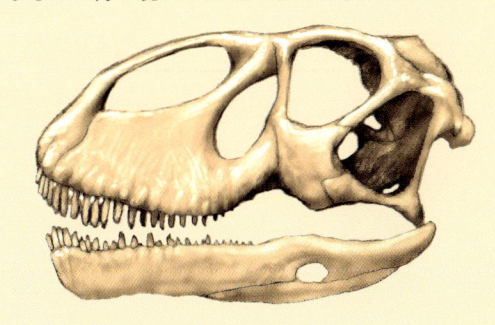

ジュラ紀中期の中国の竜脚類，シュノサウルス *Shunosaurus* の頭骨

アパトサウルス

アマルガサウルス

24
ディプロドクス上科の恐竜
Diplodocoids
むちのような尾をもつ巨大な首長恐竜

　最大の恐竜であり，あらゆる時代を通じて最大の陸上動物でもあった恐竜は，竜脚下目 Sauropoda の中にみられる．これらは長い首をもち，4本の足で歩く巨大な竜盤類恐竜だった．竜脚類はすべて植物食だった．竜脚類の系統樹には，さまざまな原始的な種とともに，進化した2つのグループ，むちのような尾をもつディプロドクス上科 Diplodocoidea と大きな鼻をもつマクロナリア類 Macronaria が含まれる．マクロナリア類については次章で述べる．本章ではディプロドクス上科の恐竜についてみていくことにする．これにはかつて地上に住んだ最も体長の長い動物が含まれる．

　ディプロドクス上科の恐竜が最初に現れたのはジュラ紀中期で，白亜紀後期が始まるころに絶滅した．この名前はディプロドクス属 Diplodocus からきており，「2本の軸」を意味する．これは奇妙な形をした血道弓骨（尾椎の下側についている小さな骨）を指している．多くの恐竜の血道弓骨と違って，この骨が中央部から2本に分かれており，そのため2本の軸ということになる．

鉛筆型の歯をもつが，シュノーケルはない

　2本軸の血道弓骨は他のいくつかの竜脚類にもみられるが，ディプロドクス上科の恐竜はそのほかにも，このグループを他のものと見分けるのに役立つ特殊化した特徴をたくさんもっている．

　特殊化の一つは，その歯にみられる．原始的な竜脚類や多くのマクロナリア類は，スプーン形の歯をもつ．それに対してディプロドクス上科の恐竜は，鉛筆形の歯をもつ．実際には，「クレヨン形」といったほうが実物をいっそうよく表しているかもしれない．特に，かなり使われて先が鈍端になったクレヨンを思い浮かべるならばなおよい．何人かの古生物学者，特に英国のポール・アプチャーチとポール・バレット，アルゼンチンのホルヘ・カルボ，米国のアンソニー・フィオリローが，ディプロドクス上科の恐竜はその変わった歯をどのように使っていたかを調べている．歯についた顕微鏡レベルのひっかき傷や，ディプロドクス上科の恐竜の頭骨の形から，これらの科学者はこの恐竜たちは木の枝から葉をかみとってはいなかったという結論を下した．そうではなくて，この恐竜たちはその歯で木の枝をしごき，葉を引っぱってとっていたという．

　ディプロドクス上科の恐竜の頭骨は長く，鼻先は四角く角張っていた．歯は，鼻先部のごく前のほうだけに生えていた．不思議なことに，鼻の気道が通るための頭骨の孔（骨の鼻孔）は，眼の上の頭のてっぺんにあった．ほとんどの脊椎動物（人間も含めて）では，この骨の鼻孔は頭骨の前部，肉の鼻孔の近くにある．しかし，ディプロドクス上科の恐竜では肉の鼻孔が頭のてっぺんにあったと考えてはならない．古生物学者ラリー・ウィトマーによる最近の研究では，ディプロドクス上科の恐竜の肉の鼻孔は，骨の鼻孔の近くにはなかったことが示されている．現代の多くの動物と同じように，肉の鼻孔は鼻先部の前部にあったというのである．そのほうが理に適っており，それでこそ自分の食べるものの匂いを嗅ぎながら食べることができるわけである！　空気は鼻先部の前部にある肉の鼻孔から流れ込み，顔面の軟組織の管を通って上に流れ，頭のてっぺんにある骨の鼻孔から気管に入ったのだろう．

　しかし長い間，古生物学者は，ディプロドクス上科の恐竜の肉の鼻孔は頭のいちばんてっぺんにあり，この鼻孔は水中で息をするためのシュノーケルとして使われたのではないかと考えていた．どうして陸上動物がシュノーケルを必要としたのだろう

むち打ち！　ディプロドクス上科恐竜の長く細い尾は、攻撃してくる敵に対する有効な防御手段となったかもしれない．

か？　1800年代中ごろから1970年代ころまでの古生物学者の中には、ディプロドクス上科の恐竜やその他の竜脚類は水の中で暮らしていたと考える人が大勢いたのである．これらの恐竜たちは体が大きく重すぎて、陸上ではその脚で体を支えられず、そのためもっぱら水中で生活していたと考えられた！1960年代にロバート・バッカー（当時はイェール大学の学生だった）が、実は竜脚類は考えられていたよりも陸上での生活にずっとよく適応していたことを示す証拠を提示した．この恐竜たちの足は体の大きさに比べて小さく、細く、水生の動物の足のように幅が広くなく、指も広がっていなかった．胸郭は丸くなくて幅が細く、脚は一般にきわめて長かった．竜脚類はワニやカバなどの水生動物よりも、ゾウやキリンのような巨大な陸生動物に似た体つきをしていたことを、バッカーは示したのである．

シュノーケルに話を戻そう．この考えによれば、多くの竜脚類は水中に潜り、鼻孔があると考えられた頭のてっぺんだけを水面に出して呼吸していたというのだった．1951年に英国の古生物学者K・A・カーマックは、シュノーケル仮説がなり立たないことを証明した．水中にいる恐竜の肺は水面下かなりの深さに潜ることになり、その強力な筋肉と骨をもってしても空気を吸い込むことはできなかっただろう．要するに、水圧に抗しきれないというのである．今では、シュノーケルを使う竜脚類という説をまじめにうけとる人は誰もいない．

ディプロドクス上科の恐竜は、脚も他の竜脚類とは異なる．その前肢は後肢よりもずっと短く、その短さは類縁の恐竜のいずれよりもいちじるしい．これは後肢で立ち上がるときに有利だったのではないかといった古生物学者もいる．前肢が短いため、重心は骨盤のあたりにあることになり、後肢の上に体重を移動することが容易にできたというのである．この恐竜が2本脚で歩けなかったことはほぼ確実だが、木の高いとろにある葉を食べるため、2本脚で立ち上がることはあったかもしれない．体を支える一種の第三の脚のように尾を使って、三脚の姿勢をとることもあったかもしれないと述べた古生物学者もいる．これをテストしてみることは簡単ではないが、ディプロドクス上科の恐竜の標本をみると、三脚の第三の脚として尾を使った場合に地面につくことになる部分の椎骨が融合している例はいくつかある．この椎骨は、恐竜の大重量を支えなければならなかったため、融合したのではないだろうか？

むちとなる尾

ディプロドクス上科の恐竜は、長いむちのような尾も特徴である．この恐竜の尾は、骨盤に近い部分は多くの竜脚類と同じように太く、上下に厚みがあったが、それ以外の部分はきわめて細かった．そしてまた、いちじるしく長かった！　実のところ、これ以上長い尾は知られていない．体長35mに達するディプロドクスのように特に大きいディプロドクス上科の恐竜は、21mにもなる尾をもっていた．

このようなむち状の尾は何に使われていたのだろうか？　明らかなのは、実際にむちとして使われていたということである．つまり、（これよりもはるかに小さい）現代のオオトカゲがその尾を襲ってくる敵にたたきつけるのと同じように、ディプロドクス上科の恐竜は襲ってくる獣脚類に打撃を加えるた

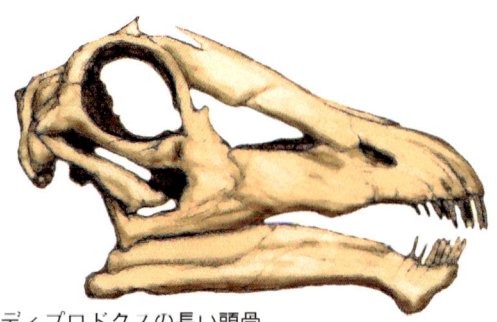

ディプロドクスの長い頭骨

マクロナリア類カマラサウルスの比較的短い首と，ディプロドクス上科ディプロドクスの長い首を比較する．

めにこれを使っていたのだろう．このように巨大な竜脚類の尾による打撃は，骨や筋肉に大きな損傷を与えた可能性が大きい．実際に，スミソニアン研究所の国立自然史博物館に陳列されている捕食恐竜アロサウルス *Allosaurus* の標本には，左あご，左肩甲骨，左肋骨に，ディプロドクスの尾の打撃によると考えられる損傷がみられる．

しかし，コンピューター専門家のネイサン・ミアヴォルドと古生物学者フィリップ・カリーはこれとは別の説を示した．彼らはディプロドクス上科の恐竜の尾の先端が，牛追いむちの先端と同じように，音の障壁を越え，鋭い大きな音を発したという計算結果を示した．これはディプロドクス上科の恐竜の間の合図や，あるいは襲ってくる可能性のある敵に対する警告になっていたのではないかというのだった．しかし古生物学者のケネス・カーペンターは，牛追いむちは先がぼろぼろになりがちであることを指摘する．超音速の"むち"をもつディプロドクス上科の恐竜は，最後には自分の尾の先をぼろぼろにしてしまうことになっただろうと考えている！

柔軟な首（そうではなかったのか？）

竜脚類の首は，どのくらい柔軟だったのだろうか？ この恐竜たちは皆，首を高くもち上げることができたのだろうか？ 古生物学者や古代画家の中には，ハクチョウのように首を真っ直ぐに立てた竜脚類を描いている人もいれば，首を水平に前に伸ばした竜脚類を描いている人もいる．

竜脚類が首を高く上げていられた（少なくとも死んだときは）ことを示している骨格がある．しかしこの姿勢は，生きているときに首をそのように伸ばしていたためではなく，靱帯の乾燥によるものかもしれない．

古生物学者ケント・スティーヴンとマイケル・パリッシュはコンピューターを使って，竜脚類の首の運動範囲を調べようと試みた．彼らは竜脚類の椎骨の形を測定し，首のコンピューター・モデルをつくった．次いで，それぞれの椎骨について，隣接する椎骨との間の運動の限界を調べた．彼らのモデルによれば，竜脚類の首はハクチョウのような姿勢をとることはできず，その多くは比較的水平に近い姿

194 ●ディプロドクス上科の恐竜

ディプロドクスは，ジュラ紀後期の北米西部で最もよくみられる恐竜の一つだった．

勢をとっていたことが示された（古生物学者が皆，この考え方に同意しているわけではなく，今でもハクチョウのように首を真っ直ぐ立てていることが無理ではないと考える人もいる）．

いずれにせよ，スティーヴンとパリッシュはディプロドクス上科の恐竜の首の柔軟性について，いささか思いがけないことを発見した．彼らはその首が，下方にはかなり柔軟であることを明らかにしたのである．ディプロドクス上科の恐竜が自分の腹部を眺めることに適応していたとは考えにくく，この首の柔軟性は何によって説明できるだろうか？ もしこれらの恐竜が地面をみているだけだったら，その柔軟性は下をみるのに必要な範囲だけで足りるはずである．しかしディプロドクス上科の恐竜は，その範囲を越えて首を曲げることができた．下方への首の柔軟性は，ディプロドクス上科の恐竜が後脚で立ち上がったとすれば意味をもつことになる．その場合には，この恐竜たちは木の前に静止して立ち，首を上下に動かして，最も良質で，最もおいしい木の茎葉を探して，むしりとることができた．

さまざまなディプロドクス上科の恐竜

ディプロドクス上科の恐竜には，3つの主要なタイプがある．首がひじょうに長いディプロドクス科 Diplodocidae，首が短く，背中に帆のようなひれ状のもののあるディクラエオサウルス科 Dicraeosauridae，それに高度に専門化しているが，あまりよくわかっていないルーバーチーサウルス科 Rebbachisauridae である．

このほかに，ディプロドクス上科ではあるが，

ジュラ紀後期のディプロドクス科恐竜，北米西部のディプロドクスの骨格

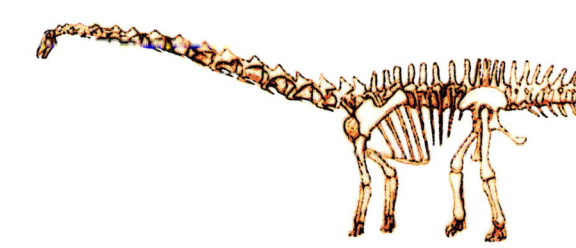

上記のカテゴリーのいずれにも入らないように思われる種がいくつかある．これには，ジュラ紀中期の英国のケティオサウリスクス *Cetiosauriscus* のような，最初期のディプロドクス上科の恐竜が含まれる．しかし，これよりも後のディプロドクス上科の恐竜にも進化上の位置が不明確なものがいくつかあり，ジュラ紀後期の米国西部のスウワッセア *Suuwassea* やアンフィコエリアス *Amphicoelias*，ジュラ紀後期のポルトガルのディネイロサウルス *Dinheirosaurus*，白亜紀前期のスペインのロシラサウルス *Losillasaurus*（ただしこれは実際は中国の恐竜マメンチサウルスの近縁種かもしれない），白亜紀前期のブラジルのアマゾンサウルス *Amazonsaurus*（これはルーバーナーサウルス科の恐竜かもしれない）などがこれに当たる．

現在のところ，これらの原始的なディプロドクス上科の恐竜は，不完全な標本が知られているにすぎない．これらの化石のうちでよく知られている化石は，ひどく状態の悪いもので，発掘現場から博物館に届くまでの間にばらばらに砕けてしまったらしい！　これはアンフィコエリアスの巨大な標本で，エドワード・ドリンカー・コープはこれにアンフィコエリアス・フラギリムス *Amphicoelias fragillimus*（壊れやすいアンフィコエリアス）という名前をつけた．彼の計測が正しければ，このただ1個の不完全な椎骨は，ディプロドクス，サウロポセイドン *Sauroposeidon*，アルゼンチノサウルス *Argentinosaurus* などさえまるで相手にならないような大恐竜の骨だった．この恐竜は体長42m，体重150tに達したと思われる（これよりも小さなディプロドクス上科の恐竜と身体各部の比率が同じだったと仮定して）．これは既知の最大の動物（現代のシロナガスクジラ）の最大の個体と同じ重さである！

残念ながらこの骨は，今ではどこにあるかわからなくなっており，これが本当にコープのいうほど巨大なものだったかどうか，確かめるすべはない．いずれにせよ，これは真に巨大なディプロドクス上科の恐竜が存在した可能性を暗示するものではある．

ジュラ紀の巨大恐竜：ディプロドクス科恐竜

ディプロドクス上科の多くの種は，不完全な骨格が1〜2体知られているにすぎない．しかし，ディプロドクス科の仲間は，保存状態のきわめてよい骨格が多数知られている．恐竜の骨格が置かれている博物館にいったことのある人なら，おそらくこの仲間の骨格をみたことがあるだろう．ディプロドクス科の赤ん坊の骨格までも発見されているが，このようなものは他のディプロドクス上科のグループでは見つかっていない．このグループの完全に近い骨格は，ほとんどすべて米国西部でみられるジュラ紀後期の岩層，モリソン累層から発掘されている．

ディプロドクス科には，よく知られるディプロドクスやアパトサウルスが含まれる．かつては，ディプロドクスの特に頭抜けて大きい個体が誤って新種（"スーパーサウルス *Supersaurus*" や "セイスモサウルス *Seismosaurus*" など）と同定されたこともある（実は今でも，これらをディプロドクスではなく，独自の種類と考える古生物学者もいる）．O・C・マーシュが1877年に名づけたアパトサウルスについても同じことが起こった．マーシュは1879年に新しい，もっと完全なアパトサウルスの骨格を発見したとき，それをブロントサウルス *Brontosaurus* と名づけた．1970年代でもまだ，これを正当な根拠のある名前と考える古生物学者は多かった．しかし今日では，ほとんどの古生物学者が "ブロントサウルス" のいろいろな種はすべてアパトサウルスに属すると考えており，このアパトサウルスという名前のほうが最初に用いられたものであるため，今ではブロントサウルスというはるかに立派な名前のほうがお蔵入りになってしまった（しかし今なお少数ながら，ブロントサウルスが別個の恐竜だと考える古生物学者はいる）．

ディプロドクスはディプロドクス科の恐竜の代表的タイプである．これは細いが大きな恐竜で，最も大きな個体では体長 35 m，体重約 50 t にも達する．もっと一般的な標本はそれよりも小さく，体長 22〜24 m，体重は 20 t くらいしかない．

　アパトサウルスはディプロドクスよりもさらにどっしりした巨体のもち主で，首や四肢はもっと太かった．体長 22 m のアパトサウルスは体重 30 t くらいと推定され，単独の骨のうちにはアパトサウルスは，さらにそれよりもはるかに大きくなったかもしれないと思わせるものもある！　一部の古生物学者は，アパトサウルスは後脚で立ち上がって木の上の葉を食べるだけでなく，その強力な四肢と圧倒的な体重を用いて木を押し倒すこともあったのではないかといっている！　この推測は興味深いものだが，化石の記録によってこれを確かめることはきわめてむずかしい．

　モリソン累層の第 3 のディプロドクス科の恐竜バロサウルス *Barosaurus* は他の 2 つよりも小さいが，首は体のわりにすると他よりも長い．ディプロドクス科の恐竜の首と尾は，他のディプロドクス上科の恐竜よりも長い．ディプロドクス科恐竜の多くは，首の長さが尾の長さの 3 分の 2 くらいだったのに対し

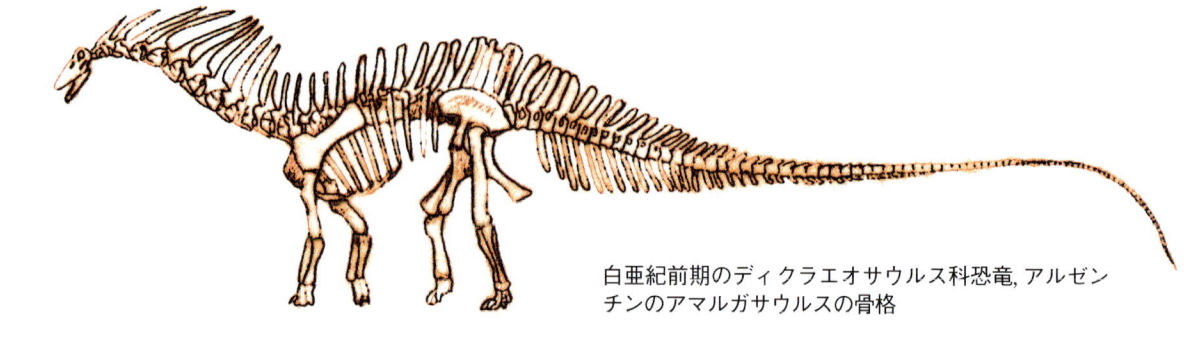

アマルガサウルスの首の長い棘突起は，ディスプレーのためのものだったかもしれない．

白亜紀前期のディクラエオサウルス科恐竜，アルゼンチンのアマルガサウルスの骨格

て，バロサウルスでは首と尾がほぼ同じ長さだった．

ジュラ紀後期のアメリカは驚くべき場所だったと思われる．そこには少なくとも3種のディプロドクス科と2種の原始的なディプロドクス上科の恐竜がいただけでなく，3種のマクロナリア類（ハプロカントサウルス *Haplocanthosaurus*，カマラサウルス *Camarasaurus*，ブラキオサウルス *Brachiosaurus*）も住んでいた．われわれの知るかぎり，ある一時期にこれほど多くの竜脚類が同じ場所に住んでいた例はほかにない．すべてゾウよりも大きな8種類もの動物が，同じ地域を歩き回っていたようすを想像してほしい！

ディプロドクス科の恐竜は，米国では多様だったかもしれないが，それ以外の場所ではあまり知られていない．バロサウルスと近い血縁関係にあるトルニエリア *Tornieria* という東アフリカの恐竜が，ジュラ紀後期の岩石中に発見された．また，その他の場所でも少数ながら，ディプロドクス科のものではないかと思われるジュラ紀後期の断片的な化石が単発的に見つかっている．華やかな存在ではあったが，ディプロドクス科の恐竜たちは，むちのような尾をもった他の竜脚類に比べて生きていた期間は短かったように思われる．

2枚張りの帆をもつ恐竜たち

ディプロドクス科の恐竜では，神経棘（椎骨のてっぺんから上に突き出しているとげ状の突起）は中央から下が二又に分かれている．この二又になった部分には，腰から首の後ろまで一連の靱帯が通っていたと思われる．この靱帯によって恐竜は筋肉を使うことなく，首を水平に保っていた．同じように二又に分かれた神経棘は他のいくつかの竜脚類にもみられ，ディクラエオサウルス科の恐竜ではこれがいちじるしく長かった．

ディクラエオサウルス科の恐竜は3つのタイプしか知られていない．ジュラ紀後期のアフリカ東部のディクラエオサウルス *Dicraeosaurus*，ジュラ紀後期のアルゼンチンのブラキトラケロパン *Brachytrachelopan*，それに白亜紀前期のアルゼンチンのアマルガサウルス *Amargasaurus* である．これらはディプロドクス科の恐竜よりも小さく，6～10mで，首は多くの竜脚類よりも短かった．

ディクラエオサウルス科が他といちじるしく異なるのは，その変わった神経棘である．これらの棘突起は二又に分かれているだけでなく，長くもある．その長さは，ディクラエオサウルスでは0.6m，アマルガサウルスでは1.2m あった．これらは首から背中にかけて，舟の"帆"のようなものをつくっていたのだろう．アマルガサウルスの多数の長い神経棘の間に皮膚のひれが張られていたのか，それとも（p.196にみられるように）帆の上に神経棘の先が大

ジュラ紀後期のディクラエオサウルス科恐竜，アルゼンチンのブラキトラケロパンは，知られているかぎりの竜脚類のうちで首が最も短かった．

鼻先部の幅が広いニジェールサウルスは，ルーバーチーサウルス科で最もよく研究されている恐竜である．

きなとげとなって突き出していたのかについてははっきりしていない．アマルガサウルスの首の皮膚の印象（圧痕）が得られるまでは，確かなことはわからないだろう．

　ほかにもイグアノドン類のオウラノサウルス *Ouranosaurus* や獣脚類のスピノサウルス *Spinosaurus* など，背中に帆のようなものをもつ恐竜はいた．しかしそれらの神経棘は二又にはなっておらず，したがってそのような恐竜の帆は1枚だけだった．ディクラエオサウルス科は二又に分かれた神経棘をもち，したがってその帆は二重になっていた！　帆をもつ恐竜のすべてについて，その帆が何に使われていたのか，確かなことはわかっていない．それは太陽から熱を得たり，あるいは風に吹かれて熱を放出したりして，恐竜が体温を一定に保つのに役に立っていたとも考えられる．また，それは恐竜を大きくみせ，襲ってくる危険のある相手を威嚇して近寄せないようにするのに使われたかもしれない．繁殖の相手を引きつける役割を果たしてかもしれないし，あるいは，これらのうちのいくつかの目的に使われていた可能性もある．

竜脚類と齧歯類を掛け合わせたら何が生まれるか？

答えはルーバーチーサウルス科の恐竜である．ルーバーチーサウルス科には，白亜紀のアフリカや南米にいたディプロドクス上科のきわめて風変わりな一群の恐竜たちが含まれる．本書を執筆している段階では，ルーバーチーサウルス科の恐竜の完全な頭骨あるいは骨格を組み立てた人はまだひとりもなく，したがってこれらの恐竜がどのような姿をしていたか，確かなことをいえる人は誰もいない．しかし体のいろいろな部分の化石から，理解が深められつつある．

ルーバーチーサウルス科の恐竜には，少なくとも4つのタイプが知られている．これは，白亜紀前期のアフリカ北部のニジェールサウルス *Nigersaurus*，白亜紀前期のモロッコのルーバーチーサウルス *Rebbachisaurus*，白亜紀前期のアルゼンチンのラヨソサウルス *Rayososaurus*，および白亜紀後期前半のリマユサウルス *Limaysaurus* である．新しく発見されたブラジルのアマゾンサウルスもこのグループの恐竜の一つかもしれないし，白亜紀前期のクロアチアの断片的なヒストリアサウルス *Histriasaurus* や，スペインで最近発見されたが，まだ名前はついていないいくつかの竜脚類もその可能性がある．

これらは体長15m前後の中型の竜脚類である．これらはかなり長い神経棘をもつが（特にルーバーチーサウルスでは長い），ディプロドクス科やディクラエオサウルス科の恐竜のように二又に分かれてはいない．首は比較的短いようで，ディクラエオサウルス科と同じくらいである．

ルーバーチーサウルス科の恐竜が他と変わっているのは，その口である．他のディプロドクス上科の恐竜は鼻先部が角張っているが，ルーバーチーサウルス科の恐竜では真っ直ぐに伸び，その前部には鉛筆形の歯が1列に並ぶ．他のディプロドクス上科の恐竜では，下あごに18〜32本，ルーバーチーサウルス科の恐竜では実に68本の歯がある！ しかもそれはみえる歯だけのことである！ あごの内部には，それぞれの歯の後に7本以上もの歯が並んで，出番を待っている．ニジェールサウルスは口の中に同時期に600本もの歯をもっていたことになる！

この特異な配列は頬歯群（デンタルバッテリー）の一例である．頬歯群というのは特殊化した歯のセットのことで，個々のそれぞれの歯は全体でひとつの主要ユニットの一部として働き，1本の歯がすり減ると，ただちにそれに変わる別の歯が用意される．ほかに，カモノハシ恐竜のハドロサウルス科と角竜類のケラトプス科の2つのタイプの恐竜が頬歯群をもつ．これらの恐竜と同様，ルーバーチーサウルス科の恐竜もその頬歯群によって大量の植物をかなりの速さで細かく切り刻むことができたにちがいない．しかしハドロサウルス科とケラトプス科の恐竜の頬歯群はあごの側面にあるのに対して，ルーバーチーサウルス科ではそれが前面にある．

ルーバーチーサウルス科の恐竜が何となく齧歯類に似ているのはこのことによる．齧歯類はあごの前面に絶えず伸びつづける切歯をもち，そのため絶えずものをかじっていても歯を失うことがない．おそらくルーバーチーサウルス科の恐竜はものをかじることはなかっただろうが，大量の植物をかみくだいていた．1本1本の歯はやがてすり減っただろうが，常にそれにかわるまったく新しい歯が用意されていた．

どうしてこれらの恐竜は，このような特殊化した歯が必要だったのだろうか？ 本当のところはわからない．もしこの恐竜たちが現代に生きていたら，これらは（イネ科の草をむしり食う）グレーザーだったと推測していたかもしれない．堅い草を大量に食べる大型の動物（ウマ類やサイ類のように）は，激しい摩滅に耐える幅の広い歯列を前面にもっていることが多いからである．ルーバーチーサウルス科が草食の竜脚類であったとしても完全に理屈には合う．ただ問題は，白亜紀前期にはまだイネ科の草が出現していなかったことである！

ディプロドクス上科には，これまでに知られている最も奇怪な恐竜がいくつか含まれるが，これまでにわれわれが知るかぎりでは，それらの中に恐竜の時代の終わりまで生きのびたものはいない．ディプロドクス上科の最後の恐竜（ルーバーチーサウルスおよびリマユサウルス）は9500万年前ごろ，白亜紀後期の始まったばかりの時期に生きていた．しかしこのグループが死に絶えた後にも，他の竜脚類はさらに3000万年間，生きつづけた．ここにいう"他の竜脚類"は，すべて大きな鼻をもつ竜脚類，マクロナリア類の仲間だった．

巨大なディプロドクス科スーパーサウルスが後脚で立ち上がり、メガロサウルス科トルウォサウルスを威嚇する。ジュラ紀後期のコロラドで。

竜脚類の進化

ジェフリー・A・ウィルソン博士
ミシガン大学

最初の竜脚類が発見されたのは今から160年前，英国オックスフォードでのことだった．これは数個の大きな尾の骨からなる粗末なコレクションで，その骨はあまりに大きかったため，現代のクジラのような大洋に住む動物の骨だと考えられた．そのような理由から，最初の竜脚類はケティオサウルス *Cetiosaurus*（クジラトカゲ）と名づけられた．まもなく，別のもっと質のよい竜脚類の骨格が北米西部やアフリカ東部で発見され，すぐに竜脚類がまったくクジラには似ていないことがわかった．1800年代の終わりには，古生物学者は竜脚類の骨格の詳しい姿を把握していた．

竜脚類は上下に深みのある樽のような胸部をもち，それを4本の柱のような脚が支えていた．小さな頭を上に載せたいちじるしく長い首は，先のほうがきわめて細くなった同じように長い尾とバランスを保っていた．この基本的な身体設計，言い換えれば"進化の設計図"はすべての竜脚類に共通だが，竜脚類のどの2つをとっても，まったくそっくりということはない．骨格のあらゆる部分にみられる大小の違いによって，われわれは恐竜の時代のほとんどの時期，世界のいたるところに生きていた約70種類の竜脚類を識別することができる．

他の恐竜たちの頭骨に比べると，竜脚類の頭骨はやや平板である．角はなく，稜（頭飾り）もなく，くちばしもなく，デザインによぶんな部分がない！ 竜脚類の頭骨は植物を食べるために必要なものをすべて，たっぷりと備えていた．竜脚類の多くは，大きく頑丈な歯を100本足らずもっていたが，上下のあごに細い歯をぎっしりと600本以上ももつものもいた．竜脚類では，上下の歯列はあごの奥の同じ場所で終わり，上の歯の1本1本が下の歯と合うようになっていた．これが連続的な咬合面をつくり，そこで植物質をかんだ後に飲み込んだ．竜脚類はおそらく，食物を現代の植物食動物のようによくはかんでおらず，長い消化管をもち，そこには食物の消化を助ける微生物が住みついていたのだろう．

竜脚類の首は，その長さも，それを支える首の骨の形も，まさに他に例のみられないものだった．竜脚類はすべて長い首をもっていたが，首の長さの大小の差によって，種類の異なる竜脚類は異なる場所（木の高いところ，地面の低いところ，あるいはその中間のさまざまなところ）で，食物をとることができたのだろう．竜脚類の首の秘密の一つとして，すべての首の骨が一部空気で満たされていた（含気化されていた）ことがあげられるかもしれない．現代の鳥類と同じように，肺の小さな延長部分が，竜脚類の首の骨の空洞に，風船のようにはまりこんでいた．空気で満たされた首の骨は，骨の強度を減じることなく，重さを減らしていたのかもしれない．

竜脚類の胴体は重く，木の幹かビル前面の円柱のように直立した太い脚で支えられていた．竜脚類は極度の重さのため，ちょうど今日のゾウのように敏捷ではなく，走ることもできなかったとわれわれは考えている．しかし，この恐竜たちは走れはしなかったが，歩くことにかけては健脚であったことがわかっている．世界中のあらゆるところで足跡が見つかっているからである．竜脚類は4本足で歩き，前肢にも後肢にも5本の指をもつので，その足跡は容易に見分けがつく．コロラドで発見された歩き跡の化石は，竜脚類がときに群れをつくって移動したことを教えてくれる．

竜脚類が後脚で立ち上がったかどうかについては，古生物学者の間で論争が行われている．

ブラキオサウルス

イョバリア

サルタサウルス

25
マクロナリア類
Macronarians
大きな鼻，長い首をもつ巨大な恐竜

　長い首をもつ巨大な植物食竜盤類恐竜が竜脚下目 Sauropoda である．これには多くの種類のものが含まれる．その中にはオメイサウルス Omeisaurus のように極端に首の長い原始的な恐竜，むちのような尾をもつ巨大なディプロドクス科の恐竜，背中に長い棘突起をもつディクラエオサウルス科の恐竜，芝刈り機のような口をもつルーバーチーサウルス科の恐竜などがいた．しかし，竜脚類のあらゆるグループの中で最も多様なのはマクロナリア類 Macronaria である．

　マクロナリア類の種の中には，カマラサウルス Camarasaurus やイョバリア Jobaria のような鼻先の尖っていない基本的なタイプから，腕の長いブラキオサウルス科の種や，ティタノサウルス類 Titanosauria の多くのさまざまなタイプまでいる．ティタノサウルス類は竜脚類のあらゆるグループのうちで最も繁栄したもので，ジュラ紀中期から白亜紀後期のまったくの終わりまで生きつづけ，大きさは"こびと竜脚類"マジャーロサウルス Magyarosaurus（体長わずか5.5m）から30.5m，100tもある巨大なアルゼンチノサウルス Argentinosaurus やアンタルクトサウルス Antarctosaurus までみられる．スプーンのようなくちばしをもつティタノサウルス類やよろい（装甲板）をつけたティタノサウルス類さえいた．

鼻はどこに？

　マクロナリアというのは「大きな鼻」を意味し，このグループの種は頭骨の鼻のための孔がいちじるしく大きい（眼窩よりも大きいこともしばしばある）ことから，この名がつけられた．原始的な竜脚類でも鼻のための孔は，ふつうの恐竜に比べて鼻先部の前部よりもかなり後ろのほうにあるが，マクロナリア類ではそれよりもずっと後方にあった．基本的に，これらの恐竜は前額部に鼻のためのいちじるしく大きな孔があった！

　しかし，それだからといってこれらの恐竜の鼻孔が前額部にあったということにはならない．ただし，過去にはそのように推定するのが理に適っていると考えられ，19世紀から20世紀には，マクロナリア類の図はほとんどすべてそのように描かれていた．たとえば，映画『ジュラシックパーク』には，ブラキオサウルス Brachiosaurus（最もよく知られるマクロナリア類の一つ）が木の上に隠れている小さな少女にくしゃみを吹きかけるという忘れがたいシーンがあった．鼻水は恐竜の額から飛び出していた．

　だが，オハイオ大学の古生物学者ラリー・ウィトマーがリーダーとなって行われた新しい研究によると，鼻気道の肉の開口部は実際には鼻先部の先端，現代に生きているほとんどの動物とまったく同じ場所にあったのがほぼ確実であることが明らかにされている．彼は，鼻孔の筋肉にともなう神経や血管が通る頭骨の小さな孔が，マクロナリア類の頭骨の前額部に開いている大きな鼻孔の近くではなく，鼻先の前部にあるのを観察した．このことからウィトマーは，マクロナリア類の頭骨の大きな鼻孔は肉質の鼻室で満たされていて，実際の肉の鼻孔は顔面のずっと下のほう，鼻先部の先端近くにあったという結論を下した．

　どうしてこれらの恐竜は，このように大きな鼻室をもっていたのだろうか？　確かなことはわからないが，角をもつケラトプス科やくちばしをもつイグアノドン類など，多くのタイプの恐竜が大きな鼻室をもっていた．一つの可能性としては，このスペースには肉質の気室または気嚢があって，それを空気で膨らませて大きな音を立てていたとも考えられる．あるいは，鼻の組織（紙ではない生きている組織！）は体内の過剰の熱を放出し，あるいは水分を

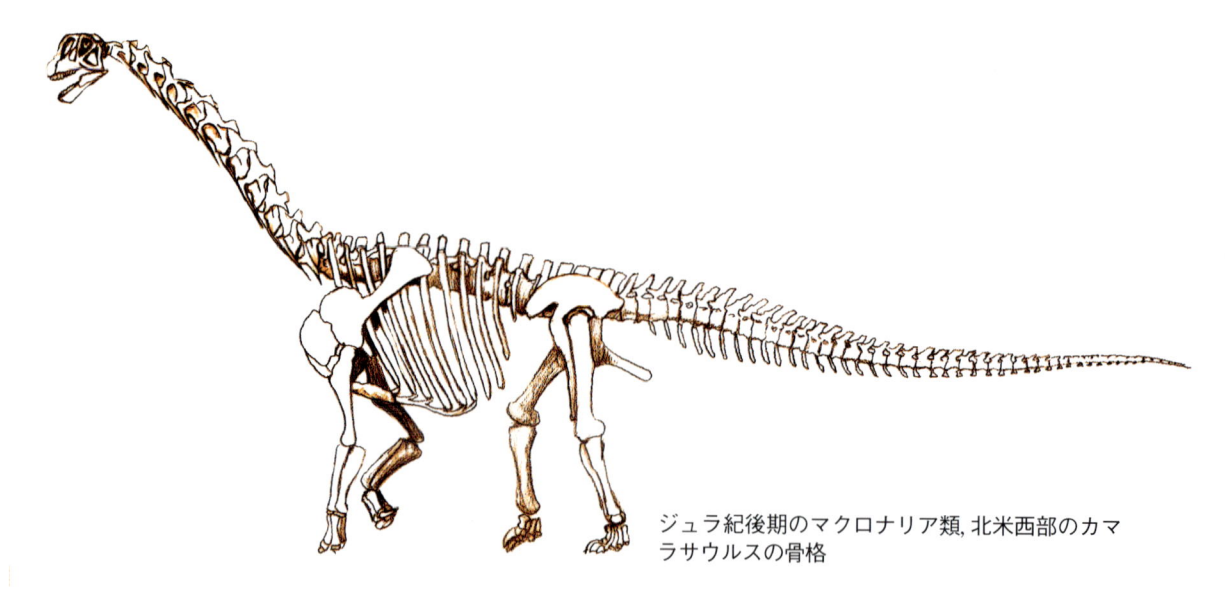

●マクロナリア類

ジュラ紀後期のマクロナリア類，北米西部のカマラサウルスの骨格

保持して肺やのどの乾燥を防ぐのに役立っていたのかもしれない．こうした機能のいくつか，またはすべてを果たしていたのではないかと私は考えている．

基本的な大鼻

最も原始的なマクロナリア類は，巨大な鼻のほかは，他のグループの竜脚類とそれほど大きな違いはない．実のところ，原始的なマクロナリア類である竜脚類はどれか，たまたま大きな鼻はもつが，他のものとの類縁関係の遠いタイプの竜脚類はどれかといったことに関して，すべての古生物学者の意見が一致しているわけではない．しかし一般に，原始的なマクロナリア類は鼻先部があまり細く尖っておらず，大きく頑丈なスプーン形の歯をもつ．

最も古いマクロナリア類（ジュラ紀中期のもの）は，そのほとんどがこの"基本的な大鼻"タイプに属する．これには中国のアブロサウルス *Abrosaurus* およびベルサウルス *Bellusaurus*，モロッコのアトラサウルス *Atlasaurus* などが含まれる．これらの恐竜ときわめてよく似ているのがニジェールのイョバリアだが，これは時代がずっと後（白亜紀前期）になる．これらの恐竜の中間の時代に当たるのが北米西部のジュラ紀後期のハプロカントサウルス *Haplocanthosaurus* で，いくつかの系統発生学的研究によれば，これもマクロナリア類であるらしいことが示されている．

しかし，他とは比較にならないほどよく知られ，

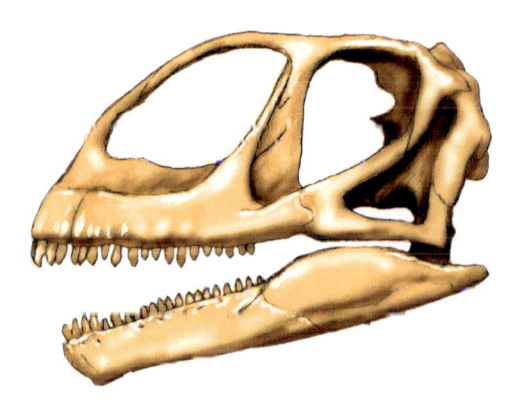

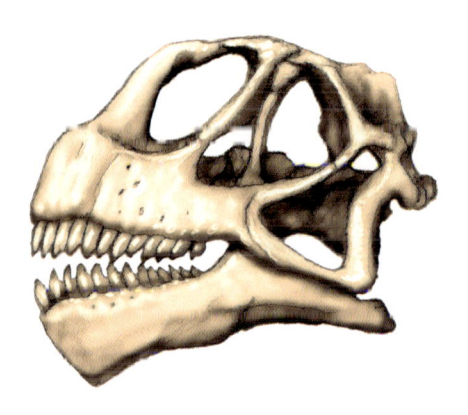

白亜紀前期の原始的なマクロナリア類，アフリカ北部のイョバリアと，ジュラ紀後期の北米西部のカマラサウルスの頭骨

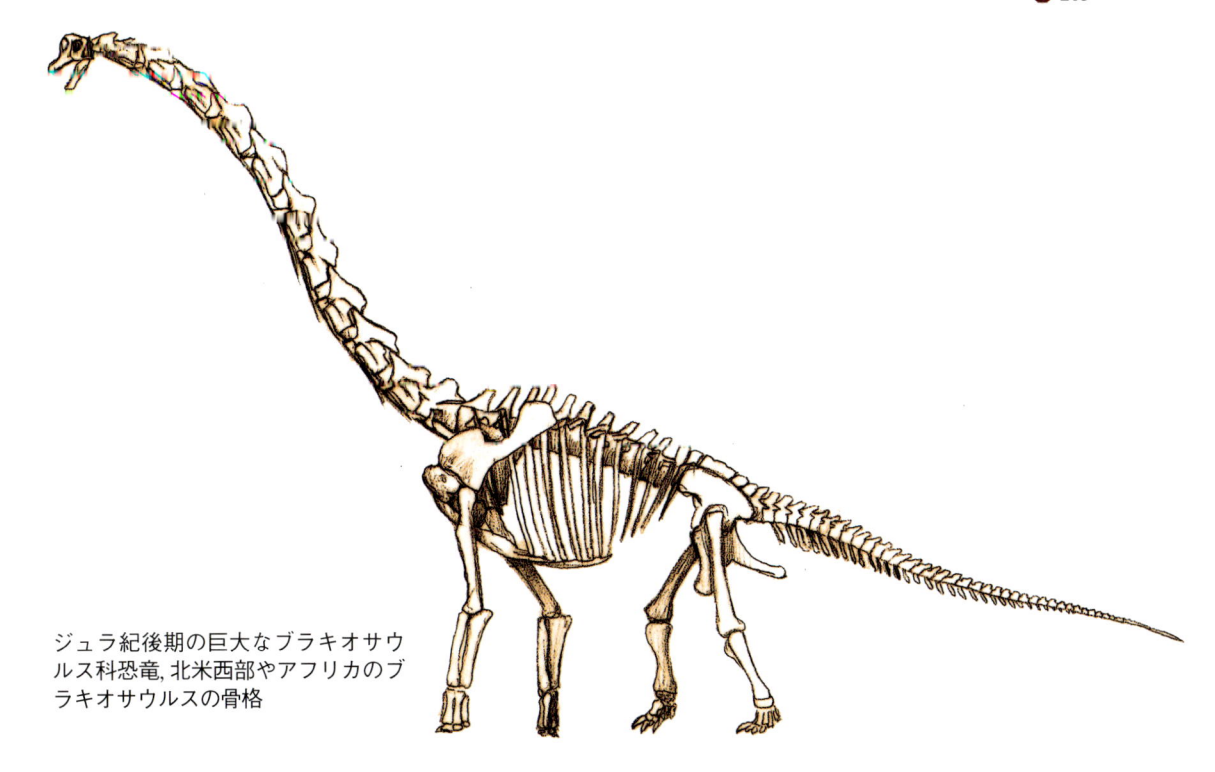

ジュラ紀後期の巨大なブラキオサウルス科恐竜，北米西部やアフリカのブラキオサウルスの骨格

よく研究されている原始的なマクロナリア類は，ジュラ紀後期のカマラサウルスである．この竜脚類は何十体というほとんど完全な骨格と，何百点という（数千点にものぼるかもしれない）単発的な骨が知られている．実際，米国西部のモリソン累層（世界中の他のどこよりも多くのジュラ紀の恐竜を含む岩層）では，あらゆる恐竜のうちでこれが最も多数みられる．世界中の多くの博物館に，この有名な竜脚類の骨格が組み立てられて置かれている．体長18.3m，体重最大25tのこの恐竜は，同時代の多くの類縁の恐竜，ブラキオサウルス，ディプロドクス *Diplodocus*，アパトサウルス *Apatosaurus* などよりも小さいが，それでもこれは，肉食恐竜のどれよりもはるかに大きかった．

この基本的な大鼻の恐竜は，特殊化という点では，すべてのマクロナリア類に共通してみられる特徴以外には，あまり目立つほどのことはない．それどころか，これらの恐竜は彼ら自身進化していって姿を消したようにみえる．この恐竜たちは，最終的にはもっと進んだ近縁のものたち，背の高いブラキオサウルス科の恐竜や多様なティタノサウルス類などにとってかわられていったからである．

ブラキオサウルス科恐竜：仲間内でいちばんの背高のっぽ

すべてのうちで最も独特の恐竜の一つはブラキオサウルスだろう．完全な骨格は一つも発見されていないが，米国西部やアフリカ東部のタンザニアから見つかったかなりの部分の骨格によって，これがどのような姿をしていたかはよくわかる．

何よりもまず，これは大きかった．何十年にもわたって，これはあらゆる竜脚類のうちで最大のものであり，体重は最大で50t，体長26mにも達したと考えられていた．さらにすばらしいのは，その体高の高さだった！　最も大きいブラキオサウルスは最高で頭を18mもの高さにあげることができたと思われる．ただしふつうは，頭は9〜10mくらい"しか"もち上げていなかったのだろう！

ブラキオサウルスはどのようにして，これほどの高さに達することができたのだろうか？　一つには，竜脚類の基準から見ても長い首をもっていたことによる．その体長の約半分は首だった．しかしブラキオサウルスが高かった理由は，主としてその体形が前上がりの姿勢になっていたことにあった！一般に，恐竜は前肢のほうが後肢よりも短く，したがってその肩は腰よりも低かった．しかしブラキオ

サウルスはそうではなかった．その前肢は後肢よりも長く，その肩は腰よりもずっと高くなっていた．ブラキオサウルスが首をまっすぐに伸ばしただけでも，頭は地面から6mの高さになり，2階建てのビルの屋根の上を見ることができるほどだった．おそらく首を45度くらいの角度で保つのが，それよりもっと自然な姿勢だったろう．この恐竜はそのように首を伸ばして，ビルの4階，もしかしたら5階の窓さえのぞくことができただろう（そのブラキオサウルスの感覚を実感したいと思ったら，自分の足は1階の床についたままで，4階の窓から外をのぞいていることを想像してみればよい！）．

しかし，ブラキオサウルスが届く高さはそこまでだ．ディプロドクス上科の恐竜や，たぶんティタノサウルス類ともちがって，ブラキオサウルスやそれにごく近縁の恐竜たちはおそらく後脚で立ち上がることはできなかった．腰より前部の重量が大きすぎるし，腕が細すぎて，後脚で立ち上がった姿勢から元に戻るときの衝撃に耐えきれないためである．そのため映画でみるのとは違って，ブラキオサウルスは常に，えさをとるときでも4本足を着いた姿勢だった可能性がきわめて大きい．

ブラキオサウルスの頭骨は，竜脚類の基準でみて

ブラキオサウルスは前上がりの体つきをしており，他の多くの恐竜よりも高いところでえさをとることができた．

も少し変わっている．4階もの高さのところにあるのを下からみれば，滑稽なほど小さくみえるが，実際はかなり大きい．ブラキオサウルスの頭は長さが1.5mあった．もっと原始的なマクロナリア類と同じように，スプーン形の大きな歯をもつ．鼻の開口部は，頭のてっぺんにドーム状の膨らみをつくっていた．体の後ろの端には短い（竜脚類としては）尾があった．腕は長くて，比較的細く，手は高い柱状になっていた．

ブラキオサウルスの極度に大きな骨を"ウルトラサウルス *Ultrasaurus*"という恐竜の骨と考える古生物学者もいる．また，アフリカの種はギラファティタン *Giraffatitan* と命名すべきだという学者もいる．しかし古生物学者の多くは，これらの新しい名前を正当なものと考えておらず，したがって私は今のところこれらをすべてブラキオサウルスとよぶことにする！

ブラキオサウルスは，ブラキオサウルス科の恐竜のうちで最もよく知られている．その他のものは，骨格の半分が知られているものさえほとんどなく，

白亜紀後期のティタノサウルス類サルタサウルス科恐竜，アルゼンチンのサルタサウルスの骨格

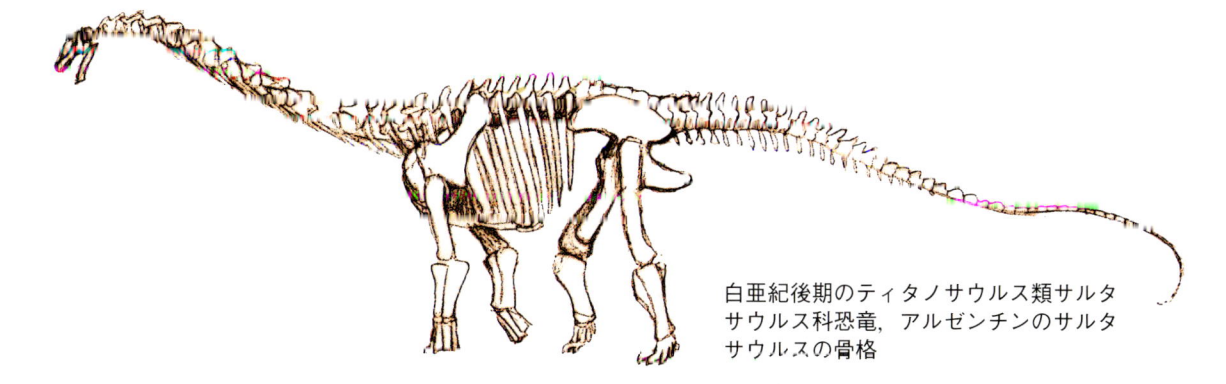

したがってこれらのすべてにブラキオサウルスの特徴がどのくらいみられるかもわかっていない．他のブラキオサウルス科の恐竜もすべて，肩のほうが腰よりも高いように思われる．また，その多くはかなり大型の恐竜である．

ブラキオサウルス科恐竜の骨格は世界の多くの場所で発見されており，すべてジュラ紀中期から白亜紀前期にかけてのものだった．あらゆるブラキオサウルス科の恐竜のうちで最も新しく，また最も強大なのが，白亜紀前期の米国西部のサウロポセイドン *Sauroposeidon* である．ギリシャ神話の地震の神（ポセイドンは海の神としてのほうが有名で，地震は副業）にちなんだ名前をつけられたサウロポセイドンは，あらゆる恐竜の中で最も大きなものの一つだった．体長 30 〜 32m，体重 70 〜 80t のこの恐竜は，巨大なディプロドクスよりも短く，アルゼンチノサウルスよりも軽かったが，その差はそれほど大きくはない．サウロポセイドンはブラキオサウルスと同じような体形につくられていたと思われるので，おそらくあらゆる恐竜のうちで最も体高が高かっただろう．それはまた，知られている動物のうちで最も

白亜紀後期のサルタサウルス科恐竜，アルゼンチンのボニタサウラ *Bonitasaura* の頭部

高いということにもなる．これが首をもちあげることができたとすれば，その頭は高さ 20 〜 21m またはそれ以上に達しただろう．これは最も体高の高いキリンを 3.5 頭積み重ねた高さになる．

しかし信じがたいことながら，サウロポセイドンも攻撃を受けないですむわけではなかった！ テキサス州パルクシーで見つかったみごとな歩き跡の化石には，ブラキオサウルス科の恐竜（たぶんサウロポセイドンだが，それと近縁の恐竜かもしれない）が，巨大な肉食恐竜アクロカントサウルス *Acrocanthosaurus* に追跡されているようすが残されている．歩き跡のある 1 か所では，複数の歩き跡が 1 本になって，捕食恐竜が植物食恐竜の横腹に飛びかかったようにみえるが，その後つかまえた手が離れたらしく，また追跡が続く．残念ながら，竜脚類が逃げおおせたのかどうかがわかる前にその歩き跡は終わりになっている．

巨竜たち：大恐竜の中でも最大のもの

マクロナリア類のすべてのグループの中で最も長く生きつづけたのはティタノサウルス類であり，知られている最も古いティタノサウルス類はジュラ紀後期のタンザニアのヤネンシア *Janenschia* だった．米国のアラモサウルス *Alamosaurus*，ルーマニアのマジャーロサウルス，インドのイシサウルス *Isisaurus* など，いくつかのティタノサウルス類は，8500 万年後の大量絶滅のときに生きていた．それはつまり，ヤネンシアの生きていた時代とアラモサウルスの時代はきわめて遠く隔たっており，むしろわれわれのほうがアラモサウルスと近い時代に生きていることを意味する．ティタノサウルス類は南極大陸を除くすべての大陸で発見されている（これが

● マクロナリア類

白亜紀後期のサルタサウルス科恐竜，マダガスカルのラペトサウルス

南極大陸で発見されるのは時間の問題と古生物学者は予測している）．

　ご覧いただくように，ティタノサウルス類には多くの種類のものがいる．しかし，そこには少数ながら共通の特徴もある．これらの恐竜の胸部はかなり幅が広く，ブラキオサウルス科の恐竜のように狭くない．またブラキオサウルス科の恐竜と違って，前腕（肘と手首の間）の骨が特に太くて重い．ティタノサウルス類の腸骨（骨盤上部の骨）は横に張り出しており，座骨（骨盤下部後方の骨）は恥骨よりも短い（他の竜脚類では，腸骨は張り出しておらず，座骨は恥骨と同じくらいか，または恥骨よりも長い）．またティタノサウルス類の後肢は，多くの竜脚類の後肢よりも離れている．古生物学者のジェフリー・ウィルソンおよびマット・カラーノは，この骨盤と脚の変化によってティタノサウルス類は尻をついて座ることができるようになり，後脚で立ち上がることが容易になったのだろうと推測している．

　少なくともティタノサウルス類の一部にみられるもう一つの特徴は，体をおおうよろい（装甲板）である．1800年代後期以降古生物学者は，恐竜以外のものとすれば大きすぎるが，装盾類（よろいをつけた鳥盤類恐竜）のものとは異なる装甲板を見つけてきた．この装甲板のもち主は誰なのだろうか？　この謎は1980年にティタノサウルス類竜脚類サルタサウルス *Saltasaurus* が発見，記載されたことによって解決された．この装甲板はサルタサウルスの背中についていたものであることが明らかになったのである．それ以降，多数の他のティタノサウルス類にも装甲板が見つかった．現在のところ，ティタノサウルス類がすべて装甲板をもっていたのか，それとも特定の種だけがもっていたのかはわかっていない．多くのティタノサウルス類では，装甲板は

水場でワニのマハジャンガスクス *Mahajangasuchus* に遭遇し危険にさらされたラペトサウルス

白亜紀前期のティタノサウルス類，とげの生えたよろいを身に着けたアルゼンチンのアグスティニア

クッキーから1人前のピザくらいまでの大きさの，縁が凸凹した円盤でできている．しかし，少なくとも一つの種では，装甲板をつくっているのは丸い円盤だけではなかった．白亜紀前期のアルゼンチンのアグスティニア *Agustinia* では，さまざまな形のとげ，骨盤，突出物などがみられた．まるでステゴサウルス類のようにものものしいよろいを身につけていたらしい！

ティタノサウルス類のうちには，竜脚類としてはごく小型のものもいた．そのうちで最も注目に値するのは"小さな"マジャーロサウルスで，これはサイくらいの大きさしかなかった．これが小さかったのは，現在のルーマニアのトランシルヴァニアに当たる島に閉じ込められて暮らしていたためかもしれない．大型種の動物が島に閉じ込められると，そこには特に体の大きい個体が生き残ることができるほど食物がじゅうぶんにない場合が多い．進化によって次々に小さいものが選択されていき，巨大な祖先から矮小な子孫が生まれてくる．このようなことが化石のゾウとその類縁のものたち（マンモスやマストドン）の間でたびたび起こったことは記録によって古生物学者に示されており，マジャーロサウルスは恐竜におけるそのようなケースと思われる．

しかし，ティタノサウルス類のうちにはきわめて大きなものたちもいた．実際に，知られている最も大きな恐竜はティタノサウルス類の仲間である．これまでに記載されている化石によると，すべての恐竜のうちで最大のものは白亜紀後期最初期のアルゼンチンのアルゼンチノサウルスだった．古生物学者はこの恐竜のものであることがわかっている骨の一部を，これよりも小さいがもっと完全なティタノサウルス類の骨格と比較して，アルゼンチノサウルスの体重は80〜100tの間と推定している．体長は30.5〜33.5mだっただろう．アルゼンチノサウルスと比べてさして小さくなかったのが，同じ時代のエジプトのパラリティタン *Paralititan* や，それよりもずっと後の時代のアンタルクトサウルス（「南極トカゲ」という名前ではあるが，アルゼンチン産）である．これらの恐竜は，最大の肉食恐竜の10倍もの大きさがあった．現代のシロナガスクジラは，知

られている動物のうちでこれよりも大きくなる唯一のものである．

サルタサウルス科恐竜：最後の首長恐竜

現在のところ，ティタノサウルス類相互間の進化上の関係については多くの混乱がある．比較的完全な資料によって知られているものはごく少なく，異なる種を比較することを困難にしている．実際のところ，頭骨と体部の両方について優れた資料が知られているのは，白亜紀後期のマダガスカルのラペトサウルス *Rapetosaurus* だけである．

しかし，ティタノサウルス類にいちじるしく進化したグループがあったということについては，多くの研究で意見が一致している．これがサルタサウルス科 Saltasauridae である．サルタサウルス科の恐竜は，いくつかの奇妙な特徴をもっている．たとえば，これらの恐竜は指をまったくもたない．柱のような形をしたその手は，先を切り落とした断端のように終わっている．また，これらの恐竜は鉛筆形の歯をもつ．ディプロドクス上科の恐竜も鉛筆形の歯をもつことから，このことは過去に多くの混乱を引き起こした．長い間，古生物学者はディプロドクス上科の恐竜とティタノサウルス類は近い親戚どうしだったにちがいないと考えていたが，今ではもっと状態のよい化石によって，ティタノサウルス類はブラキオサウルス科の恐竜のほうにはるかに近いことが示されている．鉛筆形の歯は，2つの系統にまったく別個に進化してきたものにすぎない．

サルタサウルス科の恐竜の頭は，カモやカモノハシ恐竜にちょっと似た形をしている．それは鼻先部の前部が丸く，中央部は幅が狭く，後ろのほうは幅が広くなっている．これらの恐竜では，多数の歯があごの前部に集まっているが，ディプロドクス上科のルーバーチーサウルス科の恐竜ほど多くはない．

サルタサウルス科の恐竜は竜脚類のうちで出現してきた最後のグループだった．サルタサウルス科であることがはっきりしているティタノサウルス類はすべて，白亜紀最後の 2000 万年ほどのころ，ティタノサウルス類以外の竜脚類がすべて死滅した後の恐竜たちである．これらと類縁の，もっと原始的なティタノサウルス類よりも小さかったが，サルタサウルス科の恐竜の少なくともいくつか（アラモサウルスなど）は 30t に達した．

古い恐竜書によると，恐竜の時代の終わりには竜脚類はまれにしか存在しなかったという．実際には，これらの恐竜がほとんどいなかったのは北米とアジアだけのことだった．それ以外の，恐竜が知られているところはどこでも（ヨーロッパ，インド（当時は独立した島大陸をつくっていた），マダガスカル，そしてとりわけ南米でも）ティタノサウルス類，特にサルタサウルス科の恐竜は，最もたくさん見つかるタイプの恐竜である．最後の時がやってきたときでも，このグループの首長恐竜はまだ元気いっぱいだった．

マクロナリア類の痕跡化石

竜脚類の化石は，骨と歯がすべてではない．恐竜たちの行動の痕跡（生痕化石という）も知られている．先に私は有名なパルキシーの歩き跡について述べた．あらゆる種類の竜脚類の歩き跡が，世界中から見つかっている．どのタイプの竜脚類がどの歩き跡をつけたかをはっきりさせることがむずかしい場合も少なくない．しかし，ティタノサウルス類の歩き跡はきわめて特徴的で，これらの恐竜は体の大きさとの比率からみて体の幅が広いため，ふつうの竜脚類よりも足跡が互いに遠く離れている．

最もきれいに保存されたマクロナリア類の生痕化石のうちには，巣の化石もある．ティタノサウルス類の卵と巣は，ヨーロッパ，南米，アジアなどで発見されている．最もよく知られている巣の採掘場所は，アルゼンチン・パタゴニアのアウカ・マウエボにある．この場所では文字どおり何千という恐竜の卵が見つかっており，そのうちには孵化する前のサルタサウルス科の恐竜の赤ん坊が含まれている卵もある．卵の中の赤ん坊はやがては 30t にもなるとしても，卵は直径 15cm しかなかった．

それよりも多少魅力は劣るが，ティタノサウルス類のまた別の生痕化石が 2005 年に記載された．これは白亜紀後期末の糞石（糞が化石になったもの）で，インドで発見された．その中には種子の残存物が含まれており，それは地球上を歩いた最も大きい動物の最後に近い 1 頭が，ほとんど最後にとった食事の一部だった．

次ページ：ドロマエオサウルス科恐竜のユタラプトル *Utahraptor* の群れに立ち向かうアストロドン *Astrodon*

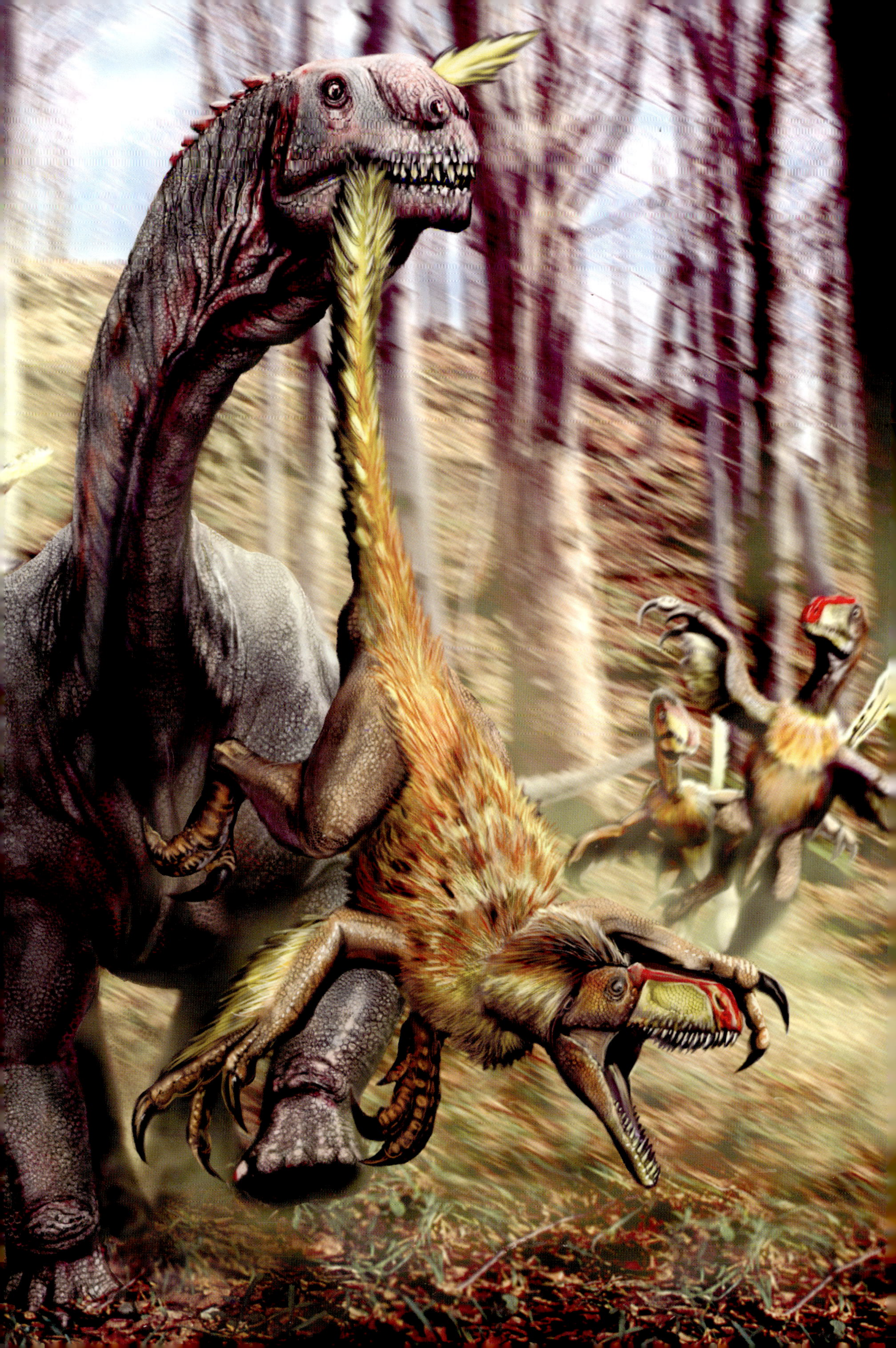

レソトサウルス

ピサノサウルス

26
鳥盤類
Ornithischians
鳥類のような骨盤をもつ恐竜

　恐竜の系統樹には2つの主要な枝があり，そのうちの一つである鳥盤類，つまり鳥類のような骨盤をもつすべての恐竜は，主として植物食だった．かつて存在した最も華やかで見ごたえのある恐竜類の一部（背中に骨板のある剣竜類，装甲のあるよろい竜類，角のある角竜類，ドーム状の頭部をもつ厚頭竜類，および，中空のとさかをもつカモノハシ竜）は鳥盤類だった．しかし，意外かもしれないが，鳥類は恐竜であっても鳥盤類恐竜ではないのである！

鳥類のような骨盤と下あごのくちばし

　古生物学者たちが初めて恐竜化石を発見した際，彼らの最も重要な仕事は化石を記載し，命名することだった．何の骨をみているのか，そして，それらの太古の奇妙な動物を何とよぶべきかを知る必要があったからである．しかし，時が経ち，より多くの恐竜化石が発見されるとともに，科学者たちは個々の恐竜が互いにどのような類縁関係にあったかについて考えはじめた．

　1880年代までには，恐竜にはいくつかの主要な体形のあったことがわかるぐらい十分な恐竜骨格が発見されていた．4足歩行で首の長い植物食恐竜，2足歩行の肉食恐竜，4足歩行で首の短い植物食恐竜（しばしば，体部に装甲をもつ），そして，2足歩行の植物食恐竜たちである．イェール大学の古生物学者マーシュはこれらの4種類を竜脚類Sauropoda，獣脚類Theropoda，剣竜類Stegosauria，鳥脚類Ornithopodaと命名した．

　1885年，英国の古生物学者シーリーはマーシュによる分類の剣竜類（現在では，よろい竜類Ankylosauriaに分類される恐竜も含む）と鳥脚類には多くの共通した特徴があり，竜脚類と獣脚類にも多くの共通する特徴があることを知った．たとえば，竜脚類と獣脚類の恐竜は，前方を向いた恥骨と中空の椎骨を備えている．

　それとは対照的に，鳥脚類と剣竜類の椎骨は中空ではなく，非常に変わった骨盤をもっていた．すべての恐竜と脚のある他の脊椎動物の骨盤は3つの主要な骨から成り立っている．腸骨が上にあり，それが骨盤と椎骨を結びつけている．残りの2本の骨は腸骨の下に関節している．坐骨は腸骨の下部後方に付く骨で，動物の尾部の方を向いている．恥骨は腸骨の下部前方に付いている骨である．前述した動物のほぼすべてで，恥骨は前方または下方を向く．竜脚類と獣脚類の骨盤からトカゲ類の骨盤を連想したシーリーはこのグループを竜盤類Saurischia（トカゲのような骨盤）と命名した．

　それとは対照的に，剣竜類と鳥脚類の恥骨は変わっていた．恥骨は前方または下方でなく，坐骨と同じように後方を向いていた．これが現生鳥類の骨盤の恥骨に似ているため，シーリーはこのグループの恐竜を鳥盤類Ornithischiaすなわち「鳥類のような骨盤」と命名した．しかし，「鳥盤」恐竜の骨盤は鳥類の骨盤そっくりではなかった．一部の鳥盤類（たとえば，カモノハシ竜や角竜類）には，恥骨の前部から出た突起があり，このような骨盤をもつ鳥類は存在しない．

　その後の発見で，鳥脚類と剣竜類の新たな類似点が明らかになった．前歯骨である．前歯骨は左右の下顎骨の前端を関節している特別な骨で，鳥盤類の恐竜だけにしかみられない．実際，鳥盤類は前歯骨類（前歯骨をもつ恐竜）と改名されるべきだとマーシュは提案したが，あまり受け入れられなかった．前歯骨は角質のくちばしでおおい隠されていた．

　1880年代後期以後，新しいタイプの鳥盤類が発見された．角竜類（角とフリル（襟飾り）のある恐竜）と厚頭竜類（ドーム状の頭部をもつ恐竜）は新しいグループの中でも特に変わっていた．よろい

●鳥盤類

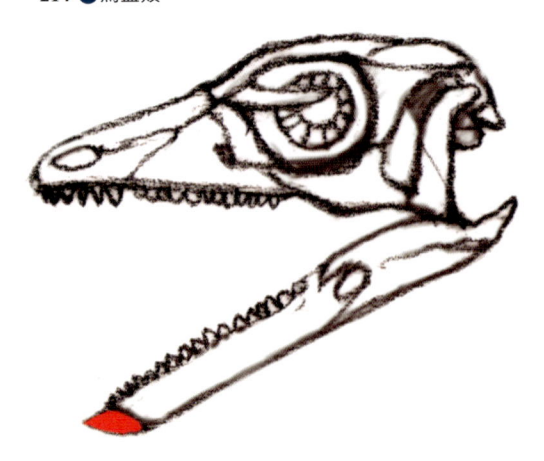

すべての鳥盤類には，下あごの先端に前歯骨（赤い部分）とよばれる特別な骨がある．

竜類の良好な骨格が発見されるとともに，剣竜類とは異なる点に古生物学者たちが気づき，よろい竜類は剣竜類から外されて，独自のグループ（よろい竜類）に入れられた．

これとほぼ同じ頃，古生物学者たちは大部分の鳥盤類が共有する別の点に注目していた．葉のような形の歯である．現代の世界では，葉片状の歯は（イグアナの多くの種のように）大量の植物を食べる爬虫類にみられる．これが鳥盤類は植物食だったという一つの手がかりになった．もう一つの手がかりは後方を向いた恥骨だった．なぜか？と思うかもしれない．鳥盤類は長い消化管を備えていたからというのが，最も可能性の高い答になる．

植物を消化することは大変な仕事で，身体が植物素材を分解するためには，肉の分解よりも時間がかかる．また，一般的に，ひとかみあたりの栄養分は，肉の方が植物よりもはるかに多い．そのため，食べる植物からできるだけ多くの栄養入手を確実にするためには，植物食の動物はより長く巨大な腸が必要になる．

このため，植物食者は太っている傾向がある．ウシやウマのような大型草食動物を正面からみると，腹部が左右に張り出してみえる．しかし，ライオンやオオカミのような大型肉食動物を正面からみた場合は，腹部がふくらんでみえるのは食べた直後だけで，それ以外のときは，肉食動物の腹部は草食動物の腹部より小さい．これは肉食動物の腸が草食動物の腸より短いことによる．

ウシやウマと同じように，植物食恐竜も大きな腸をもつ必要があった．しかし，初期の植物食恐竜はすべてが2足歩行動物だったので，大きく幅の広い腹部を入手し，しかも，2足歩行を続けていることはできなかった．結局，竜脚形類（首の長い植物食の竜盤類）は幅の広い腹部を獲得し，恒久的な4足歩行動物になった．初期の鳥盤類は別の解決策を進化させた．恥骨を後方へ移動させることで，腸の大きさを増したのである．恥骨が後方に移動するとともに，腸のためのスペースが増し，結局，恥骨は限界まで，つまり，後方，坐骨のところまで移動したのである．

腸を左右に張り出させるのではなく後方に広げることにより，鳥盤類は重心を骨盤近くに保ち，2足歩行のままでいられた．実のところ，恒久的に4足歩行動物になった鳥盤類のグループは巨大な腸が原因でそうなったのではない．よろい竜類の場合は，よろいの重さに「押し」下げられて4足歩行になった．角竜類の場合は，巨大で重い頭部が原因だった．

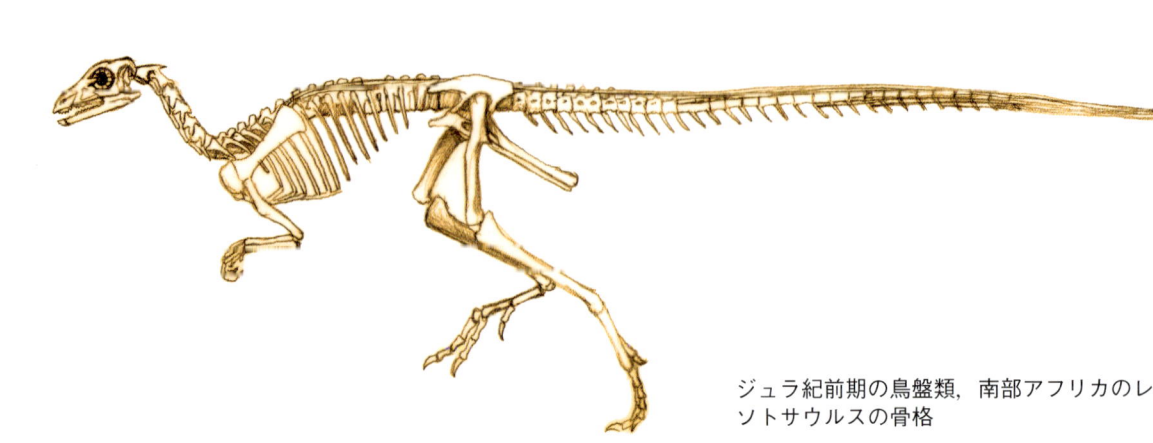

ジュラ紀前期の鳥盤類，南部アフリカのレソトサウルスの骨格

ジュラ紀中期の鳥盤類，中国のアギリサウルス *Agilisaurus*

初期の鳥盤類

すべての恐竜の祖先は前方に向いた恥骨をもっていた．恥骨が前方を向いた恐竜から鳥盤類が進化したとすれば，そのような骨をもつ鳥盤類に似た生物が見つかっていてもよいのではないか？　事実，見つかった．そして，驚くには当たらないが，その恐竜はすべての鳥盤類の中で最古であり，最も原始的なものになる．

三畳紀後期のアルゼンチンのピサノサウルス *Pisanosaurus* が，化石記録上，最初の鳥盤類である（ピサノサウルスに類縁のシレサウルス *Silesaurus* がより原始的かもしれないと考える古生物学者がいるが，2007年の時点での知識に基づくと，そうではないように思われる）．ピサノサウルスは断片からしか知られていないが，それらの断片はピサノサウルスが鳥盤類であることを示している．骨盤は不完全だが，保存された部分は，ピサノサウルスの恥骨が前向きだったことを示している（実は，この恐竜を記載した古生物学者ホセ・ボナパルト（José Bonaparte）はその恥骨は後方向きだったと考えていた．その後の研究で，彼の誤りが明らかになった）．

これ以外にも，三畳紀後期の鳥盤類で，その断片化石が知られているものはある．しかし，そのほとんどは歯だけである．そのため，初期の鳥盤類がどこに生息していたかはわかっても，外見についてはあまりわかっていない．

多少とも新しい時代の岩石を調べる場合は，条件はよくなる．多数の鳥盤類がジュラ紀前期の良好な標本から知られている．そのほとんどが鳥盤類の系統でも，より進歩した系列の初期メンバーに属するが，いくつかのものは非常に原始的である．それらの中で最もよく知られているものがファーブロサウルス *Fabrosaurus* とレソトサウルス *Lesothosaurus* である（実際は，同種かもしれない）．ファーブロサウルスは1点のあごだけしか知られていないが，レソトサウルスは骨格のほとんどが知られている．その骨格はレソトサウルスがきわめて速く走れる，小型で2足歩行の恐竜だったことを示している．恥骨が後方を向いており，ピサノサウルスに比べて，より進歩した鳥脚類に近縁である．しかし，レソトサウルスには，より進歩した種類のもつ特徴のいくつかはみられない．

レソトサウルスと同じで原始的だが，時代的にはレソトサウルスより後に生息していた恐竜もいる．中国のシャオサウルス *Xiaosaurus*（ジュラ紀中期），ゴンブサウルス *Gongbusaurus*（ジュラ紀後期），ジェホロサウルス *Jeholosaurus*（白亜紀前期）などが含まれる．しかし，これらの恐竜は鳥脚類の原始的なメンバーだった可能性がある．これらの恐竜については，新たな研究がなされつつあり，近いうちに，これらの小型植物食恐竜に関する知識が増えてくることが期待されている．

ヘテロドントサウルス類

鳥脚類の最も初期の重要なグループの一つがヘテロドントサウルス科 Heterodontosauridae である．ヘテロドントサウルス科はジュラ紀前期の南部アフリ

●鳥盤類

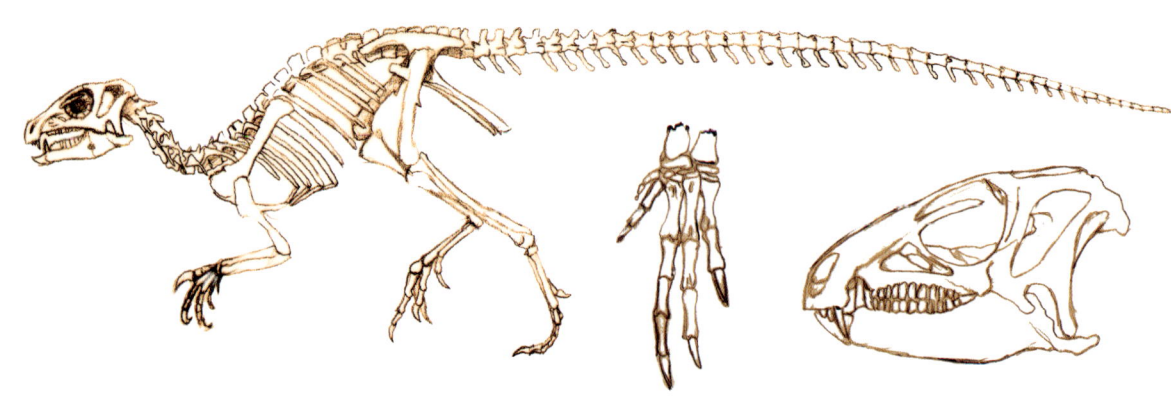

ジュラ紀前期のヘテロドントサウルス類．南部アフリカのヘテロドントサウルスの骨格と，つかむための手と強力な頭骨のクローズアップ

カのヘテロドントサウルス *Heterodontosaurus* がいちばんよく知られているが，化石は白亜紀前期のイギリスのエキノドン *Echinodon* なども知られている．

　ヘテロドントサウルス類はしっかりとつかめる長い指と，ある程度まで他の指と対向性のある親指をもつ手があった．竜盤類にも同じタイプの手があるので，これは恐竜にとっては先祖伝来の条件だったように思われる．鳥盤類の後のタイプはより短くなった指を進化させた．こういった指はつかむことにはあまり適していなかった．実際，鳥盤類のうち，ヘテロドントサウルス類は，腕の長さと比較して最も長い手を備えた部類に入る．一部の古生物学者はヘテロドントサウルス類は根や塊茎を掘るために手を使っていたという説を提唱している．

　ヘテロドントサウルス類の骨格は，他の初期鳥盤類の骨格とかなり似ている．ヘテロドントサウルス類が他と異なっている点は頭骨にみられる特徴で，ほとんどの類縁恐竜より，がんじょうなつくりになっていた．このことは，ヘテロドントサウルス類がかなり堅い植物を食べられたことを示唆している．さらに，ヘテロドントサウルス類の歯は，典型的な葉片状の歯ではない．そのかわりに，ヘテロドントサウルス類の頬歯（あごの正面ではないところの歯）は小さい「のみ」のような形をしている．ヘテロドントサウルス類が堅い植物を食べていたというもう一つの手がかりである．

　さらに，少なくとも一部のヘテロドントサウルス類には，牙があった．これは植物食者にしてはかなり奇妙に思えるが，今日の小型のシカ類やレイヨウ類（ヘテロドントサウルスと同じくらいの大きさ）にも牙を備えているものがある．これらの動物は狩りをするために牙を使うのではなく，雌のシカ類やレイヨウ類に見せびらかすため，また，他の雄を威嚇するために牙を使う．ヘテロドントサウルスも同様だったか？　それについては確定できない．一部の者だけ（おそらく雄）が牙をもっていたかどうか，それを確かめられるほど十分な頭骨が見つかっていないのである．

ほおが発達した恐竜？

　ピサノサウルスとレソトサウルスは鳥盤類の最も原始的なタイプを表している．より進歩したタイプは骨格，特に口に，多くの特徴がみられる．歯列は口の内側にある．つまり，あごの外側沿いではなく，わずかに舌側に移動している．なぜか？

　1972年，古生物学者ピーター・ガルトンが一つの答を提唱した．ほおである！　彼は進歩した鳥盤類にはあごの外側沿いに頬があったという仮説を立てた．ほとんどの爬虫類にはほおはない．そのため，長い間，古生物学者たちはほおのある恐竜はいなかったと考えてきた．カメやイグアナのようなほおのない植物食爬虫類が食べるところをみると，多くの食べ物が口からこぼれ出しているのがみられる．

　ガルトンは鳥盤類には顔の外側に沿ってほおがあったと示唆した．鳥盤類にほおがあったとすると，口にしたえさのより多くをのみこむことができ，したがって，より効率よく食べられる生物になれただろうと指摘したのである．鳥盤類のうち，ほおがあ

ヘテロドントサウルスの牙はディスプレーや防御に使われたらしい．

るグループ（装盾類，周飾頭類，鳥脚類）が非常に成功したのに対し，ほおのないグループがまれだったことは，このことから説明がつくかもしれない．

ほとんどの古生物学者は鳥盤類にはほおがあったと同意しているが，まだ慎重な古生物学者もいる．オハイオ大学のラリー・ウィトマーと彼のチームは，鳥盤類のあごの骨に頬のための付着面があるということを実際に示した者は誰もいない，ということに注意を促している．彼は口の内側にある歯には違う説明がつきうると警告している．たとえば，あごのずっと後方まで伸びる長いくちばしである．彼のチームは，2つの考えのうちのどちらが正しいかを証明できる手がかりが，あごの骨の表面に見つかるかどうか，を調べる研究を続けている．

（私個人的には，ガルトンが正しいのではないかと思っており，ルイス・レイは，この本に出てくるほとんどの鳥盤類をほおのある姿で表した．新しいデータから，それが誤りであると示されることもあるかもしれない．それが恐竜を研究するうえでの面白い部分でもあり，欲求不満になる部分でもある．恐竜にとって「順当」だと考えていたことが，新発見によって根本的に変わってしまうこともあるのである！）

ほおの有無にかかわらず，鳥盤類は恐竜類中で非常に多様化したグループだった．最も背が高かったとか，最も俊足だったといったわけではないが，その背格好は非常に多岐にわたり，種類も非常に多様だった．

218 ●鳥盤類

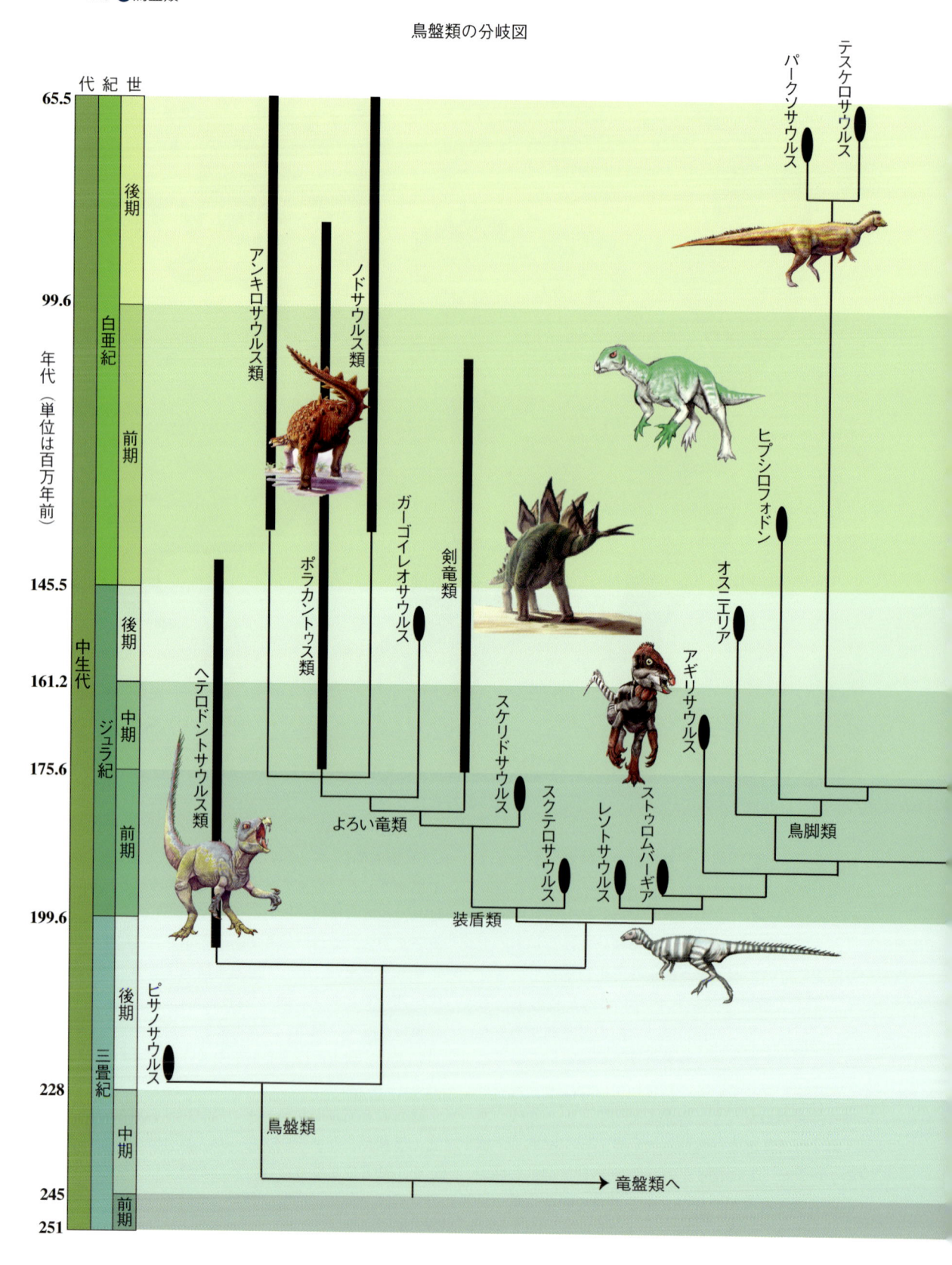

鳥盤類の分岐図

代	紀	世
中生代	白亜紀	後期
		前期
	ジュラ紀	後期
		中期
		前期
	三畳紀	後期
		中期
		前期

年代（単位は百万年前）: 65.5 / 99.6 / 145.5 / 161.2 / 175.6 / 199.6 / 228 / 245 / 251

分類群：テスケロサウルス、パークソサウルス、アンキロサウルス類、ノドサウルス類、ポラカントゥス類、ガーゴイレオサウルス、剣竜類、ヒプシロフォドン、オスニエリア、アギリサウルス、ストゥロムバーギア、レソトサウルス、スクテロサウルス、スケリドサウルス、ヘテロドントサウルス類、ピサノサウルス

系統：よろい竜類、装盾類、鳥脚類、鳥盤類 → 竜盤類へ

● 219

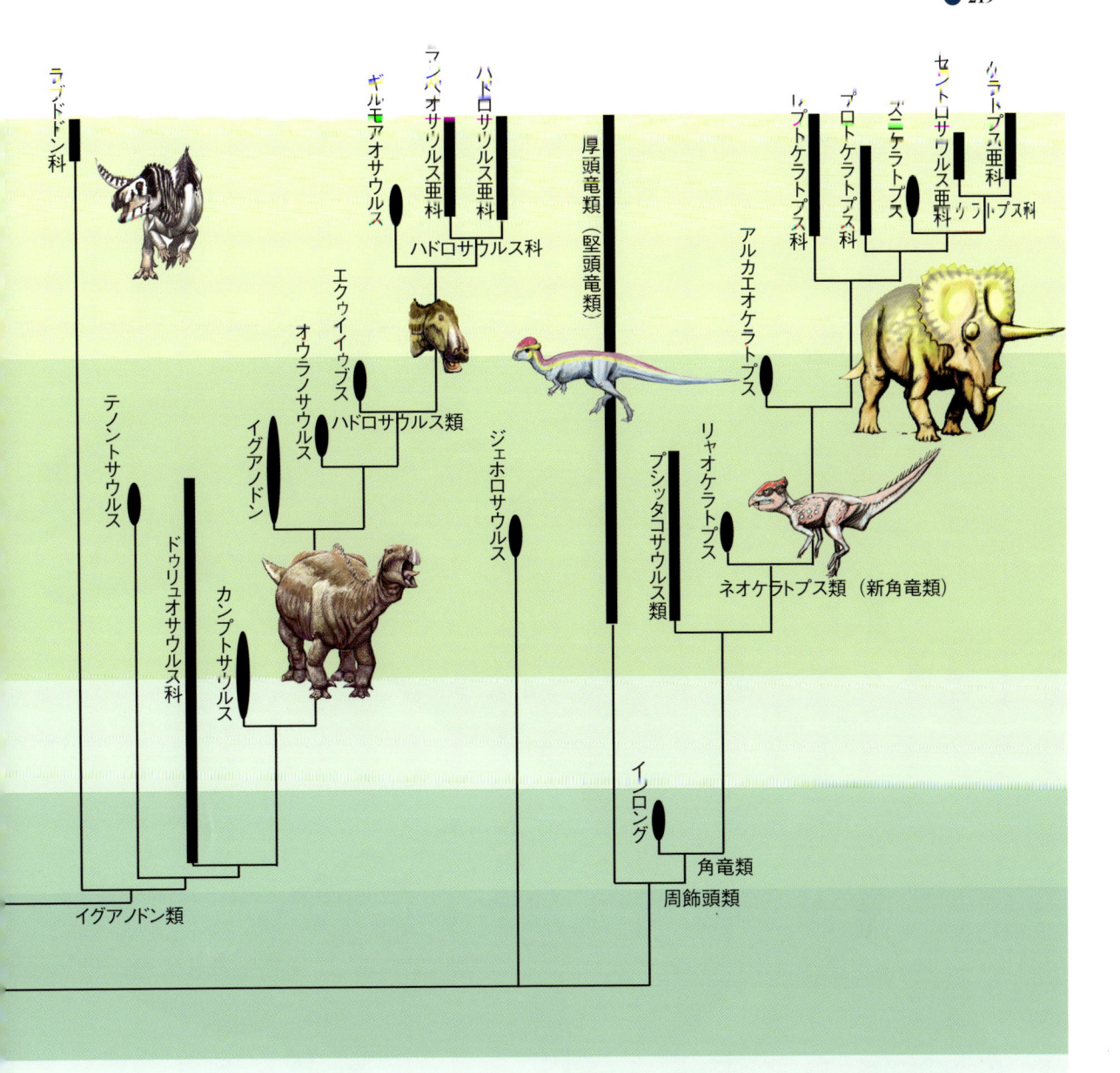

ラブドドン科

アンキオサウルス亜科
ハドロサウルス亜科
ハドロサウルス科

ケラトプス亜科
セントロサウルス亜科
ケラトプス科

ガルモアオサウルス

プロトケラトプス亜科
プロトケラトプス科
レプトケラトプス科

エクウイイウプス
オウラノサウルス
イグアノドン

厚頭竜類（堅頭竜類）

アルカエオケラトプス

ハドロサウルス類

テノントサウルス

ジェホロサウルス

リャオケラトプス

プシッタコサウルス類

ネオケラトプス類（新角竜類）

ドウリュオサウルス科
カンプトサウルス

インロング

角竜類
周飾頭類

イグアノドン類

エマウサウルス

スケリドサウルス

スクテロサウルス

27
原始的な装盾類
Primitive Thyreophorans
装甲をもつ初期の恐竜

　さまざまなタイプの危険な肉食恐竜が住んでいる世界で，植物食恐竜が生きのびるには，いくつかの異なる方法があった．走るのが比較的速く，走って逃げられるものがいた．身を隠せるくらい小型なものもいた．体が大きくて殺すのが難しいものや，反撃するための角をもったものもいた．また，装甲を発達させたものもいた．装甲をもつ恐竜の中の主要グループが装盾類（盾を身につけている恐竜）で，1915年，ルーマニアの古生物学者フェレンツ・ノプシャが命名した．大多数の装盾類は，骨板をもつ剣竜類か戦車のようなよろい竜類のいずれかに属している．しかし，装甲をもつ初期恐竜は，進歩したこの2つのグループのいずれにも属していなかった．

スクテロサウルス：最も初期の装盾類

　装盾類 Thyreophora は鳥盤類の系統樹で主要な枝の一つである．装甲をもつ初期の恐竜はジュラ紀前期から知られているが，ジュラ紀中期以降のすべての装盾類は剣竜類かよろい竜類である．

　初期の装盾類中で最も原始的なものはジュラ紀前期の初期の北アメリカ西部に生息していたスクテロサウルス Scutellosaurus である．一般に，スクテロサウルスはレソトサウルス Lesothosaurus やヤンドゥサウルス Yandusaurus のような原始的鳥盤類と大きさや体つきのうえで似ていた．全長約1.5m，主に2足歩行で，尾はかなり長い．頭骨に関して知られていることは少ないが，おそらく鼻先はかなり短く，植物食恐竜に典型的な葉片状の歯を備えていたことがわかっている．後肢はレソトサウルスやヤンドゥサウルスよりいくぶん短く，ずんぐりしており，あまり俊足ではなかったらしい．

　スクテロサウルスを他の恐竜と異ならせているものは身体にある装甲板である．この装甲板は鱗甲，より専門的には，皮骨 (osteoderms) とよばれている．スクテロサウルスの皮膚には多数の皮骨があった．平らな皮骨と，外方に盛り上がった隆起や竜骨をもつ皮骨があり，大きさは1円硬貨から500円硬貨くらいまでとさまざまだった．鱗甲は互いどうしとも，骨格の他の骨ともつながっていなかった．鱗甲は恐竜の皮膚の中に「浮いている」状態にあった．このことは，鱗甲は身体を守れるが，身体を曲げられないほど皮膚を硬直させてはいなかったことを意味している．

　なぜ，恐竜は装甲を進化させたのか？　答えは他の恐竜の存在にある！　装盾類が進化する以前に，恐竜以外の陸生の捕食者のほとんどはすでに絶滅していた．しかし，それでもまだ，多数の肉食恐竜が存在していた．そのような世界で生きのびるため，植物食恐竜は生きながらえ繁殖するためのなんらかの方法を見つけなければならなかった．

　獣脚類（肉食恐竜）はかなり俊足で，機敏だった．そのため，装盾類の祖先はよりいっそう俊足になるように進化していたかもしれない．しかし，より俊足な他の植物食恐竜（初期の鳥脚類）がすでに存在していた．そのため，装盾類が鳥脚類とはりあったとしても，あまり成功しなかったと思われる．

　そのかわりとして，初期装盾類は鱗甲を進化させた．鱗甲は小型の捕食者に対して，特に，ジュラ紀前期の獣脚類中，最も一般的だった細身で機敏なコエロフィシス類に対して非常に有効だった．小型の肉食恐竜が初期装盾類の体表にかみついたとしたら，歯が折れただろう．また，三畳紀とジュラ紀の間には大量絶滅事件があったため，巨大なラウイスクス類のような大型捕食者のほとんどはすでに絶滅していた．したがって，より小型の捕食者に対する防護としては本当に有効だったと思える．

222 ●原始的な装盾類

原始的な装甲恐竜スクテロサウルス

皮骨の詳細

　皮骨を備えている動物は装盾類だけではない．たとえば，竜脚類のティタノサウルス類の一部にも皮骨はあり，植物食のアエトサウルス類やワニ類に似たパラスクス類のような恐竜以外の絶滅爬虫類の一部にも皮骨はあった．現代の動物の多くにも皮骨はある．たとえば，アルマジロ類やワニ類である．現生動物の中で皮骨の最も極端な形式がみられるのがカメ類で，皮骨は連結して甲を形成している．

　皮骨を詳しく調べてみると，そのほとんどは骨質でできていることがわかる．装盾類の骨格でみられるのはこれだけだが，皮骨には骨質以外のものもある．装甲をもつ現生動物の皮骨を切断してみると，骨が生きた組織でおおわれていることがわかる．そして，その外側に角質がある．爪やひづめやウシの角の表面をつくっている物質である．角質は「死んだ」組織で，新しい角質が下から付け足されるが，古い角質（外界に面している部分）には神経も血管

ジュラ紀前期の装盾類，北アメリカ西部の
スクテロサウルスの骨格

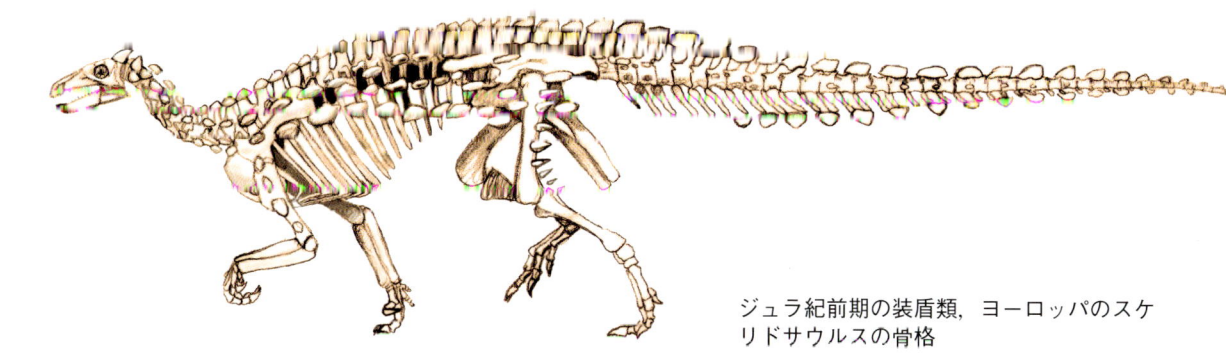

ジュラ紀前期の装盾類，ヨーロッパのスケリドサウルスの骨格

もなく，感覚もないし，治癒することもない．

このため，角質は防御のためには非常に有効なものになっている．襲ってきた動物の歯や爪による損傷を吸収し，装甲をもっている動物が傷つくことから守ってくれる．また，古い角質が摩耗するとともに，その下にある生きた組織によって新しい角質がつくられてくる．

装甲をもつ現代の動物を観察して，皮骨の使われ方を理解することもできる．たいていの場合，皮骨は単純な防御に使われる．つまり，捕食者に襲われるとうずくまり，捕食者の攻撃に身を任せる．装甲がもちこたえれば，たいてい，その動物を殺すつもりだった捕食者は嫌気がさし，立ち去り，装甲をもつ動物を放置することになる．初期の装盾類の場合も，おそらく同様だった．しかし，この後の数章で紹介するように，後期の装盾類の一部は何もせずに甘んじることはなかった！

防御の代償

ジュラ紀前期初期（スクテロサウルスが生息していた時代）のほとんどの捕食者は小型だったが，すべてが小型だったわけではない．たとえば，スクテロサウルスの化石を含んでいた岩石層には，長くてほっそりした身体のシンタルスス *Syntarsus*（全長約 3 m）［訳注：昆虫の属名に先取されていたため，メガプノサウルス *Megapnosaurus* と改名された］や，より大型で強力な類縁の恐竜ディロフォサウルス *Dilophosaurus*（全長約 6 m）の化石が含まれている．スクテロサウルスの装甲はシンタルススの攻撃にはもちこたえられたと思えるが，十分に成長したディロフォサウルスはおそらくスクテロサウルスを引き裂けたであろう．

同じ問題に直面した初期の小型装盾類がほかにもいた．ジュラ紀前期の後半，ヨーロッパに生息していたエマウサウルス *Emausaurus* がそれである．エマウサウルスはスクテロサウルスの2倍くらいの大きさだったため，大きさの点だけからしても，多少はよりよく身を守れた．さらに重要な点は，一部の鱗甲に，より大きな隆起があったことで，実際，一部の鱗甲は棘そのものだった！ そのため，大型獣脚類がかみつこうとしても，エマウサウルスはいっそう「棘だらけで厄介なもの」になっていたと思える．しかし，この装盾類もまだかなり小型だったため，そういった棘があったにしても，食い気満々の大型捕食者を思いとどまらせることはできなかったかもしれない．

装盾類進化の次の段階はスケリドサウルス *Scelidosaurus* にみられる．スケリドサウルスはスクテロサウルスやエマウサウルスよりずっと大型で，全長4 mだった．その顔の一部の骨にはしわがあり，その頭部にはなんらかの角質の装甲があったことを示唆している．また，スクテロサウルスやエマウサウルスなどの他の恐竜に比べ，鱗甲が多いうえに，鱗甲も大きく，トランプ大のものもあった．しかし，この装甲には代償もあった．身体に備えた多数の重い装甲板のせいで，スケリドサウルスは4足歩行を余儀なくされた．2足歩行すること，少なくとも，長時間2足歩行することはできず，装甲板の重みのせいで，すぐに4足歩行に引き戻されたことだろう．

この装甲のせいで，動きもかなり遅かった．襲いかかる獣脚類から逃げるために素早く走ることもできなかっただろう．しかし，皮骨があるので，走っ

224 ●原始的な装盾類

重い装甲のため，スケリドサウルスは4足歩行せざるをえなかった…

た最初の恐竜の一つで，（恐竜類を命名した人物）リチャード・オーウェン卿によって研究された．しかし，スケリドサウルスの最初の標本は，19世紀の古生物学者たちがその骨格を損ねずに動かすことが困難な，非常に硬い石灰岩中で見つかった．そのため，何十年もの間，そのスケリドサウルスにはほとんど手が付けられないままになった．

20世紀の中頃，イギリスの古生物学者アラン・チャーリッグが化石に損傷を与えず，石灰岩をゆっくり溶かす弱酸を利用するなどの新しい技術を使って，この標本のクリーニングを始めた．しかし，この過程には非常に時間がかかる．実際，この化石の最終的な完全記載は発表されてさえいない！　チャーリッグは亡くなったが，同胞のイギリスの古生物学者デイヴィッド・ノーマンがその報告書を完成させつつある．したがって，発見から1世紀半後に，この化石の大部分がどのような外見だったのかが最終的にわかることになるだろう．

て逃げる必要はなく，その皮骨に働いてもらうことですんだだろう．また，襲ってきた者が装甲だけで思いとどまらなかったにしても，スケリドサウルスは装甲板のある尾で相手を強打することができた．スケリドサウルスは後のすべての装盾類が進化するもとになった基本形を表していた．重量級の4足歩行で，動きは比較的遅かったが，十分に武装していた．

スケリドサウルスは人類の時代になってからも，興味深い歴史があった．1858年にイギリスで発見されたスケリドサウルスはほぼ完全な骨格の知られ

装甲をもつ初期の恐竜の生活様式

他の鳥盤類同様，装盾類は植物食だった．小型だったため（スクテロサウルスやエマウサウルスの場合）

あるいは四足歩行を余儀なくされていたため（スケリドサウルス類の場合），地上の低いところにある植物しか食べられなかった．スケリドサウルスの歯の磨耗について調べたところ，その食物をすりつぶしていたらしいことがわかった．それは現生の大型トカゲ類とか，より原始的な鳥盤類，レソトサウルス，スクテロサウルス，エマウサウルスなどが皆，単なるかみつぶしであるのとは異なっていた．

原始的な装盾類の巣はまだ発見されていないため，卵や赤ん坊に関してはあまりわかっていない．剣竜類やよろい竜類の赤ん坊化石に基づくと，原始的な装盾類の赤ん坊の鱗甲は成体の鱗甲よりずっと小さく，成体の鱗甲ほど発達していなかったことが予想できる．

原始的な装盾類はさまざまな環境に生息していた．たとえば，スクテロサウルスの化石は砂漠の近くの森林で形成された岩石中で見つかったため，一部のスクテロサウルスや類縁恐竜は，時として，砂漠にさまよいこむことがあったかもしれない．スケリドサウルスの化石は海で形成された石灰岩中で発見されている．古生物学者はスケリドサウルスが水生だったとは考えず，海岸沿いに生息していたと考えている．その化石は海に流れ出た，死んだ恐竜の遺物にすぎない（実際，スケリドサウルスの部分骨格の1点は，かみでのある死体を食べた海生爬虫類の消化管内で発見された！）．

…しかし，襲ってくる獣脚類に対しては，その装甲が有効な防御になった．

ステゴサウルス

フアヤンゴサウルス

28
剣 竜 類
Stegosaurs
骨板をもつ恐竜

　最も見分けやすく、かつ、人気のある恐竜の一つがステゴサウルス *Stegosaurus* である．明らかに，装盾類（装甲をもつ恐竜で，戦車のようなよろい竜類とスケリドサウルスやスクテロサウルスのような装甲をもつ原始的な形態のものも含む）の中で最もよく知られている．骨板のある背中と棘のある尾というステゴサウルスの独特なイメージは無数の漫画や映画，テレビ番組，切手，玩具，模型に彩りを添えている．しかし，科学者たちは，この有名な植物食恐竜について，何を本当に知っているのか？　そして，実際のところ，ステゴサウルスはどのくらい「独特」だったのか？

屋根のある爬虫類？　屋根板サウルス

　今日，ステゴサウルスは私たちのおなじみだが，常にそうだったわけではない．実際，マーシュと彼のチームがアメリカ西部で初めてこの動物化石を発見したとき，彼らはそれが恐竜だと確信することさえできなかった！　マーシュはその化石を巨大なカメの骨かもしれないと考えた！

　マーシュの混乱の一部は，その動物の最も独特な特徴である骨質の巨大な骨板に関する誤解からきた．彼を導く他の手がかりがなかったため，マーシュはこれらの骨板が身体にどのように付いていたのかわからなかった．1877年に彼が初めてステゴサウルスを記載したときに書き記した彼の最初の考えでは，骨板は動物の背中に平らに寝ていたとされる．マーシュは骨板を屋根の屋根板のように描いた．実際，彼がこの生物をステゴサウルス，つまり，「おおわれた爬虫類」と命名したのはそれが理由である．

　しかし，その後まもなく，マーシュのチームはこの爬虫類のより完全な標本を採集し，マーシュはこの爬虫類がカメではなく恐竜であることに気づいた．より多くの標本を入手した彼は，骨板が立っていたことにも気づいた．

　マーシュがステゴサウルスの骨板に関して困惑した理由は容易に理解できる．皮骨（骨質の装甲片）は骨格にはつながっておらず，軟骨によって皮膚内に保たれていた．このため，剣竜類が死ぬと，死体は腐敗し，骨板ははずれ落ちて位置が変わりやすかった．実際，マーシュが骨板の位置を了解したのは，干上がった水飲み場で死んだ後に泥でおおわれ，その骨が本来の場所に保たれていた個体標本を発見した後のことだった．

ステゴサウルスに関する俗説

　ステゴサウルスは人気があるだろうが，誤解の的になることも多い恐竜である．

　たとえば，1800年代後期以来，一部の本（および，今日では，一部のウェブサイト）はステゴサウルスには2つの脳があったと主張していた．これは完全なたわごとである！　本格的な古生物学者で，これが真実だったと考えた者はいないにもかかわらず，恐竜についての多くの本やウェブサイト（たいてい，古生物学者が書いたものでもつくったものでもない）は，この陳腐な話を永続させている．

　この俗説は2つの誤解が原因で始まった．19世紀後期，ステゴサウルス（および他の一部の恐竜）の脊髄が入っていた尾椎内の空間が非常に大きかったことが発見された時点で，最初の誤解が始まった．マーシュを含む一部の古生物学者は，この拡張した空間には神経の非常に大きな塊り（結節）が入っていたと提唱した．ヒトを含むすべての脊椎動物には，神経節とよばれるこのような塊りがあり，四肢の反射や内臓の働きのコントロールを助けている．マーシュや他の古生物学者たちは，ステゴサウルスの腰部にある非常に大きな神経節は，襲ってくる捕食者

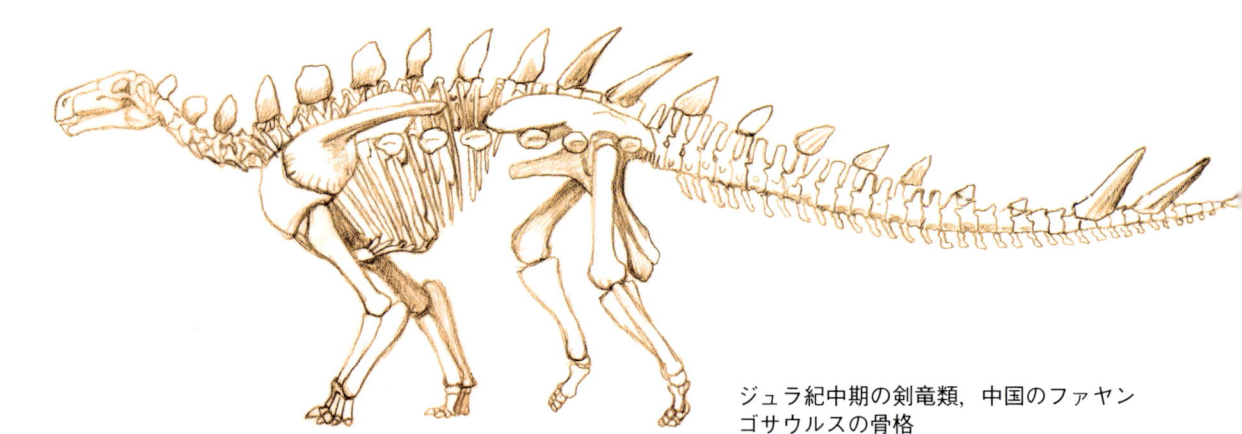

ジュラ紀中期の剣竜類，中国のファヤンゴサウルスの骨格

を棘のある尾で反射的に強打する助けになっただろうと提唱した．

しかし，マーシュや19世紀の他の古生物学者たちはたぶん間違えていたことがわかってきた．1990年代，アメリカの古生物学者エミリー・ブフホルツがステゴサウルスの現生における類縁動物（鳥類とワニ類）の骨盤を調べ，それらの尾椎にも拡張した空間があることがわかった．しかし，それらの動物のその部分には非常に大きな神経節はなく，その空間は脂肪質の組織で満たされていた．生物学者たちはこの組織の機能について確かめてはいないが，おそらく反射のためではない！

2番目の誤解は恐竜について書く人たちが神経節とは何であるかを誤解したときに生じた．マーシュや他の古生物学者たちは神経節を「神経の巨大な塊り」として描写した．

ところで，脳は基本的には神経の巨大な塊りである．このため，腰部にある「神経の巨大な塊り」について読んだ一部の人々は，マーシュやその仲間がそこに実際に正真正銘の脳があったといったものと考えた！　実際，彼らはこの「脳」の方がステゴサウルスの頭部の脳よりも大きかったことを面白いと思い，ステゴサウルスには「臀部の脳」があったと言い表した！　こうして，2つの脳をもつステゴサウルスという俗説が広まった．しかし，読者はその俗説を広めないでほしい！　ステゴサウルス，および，他のすべての恐竜には脳が1つしかなかったことはわかっている．

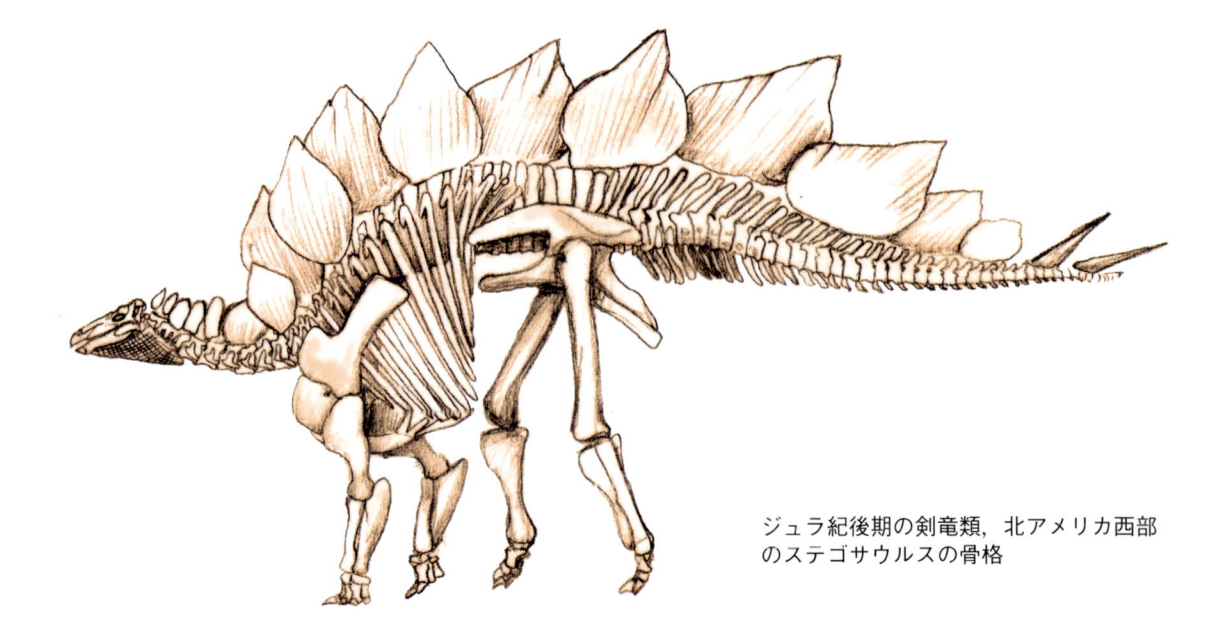

ジュラ紀後期の剣竜類，北アメリカ西部のステゴサウルスの骨格

ハ、が明確にに聞けない一つの俗習はディデ
サウル人が恐竜時代の新約り、サキ白亜紀後期に
生きていたとするものである．この俗説の出所は断
言できるほど明確ではない．この俗説はティラノサ
ウルスと戦っているステゴサウルスを描いたイラス
トや映画（たとえば，ディズニーの有名な映画『ファ
ンタジア』）でしばしば広められている．これは絶
対に起こりえない！ ステゴサウルスが生息してい
たのは約1億5000万年前のジュラ紀後期だが，
これに対し，ティラノサウルスが生息していたのは
たった6550万年前の白亜紀後期もその末期である．
実際，計算してみると，時代的にはティラノサウル
スはステゴサウルスよりも私たちヒトに近い時代に
生きていたことがわかる．したがって，地質年代の
うえから考えると，あなたが住んでいるところの街
路を走っているティラノサウルスの絵の方が，ステ
ゴサウルスと戦っているティラノサウルスの絵より
も，実際には，より現実味がある！

同じ理由で，恐竜時代の終わりに，巨大小惑星の
衝突を見守るステゴサウルスの絵も間違っている．
小惑星が衝突した時点は，ステゴサウルス自身が絶
滅してから8000万年以上も経っていた！

さらに，ステゴサウルスは「独特な」恐竜だとい
う俗説もある．いくつかの独自な特徴があったこと
は確かだが，ステゴサウルスは骨板をもつ多種類の
恐竜で構成された剣竜下目の一員にすぎない．

剣竜類の紹介

剣竜下目 Stegosauria は装盾類 Thyreophora の2つ
の主要系列のうちの一つである（他の一つは，よろ
い竜下目 Ankylosauria）．すべての剣竜類は同じ基
本的な体形を備えている．剣竜類は4足歩行の恐
竜で，手はかぎ爪ではなく，先のまるいひづめをも
つ幅広の足に進化していた．頭骨はかなり長く，や
や先とがりだったが，原始的な剣竜類（例：ファヤ
ンゴサウルス Huayangosaurus, ヘスペロサウルス
Hesperosaurus）の頭骨は進歩した剣竜類（例：トウ
チャンゴサウルス Tuojiangosaurus, ステゴサウルス）
の頭骨より短く，幅が広かった．剣竜類の歯は葉片
状で，剣竜類が植物食だったことを示している．ファ
ヤンゴサウルス（知られる最も原始的な剣竜類）で
は上あごの先端まで歯があるが，それ以外のすべて
の剣竜類では吻部の先端（前上顎骨）は歯のないく

ステゴサウルスの装甲には，骨板，先の尖った尾棘
（左），のど下の小さな皮骨の粒でできたよろい（右）
があった．

ちばしでおおわれていた．

ファヤンゴサウルスを除くすべての剣竜類は，前
肢が後肢よりかなり短かった．そのため，剣竜類の
身体は首から臀部にかけて高くなるアーチ状になっ
た．剣竜類の背中（肩と骨盤の間）の椎骨は非常に
変わっている．椎骨が上方に伸びて，恐竜の体高を
いっそう高くしている．剣竜類の尾は上下方向にか
なり高くなり，左右方向の幅は狭い．

後肢に対する前肢の相対的な長さとか，足から脛
骨までと大腿骨までの相対的な長さからすると，剣
竜類が俊足だったということはありそうもない．し
かし，彼らは左右方向にはかなり上手に動けたらし
い．また，このことは剣竜類がその最もよく知られ
た特徴である装甲を使う助けになっただろう．

剣竜類の装甲

剣竜類はスケリドサウルス Scelidosaurus に似た
恐竜から進化したもので，ほぼ全身の皮膚内に大き
な皮骨（鱗甲）が平らに寝て入っていた．スケリド
サウルスの鱗甲には，上部が平らなものと，上部に
低い隆起のあるものがあった．剣竜類は両種の鱗甲
を備えていた．たとえば，ステゴサウルスの最も完
全な骨格は，平らな鱗甲と隆起のあるものが大腿部
をおおっていたことを示している．

剣竜類（少なくとも，一部の剣竜類）は首にもあ
る種の装甲があった．この装甲は首の皮膚に埋まっ
た多数のきわめて小さな鱗甲からできていた．この

230 ●剣竜類

剣竜類の頭部．上：ヘスペロサウルス，中央：ファヤンゴサウルス，下：トウチャンゴサウルス

ような配置により，（獣脚類が剣竜類ののどを引き裂こうとしても）首の柔軟性を保ったまま頸部を守ることができた．この柔軟性と防御の組み合わせは，中世の兵士の鎖かたびらのように機能していた．

しかし，剣竜類を最もめざましいものにしている装甲は骨板と棘である．剣竜類は種類によって，その身体にある骨板と棘の数・形・大きさ・配置が異なっていた．このため，剣竜類の個々の種類は非常に特有的である．骨板は高くて平たい皮骨で，恐竜の背中から突き出した骨質のパンケーキに似ている．剣竜類には背中沿いに骨板があった．より原始的な剣竜類では，骨板が対になっており，巨大ではない．より進歩した剣竜類では，その骨板は高くなり，（少なくとも）ステゴサウルスでは対ではなく，左右交互に並んでいた．剣竜類の骨板の形はさまざまで，卵形，三角形やユリの花形のフランス王家の紋章のような形のものもあった．

骨板とは違って，棘はすべて尖っていた．一部の剣竜類には肩から突き出ている棘があった（しかし，ステゴサウルスにはなかったらしい）．また，背中沿いの対の骨板の後方に棘が続く剣竜類もいた．しかし，最も重要なことは，すべての剣竜類の尾の末端には，少なくとも1対の横向きの棘があったことである．この棘は左右に振ると印象的な武器になり，襲ってくる獣脚類の肉を貫いただろう．

漫画家ゲーリー・ラーソンは，かつて『ファー・サイド』という1コマ漫画の一つで，剣竜類の危険性について警告されている穴居人仲間を描き，剣竜類の尾にある武器を「thagomizer（尾棘）」とよんだ．デンバー州の古生物学者ケネス・カーペンターは「尾棘」というのはよい名称だと思い，1993年，発見された中で最も完全なステゴサウルスについて学会発表した際，この単語を用いた．その名称が残り，現在では，剣竜類は尾棘をもつという特徴があるという表現が，科学的な学術用語として受け入れられている．

ここでも，剣竜類にまつわる俗説で，なくさなければならないことがある．マーシュが描いたステゴサウルスの有名な図では，尾棘の棘は上を向いており，120年以上もの間，これが正しい位置だと誰もが思ってきた．あなたがステゴサウルスの玩具をもっていれば，尾棘の棘はそうなっていると思う．しかし，1993年，カーペンターは新たに発見された完全なステゴサウルス（また，マーシュにも知られていた数点の標本）の骨は，棘が横向き，かつ後ろ向きだったことを示していると指摘した．このことから，謎の一部は解決した．剣竜類の尾はサソリのような一撃を加えられるほど柔軟ではなかったからだ（マーシュが図示した上向きの棘がほのめかしていたように）．しかし，剣竜類にとって，横方向に強打することは楽だっただろう．尾棘にまつわるもう一つの俗説は尾の棘の数に関係がある．研究できる完全骨格をもっていなかったマーシュは，少なくともステゴサウルスの一部の種の尾棘には4対の棘があったと考えた．カーペンターは証拠調べに立ち帰り，ステゴサウルスのどの種の尾棘にも2対より多い棘のあった徴候はないことを示した．

さて，その装甲はどのように使われたか？　スケリドサウルスや典型的なよろい竜類のような4足歩行をする他の武装恐竜では，装甲の使い方は完全に受け身だった．これらの恐竜は襲われればうずくまり，鱗甲をかみつらぬこうとする攻撃者のエネルギーを消耗させた（歯を数本折らせることもあったかもしれない）．剣竜類のやり方は異なっていたよ

ば，その追跡者に一撃を加えることもできた．剣竜類が防御のために尾棘を使ったという直接証拠がある．最近の研究によると，採集された尾棘10点につき1点ぐらいに損傷痕跡がみられることがわかった．おそらく襲撃者の骨に一撃を加えたことによる損傷である．これはその肉食者にとっても，剣竜にとっても苦痛だっただろう．さらに印象的なのは新しく発見されたアロサウルスの尾骨で，この骨はステゴサウルスの尾棘で刺し通されたことを示している（骨が治っているので，このアロサウルスが打撃を加えられた後も生きていたことは間違いない．しかし，そのステゴサウルスが攻撃から生き延びたかどうかはわからない）．

世界の剣竜類

　剣竜類の最古の痕跡にはジュラ紀前期のフランスとオーストラリアの足跡化石がある．剣竜類の知られる最古の骨化石としては，ジュラ紀中期の中国のファヤンゴサウルスのものがある．ファヤンゴサウルスは最小型の剣竜類の一つで，全長4.6mだった．それより少し時代が新しく大型なものがヨーロッパのレクソウィサウルス *Lexovisaurus* で，全長は6.1mだった．

　ジュラ紀後期には，世界中で剣竜類の大繁栄がみられた．ヨーロッパにはダケントゥルールス *Dacentrurus*，北アメリカにはより小型のヘスペロサウルス *Hesperosaurus* と剣竜類中で最大で全長が9.1mのステゴサウルス（および，本当にステゴサウルスと異なる恐竜であるとすれば，おそらくヒプシロフス *Hypsirophus*），アフリカには棘だらけのケントロサウルス *Kentrosaurus*，そして，アジアにはチアリンゴサウルス *Chialingosaurus*，チュンキンゴサウルス *Chungkingosaurus* やトウチャンゴサウルスがいた．実際，剣竜類はジュラ紀後期の恐竜化石産地で最もよくみられる恐竜の一つで，剣竜類よりよくみられたのは竜脚類だけである．

ジュラ紀後期の中国に生息した，棘におおわれたトウチャンゴサウルス

うに思われる．剣竜類は重装甲の祖先（おそらくスケリドサウルスによく似ていた）より軽くて特殊化した骨板と棘を進化させたため，より機動的になることができた．このことから，剣竜類は類縁恐竜より積極的な防御を利用したと考えられる．彼らには後ろ向きの棘と尾棘があったため，襲われると棘のある尾の方を攻撃者に向けようとしただろう．それから，剣竜類は逃げ去ろうとし，そして追跡されれ

トウチャンゴサウルスの棘と尾棘は襲ってくるヤンチュアノサウルス *Yangchuanosaurus* に対する防御として使われている．

剣竜類は白亜紀前期にも生きのびたが，以前ほど一般的ではなかった．アジアのウェルホサウルス *Wuerhosaurus*，アフリカのパラントドン *Paranthodon*，そして，ヨーロッパのクラテロサウルス *Craterosaurus*，レグノサウルス *Regnosaurus* ——これらはすべて白亜紀前期の剣竜類である．しかし，ジュラ紀とは異なって，剣竜類は白亜紀の最も一般的な装甲恐竜ではなかった．彼らの類縁であるよろい竜類がより多くなりつつあった．

ここで，剣竜類にまつわる，また別の俗説が出てくる．マダガスカルとインドにあると思われている「剣竜類の失われた世界」だ．マダガスカルとインドから産出したいくつかの歯，装甲の断片，骨の化石は，1990年代まで，剣竜類のものであると一部の人に考えられていた．これらの化石は他の場所で発見された他のどの剣竜類化石よりも時代的にずっと新しかった．マダガスカルとインドは（当初は互いにつながっていたが）白亜紀後期には他のすべての大陸から分離していたため，一部の古生物学者はマダガスカルとインドは世界の他の場所では絶滅した剣竜類が生きのびていた「失われた世界」だと憶測した．

残念ながら，これは決して起こりえなかっただろうことが，現在ではわかっている．1990年代にインド産の化石をより詳しく調べたところ，一部の化石は竜脚類ティタノサウルス類の装甲で，それ以外のものは誤って同定された海生爬虫類（首長竜類）の骨であることがわかった．また，同時に，マダガスカル産の歯は白亜紀に生息していたワニ類に類縁の奇妙な植物食ワニ（シモスクス *Simosuchus* など）のものであることがわかった．したがって，もっともらしく，かつ刺激的ではあるが，「剣竜類の失われた世界」という考えはどのような物的証拠にも基づいていないことになる．

骨板をもつ恐竜の生活習性

まだ剣竜類の巣を発見し記載した人はいないが，剣竜類の赤ん坊は知られている．成体にかなり似ているが，身体の大きさに比べて装甲がはるかに小さい．

一般的に，前肢が後肢よりかなり短かったため，剣竜類の頭部は地面近くの低い位置にあった．このことは剣竜類が高木ではなく，より小さな低木や他の小型植物を主に食べていただろうことを意味している．一部の古生物学者は，剣竜類は木の高所にあるえさを食べるため，後肢で立ち上がったかもしれないと推測した．これは可能だったかもしれないが，剣竜類の解剖学的構造のほとんどは，彼らが地面に近い低所で採餌していたことを示している（そのうえ，剣竜類よりも高所で採餌する多数のイグアノドン類や竜脚類がいたので，これらの他の恐竜と競争するかわりに，剣竜類は低所で採餌する専門家だった方が理にかなっているだろう）．剣竜類の鼻先は幅広ではなく狭いので，おそらく，どの植物をえさにするかについては選択的だっただろう（おそらく，よろい竜類のように，異なる植物を一緒に口にするのではなく）．

さて，剣竜類の背中沿いにある有名な骨板はどうなのか？ 骨板はどんな役に立っていたのか？ もし，骨板が防御のためならば，なぜ，（巨大な皮骨の本来の形だと思われる）棘から骨板に進化したのか？ なにしろ，獣脚類がぶつかったら，棘は重症を負わせられる．それに対し，骨板は襲ってくる者をまったく傷つけなかっただろう．

尖っている棘から平らな骨板への変化に対しては，多くの考えが提唱されてきた．一部の古生物学者は，剣竜類がより多くの熱を得るため，また放熱するため，棘が幅広になったと考えている．寒いと

ステゴサウルスの尾棘は強力な防御になっていた…

…しかし，襲ってくる者が多いと，尾棘でさえ十分ではなかっただろう．

きには暖をとるために骨板を太陽の方に向け，暑いときには放熱するために骨板を風の方に向けることができるという考えである．これにかわる仮説は，剣竜類はおそらく警告の合図として，骨板の色を変えられたというのがある．この考えに従えば，剣竜類は骨板をおおう皮膚中に血液をどっと流し，色をすみやかに赤く変えたのだという．

この2つの仮説の問題点は，棘や装盾類のすべての皮骨のように，骨板は皮膚でおおわれていなかっただろうということだ．皮膚のかわりに，生きている組織の層があり，その層を角質層がおおっていただろう．角質は死んだ組織なので，血管は多くないはずである．したがって，剣竜類の装甲は短時間で熱を得ることも，放熱することも，色を変えることもできなかったと思う．

おそらく，剣竜類の骨板の最も重要な特徴は，道路脇の広告掲示板のように，幅が広いということだ．そして，広告掲示板のように，骨板は合図として使われたのかもしれない．剣竜類の骨板は獣脚類に「離れていろ！」という合図だったのかもしれない．骨板のせいで，横からみた剣竜類は実際より大きくみえるからである．または，その合図は「おい，僕はステゴサウルス・ステノプス *Stegosaurus stenops* で，ステゴサウルス・ウングラトゥス *Stegosaurus ungulatus* ではないぜ」といっていたのかもしれない．言い換えれば，剣竜類の個々の種は骨板や棘の数・配置・大きさが異なっているため，どの剣竜にも他の剣竜が自分と同じ仲間か否かが一目でわかったと思う．私たちは剣竜類の骨板の合図を完全に読みとることはできないかもしれないが，この特徴的な恐竜がまさに特徴的なればこそ，巨大な骨板を進化させたという可能性は高いように思う．そして，遠く時を隔てた現在でさえ，私たちは骨板を手がかりにして異なる種を見分けられている．

サウロペルタ

エウオプロケファルス

29
よろい竜類
Ankylosaurs
戦車のような恐竜

　鳥盤類のすべてのグループの中で最も成功をおさめたものの一つがよろい竜下目 **Ankylosauria**, いわゆる戦車恐竜である．よろい竜類はアフリカ以外のすべての大陸から知られ，ジュラ紀中期から白亜紀末まで生息していた．一部のよろい竜類は全長 **3〜4m** にすぎなかったが，装盾亜目（装甲をもつ恐竜）中で最大級のものもいた．最大のよろい竜類は装盾類の中で最も近縁な剣竜類の最大のものより大きかった．このグループが成功をおさめた鍵は，おそらく，彼らの極度な装甲にあった．よろい竜類ほどの防御を備えた恐竜グループは他にはいなかった．

防御，防御，防御

　よろい竜類の知られる最初の化石はヒラエオサウルス *Hylaeosaurus* で，1833 年にギデオン・マンテルによって記載された．ヒラエオサウルスはリチャード・オーウェン卿が設立した恐竜類（Dinosauria），その本来の 3 種類中の一つだった．しかし，ヒラエオサウルスは頭骨の後部から胴体中央部までしか知られなかったため，古生物学者たちはその外見についてはよくわからなかった．実際，今でもヒラエオサウルスの完全な頭骨と体後部の外見はわかっていない．

　しかし，長年の間に，よろい竜類のより完全な化石が発見された．そのうちの一つが白亜紀末期のアンキロサウルス *Ankylosaurus*（癒合した爬虫類）である．全長 9.1m のアンキロサウルスはよろい竜類の中で最大級の一つで，よろい竜類（ankylosaurs）というグループ名のもとになった．アンキロサウルスが癒合した爬虫類とよばれるのは，頭骨に癒合した鱗甲と思われるものがあったからである．しかし，新しい研究により，頭部の装甲のほとんどは頭骨まで沈むように成長した皮膚起源の装甲ではなく，頭骨自体が外方へ成長してできたことが示されている．

　よろい竜類の身体は皮骨（皮膚内の骨質の装甲）でおおわれていた．首にあるような一部の皮骨は結合して，大きな環になっていた．また，一部のよろい竜類の腰の上にあるような皮骨は，癒合して大きな盾を形成していた．よろい竜類の皮骨の多くはスケリドサウルス *Scelidosaurus* の皮骨のように，皮膚に埋まっていた．しかし，よろい竜類にはスケリドサウルスよりはるかに多くの皮骨があり，装甲のあるまぶたをもったものさえあった！

戦車の燃料

　しかし，よろい竜類の特徴は装甲だけではなかった．よろい竜類には，彼らを恐竜の中で特異なものにしていた他の特徴もあった．後肢は短く，太く，ずんぐりしている傾向があり，手と足は幅広だった．走るのはあまりうまくなかったと思う．木々の高所で採餌できるように，よろい竜類は後肢で立ち上がることができたと提唱した人はいない（剣竜類に関しては提唱されたが）．よろい竜類は地面近くの低所で採餌したにちがいないという合意がある．

　しかし，よろい竜類は何を食べていたのか？ 20 世紀中頃，数人の古生物学者がよろい竜類はアリを食べていたと提唱した（おそらく，アリを食べるアルマジロや装甲があるトカゲ類を連想したのだろう）．しかし，大部分の古生物学者は，当時も現在も，よろい竜類は植物食だったという合意に達している．実際，オーストラリアの小型よろい竜類ミンミ *Minmi* の化石には，その恐竜が最後に食べたさまざまな種類の植物化石が入っていた．

　よろい竜類の歯は植物食トカゲ類の歯に似ている．実際，最初に発見されたよろい竜類の歯の一部は，絶滅した大きな植物食トカゲ類のものだと考えられた．より原始的な種類を除いて，よろい竜類の

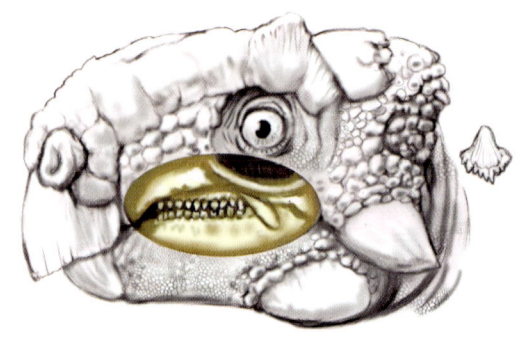

アンキロサウルス類ピナコサウルスの頭骨と，その小さな歯のクローズアップ

吻部は幅広だった．このことは，何を食べるかに関しては，よろい竜類は選択的ではなく，目についた丈の低い植物はなんでも食べたことを示している．その骨盤は著しく幅が広く，腹部もきわめて幅広だった．これは目をつけたすべての多様な葉を消化する助けになっただろう．

長い間，よろい竜類は哺乳類やハドロサウルス類のようにえさをかんだりすりつぶすのではなく，現代の植物食トカゲ類のように食べ物を押しつぶしただけだったと考えられていた．しかし，ポール・バレット，ナタリア・リブクジンスキーとマシュー・ヴィカリアスによる最近の研究で，そうではなかったことが示された．よろい竜類の歯にみられる磨耗と下あごの関節の形状を検討した彼らは，よろい竜類が食べる際，前後と左右の動きが多少あったことを明らかにした．

よろい竜類の下あごに可動する関節が見つかったことは多くの古生物学者を驚かせたが，あることを説明する役にも立った．よろい竜類は身体の大きさに比べてきわめて小さな歯を備えており，よろい竜類は生きていくために十分なえさをどうやって得ていたのかについて，古生物学者たちは不思議に思っていた（よろい竜類が昆虫食だったのではと考えられた理由の一つはこれである．一口分あたりから得られるエネルギーが，植物に比べ，昆虫の方が多いからである）．しかし，よろい竜類は以前に考えられていたより咀嚼していたことがわかった．このことは消化をより速くする助けになり，植物からだけでも十分なエネルギーが得られただろう．

戦車の種類

よろい竜類の異なったグループ間の，進化上の類縁関係を理解することは非常に難しい．白亜紀末の北アメリカとアジアのよろい竜類グループの一部については多くのことがわかっており，白亜紀前期の北アメリカのよろい竜類についてはかなりのことがわかっているが，ジュラ紀の北アメリカのよろい竜類や世界のこれ以外の地域に関してはどの時代のよろい竜類についてもあまりわかっていないということが，理解を難しくしている一因である（ありがたいことに，事態は変わりはじめている）．

長い間，古生物学者たちはよろい竜類の2つの主要グループを認めてきた．そのうちの一つノドサウルス科 Nodosauridae とよばれるグループは，白亜紀後期の北アメリカの恐竜ノドサウルス *Nodosaurus*，パノプロサウルス *Panoplosaurus*，シルヴィサウルス *Silvisaurus*，エドモントニア *Edomontonia* および白亜紀前期の北アメリカのサウロペルタ *Sauropelta* などから最もよく知られている．おそらく，このグループには白亜紀後期のヨーロッパのストゥルティオサウルス *Struthiosaurus*，最近ユタ州で発見された種類である白亜紀前期〜後期のアニマンタルクス *Animantarx* と全長10.1mの巨大なシーダーペルタ *Cedarpelta*（最大の装盾類）およびこれ以外の数種類が含まれるだろう．ノドサウルス類は肩にある巨大な棘と多数のそれ以外の棘で注目に値する．ノド

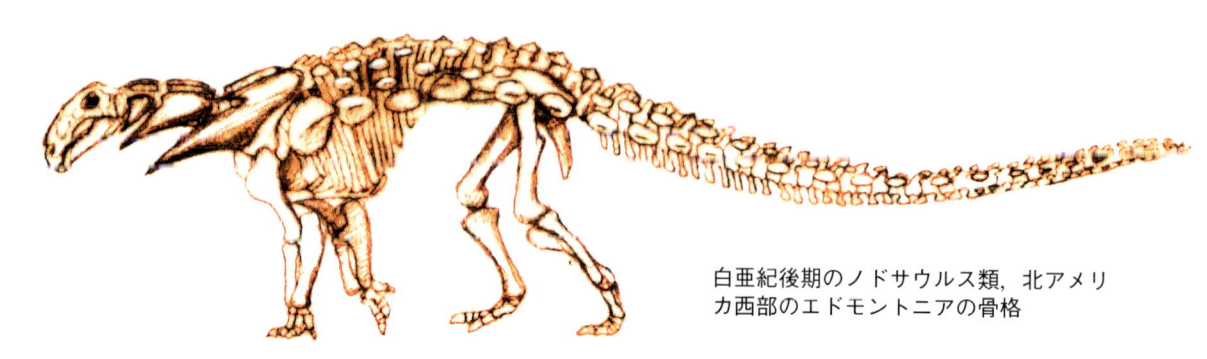

白亜紀後期のノドサウルス類，北アメリカ西部のエドモントニアの骨格

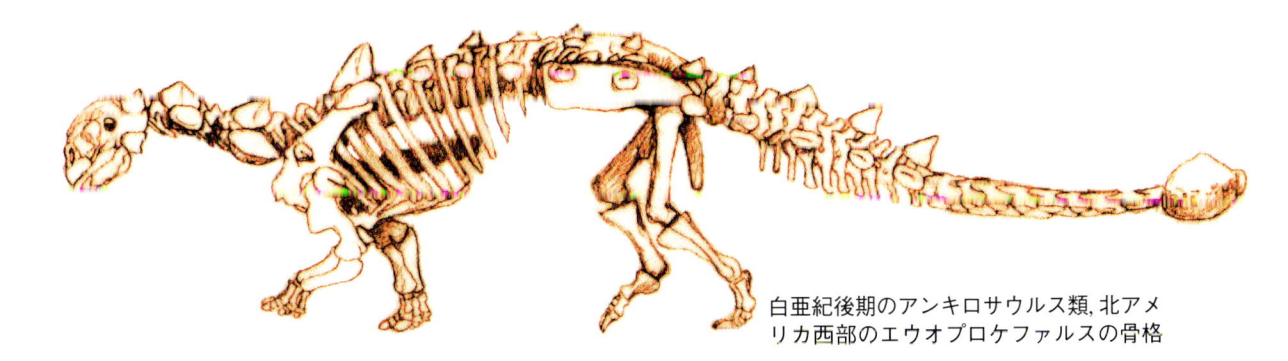

白亜紀後期のアンキロサウルス類，北アメリカ西部のエウオプロケファルスの骨格

サウルス類の頭部は頂部と後部が他のよろい竜類に比べ平坦で，ノドサウルス類以外のものにみられる小さな角はない．

　伝統的に，ノドサウルス類以外のすべてのよろい竜類はアンキロサウルス科 Ankylosauridae というグループに分類される．アンキロサウルス類には，白亜紀後期の恐竜で，よく知られている多くの属が含まれている．北アメリカの種類ではアンキロサウルス，エウオプロケファルス Euoplocephalus, ノドケファロサウルス Nodocephalosaurus, アジアの種類ではピナコサウルス Pinacosaurus, タラルルス Talarurus, タルキア Tarchia, サイカニア Saichania, ツァガンテギア Tsagantegia などがある．このグループの初期の代表例としては，白亜紀前期のアジアのシャモサウルス Shamosaurus とゴビサウルス Gobisaurus がいる．アンキロサウルス類はいわゆる尾に棍棒のあるよろい竜類である．尾の先端に癒合した皮骨の塊りがあり，巨大で強力な棍棒になっているからである．この棍棒はしっかり組み合った尾椎で支えられており，あまり柔軟でなかった（本の多くの図や映画とは違っている！）．柔軟性は腰骨直後の尾の基部にしかなかった．したがって，アンキロサウルス類の尾の棍棒は左右方向への硬直した動きだったであろう．これは剣竜類の尾棘に類似した，積極的で効果的な防御だったと思われる．（アンキロサウルスのような）大型アンキロサウルス類では，尾の棍棒による打撃は破壊的で，ドロマエオサウルス類のラプトル類の身体を打ち砕いたり，攻撃に出たティラノサウルス Tyrannosaurus の下肢や鼻先を骨折させたりできた．

　しかし，アンキロサウルス類には尾の棍棒以外のものもあった．アンキロサウルス類の鼻先はノドサウルス類よりも短くて高く，頭骨の後部に小さな角があった．これについては若干の混乱が伴う．ジュラ紀後期の一部の種類（例：ワイオミング州産のガーゴイレオサウルス Gargoyleosaurus）と白亜紀前期のよろい竜類（例：ミンミ）にはこのような小さな角があるが，他の点では，頭骨の幅が狭く，尾の棍棒がない．マシュー・ヴィカリアス，テレサ・マリアスカ，デイヴィッド・ワイシャンペルによる最近の分岐分類の研究では，これらの初期の小型よろい竜類はノドサウルスよりアンキロサウルスに近

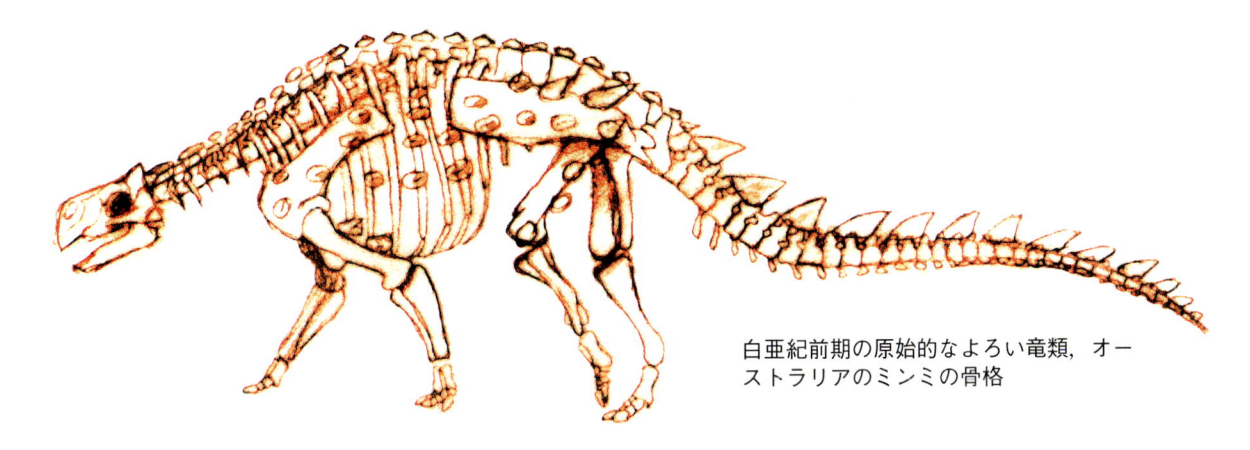

白亜紀前期の原始的なよろい竜類，オーストラリアのミンミの骨格

238 ●よろい竜類

縁だったとしている．言い換えれば，彼らは棍棒のない初期のアンキロサウルス類だったのだ．これは非常に筋の通った仮説だが，他の研究で，同じくらい筋の通った別の考えが提出されている．ノドサウルス科とアンキロサウルス科という両グループは，ミンミやガーゴイレオサウルスとの関係よりも，相互により近縁だったという考えである．この仮説も筋が通っている．実際，最近発見された中国のよろい竜類リャオニンゴサウルス Liaoningosaurus は，アンキロサウルス類とノドサウルス類が分離する以前に，他のよろい竜類から分岐した可能性が高い．

いわゆるポラカントゥス類も頭を混乱させるよろい竜類である．ポラカントゥス類には，ヨーロッパのポラカントゥス Polacanthus，ドラコペルタ Dracopelta，ヒラエオサウルス Hylaeosaurus，北アメリカのガストニア Gastonia，ミムーアペルタ Mymoorapelta など，ジュラ紀後期と白亜紀前期のよろい竜類が含まれる．分析によっては，これらの属の一部は明確なノドサウルス類に近く，他の一部は明確なアンキロサウルス類により近いという分類になる．この場合，これらは独自のグループを構成

オーストラリアのミンミ

ポラカントゥス類の一種ガストニアがユタラプトル *Utahraptor*（知られる最大のドロマエオサウルス類）に脅かされている．

しない．しかし，別の研究では，彼らは相互に最も近縁な恐竜であるとかもされている．その場合には，ポラカントゥス科 Polacanthidae とよばれる一つのグループになり，ポラカントゥス科自体はアンキロサウルス科またはノドサウルス科により近縁かもしれない．この事態は現在のところ未解決で，恐竜研究の重要な一分野になっている．

そして，事態をさらに混乱させるのは，スケリドサウルスは実はきわめて原始的なよろい竜類だったと提唱する少数の古生物学者もいることである！

したがって，ここまで書いてきたことは，メッセージであり警告であるとして受け止めてもらいたい．重要なグループだったよろい竜類にはかなりの多様性があったというのがメッセージ，本書で示したよろい竜類の分岐図は特定の分析に基づく仮説であり，今後，新しい情報が異なった分岐図を支持することになるかもしれないというのが警告である．

謎めいた鼻

よろい竜類の研究には，驚くべき，もう一つの興味深い分野がある．その鼻で何をしていたかを理解することである．古生物学者たちはよろい竜類の鼻部を調べることに多くの時間を費やしてきた．その鼻部は他のほとんどの恐竜の頭骨にみられる単純な孔に比べ複雑なのである．

ノドサウルス類，アンキロサウルス類，その他のよろい竜類の鼻腔には複雑な小室がある．異なる種類のよろい竜類ではその構造が異なっているため，これらの小室の用途は断定できない．嗅覚のために表面積を増していたのか？　肺ほどよく湿らせておく組織を支えていたのか？　特定の音を出すのに役立ったのか？　現時点ではわかっていない．

アンキロサウルス科の一部のメンバーに特有のいくつかの新しい発見がある．ラリー・ウィトマーを含む古生物学者たちは砂漠に住んだアンキロサウルス類ピナコサウルス *Pinacosaurus* の鼻部を調べてきた．長年にわたり，ピナコサウルスには（奇妙なことに）顔の両側に複数の鼻孔があったように思われてきた．しかし，2003 年，ラリー・ウィトマーはピナコサウルスの頭骨の CT スキャンを使い，両側の 1 つの開孔部だけが本当の鼻孔だったことを示した．それ以外の孔部にはなんらかの組織が入っていた．では，どんな組織か？　この研究課題についてはまだ研究が続いているが，予察的な結果は，これらの開孔部と関連して，なんらかのふくらますことができる構造があったことを示している．ピナコサウルスにはゾウアザラシのようにふくらませることのできる鼻があったのか？　それとも，どの現生動物にも似ていない，もっと奇妙ななにかだったのか？　この謎めいた鼻については，研究が続いている．

住みかでのよろい竜類

小さい赤ん坊から完全に成長した成体まで，あらゆる年齢グループのよろい竜類化石が知られている．赤ん坊よろい竜の装甲は幼体の装甲ほど発達していないし，幼体の装甲は成体の装甲ほど発達して

白亜紀後期の北アメリカ西部の森林にいるエドモントニア

240 ●よろい竜類

白亜紀後期のアンキロサウルス類，モンゴルのタルキア

いない．実際，赤ん坊と幼体には頭部の装甲がまったくなかった．

　少なくとも一部の赤ん坊よろい竜は互いに共に生活していたことがわかっている．ある有名な化石の発見例では，数頭の赤ん坊ピナコサウルスが砂嵐でいっしょに埋まったのが発見された．近くで成体化石は見つからなかったため，赤ん坊たちがグループとして自分たちだけで共に生活していたのか，砂嵐の中で片親または両親が赤ん坊たちから引き離されたのかはわからない．

　よろい竜類はさまざまな環境に生息していた．砂漠にいたものも，河川や湖のある森林地域にいたものもいた．いくつかの種は海岸近くに生息していたようで，実際，ノドサウルス類のいくつかの種は海に漂い出て，海底の泥に埋まった骨格からしか知られていない．しかし，これらの恐竜類はもちろん海生生物ではなかった！　死んだよろい竜類の装甲が身体の保存に役立ち，装甲をもたない恐竜の死体よりも長期間海に浮かびつづけただけのことだろう．

　装甲（および，時として，尾の棍棒）は獣脚類に対するよろい竜類の唯一の防御だった．しかし，よろい竜類の歴史は非常に長かったため，異なる属のよろい竜類は異なった肉食恐竜に立ち向かわなければならなかった．時によっては，捕食者の方がよろい竜類よりずっと大きかったこともあっただろう．アロサウルス *Allosaurus* やトルウォサウルス *Torvosaurus* のような大型肉食恐竜が歩き回る世界にいた，わずか全長3mの小型ガーゴイレオサウルスのような場合である．よろい竜類の方が最も一般的な捕食者より大きい場合もあった．たとえば，サウロペルタはドロマエオサウルス類のデイノニクス *Deinonychus* よりずっと大きく，群れで狩りをするこのラプトル類からかなり十分に防衛されていたように思われる．サウロペルタを食べていたデイノニ

ティラノサウルスから身を守るアンキロサウルス

クスの証拠を発見することはきわめてまれだが，装甲をもたない鳥脚類テノントサウルス *Tenontosaurus* を食べていたデイノニクスの証拠は発見することがよくある．

　後期のよろい竜類には，ティラノサウルス類という形をとった特に恐ろしい敵がいた．実際，後期のアンキロサウルス類の尾にある巨大な棍棒は，特に，ティラノサウルス類のほっそりした後肢に対する防御として進化したのかもしれない．しかし，少なくともいくつかの事例では，ティラノサウルス類が装甲をもつ恐竜の頭部に手を伸ばしていた．実際，大型のアンキロサウルス類であるタルキアの頭骨で，タルキアよりさらに大型のティラノサウルス類タルボサウルス *Tarbosaurus* にかまれてできたことがほぼ確実な傷痕をもつものがある．

　よろい竜類は中生代の終わりまで多くの大陸で存在しつづけていた．そして，6550万年前，彼らの装甲でさえ彼らを守れなかった脅威に直面したのだった．

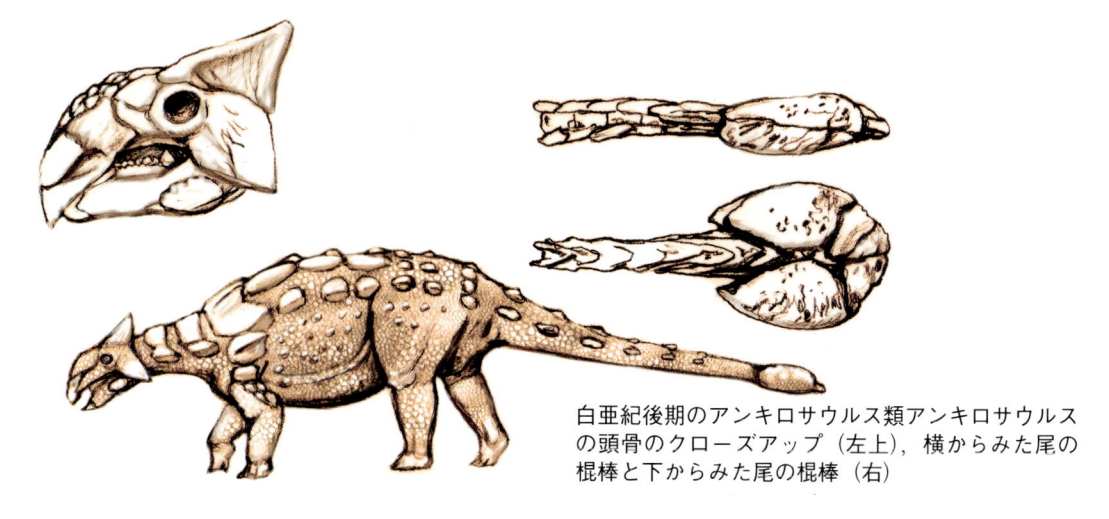

白亜紀後期のアンキロサウルス類アンキロサウルスの頭骨のクローズアップ（左上），横からみた尾の棍棒と下からみた尾の棍棒（右）

ドリンカー

ヒプシロフォドン

30
原始的な鳥脚類
Primitive Ornithopods
くちばしがある原始的な恐竜

　誰かが「恐竜」といえば，私たちはたいてい巨大な竜脚類，あるいはティラノサウルス *Tyrannosaurus* やスピノサウルス *Spinosaurus* などの肉食恐竜，骨板や棘をもつステゴサウルス *Stegosaurus* のような不思議な特徴をもつものなど，非常に印象的なものを思い浮かべる．しかし，すべての恐竜類がそれほど印象的だったわけではない．あまり興味深くみえないが，それにもかかわらず非常に重要なものの一つに鳥脚類，つまり，くちばしをもつ恐竜類のその原始的なメンバーがいる．

よくない名称の選択

　鳥脚類 Ornithopoda というのはあまりよい名称ではない．鳥脚は「鳥の足」を意味するが，鳥脚類の足は特に鳥類に似ているわけではない．進歩した鳥脚類（カモノハシ竜ハドロサウルス類を含むイグアノドン類）には，確かに（鳥類のように）3本の主要な趾があるが，ほとんどの鳥類で後方を向いている趾のような，退化した第一趾はない．そして，この章で採り上げるような原始的な鳥脚類は前方を向いた4本趾で歩いた．それにもかかわらず，私たちは1881年にマーシュが彼らに付けた鳥脚類という名称を使わされている．

　しかし，鳥脚類を鳥脚類らしくしているのは，足ではなく口である．ほとんどの鳥盤類同様，すべての鳥脚類にはあごの前部にくちばしがあった．しかし，鳥脚類は上顎骨（上あごの前から2番目の骨）よりかなり先まで伸びた前上顎骨（上あごの前面にある骨）があるという点で他の鳥盤類とは異なっている．また，鳥脚類の顎関節は他の恐竜類よりかなり下方に位置している．このような特徴の組み合わせは，鳥脚類のかむ力がきわめて強力だったことを意味している．このため，「くちばしのある恐竜」の方が「鳥の足」という名称より，より適切だっただろう．

　名称はともあれ，原始的な鳥脚類（次章とその次の章で扱う進歩したグループであるイグアノドン類 Iguanodontia に含まれない鳥脚類）は，たいてい，他の原始的な鳥盤類（レソトサウルス *Lesothosaurus*，装盾類，厚頭竜類）のような単純な葉片状の歯を備えていた．したがって，他の鳥盤類同様，これらの恐竜は植物食だった．原始的な鳥脚類は皆，かなり小型だった．ほとんどのものは全長約0.9mと，人間の子供より小さかったが，ごく一部のものは全長2.4mに達した．

　これらの恐竜類は後肢で歩くという原始的な恐竜類の歩行習性を保っていた．実際，これらの恐竜類のほとんどは後肢がかなり長かったことを考えると，おそらく，彼らは俊足だっただろう．これが彼らの防衛手段の一つだった可能性は高い．単に繁殖が速かったということが他の防衛法だったかもしれない．その種に多くの個体がいれば，おそらく，一部のものは捕食者に食べられずにすむ．したがって，種が存続する可能性は高くなる．実際，彼らの防衛法はこの両者の組み合わせだったかもしれない．たとえば，現代のウサギ類は俊足であり，かつ，個体数を急速に増やすこともできる．

　どんな防衛法だったにしても，原始的な鳥脚類は非常に成功した種類の恐竜だった．鳥脚類はジュラ紀前期に最初に出現し，白亜紀末まで存続した．実際，ジュラ紀中期の原始的な鳥脚類の一部と白亜紀最後期の原始的な鳥脚類はほぼうりふたつだった．この期間はおよそ1億1500万年にもなる！

　この章で紹介する恐竜類は1つの完全なグループを表すのではなく，より大型でより進歩したイグアノドン類以外は，すべてが異なった種類の鳥脚類である．以前のリンネ式の分類体系では，この章で扱

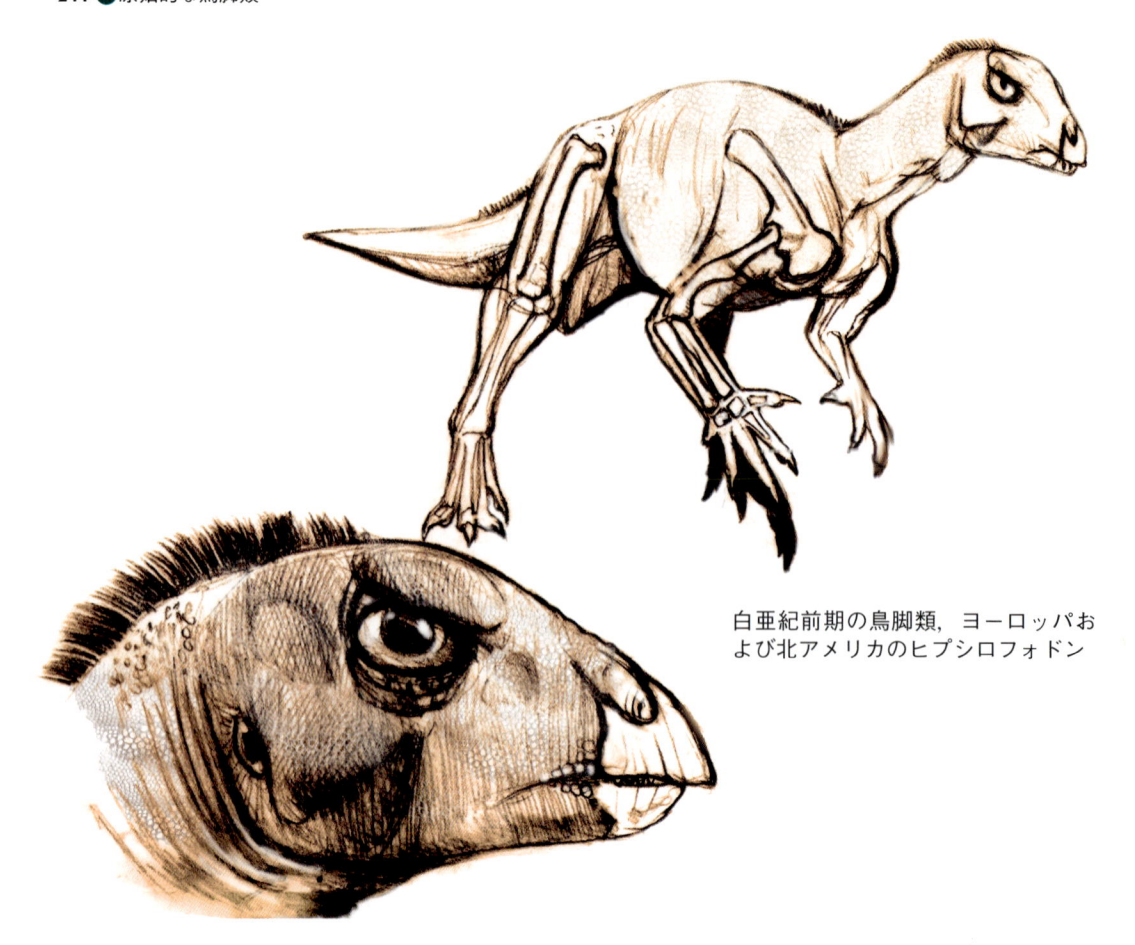

244 ●原始的な鳥脚類

白亜紀前期の鳥脚類，ヨーロッパおよび北アメリカのヒプシロフォドン

う恐竜類は「ヒプシロフォドン類」Hypsilophodontia にまとめられていた．しかし，一部の「ヒプシロフォドン類」は，実際には，他の「ヒプシロフォドン類」よりイグアノドン類に近縁だった．そして，実のところ，最近のいくつかの研究では，他の恐竜（特に厚頭竜類と角竜類）もある種の「ヒプシロフォドン類」の子孫かもしれないと示唆されている．

樹上生の恐竜類？（おそらく違う）

「ヒプシロフォドン類」はヨーロッパおよび北アメリカ・白亜紀前期のヒプシロフォドン Hypsilophodon にちなんで名づけられた．これらの恐竜類には，共通する特定の特殊化がなく，それはイグアノドン類にもみられない．両者が共有する特徴のいくつかには，短くて太い指とか腰と尾の長くて骨質の腱がある．くちばしをもつ原始的な恐竜類はかなり軽量な頭骨をもっていたので，おそらく彼らは比較的軟らかい植物を食べていた．

ヒプシロフォドンとその類縁恐竜の頭骨が軽いつくりだったことには，もっともな理由があった．子孫（イグアノドン類）同様，これらの原始的な鳥脚類は下あごが上がると，わずかに外方に動く上顎骨をもっていた．このことは両あごの歯がすべりあって動き，食べ物をかむ助けになったことを意味する．このような頭骨の関節は，原始的な鳥脚類ではわずかにしか発達していなかったが，それでも，食べ物をかみ，消化を速める助けにはなっていただろう．

ヒプシロフォドンは科学的に認められた最初の小型恐竜類の一つで，長い間，古生物学者たちの興味をそそりつづけてきた．彼らはどのように暮らしていたか？　早い時期に提唱された一つの考えは，ヒプシロフォドン類は樹上生だったかもしれないというものだった．今日，オーストラリアとその近くの島々に生息するキノボリカンガルーはヒプシロフォドンと同じような大きさと体形（全長約1.5m）で，木に登る．この樹上生有袋類がきっかけになり，ヒ

245

ヒプシロフォドンとその近縁の恐竜類はランナーだったという別の証拠がある．彼らの尾の骨のほとんど（特に末端寄りの部分）は骨に変化した腱で結合されていた．このことはその尾は非常に硬化されていたことを意味する．このような硬化された尾は，走行時の素早い方向転換に際し，身体の釣合をとる錘としてさまざまな動物（一部の現生トカゲ類，ドロマエオサウルス類のラプトル類のような恐竜，など）に使われている．有効な釣合錘をもっているということは，原始的な鳥脚類がかなり機敏だっただろうことを意味している．捕食者に追われているときには有益な特色である！

化石を理解すること

ヒプシロフォドンの赤ん坊や他の鳥脚類の赤ん坊は成体の小型版のようだが，眼が大きく鼻先は小さかったことが多くの骨格からわかっている．巣に住んでいるこのような大きい眼の赤ん坊が描かれているのを，絵や映画やテレビ番組でみたことがあるかもしれない．実際，よく知られているテレビのドキュメンタリーで，コロニーに並んでいる原始的な鳥脚類の多数の巣や，複雑な社会構造の中で暮らしている親恐竜をみたことがあるかもしれない．確かに可能性はあるが，現時点で，それを支持する証拠はない．現在のところ，原始的な鳥脚類の巣がどのようだったかは実際にはわかっていない．かつて，古生物学者たちは鳥脚類オロドロメウス *Orodromeus* の巣を発見したと考えたが，これらは獣脚類トロオドン *Troodon* の巣だったことがわかった．

誤って鳥脚類のものとされた可能性のある他の化石に，原始的な鳥脚類の最後の一員だったテスケロサウルス *Thescelosaurus* の「心臓」がある．この恐竜の最も完全な化石は1993年に発見され，「ウィロ（Willo）」というニックネームを付けられたが，この化石の胸部には塊りがみられた．この塊りは珪化した心臓だと主張する古生物学者がいる一方，単なる石の塊りにすぎないと主張する古生物学者もいる（テスケロサウルスに心臓があったことを疑う者はいないが，ただ，その塊りが心臓の化石であることは疑っている）．いずれにしても，原始的な鳥脚類の皮膚の印象がみられるという点で，「ウィロ」は非常に特殊な化石である．他の鳥盤類同様，身体中にさまざまな大きさの丸い鱗甲があった．

歯があるくちばしのおかげで，ヒプシロフォドンは植物を切り刻めた．

プシロフォドン類は樹上生の鳥脚類だったと，初期の古生物学者たちが考えるようになったのかもしれない．

しかし，後の古生物学者たちがヒプシロフォドンの足を調べたところ，樹上生動物の特色を備えていなかった．通常，木に登る動物は趾の先端寄りの趾骨の方が長い．しかし，ヒプシロフォドンでは先端寄りの趾骨の方が短く，地上生の動物の足を備えていた（なぜ昔の古生物学者たちがこれに気づかなかったのかは説明しにくい）．

246 ●原始的な鳥脚類

白亜紀後期の鳥脚類，北アメリカ西部のテスケロサウルスの足のクローズアップ（左下），手のクローズアップ（右下）．

多数の小型恐竜

この一般的なタイプの恐竜類の中でヒプシロフォドンが最も有名であることには，もっともな理由がある．この属は赤ん坊から成体までの多数の化石から知られている．また，知られてからも長い．しかし，ヒプシロフォドンは，決して，このタイプの唯一のものではない．実際，このような小型恐竜類は多数いる．このような種類の恐竜類はすべての大陸で発見されている．

原始的な鳥脚類の可能性をもついくつかの小型鳥盤類が中国から知られている．しかし，それらは原始的な鳥脚類ではなく，鳥盤類の系統樹中のより原始的な枝であるかもしれない．これらにはジュラ紀中期のアギリサウルス *Agilisaurus*，ヘキシンルサウルス *Hexinlusaurus*，シャオサウルス *Xiaosaurus*，ジュラ紀後期のヤンドゥサウルス *Yandusaurus*，白亜紀前期のジェホロサウルス *Jeholosaurus* などが含まれている．ジュラ紀後期のアメリカのオスニエリア *Othnielia* とドリンカー *Drinker* は，より大型で，より有名なブラキオサウルス *Brachiosaurus*，ステゴサウルス *Stegosaurus*，アロリウルス *Allosaurus* などの日陰で生きていた非常に小型の鳥脚類だった．ゼピュロサウルス *Zephyrosaurus*（ギリシャ神話の西風の神ゼピュロスにちなんで命名）は，白亜紀前期の北アメリカのラプトル類デイノニクス *Deinonychus* に追われたときに名に恥じなかったことが期待される．

白亜紀前期のオーストラリアには多数の小型鳥脚類がいたように思われる．アトラスコプコサウルス *Atlascopcosaurus*，フルグロテリウム *Fulgurotherium*，リアレナサウラ *Leaellynasaura*，カンタスサウルス *Qantassaurus* などである．面白いことに，諸大陸は移動しつづけているため，これらの恐竜は実際には南極圏の南に生息していた．ということは，数か月の間，暗闇だったはずである．しかし，数か月にわたって1日24時間日照があり，えさになる植物が繁茂する夏季には報われたようである（今日ではそのようなことは起こらない．南極は植物の生育には寒くなりすぎたからだ）．

白亜紀後期の南アメリカから知られる鳥盤類はほとんどいないが，そこには確かに原始的な鳥脚類がいた．アナビセティア *Anabisetia*，ガスパリニサウラ *Gasparinisaura*，ノトヒプシロフォドン *Notohypsilophodon* がその時代の南アメリカから知られている．

恐竜時代の終わりにさえ，原始的な鳥脚類はまだ存在していた．北アメリカ西部では，一部の属（オロドロメウスなど）はジュラ紀と白亜紀前期の原始的な鳥脚類と大きさや体形が非常によく似ていた．しかし，パークソサウルス *Parksosaurus*，ブゲナサ

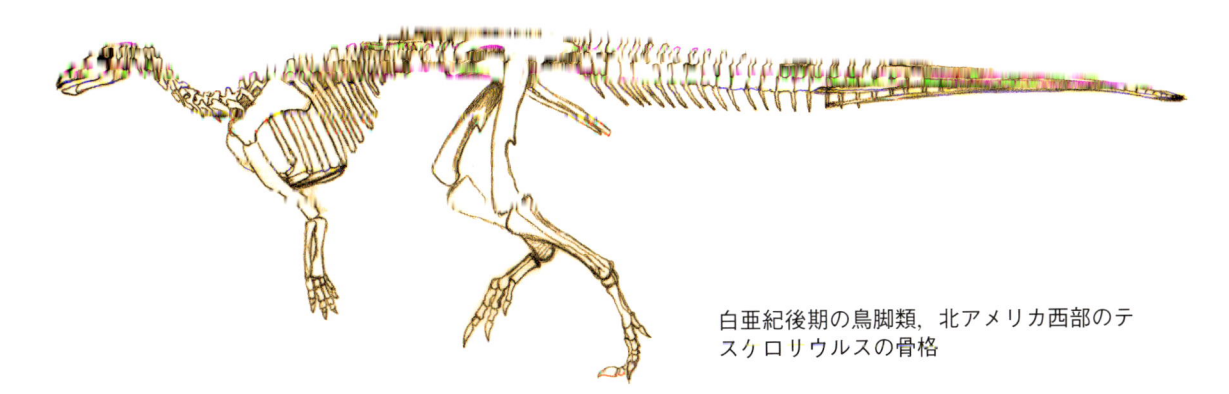

白亜紀後期の鳥脚類，北アメリカ西部のテスケロリウルスの骨格

ウラ *Bugenasaura*，テスケロサウルス *Thescelosaurus* などははるかに大型で（最大全長 2.4m），より長い鼻先を備えていた．これらの最後の恐竜たちはティラノサウルス類の幼体やラプトル類の成体のえさになっていたと思う．ブゲナサウラとテスケロサウルスは生きていた最後の鳥盤類の中に含まれる．そして，これらの属の一部の個体は恐竜の時代に終わりをもたらした小惑星衝突後の厳しい期間を実際に目撃した可能性がある．

ヒプシロフォドンの集団が白亜紀前期のティラノサウルス上科，ヨーロッパのエオテュランヌス *Eotyrannus* に襲われている．

リアレナサウラは雪が降るくらい寒くなる地域に生息していた．リアレナサウラを食べたかもしれない獣脚類も同様である．

たくましい小型恐竜

パトリシア・ヴィッカース-リッチ博士
モナシュ大学（オーストラリア メルボルン）
トーマス・H・リッチ博士
ヴィクトリア博物館（オーストラリア メルボルン）

写真提供　トーマス・H・リッチ

厳しい境遇にいた恐竜がいた．ほとんどの人は恐竜について想像する際，水蒸気のたっている湿地や乾燥した高地にいる恐竜を想像する．たいてい，ティラノサウルス・レックス *Tyrannosaurus rex* のような巨大なものとして想像する．しかし，最もたくましい恐竜の一部は小型で，1年のうち3か月は冬の雪と氷と暗黒があった場所に生息していた．

小型恐竜の1グループであるヒプシロフォドン類は地球上で最も過酷な場所の一つ，当時の南極の近辺に生息し多様化していた．これは現在のおよそ南緯38度，オーストラリアの都市メルボルンからあまり離れていないところに相当する．今日，そこは温帯性気候である．温暖で，冬でも雪や氷はない．しかし，約1億2000万〜1億500万年前の白亜紀前期には，この地域はおよそ南緯75度に位置していた．岩石の構造から，時として，その地面が常に凍っていたことがわかっている．永久凍土層である．巨大な河川がオーストラリアの南海岸と南方の南極大陸を隔てる広大な氾濫原を横切り蛇行していた．現在，こういった河水の同位体の研究によって，これらの河川はかつて冷水だったことが科学者たちに知られている．

この寒い場所では，高緯度にあるため，冬季3か月の間は日照がなかった．ヒプシロフォドン類（「高歯冠の歯」の意）はこの地域で繁栄していた．ほとんどのヒプシロフォドン類はほぼニワトリ大だったが，少数のものはエミュー並の大きさに達した．おそらく，これらの小型恐竜類は冬眠しなかった．骨の研究は，彼らが1年を通して成長しつづけたことを示している．彼らの眼は大きく，視葉（彼らがものを見る助けになった脳の部位）は非常に大きかった．古生物学者たちはこれらの小型恐竜はおそらく温血で，暗闇でも目が見えただろうと示唆している．このような恐竜の1つリアレナサウラ・アミカグラフィカ *Leaellynasaura amicagraphica* は私たちの娘リアレン・リッチにちなんで命名された．彼女はこれまでにオーストラリアとパタゴニアで多数の新しい恐竜化石産地を見つけている．

ヒプシロフォドン類はたくましかった．しかし，ヒプシロフォドン類の化石を発見し，発掘した人々もたくましかった．恐竜の谷（Dinosaur Cove）と名づけられているオーストラリアの発掘現場は，この凍結した荒れ地から多くの異なった種類の恐竜化石を産出してきた．骨は地下で発見されたため，現場は鉱山のように採掘しなければならなかった．私達の発掘チームは密集した骨の含まれている太古の流路をたどりながら地下を何mも掘るため，爆薬・削岩機・採掘用の重機などを使った．この化石含有層はごつごつした海岸沿いの海水面に位置しているため，作業を進められるのは干潮の間だけで，坑道が水没する満潮前に作業を止めなければならなかった．

これらのたくましい小型恐竜は発見するのも発掘するのも容易ではなかったが，彼らからは恐竜が耐えられた過酷な気候条件の性質についての観念が得られる．白亜紀末に起こり，非常に多くの恐竜グループの絶滅へとつながった出来事が何であったにしても，それは1年そこそこというよりは，長い期間をかけて起こったにちがいないことを，これらの小型恐竜は示唆している．極域に住んでいたこういった恐竜は短期の大異変なら対処できたであろうからである．

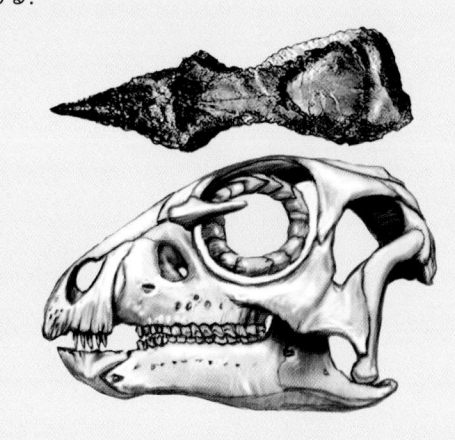

リアレナサウラの最初の標本（上）は頭骨の上部だった．その化石はヒプシロフォドンに似ているが，巨大な眼をもっていたことを示していた（下：復元頭骨）．

イグアノドン

オウラノサウルス

カムプトサウルス

31
イグアノドン類
Iguanodontians
くちばしがある進化した恐竜

　前章では，原始的な鳥脚類に目を向けた．これらの恐竜類は主に小型で，くちばしのある最も初期の恐竜と，最も後期の恐竜の一部を含んでいた．原始的な鳥脚類は退屈だと思いながら，前章を読み終えた読者がいたかもしれない．白状すると，私自身もそう思うことがある．しかし，ジュラ紀中期から白亜紀後期の終わりまで，彼らの一部にはほとんど変化がみられなかったことは事実だが，実は，原始的な鳥脚類はかなりわくわくするようなことをやりとげていた．進化した鳥脚類，すなわち，イグアノドン類 **Iguanodontia** に進化したのである！

　イグアノドン類は最初に発見された恐竜類の一つ，イグアノドン *Iguanodon* にちなんで命名された．実際，イグアノドンはあらゆる恐竜類の中で最もよく知られたものの一つで，これはイグアノドンの完全骨格が多数発見されていることによる．しかし，イグアノドン自体以外にも，多くのイグアノドン類がいた．一部のイグアノドン類は小型の植物食恐竜で，くちばしをもつ恐竜のより原始的なタイプとほとんど見分けがつかなかった．奇妙なひれ状のもの，ずんぐりした後肢，高い鼻部をもつ大型のイグアノドン類もいた．多くのイグアノドン類にはきわめて独特だが，有用な手があった．また，ハドロサウルス上科すなわちカモノハシ竜に属するイグアノドン類は非常に特殊化しており，非常に多様でもあったため，彼らだけにまるまる1章を費やすに値するものとした！この章では，くちばしをもつ恐竜のうち，系統樹上で原始的な種類（オロドロメウス *Orodromeus*，ヒプシロフォドン *Hypsilophodon*，テスケロサウルス *Thescelosaurus* など）とカモノハシ竜の間に位置するものを採り上げることにする．

つつましい起源，大成功

　最古のイグアノドン類，ジュラ紀中期のイギリスのカロヴォサウルス *Callovosaurus* は大腿骨1本からしか知られていないため，この恐竜については多くを語れない．しかし，後の時代の他の原始的な（そして，より完全な）イグアノドン類の標本から，カロヴォサウルスがおそらくどのような外見だったかについては考えられる．ドゥリュオサウルス *Dryosaurus*，ウァルドサウルス *Valdosaurus*，タレンカウエン *Talenkauen* はみな，イグアノドン類の中で最も特殊化していない種類の好例である．

　一見しただけでは，これらの恐竜はくちばしのある原始的な鳥脚類の典型ヒプシロフォドンと見分けにくいように思われる．そして，実際，発見された当時，これらの恐竜類はヒプシロフォドン類だと考えられていた．しかし，口を見てみると，ヒプシロフォドン類ではないことがわかる．これらの恐竜の前上顎骨（上あごの前面にある骨）には歯がない．あるのは歯のないくちばしだけである．これは前上顎骨に歯がある，より原始的な鳥脚類（および，他のほとんどの恐竜，さらにいえば，私たち）とは異なっている．また，イグアノドン類の下あごは原始的な類縁恐竜より上下幅が大きく，重い．

　したがって，イグアノドン類のえさのかみ切り方は類縁恐竜とは明らかに異なっていた．しかし，どのように異なっていたかは正確にはわからない．異なる植物をえさにするとか，あるいは，より能率的にえさを分解し消化できたのだろうか？どのような違いだったにしても，そのおかげで，これらの恐竜類は大成功をおさめた．実際，カモノハシ竜はイグアノドン類の系統樹中の1つの枝にすぎないことを考えると，これらの恐竜類は鳥盤類恐竜のうちで最も成功し，最も多様化したグループだったといえる．

　この成功の一部は，イグアノドン類が多くの異な

252 ●イグアノドン類

白亜紀後期のラブドドン類，ヨーロッパのザルモクセス．

る．自重の一部を支えなければならなかったため，テノントサウルスの前肢はドゥリュオサウルスの前肢より割合的には太い．しばしば，テノントサウルスの化石はドロマエオサウルス類のラプトル類であるデイノニクス Deinonychus の歯を伴って発見される．デイノニクスはイグアノドン類を頻繁に捕食していたらしい．しかし，ラプトル類が常にその攻撃で生き残ったわけではなかった．テノントサウルスといっしょにデイノニクスの体化石が保存された複数の現場が，古生物学者たちに確認されている．

原始的なイグアノドン類の他の一員にムッタブラリュウルス Muttaburrasaurus がいる．ムッタブラサウルスには，進化したイグアノドン類であるアルティリヌス Altirhinus や一部のハドロサウルス類のような，アーチ形の鼻部があった．それらの恐竜の場合と同じで，そのアーチは音を出す鼻部の気嚢を支える助けになっていたかもしれないし，ムッタブラサウルスの呼気の温度と湿度をコントロールする助けになっていたかもしれない．

イグアノドン類の系列中，最も最近認められたものの一つにラブドドン科 Rhabdodontidae がある．イグアノドン類としては，ラブドドン類は小型（全長わずか 3m）で，完全な 2 足歩行だった．頭骨はがっしりしたつくりで，（他の大部分のイグアノドン類の歯のような）すりつぶし型ではなく，（角竜類やムッタブラサウルスの歯のような）せん断型の歯を備えていた．実際，ザルモクセス Zalmoxes（最も完全に知られているラブドドン類）の部分頭骨が 1980 年代と 1990 年代にトランシルヴァニアで発見された際，ヨーロッパで初の角竜類が発見されたといううわさが古生物学界に広まった！しかし，ザ

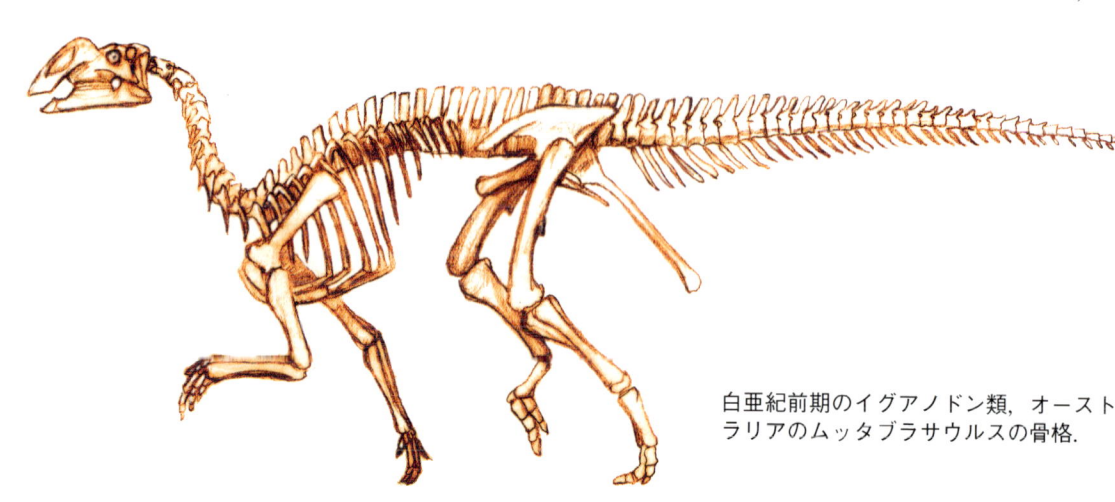

る体形に進化したことに負っていた．他の恐竜たちとの分離が最も早かったものの一つがテノントサウルス Tenontosaurus である．いくつかの点で，テノントサウルスは非常に長い尾をもつ巨大なヒプシロフォドンかドゥリュオサウルスのように見える．テノントサウルスの平均的な全長は約 4.6m で，全長 2.4m の類縁恐竜よりはかなり大型だった．しかし，大きさ以外の違いもあった．テノントサウルスは大部分の時を 4 本足を使って過ごしていたと思われ

白亜紀前期のイグアノドン類，オーストラリアのムッタブラサウルスの骨格．

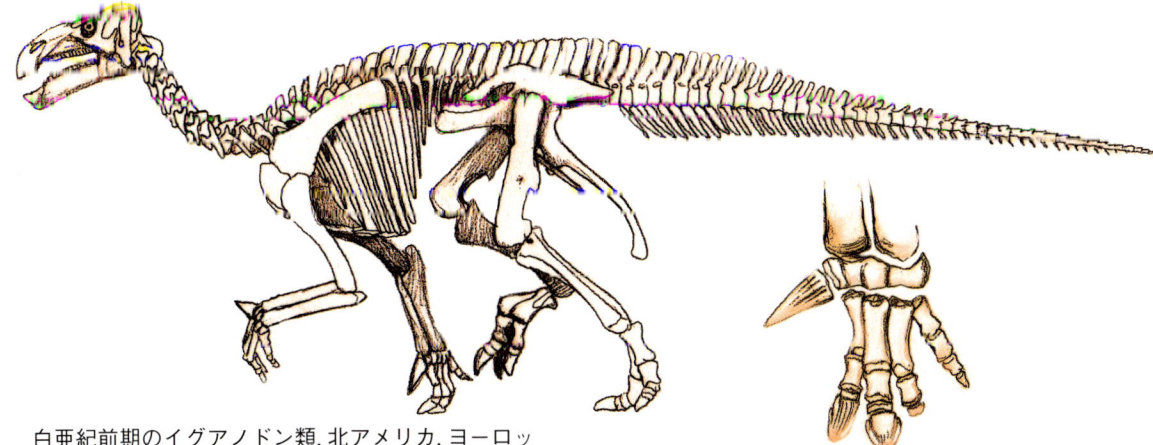

白亜紀前期のイグアノドン類．北アメリカ，ヨーロッパ，アジアのイグアノドンの骨格と，その「スイスアーミーナイフのような手」のクローズアップ（右）．

ルモクセスは正真正銘のイグアノドン類で，角竜類（角のある恐竜）ではない．ザルモクセスのがっしりした頭骨とせん断向きの咬合は，同じ生態学的習性をもつ遠縁のグループ間に，類似の特徴が進化する収斂進化の例にすぎない．

（ちなみに，ハドロサウルス類とアルゼンチンのタレンカウエン以外で，白亜紀末まで存在しつづけたイグアノドン類はラブドドン類だけである．）

すべり動くあごとスイスアーミーナイフのような手

残りのイグアノドン類には多数の重要な特殊化がみられる．一例をあげると，この恐竜類は最もうまくかむことのできた恐竜たちである！　生物学者が「かむ」という際は，特定のこと，つまり，歯をすりあわせ，食べ物を分解することを意味している．多くの鳥盤類は先端の前歯骨を軸として使い，下あごの側面を前後左右にわずかに回転させることにより，多少はかむことができたかもしれない．また，一部のもの（装甲をもつよろい竜類や角竜類など）の歯には，ある種の進化した採餌のための特殊化がみられる．しかし，正真正銘のかむ動きを示すのは，くちばしをもつ，より進化した恐竜類だけである．

イグアノドン類のすりつぶし向きのあごは，ヒトや他の哺乳類のすりつぶし型のあごとは異なっている．私たちがかむ際には，上あごは動かず，下あごが前後左右に動く．イグアノドン類では，下あごはほぼ直線的に上下に動くだけで，それと同時に，上あごが横方向にすべり動いた．このような動きをすると，上あごの歯が下あごの歯とすれ合い，歯の間に入ったえさは小片に分解される．そして，小片に分解されたえさはより速く消化できるため，イグアノドン類はより多くのエネルギーを得て，より活動的になることができた．

しかし，上あごはどのようにして左右にすべり動けたのか？　1980年代，2人の古生物学者，（イグアノドンを研究していた）デイヴィッド・ノーマンと（ハドロサウルス類を研究していた）デイヴィッド・ワイシャンペルは，それらの恐竜類の上あごと

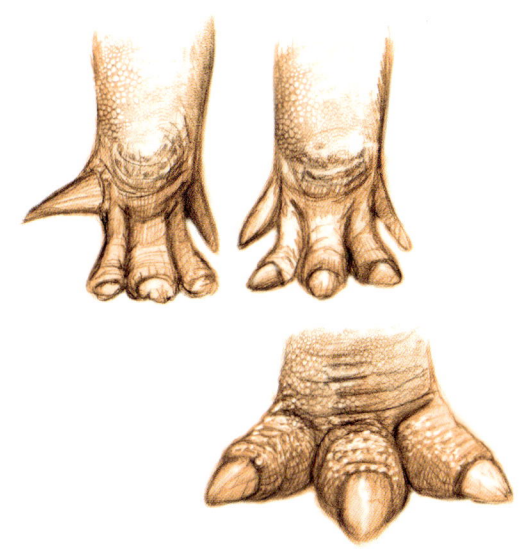

イグアノドンの「スイスアーミーナイフのような手」（左上），カンプトサウルスの「スイスアーミーナイフのような手」（右上）とイグアノドンの足（右）．

白亜紀前期のイグアノドン類，北部アフリカに生息していた，どっしりした体格のルルドゥサウルス．

頭骨諸骨との間にある特殊な関節に気づいた．分岐分類学を用いた彼らは，ヒプシロフォドンや系統樹から非常に早い時点で分岐した他の鳥脚類の非常に原始的な段階まで，この関節の特徴をたどることができた．単純なものは原始的な鳥脚類にも存在していたが，ジュラ紀後期と白亜紀前期のイグアノドン類カンプトサウルス *Camptosaurus* になって，その関節は十分に発達した．

カンプトサウルスはジュラ紀後期および白亜紀最初期の北アメリカとイギリスで最も一般的な恐竜類の一つだった．典型的なカンプトサウルスの骨格は全長約4mだが，ほぼ2倍の全長をもつ個体もいた．より原始的な鳥脚類に比べると，カンプトサウルスの顔はより長く，いくぶん馬面だった．実際，この特徴はその後のイグアノドン類にもみられるもので，すべてが特有の長い鼻先をもっていた．

カンプトサウルスの手も興味深いものだった．カンプトサウルスの手は，私が「スイスアーミーナイフのような手」とよんでいるものの最初の例である．スイスアーミーナイフというのは，ナイフ，コルク抜き，やすりなどの異なった機能をもつ多くの独立した部品からなる道具である．カンプトサウルスやくちばしをもつより進化した恐竜類の手にも，まったく異なる機能をもつ異なる部分があった．中央の3本の指はひづめのようで，中手骨（掌の骨）は体重を支える助けになるつくりになっている．このことから，カンプトサウルスや進歩した他のイグアノドン類は，おそらく後肢だけで走ることもできただろうが，多くの時間を4足歩行で過ごしていたことがわかっている．スイスアーミーナイフのような手の小指は長く，他の指と向かい合わせにできた．てのひらにふれるまで曲げられたため，イグアノドン

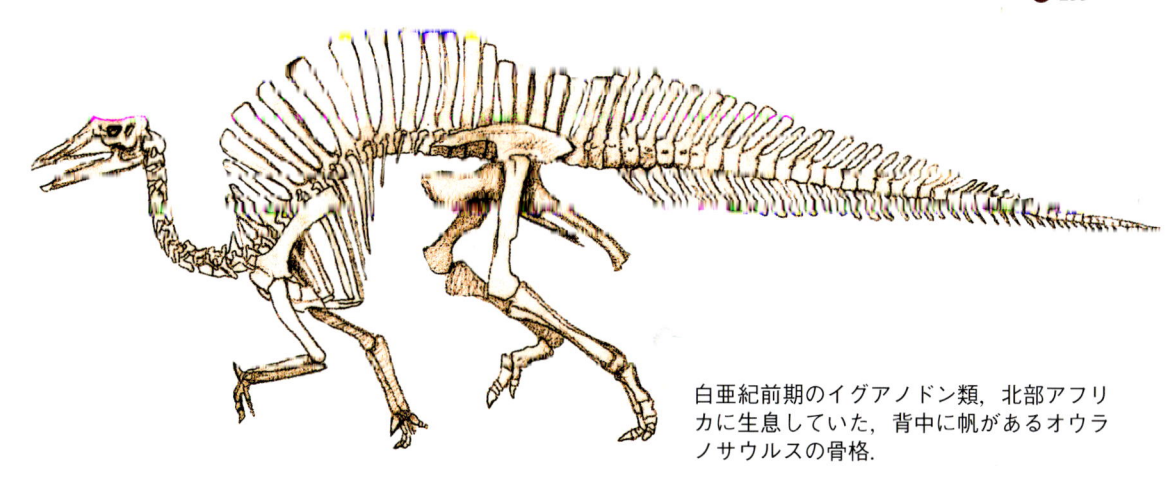

白亜紀前期のイグアノドン類，北部アフリカに生息していた，背中に帆があるオウラノサウルスの骨格．

類は物（おそらく植物）をつまみあげることができただろう．そして，親指は円錐形の鋭く尖ったスパイクに進化していた．しかし，これがどのように使われたのかはわかっていない．襲撃者に対する防御に使われたのかもしれないが，捕食者が親指で刺されるぐらい近づいたとすると，その鳥脚類にかみつけるぐらい近づいていたことにもなる！　雄鶏が他の雄鶏に対して蹴爪を使うように，親指は同種の他の個体との争いで使われたのだろうか？　あるいは，内部にあるおいしいものを得るために，種子や植物をこじあけるために使われたのかもしれない．

イグアノドンは巨大なカンプトサウルスのような外見だった．カンプトサウルスよりも後の白亜紀前期に生息し，同じく，ヨーロッパと北アメリカの両方から知られている．最大の標本は全長10m以上で，ハドロサウルス類を除けば，知られる鳥脚類の中で最大である．一般的に，イグアノドンと進化した他のイグアノドン類は，カンプトサウルスに比べて，より長く幅広のくちばしと，より長い中手骨を備えていた．また，中央の3本の指はよりいっそうひづめ状になっていた．白亜紀前期のヨーロッパでは，イグアノドンは圧倒的に最もありふれた恐竜だった．実際，ベルギーにある1つの採石場からは少なくとも38個体が産出した！　しかし，他の多

オウラノサウルスの生体復元．

イグアノドンはすべてのイグアノドン類の中で最も研究されている．

くの本に書かれていることにもかかわらず，これは突然死した単一の群れではなかったことを証拠が示している．ノーマンによるこれらの骨格の位置の研究，および，異なった堆積層がそれらの骨格を隔てていたといった事実は，その採石場でイグアノドンが埋まるという個々の出来事が少なくとも3回はあったことを示している．しかし，これらの事例，および，ドイツにある別の産地や多数の連続歩行痕は，イグアノドンが群れをつくる動物だったであろうことを示している．

もし，イグアノドンが群れで暮らしていたとすれば，幼体は両親についていくためには走らなければならなかっただろう．そして，おそらく，後肢で走った．後肢に対する前肢の割合の研究は，イグアノドンの幼体は典型的な2足歩行動物に近いつくりだったが，成体はほとんどの場合，4足歩行だった可能性が高いことを示している（考えてみると，これは人間の場合とは逆になる．人間は赤ん坊のときには4足歩行で，成長して初めて2足歩行するようになる）．

イグアノドン，カンプトサウルス，類縁の恐竜が成功した一因は，彼らが（ある意味）1つの身体で2種類の植物食者だったことである．4足歩行時には，草本・シダ類・それ以外の丈の低い植物を食べることができた（中生代にイネ科植物が存在していたら，彼らはそれを上手に食べる動物になっていただろう．イグアノドン類にとって不運なことに，イネ科植物は最後の鳥脚類の絶滅後かなり経ってから初めて進化した）．しかし，後肢での歩行時には，木々のかなり高所まで届くことができた．このため，彼らは草本を食べる剣竜類，よろい竜類，角竜類，および，高所で採餌する竜脚類と同時にえさを争うことができた．高度に特殊化した咀しゃく機能をもつあごのおかげである．

高い鼻と背中の帆

イグアノドンは進歩したイグアノドン類の中で最もよく知られ，最も入念に研究されているが，知られているものはその他にも多数ある．白亜紀前期のアジアにはアルティリヌスが生息していた．アル

ティリヌスという名前は「高い鼻」を意味し，その頭骨を一目みれば，その名前がついた理由がわかる．高い吻部が肉付きのよい大きな鼻を支えていたらしい．これ以外の点では，アルティリヌスはヨーロッパと北アメリカにいた類縁恐竜のイグアノドンにきわめてよく似ていた．

　白亜紀前期のアフリカには最も壮観なイグアノドン類のいくつかが生息していた．オウラノサウルス Ouranosaurus はそのグループの中では最軽量級の一つだった．頭骨は長くて狭く，前肢と後肢はほっそりしていた．しかし，最も驚くべきものは，その帆だった．神経棘（背中から突き出ている椎骨の一部）は高さが0.9mにも達した．イグアノドンの一部の種にも高い神経棘があるが，オウラノサウルスほどのものはない！　現実には，オウラノサウルスよりさらに大きい帆をもっていた数少ない恐竜の一つ，獣脚類のスピノサウルス Spinosaurus も，数百万年後の北部アフリカに生息していた．白亜紀前期末と白亜紀後期の初めには，熱帯地方の環境が非常に暑かったため，オウラノサウルスやスピノサウルスといった大型恐竜は体温を下げるための何らかの特別な方法が必要だったと，一部の古生物学者たちは推測している．帆を風の方に向けると，熱を発散させることができるので，帆はその目的のためにはきわめて有効だっただろう．

　しかし，同じ地域の他の大型恐竜はこのような巨大な帆を必要としなかった．したがって，何か他の機能の方が重要だったかもしれない．例えば，オウラノサウルスの帆は個々の特徴を際立たせたはずなので，同種のメンバー間で互いを瞬時に認識できたはずである．

　ほっそりしたオウラノサウルスと同じ環境に生息していたのが，同じく進歩したイグアノドン類の一種であるルルドゥサウルス Lurdusaurus だった．しかし，オウラノサウルスは優雅だったが，ルルドゥサウルスはずんぐり，がっしりしていた．ルルドゥサウルスは知られるうちで最も幅が広く，最も四肢の短いイグアノドン類だった．おそらく，かなり重々しかったが，必然的に動きがきわめて遅かったことは意味しない．なんといっても，カバも重々しいが，必要なときには，陸上でも水中でも非常に速く移動することができる．実際，ルルドゥサウルスは恐竜の中ではカバに相当するような一員だったのかもしれない．他の進歩したイグアノドン類の手とは異なり，ルルドゥサウルスの手は短く，幅が広く，外側に広がり，カバの足に似ていた（もちろん，ルルドゥサウルスは単に自分の重い体重を支えるため，広がった手を発達させたのかもしれない）．

カモノハシ竜の父親（と母親）

　この章で採り上げる残りのイグアノドン類は真のカモノハシ竜への過渡期に相当している．しかし，実際，どこまでがイグアノドン類で，どこからがハドロサウルス上科 Hadrosauroidea なのかを理解することは難しい．例えば，一部の古生物学者はエクゥイイゥブス Equijubus とプロバクトロサウルス Probactrosaurus はハドロサウルス類ではなく，厳密には，原始的なイグアノドン類として論じるべきだと考えている．私はそれらが原始的なカモノハシ竜だろうと考えているため，それらは次章で採り上げることにした．

　一般的に，ハドロサウルス類以外はもっていないが，ハドロサウルス類はもっているものに，幅の狭い菱形の歯がある．イグアノドンの歯はかなり幅広で，歯状突起とよばれるぎざぎざの大きな張り出し部が歯の両側にある．この歯はイグアナ属に属する現生トカゲ類の歯に似ている（「イグアナの歯」を意味するイグアノドンという名前はここからきた）．ハドロサウルス類の歯にもそれより小さい歯状突起があるが，ない場合もある．また，歯がより狭く，側面が菱形をしている．そのため，歯は密生できる．

　中国の2種類の恐竜，チンチョウサウルス Jinzhousaurus とシュアンミアオサウルス Shuangmiaosaurus はハドロサウルス類に最も近縁な恐竜を表しているように思える．実際，ジンゾウサウルスはカモノハシ竜の祖先と思えるくらい早い時代に登場している．この2種類の恐竜は両方とも鼻先が非常に幅広く，カモノハシ竜というニックネームの由来になった特徴をもつ．しかし，歯はまだかなり幅広い．そのため，（暫定的に）この2種類をこの章に入れておくことにする．しかし，この2種類の恐竜はきたるべきものをほのめかしている．ハドロサウルス上科とよばれる，特殊化し洗練された（そして，ティラノサウルス類にとっては魅力的な！）イグアノドン類の大爆発である．

シャントゥンゴサウルス

コリトサウルス

パラサウロロフス

32
ハドロサウルス類
Hadrosauroids
カモノハシ竜

　カモノハシ竜，専門的なよび方ではハドロサウルス上科 **Hadrosauroidea** の恐竜は，鳥脚類（2足歩行で，くちばしがあり，植物食の恐竜類）の中で最後に現れた，最も進化した種類だった．ハドロサウルス上科の恐竜の生活と解剖学的構造に関する古生物学者たちの知識は，絶滅した他のどの恐竜類に関する知識をも上回っている．白亜紀後期の北アメリカで最も一般的な恐竜だっただけでなく，ハドロサウルス上科の恐竜はアジア，ヨーロッパ，南アメリカと南極大陸でも発見されている．卵の中の胚から老齢の成体に至るまで，あらゆる年齢層のカモノハシ竜の骨格が知られている．実際，カモノハシ竜の「群れ」の骨格（文字どおり，数百個体もの骨格！）が大量に堆積した状態で発見されている．このような地層はボーンベッドとよばれる．周りに皮膚の印象が残っているカモノハシ竜の骨格化石，いわゆる恐竜のミイラさえ発見されている！

　ハドロサウルス上科はイグアノドン類とよばれる鳥脚類の上位グループの一部だった．他のイグアノドン類同様，ハドロサウルス上科の恐竜はほとんどのときは4足歩行だったが，後肢だけで歩くこともできた．カモノハシ竜の一部の種（特に，最も初期の最も原始的なもの）は現生のウマより少し大きいくらいだったが，大部分のものはカバ並みからアフリカゾウ並みの大きさだった．少数のものはそれよりさらに大型だった．実際，最大級のカモノハシ竜はかつて陸上を歩いた最大級の動物に含まれるだろう．カモノハシ竜より大型だった陸生動物は，彼らの遠縁に当たる竜脚類だけだった．

　カモノハシ竜は，驚くには当たらないが鼻先の形からカモノハシ竜というニックネームがついた．多くのイグアノドン類は顔が長く，ハドロサウルス上科の恐竜も例外ではなかった．しかし，カモノハシ竜では，鼻先の先端が幅広になり，より丸みを帯びていた．一部の例では，まさにカモのくちばしのように見えた．

カモノハシ竜の起源

　鳥脚類には多数の異なる種類の植物食恐竜が含まれていた．（30章で採り上げた）原始的な鳥脚類は，主として，後肢だけで走り回る小型動物だった．（31章で採り上げた）イグアノドン類に含まれる種はより大型で，その多くは少なくともある程度の時間は4足歩行で過ごした．イグアノドン類のうち，より特殊化した種類は，私が「スイスアーミーナイフのような手」とよんでいる構造を進化させた．今日のスイスアーミーナイフのように，このようなイグアノドン類の手には多くの異なる機能があった．親指はスパイク状で，身を守るため，あるいは，食べたい植物をこじ開けるために使われたかもしれない．小指はてのひらと向かい合わせられたため，枝やその他のちょっとしたえさをつかむことができた．中央の3本指はひづめのような指として働き，歩きやすくなっていた．実際，少なくとも一部のイグアノドン類（ハドロサウルス上科を含む）の中央の3本指は皮膚ですっかり覆われていたように思われる．このため，恐竜は逆向きのミトンをしているようにみえた！

　このようなイグアノドン類はすりつぶすことができる特殊化したあごも進化させた．あごが上下方向に動いてえさをつぶすだけの大部分の爬虫類とは異なり，イグアノドン類は顔の骨にある関節のおかげでえさをかむことができた．口を閉じると，上あごが外側に動き，上あごの歯と下あごの歯がこすれあう．これは人間や他の哺乳類の食物のかみ方とは異なっている．私たち人間の場合には，上あごは動かず，下あごが上下・前後・左右に動く．ハドロサウ

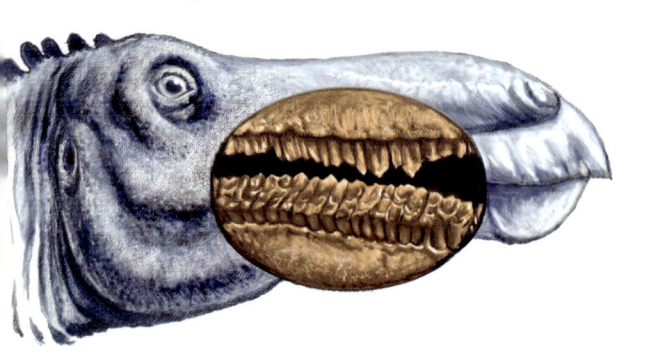

ハドロサウルス上科の成功の一因は，ここに拡大図で示したデンタルバッテリーだった．

ルス上科の恐竜と他のイグアノドン類はえさ（さまざまな種類の植物）をどろどろになるまですりつぶしたため，他の植物食恐竜よりえさを速く消化することができた．

　ハドロサウルス上科の恐竜の祖先はチンチョウサウルス Jinzhousaurus その種そのものではないにしても，チンチョウサウルスに近縁のイグアノドン類だった．ハドロサウルス上科の種には，進歩したグループであるハドロサウルス科 Hadrosauridae だけでなく，多数の原始的な恐竜類も含まれる．カモノハシ竜の知られる種のほとんどを含むハドロサウルス科は2つの主要なグループに分けられる．鼻先が幅広で鼻部が大きいハドロサウルス亜科 Hadrosaurinae と，鼻先がより小さく中空のとさかをもつランベオサウルス亜科 Lambeosaurinae である（みてわかるように，これらの名前の多くは似ているが，語尾が少し異なっている．その理由は，これらの名前がつくられた19世紀と20世紀には，分類学上の異なる「階級」に対する一連の規則があったからである．典型的な例では，上科は「-oidea」，科は「-idae」，亜科は「-inae」という語尾になる．ほとんどの科学者はもう階級を使わないが，名前自体はまだ使われている）．

　最も初期の最も原始的なカモノハシ竜は白亜紀前期末近くと白亜紀後期の初めに生息していた．この原始的なハドロサウルス類の恐竜は，ナンヤンゴサウルス Nanyangosaurus，エクウイイュブス Equijubus，プロバクトロサウルス Probactrosaurus，バクトロサウルス Bactrosaurus，エオランビア Eolambia，プロトハドロス Protohadros などの多くの異なる種が知られている．これらの大部分は全長3〜6mの中型恐竜だったが，エオランビアは全長9mに達した．祖先である原始的なイグアノドン類同様，これらのハドロサウルス類の恐竜は多機能の「スイスアーミーナイフのような手」を備えていた．スパイクのような親指，対向できる小指，ひづめのような中央の3本指である．原始的なカモノハシ竜にも，祖先のイグアノドン類のような，上下方向に高さのあるくちばしがあった．言い換えれば，一般に，原始的なカモノハシ竜は典型的なイグアノドン類に似ていた（実際，一部の古生物学者はそれらのすべてが本当にハドロサウルス類だとは考えていない！）．これらの原始的なカモノハシ竜は，ハドロサウルス上科というグループを，イグアノドン類の他の種類とは異なるものにする特徴を進化させた．このような最初のハドロサウルス類の恐竜の鼻先の先端は典型的なイグアノドン類より幅広で丸みがあるため，より多くの植物をかみとることができた．言い換えれば，それらの恐竜はカモのようなくちばしを進化させた．

研磨機のような歯

　ハドロサウルス類の歴史での次の重要な特徴であり，ハドロサウルス類を進歩したイグアノドン類の他の種類とは異なるものにした特徴がデンタルバッテリー（頰歯群）だった．デンタルバッテリーはハドロサウルス類の恐竜が祖先よりもさらにうまくえさをかめる助けになった適応だった．祖先の状態からの変化の一つとして，進歩したカモノハシ竜類のあごにはより多くの歯があった．歯をこすりあわせると歯の磨耗が速くなるため，ハドロサウルス類の恐竜はよぶんな歯が必要になった．口の中を舌でさぐってみてほしい．たぶん，上に14本，下に14本，合計28本の歯があるだろう．親知らずを抜いたことがない成人には32本の歯がある．初期のハドロサウルス類の恐竜には80本，真のハドロサウルス科の恐竜には120本以上の歯があった．それらの個々の歯の根元に，生え替わり用の6本以上の歯が形成され，いちばん上の歯が磨耗したらすぐに使える準備が整っていた．カモノハシ竜が進化するにつれ，ほおの両側にある多数の歯が押しつけられ，真のデンタルバッテリーになり，両側で互いにこすれあう2つの巨大なやすりのように働いた．カモノハシ竜は葉，小枝，果実や茎をパルプ状になるまです

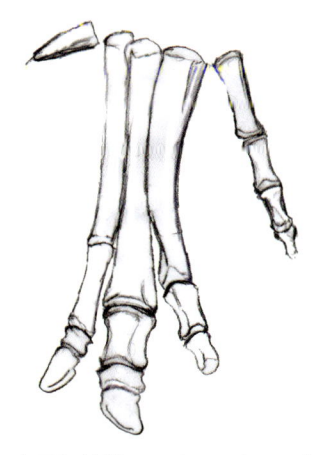

白亜紀前期のハドロサウルス上科プロバクトロサウルスの手の骨格.

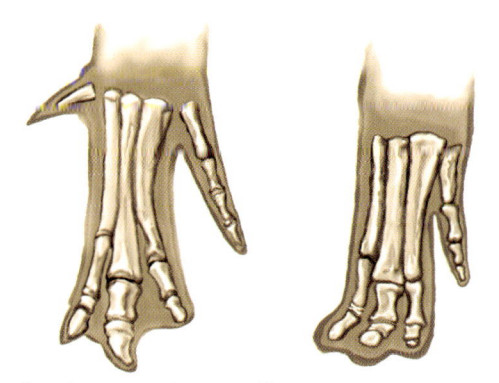

プロバクトロサウルスの「スイスアーミーナイフのような手」（左）と真のハドロサウルス科の親指のない手（右）．

りつぶし，速く消化することができた．

両側にこれほど多くの歯があったにもかかわらず，ハドロサウルス類の恐竜のあごの先端には歯がなかった．そのかわり，上あごと下あごの前部は角質のくちばしで覆われていた．この角質の素材の痕跡が一部の標本の化石とともに発見されている．

クラオサウルス Claosaurus，テルマトサウルス Telmatosaurus，セケルノサウルス Secernosaurus，ギルモアオサウルス Gilmoreosaurus などのハドロサウルス類の恐竜が真のデンタルバッテリーを進化させた最初のハドロサウルス類だった．これらはエクゥイィウブスやバクトロサウルスなどより特殊化していたが，それでもまだ，よりいっそう進化したハドロサウルス科には含まれない．多くの古生物学者が特定の恐竜をハドロサウルス科に含めるのは，その恐竜が下位分類群のハドロサウルス亜科またはランベオサウルス亜科に属するときだけで，クラオサウルスなどの4種類はどちらにも属さないように思われる．それらのハドロサウルス類の恐竜のうち最初の3種類の全長は3〜4m程度しかなかったが，ギルモアオサウルスの全長は8m以上で，体重は最大2tに達したかもしれない．

これらのハドロサウルス類の恐竜とエクゥイィウブス，プロバクトロサウルス，バクトロサウルスなどのより原始的な種類とのもう一つの違いは手にあった．これらの恐竜（および，後に登場する真のハドロサウルス科）には親指がなかった．原始的なハドロサウルス類の恐竜およびそれより古いイグアノドン類にみられた親指のスパイクは消失していた．そのスパイクが何のためだったにしても，明らかに，ハドロサウルス科の恐竜にはスパイクが必要ではなかった！

カモノハシ竜のうち最も有名で一般的な種類がハドロサウルス科の恐竜だった．ハドロサウルス科の恐竜のデンタルバッテリーには，祖先よりさらに多くの歯があり，120本以上の歯が一度にこすれあっていた．その根元に，何列もの新しい歯があり，いちばん上の歯が磨耗したり折れたりすると，下からの新しい歯がその位置を占めた．このことは，ハドロサウルス科の恐竜のあごには常に数百本もの歯があったことを意味する！　このことも，ハドロサウルス科の恐竜の歯が非常によくみられる化石になっている一因だ．すりつぶしが可能なこのすばらしいあごのおかげで，ハドロサウルス科の恐竜はえさからより多くのエネルギーをより速く得ることができた．ハドロサウルス科の恐竜が非常に成功したのはこのあごのせいだったかもしれない（注：食べ物をしっかりかむとそういうことが起こる！）．

ハドロサウルス科には2つの主要な区分がある．そのうちのハドロサウルス亜科にハドロサウルス Hadrosaurus そのものが含まれている（つまり，ハドロサウルスはハドロサウルス上科ハドロサウルス科ハドロサウルス亜科ハドロサウルスということになる！）．ハドロサウルス亜科の恐竜はハドロサウルス上科の恐竜の中で最も幅広の鼻先を備えていた．言い換えれば，ハドロサウルス亜科の恐竜は最もカモノハシ竜らしいカモノハシ竜だった．ハドロサウルス亜科の恐竜はとても多様なグループだった．ブラキロフォサウルス Brachylophosaurus やクリトサウルス Kritosaurus のように鼻先が短くて厚みがあるものと，プロサウロロフス Prosaurolophus やマイアサウラ Maiasaura のようにくちばしが大きくて幅広のものがいた．最も長くて幅の広い鼻先を

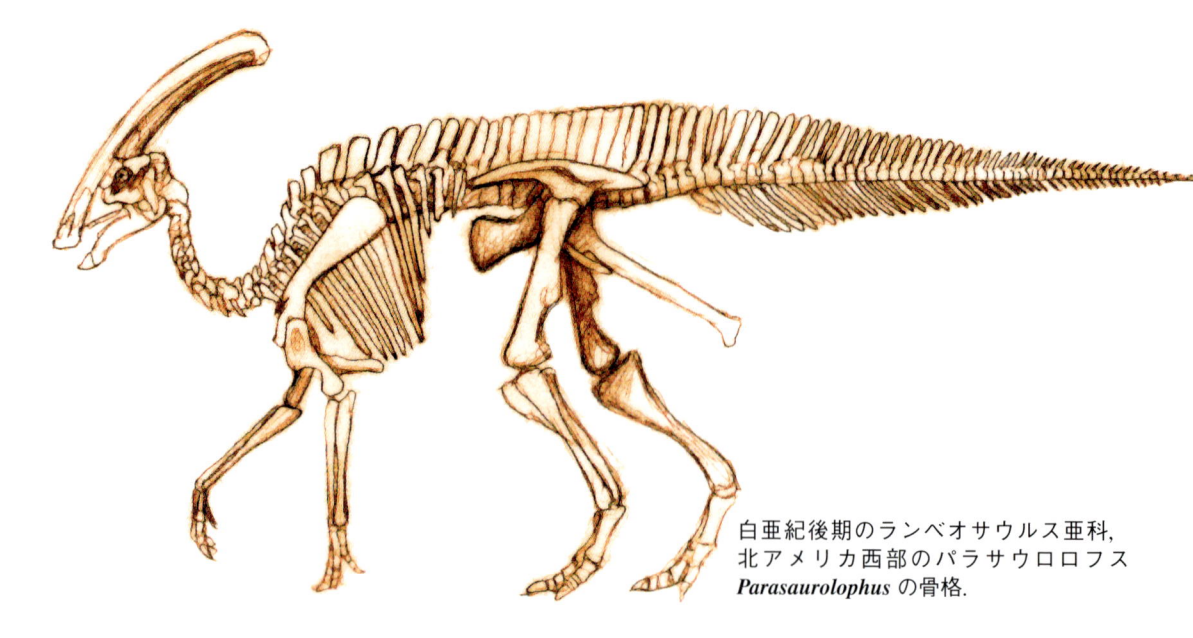

262 ●ハドロサウルス類

白亜紀後期のランベオサウルス亜科，北アメリカ西部のパラサウロロフス *Parasaurolophus* の骨格．

備えていたのはアナトティタン Anatotitan，エドモントサウルス Edmontosaurus やシャントゥンゴサウルス Shantungosaurus である．ほとんどのハドロサウルス亜科の恐竜は大型で，完全に成長した時点での典型的な全長は9m以上だった．実際，シャントゥンゴサウルスは全長15m，体重13tにも達した可能性があり，科学的に知られている2足歩行の動物としては最大なものになっている（それに比べ，2足歩行で最大の捕食性恐竜は8tくらいしかなかっただろう）．ハドロサウルス亜科の恐竜は主に北アメリカから知られているが，アジアとアルゼンチンからも一部のハドロサウルス亜科の恐竜が発見されている．

ランベオサウルス亜科の恐竜の鼻先はハドロサウルス亜科の恐竜より短くて狭く，他の骨にも違いがみられる．ランベオサウルス亜科の恐竜の最も有名で特有の特徴は中空のとさかである（実は，この特徴は最も古くて原始的なランベオサウルス亜科の恐竜，アジア産のアラロサウルス Aralosaurus では現れていなかったが，その後のすべての種類でみられる）．ハドロサウルス亜科の恐竜サウロロフス Saurolophus には頭骨の後部から突き出ているスパイクのようなとさかがあるが，中空のとさかを備えていたのはランベオサウルス亜科の恐竜だけであ

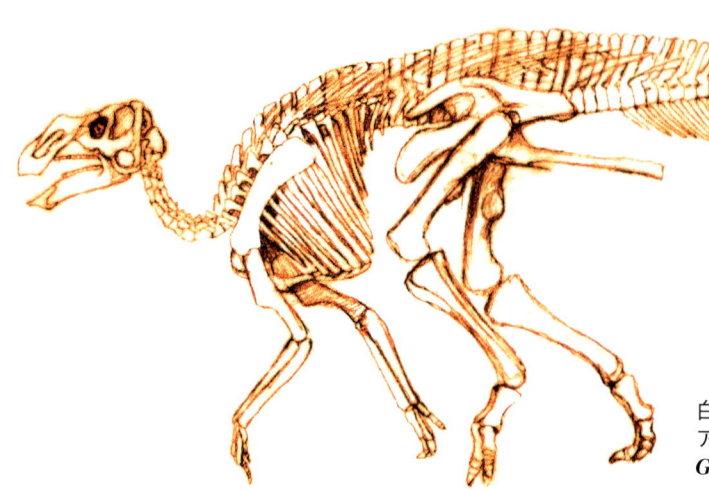

白亜紀後期のハドロサウルス亜科，北アメリカ西部のグリューポサウルス *Gryposaurus* の骨格．

る.実際には,この構造は鼻腔（鼻孔と気管をつなぐ通路）の周囲の骨だった.とさかの形や大きさは多様だった.パラサウロロフスやチンタオサウルス *Tsintaosaurus* のとさかは管のようにみえる.ランベオサウルス *Lambeosaurus*,コリトサウルス *Corythosaurus* やヒパクロサウルス *Hypacrosaurus* のとさかはヘルメットのようにみえる.オロロティタン *Olorotitan* は管状のヘルメットにみえるとさかをもっていた！ ランベオサウルス亜科の恐竜はアジアと北アメリカで一般的だったが，一部の化石はヨーロッパでもみつかっている.

鳴き声を出すための大きい鼻

他のイグアノドン類同様，ハドロサウルス上科の恐竜の鼻部は大きく，ハドロサウルス亜科の恐竜では特に顕著だった.しかし，鼻部は大きかったが，鼻孔も大きかったわけではない.実際，鼻部の内部のスペースのほとんどは，肺の湿度を保つ助けになる肉質の組織でみたされていただろう（ランベオサウルス亜科の恐竜では，この組織のほとんどは中空のとさか内にあっただろう）.

しかし，この肉質の組織は別の機能を果たしていたかもしれない.カエルのふくらむのど袋や雄ゾウアザラシの鼻先のように，カモノハシ竜の大きい鼻部は大きい音を出すために使われたのかもしれない.

ハドロサウルス上科の恐竜の鳴き声はつがいの相手を引きつける役に立っただろうが，他の目的にも役立っただろう.親が赤ん坊によびかけたかもしれないし，トラブルを目にした群れの一員が群れの仲間に呼びかけたかもしれない.そして，ハドロサウルス上科の恐竜がいた世界には多くのトラブルがあった！ 赤ん坊カモノハシ竜はさまざまな肉食恐竜にとってのえさだっただろうし，成体はティラノサウルス上科（アジアと北アメリカ）やアベリサウルス上科の恐竜（ヨーロッパと南方の諸大陸）の獲物になっていただろう.実際，ティラノサウルス上科の恐竜にかまれた痕が残っているカモノハシ竜の化石がある.一部の場合には身体の大きさだけで十分だったかもしれないが，カモノハシ竜の個々の成体には身体の大きさ以外の実質的な防御策がなかった.脚は走行に適したつくりではなく，角や装甲や鋭い爪も備えていなかった.しかし，カモノハシ竜

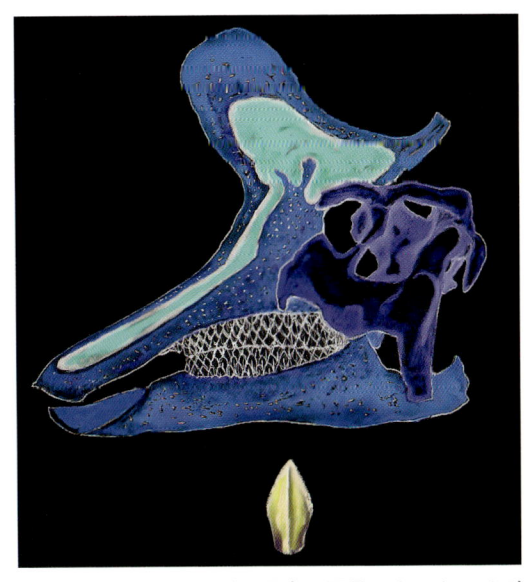

ランベオサウルス亜科の恐竜の頭骨にあったのはデンタルバッテリーだけではない.とさかの内部は中空の鼻腔でみたされていた.音を出すためや，肺の湿度を保つために使われたのかもしれない.

には「数」での強みがあった.群れでは，個々の恐竜が大型肉食恐竜に対して警戒しつづけ，大型肉食恐竜の接近に気づいたら，仲間に警告できる.

ランベオサウルス亜科の恐竜はすべてのハドロサウルス上科の恐竜の中で，実際，鳴鳥類以外のすべての恐竜の中で音を出すものとしては最も特殊化していたかもしれない.ランベオサウルス亜科の恐竜の個々の種は独特な形のとさかを備えていた.大きさや形の異なる管楽器が異なる音を出すように，ランベオサウルス亜科の恐竜の個々の種には特有の音があったように思われる.

ランベオサウルス亜科の恐竜の赤ん坊にはとさかがなかった.若いランベオサウルス亜科の恐竜が年をとるにつれ，とさかが顔の正面の出っ張りとして始まり，成長につれて大きく顕著になった.ランベオサウルス亜科の恐竜の雄の成体は雌の成体より大きく装飾的なとさかをもっていたように思われる.実際，ランベオサウルス亜科の恐竜の雄の成体・ランベオサウルス亜科の恐竜の雌の成体・ランベオサウルス亜科の恐竜の「ティーンエイジャー」・ランベオサウルス亜科の恐竜の子供は非常に異なるとさかをもっていたため，20世紀初期の古生物学者たちは，それらは別種に違いないと考えた！ その後の研究により，とさかの形と大きさのこのような違

いは，雌雄の性差と個体の年齢差によることが示された．雌雄にみられるとさかの形のバリエーションは，ランベオサウルス亜科の恐竜の行動に関する手がかりになる．雄のとさかの方が大きかったため，雄は雌に見せびらかすためにとさかを使ったのだろう．最も装飾的なとさかをもつ雄が雌を手に入れたかもしれない．

しかし，ランベオサウルス亜科の恐竜のとさかはみせるためだけのものではなかった．カモノハシ竜のとさかが，どのように違う音を出せたかを覚えているだろうか．このことは，同一種内でさえ，雄と雌の鳴き声は異なっていたことを意味している．

カモノハシ竜の巣

ハドロサウルス上科の恐竜の化石は，卵から完全に成長した成体に至るまでのものが，古生物学者によって発見されている．ハドロサウルス上科の恐竜の卵はサッカーボールより小さく，あのように巨大な動物の卵としてはかなり小さい．雌は1つの巣につき約1ダースの卵を産んだが，1頭だけで産卵したのではなかった！　北アメリカとヨーロッパでの発見により，ハドロサウルス上科の恐竜はコロニーで巣をつくり，同じ地域に数ダースの（あるいは数百，数千もの）巣がつくられたことが示されている．カモノハシ竜の母親は手足を使い，土に浅い穴を掘って巣をつくった．ハドロサウルス上科の恐竜の母親恐竜は数トンもの体重があったため，抱卵して孵化させることはできなかった．ハドロサウルス上科の恐竜は，現生のワニ類や一部の鳥類のように巣を植物で覆って保温したと，ほとんどの古生物学者が考えている．

カモノハシ竜の孵化したばかりの赤ん坊の骨の関節は完全には形成されていなかった．このことは赤ん坊は巣にいざるをえなかったことを意味する．彼らは独力で歩き回ることはできなかった．このため，両親が彼らにえさを運んだにちがいない．母親カモノハシ竜が赤ん坊に食べさせるために，口に植物をくわえて運んでいる絵をみることがあるが，実際にはこのようなことはなかっただろう．現生鳥類（カモノハシ竜や他の絶滅した恐竜に最も近縁な現生動

ランベオサウルス亜科の恐竜の頭部にあるとさかの形は種や年齢によって異なっていた：パラサウロロフス（成体：左上・右上，幼体：左中央），ランベオサウルス（雄：中央上，雌：中央下），コリトサウルス（左下）．

白亜紀後期のランベオサウルス亜科オロロティタン．卵（左下・クローズアップ），赤ん坊，巣が成体に守られている．

ハドロサウルス上科の恐竜の習性と生息域

　ハドロサウルス上科の恐竜の中には「ミイラ」として保存されたものさえある．これらはエジプトの墓にあるミイラのように，乾燥した肉体が実際にあるわけではない．恐竜のミイラには肉は保存されておらず，骨格の周囲に皮膚の印象だけが残っている．ハドロサウルス上科の恐竜は全身に小石のような鱗があった．そして，一部のハドロサウルス上科の恐竜，あるいはすべてには，背に沿って，より大きいうろこが峰のように連なっていた．一部のカモノハシ竜では，この背中の峰が城の頂のようにみえ，隆起した四角い部分どうしが狭い隙間で隔てられていた．このような峰のうろこの色はわからない．しかし，この峰が他のハドロサウルス上科の恐竜の注意を引くための一種のディスプレーだったなら，派手

物）がひなにえさを運ぶときには，たいてい，まずそのえさをのみこみ，ひなが食べられるようにそれを吐き戻す．夕食の食べ方として，これは読者の好みには合わないかもしれないが，赤ん坊カモノハシ竜は気に入っていたのだろう！

　多くの動物同様，カモノハシ竜の幼体の外見は成体とは異なっていた．違いの1つが身体の大きさで，この違いは大きかった．サッカーボール大の卵に入る赤ん坊から，体重数トンの成体まで成長したのだ．しかし，ハドロサウルス上科の恐竜が経験する変化は他にもあった．すべての赤ん坊カモノハシ竜（原始的な種類，ハドロサウルス亜科およびランベオサウルス亜科の恐竜）は短くて細いくちばしを備えていた．成長するにつれて初めて，くちばしが成体のくちばしのような形になった．

●ハドロサウルス類

な色だっただろうと考えるのが妥当だと思われる.

恐竜に関する研究の初期には，カモノハシ竜とカモの類似点について，古生物学者が多少度を過ごしたこともあった．ハドロサウルス上科の恐竜はほとんどの時間を，地上ではなく水中を歩き回って過ごしたと考えた者がいた．湿地の柔らかい植物しか食べられなかったと考えた者さえいた（デンタルバッテリーをみたのだろうかという疑問が浮かぶ！）．1960年代，イェール大学の古生物学者ジョン・オストロムが化石証拠を調べ直し，カモノハシ竜はそれほどカモに似ておらず，堅い植物を食べられたことを明らかにした．カモノハシ竜の足は水中歩行に向いたつくりではなく（長くて幅広の趾ではなく，短くずんぐりした趾を備えていた），完全に陸上での歩行に適していた．

カモノハシ竜が何を食べたかはわかっている．胃があったはずの部分に，化石化した植物が保存されていた骨格やミイラが発見されているからだ．化石化した糞も発見されている．ハドロサウルス上科の恐竜が植物食だったことは間違いない．カモノハシ竜は針葉樹類の針状葉や小枝，広葉樹の葉，あらゆる種類の種子や果実を食べていた．デンタルバッテリーは堅い植物さえ分解できたため，植物を消化しやすかった．それにしても，ハドロサウルス上科の恐竜の成体は巨大な動物で，多量のえさを必要とした．カモノハシ竜の生活は，主として，歩き回ることとかむことに費やされていた．

ハドロサウルス上科の恐竜は多様な環境に生息していた．実際，一部のものは（かつて考えられていたように）湿地に生息していたが，カモよりはヘラジカのような行動だっただろう．森林に生息していたもの，丘陵や高地に生息していたものもいた．カモノハシ竜が（十分なえさがないであろう）砂漠に生息していた可能性は低いが，砂漠以外のほとんどの場所で繁栄していたように思われる．カモノハシ竜は白亜紀後期の大型恐竜の中で最も成功をおさめたグループだった．

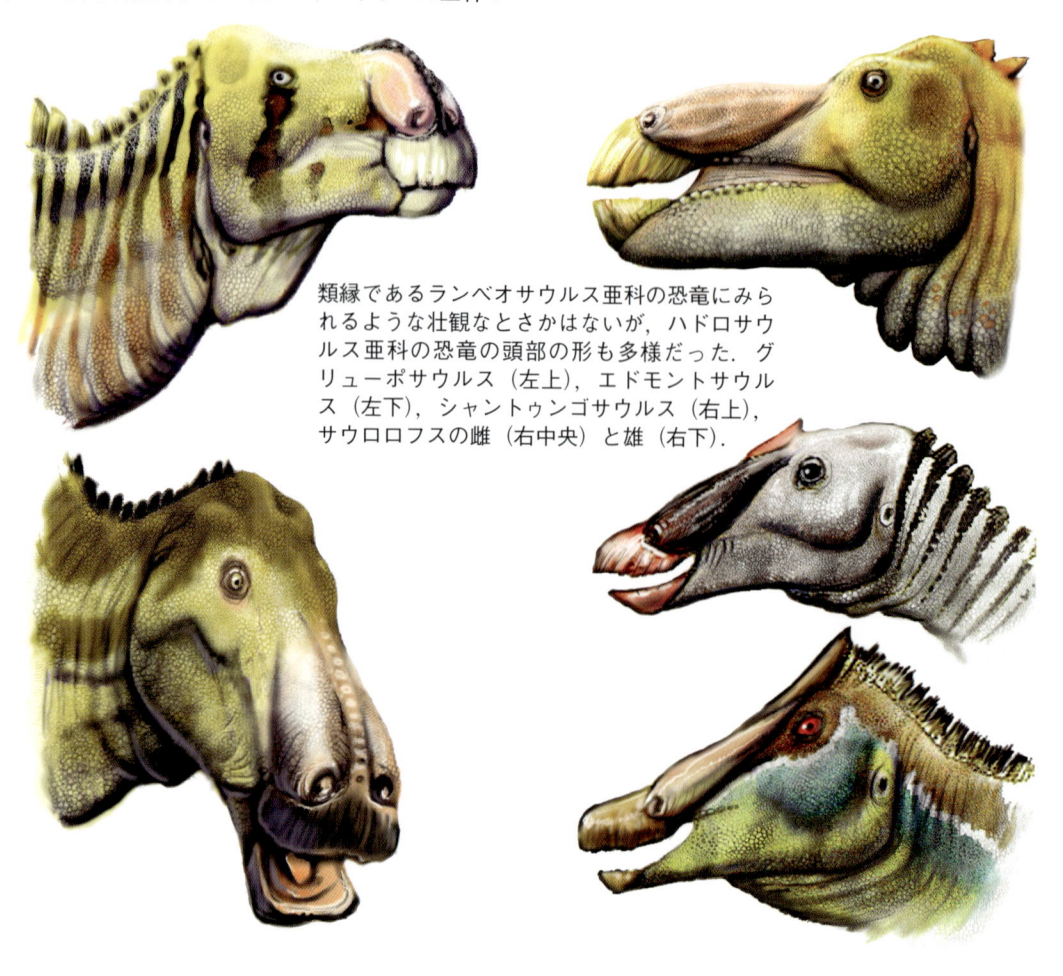

類縁であるランベオサウルス亜科の恐竜にみられるような壮観なとさかはないが，ハドロサウルス亜科の恐竜の頭部の形も多様だった．グリューポサウルス（左上），エドモントサウルス（左下），シャントゥンゴサウルス（右上），サウロロフスの雌（右中央）と雄（右下）．

ハドロサウルス類

マイケル・K・ブレット-サーマン博士
アメリカ，ワシントンD.C.，国立自然史博物館

ハドロサウルス類（カモノハシ竜）の恐竜は鳥脚類進化の頂点（および終点）を表している．ハドロサウルス類は白亜紀前期に初めて登場し，白亜紀後期末に絶滅した．起源はアジアだったように思われ，白亜紀末までには，南極大陸を含む全大陸に存在していた．小型竜脚類並みの大きさに達したものもいた．いくつかの点においては，ハドロサウルス類はヒトよりも巧妙なつくりを備えていた．

ハドロサウルス類の祖先はイグアノドン類だった．イグアノドン類同様，ハドロサウルス類は植物食だった．ハドロサウルス類と祖先との大きな違いの一つは，えさの植物をのみこむ前の処理法で，ハドロサウルス類は非常に効率よく植物を食べられるようになっていた．

ある時点でハドロサウルス類が使う歯列は3列で，それらの歯列は完全にかみあい，デンタルバッテリーになっていた．歯の上部が磨耗するにつれ，ひとそろいの歯があごからゆっくり姿を現した．スローモーションで動いているエスカレーターを思い浮かべるといいかもしれない．ひとそろいの歯が磨耗するにつれ，次のひとそろいがそこに移動する．上あごと下あごの歯の咬合面は下方および外方に斜めになり，すりつぶすための表面積を増していた．これにより，ハドロサウルス類は植物食恐竜の中で，本当にえさを「かめる」唯一のグループになっていた（角竜類は植物を「かみきった」が，咀しゃくはしなかった）．

ハドロサウルス類に特有のもう一つの特徴は，上あごにちょうつがい型の関節があったことだ．植物をかむたびに，ちょうつがいになっているかのように上あごが外方に張り出した．これにより，両あごは一度に同時に2方向（上方および外方）にえさをかむことができた．

ハドロサウルス類は最大の鳥脚類だった．ハドロサウルス類は祖先であるイグアノドン類で初めてみられたいくつかの進化の傾向を継続させた．ハドロサウルス類は人型で重量級だったため，後半身を強化するための余分な椎骨を備えていた．腸骨（腰部の上方の骨）の後端は脚を推進させる巨大な筋肉が付着するために長くなっていた．恥骨と坐骨は腹部と尾の筋肉を支えるために，比較的大型だった．尾にも互いに重なり合う2組の骨化した腱があった．この腱により，尾は堅くなり，背中の中央から尾の身体寄り3分の1までの棘突起の強度も増していた．これにより，歩行時と走行時のバランスと機動性が向上していた．ハドロサウルス類は同じくらいの大きさの獣脚類より速く走ることはできなかったが，両足の間隔が広く，回転半径が小さかったため，獣脚類を機動性で上回ることができた．

古生物学者はハドロサウルス類の中に3つの主要なグループを認めている．最初のグループはイグアノドン科の恐竜から進化した過渡的なグループで，これらの初期のハドロサウルス類は後にハドロサウルス科を定義する特徴の一部を備えていたが，すべては備えていなかった．

最もよく知られているグループはランベオサウルス類で構成されている．ランベオサウルス類は頭部にある中空のとさかの形の違いによって簡単に見分けられる．そのとさか自体は鼻部がのびたもので，前上顎骨と鼻骨からなっていた．とさかは多くの機能を果たしていた．巨大になった鼻部であるため，頭部のとさかはランベオサウルス類の嗅覚を高めていた．ランベオサウルス類はとさかに空気を通して音を出し，同種の仲間との意思疎通ができた．また，特徴的なとさかにより，ランベオサウルス類は見分けやすくもなっていた．

最後に登場したグループがハドロサウルス亜科だった．ハドロサウルス亜科には中空のとさかはなかったが，最多の歯（ある時点で機能している歯が最高で720本）と最長の鼻先を備えていた．

生態学的には，ハドロサウルス類は巨大なウマあるいはヘラジカに相当していた．絶滅する前，ハドロサウルス類は角竜類やティラノサウルス類と世界を共有していた．恐竜類の絶滅後，その生態学的な役割が再び占められるようになったのは1500万年後のことだった．

パキケファロサウルス

ステュギモロク

ホマロケファレ

33
厚 頭 竜 類
Pachycephalosaurs
ドーム状の頭部をもつ恐竜

　厚頭竜類 Pachycephalosauria（ずんぐり頭の爬虫類）の恐竜はいくぶん風変わりなヒトのように見える．ほとんどの種はヒトの成人より小さく，すべての種が後肢での2足歩行だった．頭部は首に対して垂直に近く，ほとんどの種が高いドーム状の頭部を備えていた．顔が尖っていて，尾があるが，うろこがあって頭がはげている高齢者のようにみえる！

　しかし，とても重要な違いが一つある．ヒトの高いドーム状の頭骨は大きな脳でみたされていて，骨の薄い層で覆われている．それに対し，厚頭竜類の高いドーム状の頭骨に入っていた脳はささやかで，骨の厚い層で覆われていた．「石頭」(bonehead) な人がいると思うかもしれないが，厚頭竜類はまさに「まぬけ」(bonehead) だった！

石　頭

　厚頭竜類は鳥盤類の恐竜で，最大の特徴は厚みのある頭骨だった．ワンナノサウルス Wannanosaurus やホマロケファレ Homalocephale のような原始的な種類では，頭骨の厚みは一般的な鳥盤類の2倍くらいにすぎない．しかし，ほとんどの厚頭竜類，ステュギモロク Stygimoloch，プレノケファレ Prenocephale，スファエロトルス Sphaerotholus，ステゴケラス Stegoceras，パキケファロサウルス Pachycephalosaurus などの頭骨は同じくらいの大きさの一般的な鳥盤類の頭骨の少なくとも20倍の厚みがある！

　実際，このドーム状の骨は非常に硬くてじょうぶなため，厚頭竜類は頭骨しか発見されていないことがしばしばある．実際，ステゴケラスの初めての標本が発見されたとき，見つかったのはこのドーム状の部分だけだった．その恐竜の頭部以外の外見については，四半世紀近くにわたり，まったくわからなかった！（ちなみに，混乱するかもしれないので書き添えておくと，ステゴケラスは典型的な厚頭竜類であり，遠縁で名前が似ているステゴサウルスとは別の恐竜である）．

　厚頭竜類には多くのニックネームがある．すべての厚頭竜類は厚い頭頂部を備えているので，「石頭」というのはいいニックネームだ．「ドーム頭」は原始的で頭骨に厚みがない種類以外の大部分の厚頭竜類に当てはまる．しかし，私のお気に入りは「頭突き頭」だ．無作法に聞こえるだけでなく，少なくとも一部の科学者が厚頭竜類がその奇妙な頭を使って行ったと考えていることを表しているので気に入っている．

頭突き恐竜？

　化石に奇妙な特徴がみられると，古生物学者はその特徴がどのように使われたかを推測する．ドーム状の頭部をもつ恐竜の厚い頭骨はまさにこの事例だ．

　1950年代にSF作家L・スプレイグ・ディ・キャンプが提唱した最初の思いつきでは，厚頭竜類の頭骨の使い方はオオツノヒツジの角の使い方のようだった．つまり，頭突きに使ったというものだった！　力比べとして，雄ヒツジは互いに走り寄り，頭をぶつけあう．戦いの最後に最も強い者となった雄ヒツジが勝者だ．勝者は雌と縄張りを手に入れる．深手を負わなかった敗者は別のところで力・運・技を試すことになる．

　確かに，厚い頭頂部を備えていることは，厚頭竜類が頭をぶつけあったときの衝撃から脳を守ることに役立つ．しかし，厚頭竜類は頭突きをしたという別の証拠はあるだろうか？　このことを支持する特徴があるように思われる．厚頭竜類の頭骨を数学的に研究したところ，どの個体群にもドーム状の部分

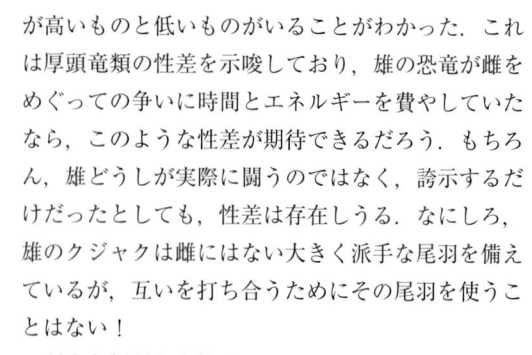

が高いものと低いものがいることがわかった．これは厚頭竜類の性差を示唆しており，雄の恐竜が雌をめぐっての争いに時間とエネルギーを費やしていたなら，このような性差が期待できるだろう．もちろん，雄どうしが実際に闘うのではなく，誇示するだけだったとしても，性差は存在しうる．なにしろ，雄のクジャクは雌にはない大きく派手な尾羽を備えているが，互いを打ち合うためにその尾羽を使うことはない！

頭突き仮説を支持する別の証拠がある．厚頭竜類の頭骨と身体をつなぐ関節の向きが，他のほとんどの鳥盤類とは異なっている．厚頭竜類の頭骨は身体に対してより垂直だ．このことは，厚頭竜類が首をまっすぐ前方に伸ばすと，厚頭竜類の頭頂のドーム状の部分は前方を向くことを意味する．別の恐竜に体当たりするなら，これが必要だろう．しかし，現時点では，厚頭竜類の首についてはよくわかっていない．しかし，脊椎は衝撃を吸収できるくらいがっしりしたつくりで，よく発達した溝と峰があり，個々の骨を定位置に保てるようになっている．そして，原始的な鳥脚類とドロマエオサウルス類の獣脚類にみられるように，尾は先端の方まで堅くなっており，走行時や身体の向きを変えるときにつりあいおもりとして働く．

しかし，すべての古生物学者が厚頭竜類は頭突きをしたと同意しているわけではない．ドーム状の頭部は丸みを帯びているため，頭ではなく互いの側面に頭をぶつけようとしたのかもしれないと提唱した古生物学者がいる．しかし，古生物学者ラルフ・チャップマンによるコンピューターモデルは，高いドーム状の頭部を備える厚頭竜類でさえ，左右にひどくそれてしまわずに，頭をまっすぐにぶつけあわせられただろうことを示している．また，すべての，あるいは，どれかの厚頭竜類が頭をぶつける前に実際に互いに向かって

白亜紀後期の厚頭竜類，アジアのプレノケファレのドーム状の頭部．

2頭のステュギモロクの争いと，それを傍観するエドモントニア．

白亜紀後期の厚頭竜類，アジアのホマロケファレの骨格．

突進したと考える理由もない．トカゲ類，シカ類，レイヨウ類，ミバエの多くの種は雄どうしの争いで頭を押し合うが，互いに走り寄りはしない．単に向かい合い，頭を合わせ，押し始めるのだ．

厚頭竜類は互いどうしにはドーム状の頭部を使わなかったかもしれないが，捕食者に対してはどうだろう？ 現生の雄ヒツジは攻撃者に対して確かに角を使う．ドーム状の頭部はドロマエオサウルス類のラプトル類のような小型の捕食者に対しては役立ったかもしれないが，ティラノサウルス類（厚頭竜類がいた世界での最上位の捕食者）に対しては，あまり効果的ではなかっただろう．実際，ティラノサウルス類に体当たりすることは，自分を食べてくれと頼むようなものだ！

厚頭竜類が何かにぶつけるためにドーム状の頭骨を使ったということを疑う古生物学者がいる．ドーム状の骨には，その骨が厚いということ以外，衝撃吸収に役立つものがないと彼らは提唱している．そして，ドーム状の頭骨は主として視覚上の合図にすぎず，異なる種の厚頭竜類が互いを見分けるのに役立ったという代案を提唱している．実際，厚頭竜類は種によってドームの形状が異なる．そして，多くの種には頭骨の縁に小さなこぶや角があり，ドームの形状がいっそう特徴的になっていた．

視覚的な合図としての側面がドームにあったことはほぼ確かだが，少なくとも多少の頭突きは行われていたという，かなり強力な証拠がある．しかし，ここで仮説の優劣を決める必要はない．多くの動物は複数の機能をもつ特徴を備えているからだ．実際，現生動物での視覚的な合図として最たるものには，

レイヨウ類の個々の種の特徴的な角が含まれるが，この角は互いと争うためにも，捕食者を近づかせないためにも使われる．

多様な歯と特殊な消化管

しかし，厚頭竜類はドーム状の頭部だけでなく，選択的に採餌する動物がもつ細い鼻先も備えていた．厚頭竜類の歯は鳥盤類の中では最も多様なものに含まれる．ハドロサウルス上科やケラトプス科の恐竜のデンタルバッテリーほどの複雑さには遠く及ばないが，すべての厚頭竜類のあごには数種類の異なる歯があり，典型的には1種類の歯しか備えていなかったほとんどの恐竜類とは異なっていた．

例えば，上あごの前面の歯は円錐形で，えさをつみとるのに役立っただろう．上あごと下あごの側面の歯は典型的な鳥盤類の歯に似ており，葉片状で，歯状突起とよばれるギザギザが歯の縁にある．側面の歯は獣脚類のトロオドン類の歯にも似ている．実際，20世紀の初期には，トロオドン *Troodon* がどのような恐竜だったかについての混乱があったため，古い本ではドーム状の頭部をもつ恐竜が「トロオドン科」とされている！ 現在では，トロオドン科の恐竜はドロマエオサウルス科の恐竜と鳥類に近縁で，ドーム状の頭部をもつ植物食恐竜にはあまり似ていなかったことがわかっている．ワンナノサウルスやゴヨケファレ *Goyocephale* などの少数の厚頭竜類には，下あごにも高い円錐形の歯がある．このような厚頭竜類の上あごには，下あごの円錐形の歯がぴったりはまるための隙間がある．これらを総合すると，厚頭竜類は何らかのかなり特殊化した採餌

272 ●厚頭竜類

パキケファロサウルスの「用をなす先端部」.

をしていたことが示唆されるが，どのように特殊だったのかは，まだ完全にわかっていない．

　一般的に小型だったため，厚頭竜類は低いところにある植物を食べざるをえなかった．しかし，厚頭竜類の異なる種類の歯は多様な植物や，小型哺乳類や卵など植物以外のえさを食べることに役立ったかもしれない．

　一般的に，厚頭竜類の体つきはヒプシロフォドン *Hypsilophodon* のような原始的な鳥脚類のものに似ている．厚頭竜類はすべて2足歩行だった．しかし，腰には独特なものがあり，腰の骨が脚との関節部を越えて細くならずに，外側に広くなっている．実際，尾の基部のこの部分は左右方向に広がっている．おそらく，この進化は特殊な消化管のためのスペースをつくるために起こった．一部の古生物学者はこの特殊な消化管を厚頭竜類の「アフターバーナー（再燃焼装置）」とよんでいる．

縁のある頭部

　厚頭竜類が生息していた時代と地域はかなり限られていた．白亜紀前期・ドイツ産のステノペリクス *Stenopelix* は厚頭竜類の可能性があるが（骨盤の形状に基づくもので，残念ながら，頭骨は知られていない），これ以外のすべての厚頭竜類は白亜紀の最

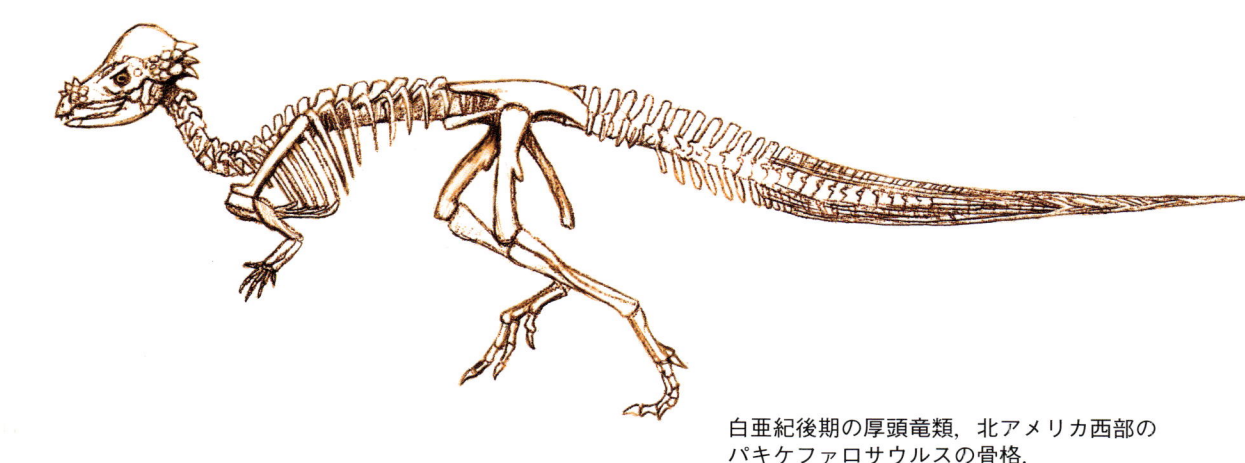

白亜紀後期の厚頭竜類，北アメリカ西部の
パキケファロサウルスの骨格．

　後の2000万年間およびアジアと北アメリカ西部からしか知られていない．
　厚頭竜類はどこからきたのか？　最も近縁なのは何なのか？
　一般的に，厚頭竜類は太ったヒプシロフォドンのような体形であるため，古生物学者は厚頭竜類は鳥脚類の一種だと考えていた．厚頭竜類の厚い頭骨とよろい竜類の装甲がある頭骨を比較し，厚頭竜類は装盾類（装甲恐竜）の一種だと考えた古生物学者もいた．
　しかし，1980年代の初期，古生物学者ポール・セレノが鳥盤類の最初の分岐分類の一つを行ったところ，厚頭竜類と角竜類（オウムのようなくちばしがあり，フリルや角を備える恐竜類を含むグループ）には多くの共通した特徴があることがわかった．特に，この両方のグループ（厚頭竜類と角竜類）には，後頭部に特殊な骨の張り出しをもつという共通点がある．このため，セレノは厚頭竜類と角竜類を合わせたより大きいグループを周飾頭亜目つまり「頭部に縁があるもの」と命名した．
　すると，角竜類が厚頭竜類に最も近縁だったと思われる（すべての古生物学者がこの考えに同意しているわけではないが，分岐分類の分析を用いて代案を示した者はまだいない）．もし，この考えが正しいとすると，解決すべき謎は少ない．現在，角竜類はインロング *Yinlong* がジュラ紀中期から知られているが，最初期の厚頭竜類はそれより2500万年以降からしか知られていない．厚頭竜類の直接の祖先はこの2500万年間のどこかの時点に生息していたにちがいないが，まだ発見されていない．
　いくつかの可能性がある．ジュラ紀の原始的な鳥盤類，シャオサウルス *Xiaosaurus*，ヘキシンルサウルス *Hexinlusaurus*，ヤンドゥサウルス *Yandusaurus* などの一部が原厚頭竜類であるという結果になるかもしれない．この場合，ある意味では，古い考えが正しかったことになる．厚頭竜類の祖先はかつて「ヒプシロフォドン類」とよんでいたものだったかもしれないからだ．
　しかし，そうではなく，厚頭竜類の祖先は化石になりにくい環境に生息していたのかもしれない．例えば，今日，多くの種類の動物が山地に生息しており，ジュラ紀にも同様だったと思われる．しかし，山地では化石になりにくい．山地の河川は流れが速く，河川に落ちた動物の身体が砂や泥で覆われず，岩々に衝突して破壊される傾向があるからだ．
　また，世界中でまだジュラ紀の良好な化石が発見されていない地域に生息していたという可能性もある．例えば，シベリアやモンゴルからはジュラ紀の良好な恐竜化石がまだ見つかっていない．原厚頭竜類がこのような地域にだけ生息していたのなら，アジア北部のその時代の地層を誰かが見つけなければ，答が得られない．
　分岐分類または新しい化石の発見により，厚頭竜類の起源が明らかになることを期待したい．しかし，どこからきたにしても，厚頭竜類は変わってはいるが興味深い恐竜類だ．「石頭」の集まりにしては悪くない！

274 ●厚頭竜類

頭突き恐竜のリスト：パキケファロサウルスの雌（左上・左下），ステゴケラス（左中央），パキケファロサウルスの雄（右上），パキケファロサウルスの幼体であることが明らかになるかもしれないドラコレックス（右下）．

石頭恐竜—厚頭竜類

ラルフ・E・チャップマン博士
アイダホ州立大学

恐竜類を非常に興味深いものにしていることの1つは，多くの恐竜類の外見が非常に特異だということだ．巨大な竜脚類のように，単に信じがたいくらい大型のものがある．トリケラトプス *Triceratops* の巨大な首のフリルや角のように，劇的な形や防御用の装飾をもつものもいる．このような目でみても，厚頭竜類の頭骨はきわめて奇妙なものとして目立っている．

厚頭竜類のドーム状の部分は頭骨頂部の後部が大きくなったもので，厚さ15cm以上にも達することがある！頭骨の後部と側面を取り巻く，こぶや棘がある奇妙な出っ張りが，奇妙な外見を最たるものにしている．厚頭竜類の1種はあまりにも邪悪にみえたため，古生物学者ピーター・ガルトンとハンス・ズーエスによって「ステュクス川（ギリシア神話に登場する地下にある川）の悪魔」を意味するステュギモロク *Stygimoloch* と命名された．

頭骨のドーム状部が厚いため，厚頭竜類の脳は大きかったという印象を受ける．しかし，ドーム状部は中空ではない骨で，実際には，厚頭竜類の脳はかなり小さかった．ドーム状部が大きい脳を入れるためでなかったのなら，その目的は何だったのか？

古生物学者たちは半世紀以上にもわたり，ドーム状部の機能について頭を悩ませつづけてきた．初期に提唱された考えは，病的な状態という説から，破壊槌として使われたというエドウィン・コルバートによる説までさまざまだった．現在では，雄が雌をめぐる争いの間にドーム状部を用いたと考えられている．この点に関しては，見解が異なる2つのグループがある．一方の研究者はドーム状部はオオツノヒツジの角のように使われ，厚頭竜類はつがいの相手を得るための闘いで頭をぶつけあったと提唱している．それに対し，他方の研究者はドーム状部は切り立ちすぎているうえにもろすぎて，このような闘いをしたら両者が傷ついただろうと提唱し，ドーム状部はディスプレーのためだったという代案を出している．そうなら，厚頭竜類のドーム状部は現生哺乳類・爬虫類・鳥類の一部にみられるフリル，角，ふくらませられる袋と同じ役割を果たすことになる．この説では，ドーム状部の外見が最も重要で，最も手に負えないようにみえる個体が勝者になった．

異なる種類の厚頭竜類にみられる非常に多様なドーム状部の形状は，両者の考えを少しずつ組み合わせたものが答であることを示唆している．おそらく，より装飾的でふくらんだドーム状部はディスプレーのためだけに使われ，より丸みを帯びているドーム状部は闘いに使われた可能性がある．より原始的な厚頭竜類にみられるきわめて平坦なドーム状部は，頭どうしをぶつけるのではなく，相手の側面を攻撃するために使われた可能性さえある．これらの考えを検証することは難しい．結局のところ，厚頭竜類は絶滅しており，その行動を直接観察することはできないからだ．また，調べられる厚頭竜類の骨格も多くない．しかし，厚頭竜類のより多くの骨格が発見されるにつれ，ドーム状部の機能を完全に理解するために必要な証拠が見つかるかもしれない．

闘っているパキケファロサウルス！

ズニケラトプス

プシッタコサウルス

プロトケラトプス

34
原始的な角竜類
Primitive Ceraropsians
オウムのようでフリルがある恐竜

　学名は知らないにしても，世界のほぼすべての人がトリケラトプス *Triceratops* になじみがあり，多くの人がフリル状にとげがあるスティラコサウルス *Styracosaurus* を漫画で見たことがある．角がある顔・大きいくちばし・骨質のフリルをもつこれらの奇妙な4足歩行の恐竜類はどこからきたのか？　それ，つまり，角竜下目 Ceratopsia（角がある顔をもつ爬虫類）の起源がこの章の主題である．

　角竜類は周飾頭亜目 Marginocephalia（頭部に縁がある恐竜類）の主要な2つのタイプの一つで，もう一つの主要なタイプが厚頭竜下目 Pachycephalosauria（ドーム状の頭部をもつ恐竜類）である（周飾頭類自体は鳥類のような骨盤をもつ植物食恐竜である鳥盤類の下位グループである）．疑問の余地がある断片的な化石がオーストラリアと北アメリカ東部で見つかっているが，角竜類は白亜紀のアジアと北アメリカ西部からしか知られていない．角竜類は歴史上最後に出現した主要な恐竜類グループの一つで，当時は非常に成功をおさめていた．

最高のくちばしを前面に

　角竜類はしばしば角がある恐竜類とよばれるが，すべての角竜類に角があったわけではない．実際，ズニケラトプス *Zuniceratops* と進化したグループであるケラトプス科 Ceratopsidae に属する恐竜にしか角がなかった！　より原始的な角竜類にも後頭部から突き出ている骨質のフリルはあったが，知られる最も原始的な角竜類にはそれさえもなかった．では，それらのいずれかが角竜類だということは，どのようにしてわかるか？　答は鼻先にある特殊な骨である．

　すべての角竜類には，そして，すべての脊椎動物のうち角竜類だけに上あごの先端によぶんな骨がある．このよぶんな骨は前上顎骨の前にある．通常，前上顎骨はすべての脊椎動物の上あごのいちばん前にある骨だ（上あごの前上顎骨が切歯を支え，その隣にある上顎骨が犬歯を支えている）．ヒト，ネコ，イヌ，および，角竜類以外のすべてでは，左右の前上顎骨が中央で接している．しかし，角竜類では，左右の前上顎骨はあごにある三角形の骨につながっている．「前前上顎骨」という名前は馬鹿げていたため，この特徴に最初に気づいた O.C. マーシュはこの三角形の骨を嘴骨（くちばしの骨）と命名した．頭骨に嘴骨がなければ，その頭骨は角竜下目のものではない．

　鳥盤類のすべての恐竜類には下あごの前面に同じような骨（前歯骨）があったことを覚えているだろうか．前歯骨は角質のくちばしで覆われていた．つまり，嘴骨は前歯骨の鏡像のようなもので，上あごにあるという違いはあるが，嘴骨も角質のくちばしで覆われていた．すべての角竜類には鼻先の先端に歯のないくちばしがあり，えさの植物をかみとったり，彼らをえさにしようとする捕食者にかみつくことができた（一部の角竜下目の前上顎骨には歯があり，すべての角竜下目の下あごの歯骨には歯があったが，嘴骨と前歯骨は常に無歯だった）．

ブラシのような尾とオウムのようなくちばしをもつ恐竜

　知られる最も原始的な角竜類はオウムのようなプシッタコサウルス科の恐竜である．プシッタコサウルス科の恐竜は白亜紀前期のアジアで最も一般的だった小型恐竜の一種だった．現時点では2種類，希少なホンシャノサウルス *Hongshanosaurus* と非常に一般的なプシッタコサウルス *Psittacosaurus* しか知られていない．

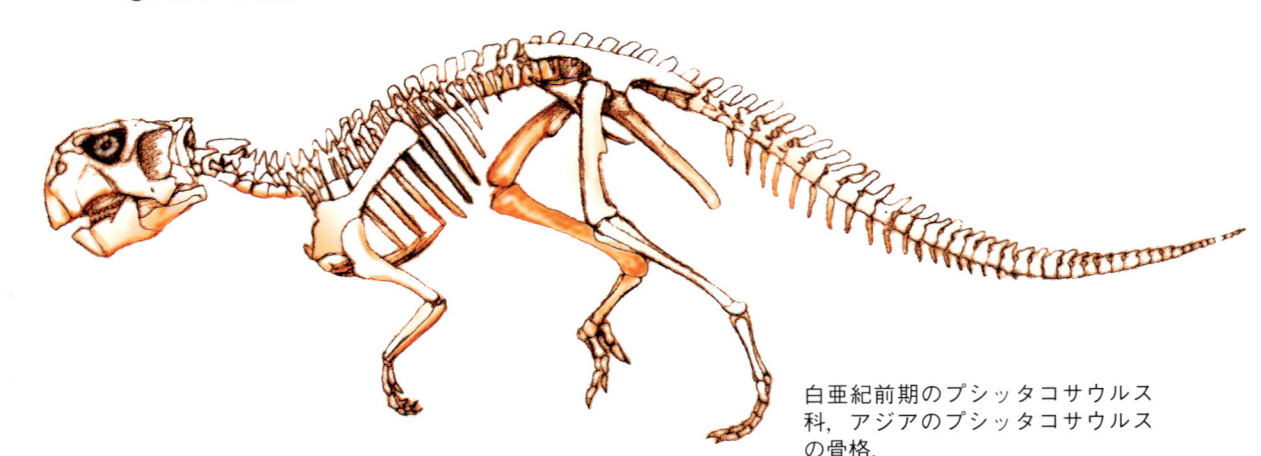

● 原始的な角竜類

白亜紀前期のプシッタコサウルス科，アジアのプシッタコサウルスの骨格．

　プシッタコサウルスのほとんどの種は全長1.5m以下だったが，全長2mに達する者もいた．後肢は全体重を支えることができたが，腕もかなり強力だった．プシッタコサウルスは任意の2足歩行，2足歩行と4足歩行を選べる動物だったかもしれない．厚頭竜類や原始的な鳥脚類などの類縁恐竜と比べると，プシッタコサウルスはがっしりした体つきで，俊足ではなかっただろう．

　プシッタコサウルスはじょうぶなあごがある分厚い頭骨を備えていた．おそらく，かむ力はとても強く，柔らかい植物より堅い植物を好んだかもしれない．プシッタコサウルスの骨格はしばしば体内に胃石を伴って発見されるため，食物の分解をくちばしと歯だけに頼ったのではないことがわかっている．胃石は動物が食物の消化を助けるために呑み込む石である．胃石は嗉囊（そのう）と砂囊とよばれる消化系の特別な部分に保たれる．

　多くの赤ん坊プシッタコサウルスの骨格が知られている．それらは小さく，全長が約15cmしかない．中国での一つの事例では，プシッタコサウルスの成体が32頭の赤ん坊と共に埋まった状態で発見された．これは子供と一緒に火山灰か泥で覆われた親だったかもしれない．

　中国で発見された別の有名なプシッタコサウルス標本では，この恐竜がどのような外見だったかがわかる．白亜紀前期の義県層から産出したこの標本は，鳥類やその他の肉食恐竜の羽毛・哺乳類の体毛・トカゲ類のうろこの印象なども保存していた地層から産出した．このプシッタコサウルスの印象化石は，身体のほとんどが異なる大きさの丸いうろこで覆われていたことを示している．このうろこはそれ以前に発見された角竜下目の皮膚印象化石にみられるうろこと一致していた．しかし，この標本はそれ以外のものも示していた．尾の上部から多くの長い羽毛状の構造，羽根が突き出ていたのだ．これらは鳥類の翼の羽の羽軸のように，中空で柔軟性がある棒状のものだったが，縁の柔らかい部分はなかった．

　進化のうえで，この構造は鳥類やさまざまな肉食恐竜の羽毛と関連があったのか？　可能性はある

プシッタコサウルスの羽毛がある尾は予想外で，発見時に古生物学者を驚かせた！

白亜紀前期の新角竜類，アジアのアルカエオケラトプスの骨格．

が，収斂進化だった可能性もある．この羽根の房はどのような機能を果たしていたのか？ ディスプレー用だったのか？ 防御用だったのか？ 成体にしかなかったのか？ 雌雄両方にあったのか？ 1年中あったのか？ プシッタコサウルスに限られていたのか？ それとも，それ以外の角竜類も（巨大なトリケラトプスでさえ！）ブラシのような尾を備えていた可能性があるのか？

頼れる化石が1点しかないため，現時点では，上にあげたどの疑問にも答えることができない．このことは，1920年代から完全骨格が知られており，研究者になじみがあるプシッタコサウルスのような恐竜でさえ，今でも多くの驚きを秘めていることを示すのに役立っている！

さまざまなフリルをもつ恐竜

これ以外の角竜類（白亜紀後期のすべての角竜類を含む）は新角竜類 Neoceratopsia（角がある顔の新型）とよばれるグループに属している．新角竜類は次章で採り上げるケラトプス科 Ceratopsidae（真の角竜類）の巨大な種を含んでいる．しかし，新角竜類にはケラトプス科ではない多くの属があった．古い本では分岐図でプシッタコサウルス科 Psittacosauridae とケラトプス科の間に位置する角竜下目は「プロトケラトプス目 Protoceratopsia」とよばれた．しかし，これらの恐竜にはケラトプス科の恐竜と共有せずに，互いに共有する特殊化がなかった．実際，一部の「プロトケラトプス類」恐竜は他の「プロトケラトプス類」恐竜に対してよりケラト

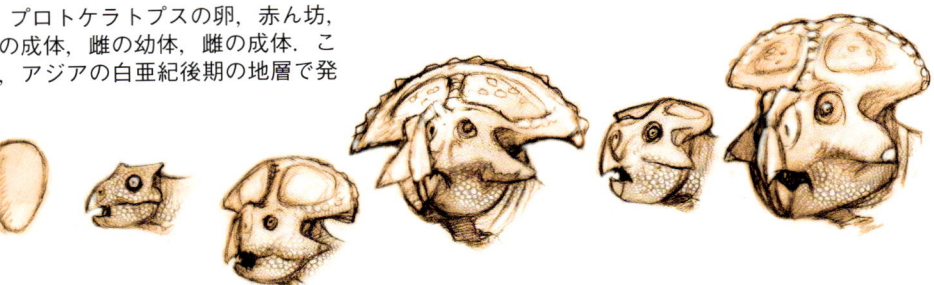

（左から右へ）プロトケラトプスの卵，赤ん坊，雄の幼体，雄の成体，雌の幼体，雌の成体．これらはすべて，アジアの白亜紀後期の地層で発見された．

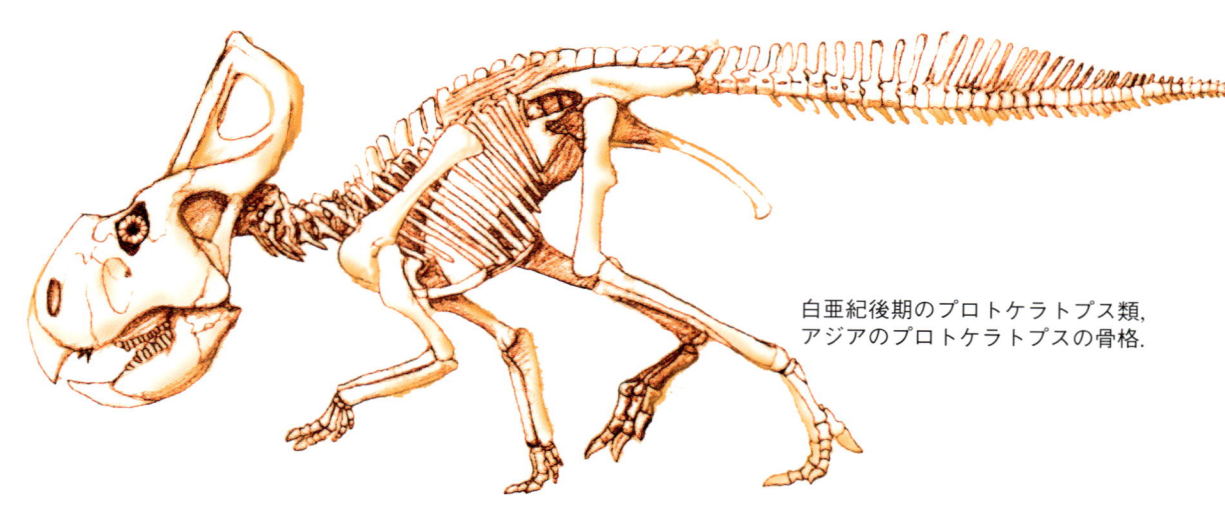

280 ●原始的な角竜類

白亜紀後期のプロトケラトプス類,
アジアのプロトケラトプスの骨格.

プス科の恐竜により近縁である！

　新角竜類のすべての恐竜は1つの大きな特徴を共有している．プシッタコサウルスや厚頭竜類の種でみられるような後頭部にある小さな張り出した骨のかわりに，彼らには頭骨でできている本物のフリルがあった．

　このフリルは何のためだったのか？　初期の新角竜類（チャオヤングサウルス Chaoyangsaurus，アルカエオケラトプス Archaeoceratops，リャオケラトプス Liaoceratops など）では，フリルはあごの筋肉の大きさを増すためにそこにあったのだろう．すべての恐竜類とその類縁動物には，頭骨の内部を通って頭頂部の開孔部に付着する一連のあごの筋肉がある．この開孔部の面積を増すとともに，筋肉が付着するためのより大きい面積を用意することにより，初期の新角竜類はより大きく強力なあごを備えられ，かむ能力が向上しただろう．実際，多くの新角竜類は（典型的な鳥盤類のような）葉状の歯ではなく，歯冠部によりせん断面めいたものがある歯を備えていた．このことは，これらの恐竜はとても強く鋭くかめたことを意味していた．これらの恐竜は肉を食べたかもしれないと提唱した古生物学者が数人いるが，ほとんどの研究者はこのせん断向きの咬合は堅い植物を薄く切るためだったと考えている．

　原始的な新角竜類は比較的小さい頭部と細い腕を備えていたので，少なくともある程度の時間は後肢だけで歩いて過ごしただろう．しかし，ズニケラトプスやレプトケラトプス科 Leptoceratopsidae・プロトケラトプス科 Protoceratopsidae・ケラトプス科の恐竜のような，後の新角竜類のすべては，身体全体の大きさの5分の1〜4分の1に相当する頭部を備えていた．この重さのため，これらの恐竜は4足歩行にならざるをえなかった．この巨大な頭骨を支えるために，進化した新角竜類には，強度を増すために癒合した特殊化した首の骨があった．

　北アメリカのモンタノケラトプス Montanoceratops やレプトケラトプス Leptoceratops のようなレプトケラトプス科のほとんどの種は，より初期の新角竜類のフリルよりわずかに大きいフリルを備えていた．しかし，ズニケラトプスやプロトケラトプス科とケラトプス科の恐竜はみな，とても大きいフリルを備えていた（もう気づいたかもしれないが，角竜下目のほとんどすべての種類は学名のどこかに「ケラトプス」が入っている！）．このフリルには皮膚で覆われていたであろう大きい孔がある場合もあった．このような大きいフリルは筋肉が付着するには巨大すぎた（また，表面の肌理も筋肉の付着には不向きだった）．では，何のために使われた可能性があるのだろうか？

　恐竜類に関する古生物学の初期には，このようなフリルは首を守るための楯として使われたと，多くの古生物学者が考えた．しかし，大きい孔があるフリルは，楯としては役に立たなかっただろう．捕食者に首までかみ貫かれてしまう．

　進歩した角竜類のフリルはディスプレーのために使われた可能性の方が高い．フリルは大きくて平坦な部位だったため，フリルは恐竜の広告掲示板のように働いたのかもしれない！　レストランや映画の

広告のかわりに，この広告板は「やあ，友好的なバガケラトプス Bagaceratops だよ！」とか，「近寄るな，凶暴なズニケラトプスだぞ！」とか，「ご婦人がた，じっくりご覧ください．ハンサムな雄のプロトケラトプス Protoceratops です！」というようなことを語っていたのだろう．このような種類のディスプレーは，種を見分ける，攻撃者に近づかないように警告する，つがいの相手を引きつけるなど，あらゆる種類の動物によくみられる．大きくて平坦な部位は大柄のディスプレーに好都合な場所だろう．残念なことに，フリルの皮膚の印象化石はなく，どの恐竜化石にも色や色パターンの手がかりがまったくないため，これらのパターンが（本当にパターンがあったとして）厳密にどのようだったのかが分かることはないだろう．

砂丘での決闘

原始的な角竜類はさまざまな異なる環境の地層で発見されている．湖に面した土地に生息したものや，森林に生息したものがいた．多くのもの（特に，現在のモンゴルや中国にいたもの）は砂漠に生息していた．実際，すべての中でおそらく最も有名な原始的な角竜類の化石は砂漠の堆積物から産出した．

1971年，ポーランドとモンゴルの古生物学者のチームがゴビ砂漠で調査を行っていた．彼らが調べていた地層は，多くの恐竜の種を含んでいることで，長年にわたって知られていた．ジャドフタ層とよばれるこの地層は，白亜紀後期にモンゴルも砂漠だったときに形成された（ちなみに，当時と現在の間に，モンゴルは雨がちになった．実際，そこで発見されるより新しい時代の恐竜化石は森林で覆われた環境からのものだった）．

問題の化石は互いに組みついた状態の2頭の恐竜を含んでいた．片方は原始的な新角竜類の中で最も有名なプロトケラトプス，他方はドロマエオサウルス科のヴェロキラプトル Velociraptor だ．ヴェロキラプトルは右腕が植物食恐竜のあごにはさまれ，左手は植物食恐竜のフリルをつかんでいる状態で保存されていた．捕食者の右後肢は地面に接していたが，左後肢は植物食恐竜の首の方に向いていた．肉食恐竜の足の位置から，この恐竜の有名な鎌状のかぎ爪は，フリルがある恐竜の首の肉に届きそうだったことがわかる．言い換えれば，この肉食恐竜はまさに植物食恐竜の首を切り裂こうとしていたのだ！

ヴェロキラプトルのかぎ爪がプロトケラトプスの首に突き刺さっていたら，植物食恐竜はすぐに死んだだろう．しかし，植物食恐竜の最後の行動は鋭いあごでかみつき，ヴェロキラプトルの腕を切断することだっただろう．最も近い獣医までは8000万年も離れていたため，ヴェロキラプトルはほぼ間違いなくその傷のせいで死んだだろう．

しかし，おそらく幸いなことに，2頭の恐竜が闘っていた砂丘が崩れ，最後の闘いの瞬間に両者を覆った．砂漠でのこの決闘は恐竜に関する古生物学での最も驚くべき発見の一つで，捕食者と植物食恐竜の両方の行動について物語ってくれる．発見されるのを待っている，同じように華々しい化石があることを望もう！

角がある最古の角竜類

ほとんどの原始的な新角竜類はかなり小型で，全長は0.6〜1.8mしかなかった．これらの種類の一部，レプトケラトプスなどは白亜紀末まで生き延びた．しかし，約9000万年前，新角竜類の系統の一つがより大型に進化しはじめた．これはアメリカに生息していた系列に限られていた．この最古の兆しがズ

決闘中のズニケラトプス．

282 ●原始的な角竜類

砂漠の決闘！　ヴェロキラプトルは非常に危険だと評されているかもしれないが，より大きな身体と強力なくちばしをもつプロトケラトプスは危険な獲物だった．

ニケラトプスで，全長3mだった．レプトケラトプス類やプロトケラトプス類の恐竜同様，ズニケラトプスは4足歩行だった．そして，プロトケラトプス類の恐竜同様，大きいフリルを備えていた．しかし，それらとは違い，ズニケラトプスには両眼の上に角があった．この角には骨芯があり，生時には，角質（私たちの指の爪をつくっている物質，レイヨウ類の角を覆っている物質でもある）で覆われていただろう．

ズニケラトプスはケラトプス科の真のメンバーとはいえなかった．後の大型のグループが備えていたすべての特徴をまだ進化させていなかったのだ．しかし，ズニケラトプスは鳥盤類恐竜の歴史における最後の偉大なサクセス・ストーリーへの進化途上にはあった．その物語，つまり，真の角竜類の生活と時代については次章で扱う．

争っている姿で——
モンゴルで発見された「闘争化石」

マーク・A・ノレル博士
アメリカ自然史博物館（アメリカ・ニューヨーク）

これまでに採集された恐竜化石の中で，最も理解しにくく驚くべきものの一つは，ポーランドとモンゴルの合同調査によって，1971年にモンゴルの南中央部で発見された．最初，調査隊はヴェロキラプトル *Velociraptor* の保存状態のよい骨格だけを発見したと思った．しかし，発掘を続けたところ，植物食恐竜プロトケラトプス *Protoceratops* の骨格も見つかった．並んでいる2つの標本を発見することはそれほどめずらしくないが，この2つの骨格は単に一緒に流されてきたのではなかった．2頭の姿勢は死闘の最中に死んだことを示しており，この化石はすぐに「闘争化石」として知られるようになった．

この2頭の恐竜がこのように保存されるようになった理由に対する説明を多くの古生物学者が試みてきた．単なる偶然によるものと考えた者や，捕食者であるヴェロキラプトルが死んだプロトケラトプスを食べていたと考えた者もいた．これ以外にも，砂嵐で急に埋まったことによる死という説明や，同時に溺死という説明があり，プロトケラトプスがヴェロキラプトルを食べていたという説明さえある！

この標本がめったにモンゴル国外に出ないという事実が，この標本の意味を理解することをさらに困難にしている．この標本はモンゴルが誇るもので，多くの科学者によって綿密に研究されていない．化石が発見された地域の地質もよくわかっていない．このため，約8000万年前にこの2頭の恐竜に何が起こったかもしれないかを古生物学者が理解することが難しくなっている．

まず，標本をじっくり観察することで，「闘争化石」をよりよく理解することができる．第一に，そして最も注目すべきことは，2頭の恐竜が単にいっしょに発見されたのではなく，互いにふれあっていることだ．プロトケラトプスはうずくまり，ヴェロキラプトルは右側を下にして横たわっている．ヴェロキラプトルの左腕はプロトケラトプスの首のフリルをつかんでいる．さらに，ヴェロキラプトルの右前腕はプロトケラトプスの口の中を通り，右手はプロトケラトプスの顔の左側をひっかいている．最後に，ヴェロキラプトルはその致命的な足のかぎ爪を，うずくまっているプロトケラトプスの首に突き立てている．頭部とつながる血管があったあたりだ．

モンゴルのこの地域にある他の化石産地から出た証拠は，砂丘が突然崩れて動物が生き埋めになることがあったことを示している．砂丘の崩壊は，そびえたつ砂丘が水浸しになり，そびえつづけているには重くなりすぎたときに起こった．砂丘が崩れると，その下にいたもののすべては直ちに，コンクリートのような湿った砂に埋まった．これは海岸で砂の城に起こることに似ていた．このようにして急死した動物は，しばしば，驚くほど細部まで保存された．「闘争化石」以外に，巣で抱卵しているオヴィラプトル科の恐竜，らせん状に丸まったトカゲ類（一部の現生トカゲ類によくみられる防御姿勢），全員が同じ方向を向いているピナコサウルス *Pinacosaurus* の幼体のグループの化石などが見つかっている．これらの非凡な発見は単なる化石ではなく，白亜紀後期の動物の行動の注目すべきスナップショットだ．「闘争化石」の発見はこのような例の一つで，2頭の恐竜の非常に暴力的な対決と，両者を埋めた砂丘という作用の産物である．

トリケラトプス

エイニオサウルス

トロサウルス

35
ケラトプス類
Ceratopsids
角がある恐竜

前章では，プシッタコサウルス科と新角竜類を含む角竜下目 Ceratopsia の原始的なグループについて述べた．角竜類の特徴的な特色（全員が備えている特色）は上あごの前面にある嘴骨で，嘴骨は無歯のくちばしの一部を形成している．新角竜類 Neoceratopsia（角竜下目の部分集合である新角竜類のメンバー）の特徴的な特色の一つは，後頭部から突き出ている骨のフリルだ．また，2足歩行のプシッタコサウルス科と比べて，頭部がとても大きいことも特徴的な特色だ．頭部があまりにも大きいため，新角竜類のほとんどは4足歩行しかできなかった．そして，最後に，原始的な新角竜類の中で最も進歩していたズニケラトプス *Zuniceratops* には，両眼の上に角があるという特徴的な特色がある．

この章では，進歩した角竜類であり，真の角竜類であるケラトプス科 Ceratopsidae を採り上げる．ケラトプス科は上述したすべての特徴的な特色に加え，ケラトプス科独自のいくつかの特色を備えていた．原始的な類縁恐竜に比べ，ケラトプス科はすべて大型だった．最小のケラトプス科は現生のサイくらいの大きさで，全長4m以上だった．最大級のペンタケラトプス *Pentaceratops*，トロサウルス *Torosaurus* やトリケラトプス *Triceratops* はアフリカゾウの最も大きい雄くらいの大きさに達し，全長8m以上，体重11tにも達した！

ケラトプス科は鳥盤類の中で最後に進化したグループの一つだった．最古のものはわずか約8000万年前に登場したため，6550万年前の大絶滅以前に1450万年間しか存続していなかった．また，ケラトプス科は北アメリカ西部（カナダ，アメリカ，メキシコ）の地層でしか見つかっていないため，恐竜類の中で最も地理的な生息域が限られていたものの一つだった．しかし，時間的にも場所的にもこのように範囲が限られていたにもかかわらず，ケラトプス科の恐竜は非常に成功していたグループで，他の多くの種類の恐竜類に関するよりも多くのことがわかっている．

角がある顔

ケラトプス類で最初に気づくものはその角だ．すべてのケラトプス類には眼の上の2本の角（上眼窩角）と鼻の上の1本の角（鼻角）がある．最も有名なケラトプス科トリケラトプスの名前は「3本角の顔」を意味することを知っている人が多いかもしれない．トリケラトプスは頭骨が発見された最初のケラトプス科の恐竜だったため，3本の角がある顔はとても特徴的に見えた．しかし，現在では，少なくとも子供のときには，すべてのケラトプス類は3本角の顔を備えていたことがわかっている．後述するように，一部のケラトプス類では成長につれて角が小さくなり消失したが，生涯の初期ではすべてのケラトプス類が3本角だった．

ケラトプス類の角の大きさは，種によって，高さ数cmしかない小さなこぶから，1.5m以上に及ぶものまでさまざまだった．生時には，角は角質（ヒトの爪，ウシやレイヨウの角の表面を構成している物質）の層で覆われていただろう．特定の種での大きさと形しだいで，角はいくつかの用途を果たしていた．角はケラトプス類が互いを見分けるための視覚的な合図として使えた．襲う可能性がある捕食者を脅して追い払うためにも使えた．そして，それがダメなら，襲ってくる捕食者に対する防御にも使えた．

もちろん，ケラトプス類は同種の他の個体に対して角を使うこともできた．例えば，つがいの相手や縄張りをめぐっての争いだ．実際，この仮説を支持する直接証拠がある．ケラトプス類の頭骨には，顔

セントロサウルス類の顔ぶれ：（左から右へ）セントロサウルス・ブリンクマニ，パキリノサウルス，スティラコサウルス，エイニオサウルス．

やフリルに刺し傷の痕があるものが見つかっている．このような傷痕は他のケラトプス類の上眼窩角の大きさや形と一致する．

これらはかなり異なる機能のように思えるかもしれないが，これは完全に普通のことだ．なにしろ，角や枝角がある現生哺乳類（レイヨウやシカ）は同じような行動に角を使っている．

せん断向きの咬合

ケラトプス類で最初に気づくものは角かもしれないが，フリルもいい勝負だろう．他の新角竜類同様，おそらくフリルはディスプレーのためだった．フリルの多くはカスモサウルス Chasmosaurus やセントロサウルスのフリルのように薄く，骨に大きな開孔部がある．生時，そのような開孔部は皮膚で覆われ，フリルはティラノサウルス類によるかみつきやケラトプス類の他個体の角による打撃を食い止めるには弱すぎただろう．しかし，トリケラトプスのフリルのように頑丈なフリルもあり，頸部に対する防御物として実際に役立っていたかもしれない．

ケラトプス類のもう一つの重要な特殊化があごにみられる．原始的な角竜類同様，ケラトプス類のかむ力は強力だった．また，原始的な新角竜類同様，ケラトプス類の歯はえさをどろどろにすりつぶすのではなく，えさをせん断する形になっていた．しかし，せん断は歯を急速に磨耗させる傾向がある．このため，ケラトプス類はあごに進歩した特徴を進化させた．この特殊化はデンタルバッテリーとよばれ，両あごのすべての歯が密集した状態で並んでいた．並んだ歯の先端は一続きの面を形成し，角竜類があごを閉じると，歯が巨大なハサミのように働いた．そして，個々の歯の根元には生え替わるための別の歯が待機していた（カモノハシ竜ともよばれるハドロサウルス類とルーバーチーサウルス類の竜脚類もデンタルバッテリーを進化させた．しかし，彼らのデンタルバッテリーはそれぞれ独自で，ケラトプス類のせん断向きのデンタルバッテリーとは異なっていた）．

角竜類はこのあごでえさを非常に小さく薄切りにできた．消化を速められるため，これは食欲旺盛な動物の助けになっただろう．

全（北）アメリカの恐竜類：ケラトプス類の多様性

ケラトプス科は2つの主要な系列に分けられる．そのうちの一つがセントロサウルス亜科 Centrosaurinae である．新しく発見されたセントロサウルス類のアルバータケラトプス Albertaceratops には長い上眼窩角があった．このような角はズニケラトプス（34章）のようなケラトプス類の原始的な類縁恐竜ですでに進化していた．しかし，他のセントロサウルス類では，一般的に上眼窩角は鼻角より小さかった．実際，一部のセントロサウルス類の成体では，上眼窩角は完全になくなっている．通常，彼らのフリルはより短く，フリルから大きい角が突き出ていることがしばしばだった．鼻先は短く，かなり厚みがあるのが標準的だった．

ケラトプス亜科の顔ぶれ：（左から右へ）　トロサウルス，アンキケラトプス，ペンタケラトプス．

　この基本的な枠組みの中に，かなりの多様性があった．セントロサウルス Centrosaurus もスティラコサウルス Styracosaurus も鼻角が比較的ほっそりしていたが，両者は簡単に見分けられる．セントロサウルスにはフリルに下向きの2本の角があったのに対し，スティラコサウルスにはフリルに後ろ向きの非常に長い3本の角があった．それ以外のセントロサウルス類には，フリルに後ろ向きの短い2本の角があった．エイニオサウルス Einiosaurus の鼻には巨大な缶切りのように下方にカーブした厚い角があった．アケロウサウルス Achelousaurus とパキリノサウルス Pachyrhinosaurus の成体には，鼻角さえなかった．そのかわり，彼らには鼻部を覆うこぶ状の骨の巨大な塊があった．生時には，このしわの寄ったような大きな部分は，おそらく角質で覆われており，互いを押し合うために使われたかもしれない．パキリノサウルスはすべてのセントロサウルス類の中で最後であるとともに最大だったが，すべてのケラトプス類の中で最大のもの（ペンタケラトプス，トロサウルスやトリケラトプス）ほど大きくはなかった．

　ケラトプス科のもう一つの系列はケラトプス亜科 Ceratopsinae とよばれるが，カスモサウルス亜科 Chasmosaurinae という名前を使っている本もある．どちらの名前も古生物学者に使われているが，私はケラトプス亜科を用いている．通常，ケラトプス亜科では上眼窩角は鼻角より長い．一般的にフリルはとても長く，通常，フリルに大きな開孔部がある．通常，ケラトプス亜科の恐竜の吻部はセントロサウルス類より長く，上下方向の厚みが薄い．一見したところでは，ケラトプス亜科の恐竜のほとんどはかなり似ているが，角とフリルの大きさや形に違いがある．ケラトプス亜科の恐竜にはフリルの角がなく，そのかわり，フリルの縁沿いに小さい三角形の骨があり，個々の種で形が微妙に異なっていた．一般的に，ケラトプス亜科の恐竜はセントロサウルス類より大きく，実際，ケラトプス科の中で最大級のものはすべてケラトプス亜科の恐竜だった．また，これらの恐竜類は最後まで生き延びた角竜類でもあった．パキリノサウルス（最後のセントロサウルス類）は約6800万年前に絶滅したが，トリケラトプスとトロサウルス（共にケラトプス亜科）は6550万年前の大絶滅まで生息していた．

ケラトプス類の成長

　ケラトプス類の赤ん坊はどの種のものもかなり似ている．実際，セントロサウルス類の特定の種の赤ん坊と別種の赤ん坊を見分けることはほぼ不可能である．生まれたときには特徴的な角やフリルの装飾がないからだ．多少は成長したケラトプス類（子供恐竜）でさえ，成体の特徴のすべては備えていなかった．

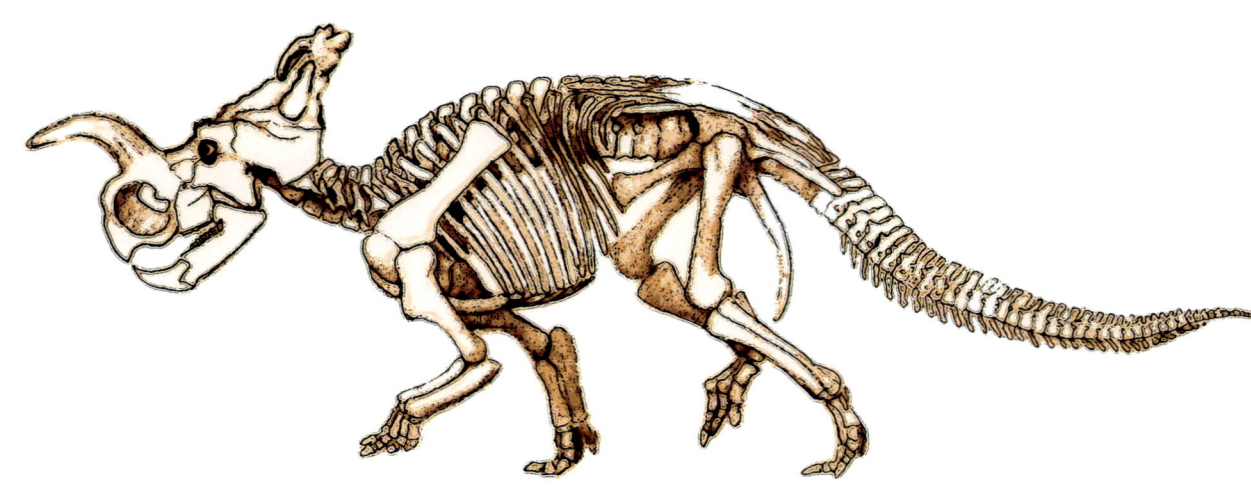

白亜紀後期のセントロサウルス亜科，北アメリカ西部のセントロサウルスの骨格．

これにより多くの問題が生じた．19世紀後期と20世紀初頭，一部の古生物学者はセントロサウルス類の赤ん坊を1つの種，ある程度に成長したものを別種と考えた．現在でも，一部の博物館や本で「ブラキケラトプス Brachyceratops」と「モノクロニウス Monoclonius」の骨格や図を見かけることがある．しかし，すべてのセントロサウルス類は赤ん坊のときには「ブラキケラトプス」のような外見で，子供のときには「モノクロニウス」のような外見だったことが，今ではわかっている．小さい赤ん坊「ブラキケラトプス」の上眼窩角と鼻角は小さく，成長なかばの子供「モノクロニウス」には小さい上眼窩角と大きい鼻角があったが，独特な鉤状の突起はフリルから突き出ていなかった．種に特有の角やフリルの特徴は幼体が成体になった時点で初めて現れた．このため，「ブラキケラトプス」と「モノクロニウス」は異なる種の恐竜ではなく，単に成長段階が異なるだけだったことが，今ではわかっている！

実際には，パキリノサウルスの幼体標本の発見が，恐竜に関する1つの疑問の解決に役立った．長い間，鼻部がこぶ状の恐竜の骨格は1点（成体のもの）しか知られていなかった．一部の古生物学者は，この恐竜の鼻部にあるしわが寄ったような骨は通常の状態ではなく，病気によるものと考えた．1点の標本だけでは，その考えを検証することは難しかった．しかし，1980年代，パキリノサウルスの群れの骨格がカナダ・アルバータ州で発見された．この発見はロイヤル・ティレル博物館のフィリップ・カリー，ダレン・タンケと彼らの同僚によって研究された．その結果，パキリノサウルスの赤ん坊は「ブラキケラトプス」の基本形で，鼻角と上眼窩角が小さく，幼体は「モノクロニウス」の基本形で，上眼窩角は縮小しているが鼻角は大きかったことが明らかになった．そして，パキリノサウルスのティーンエイジャーに相当するものでは，鼻角はしわが寄ったようなこぶ状の塊に変化していた．これは病気によるものではなく，思春期に発達する特徴にすぎなかった．

古生物学者がこの謎を解くためには群れの化石の発見が必要だったことに注目してほしい．少なくとも一部のケラトプス類の種では，群れをなすことは行動の重要な一部だったように思われる．古生物学者はこれまでにセントロサウルス，スティラコサウルス，エイニオサウルス，パキリノサウルスとアンキケラトプス Anchiceratops の群れを発見している．カスモサウルス，トリケラトプスとアケロウサウルスは小さいグループで見つかっている．他のケラトプス類も群れで暮らしていたかもしれないが，そのような化石産地はまだ見つかっていない．あるいは，彼らは単独で暮らしたのかもしれない．比較のため，現生のシカ類のうち，トナカイなどは大きい群れで暮らし，オジロジカなどは小さいグループで暮らし，ヘラジカなどは単独で暮らすことに注目しよう．

古生物学者は群れを発見したときにどのようにし

白亜紀後期のケラトプス亜科，北アメリカ西部のトリケラトプスの骨格．

てわかるのか？　まず，ボーンベッドを発見したことに気づく必要がある．ボーンベッドは多くの骨格を含む単一の地層で，多数の動物が同時に死んだことを示している．ボーンベッドはさまざまな出来事でつくられるが，重要なものの一つに嵐がある．ハリケーンのような強い嵐は多数の動物を突然死させられるし　実際に多数の動物が突然死する．

ボーンベッドの中には多くの種の化石を含むものがあり，ある時点のある環境に生息していた動物の多様性に対する手がかりになる．しかし，一種の化石しか含んでいないボーンベッドもある．一般的には，このようなボーンベッドには，あらゆる年齢層の個体が含まれている．赤ん坊，子供，「ティーンエイジャー」，そして成体だ．一緒に死んだため，彼らは少なくとも一時的には一緒に暮らしていたにちがいない．そして，異なる年齢層の個体が一緒に死んだことは，彼らは普通はグループで暮らしていたことを示している．彼らは群れをなす動物だったのだ．

なぜ，群れで暮らすのか？　利点と不都合がある．群れの全員が同じものを食べるため，そのえさが周囲に不十分だと餓死する危険がある．しかし，周囲にえさが豊富なら，群れは防御に好都合だ．あなたが群れの一員だとすると，あなたが食べるために頭を下げているときに，あなたの兄弟や従兄弟は周囲を見回すために頭を上げているかもしれない．（ティラノサウルス類のような）捕食者が近づいてくるのを見つけたら，彼は群れの仲間に警告できる．ちょうどいいときに頭を上げていたら，あなたも同じことができる．また，群れにいる個体が捕食者の攻撃で選ばれる可能性はかなり低い．単独の場合には，はるかにたやすい標的になる．

少なくともケラトプス類の一部の種は群れで暮らしていたため，その生活についていくつかのことがわかっている．彼らには豊富な餌があり，周囲には彼らを脅かす捕食者が多かったにちがいない．ケラトプス類と同時代・同地域に生息していた大型捕食性恐竜のグループは1つしかない．大型肉食恐竜類の中で最も洗練され，最も大きい脳を備えていた巨大なティラノサウルス類だ．したがって，白亜紀後期の北アメリカ西部の世界はかなり刺激的なものだっただろう．巨大な角をもつゾウ並みの大きさがある植物食恐竜の群れが，ゾウ並みの大きさがある肉食恐竜を見張っていたのだ．

ケラトプス類の群れがティラノサウルス類に襲われるのが毎日ではなかっただろうことはまちがいない．しかし，角竜類が群れでの行動を進化させるぐらい頻繁には起こったにちがいない．

ケラトプス類の群れについて思い描く際に，考えなければならない最後のことは彼らの環境だ．現代の世界での大きな群れ，北アメリカのバイソンやアフリカのシマウマ，ゾウ，レイヨウなどのことを考えるとき，私たちは草地に生息する動物を考える．しかし，白亜紀には草地はなかった．実際，草（イ

290 ●ケラトプス類

ネ科植物）さえ存在しなかった！　草地は1000万年前未満に出現したにすぎない新しい環境で，それは最後のケラトプス類やティラノサウルス類よりはるかに後の時代のことだった．ケラトプス類は，草地ではなく，河川やシダ類と低木類の「プレーリー」で分断された森林地に生息していた．

　ケラトプス類は，カモノハシ竜ともよばれる遠縁のハドロサウルス類とともに鳥盤類恐竜の最後のすばらしい例だった．この2つのグループはそれぞれの系列（前者は周飾頭類，後者は鳥脚類）の中で最大であるとともに最も進歩していた．彼らの絶滅後，群れ行動とゾウ並みの大きさをもつ草食動物が再び進化したのは数千万年も後のことだった．大絶滅がなかったら，今日の北アメリカにはケラトプス類がまだ生きていただろう．

大型恐竜の衝突！　ティラノサウルス対トリケラトプス．

恐竜の雌雄——
見分けられるか？

スコット・D・サンプソン博士
ユタ州立自然史博物館

現生動物の雌雄の違いを見分ける方法はいくつもある．そのうちの一つが色である．鳥類では，マガモの場合のように，雄の方が雌より色が派手なことがしばしばある．

大きさと装飾も雌雄を見分ける手がかりになることがある．例えば，シカ類では，雄は雌より大きい傾向があり，雄には枝角があるのに対し，雌には枝角がない．

行動も手がかりになることがある．鳥類や昆虫類の多くの種を含む多くの種類の動物では，雄には特徴的な鳴き声や「歌」がある．

これらすべての特徴，色・大きさ・装飾および行動は動物たち自身が性別を見分けるために使われている．これらはつがいの相手をめぐる競争での視覚的な要素でもある．

これらと同じルールが恐竜の雌雄を見分けるのにも当てはまるだろうか？　いくつかの理由により，これは難問であることがわかる．まず，まれな場合を除いて，恐竜類のもので保存されている組織は硬い部分，すなわち，骨と歯だけであることを思い出してほしい．化石が皮膚や羽毛の印象を含んでいる数少ない事例においてさえ，色の直接証拠はない．

恐竜類の性別に関しては，大きさも手がかりとしては不確実であることがわかる．雄が常に雌より大きかったとは仮定できない．一部の現生動物では雌の方が雄より大きいことがある．おそらくさらに重要なことに，恐竜類は生涯を通して成長しつづけたため，小さい幼体から大きい成体に至るまで，身体の大きさに関しては振れ幅が非常に大きい．このことは身体が大きいことは単に雄または雌の年長の個体を示すかもしれないことを意味する．

雌の恐竜は産卵したため，一部の古生物学者は産卵を示す骨の特徴を見つけようとした．これまでのところ，この探索は成功していない．

恐竜類が立てたかもしれない音に関しては，恐竜の雄と雌の鳴き声が違っていたかどうかまったくわかっていない．

そうなると，恐竜の雌雄を見分けようとする中で，どこにいきつくことになるのか？　最良の手がかりは恐竜類の装飾に見いだせるかもしれない．幸いなことに，恐竜のいくつかのグループには，雄と雌では異なっていただろう特別な骨の特徴が残っている．トリケラトプス *Triceratops* のような角竜類（ケラトプス類）には鼻と眼の上に角があり，頭骨の後部から突き出ている骨質の大きなフリルがあった．同じように，カモノハシ竜類（ハドロサウルス類）には精妙な鼻部と頭頂部の骨質のとさかがあった．ドーム状の頭部をもつ恐竜類（厚頭竜類）には頭頂部に厚い骨質の帽子のようなものがあった．これらの恐竜グループでは，個々の種がこのような奇妙な特徴の独特な外形を備えていた．このような頭骨の装飾は，雄鹿にみられる，より長い枝角のように雄が雌に認められるための方法だった．雄はつがいの相手となる雌の注意を引くためや，ライバルの雄を威嚇したり，ライバルと闘いさえするために，より精巧な頭飾りを備えていたかもしれない．

おそらく，雌雄を見分けるにあたっての最大の障害は標本の量，すなわち，恐竜の特定の種に対して知られている標本の数だろう．ほとんどの種類の恐竜には非常に少数の化石標本しか知られていない．その結果，雌雄の違いの明白なパターンを示唆できるほど十分な情報が存在しないのだ．アジアの角竜類プロトケラトプス *Protoceratops* などの一にぎりの場合には，多数の頭骨と骨格が知られているため，2つの特徴的な種類が明らかに見てとれる．おそらく，これは雌雄を表している．しかし，プロトケラトプスは例外的な存在だ．恐竜を研究する古生物学者には，自信をもって雌雄を見分けられるようになる前にするべきことがまだたくさんある．この本を読んでいるあなたが，この古生物の謎を解く者になるかもしれない！

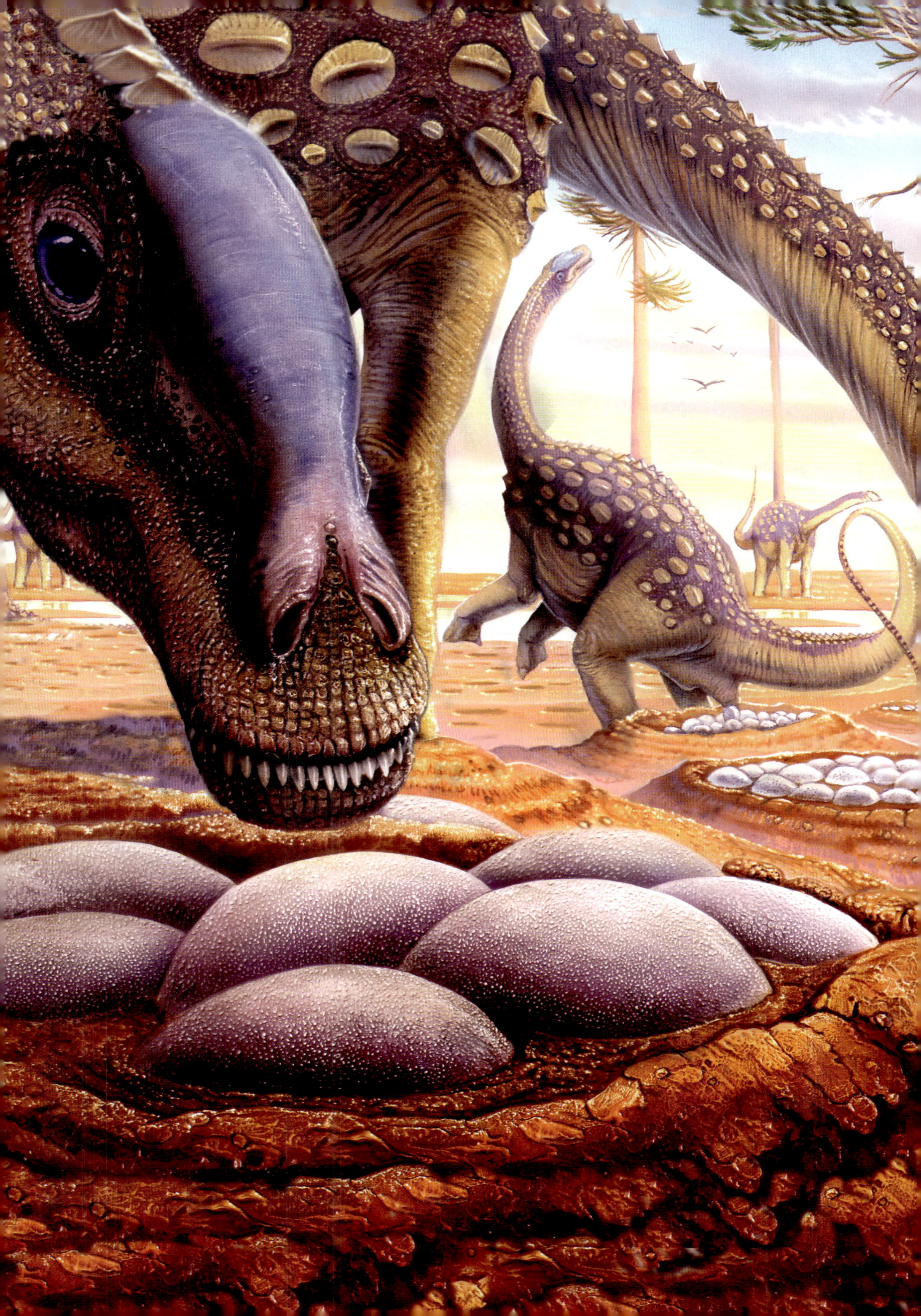

36
恐竜の卵と赤ん坊
Dinosaur Eggs and Babies

動物の赤ん坊はたしかにかわいい．子イヌに子ネコ，ヒヨコ，子ガメはみな人の心をひきつける．だから，古生物学者も含めて，たくさんの人間が恐竜の赤ん坊に強い関心を示すのは当然だ．

だが，科学者が恐竜の赤ん坊に興味をもつ理由は，かわいさだけではない．おとなの標本のみを調べていたのでは，動物の生態をつかめないからだ．最大級の竜脚類でも，恐竜はみな小さな赤ん坊から成長し，えさを食べておとなの大きさになったのだ．

卵

恐竜の赤ん坊について調べるのにいちばんいい場所は成長の出発点，つまり卵のなかだ．現生爬虫類の多くと同様（すべての現生鳥類も含めて），恐竜は卵を産んだ．もっとくわしくいえば，魚類や両生類のように水中で産卵するのではなく，ワニやトカゲ，ヘビ，カメ，卵生哺乳類のように，殻のついた卵を陸上に産んだ．現生ヘビ類には体内で卵を育てる種類がいるが，恐竜のなかにも（とくに，巨大な竜脚類などには）そのような種類がいくらかみられたのではないか，と推測した古生物学者も以前はいた．しかし，恐竜の主要なグループすべての卵化石が見つかった今では，恐竜はみな卵を産んだという結論に科学者たちは納得している．

恐竜の卵化石がはじめて見つかった場所は1800年代のフランスだったが，当時は巨大な海生ワニ類のものとされていた．その後，1920年代にモンゴルのゴビ砂漠で完全な巣が見つかり，それから数十年以上にわたって発見が続く．そして，古生物学者のジョン・ホーナーが1970年代にモンタナ州でカモノハシ竜とラプトル類の巣を発見したのをきっかけに「卵ラッシュ」が起き，今では世界中で卵と巣の化石が見つかっている．

恐竜の卵の殻は現生鳥類の卵と同じようにもろくてだけやすい．大半のカメ類やトカゲ類，ヘビ類，哺乳類の卵のようにじょうぶではない（哺乳類の卵だって？ もちろん，哺乳類の大部分は卵を産まないが，現生種のカモノハシや，ハリモグラの2種は卵を産む．オーストラリアとニューギニアにすむこれらの奇妙な動物は，わずかに生き残った卵生哺乳類だ．しかし，中生代の哺乳類の大半は，このように卵で繁殖したと思われる）．現在の恐竜，つまり鳥類と同じように，中生代の恐竜が産んだ卵の形も種によって異なっていた．球形や対称的な長円形，あるいは片方がとがっていてもう一方が丸い，いわゆる卵形（卵形というのは，実際はニワトリの卵の形）もあっただろう．現生鳥類の卵は色もさまざまで，色とりどりの模様までついている．絶滅した恐竜の卵にもたぶん，さまざまな色や模様がついていたと思われるが，そういった特徴は化石には残らない．だが，卵の表面は保存される．恐竜のなかには，殻の表面がなめらかな卵を産む種類もいたが，多くの卵の表面には，しわやでこぼこなどの小さな構造がみられる．この構造には卵殻の種類ごとの特徴があるので，たった一個のかけらから卵の種類を見わけることもできる．

残念ながら，いろいろな種類の卵についてたくさんの情報が集まっていても，それぞれを恐竜の種と結びつけるのは，卵の種類を区別するよりもっとむずかしい．それでも，簡単に特定できるときもある．たとえば，母親恐竜の骨格のなかから卵化石が見つかったり，卵のなかに胚の骨格があったときには，つながりがあるのは明らかだ．しかし，こうした化石はめったにない．そのため，古生物学者は，実際に卵を産んだ恐竜の種がわからなくても，卵の種類ごとに独自の「種」名をつける．

ときには，古生物学者が推測で卵と恐竜の種を

左ページ：白亜紀後期のアルゼンチンにいたサルタサウルス科サルタサウルス *Saltasaurus* の営巣地

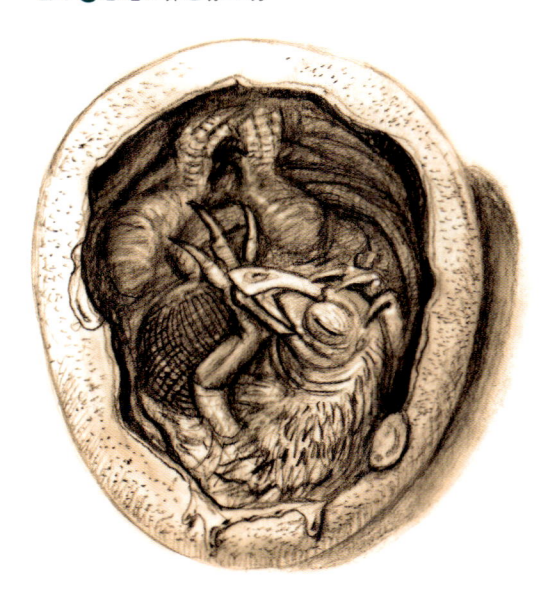

卵のなかで育つテリジノサウルス上科の恐竜の胚

結びつけることもある．同じ地域と年代に生息していた恐竜の種，そして恐竜の体格から考えられる卵の大きさを判断材料にするのだ．ところが，これが大きなまちがいを招くことがある．なかでも有名なのは，小型の角竜類プロトケラトプス *Protoceratops* のものと思われる卵が獣脚類オヴィラプトル *Oviraptor* の骨格の近くで見つかった例だ．のちの発見で，この卵は本当はオヴィラプトルのものだったことがわかった．

恐竜の卵は大きいと思うだろう．映画や漫画に出てくる卵はたしかに大きい（人間の大きさほどもある恐竜の卵を，私は映画や漫画で何度も見たことがある）．しかし，実はとても小さいことが多い．小型恐竜の卵はもちろん小さなものばかりだろうが，大型恐竜の卵もかなり小さめだった．巨大な（100トンの大きさにまで成長したと思われる）ティタノサウルス類も1リットルから1.9リットルほどしかない卵から生まれた．中生代の恐竜の卵で知られているかぎり最大のものは，ランベオサウルス亜科のカモノハシ竜ヒパクロサウルス *Hypacrosaurus* の卵で，容積は3.8リットルだった．アジアの肉食恐竜にも同じくらい大きな卵を産んだ種類がいる（たぶんティラノサウルス科だが，テリジノサウルス上科の可能性もあり，胚が見つかっていないので，まだ特定できていない）．これらの卵はニワトリの卵よりはるかに大きいが，最近絶滅したマダガスカルの象鳥エピオルニス *Aepyornis* の卵にはとうていかなわない．なにしろ，エピオルニスの卵は9.1リットルもあったからだ．

以上の情報をもっと身近な例で言いかえると，どんなに大きな種類でも，恐竜の大半はソフトボールからサッカーボールくらいの大きさの卵から生まれたのだ．そして，恐竜の赤ん坊はこの大きさの卵のなかにぴったりおさまっていたはずなので，ここから非常に重要なことがわかる．つまり，恐竜はみな小さかったということだ．少なくとも生まれたときは小さかった．カバやサイ，ゾウのような大型の現生動物とは，この点が違う．生まれたばかりのゾウの赤ん坊は，アフリカにすむほかの動物よりたいてい大きい．だが，アルゼンチノサウルス *Argentinosaurus* やギガノトサウルス *Giganotosaurus* の赤ん坊は，同時代のほかの恐竜と比べると，ほとんどの場合ずいぶん小さかった．

巣：卵の温め方

恐竜は手当たりしだいに卵を産んだのではない．現生動物と同じように，巣に産卵した．現在の卵生哺乳類やカメ，トカゲ，ヘビはたいてい，砂に穴を掘って巣をつくり，卵を埋める．恐竜（鳥類を含む）と，近縁動物のワニ類は，これとは違う方法を発達させた．砂に卵をある程度埋めるが，ふつうは植物も使って巣をつくる．ワニ類と原始的な一部の鳥類は，植物でつくった大きな塚の下に卵を埋める．この植物がくさるときに卵が温められる．大きな塚は捕食者から卵を守るのにも役立つ．

大多数の恐竜がこのような巣をつくったのではないかと，古生物学者は考えている．いずれにせよ，卵を抱えて温めようとすれば，たいていの恐竜が卵を割ってしまっただろう．しかし，植物らしきものが見つかった巣がいくつかあっても，この仮説に出てくる塚はふつう，保存されない．もしかすると，恐竜の巣の多くは一部がむきだしになっていたというのが本当のところなのかもしれない．

卵の上に直接のって温めた恐竜もいたことはわかっている（どれもみな人間と同じ大きさか，もっと小さい恐竜だった）．オヴィラプトロサウルス類とトロオドン類には，自分の巣の上におおいかぶさ

り，腕を広げて卵を抱いた姿で見つかった化石がある．この習性は抱卵とよばれ，現生鳥類の多くがこの方法で卵を守り，温める．これまでのところ，抱卵をしている状態で見つかった恐竜はすべてマニラプトル類に属している．マニラプトル類は進化した獣脚類で，本物の羽毛と，横に広げることができる腕をもっていた．抱卵という行動が現れたのは，こうした特徴がマニラプトル類で進化したあとだったと思われる（巣をよりしっかりとおおうのに，羽毛とこのような腕が役立つからだ）．しかし，もっと原始的な小型恐竜（シノサウロプテリクス *Sinosauropteryx* やプロコンプソグナトゥス *Procompsognathus* のような獣脚類，テコドントサウルス *Thecodontosaurus* のような初期の獣脚形類，ヒプシロフォドン *Hypsilophodon* やプシッタコサウルス *Psittacosaurus* のような小型鳥盤類など）も，同じように卵を抱いたかもしれない．その証拠に，小型角竜類プシッタコサウルスのおとなの標本が，34頭の赤ん坊におおいかぶさった状態で見つかっている．おそらく，火山灰から子供を守ろうとしていたのだろう（うまくはいかなかったが）．だが，この子供たちは赤ん坊で，卵ではなかった．マニラプトル類以外のおとなの恐竜化石が，自分の卵に直接おおいかぶさった状態で見つかるまで，こうしたほかの小型恐竜のなかにも卵を抱くものがいたという確信はもてない．

中生代の恐竜はどこに卵を産んだのだろうか．木の上に巣をつくったとは考えられない．中生代の鳥類でも，それはありえない．鳥の巣は樹上で見つかると思われがちだが，樹上に巣をつくるのは，もっと進化した現生鳥類だけだ．現生鳥類でも原始的なグループ（地上生のキーウィやダチョウ，シギダチョウ，ニワトリをはじめとするキジ類，ガンを含むカモ類）はすべて，地面か地面のすぐ近くに巣をつくる．そうすると，コンフウシウソルニス *Confuciusornis* やアルカエオプテリクス

卵からかえるサルタサウルスの赤ん坊

●恐竜の卵と赤ん坊

子供にえさをやるキティパティ *Citipati* の母親

Archaeopteryx, 鳥類と大きさが変わらない恐竜のミクロラプトル *Microraptor* やエピデンドロサウルス *Epidendrosaurus* は，大きななかまと同じように，たぶん地面に巣をつくったのだろう．だが，恐竜はあらゆる環境の地面に巣をつくった．恐竜の巣は，砂漠や森林，高地，湖畔，海岸，そして，そのあいだにあるほとんどすべての場所から見つかっている．

巣にとどまるか，走りまわるか

恐竜の行動をあつかった章（第 37 章）でもふれているように，すべての種類の恐竜が，卵が育つあいだは巣の近くにとどまり，卵がかえった直後は赤ん坊といっしょにいたと推測できる．

現在の卵生哺乳類や爬虫類（鳥類も含めて）と同じように，恐竜の赤ん坊も鼻先についた卵歯とよばれる突起を使って殻を割り，外へ生まれ出たものと思われる．卵歯は卵から出るとすぐにとれてしまう．

現生動物のなかには，生まれてから数分以内に走りまわれる種類がみられる．地上生の鳥類の大半（ニワトリやダチョウなど）と，鳥類以外の現生爬虫類，ゾウやウマ，アンテロープのような哺乳類はみな，卵からかえったり産み落とされた直後に歩きまわることができる．だが，大部分の樹上生鳥類や，すべての卵生哺乳類や有袋類，そしてそのほかの哺乳類の多く（ネズミからクマ，ヒトにいたるまで）は，生まれたてのころにはまったくなにもできない．恐竜の赤ん坊はどうだったのか．

それは種によって異なる．ホーナーとさまざまな共同研究者たちは，恐竜の胚や生まれたばかりの赤ん坊をいろいろ調べた．トロオドン *Troodon* やオヴィラプトロサウルス類を含む，一部のマニラプトル類は，卵からかえったときには四肢の骨の関節ができあがっている．すると，赤ん坊はすぐに走りまわることができ，親にまつわりついていただろう．カモノハシ竜のマイアサウラ *Maiasaura* などでは，赤ん坊の体重を支えられるほど関節が育っていない．この赤ん坊たちは，生まれたばかりのコマドリや子イヌのように，ねぐらにとどまっていただろう．現生動物の赤ん坊で巣から離れられない種類と同様に，マイアサウラの赤ん坊も，生まれてすぐのときには親からえさをもらう必要があったはずだ．実は，恐竜が子育てをしたことがはじめて証明されたときにも，これが証拠の一つになっている．

しかし，トロオドンやオヴィラプトルが生まれた直後から走りまわれたからといって，親が子育てをしなかったことにはならない．現に誕生直後から子供が歩けても，ニワトリの親はヒヨコのめんどうをみるし，アリゲーター類は赤ん坊の世話をする．このような現生種の近縁動物と同様に，恐竜の親は子供がえさを見つけるのを助け，捕食者が近づいてきたときには声をかけて，安全な隠れ場所へ逃げこませただろう．

映画や漫画，テレビ番組に恐竜の赤ん坊が出てくる場面では，母親と父親に赤ん坊が 1，2 頭くっついていることが多い．両親そろって子供を守ったのか，母親だけが子守りをしたのかはわからない（鳥類とその近縁動物ではどちらの例も知られている）が，赤ん坊が 1，2 頭というのは，現実離れしている．恐竜の巣にはもっと多くの卵が入っていた．現生種の鳴鳥類が一度に産む卵の数はふつう 4 個から 6 個程度でしかないが，中生代の恐竜の巣にはたい

てい，あわせて十数個から二十数個以上の卵が入っていた（プシッタコサウルスの親といっしょに見つかった34頭の赤ん坊がもし一腹の子供なら，この恐竜は三十数個の卵を産む種だったことになる．この数は典型的なアリゲーター類と同じだ）．

卵からかえって巣立ったあとでも，恐竜の赤ん坊たちはくっつきあっていたようだ．十数頭以上の赤ん坊恐竜がいっしょに埋もれた状態で見つかった例はいくつかある．これは，兄弟姉妹が行動をともにしていたからだろう．子供だけでいたのかもしれないし，片方の親か，両親がつきそっていた可能性もある．だとしても，おとなは体が大きいので，子供たちをのみこんだ砂嵐や洪水で埋もれはしなかったのだろう．プシッタコサウルスと子供たちの化石は，赤ん坊とともに親も埋もれた例が少なくとも一つはあったことを示している．そのほかの種でも，カモノハシ竜やケラトプス科の集団からティラノサウルス科やカルノサウルス類の群れまで，小さい子供と成長途中の子供，育ちきったおとなの恐竜がいっしょに埋もれた化石がたくさん発見されている．

早く育ち，すぐに死ぬ

恐竜はみな赤ん坊のときには小さかったが，成長したものの多くは，小さいとはとてもいえなかった．そんな巨体になるまで，どのくらいかかったのだろうか．

この問題については十分な情報が得られなかったため，何十年ものあいだ推測の域を出なかった．恐竜はカメやヘビ，ワニのような現生種の変温動物と同じように成長した，と一部の科学者は考えていた．

白亜紀前期の中国の繁殖地．巣を守る角竜類のプシッタコサウルス（左うしろ）とオヴィラプトロサウルス類のカウディプテリクス *Caudipteryx*（前の中央）．カウディプテリクスを襲う3羽のジシャンゴルニス *Jixiangornis*．シノサウロプテリクスがこっそりとしのびより，カウディプテリクスの卵をぬすもうとしている．左側の木にとまっているのはジェホロルニス *Jeholornis*．そのうしろで羽ばたきながら，木からおりようとしているのはミクロラプトルの群れ

これらの変温動物は成長速度がおそめで,ほぼ一生を通じて成長しつづける.

しかし,一方で,恐竜の成長のしかたは現生種の哺乳類や鳥類に近かったと考える科学者もいた.これらの動物は子供のあいだに成長しはじめ,急速に成長する時期が過ぎたあと,おとなの大きさに達したところで成長がとまる(少なくとも,成長速度がぐんと落ちる).このような成長は,ほぼすべての鳥類で,わずか数か月のあいだに起きる.小型哺乳類の成長パターンもこれに似ている.大きめの哺乳類では,数年(ウマやウシのような種)から十数年以上(ゴリラやゾウなど)かかる.身近な例をあげると,ヒトではおよそ10年から12年の子供時代と,6年から8年の青年期をへたあと(少なくとも縦方向には)成長がとまる.

では,恐竜の成長パターンはどんなふうだったのか.ジョン・ホーナーやフロリダ州立大学の古生物学者グレッグ・エリクソンたちは,恐竜の骨に(多くの現生動物と同じような)成長輪があるという事実から答えを出した.木の年輪と同様,骨の成長輪も,恐竜が成長するあいだ,年に一つずつできていた.ホーナーたちは,恐竜が哺乳類や鳥類に似たパターンで成長しながらも,違いがあったことを発見した.たいていの恐竜は短い子供時代を数年過ごしたあと,何年かのあいだに急速に成長した.小型種の多くは2,3年でおとなの大きさに達した.マイアサウラのようなカモノハシ竜は7歳までにおとなになった.巨大なアパトサウルス *Apatosaurus* でさえ,5歳あたりで急成長期に入り,10歳から15歳でおとなの大きさになった.すると,ほとんどの恐竜は子供時代をあまり長く楽しめなかったと思われる.この点は大半の哺乳類や鳥類に近い.だが,こうした動物とは違って,典型的な恐竜は,生きているかぎり毎年ほんの少しずつ成長しつづけた.そのため,おとなの恐竜の骨をみると,外側のふちに,幅の狭い成長輪がぎっしり重なっている.

(ティラノサウルス科の恐竜は例外だ.ヒトと同じように,ティラノサウルス科の種も10歳から12歳ではじめて急成長期に入ったことを,エリクソンと共同研究者が明らかにしている.)

ただし,恐竜の赤ん坊の大多数はおとなになるまで生きていられなかったはずだ.現在の野生動物のどの種をみても,親1頭につき1頭の子供しか,自分の赤ん坊をもつところまで生きられない(そうでなければ個体数がどんどんふくらみ,えさや生息場所が足りなくなるだろう).恐竜の場合,一度に生まれる数は十数頭以上で,メスはおとなになってから死ぬまで毎年1回ずつ産卵しつづけたので,赤ん坊の大半は育ちきる前に死んだと思われる.

成長するあいだに,恐竜はおとなの大きさに達するだけでなく,はっきりとした特徴をすべて身につけなくてはならなかった.類縁関係のある恐竜の赤ん坊はたいていよく似ている.独自の特徴(角やトサカなど)が完全に現れるのは,急成長期の終わりに近づいてからだ.現生動物でも同じようなパターンが認められる.

十分に成長したあと,恐竜はどのくらい生きたのだろうか.この問題についても,成長輪を数えはじめるまできちんとした答えは出なかった.恐竜は現在の大型動物のようだった,とほとんど誰もが思っていた.現在の大型動物はずいぶん長生きで,数十年生きることもよくある.哺乳類の多く(クジラ,ゾウ,サイ,ウマなど)はそうだし,大型爬虫類の多くも同じだ.大きなオウム類やアホウドリ類のような大型鳥類から,ワニ,トカゲ,ヘビ,カメまで,大型爬虫類は長く生きる.なかでもトップに立つのはアルダブラゾウガメ *Geochelone gigantea* だ.完全なおとなになったあと捕獲され,事故で死ぬまで150年以上生きたものもいれば,記録によると1755年に生まれ,今もインドの動物園で生きているものもいる.

しかし,たいていの恐竜はかなり若いうちに死んだ.そのことがわかったときには,古生物学者の大半が驚いた.たとえば,知られているかぎり最も年齢の高いティラノサウルス *Tyrannosaurus* は29歳にもなっていなかった.大半のカモノハシ竜や角竜類はわずか10歳ほどで死ぬ.大きな竜脚類でさえ,50歳程度までしか生きなかった.70年以上生きるゾウにはおよばない.

すると,恐竜のライフサイクルは現在の大型爬虫類にも大型哺乳類にも似ていなかったのだろう.現生爬虫類とは異なり,恐竜は成長が速かった.一方で,現生哺乳類とも違って,たくさんの子供が生まれた.そのどちらとも違って,恐竜は比較的若いうちに死んだ.

恐竜の卵や赤ん坊,そしてその後の成長について

はまだわからないことがたくさんある．卵の殻の表面についたでこぼこにはどんな機能があるのか．恐竜は巣に植物をかぶせたのか．もしそうなら，どの種がそのような行動をとったのか．マニラプトル類のほかにも抱卵する恐竜がいたのか．子供を守ったのは両親か，それとも片方の親だけか．恐竜の赤ん坊はどのくらいのあいだ親といっしょにいたのか．

なかなか答えが見つからない問題ばかりに思えるだろう．だが，ここ10年から20年のあいだに，おおかたの予想を上まわる勢いで，恐竜の卵と赤ん坊に関する情報は増えている．今後さらに技術が向上すれば，恐竜の育ち方はもっと明らかになるはずだ．

赤ん坊に昼ごはんを運ぶティラノサウルスの母親

恐竜の成長速度

ジョン・R・「ジャック」・ホーナー博士
ロッキーズ博物館

セレスト・ホーナー撮影

恐竜の成長は現在の恒温動物の大半と似ていた．小型恐竜のなかには，原始的なヒプシロフォドン類のように，恐竜としては最も成長がおそい種類がいた．ティラノサウルス類や竜脚類など，巨大恐竜は成長が非常に速かった．

科学者は，恐竜の成長速度を知るために骨のなかみを調べる．ダイヤモンドソーで化石骨を薄切りにしたあと，さらにけずって紙のように薄い標本をつくる．この切片を顕微鏡のスライドにのせる．そして，光が透けて見えるほどになった切片を顕微鏡で観察し，骨の構造を調べる．

恐竜の骨の内部はおおかたの鳥の骨とそっくりに見えるが，恐竜の骨には木の年輪のような輪が入っていることがある．現生爬虫類の骨にもこのような輪がある．木の年輪も，爬虫類の骨の輪も，毎年1つずつ加わっていく．木や爬虫類の年齢を知るには，輪の数を数えるだけでいい．

同様に，恐竜の骨に輪がある場合は，骨にできた輪を数えれば，その恐竜が何歳で死んだかがわかる．現生鳥類はみな1年もしないうちにおとなの大きさになるため，骨に輪は見られない．成長が完了するまでの時間があまりにも短すぎて，成長輪ができないのだ．しかし，絶滅鳥類の多くは骨に成長輪が見られるので，成長のしかたが恐竜に似ていたことがわかる．

恐竜の骨の輪を数えると，カモノハシ竜のような，平均的な大きさの恐竜はたいてい7，8年でおとなになったようだ．生まれたばかりのカモノハシ竜は体長が0.8mしかなかった．それから1年が過ぎると2.7mになり，7年目までに7.6mに達した．首の長い竜脚類は小さく生まれたあと，10年から12年でおとなになった．ティラノサウルス・レックス *Tyrannosaurus rex* は約8年のあいだに大きく育った．ヒプシロフォドン類のオロドロメウス *Orodromeus* など，一部の原始的な小型恐竜は，大きめの恐竜より成長速度がおそかった．体長わずか0.9mほどまで育つのに，3年もかかったのだ．

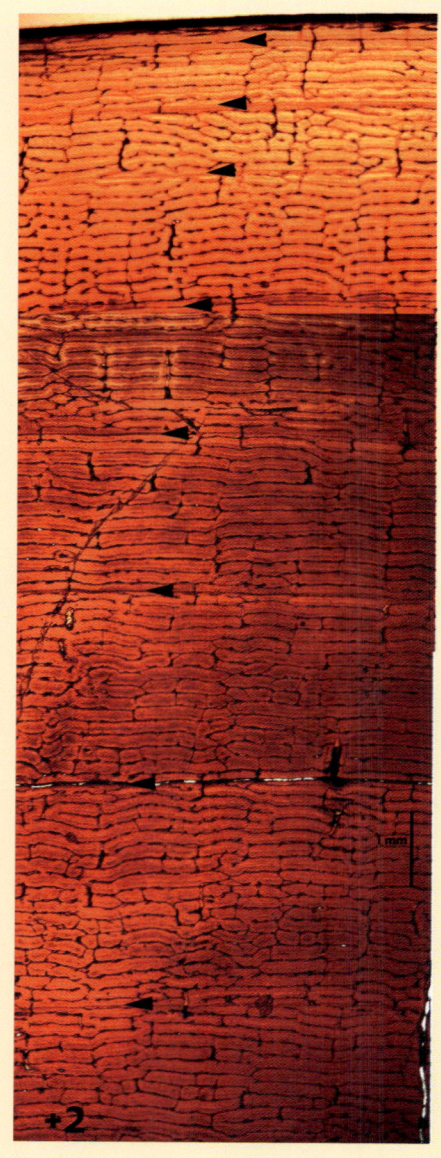

顕微鏡で見たティラノサウルスの大腿骨（太ももの骨）．矢印がさしているのは，1年に1本ずつできる成長輪

恐竜の成長――アパトサウルスの例

クリスティーナ・カリー・ロジャーズ博士
ミネソタ科学博物館

写真提供はクリスティーナ・カリー・ロジャーズ

竜脚類はずばぬけて大きい．すべての恐竜全体のなかで最大だ．だが，どのくらいの時間をかけてそこまで育ったのだろう．この問題は，120年以上前に状態のいい竜脚類の骨格がはじめて見つかったときから，恐竜学者の心をとらえてきた．

竜脚類は現在の爬虫類と同じようにゆっくりと成長したのだと，多くの科学者がはじめは思っていた．もしそうなら，この地球上を歩いた最大の動物は，100歳の誕生日をむかえたあとにやっと完全な大きさに達したことになる．今では，これよりもっと速く成長したことを示す証拠が見つかっている．

私は大学で，恐竜の子供の成長「タイムを計る」研究にうちこんだ．とくにお気に入りは首の長い竜脚類アパトサウルス Apatosaurus だった．アパトサウルスは早いうちにどんどん育ち，おとなの大きさになったところで成長速度が落ちたのだろうか．現生鳥類や現生哺乳類はそのような成長のしかたをする．それとも，アパトサウルスのような恐竜は，まだ「おちびちゃん」のころから一生を通じてとぎれとぎれにゆっくりと成長したという，昔の説もある程度あたっているのだろうか．今はもうアパトサウルスはうろついていないので，つかまえて体重を量り，観察することはできない．そのため，別の方法を探して，成長速度を測るしかない．動物の成長過程は骨の細かなパターンからわかることがある．そこで，アパトサウルスの骨の切片をくわしく観察すると，成長の様子が明らかになった．

骨は成長についてなにを語ってくれるのか．脊椎動物の骨はどれも，樹木とよく似た形で外側や上へ成長していく．骨が育つにつれてタンパク質と無機質がたまるが，そのパターンから新しい骨の沈着速度がわかる．骨の外側のふちを走る血管は，新しい骨に取りかこまれると，そこに閉じこめられる．このような無機質やタンパク質，血管のパターンから，骨の成長速度を推定できる．あるパターンができあがる速度は現生動物の多くで確認されているので，アパトサウルスに同じようなパターンが見られたなら，成長速度についてすぐに答えが出せる．

顕微鏡で観察すると，アパトサウルスの骨はまとまりがなく，たくさんの血管が四方八方へ走っている．これは現生爬虫類とはまったく異なり，哺乳類（私たち人間も含めて！）や鳥類のパターンにそっくりだ．爬虫類の骨を顕微鏡で見ると，木の断面によく似ている．血管の数は少なく，季節によって成長速度が落ちたことを示す輪がくっきりと入っている．アパトサウルスの骨にはそのような輪がまったくない．つまり，アパトサウルスは年間を通じてぐんぐん成長し，季節変化の影響を受けなかったのだ．アパトサウルスがおとなの大きさになるまで急速に成長したことも，ここからわかる．こうした微細なパターンをもとに，アパトサウルスはただの大きな爬虫類ではなく，現生種の哺乳類や鳥類と同じくらい速く成長した，と私は結論づけた．これだけ成長が速ければ，5歳になるまでに半分ほど成長し，わずか10歳から12歳でおとなの大きさ（頭から尾の先まで22.9m，体重30t）に達しただろう．

ジュラ紀後期のディプロドクス科アパトサウルス

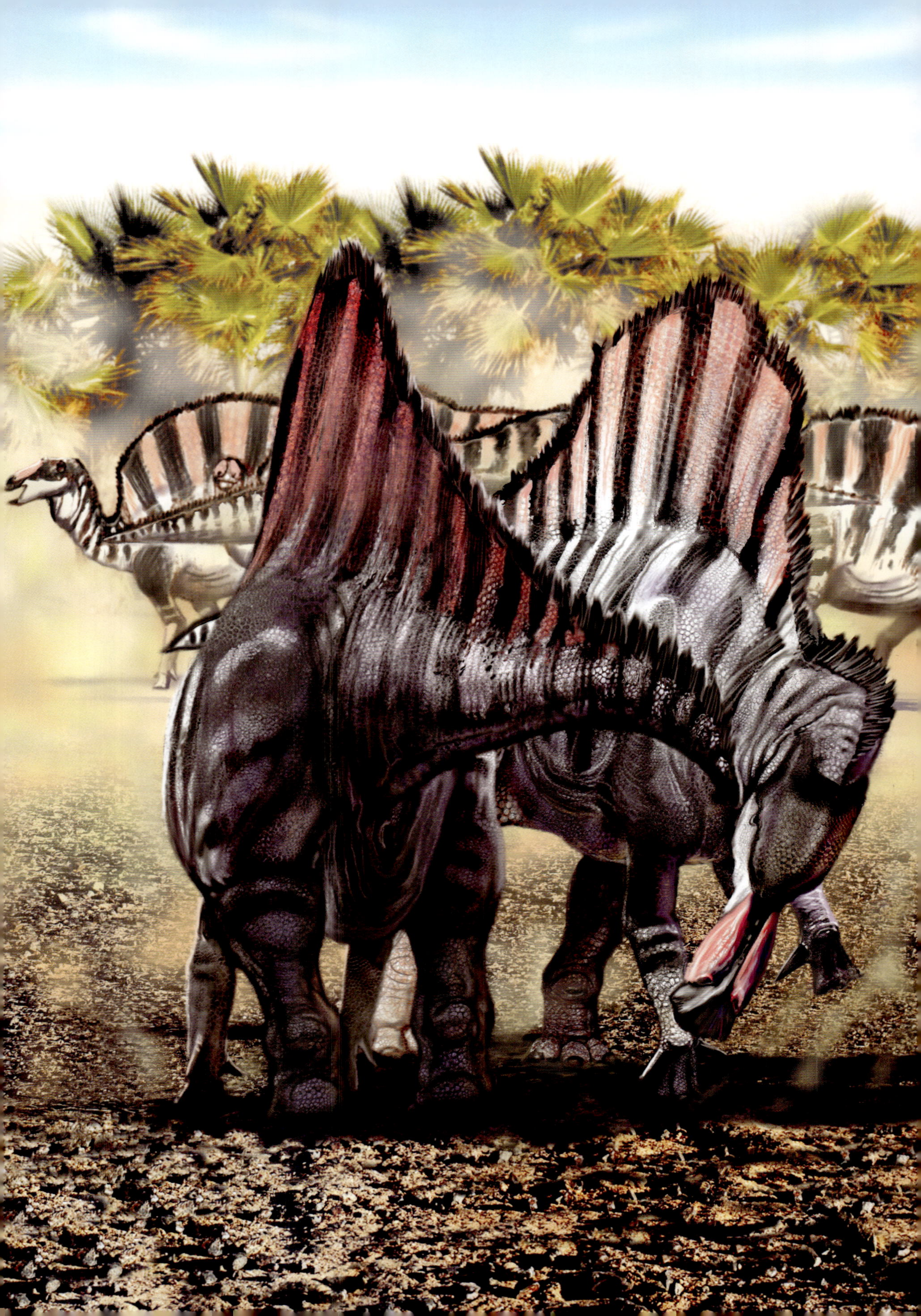

37
恐竜の行動
Dinosaur Behavior
恐竜の行動はどうすればわかる？

　古生物学者は恐竜の骨や歯，スパイクなどの化石を調べたり測ったりして，全体の大きさや体形を推測する．それはたいていの人が理解できるだろう．骨や歯は化石として保存されやすい部分で，また，体をつくる土台にもなる．だから，たとえば背骨の長さを測ると生きていたときの体長に近い数値を割りだせることは，すぐにわかるはずだ．だが，動物の特徴は体の大きさや形以外にもたくさんある．

　みんなが本当に知りたいのは動物の「行動」だ．バードウォッチングに出かけたり，野生動物をとりあげたテレビ番組を見たり，動物園に行ったりするのは，そういう理由があるからだ．生きている動物は死んだ動物よりはるかにおもしろい．しかし，恐竜の行動はどうすればわかるのか．

　恐竜の行動を推測することは可能だが，体長を計算したり体形を復元するほど簡単ではない．なにしろ，現生鳥類以外の恐竜は絶滅しているからだ．双眼鏡をもって石頭恐竜の観察に行き，パキケファロサウルス類の雄2頭が雌を取りあって戦う姿をながめることはできない．探検旅行に出かけても，カモノハシ竜の集団がティラノサウルス類の群れにねらわれるのを見物できるはずがない．

　そうすると，恐竜の行動を研究するのは無理だと思うかもしれない．だが，いくつか手段があることはわかっている．体化石（実際に恐竜の体に含まれていた骨や歯）や，生痕化石（足跡化石や糞石，巣など，恐竜とまわりの世界とのかかわりを示すなごり）から得られる具体的な証拠もその一つだ．そのほかにも，絶滅した恐竜と体形が似ていたり，類縁関係がある現生動物と比較する方法がある．また，恐竜の動きや体の働きを解明するのに，モデルや数学を利用することもできる．

　しかし，その前にまず，「行動」とはなにかを考えなくてはならない．親や教師が行儀よくしろというのは，問題の行動をやめさせたいと思っているときだろう．一方，科学者が関心をもっている「行動」は，その正反対といってもいい．ぼんやり立っているのではないときに，恐竜がなにをしていたかを知りたいのだ．

日ごろの行いを示す物的証拠

　まずは，えさをとるという比較的簡単な行動から調べよう．恐竜に関する質問でまっ先に出てくるのは，たぶん，肉食か植物食かということだ（物知りなら，「雑食」という選択肢も加えるだろう）．実は，恐竜の生活で古生物学者が最初に目を向けたものの一つが，採餌行動だった．ウィリアム・バックランドはメガロサウルス *Megalosaurus* を肉食だったと推理し，ギデオン・マンテルはイグアノドン *Iguanodon* を植物食と結論づけた．2人とも，はじめて見つかった恐竜の採餌行動について，仮説を立てていたのだ．2人は，現生爬虫類の歯（ふちが鋭く，ナイフのようなオオトカゲ類の歯と，木の葉型でふちがでこぼこしたイグアナ類

足跡化石は，動物が生きていたときにつけた足形が化石になったもの

左ページ：背中の帆をディスプレーに使うイグアノドン類のオウラノサウルス *Ouranosaurus*

304 ●恐竜の行動

ペンタケラトプス *Pentaceratops* は角とえり飾りでたがいに相手をおどしたらしい．

一方，トロオドン科のシヌソナスス *Sinusonasus* は羽毛の生えた腕を羽ばたかせ，かま状のかぎ爪をちらつかせた．

の歯）と比較して，それぞれの恐竜が食べたえさを推測した．もっと最近の古生物学者は，歯の化石に現れた微細な摩耗パターンを観察し，それを現生動物の歯と見比べている．肉，やわらかい植物，かたい植物のどれを食べているかで，歯のすりへり方が違ってくるので，細かな摩耗パターンを調べれば，歯の形にもとづく推測を確かめることができる．

糞石もえさについて知る物的証拠になる．化石になった糞を調べれば，動物が食べたものや，消化のしかたがわかる．残念ながら，糞石から恐竜の種を特定できる例はほんのひとにぎりだ．なぜなら，恐竜が糞をしている最中に亡くなる（そして，糞がかき乱される前にまるごといっしょに埋もれる）ことはめったにないからだ．

移動運動も恐竜の生活の重要な側面だ．2足歩行だったのか，4足歩行だったのか．それとも，両方を少しずつとりいれた歩き方（専門用語を使うと，クマのような条件的2足歩行）だったのか．走ることはできたのか，歩くだけだったのか．木にのぼることはあったのか．空を飛べたのか．もしそうなら，

どのくらいの速さだったのか．古生物学者はさまざまな手がかりをもとに恐竜の移動運動を探りだす．この手がかりになるのは，四肢のいろいろな骨の形や大きさ，強さ，推測される筋肉の大きさや形などだ．連続歩行跡の化石は，移動運動を示す証拠としてはとりわけ役に立つ．ここから，恐竜が足跡をつけたときの速さを計算できる．

しかし，恐竜の行動でとくに知りたいのは，ほかの動物とどんなふうに影響をおよぼしあったのかということだろう．そのなかには体の接触をともなうものもある．たとえば，トリケラトプス Triceratops の雄はほかの雄と角で力比べをし，雌をひきつけたと思われる．もしかすると，角を使ってティラノサウルス Tyrannosaurus を追いはらったのかもしれない．このような仮説は，物的証拠を探して確かめることができる．実際に，両方の行動を示す証拠が見つかっている．トリケラトプスのえり飾りから，トリケラトプスの角の大きさと形にぴったりあうさし傷が見つかった例がいくつかある．また，ティラノサウルスに角をかみとられたあと，傷がいえた標本もある．

一方で，じかに体に触れない行動もある．なかでも最も重要なのはディスプレーだろう．ディスプレーは動物にとって一種のコミュニケーション手段だ．ネコが体をふくらませて鋭い鳴き声をあげたり，ガラガラヘビが音を出すのは，警告のディスプレーだ．クジャクの雄が雌の前で尾羽を広げたり，ウシガエルの雄がゲロゲロ鳴いて雌に呼びかけるのは，性的ディスプレーだ．種を見わけるためのディスプレーもある．たとえば，アフリカのアンテロープは種によって角の形が異なり，鳴鳥はそれぞれの種に特有の歌を歌う．アシカの子供の鳴き声や，子ネズミのにおいなど，親子のあいだで使われるディスプレーもある．

すべてのディスプレーが化石に直接記録されるわけではない．たとえば，現生動物の多くは音やにおいでコミュニケーションをとるが，音波やにおいの分子は物的なあとを残さない．ネコが体をふくらませて鋭い声を出したり，ガラガラヘビが音を出すのに似たたぐいの，目にうったえるディスプレーも記録されにくい．だが，目にうったえるディスプレーには骨でできた大きな構造が使われるときがあり，これは骨格に残る．現に，恐竜の骨格にみられる大きくはでな構造（角，トサカ，えり飾り，プレートなど）は，コミュニケーション手段と解釈されている．近縁種のあいだでこうした構造の形が違う場合は，種を見わける機能があったことはほぼまちがいない．ディスプレー用のトサカやプレートなどが，赤ん坊では小さかったり，なかったりするが，おとなにはある場合は，性的ディスプレーに使われたのだろう．おとなの雄と雌で形が違うときは，その可能性はさらにます．また，こうした特徴の多くは警告にも役立ったと思われる．現生動物にみられる構造の多くはいくつもの行動で利用されることも覚えておいたほうがいい．

現在の動物との比較

こんなふうに，化石に現れた直接の物的証拠を利用するときでも，ほとんどの場合，現生動物との比較が行われる．それは，生きている体の働きを知るには，やはり現生動物を調べるのがいちばんの方法だからだ．

こうした比較が簡単にできることもある．たとえば，歯の形はたいていえさの種類と関係があるので，化石種の歯の形をみると，えさや食べ方を言いあてられる．生きている動物の目や鼻腔，耳，あごの筋肉が頭骨のどの穴におさまるかはわかっているので，恐竜の頭骨にあいたこのような穴の大きさや形から，特徴を推測できる．

一方で，これよりも比較するのがややむずかしいときもある．角竜類のえり飾りや剣竜類のプレートのように，大きくめだつ構造は，現生動物の例から考えて，ディスプレーに使われたと推測される．だが，歯がかみあとを残し，角が刺し傷を残すのに対して，ディスプレー用の構造は「ディスプレーあと」を残さない．まぎれもなく，えり飾りを見せびらかしたことを示す物的証拠は手に入らない．つまり，えり飾りやプレートがディスプレーに使われたという推測は，ある種類の歯が肉を切りさくために使われたという推測に比べると，不確かなのだ．えり飾りがごくかぎられたタイプのディスプレー（たとえば，右に2振り，左に2振り，上下に1振りのくり返し）に使われたといえば，まったくの憶測になる．もちろん，本当にそうだった可能性は捨てきれないが，確かめる手段がない．想像するのはおもしろくても，これは科学で正確に推測できる範囲をこえて

ランベオサウルス亜科のパラサウロロフスはトサカを使って，目にうったえるディスプレーをしたり，音を出したりしたのだろう．右上のオスのように袋を大きくふくらませたというのは，画家の推測だ．

いる．理にかなった推測ですらない．

　恐竜と現生動物を比較するときには，ふつう，体の大きさや生態が近そうなものが選ばれる．たとえば，ケラトプス科の恐竜と比較されるのは，アンテロープやサイなど，角をもつ現生種の植物食動物が多い．収斂進化（類縁関係は遠いが，生活様式が近いグループどうしで，よく似た特徴や行動が進化すること）を考えると，あながち無理な話ではない．しかし，注意は必要だ．なぜなら，どれほどよく似ていても，角のある恐竜は角のある哺乳類ではないからだ．たとえば，大きな角をもつ現生種の陸生動物とは違って，ケラトプス類は卵を産み，脳は小さめで，イネ科植物のない世界でくらしていた．そうすると，トリケラトプスはウロコのあるサイだという単純な考え方はできない．恐竜は，違う世界にすむ違う動物だったのだ．

　恐竜と比較するときに，大きさや形が似た動物ばかりが選ばれるわけではない．大きさや形がずいぶん違っても，類縁関係のある動物を利用することもできる．それは，体の特徴と同じように，行動も祖先から子孫へと受けつがれる特徴の集まりだからだ．現生鳥類は恐竜の一種（くわしくいえば，獣脚類のコエルロサウルス類に含まれる，マニラプトル類のなかの鳥群）で，現生ワニ類は，鳥類以外の現生動物のなかでは中生代の恐竜に最も近い．その次に近いのはトカゲ類とヘビ類で，さらにカメ類，そのあとに哺乳類，そして両生類が続く（第10章も参照）．現生鳥類とワニ類の両方にみられる特徴は，行動も含めてすべて，この2つにとって共通の祖先にもみられたことはほぼまちがいない．そして，この祖先はすべての恐竜の祖先でもある．すると，その状態から離れて進化した種がいることを示すたし

かな物的証拠がないかぎり，絶滅した恐竜の種はみなその特徴をもっていたと推測できる．

　そのいい例をいくつかあげよう．ワニ類と鳥類は，主竜類というもっと大きなグループに属している現生種のグループだが，この2つのグループにはほかの脊椎動物の大半とは異なる特徴がみられる．現生ワニ類と現生鳥類は求愛のときには複雑な鳴き声（歌）を出し，いろいろな姿勢やポーズを取る．砂に穴を掘っただけではなく，植物を使って巣をつくることが多い．卵が育つあいだ，巣の近くにいて，ぬすまれないように守る．卵がかえるときがきて，なかから赤ん坊の声がすると，親がそれにこたえて声を出す．卵がかえったあと，親は（ときには母親だけで）数週間以上赤ん坊のそばにいて，自立できるまで世話をする（もちろん，鳥類のなかには，大きな群れのなかで親と子が一生をともにする種もみられる）．

　こうした行動はすべて現生種の主竜類にみられるので，絶滅した恐竜のような化石種の主竜類もこれらの特徴をもっていたものと推測できる．アンキロサウルス *Ankylosaurus* の求愛の歌や，マッソスポンデュルス *Massospondylus* の赤ん坊が卵のなかから呼びかけた声がどんなものだったのか，正確にはわからないが，こういうときに音を出しただろうと推理はできる．

モデル

　恐竜の行動を知る手段としては，モデルをつくるという方法もある．実物どおりの形をした立体模型や，コンピューターグラフィックス，複雑な数学の方程式もその一つだ．行動の範囲を知るのに，これがいちばん役立つ場合も多い．

　恐竜は実際に存在した生き物なので，過去や現在，未来の世界に実在するすべてのものと同じように，物理学の法則に支配された．骨や筋肉の強さ，血液が酸素をとりこんだり出したりするしくみ，大きさや形がさまざまな管からつくりだされる音などは，実験でわかるので，この情報を利用して恐竜の行動を探ることができる．

　たとえば，ジョンズ・ホプキンズ大学の古生物学者デイヴィッド・ワイシャンペルは，ランベオサウルス亜科のカモノハシ竜パラサウロロフス *Parasaurolophus* のトサカ内にある管から立体模型をつくった．トサカに空気を送りこんだときに出る音を確かめるためだ．この実験では，バスーンのような太い音が出た．もっと最近の実験例では，パラサウロロフスの実物化石を使って内部構造をスキャンし，トサカのコンピューターモデルをつくっている．このモデルでも同じような音が確認された．

　さまざまな大きさの恐竜がどのくらいのスピードを出せたかという問題については，ロンドン大学のジョン・ハッチンソンや，カルガリー大学のドナルド・ヘンダーソンなど，多くの古生物学者が数値モデルやコンピューターモデルを使って推測している．ケンブリッジ大学のエミリー・レイフィールドは，コンピューターを利用していろいろな肉食恐竜のかむ力を試している．こうした実験は恐竜の行動範囲をつかむのに大いに役立つ．

　とはいえ，コンピュータープログラムというものは，入力できる情報によって左右される．そのため，恐竜の研究では（どれほど高度な技術を用いた研究でも），現生動物との比較は欠かせない．コンピューターや機械，数学上のモデルがたしかなものであれば，現生動物に実際にみられる行動を計算できるはずだ．そうでなければ，絶滅した恐竜について出された推測値をうのみにできない．このような研究の多くはまだ始まったばかりなので，これから数年のあいだに，こうした方法の正確さがもっとわかってくるだろう．

　しかし，モデルや現生動物との比較，物的証拠からわかる恐竜の行動は，どうがんばっても全体のごく一部でしかない．恐竜の生活の大部分は謎に包まれたままだろう．そう思うとちょっぴり悲しくなることがある．ライオンやサイやゾウの行動を野外で観察できる生態学者のように，ティラノサウルスやトリケラトプスやアナトティタン *Anatotitan* の行動を知りたいと願うからだ．だが，恐竜の行動を完全に理解するのはとうていむりでも，かぎられた証拠から推測することはできる．結局のところ，科学とはそういうものなのだ．

歩き，走る恐竜

マシュー・T・カラノ博士
国立自然史博物館（ワシントンD.C.）

写真提供はマシュー・T・カラノ

　恐竜はどんな歩き方をしたのだろう．どのくらい速かったのだろう．どの恐竜もみな同じような動き方をしたのか．

　単純な質問だが，これらは古生物学者にとって，いろいろな点で，答えるのが最もむずかしい問題に数えられる．恐竜の動きはどうしたらわかるのか．歩いたり走ったりするのは行動の一種だが，行動を化石から解きあかすのはむずかしい．それはベースボールカードの写真をみて，野球選手の打率を読みとろうとするのにやや近い．

　恐竜は，化石骨格のほかにも，痕跡を残しているときがある．なかでもよく見つかるのは石に保存された足跡だ．ひと続きの足跡があれば，歩幅から速度を割りだすことも可能だ．走る速度が速くなるほど，歩幅が広がる．そのほかにも，恐竜が群れ全体でいっしょに歩いていたことや，すわって休んでいたことまで，足跡から知ることができる．

　それに，恐竜の骨格はたくさん見つかっている．骨の形から，生きていたときの働きがいろいろわかる．速く走れる動物は，体が重くて動きがおそい動物に比べて，脚の骨が細長い．また，土に穴を掘ってもぐる動物の骨は，よじのぼる動物の骨とは外見が異なる．鳥類や爬虫類，哺乳類など，さまざまな種類の現生動物を調べると，動き方と骨の形の関係が明らかになる．そうすると，目に見えるパターンを使って恐竜の骨を「解読」できる．

　恐竜はどんな歩き方をしたのか．恐竜の脚を見ると，哺乳類や鳥類のものとあまり変わらないことがわかる．恐竜にも同じ種類の骨や関節があり，同じような方法で脚を前後に動かすことができた．恐竜は爬虫類のようにはいつくばるのではなく，直立していた．しかし，恐竜は人間とは違って，かかとを地面につけずに，つま先で歩いた．この点は鳥類やウマに近い．

　恐竜はどのくらいの速さを出せたのか．竜脚類のような大型恐竜はあまり速くなかったと思われるが，その必要もなかった．おとなの大きさになった竜脚類に傷を負わせられる捕食者は，ほとんどいなかったはずだからだ．植物食恐竜の大半はゾウやサイのような体だったが，もっと小さめの植物食恐竜のなかには，足の速い種類がいくらかいたかもしれない．たぶん，時速 24km から 32km を出せただろう．ティラノサウルス *Tyrannosaurus* のような大型肉食恐竜は，体のわりには足が速かったが，しょっちゅう走ったりすばやく走ったりするには大きすぎた．

　どの恐竜も同じような動き方をしたのか，という問題だが，ほとんどの恐竜は体のつくりがだいたい同じだったので，似たような歩き方をしたと思われる．水中にすんではいなかったし，土に穴を掘ってもぐったり，よじのぼったりもしなかっただろう．クジラ型の恐竜やモグラ型の恐竜，サルのような恐竜はいなかった．大半の恐竜はどこへ行くにも歩いたり走ったりした．たぶん現在の動物と同じように，走るより歩くことのほうが多かった．だが，基本的には似ていても，生きていたときには，大きさや形，速さが種類によってずいぶん違っていたはずだ．

トリケラトプスは走れたのか？　走っている姿を描いた再現図は多いが，科学研究はまだ続いていて，実際に走れたかどうかの結論は出ていない．

T・レックスについていく──
どのくらいの速さで走れたのか

ジョン・R・ハッチンソン博士
ロンドン大学

写真提供はジョン・R・ハッチンソン

　ティラノサウルス・レックス Tyrannosaurus rex は巨大な恐竜だったが，速く走れたのだろうか．T・レックスをはじめて記載した科学者ヘンリー・フェアフィールド・オズボーンは，肉食動物の王者とよばれるこの恐竜が細長い足をしている点に興味を覚えた．そして，ずばぬけた「破壊力とスピード」をあわせもっていたのではないかと考えた．オズボーンに賛成する科学者のなかには，T・レックスはオリンピックの短距離走者なみの時速40kmか，それよりもっと速く走れたというものもいる．だが，すべての古生物学者が同じ意見ではない．あれほどの巨体では俊足だったとは思えないし，そもそも走れたかどうかすらあやしいというのだ．

　T・レックスはすばやく走れはしなかったと考える科学者は，現在のゾウと比べることがある．ゾウの体重は6tほどで，おとなのティラノサウルスに近い．ゾウやほかの現生動物の肉体的な限界から考えると，これだけ体重のある動物は，重すぎるため，あまり速くは走れない．

　T・レックスは速く走れたと考える科学者は，長い脚に注目する．これは足の速い現生動物にみられる特徴だ．ティラノサウルス類とゾウは体重が近いが，脚の種類が大きく異なるので，ゾウはモデルに使えないというのだ．このような考えの科学者たちは最初のうち，ティラノサウルスの走る速度を（競走馬なみの）時速72kmと見積もっていたが，最近になって，時速40km程度まで落としている．

　私も生体力学（動物の動きの力学的研究）の技術を用いてこの問題の解明を進めようとしてきた．そして研究なかまのマリアノ・ガルシアとともに，簡単なコンピューターモデルを使って，さまざまな動物が歩いたり走ったりするのにかかる力を推定した．走る動物はみな，体を支えるのに必要な力を出せるほど，脚の筋肉が大きくなくてはならない．では，もしT・レックスが速く走れたとしたら，脚の筋肉はどのくらいの大きさだったのか．コンピューターモデルを使うと驚くべき答えが出た．ありえない数値だった．T・レックスが俊足なら，全体重の86％までが脚でなければならなかったのだ．これは無理な話なので，T・レックスはもっとゆっくりとした動物で，速くは走れなかっただろう，と私たちは結論づけた．ひょっとすると，T・レックスは，私たちがつくったモデルよりまっすぐな脚をしていて，早足で歩くか，ゆるめのスピードで走ったかもしれない．たぶん，ティラノサウルス類の科学的研究はまだ不十分なのだろう．恐竜の走る速度を調べる研究はこれからも続き，ティラノサウルス類についても，すべての大型動物の生体力学についても，もっと多くのことが明らかになるはずだ．

ハッチンソンとガルシアは，コンピューターモデルを使ってティラノサウルスの動く速さを調べたときに，（ニワトリを含めて）さまざまな現生動物と比較した．

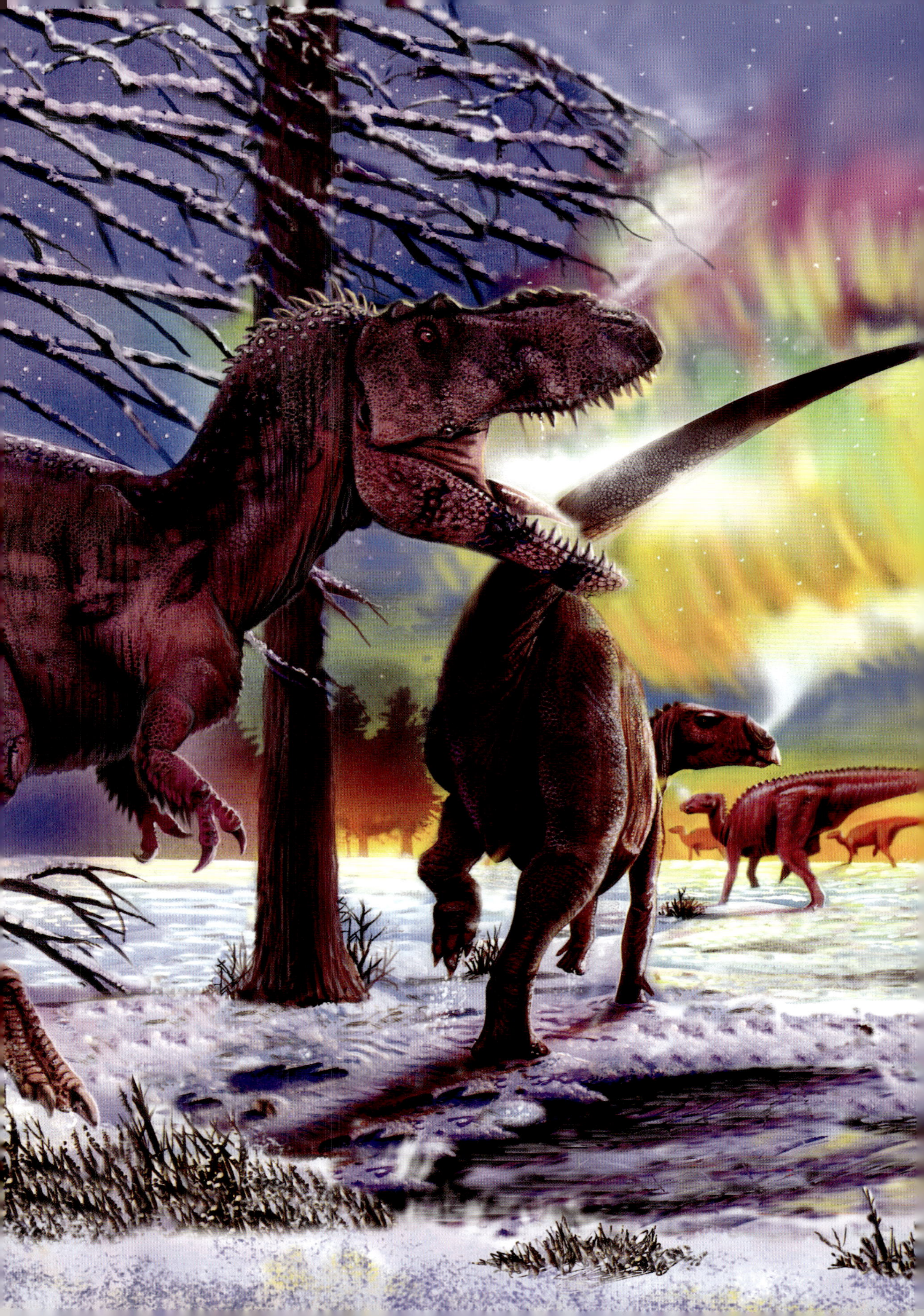

38
恐竜の体の働き
Dinosaur Biology
生きている恐竜

　恐竜の骨格はすばらしい．私は恐竜の骨格をながめるのが大好きだ．野外だろうと研究室だろうと，所蔵品のケースに入っている標本だろうと，博物館の展示標本だろうと，何時間でも見ていられる．そうでなければ，この仕事には絶対向いていない．けれども，恐竜は骨格だけでできていたのではない．生きて呼吸をしていた動物なのだ．どの恐竜にも皮膚や筋肉，腱，肺，消化器官，心臓，血管，神経，脳があった．つまり，骨のまわりに（ときに内側にも）ねばねばしたものがくっついていた．そして，このねばねばしたもののなかに，「生命活動」の場があった．

　恐竜の生態について古生物学者が知りたがっていることはたくさんある．たとえば，どのような方法で繁殖したのか．どんな行動をとったのか．ほかの種との関係は．動き方は．たがいにどんな影響をおよぼしあったのか．食べ物は．こうした問題は本書のほかの部分であつかった．

　しかし，全体に共通することがらの一部は，ここでくわしく説明したい．それは生物学の一分野で，生理学とよばれる研究に関係した問題だ．生理学では生物や，その体のいろいろな部分の機能を研究する．たとえば代謝（栄養素の消化と老廃物の排出），呼吸，血液の循環，新しい組織の成長といった問題がここには含まれる．こうした機能はすべて深くかかわりあっている．そして，これらにまつわる問題でもとりわけ重要なのは，それぞれがどのくらいの速さだったのか，ということだ．

恐竜は温血か冷血か

　恐竜の生き残りである鳥類と，もっと遠いなかまのワニ類や，そのほかの爬虫類，そして哺乳類などは現在も生きているので，恐竜の生理機能を探るためによく利用される．これらの動物を参考にすると，恐竜の体内にあったさまざまな器官の大きさや形が

おおまかにつかめる．たとえば，眼窩があれば，眼球がそこに入っていたことわかる．また，脳函の大きさや内側の空間から，恐竜の脳の大きさをおおよそ計算できる．

　恐竜の生理機能に関して長いあいだ議論が続いているものに，温血か冷血かという問題がある．だが，この問題をとりあげる前に，こうした言葉の意味を知る必要がある．

　温血や冷血という言葉は血液の温度をさすと思うかもしれないが，実は，血液の温度とは関係がない．エネルギーを得る生理機能の違いを示しているのだ．現生種の温血動物には哺乳類と鳥類がいるが，マグロを含む一部の魚類も温血で，ニシキヘビも卵を温めているあいだは温血だ．温血動物はエネルギーの大半を体内でつくりだす（科学用語を使うと，内温性）．体内で熱を生産するので，温血動物は外気温に影響されずに一定の体温を保てる（専門用語では，恒温性）．しかし，内温性で恒温性であるためには，負担がかかる．温血動物は体温維持のためにたくさんの食物を食べ，ずいぶん速く呼吸しなくてはならないので代謝が速い（これを，急速代謝性ともいう）．

　現生種の典型的な冷血脊椎動物には，ワニ類，トカゲ類，ヘビ類，カメ類，両生類と，大半の魚類が含まれる．これらの動物は体内でもある程度熱をつくるが，冷血動物はふつう，太陽や温かい岩などを利用し，外からの熱で体を温める．つまり，外温性だ（だから，動物園の爬虫類館ではたいてい太陽灯

左ページ：恐竜がすんでいたのは熱帯地方だけではない．この北国アラスカでは，雪景色のなかで，アルバートサウルス *Albertosaurus* がエドモントサウルス *Edmontosaurus* を追いかけている．

冷血動物（カエルなど）が食べるえさは，同じ大きさの温血動物（ハムスターなど）よりはるかに少ない．

の下に動物が集まる）．冷血動物は外部のエネルギーから熱を得ているので，外気温にあわせて体温が変動する．これを変温性という．しかし，冷血動物は内側から熱を生みだす必要があまりないので，食べ物や酸素がかなり少なくても生きていける，緩慢代謝性だ．

ところで，現生動物が温血（内温性で恒温性，急速な代謝）の場合と，冷血（外温性で変温性，緩慢な代謝）の場合では，どんな違いが生じるのだろう．実は，動物が生息できる場所や，どれだけ活発に動けるかということに大きくかかわってくる．温血動物は冷血動物に比べて，1日のうちに活動できる時間が長い．また，冷血動物には寒すぎる環境（高山地帯や寒冷地域）でも生きのびられる．しかし，温血動物は生きのびるために大量のえさを食べなくてはならない．そのため，温血動物に比べると，冷血動物のほうが（寒い場所でなければ）小さな土地にもたくさんすめる．

リチャード・オーウェンは1842年に，恐竜類という名前を生みだしたのと同じ論文のなかで，恐竜の生理機能について考えるきっかけを提供した．論文の最後で，恐竜は（はって歩く姿勢のトカゲ類やワニ類と違って，現生鳥類や現生哺乳類と同じように，体の下にまっすぐのびた長い脚をもつので）温血だったのではないかと書いているのだ．この考え方はその後もあれこれ議論されている．温血説を裏づける証拠も否定する証拠もいろいろあるが，それ

に目を向ける前に，まず生理機能の働き方について基本的なことを学んでおこう．

生命のエンジン

温血動物は（そして，冷血動物も少しは）体内で熱をつくると説明したが，その際，方法についてはふれなかった．熱の一部は内臓と筋肉の動きから生じる．だが，最も基本的なレベルでみると，体内の熱は細胞内の微細な構造から生みだされる．ミトコンドリアとよばれるこの微細構造は，栄養素と酸素を結びつけて熱を出す．まさに「生命のエンジン」だ．自動車を動かすには，エンジンで燃料（ガソリン）と酸素を結びつける必要がある．それと同じように，動物が生きていくためには，ミトコンドリアが燃料（栄養素）と酸素を結びつける必要がある．

しかし，ミトコンドリアはとても小さく，長さが0.002 mmから0.008 mmしかない．縦1列に何千本もつないでも，ほんの2，3 cmにしかならない．だから，ミトコンドリアにステーキやジャガイモを突っこんで燃料にしろというわけにはいかないのだ．食べ物を消化するのは（食べ物をかみとって，歯や，もしあるなら砂嚢，さらに胃で細かくし，消化酸でとかして，腸壁から吸収し，血流にのせるのは），ミトコンドリアが燃料として使えるくらい小さな断片に食べ物を分解するためだ．そして，私たちが呼吸をするのは，酸素を血液中にとりこんで，ミトコンドリアまで運び，先ほどの燃料を燃やすた

動物の細胞

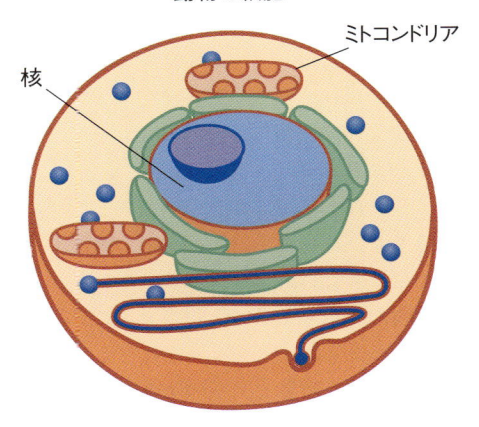

核
ミトコンドリア

動物の細胞の略図．動物の主要な **DNA** は核に含まれる．ミトコンドリアは細胞が働くための力を生みだす．

めだ．

　温血動物だけでなく，すべての動物がミトコンドリアをもっている（植物，菌類，さまざまな種類の単細胞動物もミトコンドリアをもつ）．だが，温血動物は冷血動物より細胞内のミトコンドリアの数がはるかに多い．哺乳類や鳥類のエネルギーは，この余分にあるミトコンドリアが食べ物と酸素を使って生みだしているのだ．

　ここまで説明すると，なんだ，それなら恐竜が温血か冷血かはすぐにわかる，と思うだろう．細胞内のミトコンドリアを数えるだけでいい，と．残念ながら，化石化作用を受けても個々の細胞が変化せずに残るのはほとんど不可能だ．恐竜の細胞の大多数は何百万年も前にくさっている．組織のかけらが見つかった例はわずかにあるが，やはりこわれていたようだ．そのため，こうした細胞のなかみについては，もとの状態がはっきりしない．

　でも鳥類は恐竜の一種だから，鳥類が温血なら恐竜も温血だったはずだ，と思うかもしれない．もちろん鳥類は恐竜の生き残りだが，きわめて特殊化し，進化した恐竜だ．だから，鳥類からこういう推測をするのは危険だ．それは，鳥が飛べるから，恐竜はすべて（ステゴサウルス *Stegosaurus* もブラキオサウルス *Brachiosaurus* も）飛べたというようなものだ．鳥類の温血性は鳥類ではない祖先から受けついだものなのか，それとも鳥類の系統がほかの肉食恐竜から分かれたあとに進化したのか．たしかなところはわからない．

　今やるべきことは，恐竜の生理機能を解きあかす手がかりを化石資料から見つけることだ．

なにをどれだけ食べるか

　もし恐竜が温血だったとしたら，同じ大きさの冷血動物に比べて，一定期間により多くの食べ物をとりいれる手段をもっていたはずだ．なにしろ，ミトコンドリアという小さなエンジンにたくさんの燃料を供給しなくてはならないからだ．そういう手段をもっていたことは，恐竜にみられるいろいろな適応から推測できる．

　そうした適応のなかで，まず最初に発見され，最も古くから知られているのは，まっすぐ下にのびた長い脚だろう．現生種のワニ類やトカゲ類，カメ類，両生類とは違って，恐竜は現生種の哺乳類や鳥類のように，体のま下に脚がのびている．ここから，恐竜はみな大またで，たくさんの距離を歩くことができたと思われる．オーウェンは 1842 年の段階で，この適応に気づき，恐竜の生理機能はトカゲより哺乳類に近かったのではないかと考えた．

　ずばぬけて大きな竜脚類や，ずんぐりしたよろい竜類でも，歩幅はかなり大きかっただろう．そして，多くの恐竜は（小さなコンプソグナトゥス科の恐竜から大きなカモノハシ竜まで）ずいぶんすばやく動けたようだ．すると，全体として恐竜はみな，広い範囲を移動しながら食べ物を探すことができたと思われる．

　だがもっと重要なのは，少なくとも一部の恐竜が特殊な食べ方をするように適応していたことだ．なかでも目を引くのは，ハドロサウルス科の鳥脚類や，ケラトプス科の角竜類，ルーバーチーサウルス科の竜脚類がもっていたデンタルバッテリー（頬歯群）だ．これらの恐竜は植物をすりつぶしたり，薄切りにしたり，かじったりして，あっというまに細かいかけらにしたので，すばやく消化できた．

　1960 年代の終わりから 1970 年代のはじめにかけて，古生物学者のロバート・T・バッカーが別の方法で恐竜の（とくに獣脚類の）食べ方を解明しようとした．現在の世界では，一定量の食べ物で生きられる動物の数は，温血動物より冷血動物のほうがはるかに多い．ここにバッカーは目をつけた．そうすると，ある生態系で利用可能なえさ（肉）の量と捕

食者の数を比較すれば，その捕食者が温血だったか冷血だったかがわかる．肉の量が同じなら，温血の肉食動物より冷血の肉食動物のほうがたくさん生きていける．

バッカーは，新生代の化石を調べ，だれもが温血性だと認める哺乳類の個体数を数えた．その結果，ほんの一部（約5％）が肉食動物だったことがわかった．同じように，ペルム紀前期の陸生脊椎動物の個体数も調べてみた．当時は，背中に帆をもつ原始的な原哺乳類が捕食者のトップに立っていた．この動物群集のなかでは，個体数の1/3から1/2が肉食動物だった．これらは冷血動物だったはずだ．なぜなら，温血性の肉食動物がこれだけいたなら，すぐにえさが足りなくなっていたにちがいないからだ．

バッカーはペルム紀後期のもっと進化した原哺乳類や，ワニ類のなかでも三畳紀に生息していた初期のグループについても調べたが，ここでは中間の値が出た．すると，これらの動物は現生トカゲ類などより温血性に近かったが，哺乳類ほどではなかったのだろう．ところが，恐竜群集を調べると，哺乳類のときと同じ数字が出た．つまり，恐竜は（少なくとも獣脚類は）完全な温血動物だったということだ．

ただし，バッカーの分析にだれもが賛成しているわけではない．さまざまな化石種が発掘される割合が実際に生息していた割合を正確に表しているかどうかは簡単にはわからない，という者もいる．それでも，恐竜の調査で使ったのと同じ方法で化石哺乳類群集を調べた結果，温血動物にあてはまる数字が得られた点は興味を引く．化石哺乳類の調査でこの方法がうまくいくのなら，恐竜にも十分利用できるのではないだろうか．

バッカーの研究は肉食動物の生理機能を解明するのに役立つが，植物食動物には直接の関係がない．各地域の植物食恐竜の体重を合計すると，本当に温血動物だったとは思えないほど多すぎる，と考える研究者もいる．つまり，一定面積に生えた植物がつくりだす栄養素を計算し，その植物が維持できる植物食動物の体重を考えると，植物食恐竜が温血だった場合には，一つの場所で一定期間に生息していた数が多すぎるというのだ．植物食恐竜はほんの少しだけ温血性だったのだろう，というのが彼らの考えだ．

ただし，最近の研究でそうした分析の前提が一部ゆらいでいる．岩石に含まれる植物プランクトンの化石などの証拠をもとにすると，中生代の大気に含まれていた酸素と二酸化炭素の量は現在とは違っていたようなのだ．ノースカロライナ州立大学の大学院生サラ・デカードと共同研究者は，大気の組成が違えば，植物が一定期間につくりだす栄養素の量も現在とは違ったのではないかと考えた．そこで，イチョウの木（中生代の植物で現在もみられる種類）を大昔と同じ組成の大気中で育てると，通常の2倍から3倍の栄養素がつくられることがわかった．すると，現在の植物に比べると，恐竜時代の植物は同じ面積でもよりたくさんの食物をつくりだし，もっと多くの恐竜を養えたのだろう．実におもしろい研究だ．このような研究がさらに進むところをぜひ見たいと私たちは思っている．

深呼吸

大気といえば，一つ忘れてはならないことがある．それは，生理機能に関係しているものが食べ物以外にもあるということだ．ミトコンドリアは酸素を栄養素と結びつけてエネルギーをつくるので，栄養素だけが余計にあっても，代謝率が高まるわけではない．では，恐竜が効率よく呼吸をしたことを示す証拠はあるのだろうか．

実は，たしかな証拠から，恐竜は（さらに，恐竜

アメリカの古生物学者
ロバート・T・バッカー

●315

ムッタブラサウルス *Muttaburrasaurus* の鼻についた大きな袋は，警笛のような音を鳴り響かせるだけでなく，呼吸をするときに水分を保つのにも役立っただろう．

に最も近いなかまの一部も）すみやかに酸素を肺に取りいれて廃ガスを外に出すことができたと思われる．生物学者のコリーン・ファーマー，リチャード・キャリアー，エリザベス・ブレイナードと，古生物学者のレオン・クレッセンスは，現生脊椎動物と，恐竜を含む絶滅脊椎動物の呼吸をさまざまな角度から研究している．そして，現生種の鳥類とワニ類，その絶滅したなかま（鳥類以外のさまざまな恐竜も入る）を含む主竜類にとって共通の祖先が，特殊な方法で呼吸していたことを発見した．大昔の主竜類

鼻息も荒く．トリケラトプス *Triceratops* のような大型恐竜の多くは，鼻腔が大きかった．

がもつ腹肋骨はぴったりとあわさり，腹部の筋肉が収縮するときに，腹と胸が外へふくらむのを助けた．そのおかげで，ただ胸郭が広がるだけの場合に比べて，肺がすばやくふくらみ，より多くの空気をとりこめた．この筋肉がゆるむと，空気が外へ押しだされた．

つまり，初期の主竜類は特殊な手段でより速く呼吸することができたのだ（バッカーが見つけた証拠によると，初期の主竜類の代謝はやや温血よりだったようだ）．そして，恐竜はさらに進化し，腰にある恥骨と坐骨がぐんと長くなっていたため，もっとたくさんの空気を肺に入れることができた．

さらに，初期の主竜類には，鳥類が効率よく呼吸するのに使う特殊な気嚢システムの原型がそなわっていたようだ．気嚢システムは，いくつもの袋が喉や肺につながって，空気がすみやかに流れるようにするしくみだ．この袋は水分の損失をおさえ，過剰な熱を排出するのにも使われただろう．原始的な主竜類では，頭や脊椎骨の一部から空気の入る袋が見つかっている．同様の状態が鳥盤類の恐竜でも確認されている．竜盤類ではシステムがさらに特殊化し，袋の一部が拡大して，脊椎骨のなかでかなりの部分をしめるようになっている．そうすると，恐竜は大量の空気をすばやく出し入れできたようだ．

気嚢は息をはくときに水分が出ていくのを防ぐ役目も果たしたと思われる．そのおかげで恐竜は，呼吸が速くても水分不足にならずにすんだだろう．おまけに，グループ（鳥盤類，竜脚形類，獣脚類）は違っても，大型恐竜の多くは水分をリサイクルする手段をほかにももっていた．鼻域がひときわ大きかったのだ．ここに入っていた組織も水分を逃がさないようにするのに役立っていた，と考える古生物学者もいる．

中生代の大気に含まれていた酸素と二酸化炭素の濃度は現在とは違っていたが，それが恐竜（と翼竜類）の生理機能にどんな影響をおよぼしたかという問題については，まだ科学研究が始まったばかりだ．現在と同じ大気中に比べて酸素濃度が高い大気のなかでは，こうした爬虫類はさらに活発に動けたかもしれない．この本を書いているあいだにも，現生主竜類（鳥類とワニ類）を使って，大気の組成の違いが生理機能におよぼす影響を調べる研究が続いている．

恐竜の鼓動

多めにとりこまれた栄養素と酸素が，それぞれ腸や肺から体の全細胞に行きわたったところではじめて，ミトコンドリアに燃料が供給されることになる．この燃料を運ぶ仕事をするのが循環系（心臓や動脈，静脈）だ．恐竜の心臓はその仕事にたえられたのだろうか．

古生物学者のジョン・オストロムは以前，あれだけ背が高いのなら，恐竜は効率のいい心臓をもっていたはずだ，と述べている．血液を脳へ届けるために，恐竜の心臓は重力に逆らって血液を送りださなくてはならなかった．ヒプシロフォドン *Hypsilophodon* やヴェロキラプトル *Velociraptor* のようなやや小型の恐竜でさえ，現生種のワニ類やカメ類に比べて高い位置に脳があったので，心臓の働きがよくないと，しょっちゅう気を失っていただろう．竜脚類をはじめ，見あげるほど背の高い恐竜は，ずいぶん強い心臓を必要としたはずだ．

血液をその高さまで送るには，4室の心臓をもっていなくてはならなかった．カメ類やトカゲ類，ヘビ類の心臓には3室しかない．肺へ向かう血液と，体のほかの部分へ向かう血液が，弁で分離されてはいないのだ．このように心臓に3室しかない動物の場合，背があまり高くなると，血圧が高くなりすぎて死んでしまう．これに対して，4室の心臓をもつ動物（哺乳類，ワニ類，鳥類）では，肺へ流れる血液と，ほかの部分へ送られる血液が弁で分離されている．4室の心臓をもつ動物は，心臓が3室の動物よりはるかに背が高くなれるのだ．

現生種の主竜類であるワニ類も鳥類も4室の心臓をもつので，絶滅した恐竜もそうだったと推測できる．そうではなかったというのは，証拠もないのに，ある進化が起きたと主張するのと同じだ．鳥脚類のテスケロサウルス *Thescelosaurus* の化石で，4室の心臓らしきものが最近，見つかった．しかし，これは心臓の化石ではなく，岩石の塊だと考える科学者は多い．そうだとしても，恐竜の心臓が4室だったことはほぼまちがいないという点で，古生物学者の意見は一致している．

成長する骨

骨は体をまとめておく足場にすぎない，と一般には思われがちだ．しかし，実は，骨は生きた組織な

のだ．動物が成長するにつれて，大きさ以外にもいろいろな変化が骨に起きる．骨の微細構造にも変化が生じる．その一部は動物の生理機能を反映している．古生物学者にとって最も重要なのは，このような変化が化石に保存されることだ．

骨には体内の無機質（とくにカルシウムとリン）がたくわえられる．こうした栄養素を体が必要とするときに，特殊な細胞が骨のごく一部をとかして，血流にのせる．それから少したつと，別の細胞があいたすきまに入りこみ，新しい骨で穴を埋めて「修理」する．そうでなければ，骨はずいぶんもろくなるだろう．骨がとけたらつくろう，このパターンは再構築とよばれる．ほとんどの冷血動物のように，代謝率が低い動物の場合，骨の再構築はほんの少ししか行われないのがふつうだ．温血動物のように，代謝率が高い場合はもっと活発に再構築される．

代謝率の低い動物と高い動物では，骨の内部にほかにも違いがみられる．成長がずいぶん速い（ということは，代謝率が高い）骨は，顕微鏡で観察すると，成長がおそい骨とは違ってみえる．成長が速いかおそいかによって，骨の構造が異なってくるのだ．現生種の典型的な温血動物は骨の再構築がさかんで，成長の速い骨の構造をしている．現生種の典型的な冷血動物は骨の再構築がわずかしかなく，たいていは，成長のおそい骨の構造になっている．

アルマン・ド・リクレ，ケヴィン・パディアン，ジョン・ホーナー，アヌスヤ・チンサミー＝チュラン，クリスティーナ・カリー・ロジャーズ，R・E・H・リードなど，恐竜の生理機能を知るために，骨の微細な特徴を調べている古生物学者は大勢いる．20世紀のはじめから，科学者たちは，恐竜の骨がさかんに再構築されていたことに気づいていた．また，恐竜の骨で確認された構造はたいてい成長の速いタイプばかりだった．そこで，少なくとも一部の

トリケラトプスの顔は，赤ん坊からおとなになるあいだに（左から右へ）変わっていった．同じように，骨の微細構造も変化した．

古生物学者は，これは恐竜が温血だったことを示す証拠だと考えている．その一方で，冷血動物のカメやワニでも成長の速いタイプの骨がときどきみられるとして，反論する者もいる．つまり，骨から得られる証拠は有力だが，たしかではないということだ．

　恐竜の骨の多くには成長輪もみられる．この成長輪は木の年輪と同じように，1年に1本ずつできたようだ．ときには骨の成長が速すぎて，成長輪ができないこともあった．また，成長輪はできても，その後の使用で骨に変更が加えられ，再構築が起きたこともあった．成長輪はふつう，恐竜が成長を続けているときにだけつくられた．

　このような成長輪は現在，温血動物より冷血動物にみられる場合が多いので，恐竜が冷血動物だった証拠とされたこともかつてはあった．しかし，明らかに温血の哺乳類や鳥類の一部でもこうした成長輪ができることが今はわかっている．鳥類は1年たたないうちに成長しきるので，ふつうは成長輪がみられないが，新生代の巨大な鳥類では，恐竜によくあるタイプの成長輪が認められることもある．

＊　＊　＊

脳

　恐竜の脳から，その体の機能についてどんなことがわかるのか．脳そのものは残っていない（はるか昔にくさっている）が，脳函の内側のスペースをみれば，脳の大きさや形がわかる．

　恐竜は脳が小さかったことで有名だ．剣竜類や竜脚類は大きな体のわりには脳がとても小さかったと，よくいわれる．それはまちがいない．ステゴサウルスやアパトサウルス *Apatosaurus* の大きさになるまでワニを育てたとしたら，脳は，この2種類の恐竜のものに比べて2倍の大きさになるだろう．

　だが，どの恐竜の脳も小さかったわけではない．

恐竜と近縁動物の脳（青）と脊髄（緑）．鳥群のアルカエオプテリクス（左上），デイノニコサウルス類のヴェロキラプトル（左のまん中），現生ワニ類のクロコディルス属 *Crocodylus*（左下），翼竜類のプテロダクティルス *Pterodactylus*（右上），ケラトプス科のトリケラトプス（右下）

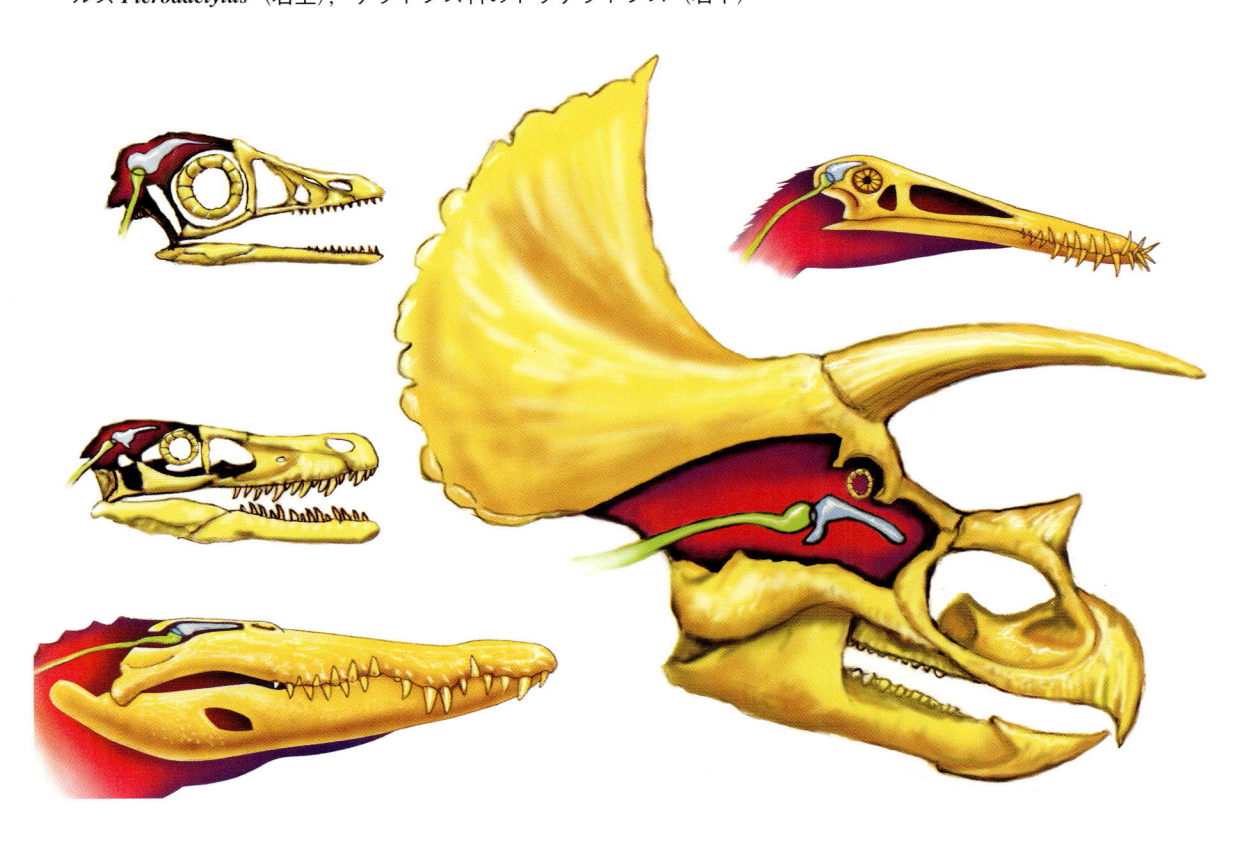

鳥脚類と，とくに獣脚類の脳はもっと大きかった．獣脚類のなかでは，綿毛状の外皮をもつコエルロサウルス類の脳が最も大きい．コエルロサウルス類のなかのマニラプトル類は，ほかのコエルロサウルス類より大きな脳をもっていた．マニラプトル類の一種である鳥類は，すべての恐竜のなかで最大の脳をもつ．

中生代の恐竜で，現生種の鳥類や哺乳類と同じくらいの大きさの脳をもつものはいなかった．脳の大きさと知能がそのまま結びつくわけではないが，脳の相対的な大きさはかしこさの度合いを示すおおまかな指標になる．そこから考えると，ほとんどの恐竜の知能は現生哺乳類ほど高くなかっただろう．イルカや霊長類には遠くおよばなかったはずだ（霊長類であるヒトと知恵比べをする映画など，まったくばかげている）．だからといって，恐竜は頭の働きが悪かったというわけではない．中生代のほかの陸生動物と比べると，ほとんどの恐竜は同じくらいか，それ以上の知能をもっていた．なかでもマニラプトル類は，同時代の哺乳類のどれにも負けないくらいかしこかっただろう．

化石の脳のスペースからわかるのは知能の高さだけではない．脳のいろいろな部分はさまざまな種類の機能を支配している．そこで，脳函の空間を調べると，恐竜の感覚を解明できる．たとえば，嗅覚領域の相対的な大きさから，ティラノサウルス *Tyrannosaurus* はすぐれた嗅覚をもっていたが，トロオドン *Troodon* はそうでなかったことがわかる．アルカエオプテリクス *Archaeopteryx* のような小型のマニラプトル類はバランス感覚がすぐれていたので，木にのぼったり飛んだりすることができたとしてもおかしくない．ほかの恐竜でも2足歩行の種類はかなりバランス感覚がよかったが，4足歩行の恐竜はそれほどでもなかった（4足歩行というだけで，2足歩行より安定していたからだろう）．

恐竜の脳の研究は今やっと本格化しはじめたところだ．というのは，脳を研究する道具が以前とは違ってきたからだ．昔は，頭骨を切り開かないと脳函の内部の特徴を観察できなかった．想像はつくと思うが，貴重な恐竜の頭骨を切り開かせてくれる博物館は多くなかった．しかし今はCTスキャナーで，頭骨を傷つけずに脳函のなかをのぞける．古びた恐竜の頭のなかをのぞきこんで新しい発見ができたら，さぞかしおもしろいだろう．

そして答えは？

それで，恐竜は温血だったのか，それとも冷血だったのか．興味をそそる問題だが，だれもが納得できる答えはまだ出ていない．恐竜の体の働きは現生種のトカゲやカメのようだったという者は，今はほとんどいないだろう．そうではなかったことを示す証拠が山ほど集まっているからだ．この章で取りあげた特徴もそうだし，恐竜が，当時の世界にいた大きな冷血動物よりはるかに速く成長したという観察結果も出ている（第36章）．

古生物学者のなかには，恐竜は現在の哺乳類や鳥類と同じように完全な温血動物だった，と考える者もいる．しかし，その一方で，生理機能の面では，ワニ類と鳥類の中間だったかもしれないという者もいる．

私としては完全な温血説を強く支持したいところだが，簡単にはそうできない理由がまだある．たとえば，大気の変化が恐竜の体の機能におよぼした影響については，今ようやく目が向けられだしたところだ．それに，恐竜の祖先や絶滅した近縁動物に関してこれから調べなければならないことがたくさんある．けれども全体としてみれば，動きやえさの食べ方，呼吸，循環，成長の証拠から，恐竜は，やや遠いなかまであるワニ類やトカゲ類より，現生種の恐竜，つまり鳥類のほうにはるかに似ていたといえるだろう．この問題はまだ決着がついていないので，恐竜学のなかでもとりわけ活気に満ちた分野だ．

恐竜の体を内側から探る──骨からわかること

アヌスヤ・チンサミー＝チュラン博士
ケープタウン大学（南アフリカ）

写真提供はアヌスヤ・チンサミー＝チュラン

　恐竜の体で今まで残っているのは，ほとんどが骨格のかたい部分で，たいていは骨や歯だ．こうした化石の解剖学的構造を調べた結果，さまざまな恐竜の違いがかなりのところまで解明されている．恐竜の体の働きに関しては今もさかんな議論が続き，いろいろな方面から証拠が出されている．そのなかでも，化石骨の微細構造（組織構造ともいう）が恐竜の成長過程を探る直接の証拠になることは，広く認められている．骨からは，恐竜の成長に影響をおよぼした要因の手がかりも得られる．

　恐竜の骨は何千万年ものあいだに化石化作用を受けて変化しているが，骨の微細構造はふつう，そのまま保存される．恐竜の骨から薄い切片をつくると，顕微鏡で観察できる．骨に含まれる有機物はもう残っていないが，成長のしかたを探る重要なヒントはまだ見つかる．それは，無機質の構造（水酸化リン灰石とよばれるカルシウム化合物）が化石に保存されているからだ．無機質の結晶（リン灰石）の方向と，骨のなかにある血液が流れていた通路をみると，恐竜の成長に関する情報が得られる．

　リン灰石の構成から（化石化の過程で分解されている）コラーゲン繊維の配置と，骨の形成速度，つまり成長のしかたがわかる．たとえば，骨の組織が網状のパターンを示し，コラーゲン繊維があちらこちらへ向いていれば，その骨は比較的速い速度でつくられたものと推測できる．これに対して，骨のでき方がおそい場合には別のパターンがみられる．成長がおそいと，コラーゲン繊維がもっときれいに並んだ形になるのだ．

　化石骨には血管が入っていた通路が残っている．この通路の配置を調べると，恐竜の血管の形成され方を推測できる．骨が急速に成長すると網状の構造ができ，血管のまわりにすきまが残る．その後，（骨単位とよばれる）くっきりとした骨の輪がそれぞれの血管のまわりにつくられる．このようなタイプの骨は繊維-層板骨とよばれる．骨の成長がおそいと，まわりに骨ができるときに，血管がそのなかへとりこまれる．

　おもしろいことに，恐竜の骨は大部分が繊維-層板骨で，成長が速かったことを示している．しかし，1種類の恐竜にあてはまるからといって，すべての恐竜がそうだったとはかぎらない．ほとんどの恐竜は繊維-層板骨をもつが，成長が周期的にとぎれた様子がうかがわれる場合も多い．このような中断期間は，成長がとぎれたことを示す線と，層板構造の骨組織の両方，もしくは片方から推測できる．この線はしばしば成長輪とよばれる．このように季節変化にあわせて成長がとぎれる例は，ワニやカメやトカゲなどの現生爬虫類ではよくみられる．種が同じで体格がさまざまに異なる恐竜を調べると，歳をとるにつれて成長線の数が増えていくことがわかった．骨年代法とよばれる技術を利用し，骨にみられる成長輪を数えると，その個体の年齢と成長パターンがわかる．

　生きている恐竜を調べるのはむりでも，骨の微細構造を観察すれば，恐竜の成長のしかたを知る直接の証拠が得られるのだ．

恐竜の骨を顕微鏡で観察すると，成長のしかたがくわしくわかる．

恐竜は温血か冷血か

ピーター・ドッドソン博士
ペンシルヴェニア大学

パティ・ケイン＝ヴァヌル 撮影

恐竜に関する直接の情報は残された骨から得られるが，このすばらしい動物が生きていたときのことを知りたいという気持ちはおさえがたい．ここからたがいに関係のある2つの疑問が生じ，大きな議論をよんでいる．一つは，恐竜は温血か冷血かという問題で，もう一つは温血と冷血ではどう違ってくるのか，ということだ．

最初の疑問へ簡単に答えると，恐竜はみな温かい体をしていた，といえる．なぜそれがわかるのか？

すべての恐竜は，少なくともまわりの環境と同じくらいの温かさだった．そして，恐竜が生きていた中生代の世界は今よりはるかに温度が高かったからだ．恐竜時代には氷も雪もなかった．しかし，この説明だけでは物足りないだろう．

恐竜は現在の温血動物の鳥類や哺乳類と同じくらい代謝率が高かったのだろうか．それとも現在の冷血動物である爬虫類のように，代謝率が低かったのだろうか．この問題について，私たちはコンピューターで恐竜の工学モデルをつくり，答えを出した．コンピューターを利用して，いろいろな大きさのサイバー恐竜でさまざまな代謝率を確かめたのだ．コンピューター内のバーチャル環境で，血流のパターンや風速，太陽光の強さなどの条件を変えると，恐竜の体温を計算し，温度の快適ゾーンや危険ゾーンになる代謝率を調べることができる．

こうした研究で，体の大きさがきわめて重要だということがわかった．体重2.5kgのコンプソグナトゥス*Compsognathus*や，77kgのデイノニクス*Deinonychus*のような小型恐竜の場合，代謝が速くてもおそくても，体温はほとんど影響を受けない．だが，体重33tのアパトサウルス*Apatosaurus*のように巨大な恐竜では，代謝率によって体温が大きく左右される．代謝率が高いと過熱状態で命に危険がおよぶのだ．巨大な竜脚類が哺乳類なみの代謝率だったときには，日陰や水で体を冷やさないと，体熱を外に逃がすのがまにあわずに死んでしまっただろう．体重3tのハドロサウルス類でも，高い代謝機能をそなえていたなら，慎重に居場所を選ぶ必要があったはずだ．その際に役立つのは，やはり日陰や水だった．

恐竜の成長速度は代謝率の目安になる．科学者は骨の内部の微細なパターンを調べて，恐竜の成長速度を推測する．骨の構造を調べた結果，ハドロサウルス類と竜脚類がわずか数年でおとなの大きさにまで成長したことがわかった．あれだけの巨体になるのに数年とは驚きだ．おとなの大きさになったあとは安定期に入り，もっとゆっくりとしたペースで成長した．急激に成長したということは，育っている最中は代謝率が高かったことを示しているのかもしれない．そして，大型の種ではおとなになって代謝率が落ちたのだろう．

恐竜が季節移動をした証拠も，活動的で体の温かい動物だったことを推測させる手がかりになる．アルバータとモンタナで見つかる有名な恐竜（エドモントサウルス*Edmontosaurus*とパキリノサウルス*Pachyrhinosaurus*）は，アラスカでも発掘されている．どうやら，これらの恐竜は春に北へ移動し，秋になると，冬の暗さと寒さからのがれるために，また南へもどったようだ．季節にあわせて移動する能力は体の大きさに関係している．体が大きい動物ほど長い距離を移動できるのだ．長距離の移動にはエネルギーがいる．代謝率の低い恐竜は，体にたくわえた脂肪をエネルギーにしながら長時間移動できたので，長距離移動も比較的楽だっただろう．代謝率が高い恐竜は最後まで歩き通すだけのエネルギーがなかったかもしれない．

私たちが思い浮かべる恐竜は，体が温かく，ガソリンを食う四輪駆動車ではなくてミニコンパクトカー・タイプのエンジンをそなえ，楽々と歩きまわれる動物だ．

参考文献
J. R. Spotila, M. P. O'connor, P. Dodson, and F. V. Paladino, 1991. "Hot and Cold Running Dinosaurs: Body Size, Metabolism, and Migration." *Modern Geology* **16**: 203-27.

恐竜の古病理学

エリザベス・リーガ博士
保健科学ウェスタン大学，パシフィック整骨医学カレッジおよび獣医カレッジ（カリフォルニア州ポモナ市）

ジェス・ロパティンスキー
撮影

骨の化石には，恐竜が病気やけがをしたしるしがみえるのだろうか．答えはイエスだ．けれども，目をつけるポイントがわかっていなくてはならない．

これまでに発掘された恐竜の骨はたくさんあるが，そのなかに，ごくわずかだが異常のある骨がまじっている．たとえば，形が違う（骨の軸が「ふくれて」いたり，むしばまれているようにみえる）骨がある．ときには，となりどうしの骨がくっつきあっていることもある．骨と骨のあいだや，筋肉や靭帯の付着点と思われる箇所に，余計な骨ができて橋渡しをしているときもある．刺し傷のような穴があいていたり，関節のある場所ではないところに，にせの関節ができていることさえある．

これらはすべて，恐竜化石にみられる病気やけがのあとだ．大昔の病気の研究は古病理学とよばれる．恐竜を苦しめた病気やけがの種類はさまざまだ．とくに多いのは骨折などの外傷だ．骨の感染症も多くみられる．骨や筋肉をつなぎあわせていた靭帯や腱などの軟組織が骨化した（骨に変わった）例も多い．ガンはごくまれなようだ．不思議なことに，関節の表面がすりへった例（変形性関節症）はまったくなさそうだ．人間や，イヌなど一部の動物は，歳をとると関節症にかかることがよくあるが，年よりの恐竜でもこの病気にかかった証拠はないようだ．

恐竜の病気の研究は，化石が材料なので，限界がある．恐竜化石で確認できる病気は骨に影響をおよぼすものだけだ．骨に影響が出ない病気がほかにもたくさんあったはずだ．人間の病気から考えても，命にかかわる深刻な病気の大半は骨に変化を起こさないことがわかる．進行が速すぎて骨に反応が現れないか，内臓や皮膚，脳など，軟組織だけに影響がおよぶのだ．そのため，恐竜がかかった病気の大多数は確認できないだろう．軟組織が保存されないからだ．こういう理由から，恐竜の死因はたいてい突きとめられない．

恐竜の骨から病気のしるしを見つけることができても，恐竜の健康状態についてはあまりよくわからない．骨はふつう，病気やけがから回復するのに反応して変化する．体の弱い恐竜が感染症にかかってすぐに死ねば，骨はごく正常な状態にみえるだろう．その恐竜が不健康だった形跡は残らない．一方，強い免疫システムをもつ恐竜は，感染症への反応を乗りこえられるほど長く生きたはずだ．そして，化石には骨の病変が現れる．そうすると，2番目の標本のほうが「病気にかかっている」ように見えても，すぐに死んだ恐竜より健康だったということもありうる．

むずかしい問題はほかにもある．それは恐竜がかかった病気の種類を特定することだ．今は，恐竜の骨は病気に対して現生動物の骨と同じような反応をした，と仮定して話を進めているが，本当にそうだったかどうかはわからない．また，恐竜の病気を現生動物のものと比較する現在の方法にも，もしかしたら落とし穴があり，実際は同じ病気ではなかったかもしれない．なぜなら，恐竜時代の病原体はその後，進化したり絶滅した可能性があるからだ．恐竜の病気は，私たちの目では確認できないほど，徐々に変化したのかもしれない．

こうした事情から，恐竜の病気に関する情報は限られているが，大昔の生物の生活について推測をめぐらすのに魅力的な材料になる．「スー」とよばれるT・レックスは有名な獣脚類だが，この恐竜の骨には病気やけがのあとがたくさんある．下腿骨（腓骨）には感染症にかかってなおったあと，両側の肋骨にはいくつもの骨折あと，腕と肩甲骨にはけがのあと，背骨には癒着したところがいくつもあり，両方の下あごの後部に穴がたくさんあいている．下あごの穴については，かみあとなのか，感染症のあとなのかという議論が科学者のあいだでまだ続いている．

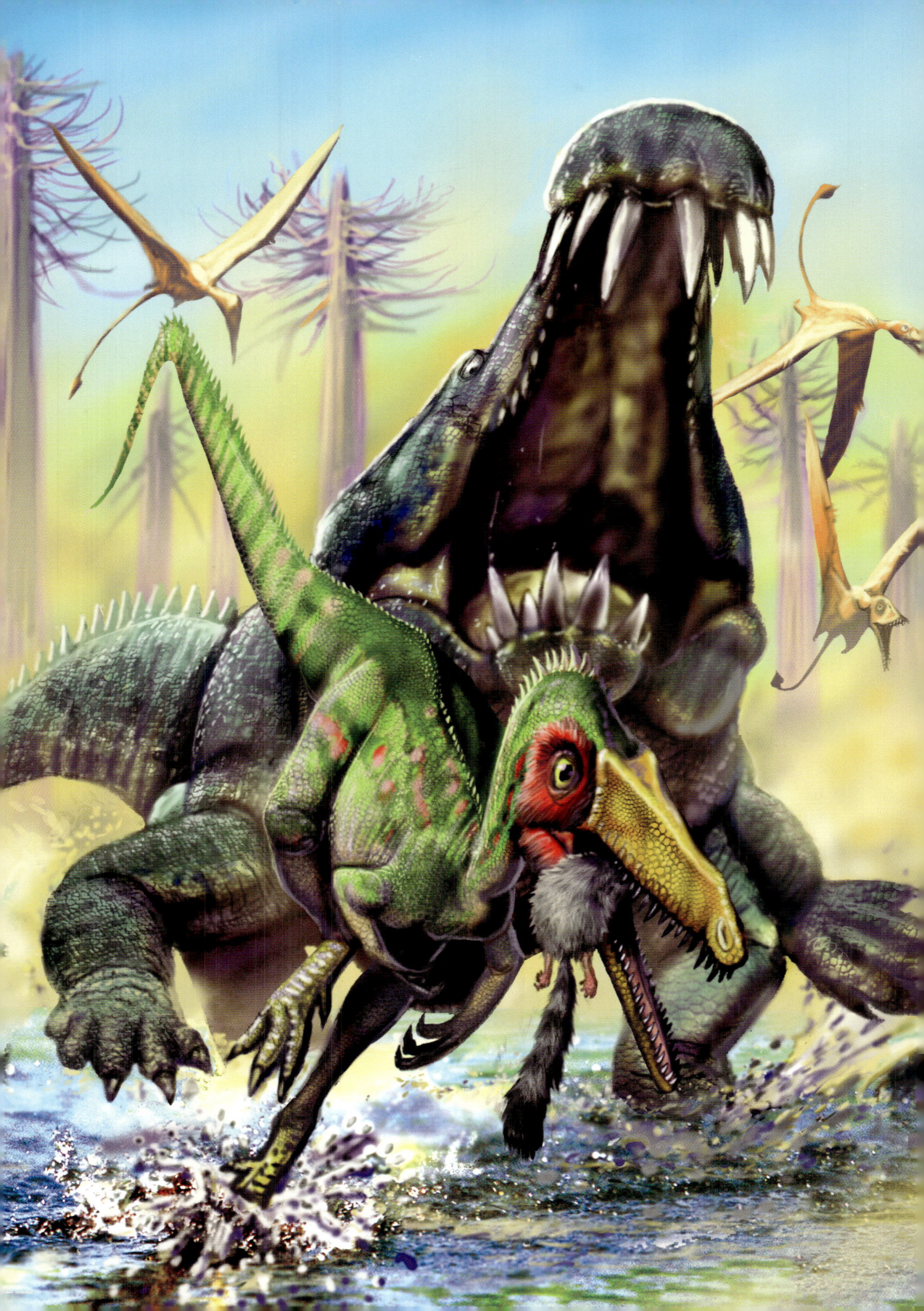

39
三畳紀の生物
Life in the Triassic Period

　三畳紀（2億5100万年〜1億9960万年前）は中生代（2億5100万年〜6550万年前）の最初の紀にあたる．このころ，恐竜がはじめて現れた．しかし，三畳紀にはそれ以外にもいろいろなことが起きた．現在の私たちが見なれている動物グループの多く（カエル類，哺乳類，カメ類，ワニ類）で最古のメンバーが，この時期に出現した．三畳紀には中生代の主要な動物グループがいろいろ出現しているが，そのなかで翼竜類，海生爬虫類などははるか昔に絶滅している．そして三畳紀の終わりに，大西洋が誕生した．

最大の絶滅

　三畳紀のはじめと終わりには大量絶滅（遠い関係にある動植物の種が大量に消滅すること）が起きている．実をいうと，紀と紀の境界はたいてい大量絶滅が目安になっている．だが，三畳紀のはじめ，つまり古生代（5億4200万年〜2億5100万年前）と中生代の分かれ目に起きたものは，すべての大量絶滅のなかで最大だった．

　白亜紀（1億4550万年〜6550万年前）末の大量絶滅はたいていの人が知っている．ここで恐竜時代が終わったからだ．このときの絶滅では，全種の65％ほどが消えたと思われる．これはかなりの規模だが，それでも古生代のペルム紀（2億9900万年〜2億5100万年前）と中生代の三畳紀の分かれ目に起きたものにはとうていおよばない．このペルム紀-三畳紀大量絶滅では，すべての種の90％から95％が消滅した．数百万の個体のうち，ほんの少しでも生きのびれば種は存続できるので，当時の地球上に生息していた生物の個体数にすると，死んだ割合は95％よりはるかに多い．もっというならば，地球上の生物は，かつてなかったほど全滅に近づいていたのかもしれない．

　この大惨事をひきおこした原因はなんだったのだろう．ちょうどこのころ，現在のシベリアにあたる地域で大規模な火山噴火が次々と起きている．この噴火でシベリア・トラップとよばれる広大な溶岩台地ができた（「トラップ」といっても，わなにかかったわけではない．ある形で保存された溶岩台地を示す地質学用語で，語源は「ステップ」を意味するオランダ語だ）．シベリア・トラップは生物史上最大の火山噴火が起きた証拠だ．このとき，地質学的には短い期間に160万〜400万km³の溶岩がシベリアの地表に流れでた．これだけの量の溶岩を現在の北アメリカにまき散らしたとしたら，74〜187mの厚さになるだろう．

　しかし，この溶岩に直接のまれて死んだのは，ペルム紀のシベリアに生息していた動植物だけだった．ところが，火山から溶岩とともに噴出したガスは世界中の大気を変化させた．このガスの一部が温室のガラスのような働きをしたため，日光から生じた熱が宇宙空間に放出されず，地球の表面にとどまった．火山や海底からはほかにもガスがはきだされ，そのせいで陸上でも海中でも酸素濃度が急に落ちた．そして，世界中でたくさんの動物が窒息した．つまり，酸素が足りなくなって，呼吸ができなくなったのだ（水中の動物にも酸素が必要なことを，私たちはときどき忘れている．だが，貝や魚なども水中にとけこんだ酸素を「呼吸」しているのだ．魚をかっている水槽のなかにエアーポンプなどで空気を送りこむのも，水中に酸素を供給するためだ．そうしないと，魚が死んでしまう！）．そのうえ，火山からふき出した灰やちりが世界中をおおい，植物や藻類が生きていくのに必要な日光をさえぎった．

　このきびしい環境で生きのびられた動物は，あま

左ページ：三畳紀後期の獣脚類コエロフィシスが原始的な哺乳類を口にくわえ，パラスクス類の襲撃からのがれようとしている．頭上を舞うのは初期の翼竜類

り酸素を必要としないか，少なくなった酸素をうまくとりこむことができる種類だけだった．水中では，殻をもつ生物が何種類も死にたえた．現在の甲殻類や鋏角類に近縁の三葉虫類は，古生代の海で最もありふれた動物だったが，これも絶滅した．陸上では，小型犬より大きい種はすべて死滅したようだ．古生代の陸生脊椎動物で最も勢力のあった原哺乳類はほとんど姿を消した．だが，うまく切りぬけた原哺乳類もいた．生きのびた原哺乳類には，ほかのなかまより速く呼吸し，大きく息を吸えるような適応がみられる．そのほかにも，両生類や真正爬虫類は生き残ることができた．

爬虫類の回復

生きのびた爬虫類のなかに，出現したばかりの種類がいた．それは，やがてワニ類や翼竜類，恐竜類（鳥類も含む）に進化する，主竜類というグループだ．主竜類は腹部に特殊な肋骨があり，気嚢をそなえているので，大半の陸生脊椎動物より速く，大きく空気を吸いこめた．この世界では新顔だったが，三畳紀の時が進むにつれて，主竜類はどんどん数を増やしていった．

ペルム紀-三畳紀大量絶滅のあと，世界が回復するまでしばらくかかった．堆積岩に刻まれた記録を見ると，当時は地表の大半が荒れ地だったことがわかるが，やがて，生きのびた植物が育ち，陸地を再びおおった．こうした植物のなかには，さまざまな種類のシダ類や樹木，たとえばイチョウ類やソテツ類，そしてマツ，イトスギ，セコイアといった球果植物が含まれていた．しかし，イネ科植物も被子植物も果実もみられなかった．このような種類の植物はまだ進化していなかったのだ．

三畳紀のはじまりは，生き残ったものにとってはある意味，幸運な時代だった．同じ種から生じたさまざまな子孫が，競争相手もなく，新しい生活方法を見つけることができたからだ．そのおかげで，生きのびたグループから，少なくとも地質学的にはかなり短期間に多種多様な子孫が生まれた．このよう

脚がたくさんある三葉虫類（古生代の「顔」）は，たくさんの動物とともに，ペルム紀-三畳紀絶滅で姿を消した．

ペルム紀–三畳紀大量絶滅で一つの世界が終わり，新たな世界が始まった．

な現象を科学用語では適応放散とよぶ．両生類，原哺乳類，爬虫類はすべて，この時期に適応放散している．たとえば，三畳紀前期に最初のカエル類が出現した．しかし，両生類は繁殖のために池へもどらなくてはならないので，適応放散にも限界があり，陸生脊椎動物の主要なグループにはなれなかった．原哺乳類は最初のうち，ペルム紀と同じように優位に立ちそうにみえたが，やがて爬虫類のほうが数を

三畳紀後期の海生爬虫類：貝類を食べるプラコドゥス *Placodus*（下），首の長いタニュストロフェウス（まん中），小さなケイコウサウルス *Keichousaurus* の群れ（右上），2頭の魚竜類（うしろ）

増やし，より多様になっていった．

　その原因は世界全体の環境にあったようだ．三畳紀のあいだ，大陸はすべてつながって，パンゲアという一つの超大陸をつくっていた．温室効果による温暖化の影響もあって，パンゲアの大部分は暖かかった．そして，内陸部は海から遠く離れていたため，ずいぶん乾燥していた（たいていの場合，海から離れるほど雨雲が届きにくくなるため，陸地は乾燥する．現在の世界では，アメリカの西部やゴビ砂漠がそのいい例だ）．

　暖かく乾燥した環境では，爬虫類のほうが哺乳類や両生類よりうまく生息できる傾向がある．爬虫類の皮膚は外側にあいた穴が少なく，水分をいい状態で保つ特殊な腎臓をもっているからだ．古生物学者の推測によると，原哺乳類の皮膚と腎臓は，生きのびた子孫である哺乳類のものに似ていたようだ．そのため，暖かい三畳紀には，爬虫類のほうがほかの動物よりうまく生きていけたのだ．

　　　　　　　＊　＊　＊

海と空のドラゴン

　三畳紀の爬虫類の多くはどことなくトカゲに似ていた．トカゲ類にはほかの動物にはない特徴があるが，それをまったく知らない人間にとっては，トカゲのように見えるだろう．つまり，三畳紀の爬虫類はたいてい4足歩行で，はって歩く形の脚と長い尾をもっていた．だが，このような祖先から新しい種類の子孫がいろいろ現れた．

　その一部（大半は主竜類の近縁動物）は海にすみつきはじめた．これらの動物は，最初は海岸の近くで生活し，魚類をつかまえて食べていた．その子孫はもっと泳ぎがうまくなっていった．現在のガラパゴス諸島にすむウミイグアナはふつうのトカゲ類より泳ぎがうまいが，それと同じだ．この水生爬虫類には現在のカワウソ類に似たところがあった．ただし，カワウソに比べるとずいぶんおもしろみがなかっただろう（カワウソは私が知っている現生動物では最もちゃめっけのある動物といってもいい）．このような爬虫類のなかに（タニュストロ

フェウス *Tanystropheus* やディノケファロサウルス *Dinocephalosaurus* など）ずいぶん長い首と針のような歯を進化させた種類がいた．この首と歯を利用して魚をつかまえたのだろう．パキプレウロサウルス類やノトサウルス類は，がんじょうな円錐形の歯をもつようになり，もっと大きめの魚類や動きの速いイカ類を襲った．プラコドゥス類とよばれる種類では，しっかりとかみつける強力な歯が前のほうに，そして奥のほうにはものをくだく太い歯が生えていた．プラコドゥス類は海底から軟体動物の貝類を引きぬき，がっしりとしたあごで殻をくだいて，なかみのおいしい肉を食べた．

　こうした動物はすべて水中でえさを食べたが，呼吸するために水面へもどる必要があった．三畳紀に現れたこのような初期の水生爬虫類は指のついた腕や脚をもっていたので（指のあいだには水かきがあったかもしれないが），岸辺を歩くことができた．そこで，海岸へはいあがって産卵したものと，古生物学者たちは長いあいだ思っていた．実際に，タニュストロフェウスやディノケファロサウルスが属しているグループではそうだったかもしれない．だが，広弓類［訳注：頭骨の側頭部の上部に窓が一つある爬虫類．魚竜・首長竜など．単系統群ではないため，最近では用いられない］とよばれる海生爬虫類のグループでは，初期のなかまが新しい方法で繁殖しはじめていた．最近，中国で発見されたパキプレウロサウルス類の化石には，それを示す最古の証拠がみられる．こうした変化は，もっと進化した広弓類ではすでに発見されていた．具体的にいうと，陸上で産卵するかわりに，母親が卵を体内で育ててかえしたのだ．赤ん坊は自分の力で泳いだりえさをとったりできるようになるまで，母親の体内で育つことができた．そこまで成長してようやく生まれたのだろう．

　こうした適応のおかげで陸に上がる必要がなくなり，広弓類は海の生活にいっそうなじむことができた．三畳紀中期のあいだ，海生爬虫類のなかでもとりわけ海に適した種類が進化する．それは魚竜類だ．このグループは鼻先が細長く，小さな円錐形の歯が生えていた．消化管の内容物から，魚類やイカ類をつかまえていたことがわかっている．目は大きく，海の深みの暗やみでもものがよく見えた．前後の足はヒレ足に進化していたので，陸上では役に立たなくても，泳ぐのにはずいぶん便利だった．三畳紀の

三畳紀後期のエウディモルフォドン *Eudimorphodon*．知られているかぎり最古級の翼竜類

魚竜類には，体長がわずか0.9mほどのものから，15m近い巨大なものまでいた．マッコウクジラなみの大きさだ！　三畳紀の魚竜類の大半は体が細長く，ウナギに似た形をしていた．そして，幅が広く平らな尾を利用して海のなかを泳ぎ，ヒレ足はおもに舵をとるのに使っていた．一方，巨大な魚竜類はヒレ足が非常に長かったので，舵をとるだけでなく，泳ぐためにもヒレ足を使ったと思われる．三畳紀が終わろうとするころに，泳ぐスピードの速い新しい魚竜類が進化したが，この種類が全盛期をむかえるのはジュラ紀なので，それについては第40章でくわしくあつかう．魚竜類はどの種類でも，卵から赤ん坊がかえる準備がととのうまで体内で育てた．

三畳紀末に，首長竜類という，また違った種類の広弓類が出現する．首長竜類は完全に海生の爬虫類で，ジュラ紀と白亜紀に勢力をのばすので，これについてはそれぞれの章で説明する．

爬虫類は三畳紀の海にすみついただけではなかった．爬虫類は三畳紀に樹上生活も始めた．いろいろな種類が木にのぼるように進化したのだ．メガランコサウルス *Megalancosaurus* やドレパノサウルス *Drepanosaurus* は昆虫を見つけて食べるために木にのぼっただけだろう．だが，なかには，現在のトビトカゲのように，木から滑空する能力を進化させたものもいた．ロンギスクアマ *Longisquama* やコエルロサウラヴス類は，体の横に突きでた長い構造を「翼」がわりにした．シャロヴィプテリクス *Sharovipteryx* などは，脚のあいだにはった皮膚の膜を使った．

三畳紀の滑空性爬虫類の能力はだいたいそこまでだった．木から木へ飛び移ったり，木の幹から地面へ滑空したりすることはできたが，森の上を飛ぶのはむりだった．しかし，三畳紀の爬虫類のなかに，本物の飛行能力を進化させた種類がいた．それは翼竜類だ．シャロヴィプテリクスと同様，翼竜類も脚のあいだに皮膚が広がり，翼をつくっていた．前脚は非常に長く，第4指が大きくのびていた．つまり，薬指が翼指になっていたのだ．翼のはしのほうは，皮膚のなかにかたい繊維が入っていたので，コウモリの翼のようにひらひらしてはいなかった．少なくとも初期の種類では，皮膚の膜が後ろ脚のあいだにもはいっていた．だが，これらの動物はただ滑空するだけではなかった．翼竜類は胸と腕の筋肉がじょうぶだったので，現在のコウモリ類や鳥類のようにしっかりと飛ぶ能力をそなえていた．

翼竜類は主竜類と思われる（ただし，タニュストロフェウスなど，三畳紀に生息していた首の長い奇妙な海生爬虫類に近いという研究者もいる）．翼竜類の骨は中空で，鳥類のように複雑な気嚢システムをもっていたことはほぼまちがいない．その体は哺乳類の体毛やコエルロサウルス類の恐竜がもつ原羽毛に似た，綿毛状のものにおおわれていた．ほかの動物の例と同じように，この綿毛は体を温かく保つのに役立っただろう．それだけではなく，翼竜類は恒温動物だったかもしれないとか，少なくとも現生種のワニ類やトカゲ類より恒温性に近かったと考える古生物学者は多い．

最近の発見で，翼竜類が砂のなかに卵を生んだことがわかった．翼竜類の赤ん坊は，生まれたときにはすでに翼ができあがっていた．すると，卵からかえった直後に空へ飛びたつことができただろう．翼竜は子育てをせず，卵を産みっぱなしにしたのではないか，と一部の古生物学者は考えている．赤ん坊はその後，卵からかえって飛びたち，自力で生活したのだろう．

三畳紀の翼竜類はたいてい小型で，カモメくらいの大きさしかなかった．尾と鼻先が長く，魚や昆虫など小さな獲物をつかまえるのに便利な，とがった歯をもっていた．ジュラ紀と白亜紀に翼竜類はもっと多様になる．ジュラ紀後期には，最もよく知られている翼竜類のプテロダクティルス類が進化した（くわしくは第40章）．

恐竜がほかの動物と世界を共有

爬虫類（とくに主竜類）は，三畳紀には，海や空だけでなく陸も支配した．原哺乳類はまだいたが，全体としてみれば，陸生脊椎動物で最も勢力のあるグループは主竜類だった．その多くはワニ類の祖先に近い種類だった．三畳紀中期の終わりか三畳紀後期のはじめに出現した主竜類の1系統が恐竜類だった．

恐竜の起源については第11章であつかった．三畳紀後期までに，鳥盤類，竜脚形類，獣脚類がすべてそろっていた．しかし，登場はしていても，まだ恐竜は陸の支配者ではなかった．三畳紀後期のあいだ，恐竜はほかの動物と地球を共有していた．古竜

三畳紀後期のアメリカ南西部．ヘレラサウルス科のキンデサウルス *Chindesaurus* 2 頭に，パラスクス類のスミロスクス *Smilosuchus* が襲いかかり，それをラウイスクス類のポポサウルス *Poposaurus* がながめている．

脚類はたしかに抜きんでて大きな植物食動物だった（実際，それまで出現した陸生動物のなかでは最大だった）が，ヘレラサウルス *Herrerasaurus* やコエロフィシス上科のような初期の肉食恐竜はトップに立つ捕食者ではなかった．それどころか，ワニ類のなかまでもっと大きな肉食動物がいたので，見つからないように用心する必要があった．そしてピサノサウルス *Pisanosaurus* のような初期の鳥盤類は，よろいをまとったアエトサウルス類やさまざまな原哺乳類とえさの植物をとりあわなくてはならなかった．

この時期に，新しい小型動物も現れた．最初のカメ類が出現したのは三畳紀後期だ．また，最初の哺乳類もこのころ登場している．クマネズミくらいか，もっと小さめの種類で，現在のトガリネズミ類にやや似ていた．だが，これらの哺乳類は今の哺乳類のどれよりも原始的だった．それだけではなく，現生哺乳類で最も原始的な種類と同じように，三畳紀の哺乳類は卵を産んだと思われる．

当時の地球上には乾燥した地域がたくさんあったので，爬虫類が繁栄したのかもしれないが，だからといって，地球全体が砂漠だったわけではない．むしろ，それとはほど遠かった．たしかに，三畳紀後期の陸生脊椎動物化石を発掘するのに最適の場所といえば，以前は，砂漠の名前があがっていた．たとえばアルゼンチンでは，エオラプトル *Eoraptor*，ヘレラサウルス，ピサノサウルスが含まれていたイスキグアラスト層や，もっと新しい堆積層にもそうした例がみられる．また，アメリカ南西部のチンリー層もそうだ．チンリー層からは，コエロフィシス *Coelophysis* のような恐竜と，爬虫類，原哺乳類，両生類からなる多様な群集が見つかっている．だが，これらの岩石層から出てきた化石で最も有名なのは「化石の森」の樹木だ．ここで見つかる大きな植物化石は，巨大な球果植物の幹が色とりどりの「めのう」に置きかわって保存されたものだ．アリゾナに残る巨木の化石から，今は乾燥したペインテッド砂漠も昔はみずみずしい森林だったことがわかる．

大西洋の誕生

三畳紀のあいだは，世界中どこでも大きな違いはなかった．つまり，世界のある地域でみられる動植物は，そのほかの地域すべてに生息していた．それは大陸どうしがまだつながっていたからだ．世界はたった一つの大きな陸地だった．海が入りこんで動物の移動を妨げるようなことはなかった．

とはいっても，どこもかしこもまったく同じだったのではない．たとえば，三畳紀末に生息していた最初期の竜脚類（第23章）に，たいていパンゲア南部で見つかる．同時期の北アメリカやヨーロッパの岩石には，この巨大恐竜がいた形跡がない（少なくともまだ発見されていない）．降水量や気温，季節変化が場所によって異なっていたため，特定の生息域から出られない種もいたのだろう．それでも，三畳紀の世界は現在に比べると（白亜紀と比べても），地域による差が少なかった．

ところが，三畳紀がまさに終わろうとするときに事態が変わりはじめた．このころ起きた一連の地震や火山噴火は，パンゲア分裂の前兆だった．北部と南部が分かれはじめるのにあわせて，超大陸の中央に大きな裂け目が次々と入った．古生代の後期にパンゲアを合体させたプレートテクトニクスが，今度はパンゲアを2つに引き裂いていた．中央には火山性リフトで新しい海洋地殻ができはじめた．そして，この地殻をおおうように海が入りこむ．大西洋が誕生したのだ．

パンゲアが南北に分裂したことで，2つの超大陸が生じた．北の大陸ローラシアは，現在の北アメリカ，グリーンランド，ヨーロッパと，アジアの大半を含んでいた．南の大陸ゴンドワナは，現在の南アメリカ，アフリカ，マダガスカル，インド，南極大陸，オーストラリアからできていた．三畳紀の終わりまで，ローラシアとゴンドワナはまだかなり接近していた．実は，2億年前の大西洋は，現在の紅海とたいして変わらない広さだった．しかし，それから中生代の末まで，大西洋はじわじわと広がりつづけた．そして現在も大西洋は年に約2.5cmずつ拡大している．

新たな絶滅

大西洋を誕生させた火山活動は，パンゲア分裂のきっかけをつくっただけでなく，三畳紀の終了にも一役買った．三畳紀とジュラ紀のあいだには大量絶滅が起きている．白亜紀末のものほど深刻ではなく，ペルム紀末の絶滅にはとうていおよばなかったが，それでも，ここでたくさんの種が消滅した．

さまざまな種類の海生動物が姿を消し，魚竜類と首長竜以外の海生爬虫類も大半が死にたえた．陸では原哺乳類がいなくなり，哺乳類と，哺乳類に最も近いなかまだけが生きのびた．主竜類では，ワニ類とその近縁種，翼竜類，恐竜類をのぞいて，多くのグループが消滅した．そのほかの爬虫類もたくさん絶滅した．

この絶滅の原因とその速さについては，まだ科学界で議論が続いている．実際にはいくつかの段階をへて絶滅にいたったと考える者もいれば，絶滅は一気に起きたという者もいる．三畳紀の終わりには火

山活動がピークに達していたので，ペルム紀–三畳紀大量絶滅のミニチュア版が起きたのではないかと推測する古生物学者もいる．6550万年前の事件を予告するような小惑星の衝突が起きたのかもしれない，という説も出されている．

　原因がなんであれ，世界はまたもや変化した．そして，絶滅が終わったところで，恐竜が地球を支配するときがやってきた．

願いよ，かなえ！　まるで願い（wish）をこめて叉骨（wishbone）を引きさくように，爬虫類の肉を引っぱりあう**2**頭のコエロフィシス

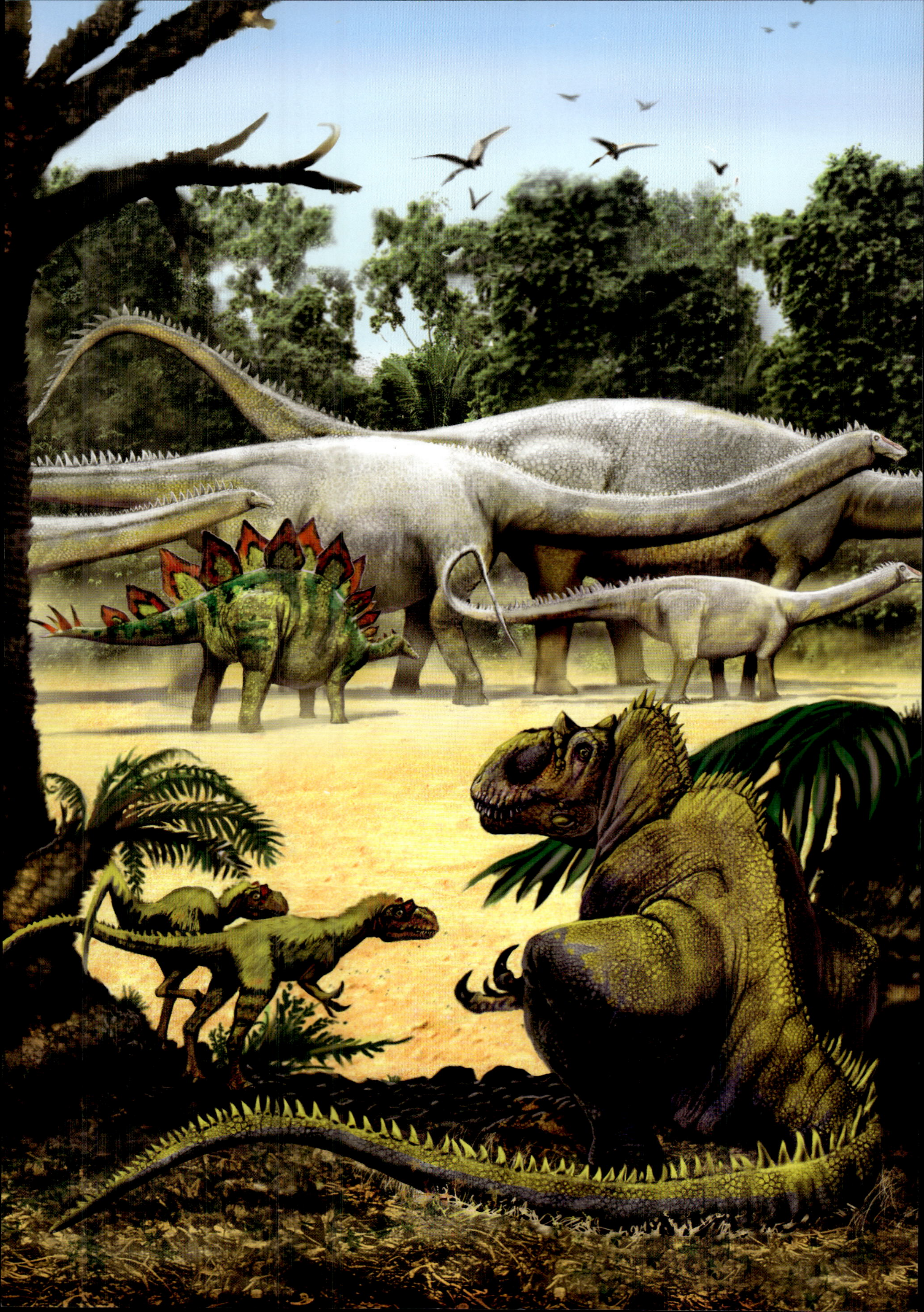

40
ジュラ紀の生物
Life in the Jurassic Period

　ジュラ紀（1億9960万年～1億4550万年前）は中生代（2億5100万年～6550万年前）で2番目の紀だ．三畳紀の終わりを告げる大量絶滅でジュラ紀は始まり，この期間に恐竜が陸の王者になった．ジュラ紀のあいだに恐竜はさまざまな種類に進化する．けたはずれの巨体になったものもいれば，装甲車のような体に進化したものもいた．強力なハンターも増えた．そして小型恐竜のあるグループが空へ飛びたった．

　ジュラ紀には海生爬虫類と翼竜類も繁栄しつづけた．哺乳類も多様化した．ジュラ紀はいろいろな意味で恐竜の世界の黄金期だった，と古生物学者はみている．

恐竜の勝利

　三畳紀末の大量絶滅を引きおこした原因がなんであれ（一つの事件が長々と続いたのか，数百年にわたる環境悪化か，火山噴火か小惑星の衝突か，あるいはその両方か），その後の世界に恐竜のライバルはほとんどいなかった．原哺乳類はほぼ消滅した．生きのびたのはごく小さな子孫（初期の哺乳類とそのなかま）だけだった．翼竜類はまだ空を支配していたが，陸上ではどちらかというと弱い存在だった．かつては主要なハンターで恐竜のライバルだった，さまざまな主竜類はいなくなり，ワニ類と，ワニ類に最も近い動物だけが残っていた．カメ類やトカゲ類，カエル類は興味深い動物だが，恐竜類の競争相手ではなかった．

　そのため，ジュラ紀はじめの恐竜類はいつのまにかこの世界のトップに立っていた．動きが最もすばやい捕食者も，最大の植物食動物も恐竜だった．恐竜の支配が本格的に始まったのだ．

　ジュラ紀の出だしにいたこのような恐竜たちは，三畳紀後期の種類と変わりはなかっただろう．いちばん数の多い肉食恐竜は，三畳紀に出現

左ページ：ジュラ紀後期のアメリカ西部．1頭のステゴサウルスと，アパトサウルスの群れが通りすぎるのをながめる，アロサウルスの一家

したコエロフィシス上科だ．ディロフォサウルス *Dilophosaurus* のような一部の種類は大きくなったが，コエロフィシス類はほとんど変化していなかった．三畳紀で最大の陸生動物だった古竜脚類と原始的な竜脚類は，あいかわらず木の葉を満足げに食べていたが，体は大きくなりつづけた．とくに竜脚類はどんどん大型化していった．原始的な鳥盤類にもあまり変化はなかった．ただし，ジュラ紀前期のあいだに新しい恐竜グループが現れた．捕食者では，最初のテタヌラ類が出現した．ジュラ紀前期には，装甲をもつ最初の装盾類と，くちばしのある鳥脚類も進化した．

　現在は動物の地域差が大きいが，ジュラ紀前期の動物は（恐竜も含めて）三畳紀と同じように世界中どこでも似かよっていた．アフリカ南部，アメリカ南西部，中国，そしてその中間にある場所で，ほとんど同じ種類の恐竜（コエロフィシス上科，古竜脚類，原始的な鳥盤類）がみられた．大西洋は三畳紀末にできはじめていたが，動物は地表のどこへでも自由に移動することができた．そのため，ジュラ紀前期の地表の1か所で恐竜を観察すれば，別の場所の恐竜についてもかなり多くのことがわかっただろう．

新　種

　ジュラ紀前期から中期へ移ると，恐竜の世界は変わりはじめる．コエロフィシス上科は消滅したようだ．古竜脚類や大半の原始的な鳥盤類もいなくなった．これらのグループにとってかわったのは，もっと特殊化した恐竜だった．たとえばテタヌラ類（な

ジュラ紀後期の翼竜類：尾の長い原始的なランフォリンクス *Rhamphorhynchus*（左手前）とプテロダクティルス亜目のプテロダクティルス *Pterodactylus*（右手前）

かでもスピノサウルス上科やカルノサウルス類）がいちばんの大型捕食者になり，綿毛をもつコエルロサウルス類は小型恐竜の頂点に立った．首の長い植物食恐竜では，古い種類にかわって，初期のディプロドクス上科やマクロナリア類を含むさまざまな種類の竜脚類が現れた．とくに中国では，ずばぬけて首の長い竜脚類が何種類か出現した．

鳥盤類のなかでは，原始的な種類が消えたあとに，装甲をもつ剣竜類やよろい竜類（よりしっかりと身を守ることができる種類）と，もっと進化した鳥脚類（食べ物を細かくする能力が増した種類）が入りこんだ．

ジュラ紀中期から後期のあいだ，きわだって数が多かった恐竜はカルノサウルス類，剣竜類，竜脚類だった．恐竜の黄金期を最もよく表すのがこれらのグループだろう．

プテロダクティルス類と巨大な海生動物

恐竜の頭上には翼竜類が舞っていた．このようなジュラ紀の翼竜の多くは，三畳紀の祖先と同様，尾が長いタイプだった．たいていが小型で，マネシツグミかカモメくらいの大きさだったが，ワシほどの

ジュラ紀後期の首長竜類クリプトクリドゥス *Cryptoclidus*

大きさにまで成長したものも少しはいた．その一方で，ジュラ紀のあいだに最初のプテロダクティルス類（翼指竜亜目）が進化する．プテロダクティルス類は最も進化し，特殊化した種類の翼竜類だ．プテロダクティルス類は，もっと原始的な飛行性爬虫類より尾が短くて首が長かった．脳の割合は大きく，より高度な飛行ができたと思われる．多くは鼻先や頭部にトサカのようなものがついていた．これは舵の役割をしたのかもしれないが，ディスプレーにも役立っただろう．

プテロダクティルス類には小型のものもいたが，ジュラ紀の種の大半は現在のワシなみのサイズだった．つまり，ほとんどが，尾の長い翼竜類のなかで最大の種類と同じくらい大きかったのだ．それだけではなく，一部は白亜紀に巨大化する．

ジュラ紀の翼竜類のなかには昆虫類を食べるのに適した歯をもつものもいたが，多くは魚食だった．しかも，えさはたっぷりあった．ジュラ紀の海は生物であふれていた．イカ類とそのなかまはごくあり ふれた種類だった．とくに数が多かったのは，外殻をもつアンモナイト類と，むきだしのベレムナイト類だった．アンモナイト類の外殻とベレムナイト類の防具（体内にあるかたい殻）は，とりわけ豊富に見つかるジュラ紀の海生化石だ．

ジュラ紀の海底には二枚貝類とカキ類がたくさん生息し，現代型のサンゴ類の礁がはじめて出現した．（古生代にもサンゴ類はいたが，現在のサンゴ類とは遠いつながりしかなかった．このような古生代の種類は，ペルム紀–三畳紀絶滅で死にたえた．）この時期，最初のカニ類と大型エビ類も進化する．

ジュラ紀の海洋には魚類も数多く生息していた．体長1.8mほどの原始的なサメ類もその一つだ．現在のサメ類は恐竜時代の前から変わっていないとする本やテレビ番組が多くあるが，これはまちがいだ．現在の海にいる大型ハンターに姿や行動が似たサメ類は，白亜紀まで現れなかった．今も生息し，ジュラ紀にはじめて現れたサメ類は，エイ類だ．（現在のアカエイ類やマンタ類のようなエイ類は，実は，

338 ●ジュラ紀の生物

まっ平らなサメの一種なのだ！）

　ジュラ紀のサメ類のどれよりも強烈な印象を与えるが，プランクトン以外にとっては無害なのがレエドシクティス *Leedsichthys* だ．この魚は原始的な条鰭類に分類される．条鰭類には，サバ類やニシン類から，マグロ類やタツノオトシゴ類，そのほか，たくさんの魚類が含まれる．サメ類以外の魚の名前を思いつくかぎりあげると，ほとんどすべてが条鰭類に入るだろう．レエドシクティスは知られているかぎり最大の条鰭類だ．大きく開く口から半月型をした尾の先までの長さは 12m 近くあった．尾だけでも上下幅が約 5m にもなった．レエドシクティスはプランクトンの集団をつっきって泳ぎ，特殊化したエラを使って水のなかからこの小さな生き物をこしとった．現生種で最大の哺乳類と最大のサメ類はそれぞれヒゲクジラ類と，ジンベイザメ類にウバザメ類だが，両方とも現在の海でプランクトンを食べる巨大動物だ．このような生活方法なら，大型の海生動物も生きていけるのだ．

　おだやかなレエドシクティスのそばでは，明らかにもっと危険な性質の海生爬虫類が泳いでいた．現在わかっているかぎりでは，海生爬虫類でプランクトンを大量に食べる習性を進化させたものはいなかった．そのかわりに海生爬虫類はハンターとして

魚竜類は陸にはまったく上がらず，出産も水中でした．

カマラサウルスの死肉を食べるケラトサウルスの一家

生活し，小型の魚類から最大の海生動物まで，あらゆる動物を襲い，たがいを獲物にすることもあった．まさにジュラ紀の海の王者だった．とくに勢力をもっていたグループは魚竜類と首長竜類だ．どちらも完全な海生の広弓類で，主竜類にとっては海生の近縁動物にあたり，子供が自力で泳げるようになるまで体内で育てた．そのため，魚竜類と首長竜類はずっと水中にいつづけることができた．

ジュラ紀の魚竜類は祖先と同じように魚類やイカ類を食べていた．実は，魚竜類がはきもどしたイカのなごりも見つかっている．ジュラ紀の魚竜類のなかには円錐形の歯をもつものもいたが，歯をなくしたかわりに，メカジキのようなくちばしを発達させたものもみられた．ジュラ紀の魚竜類は，海の生活にいっそう適した体になった点が三畳紀の祖先と違っていた．ただし，長い鼻先，巨大な目，ヒレ状の足など，一部の特徴はもっと前の種類から受けついだものだった．

だが，ジュラ紀の魚竜類の体形は以前の種類とは異なっていた．むしろ現在のマグロやイルカのほうにはるかに近い姿だった．尾は半月形のヒレに進化し，背中には三角形の背ビレがあった．こうした特徴はマグロ，イルカ，捕食性のサメ，メカジキにもみられる．これらの海生動物にはいくつかの共通点がある．すべてハンターで，非常に速いスピードのもち主だ．実際，現在の海では最速の動物たちで，時速32kmから48kmで泳ぎ，最高速度は時速96km以上にも達する．ジュラ紀の魚竜類も同じくらいのスピードを出せただろう．

魚竜類ほどすばやくはないが，ジュラ紀の広弓類にはほかにも恐るべき海生動物がいた．それは首長竜類だ．首長竜類は三畳紀の最後にはじめて現れたが，ジュラ紀までそれほど数は増えなかった．魚竜類の体形は魚に似ていたが，首長竜類の場合は，ウミガメから甲羅をとったような形というのがいちばん近い表現だろう．首長竜類の尾は短く，体は幅が

広くて平らで，4本の巨大なヒレ足を使って水中を泳いだ．ここまではすべての首長竜類に共通する．

しかし，体の前方はもっと変化に富んでいた．ほんの小さな頭と特別長い首をもつものもいれば，小さな頭とやや長めの首をもつもの，大きな頭とかなり短い首をもつものもいた．どの種類でも，歯は円錐形だった．首の長い種類はたぶん小型魚類の群れを襲って食べたのだろう．やや長めの首をもつ種類はもっと大きめの魚類やイカ類，アンモナイト類をえさにしたと思われる．そして頭の大きな種類は，ほかの海生爬虫類やレエドシクティスのような巨大魚を襲った．ジュラ紀の首長竜類は，体長が3m弱から14mだったが，もしかするともっと巨大なものもいたかもしれない．

極端に首が長い首長竜類では，頸椎が76個にも達した．これはどの恐竜よりも多い数だ（恐竜では，多くてもせいぜい19個だ）．頭の大きな首長竜類で最大のものは，頭骨が3m以上もあった．これもどの獣脚類恐竜よりも大きい．

ジュラ紀の海には海生のワニ類も泳いでいた．これは陸生ワニ類の子孫だが，完全に海中の生活に適応していた．尾が舟のかいのような形になり，前後の足がヒレ足に進化していたのだ．しかし，産卵のために上陸することはできただろう．多くの海生爬虫類と同様に，このワニ類も魚やイカを食べていた．

ジュラ紀の海生動物については多くのことがわかっている．それは，パンゲアの断片（北のローラシアと南のゴンドワナ）が離れつづけるにしたがって，海が大陸をおおいはじめたからだ．海水面が上昇すると，低地だった場所が水中に沈んだ．たとえば現在のヨーロッパにあたる地域は，三畳紀からジュラ紀前期には山が列なり，そのあいだに谷や低めの平原がみられたが，ジュラ紀中期には（現在のインドネシアのような）群島になった．現在の北アメリカの内陸は，ジュラ紀中期から後期には部分的に水に浸かっていた．世界のほかの地域でも同じようなことが起きた．このような浅海に積もった海成の堆積物や化石はやがて岩石に変わった．その後，地殻変動でこうした海が干あがり，岩石が隆起したため，今では，山にのぼってジュラ紀の海を探すことができる．

本物の「ジュラシック・パーク」

ジュラ紀の造山運動はアメリカの恐竜について理解を深めるのに重要だ．ジュラ紀中期から，ロッキー山脈は「再び」もりあがりはじめる（この場所では，古生代後期と三畳紀にも造山運動が起きていた）．この新しい山々が高さを増すあいだに，雨風が山腹を浸食し，そこから出た堆積物が大陸の中心にある浅海へ流された．大きなくさび形をしたこの堆積物の一部はやがてかたまってモリソン層になる．これこそ本物の「ジュラシック・パーク」だった．

モリソン層には，湖，河川，沼地など，ジュラ紀後期の北アメリカ西部の環境が記録されている．ここには，知られているかぎり最も多様な恐竜化石が密集している．獣脚類では，カルノサウルス類のアロサウルス Allosaurus とサウロファガナクス Saurophaganax，メガロサウルス科のトルウォサウルス Torvosaurus とエドマーカ Edmarka，ケラトサウルス類のエラフロサウルス Elaphrosaurus とケラトサウルス Ceratosaurus，そしてもっと小型のさまざまな種類がみられる．たとえば，ティラノサウルス上科のストケソサウルス Stokesosaurus，原始的なコエロサウルス類のタニュコラグレウス Tanycolagreus，オルニトレステス Ornitholestes，コエルルス Coelurus，ほかにマニラプトル類と思われる恐竜が3種類見つかった．鳥盤類では，鳥脚類のカンプトサウルス Camptosaurus，ドゥリュオサウルス Dryosaurus，ドリンカー Drinker，オスニエリア Othnielia，エキノドン Echinodon，よろい竜類のミムーラペルタ Mymoorapelta とガーゴイレオサウルス Gargoyleosaurus，剣竜類のヘスペロサウルス Hesperosaurus，ヒプシロフス Hypsirophus，ステゴサウルス Stegosaurus が例としてあげられる．竜脚類の主要な種類はどちらも目を見張るほど多様だ．モリソン層で見つかったムチ状の尾をもつディプロドクス上科には，スウワッセア Suuwassea，アパトサウルス Apatosaurus，ディプロドクス Diplodocus，バロサウルス Barosaurus，スーパーサウルス Supersaurus が含まれる．鼻の大きなマクロナリア類では，ハプロカントサウルス Haplocanthosaurus，カマラサウルス Camarasaurus，ブラキオサウルス Brachiosaurus が同じ時期の地層から見つかっている．モリソン層に含まれる多くの捕食者にとっては実に豊富なメニューだ．モリソン

水飲み場のアパトサウルス

層に埋もれているのは恐竜化石だけではない．ワニ類，トカゲ類，カメ類，哺乳類といったほかの動物や，植物もたくさん含まれている．

だが，ここで忘れてはならない重要なことがらがある．これを根拠に，北アメリカ西部に生息していた恐竜の種数は世界のほかの地域より多かったと判断してはならない．それよりも可能性があるのは，この場所の地質学的条件（新しい堆積物が大量に生じ，たまる場所があったということ）が化石ができるのを助けたということだ．さらに，これらの岩石は地球上の恐竜化石層のほとんどどこよりも，さか

んに発掘されてきた．つまり，モリソン層の化石資料は特別に思えるかもしれないが，このような恐竜の多様性はジュラ紀後期のいたるところでごくふつうにみられたということだ．

とはいっても，これらの種すべてがまったく同じ場所，同じときに生息していたというわけではない．モリソン層の最古の層からしか見つからない種類もあれば，もっとあとの部分からしか見つからない種類もある．すんでいた環境も違うかもしれない．それでも，北アメリカ西部でジュラ紀のサファリに出かければ，短い期間に，ほぼ全種類の恐竜をながめ

アパトサウルスを食べようとするトルウォサウルス

るチャンスに恵まれただろう．

　地球上のほかの場所にも，これと同じような多様性が広がっていたはずだ．実際，ジュラ紀後期の恐竜化石がたくさん発掘された場所，たとえばポルトガルやタンザニア，とくに中国ではたいてい，大型獣脚類や剣竜類，竜脚類など，モリソン層と似たような化石の集まりがみられる．ずいぶん違った恐竜化石が出てくる場所はヨーロッパ中部（とくに現在のフランスとドイツ）だ．この地域は温かい浅海に浮かぶ熱帯の島々だった．こうした海の泥からできた石灰岩には，翼竜類や海にすむ生物の化石が数多く含まれている．また，島から海へ流された小さなコエルロサウルス類の化石もある．たとえばコンプソグナトゥス Compsognathus やアルカエオプテリクス Archaeopteryx がそうだ．アルカエオプテリクスは，羽毛をもつマニラプトル類では知られているかぎり最古級の種類だ．

　ジュラ紀の終わりには絶滅が起きたが，ジュラ紀のはじめの絶滅ほどひどくはなかった．ジュラ紀後期に生息していた恐竜のおもな種類はほとんど全部，白亜紀の地層からも見つかる（必ずしも同じ種ではないが）．海では，一種類をのぞいて魚竜類がすべて絶滅した．原始的な翼竜類や一部の海生爬虫類でも個体数が激減した．しかし全体としては，恐竜の黄金期は白亜紀のはじめまで続いた．ただし，この白亜紀に恐竜の世界にとって大きな変化が起きる．

ジュラ紀の刑事

ロバート・T・バッカー博士
ワイオミング恐竜国際協会

写真提供はヒューストン自然史博物館

私は恐竜刑事だ．殺害事件を担当している．私たちはワイオミング州のコモ・ブラフで1億4400万年前の被害者たちを掘りだした．そして，彼らを殺した犯罪者を割りだした．

だれがだれを食べたかという，身の毛もよだつ情報を私たちは知りたいと思っている．それは血なまぐさい話が好きだからではない．この動物たちがたがいにどんな影響をおよぼしあったかがはっきりしないと，ジュラ紀の世界を理解できないからだ．

コモ・ブラフは肉食動物でいっぱいだ．体長11mのアロサウルス類．鼻に角をもつ体長6mのケラトサウルス類．体長は13.4m，重さはT・レックスにも匹敵する骨太のメガロサウルス類などがそうだ．おまけに，体長わずか1m未満の小さな捕食者もいろいろいた．

長さ約13km，幅3kmほどしかない場所に，腹をすかせた肉食動物がこれだけたくさんうろついていた．コモ・ブラフの恐竜はどこで狩りをしたのだろうか．それを知る手がかりは恐竜の「銃弾」と「銃創」だ．

私たちが発掘した恐竜骨格のほとんどは，骨にかみあとがあった．このかみあとを私たちは「銃創」とよんでいる．傷をあたえた「銃弾」も，犠牲者の骨にまざって見つかった．「銃弾」とは，肉食動物が獲物にかみついたときに抜けおちた歯のことだ．

人間の場合，歯は1回しか抜けかわらない（乳歯が抜けて，そのあとに永久歯が生えてくるときだ）．恐竜に永久歯はなかった．それぞれの歯槽で新しい歯が生えてくると，古い歯が押しだされた．これが一生続いた．抜けおちた歯を「銃弾」とよぶのは，殺人現場で見つかったピストルの弾を刑事が手がかりにするのと同じ使い方ができるからだ．銃弾から発射した銃の種類がわかるように，抜けおちた歯から歯のもち主だった恐竜の種類を特定できる．コモ・ブラフで見つかった肉食恐竜の歯で最も鋭いのはケラトサウルス類のものだった．アロサウルス類の歯はそれほど鋭くなく，太めで，ややねじれている．

肉食恐竜の歯が入っている岩石から，殺害現場についていろいろな情報が得られる．赤や緑のしみがある岩石はほぼ1年中乾燥していた土からできたものだ．黒い岩石は湿地でできたもの．小石が入った砂岩は，昔は川のなかにあったはずだ．

ところで，ジュラ紀の肉食恐竜はどこで狩りをしたのだろう．昔，土が乾燥していた場所で見つかる歯はほとんどすべてアロサウルス類のものだった．アロサウルス類は，アパトサウルス *Apatosaurus*，ディプロドクス *Diplodocus*，ブラキオサウルス *Brachiosaurus* といった，首の長い巨大な植物食恐竜を食べていた．

メガロサウルス類はもっとずっしりとしていて，歯もじょうぶなので，やはり巨大な獲物をえさにしたのだろうと私たちは考えていた．だが，それはまちがいだった．メガロサウルス類の歯はかつて湿地だった場所から見つかったのだ．そして，かみくだかれたカメ類やワニ類の化石がいっしょに掘りだされた．

ケラトサウルス類の歯は，大きな魚類やワニ類の遺骸がいっぱいつまった場所に落ちていた．ここから，ケラトサウルス類の食べ物がわかるだけでなく，狩りの習性についても推測できることがある．ケラトサウルス類の尾は驚くほどじょうぶでしなやかだった．それはなぜだろうか．この謎を解きあかしたのは「銃弾」だった．ケラトサウルス類はジュラ紀の水のなかに入り，この尾を使って泳いで獲物を追いかけたのだ．

もっと小型の捕食恐竜はなにを襲っていたのだろう．私たちはジュラ紀のラプトル類化石も掘りだしている．それはヴェロキラプトル *Velociraptor* に似た化石動物で，知られているかぎりどこのものよりも古い（ほかのラプトル類化石はみなジュラ紀の次の白亜紀のものだ）．私たちが発掘したコモ・ブラフのラプトル類は，コヨーテくらいの体重しかなく，抜けおちた歯から推測すると，小さな獲物がたくさんいる湿地をうろついていたようだ．ラプトル類の歯は，かみくだかれた小さなトカゲの骨や，シチメンチョウ大の植物食恐竜のそばにある．このようなラプトル類は私たちの祖先も食べていたらしく，ラプトル類にかじられた骨が見つかっている．骨は毛の生えた小さな動物のもので，このトガリネズミに似た小動物の子孫がやがて尾の長いサル類や類人猿，そしてヒトへと進化する．

私が知る範囲では，恐竜化石をよみがえらせるいちばんの方法は恐竜刑事になることだ．

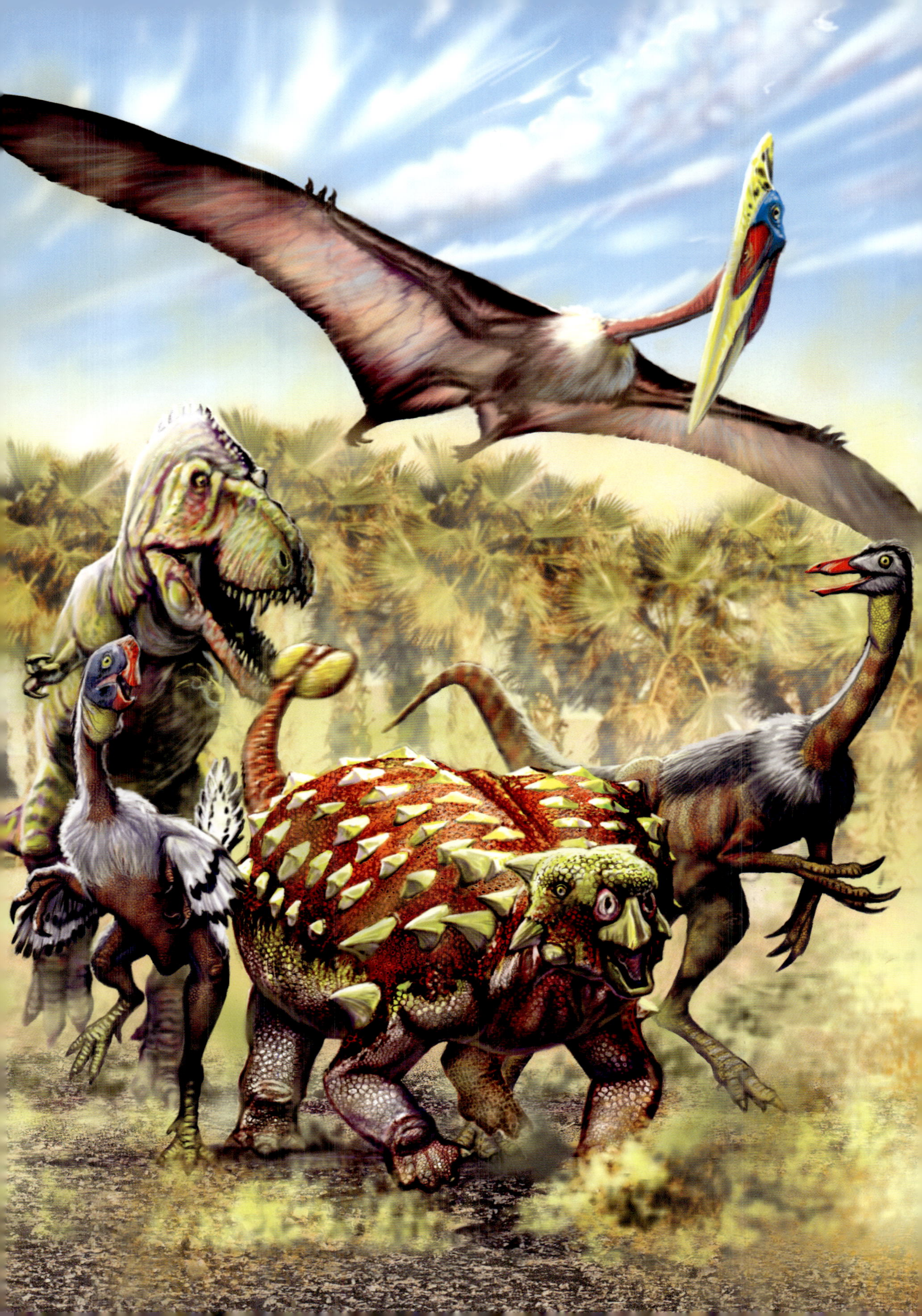

41
白亜紀の生物
Life in the Cretaceous Period

　白亜紀（1億4550万年〜6550万年前）は中生代（2億5100万年〜6550万年前）で最後の紀だ．この長い期間に恐竜の世界では大きな変化が起きた．白亜紀が始まったころの生物はその前のジュラ紀の生物によく似ていたが，白亜紀が終わるまでに，この地球には現在の私たちにも見覚えがある動植物が何種類もすみついていた．白亜紀には恐竜のおもなグループ（鳥盤類，竜脚形類，獣脚類）でそれぞれ最大の種が進化した．大陸が移動しつづけ，海水面が上昇下降をくり返したため，地球上に孤立した地域がいくつもできた．その結果，恐竜たちは場所によってずいぶん異なる進化をみせはじめた．

　白亜紀にはほかの動物も多様化したが，恐竜はこの紀が終わるまでずっと陸生脊椎動物の支配グループだった．しかし，白亜紀（そして恐竜時代）は大量絶滅でついに終わりを告げる．

最初の花

　大昔の世界について考えるときに，植物は無視されがちだ．動物の化石は奇妙な姿をしていることが多いが，植物化石はごくふつうだ．実際，中生代の植物をちょっとみただけでは，現在の植物園に生えているものとたいして変わらないように思える．それでも，植物の存在は重要だ．そして，この白亜紀のはじめあたりで，植物史上最大級のできごとが起きた．

　三畳紀とジュラ紀の植物グループの大半は今の世界でもみることができる．たとえばシダ類，ソテツ類，イチョウ類，球果植物（マツ類，イトスギ類，セコイア類とそのなかま）などがその例だ．ベネティテス類のように，中生代の植物ですでに絶滅したグループもあるが，三畳紀とジュラ紀の植物はほとんど，なじみのある現生植物のグループに属している．このような中生代前半の植物相（同じ場所，同じ時期に生えていた植物の群集）と現在の植物相との違いは，そこに含まれていた種類ではなく，欠けていた種類にあった．中生代の前半には被子植物，つまり花を咲かせる植物がなかったのだ．

　被子植物はふつう1年のうちの少なくとも一時期だけでも花を咲かせる．花には美しくていいにおいというイメージがある．しかし実は，花は植物の生殖手段なのだ．花はその姿やにおいで昆虫を引きよせる（ときには，昆虫以外の動物も寄ってくる）．昆虫は花のなかに入って植物がつくるあまい蜜を吸う．花が蜜をつくるのは，昆虫を誘惑して花にとまらせ，なかへももぐりこませるためだ．昆虫が蜜を吸っているあいだに，雄しべに体が触れて花粉がつく．この昆虫はその後，飛びたって別の花にとまる．最初の花と2番目の花が同じ種なら，最初の花の花粉で2番目の花が受精し，種子をつくりはじめる．

　ソテツ類，イチョウ類，球果植物，キカデオイデア類も種子をつくるが，これらの種子はふつう，ほとんどむきだしだ．これに対して，被子植物では種子が果実に包まれている．サクランボやモモやオレンジのように，果実のなかにはやわらかくてみずみずしい種類がいろいろある．だが，木の実も果実の一種だ．トウモロコシ，小麦，米のような穀類も果実だ．植物はなぜ，種子を果実で包もうとしたのだろうか．それは動物に食べさせるためだ！

　そういうと，はじめは少し変に聞こえるだろう．植物が自分の種子を食べさせることに，どんな利益があるのか？　おもな利益は種子がばらまかれることだ．動物が果実（やわらかい実やかたい実，穀類）

左ページ：白亜紀後期の顔ぶれが勢ぞろい！　ティラノサウルスがオヴィラプトロサウルス類，よろい竜類，オルニトミムス類を追いかけ，巨大な翼竜ケツァルコアトルスが頭上を舞う．

白亜紀にヘビ類，被子植物，現代型の哺乳類がはじめて現れた．

を食べるときには，ふつう，かたくて消化しにくい種子も丸ごとのみこむ．その後，動物はふだんの生活をこなし，「母親」の植物から少し離れた場所に種子と肥料（糞）を落とす．すると，おいしい果実をつけた植物は，果実のない植物より広く分散することができる．植物は種子の準備がととのったところで果実が熟すようにし，それまでは果実を苦くておいしくない状態に保つことで，早すぎる時期に食べられるのを防ぐ．

推測はできると思うが（そうでなければ，この話にしていない），被子植物がはじめて現れたのは白亜紀だ．被子植物の祖先かもしれない化石はもっと古い地層から見つかっているが，まちがいなく被子植物といえる最古の化石は，白亜紀のはじめころの地層から掘りだされている．現在と同じように，この植物の花は昆虫をひきつけて受粉をてつだわせた．では，植物が果実でひきつけようとした相手はなんだったのか？

白亜紀に生息していた植物食の哺乳類，カメ類，翼竜類，そしてワニ類も，ときには果実を食べ，種子を散布しただろう．だが，最も体が大きくて数が多く，種子を遠くまで運ぶことができた植物食動物は，植物食の恐竜だった．果実はまず恐竜をひきつけるために進化した可能性が高い．これからリンゴやクルミを食べるときは，鳥盤類と竜脚形類に感謝しよう．

白亜紀前期の被子植物はたいてい小さくてひょろひょろした植物だった．ところが，白亜紀後期のあいだに，被子植物のなかに大きな樹木が現れる．たとえば白亜紀の森の一部は初期のヤシ類，ゲッケイジュ類，モクレン類，シカモア類，クルミ類からできていた．そして，初期のバラ類が茂みをつくり，池にはスイレン類が生えていた（だからといって，ほかの植物グループが消えたわけではない．この時期にも，球果植物やイチョウ類はまだ森林の主要な樹木だった）．

白亜紀前期のヨーロッパの恐竜．手前に子供（左）とおとなのイグアノドン．そのすぐうしろから突進してくる鼻先の長いバリオニクス *Baryonyx* 2 頭．遠くにみえるのはブラキオサウルス科の恐竜の群れ．空にはプテロダクティルス類のオルニトケイルス．

　白亜紀が終わろうとするころに，被子植物のおもな種類の一つが進化した．それはイネ科植物だ．白亜紀後期の地層からは，イネ科植物の痕跡が少しばかり見つかっている．だが，これまで確認されているかぎりでは，まだ大平原やサバンナをつくってはいなかったようだ．背の高いイネ科植物のあいだをティラノサウルス科の恐竜が走り，角竜類を襲っている絵がときどきみられるが，これは事実ではない．

妙に見なれた動物たち

　白亜紀後期の植物相が私たちにとって見なれたものであるように，動物相（同じ場所，同じ時期に生息していた動物の群集）もなじみのあるものだっただろう．少なくとも小型の動物はそうだった．もちろん，ケラトプス科，サルタサウルス科，ティラノサウルス科の恐竜は，今はみることができない種類だ．だが，白亜紀の小型動物のなかには，さまざまなサンショウウオ類，カメ類，トカゲ類などがいた．

実は，白亜紀のトカゲ類のあるグループから，よく知られている脚のない子孫が進化している．このとき，最初のヘビ類が出現したのだ．

　白亜紀の哺乳類も進化しつづけた．少なくとも中生代の基準からすると巨体になった種類もいた．白亜紀の哺乳類はほとんどがネズミくらいの大きさだったが，なかには，ネコやアナグマや小型のイヌほどの大きさに達した種類も現れた．恐竜（恐竜の赤ん坊）をおびやかすものまで出てきた．2004 年に，イヌほどの大きさのレペノマムス *Repenomamus* という標本が見つかったが，その腹にはプシッタコサウルス *Psittacosaurus* の赤ん坊の骨がたっぷりつまっていた．白亜紀のさまざまな哺乳類には，卵を産む原始的な種類のほかに，初期の有袋類や有胎盤類が含まれていた．そのなかには樹上にすむものもいれば，地上で生活するものもいた．大半は，現在の動物園の小型哺乳類館に入れても不自然な感じはしないだろう．しかし，体のなかの構造をみると，

現生哺乳類よりもっと原始的だったことがわかる．

白亜紀は，いろいろな意味で，ワニ類の全盛期だった．三畳紀のワニ類はたいてい小型で，陸にすんでいた．動きが鈍く，はって歩くタイプもいれば，もっとまっすぐ立って走るものもいた．どちらのタイプもジュラ紀まで生きのびた．はって歩く種類で池や川に入りこんだものは，ジュラ紀のあいだに現生ワニ類に似た種類に進化した．だが実際は，現代型のアリゲーター類，クロコダイル類，ガヴィアル類よりまだ原始的だった．現代型のワニ類が現れたのは白亜紀だ．白亜紀に登場するこのような淡水生ワニ類の一部は，ずいぶん体が大きくなった．たとえば白亜紀後期の北アメリカにすんでいたデイノスクス *Deinosuchus* は体長10mを超え，白亜紀前期の北アフリカにいたサルコスクス *Sarcosuchus* は体長12mに達するほどだった．これらのワニ類はおとなの恐竜もえさにできただろう．ただし，調査の結果からすると，デイノスクスはもっぱらカメ類を，そしてサルコスクスはおもに大型魚類を食べたようだ．

白亜紀のワニ類には，湖にひそむもの以外にもたくさんの種類がいた．海生のワニ類は海で泳ぎつづけ，陸上にも多種多様なワニ類がうろついていた．哺乳類のような歯をもち，雑食だったのではないかと思われる種類もみられる．マダガスカルのシモスクス *Simosuchus* などは，鳥盤類のものに似た歯をもつので，植物食だったようだ．実際，顔が短くて背中に装甲板をもつシモスクスは，よろい竜類にそっくりだ．

飛行機大のプテロダクティルス類と巨大な海生トカゲ

白亜紀はプテロダクティルス類の全盛期でもあった．尾の長い翼竜類のうち数種類は白亜紀のはじめまで生きのびたが，この時期の空を支配したのは，尾が短く首の長いプテロダクティルス亜目だった．なかには小型の種類もいたが，一部は白亜紀にどの飛行性動物グループよりも大きくなった．白亜紀前期のオルニトケイルス *Ornithocheirus* や白亜紀後期のケツァルコアトルス *Quetzalcoatlus* のような最大級の種類は，翼を広げた長さが12m近くか，それ以上にもなった．プテロダクティルス類のなかには

巨大なケツァルコアトルスは最後の翼竜類の一つだ．

目を見張るほど大きく奇妙なトサカをもつものがいた．白亜紀の翼竜類のえさはさまざまで，魚類，昆虫，植物の果実など，そしてプランクトンを食べるものまでいた．

白亜紀の海はずいぶん温かく，とくに白亜紀後期の水温は高かった．白亜紀全体を通じて，海水面は上昇下降をくり返したが，海水面が最も高いときには，地球の歴史上かつてなかったほど，大陸の広範囲が海に沈んだ．このような時期には浅海が大陸をいくつもの地域に分断した．たとえば，内陸海路（大陸の端から端まで横切る浅海）が北アメリカを南北に走り，北極海からメキシコ湾まで通っていた．このため西側のロッキー山脈地帯は，東側にあるアパラチア山脈の高地から切りはなされていた．このような浅海の底に石灰質の泥がぶ厚くたまった．この石灰質の泥は単細胞の藻類の骨格からできていて，やがてチョークとよばれる岩石になった．白亜紀という名前はこの「チョーク」（白亜，ラテン語でクレタ）がもとになっている．世界中のチョークはほとんどすべて白亜紀後期に沈殿したものだ．すると，チョークでなにかを書いているときは，恐竜時代に生息していたたくさんの微生物の化石を使っていることになる．

白亜紀の軟体動物には，さまざまなアンモナイト類（現在のイカ類やタコ類のなかまで外殻をもつ）やベレムナイト類（内殻をもつ絶滅したイカ類のなかま）がいた．サンゴ類もまだいたが，白亜紀後期の温かい海でいちばんの造礁動物に巨大な二枚貝類の厚歯二枚貝類だった．イノセラムス類も大きな二枚貝類で，巨大なホタテガイのような姿をしていた．

白亜紀のサメ類には，どんどん数を増すエイ類や，泳ぐスピードが速い現代型のサメ類で最初の種類が含まれている．これらのサメ類のライバルだったのが，すばやくて力強く，歯がめだつ条鰭類だ．体長6mあまりのクシファクティヌス *Xiphactinus* もその一つだった．

　しかし，海でいちばんの捕食者はやはり海生爬虫類のままだった．海生ワニ類は繁栄しつづけ，首長竜類も栄華を誇っていた．白亜紀の首長竜類では，首がとてつもなく長い種類と頭骨が巨大な種類の両方で，体長が14m以上に達するものが現れた．魚竜類は白亜紀前期にはいくつかの種がいたが，白亜紀後期のはじめまでにすっかり姿を消した．

　白亜紀のあいだに新しいタイプの海生爬虫類3種類が海に入った．一つ目は最古のウミガメ類だ．現在の種類もそうだが，軽い甲羅とヒレ足をもつこのようなウミガメ類は，かたい甲羅をもつリクガメ類の子孫だった．このウミガメ類の食べ物は魚類，イカ類，クラゲ類，海生植物などだった．今のウミガメ類と同じように，砂浜へはいあがって産卵したことはほぼまちがいないが，それ以外はずっと海でくらしていた．白亜紀のウミガメ類のなかには体長4.6mまで成長したものがいたようだ．その代表例がアルケロン *Archelon* だ．だが，これだけ大きなウミガメ類でも，襲って食べるものがいた．その証拠に，最初に見つかったアルケロンの標本は後ろ脚が食いちぎられていた．

　犯人は頭の大きな巨大首長竜類ではないだろう．なぜなら，アルケロンが含まれていたチョーク層から，この種の首長竜類が見つかったことはないからだ．それよりも可能性が高いのは，新しい海生爬虫類で二つ目の

海中を泳ぐ新しいタイプの海生爬虫類，巨大なウミガメ類アルケロンと…

…海生トカゲ，モササウルス類のグロビデンス *Globidens*

白亜紀前期の中国にたくさんいた羽毛恐竜

グループ，つまりモササウルス類だ．モササウルス類は海のハンターに進化したまぎれもないトカゲ類（現在のオオトカゲ類やアメリカドクトカゲの近縁動物）だ．広弓類と同様，モササウルス類も赤ん坊が自力で泳げるようになるまで体内で育てたので，一生を水中で過ごした．四肢は水かきのついたヒレ足になり，尾はじょうぶで高さがあり，海のなかをぐんぐん泳ぐことができた．モササウルス類の食べ物は二枚貝類，アンモナイト類，魚類，イカ類や，ほかの海生爬虫類で，体の大きさや歯の形にあったえさを選んだ．なかには体長が2m弱しかない種もみられたが，17m近くまで成長し，最大の獣脚類を上まわるものもいた（最大の首長竜類は最大のモササウルス類より体が短かったが，胴体がどっしりしていたので，体重ははるかに重かった）．

白亜紀に海へ進出した爬虫類で最後のグループはヘスペロルニス類だ．ヘスペロルニス類は飛べない鳥で，歯をもっていた．中生代に生息していた数多くの海生爬虫類のうち，ヘスペロルニス類だけが本物の海生恐竜だった．

遠く離れた陸地にさまざまな恐竜

海とは違って，陸上の恐竜はきわめて多様だった．ジュラ紀後期の恐竜グループはほとんどすべて，白亜紀前期にもまだ生息していた．ジュラ紀と白亜紀で最も明らかな違いは，以前はめったにみられなかったグループがありふれた種類になったり，その逆が起きたりしたことだ．竜脚類と剣竜類は，ジュラ紀後期のあいだは鳥脚類やよろい竜類より全体的に数が多かったが，白亜紀前期にはあとの2グループがどんどん増えていった（少なくとも，北の超大陸ローラシアではそうだった）．これらのグループの繁栄と，被子植物の増加のあいだにはつながりがあると考える古生物学者もいる．たとえば，あとの2グループ（鳥脚類とよろい竜類）が被子植物を好んだので，新しい植物相とともに「さかり」をむかえたのだという説が出されている．その一方で，このパターンの逆を考え，低い位置の植物をえさにする鳥脚類やよろい竜類は，竜脚類や剣竜類に比べると，地面に生えた植物を効率よく食べたので，新しく進化した被子植物がこれを利用して有利な立場に

立ったのだとする古生物学者もいる．どちらの筋書きも憶測にすぎない．

　ジュラ紀後期と白亜紀前期の大きな違いはもう一つある．それはプレートテクトニクスの影響によるものだ．ローラシアが南の大陸ゴンドワナから離れるにつれて，それぞれの地域で独自の恐竜群集が進化しはじめた．たとえば，イグアノドン *Iguanodon* は北アメリカ，ヨーロッパ，アジアの中心的な植物食恐竜で，これらの地域すべてからよく似た小型鳥脚類やよろい竜類も見つかっている．一部の竜脚類（とくにブラキオサウルス科や初期のティタノサウルス類）も生息していた．白亜紀前期のローラシアには剣竜類の最後の生き残りがいたが，この紀の終わりまでに絶滅した．さらに，最初の明らかな周飾頭類，つまり頭部の隆起に特徴がある鳥盤類が進化したのも，白亜紀前期のローラシアだった．不思議なことに，当時，アジアにいたこのような恐竜は（小型角竜類のプシッタコサウルスなどはどこにでもいたのに），ヨーロッパや北アメリカではめったにみられなかった．カルノサウルス類とスピノサウルス上科の恐竜は最強の捕食者として競いあい，中型から小型のハンターの位置はさまざまなコエルロサウルス類がしめていた．中国の義県層から見つかったいろいろな羽毛恐竜もそのなかに含まれる．同じような種類の恐竜はヨーロッパや北アメリカでも見つかっているが，静かな湖や火山灰に埋もれたのではなく，流水のなかで埋もれたため，中国のものより全体的に保存状態がかなり悪い．義県層で発見された化石から，ローラシアのコエルロサウルス類が多様化し，たくさんの種類（捕食者のティラノサウルス上科やドロマエオサウルス科，小型肉食恐竜のコンプソグナトゥス科とトロオドン科，植物食のオルニトミモサウルス類やオヴィラプトロサウルス類やテリジノサウルス上科の恐竜など）が現れていたことがわかる．

　一方，南の大陸ゴンドワナの状況は異なっていた．

白亜紀後期のアジアの巨大恐竜（左から右へ）：首の長いティタノサウルス類のネメグトサウルス *Nemegtosaurus*．ハドロサウルス亜科のサウロロフス *Saurolophus* とシャントゥンゴサウルス *Shantungosaurus*．獣脚類デイノケイルス *Deinocheirus* の腕，腹，脚．

白亜紀後期の災害がすべて絶滅事件というわけではない．ここにいるコリトサウルス *Corythosaurus* のつがい（うしろ）や，パラサウロロフスの赤ん坊とおとな 2 頭（中央と手前）は，大量の火山灰に襲われている．

　最も数が多い大型植物食恐竜は，ディクラエオサウルス科，ルーバーチーサウルス科，初期のティタノサウルス類のような竜脚類だった．少なくともオーストラリアでは，鳥脚類が多様化し，小型のリアレナサウラ *Leaeilynasaura* から大型のムッタブラサワルス *Muttaburrasaurus* まで，いろいろな種類がいた．イグアノドン類とよろい竜類もいたが，北半球の大陸より数が少なかった．獣脚類の中心をになったのはスピノサウルス上科，カルノサウルス類，ケラトサウルス類で，コエルロサウルス類はゼロではなかったが，ローラシアに比べるとごくわずかだった．このように，三畳紀やジュラ紀とは違って，白亜紀には世界の各地でさまざまに異なる恐竜群集がみられた．

　白亜紀の中ごろ，つまり白亜紀前期が終わり，白亜紀後期が始まるころまでに，南大西洋とインド洋が拡大するのにあわせて，南半球の超大陸が分離し始めた．南アメリカ，アフリカ，マダガスカル，インド，そして現在のオーストラリアと南極大陸をあわせた陸地がばらばらの陸塊になった．オーストラリアと南極大陸の植物相や動物相は似ていたので，当時はまだこの 2 つを陸地がつないでいたようだ．

たぶん，現在の南北アメリカをつなぐパナマ地峡のようなものがあったのだろう．だが，全体としてみれば，世界の陸地は分断が進んでいた．

　この白亜紀中ごろに地球は極端に暑くなり，海水面が最高に達した．中生代が始まるはるか前までたどっても（あるいは中生代に入ってからでも），このときほど多くの酸素や栄養素を植物が生みだした時期はなかっただろう．最大級の恐竜類（竜脚類では，アルゼンチノサウルス *Argentinosaurus* やパラリティタン *Paralititan* のような巨大ティタノサウルス類，サウロポセイドン *Sauroposeidon* のような大型のブラキオサウルス科，そして獣脚類ではギガノトサウルス *Giganotosaurus*，カルカロドントサウルス *Carcharodontosaurus*，スピノサウルス *Spinosaurus* など）がこの豊かな時代に現れたのも，偶然の一致ではないはずだ．ところが，白亜紀後期に温度がいくらか下がりはじめると，これらの恐竜は絶滅した．

　白亜紀後期の南アメリカ，インド，マダガスカルには小型の鳥脚類も生息していたが，主要な植物食恐竜はサルタサウルス科のティタノサウルス類だった．よろい竜類もいたが，かなりめずらしい存在だっ

た．この期間の終わり近くに，ハドロサウルス類が南アメリカに到着する．たぶん，北アメリカからやってきたのだろう．捕食者では，アベリサウルス科のケラトサウルス類が中心的なグループで，もっと小型の捕食者にはノアサウルス科，メガラプトル *Megaraptor*，ドロマエオサウルス科のウネンラギア類がいた．南アメリカからはアルヴァレズサウルス科の恐竜も見つかっている．

現在のところ，白亜紀後期のアフリカ大陸にどんな恐竜がいたかはわかっていない．この地域からは白亜紀後期の化石がほとんど見つかっていないからだ．オーストラリアと南極大陸では白亜紀後期の恐竜がわずかばかり見つかっているので，そこから推測すると，白亜紀前期の種類と似ていて，たくさんの小型鳥脚類やよろい竜がいたようだ（ただし，南極大陸ではハドロサウルス科の化石が見つかっている）．

白亜紀のあいだ，ヨーロッパは現在のインドネシアのような群島のままだった．少なくとも大きめの島（現在のトランシルヴァニアやフランス）にはラブドドン科の鳥脚類，よろい竜類，ハドロサウルス科，ティタノサウルス科，原始的なドロマエオサウルス科，アベリサウルス科の恐竜がいた（これより前にはローラシアのどの地域からも見つかっていないので，このアベリサウルス類はたぶんゴンドワナ大陸から渡ってきたものだろう）．

白亜紀後期のアジアの恐竜は，義県層から見つかった種類の子孫がほとんどだ．たとえば，こん棒状の尾をもつアンキロサウルス科と，えり飾りをもつネオケラトプス類はどちらも，白亜紀前期にこの場所にいた祖先から生じた．そのほか，明らかな厚頭竜類で最初の種類もここにいた．白亜紀後期のアジアの湿った地域には，大型のティタノサウルス類，ハドロサウルス科（ランベオサウルス亜科とハドロサウルス亜科の両方），テリジノサウルス上科，オルニトミモサウルス類がすみ，捕食者のティラノサウルス類に襲われないように用心していた．一方，中央アジアの砂漠では，このような大型恐竜の群集は生活できなかったので，アンキロサウルス科，小型角竜類のウダノケラトプス *Udanoceratops* やプロトケラトプス *Protoceratops* など，小型の恐竜しか見つかっていない．この砂漠地帯で最大のハンターはアキロバートル *Achillobator* やヴェロキラプトル *Velociraptor* のようなドロマエオサウルス科の恐竜だった．そのほかに，トロオドン科やアルヴァレズサウルス科など，もっと小型のコエルロサウルス類もいた．

白亜紀中ごろの北アメリカでは，竜脚類，イグアノドン類，小型鳥脚類，テリジノサウルス上科，ノドサウルス科のよろい竜類が主要な植物食恐竜で，肉食恐竜にはカルノサウルス類，デイノニクス *Deinonychus* のようなドロマエオサウルス科，オヴィラプトロサウルス類がいた．しかし，白亜紀後期のあいだに，アジアの恐竜がこれらにとってかわった．この新しい土地で，アジアから移住してきた恐竜たちはさまざまな種に進化し，恐竜時代の終わりには，北アメリカに特有の世界をつくりだした．正真正銘の角竜（ケラトプス科）が見つかったのは，ほかならぬこの場所だ．この角竜類の群れとならんで，やはり大きな群れをつくっていたのは，ハドロサウルス亜科とランベオサウルス亜科の両方を含む，さまざまなカモノハシ竜だった．ノドサウルス科は，新しい恐竜がやってきたあとも生きのび，アジア系のなかまであるアンキロサウルス科とともに生息していた．そして白亜紀の終わり近くになって，サルタサウルス科のティタノサウルス類（アラモサウルス *Alamosaurus*）が加わる．たぶん南アメリカから渡ってきたのだろう．オヴィラプトロサウルス類とオルニトミモサウルス類，そしてわずかばかりのアルヴァレズサウルス科とテリジノサウルス上科もいた．小型恐竜のドロマエオサウルス類とトロオドン科はごく小さな恐竜にとっては恐い存在だっただろう．一方，大型のハンターはすべてティラノサウルス科だった．

みてもわかるとおり，白亜紀末の世界にはたくさんの種類の恐竜がいた．いろいろな土地を旅していくと，現在と同じように，それぞれの地域ではっきり異なる動物のグループを目にすることができただろう．これらの動物の化石は毎年次々と発見されている．

もしも恐竜が考えにふけることができたら，この状態がいつまでも続くと思ったかもしれない．だが，そうはならなかった．6550万年前に大災害がおとずれ，恐竜時代は終わった．なにが原因で，どんなことが起きたかという問題は，次の章（最終章）であつかう．

南アメリカの恐竜

ロドルフォ・コリア博士
カルメン・フネス博物館（アルゼンチン，プラサ・ウィンクル）

写真提供はロドルフォ・コリア

南アメリカの恐竜はいろいろな点で目をひく．ずばぬけて大きなものもいれば，世界で最も変わった姿の恐竜に数えられるものもいる．もっと重要なのは，南アメリカが恐竜の発祥地だということだ．すべての恐竜で最古の種類は，この南アメリカ大陸で発見された．ヘレラサウルス *Herrerasaurus*，エオラプトル *Eoraptor*，ピサノサウルス *Pisanosaurus* がそうだ．だが，話はこれだけではない．

中生代（恐竜時代）の前半，南アメリカは北半球と南半球をつなぐ巨大な大陸の一部だった．さまざまな種類の初期の恐竜は，この陸地のどこへでも分散できた．現在の南アメリカにいた初期の恐竜もこのようにして広がった．だが，中生代の終わりまでに，南アメリカは北半球の陸塊から分かれてしまった．そして，太平洋と大西洋に囲まれて，孤立した大陸となった．白亜紀の 8000 万年から 9000 万年のあいだ，恐竜は南アメリカから北半球へ陸路で移動することはもうできなかった．この時期，南アメリカの恐竜は残りの世界から隔離されて，独自の進化をとげる．そのため，南アメリカの恐竜は世界のほかの地域の恐竜と比べてずいぶん奇妙にみえる（カンガルーやコアラなど，オーストラリアには，ほかの地域の者には風変わりにみえる動物がたくさんいるが，そのくらい奇妙な姿に思える）．

南アメリカの恐竜には生き残りの歴史もある．ジュラ紀の終わりまでに，首の長い竜脚類，小型で植物食のイグアノドン類，肉食恐竜に多種多様になり，世界中に分布していた．だが，北半球では白亜紀のはじめまでに，その多くが絶滅した．ところが，それと同じ種類の恐竜たちが南半球では繁栄し続け，さらに何百万年も進化しつづけた．ティタノサウルス類，アベリサウルス類，ガスパリニサウルス類はみな，ジュラ紀には北アメリカやアジアにすんでいた「旧式」恐竜が「新式」になった白亜紀バージョンだ．

これらの恐竜のなかには，私たちが見つけたアルゼンチノサウルス *Argentinosaurus* がいる．アルゼンチノサウルスは知られているかぎり最大の恐竜で，史上最大の陸生動物でもある．あまりにも巨大なので，いちばん大きな背骨は冷蔵庫の大きさにもなる．全長は **39.6m** ほどにも達し，体重は **70t** をこえたと思われる．4 足歩行のこの巨大植物食恐竜が，一足ごとに地響きをたてながら南アメリカの乾いた平原をゆっくりと歩く姿は，さぞかし壮観だっただろう．

南アメリカの肉食恐竜にも驚くほどの大きさに達したものがいた．たとえば全長 **13.7m** のギガノトサウルス *Giganotosaurus* とそのなかまがそうだ．なかには群れで狩りをしたと思われる種類もいる．その頭骨は **1.8m** をこえ，恐ろしい歯がずらりと並んでいた．歯の大きさはバナナほどもあり，ステーキナイフのように鋭かった．ギガノトサウルスは北アメリカのティラノサウルス *Tyrannosaurus* とは類縁関係にないが，体は同じくらい大きかった．

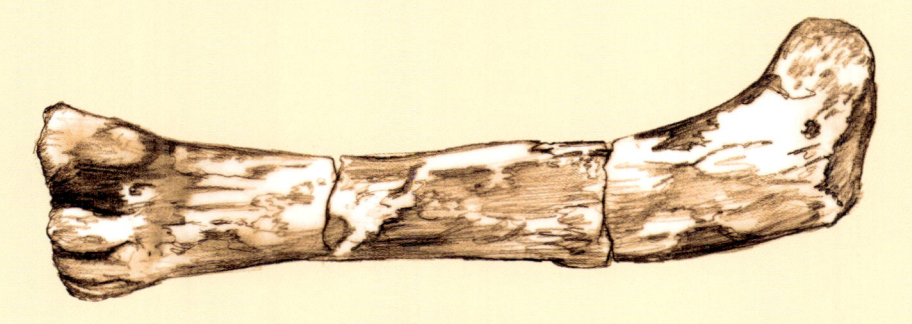

南アメリカからは巨大竜脚類の骨がたくさん掘りだされている．

ヨーロッパの恐竜

ダレン・ナッシュ博士
ポーツマス大学（イギリス）

ルイス・V・レイ撮影

　新しい種類の恐竜が見つかった場所をあててみてというと，モンタナかモンゴルと答える人が多い．それであってるかもしれないが，フランスやスペイン，イギリス，ドイツも頭に浮かんだだろうか．恐竜に関心のある人はだれでも，その昔，ヨーロッパでイグアノドン *Iguanodon* やメガロサウルス *Megalosaurus* のように有名な恐竜が発見されたことを知っている．だが，ヨーロッパが今でも新種の恐竜が見つかる有力な場所だということを知っていただろうか．

　ヨーロッパでごく最近発見された恐竜のなかには，恐竜の進化に関する新情報をたくさんもたらしたすばらしい化石がある．1994年にペレカニミムス *Pelecanimimus* と名づけられた恐竜は，スペインで発掘された原始的なダチョウ恐竜で，200個以上も歯があった．スキピオニクス *Scipionyx*（イタリア，1998年）は，驚くことに，内臓が保存されていた．イギリス産の恐竜エオテュランヌス *Eotyrannus*（2001年）は最古級のティラノサウルス類だ．

　北アメリカはたくさんの恐竜が発見されたことで有名だが，恐竜学が始まった場所は，実はヨーロッパだった．恐竜という概念はヨーロッパで生まれた．1842年に恐竜を独自の動物グループだと判断したのはイギリス人科学者リチャード・オーウェンだ．オーウェンがよりどころにしたのはイグアノドン，メガロサウルス，そしてよろい竜類のヒラエオサウルス *Hylaeosaurus* の断片的な化石だった．1860年代から1870年代にかけて，ヨーロッパでは目を見張るほどの恐竜化石がたくさん発見された．そのなかには，保存状態がよいはじめての獣脚類（ドイツで見つかった小さなコンプソグナトゥス *Compsognathus*），はじめての完全な装盾類（イギリスのスケリドサウルス *Scelidosaurus*），ベルギーで大量に発掘されたイグアノドンの完全骨格などが含まれる．最古の鳥として有名なアルカエオプテリクス *Archaeopteryx* は，1860年にドイツで発見され，世界で最も重要な化石の一つに数えられている．

　ここ30年は，ヨーロッパの恐竜に再び大きな関心が寄せられている．ヨーロッパの恐竜はかつて考えられていたよりも多様なことがわかったのだ．剣竜類とよろい竜類はヨーロッパのジュラ紀と白亜紀前期に主要な存在だったことが判明した．1980年代には，スピノサウルス類，アベリサウルス類，ドロマエオサウルス類を含む獣脚類がヨーロッパで見つかり，新しい解釈で，厚頭竜類，カンプトサウルス類，ヘテロドントサウルス類，オヴィラプトロサウルス類の化石もヨーロッパから出てくることが明らかになった．

　ヨーロッパには現在，恐竜研究がさかんに行われているところがいくつかある．ポルトガルのロウリニャンには，北アメリカ以外ではここでしか見つからないジュラ紀後期の恐竜が埋まっていることがわかった．ルーマニアの白亜紀後期の岩石からは，分類のむずかしい竜脚類，鳥脚類，獣脚類の化石が発掘されている．イギリスのワイト島でも，新種の獣脚類や巨大竜脚類などが発見され続けている．

　毎年新しい発見が続き，かつてなかったほど興味深くて重要な恐竜がヨーロッパに埋もれていることが確かめられている．

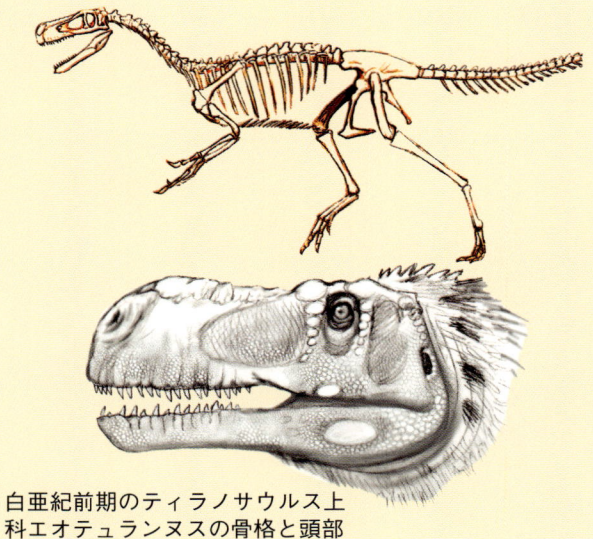

白亜紀前期のティラノサウルス上科エオテュランヌスの骨格と頭部

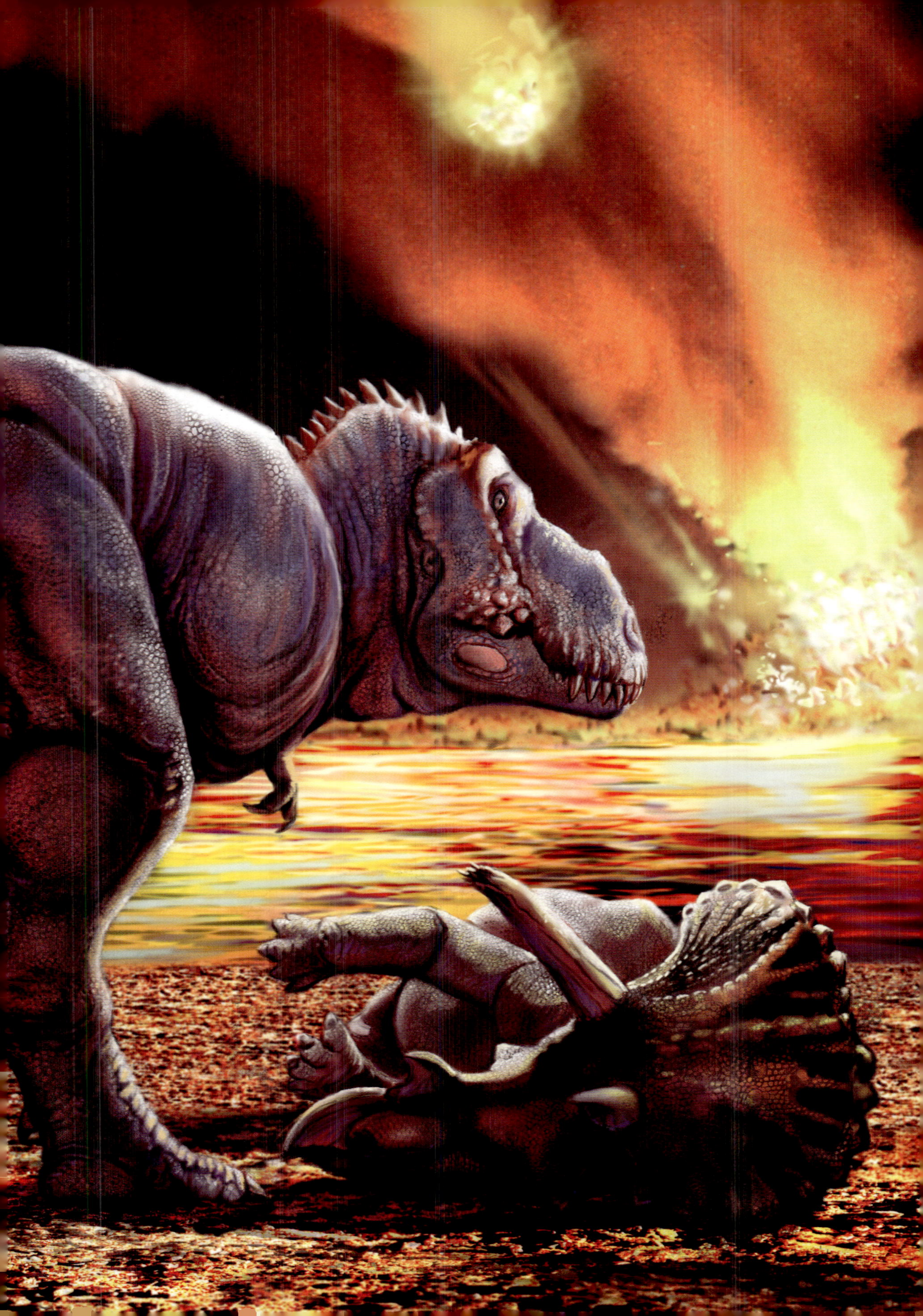

42
絶　　　滅
Extinctions
恐竜の世界の終わり

「すべていいことには必ず終わりがある」という古いことわざがある．少なくとも恐竜時代はそうだった．恐竜がはじめて現れたのはおよそ2億3500万年前で，2億年前から6550万年前までのあいだ，陸生動物を支配しつづけた．だが，その後，恐竜王国は終わりを告げた．そして新生代（6550万年前〜現在）の夜明けとともに，哺乳類の時代が始まった．

しかし，「恐竜の絶滅」という点からすると，6550万年前に起きたできごとはそれ以下であると同時にそれ以上でもあった．「それ以下」といえるのは，恐竜は絶滅していないからだ．「それ以上」であるのは，陸にすむ恐竜以外にも犠牲者がたくさんいたからだ．鳥類は，イグアノドン *Iguanodon* とメガロサウルス *Megalosaurus* にとっていちばん最近の共通の祖先から生じた子孫なので，恐竜類は鳥類のなかに生きつづけている．すると，厳密に言えば，恐竜は絶滅していない（ただし公平な目で見れば，飛ばない恐竜，つまり興味深い恐竜の大きな多様性は失われた）．だが，動植物の種のうち，かなりの数がこのとき絶滅した．おそらく，陸と海の両方で，すべての種の65%が死滅しただろう．まちがいなく大量絶滅というにあたいするできごとだった．けれども，最大の絶滅ではなかった．その「名誉」に浴するのは，古生代のペルム紀と中生代の三畳紀のあいだに起きたペルム紀-三畳紀大量絶滅だ．6550万年前の絶滅は史上2番目の絶滅ですらなかった．65%をこえる種が消えた大量絶滅が，古生代のあいだに何回か起きているからだ．とはいえ，一つの時代が終わり，今の時代が始まったことを考えると，6550万年前の絶滅は最も重要な絶滅の一つではあった．

左ページ：「最後の晩餐」．メキシコへ向かって落ちる小惑星と，それを見つめるティラノサウルス *Tyrannosaurus*

まさに，一つの時代の終わり

恐竜が発見される前から，地質学者や古生物学者は，この時期から見つかる化石の種類が大きく変わることに気づいていた．この変化は簡単にみてとれるもので，世界中の岩石で同じように起きていた．

なかでもとくにめだつ変化はチョークが消えたことだった．チョーク（白亜）は白亜紀という名前のもとになった石灰岩だ．また，白亜紀に特有の軟体動物（アンモナイト類，ベレムナイト類，イノセラムス類，厚歯二枚貝類）も姿を消していた．

かつてはたくさん見られたこのような動物が消滅したことは劇的な変化なので，地質学者はこれを時代の境界線にした．ここで中生代が終わって新生代が始まり，「中ごろの生物」から「新しい生物」に変わる．だが，代の境界は紀の境界でもある．中生代最後の紀である白亜紀は，地質学では「K」という記号で表される．新生代最初の紀である第三紀（6550万年〜258万年前）は「T」で表される．そのため，このできごとは白亜紀-第三紀大量絶滅，略してK/T絶滅やK/T境界と呼ばれる．

本当は，第三紀という言葉はもはや地質学での正式な呼び名ではなくなっている．新生代を第三紀と第四紀（258万年前〜現在）に分けるとバランスがひどく悪いので，現在の地質学者は新生代を古第三紀（6550万年〜2300万年前）と新第三紀（2300万年〜258万年前），そして第四紀に区分している．しかし，6550万年前のできごとを白亜紀-古第三紀（パレオジン）大量絶滅やK/Pg境界とよぶ人はほとんどいない．古いほうの呼び名に慣れてしまっているからだろう．

358 ● 絶　滅

生き残ったものと，生き残れなかったもの

　ところで，K/T境界で，なにが絶滅し，なにが生きのびたのだろうか．チョーク層のもとになる骨格をもつ藻類は，完全に消えはしなかったが，このグループに属する種の大半が絶滅した．生き残った種類もそのあとはあまり数を増やさなかった．そのため，世界の浅海でぶ厚いチョーク層ができることは二度となかった．ほかの種類のプランクトンも大被害を受けた．外殻をもつアンモナイト類と内殻をもつベレムナイト類は海から姿を消した．礁をつくっていた二枚貝の厚歯二枚貝類と，巨大で平らななかまのイノセラムス類も絶滅した．ヒレ足をもつ首長竜類，海生トカゲのモササウルス類，飛べない鳥のヘスペロルニス類は白亜紀の終わりまで生きのびたが，その後，消滅する．ウミガメはもちろん生きのびた．海生ワニ類のなかにも生き残った種がいくつかいたが，パレオジンのはじめに姿を消した（現在のイリエワニ類は泳ぎがうまいが，現れたのはごく

生存者あり！　哺乳類の多丘歯類（樹上），現生鳥類，カンプソサウルス類（水中）はみな，この大災害を生きのびた（ただし，多丘歯類とカンプソサウルス類はその後，絶滅した）．

最近で，海の生活に完全に適応しているわけではない．中生代から古第三紀のはじめに生息していた海生ワニ類は完全な海生動物で，尾はヒレ状になり，鱗板も縮小しているので，すばやく泳ぐことができた）．

翼竜類の最後の生き残りは空からいなくなった．アカエイ類をのぞいて，淡水生のサメ類も絶滅した（現在では，アカエイ類と，ときどき淡水に迷いこむオオメジロザメ類のほかに，淡水中にサメ類はいない．だが，白亜紀の河川にはサメ類が何種もいた）．白亜紀の哺乳類でも，数多くの種類が消滅した．植物食のものを含めて，ワニ類でもさまざまな種類がこのとき絶滅した．そしてもちろん，現生鳥類をのぞく，すべての恐竜が絶滅し，小型鳥類のエナンティオルニス類から，中型恐竜ではアンキロサウルス科，そして巨大なサルタサウルス科の竜脚類まで，みないなくなった．

だが，ここで注意しなくてはならないことがある．白亜紀のあいだに姿を消したものすべてが，6550万年前に絶滅したというわけではない．恐竜を含めて，いろいろな種類の動物がそれよりずっと前に絶滅しているのだ．たとえば，最後の魚竜類が海から消えたのは1億年ほど前で，白亜紀後期が始まるころだった．これと同じころ，剣竜類も陸からいなくなった．群れをつくっていたセントロサウルス亜科の角竜類が絶滅したのは7000万年ほど前だ．だから実をいうと，これらの恐竜はどれもK/T絶滅の犠牲者ではない．すでに死んでいるものを殺せるわけがない！

そして，もう一つ忘れてはならないのは，生き残ったものがたくさんいたという事実だ．念のためにいっておくが，現在の地球上にいる生物はすべて，K/T絶滅を生きのびた祖先から生まれたのだ．一つの例外もなく！　そして，K/T絶滅事件を乗りこえたあと，もっと小さめの大量絶滅で死滅した動物も何種類かいる．陸上では昆虫類が大量に生き残った．両生類もこの災害を切りぬけた．カメ類，トカゲ類，ヘビ類，現代型ワニ類も生きのびた．主竜類の近縁動物で，鼻先の長い小型ワニ類に似た水生のカンプソサウルス類は，生きのびたあと古第三紀に繁栄するが，古第三紀の終わり近くに絶滅した．ジュラ紀から古第三紀後期までたくさんいた多丘歯類も，同じような道をたどった．現生哺乳類の主要グループ（卵生の単孔類，有袋類，そして私たちも含む有胎盤類）の祖先はどれもK/T境界の時期には存在し，絶滅を乗りこえた．

解答を求めて

この情報を利用して，生きのびたものと絶滅したものに，なにかのパターンがあるかどうかを調べてみよう．そうするとK/T絶滅の内容がいっそうよくわかり，その原因がみえてくるかもしれない．

陸上で生き残ったものはほとんどすべて小型動物だったが，絶滅したもののなかにも，鳥類のエナンティオルニス類や，さまざまな哺乳類グループなど，小型の種類がずいぶんいた．淡水生動物の大半は生きのびたが，淡水生サメ類は死滅した．海では，底生の動植物より，海面近くにすむ動植物のほうがたくさん絶滅した．それはなぜだろう？

この問題に対する答えを見つけるのはやっかいだ．実のところ，この絶滅事件の細かな部分についてはまだ意見の食い違いがたくさんある．だが，一つたしかなのは，K/T絶滅には，恐竜の消滅だけではなく，もっと多くの側面があるということだ．だから，恐竜の絶滅だけを「説明」する説には目を向けなくてもよい．こうした説は今までにたくさん出されている．たとえば，哺乳類が恐竜の卵を食べつくしたとか，出現したばかりの被子植物に対して恐竜がアレルギー反応を起こして死んだとかいった説だ．この種のできごとがアンモナイト類やチョークをつくる藻類，さらには絶滅したさまざまな哺乳類にまで影響をおよぼしたはずはないが，それでもこれらの生物はみなK/T絶滅の犠牲になった．

いずれにせよ，こうした仮説を否定する理由はほかにもある．卵を食べる哺乳類が突然現れたことを示す証拠がなく，またこのような動物がほとんどの恐竜の卵を食べたのなら，現生鳥類の卵を食べなかった理由がわからない．なぜ植物食ワニ類の卵は食べて，肉食ワニ類の卵は食べなかったのだろうか．それに，この時期に，被子植物は「出現したばかり」とはとてもいえない．たしかに，被子植物は白亜紀にはじめて進化するが，現れたのは白亜紀のはじめで，終わりではない．白亜紀はずいぶん長く続いた．新生代全体（現在までのところ）より1億4500万年も長いのだ．

この絶滅を引きおこした原因を見つけたければ，

360 ●絶　滅

絶滅そのものから離れたところで証拠を探したほうがいい．つまり，絶滅事件だけをひたすら調べるのではなく，絶滅の原因につながる独立した証拠を岩石の記録のなかから探しだして，ある変化が起きたことを明らかにするのだ．

その結果，K/T絶滅のあたりで環境に3つの大きな変化が起きていることがわかった．この3つにはそれぞれ別個の地質学的証拠があるので，すべて本当に起きたことはまちがいない．そのうちの2つつまり海水面の変化と，長期にわたる火山活動については，あとであつかう．3つ目は20世紀の地質学における大発見に数えられ，最大の変化でもあるので，まずこれについて考えてみよう．その大発見とは，6550万年前に巨大な岩石の塊が地球にぶつかったという事実だ．

空からもたらされた死

白亜紀の終わりに宇宙の岩石，つまり小惑星が地球に衝突したことがわかったのは，ある泥の層について単純な疑問が浮かんだのがきっかけだった．イタリアのグッビオという都市の近くには，白亜紀の終わりと古第三紀のはじめを記録している石灰岩がある．この2つの紀の境目で，石灰岩が薄い泥の層に変わっている．この泥の層はどのくらいの期間をかけてできたのだろう？　数年？　数百年？　数百万年……いやそれ以上だろうか？

1970年代の後半に，カリフォルニア大学バークリー校の地質学者ウォルター・アルヴァレズが答えを見つけようとしたが，ふつうの技術では岩石の年代測定ができなかった．化石が見つかれば，年代がかなりはっきりしている岩石中の化石と対比できるが，この泥の層には化石が含まれていなかった．また，これは泥の層で，火成岩ではなかったため，反射年代測定法も使えなかった．そこで，世間でよくあるように，彼はパパに「宿題」をてつだってもらうことにした（もちろん，ノーベル賞受賞者の原子物理学者ルイス・アルヴァレズを父親にもつからこそできたことだ！）．アルヴァレズ親子は2人の化学者フランク・アサロ，ヘレン・マイケルとともに研究を進め，答えを出せそうな方法を考えついた．

隕石（宇宙の氷，岩石，金属などの塊）は地球の大気圏にしょっちゅう入りこんでは燃えつきている（流星とよばれるのがこれだ）．隕石から出た灰は地球の表面に落ちて陸上や海底に積もる．それなら，イリジウム（金やプラチナのような金属元素だが，地表より隕石中に含まれるほうがはるかに多い）を探せば，大昔の宇宙からきた灰のあとを見つけられる，と彼らは考えた．もし1年のあいだに地球に降る宇宙の灰の量がわかれば，グッビオの泥に含まれるイリジウムの量を調べて，泥の層が堆積するのにかかった年数を計算できる．

そこで，岩石の塊を採取して標本を調べたところ，予想外の結果が得られた．長年のあいだに隕石が一定の間隔で降りそそいだなら，泥の層全体からごくわずかのイリジウムが出てくるのがふつうだが，この泥の層の下の部分からは，信じられないくらい大量のイリジウムが見つかったのだ．いったいなにが起きたのか？　いろいろなシナリオを考えてみたが，このパターンとイリジウムの量にぴったりあうシナリオは1つしかなかった．宇宙から岩石と金属の巨大な塊（直径10kmから15kmの小惑星）が落ちてきて，地球に衝突したのだ．その結果，大爆発が起き，灰とちりが世界中にまき散らされただろう．

さらに計算をすると，衝突の規模が実に大きかったことがわかった．そのエネルギーはTNT火薬で183兆トンほどだったと思われる（比較のために例をあげると，過去最大の核爆発の力はTNTで5000

地球の大気圏に突入して炎をあげ，絶滅をもたらす小惑星

万トンしかなかった).この爆発でマグニチュード10.1の地震が起きただろう.これほどの地震は,人間の歴史が始まって以来,一度も起きていない.衝突でできたクレーターは直径が160kmをこえた.巨大な火の玉はそばにあるものすべてを蒸発させ,空中を走る衝撃波と海で起きた津波は衝突点から四方八方へ広がり,世界に行きわたったはずだ.

だが,最も深刻だったのは灰の影響だろう.大量の岩石が(小惑星そのものも含めて)くだけ散り,空高く舞いあがったのだ.粉々になった岩石の一部はすぐに落ちてきたが,多くは空中に浮かんだままだっただろう.そのせいで世界中が何週間も暗くなった,もしかすると数か月だったかもしれない.植物や藻類は日光が足りずに枯れてしまった.植物をえさにしていた動物は餓死し,肉食動物は植物食動物やほかの動物の死体をしばらく食べていたが,その後はやはりえさ不足におちいった.暗やみのなか,世界中の陸や海で多くの動物が死んでいたにちがいない.

泥の層1つから,ずいぶんたくさんのことを推測できたものだ.しかし,これは研究の手始めにすぎなかった.アルヴァレズの研究グループをはじめとする多くの科学者たちは,世界各地でK/T境界の岩石を調べだした.その結果,大量のイリジウムを含む層がほかの場所でも次々と確認された.とけたガラスや衝撃石英の粒も見つかったが,これはくだけ散ったあと空から落ちてきた岩石のなごりだった.

そしてなにより重要なのはクレーターが見つかったことだった.メキシコのユカタン半島の下に,衝突のあとが残っていたのだ.クレーターの上には新生代の岩石が300mから1000mほど積もっていたので,直接みることはできなかった.だが,地中に深い穴を掘って採取した試料や,その後にもっと高度な探査技術を使って調べた結果から,直径180kmのクレーターがあることがわかった.これはアルヴァレズの研究グループが予測した範囲にちょうどあてはまる.このクレーターは,衝突の証拠がはじめて得られた掘削場所の近くにある町の名前にちなんで,チクチュルブ・クレーターとよばれている.

これでK/T絶滅のなぞはとけた,と多くの人が思った.この大衝突で中生代と恐竜時代は終わったのだと.

火と水

ところが,話はもう少し複雑だった.チクチュルブで起きた衝突が絶滅事件で最も重要な働きをしたことはほぼまちがいないが,原因はこれだけではなかった.その前からすでに,恐竜王国の終わりにつながる変化が明らかに起きていたのだ.

その一つは,このころに火山活動がピークに達したことだ.およそ7000万年前に,アメリカ西部のロッキー山脈で隆起のしかたが変化した.地殻を押しまげてもりあがっていたのが,激しい火山噴火をくり返すようになったのだ.だが,もっと大きなできごとは世界の反対側で起きていた.チクチュルブの衝突より50万年ほど前に,現在のインド西部で溶岩の大量流出が始まった.これがデカン・トラップだ.噴火は次々とくり返され,100万年のあいだに51万2000km^3 もの溶岩がインドと近くの海に広がった.驚くほど大きな量だ.これだけの量の溶岩を現在の北アメリカ全体に均等に広げたら,厚さ24mの層ができる.これはペルム紀の終わりに流れでたシベリア・トラップの溶岩に比べると少ないが,それでも地球の歴史上,最大級の溶岩流出に数えられる.

シベリア・トラップは,知られているかぎり最大の絶滅だったペルム紀-三畳紀大量絶滅をひきおこしたようだ.すると,デカン・トラップがK/T絶滅でなんらかの役割を果たしたとしてもおかしくはない.チクチュルブの衝突と同様,デカン・トラップでも灰とちりが舞いあがり,世界中で日光がさえぎられただろう.世界がまっくらになるほどではなかったが,白亜紀の動植物にとって環境はずいぶん悪くなった.

環境に起きたもう一つの変化は,火ではなく水に関係があった.白亜紀にはほとんどの期間で,海水面がずいぶん高かったため,大陸の広い範囲を水がおおっていたが,6900万年ほど前にこの水が引き始めたのだ.海水面が下がった原因は,ロッキー山脈の火山活動に変化をもたらしたのと同じプレートテクトニクスの活動だった.陸地からどんどん水が引くと,かつては海辺だった地域が海から遠く離れてしまった.すると気候が変わり,冬の寒さと夏の暑さがきびしくなった.また,以前は温かい浅海にプランクトンがたくさん生息し,海の食物連鎖の基盤になっていた.ところが,大陸内のこうした海が

362 ●絶　滅

干あがり，水をかぶった場所がずいぶん少なくなると，プランクトンが減ってしまった．そしてプランクトンが減ると，ほかの海生動物が食べるえさが足りなくなった．

　火山活動も海水面の変化も（どちらか1つだけでも，あるいは両方重なっても）恐竜時代を終わらせることはなかったかもしれない．とはいえ，これらのできごとが起きたのはたしかで，そのせいで陸や海の動植物がたくさん苦しむことになったのもまちがいない．そして小惑星が衝突したとき，すでにストレスの多い環境にいたこれらの生物が，絶滅の危機に直面することになった．

灰のなかからよみがえる

　中生代を終わらせるのにチクチュルブの衝突だけで十分だったかどうかはわからないままだろう．だが，いずれにせよ，海水面の低下と火山活動，小惑星の衝突を経験したあとの世界は荒れはてていた．

　絶滅のパターンには，説明がつくものがいくつかある．たとえば，海では，いろいろな種類の藻類（とくにチョーク層をつくるもの）が消滅したせいで，モササウルス類，首長竜類，ヘスペロルニス類など，活動的な大型動物が飢え死にした．アンモナイト類はプランクトンを食べていたと多くの古生物学者が考えているので，アンモナイト類が消えたのも理解

白亜紀終わりのインドでデカン・トラップの火山噴火をながめる，サルタサウルス科のイシサウルス *Isisaurus* 2頭

できる．また，現在の大型貝類と同様，厚歯二枚貝類とイノセラムス類も体の組織のなかに共生藻類がいないと生存できなかったようなので，世界が暗やみに包まれたら，死ぬしかなかっただろう．

陸上での絶滅にも，小惑星衝突説にぴったりあう部分がある．恐竜と翼竜類はかなり大きな動物で，代謝が活発だったため，たくさんの食べ物を必要とした．世界が暗くなったとき，植物が枯れると同時に植物食動物も飢え死にし，その後，肉食動物もえさ不足で死んだ．だが，小型の恒温動物（哺乳類など）は，体が小さいのでそれほどえさを食べなくてもすむ．小型から中型の変温動物（カメ類，トカゲ類，ワニ類）も，代謝がおそいので少ないえさで生きていけただろう．

しかし，ほかの絶滅パターンはもっと説明しにくい．現在の世界では，カエル類は環境の変化に敏感なことで知られているが，中生代の終わりの絶滅事件を乗りこえた．そして，現生鳥類が生きのびたのに，イクティオルニス Ichthyornis やエナンティオルニス類が生きのびられなかった理由がわからない．もしかすると偶然の幸運にすぎなかった例もあるのかもしれない．あるグループはたまたま十分なえさを見つけてきびしい時期を乗りこえたが，別のグループは運に恵まれなかったということだ．

実際の状況がどうであったにせよ，やがて災害は終わった．植物の多くは枯れたが，種子や胞子はまだ残っていたので，再び成長しはじめた．生きのびた動物たちには，大型動物がほとんど消えた世界がひらけていた．三畳紀のはじめにも大型動物が姿を消し，生きのびた両生類，原哺乳類，爬虫類がおもなライバルになったが，そのときとよく似ていた．

だが，今回は事情が違っていた．両生類はまた生きのびたが，相変わらず，池から離れて繁殖することはできなかった．カンプソサウルス類とワニ類は海以外の場所では最大級の動物だったが，陸にすむ種類はほぼすべて消滅したので，ほとんど淡水生のハンターだけになった．カメ類，トカゲ類，ヘビ類は多様だったが，みな変温動物だ．そうすると，支配者の座をねらうライバルは恒温動物の鳥類（生き残った唯一の恐竜類）と哺乳類にしぼられる．

まず先手を打ったのは鳥類だった．古第三紀で最大級の捕食者のなかには，ディアトリマ Diatryma のような，体長1.8mの飛べない鳥がいた．だが，世界の支配権を受けついだのはおもに哺乳類だった．数百万年のあいだに，哺乳類はさまざまな生態的習性を発達させた（これを適応放散という）．空を飛ぶ哺乳類（コウモリ類）や，いろいろな海生哺乳類（カイギュウ類，クジラ類，アザラシ類，そして，のちに絶滅したグループも含む）が現れた．陸上では，多くのグループが（小さな齧歯類，群れをつくって草をはむ有蹄類，ゾウ類，獲物を求めて歩きまわる捕食者をはじめ，たくさんのグループ）多様化した．樹上には，かぎ爪ではなく平爪が生えた手でものをつかむことができる，かしこい有胎盤類のグループが現れた．この新しい樹上生動物は，トガリネズミに似た白亜紀末の有胎盤類から生じた，霊長類だった．霊長類は数千万年の時をへてキツネザル類，真猿類，類人猿，猿人へと多様化する．そして霊長類のなかから，ずばぬけて頭がよく，繁栄を手にする種が現れたのは，ほんの20万年ほど前のことだ．これがホモ・サピエンス，つまり私たち人間だった．

そしてその20万年の1000分の1にも満たないあいだに，私たちは中生代の岩石を調べて，この世界にはその昔，恐竜という驚くべき爬虫類グループがいたことを発見したのだ．

恐竜は今も生きている？

この「恐ろしく大きなトカゲ」たちは6550万年以上前に地上から姿を消した．公平な見方をすれば，鳥類の種の数は9000で，哺乳類の4500種より多い（2対1の割合）ので，ある意味，恐竜類は今でも力を発揮しているといえる．だが，新生代の環境のほとんどで，主要な動物（肉食動物，雑食動物，植物食動物のトップに立つもの）の大半は哺乳類だ．大型の恐竜はもういないし，二度と再び現れない．

それとも，現れないと断言するのはいきすぎだろうか．恐竜や，中生代のほかの爬虫類が人里離れた場所にまだひそんでいる，という人間がときどきいる．アフリカで探検中に生きた竜脚類を目撃したという話を聞いたことはないだろうか．首長竜類のくさりかけた死体が海でつれたという記事を見た覚えもあるかもしれない．しかし，残念ながら，これらは作り話か見まちがいだ．「首長竜類」の死体はくさりかけたウバザメ類だったことがわかった．生きた竜脚類の目撃話には裏づけとなるたしかな物証が

364 ● 絶　滅

新生代の哺乳類のなかには，剣歯ネコ類のスミロドン *Smilodon*（左）や地上生のオオナマケモノ類メガテリウム *Megatherium*（右）のように，恐竜と同じくらい奇妙で見ごたえのある動物がいた．

できるような書き方をしている．だが，この考え方はサイエンス・フィクションにすぎない．これまでのところ，化石になった恐竜の DNA を発見した者はいない．こわれた軟組織は見つかったが，DNA のらせん構造がまだそこに含まれていることを示す証拠はない．

　DNA の断片が（マンモスやネアンデルタール人のような，もっと新しい化石に含まれていた断片のように）見つかったとしても，それだけでは不十分だ．本物の恐竜をつくるには，その種のゲノムを 100％ 手に入れる必要がある．ほかの種から得た情報で空白を埋めようとしても，うまくいかない．比較のために例をあげると，ヒトとチンパンジーの DNA は約 98.5％ まで同じだ．残りのわずか 1.5％ が，すべてのヒトとチンパンジーのあいだの大きな違いを生みだしている．DNA にみられるこのわずかな違いだけで，（あなたがヒトなら）この本を読めるか，（もしあなたがひょっとしてチンパンジーなら）木の枝にぶらさがりながら足でこの本をつかめるかどうかが決まるのだ．だれかが恐竜の DNA の断片を見つけてくれたらうれしい．すばらしい研究材料になるからだ．しかし，恐竜のクローンができることはまずないだろう．

　だが，恐竜を生きかえらせる手段はほかにもある．もっといい方法で，しかも年を追うごとに，新しい発見があるたびに改良されている．それは古生物学だ．化石や岩石から得られる証拠を観察し，現生動物と比較し，古い骨を自分の目やコンピューターで調べれば，頭のなかで「興味深い」恐竜をよみがえらせることができる．人間の驚異的な想像力と推理力の組みあわせによって，恐竜時代は続くのだ．

ない．だれがどう主張しようと，たとえそうあってほしいと思う主張でも，それだけで実現するわけではない．なにしろ，歌手のエルヴィス・プレスリーがスーパーマーケットで買い物をしているのをみたという人間がいまだにいるくらいだ．プレスリーは 1977 年に亡くなったというのに．

　生きた竜脚類やティラノサウルス類，そのほか，鳥類ではない恐竜を探すのはむりでも，恐竜を生きかえらせることはできるのではないか？　そういう発想から，マイケル・クライトンの小説『ジュラシック・パーク』（そして小説をもとにした映画）は誕生した．クライトンは，恐竜の DNA が見つかれば，断片をつなぎあわせて完全な遺伝情報，つまりゲノムを再現し，恐竜のクローンをつくることが

ジュラシックパークは実現するか？

メアリー・ヒグビー・シュヴァイツァー博士
モンタナ州立大学

写真提供はメアリー・ヒグビー・シュヴァイツァー

映画『ジュラシック・パーク』シリーズをきっかけに，恐竜学への関心が高まり，恐竜のとらえ方もがらりと変わった．この映画は，化石からとりだしたDNAを使って新たに恐竜を「育てる」という発想がもとになっている．DNAは生物を特徴づける遺伝情報の運び手だ．DNAから恐竜をよみがえらせることは本当に可能なのか？

もし思いどおりにやらせてもらえるのなら，できないことはない．ぜひとも裏庭で恐竜を飼ってみたいものだ．けれども残念なことに，恐竜をよみがえらせるには障害が多すぎる．たとえ乗りこえがいのある障害だったとしても．

私の恐竜学者としての仕事は，骨や歯，ときには皮膚や筋肉を調べて，動物が生きていたときに体の一部だった分子のなごりを探すことだ．これには化学の知識がずいぶん必要になる．さらに，ほかの科学者が生物の細胞や作用を調べるときに使う技術にも頼らなくてはならない．大昔の恐竜の骨にまだDNAがあると証明された例はないが，タンパク質などの分子のかけらが残っていることは確かめうる．恐竜化石に含まれる分子の化学的な痕跡を調べると，恐竜の生活についても，植物や微生物など恐竜といっしょに生息していた生物についても，たくさんのことがみえてくる．

恐竜の分子を研究すると，現在の動物との類縁関係もつかみやすくなる．私たちは，現生動物のタンパク質やDNAの研究用に開発された方法を利用し，恐竜の分子の断片を現生動物のものと比較して類似性を調べている．そうすると，類縁関係のある現生動物の分子とどれだけ近いかということだけでなく，進化するあいだに分子がどう変わるかということもわかる．

私が研究室でしている仕事は，人々がふつう頭に描く恐竜学のイメージや，わくわくするような荒れ地での化石発掘とは違う．しかし，こうした情報も大事だ．ここから，恐竜や，恐竜がくらしていた環境についていろいろなことが明らかになる．

ビーカーから恐竜？ それはありえない！ だが，将来の研究で，恐竜の世界に対する見方がすっかり変わるかもしれない．

恐竜リスト

　このリストでは，中生代の恐竜のすべての既知の属を，所属するグループ別に配列してみた．ご存知のとおり（そうでなければ第7章をみてほしい），私たちは恐竜について話すとき，一般的に属は1つの単語によって表される．ティラノサウルス Tyrannosaurus，トリケラトプス Triceratops，アナトティタン Anatotitan は，すべて属の例である．それぞれの属は，1つか複数の種の集まりである．大部分の恐竜の属は1つの種だけが見つかっているが，いくつかの異なる種が見つかっている属もある（例えばプシッタコサウルス Psittacosaurus，アパトサウルス Apatosaurus とエドモントサウルス Edmontosaurus）．属の所属グループは本文でとりあげられた章の順番になっており，グループの中では属名のアルファベット順になっている．

　以下の点に注意してほしい．私は，新生代の恐竜，つまり現代鳥類と6550万年以後に生きていたその他の鳥類の属はあまりにも数が多いという単純な理由で，このリストに含めなかった！　さらに，恐竜では1カ月につきおよそ2つというわりあいで新しい属が発見されているため，このリストには2，3の最近の属が掲載されていない（本書のような図鑑では，文章の校正が終わってから刊行された本が書店に並んだり図書館で利用できるようになるまで最低でも約3か月はかかる）．また，場合によっては，どのグループに所属するのか，とても不確かな属もある．まったく不完全な化石しか見つかっていなかったり，いろいろなグループの特徴が混ざりあっていると，そのようなことが起こってしまう．とても断片的な化石で，どのグループに所属するのか決めるのが難しい恐竜の属は除いている．

　現在，正式な名前がない恐竜がいる．例えば，以前，インゲニア Ingenia とよばれていた恐竜がいたが，同じ Ingenia とよばれている昆虫もいて，残念ながら昆虫の名前のほうが先につけられていた．先取権の規則によって虫の名前が優先され，恐竜には新しい名前が必要となる．2008年7月31日現在，「インゲニア」とよばれていた恐竜の新しい名前は決まっていない．

　また，以前は別の属の新種とされていた化石が，本当はその属には含まれないとか，既存の別の属でもないことがわかることもある．したがって，新しい研究が完成すると，独立した属名がつくことになる．ある年代や地域で分類カテゴリーの唯一のメンバーであるとか，化石として特徴的とかという点で興味深い種は，この付録に付け加えた．このような名前のついていない（または，少なくとも属名が決まっていない）恐竜が研究によって最終的に名前が確定されれば，将来このリストに含まれるはずである（このリスト最新版がみたいときは，私のウェブサイト http://www.geol.umd.edu/~tholtz/dinoappendix/ をチェックしてほしい）．

　古生物学者，それに現代の動物を研究する生物学者についてもいえることだが，2つの種が同じ属なのか違う属なのか，意見が異なることもある（第7章を参照）．意見の違いがある場合はメモとして示すようにしたが，どのように分類するかは私の見解に基づいている．

　それぞれの属の名前とその由来をリストアップした．

　恐竜が生きていた年代（地質学的な相対年代と，百万年単位のおおよその絶対年代の両方）も加

訳注：日本語版では原著者のウェブサイト http://www.geol.umd.edu/~tholtz/dinoappendix/ にある最新の2008年7月31日版を翻訳して掲載した．この説明もウェブサイトに従って原著を補っている．なお，本文p.7で述べられているように，本書では「〜サウルス」を「爬虫類」（reptile）としているので，このリストでもそうしている．

えた．残念ながら，恐竜の生存期間は化石がうまっていた岩石の年代の推定がもとになっている．岩石の年代が正確なら生存時間をしぼりこめるが，そうでなければ不確定になり，恐竜の最古と最新の間の生存期間の幅はずっと長くなってしまう．今後の研究によって範囲が狭くなるだろう．

　それぞれの属の最大の化石から割り出した恐竜の体長も掲載した（もちろん赤ん坊しか見つかっていない恐竜は，成体が見つかっている恐竜より「最大の化石」はずっと小さくなる）．たいていの恐竜の化石は不完全なので，この数値は単なる推測にすぎないことが多い．特に不確かな推測にはクエスチョンマークをつけておいた．特に多くの恐竜では首と尾だけが見つかっているが，首と尾の間の長さはグループによって異なっているため，根拠のある推測をするのさえとても難しい．数本の尾骨だけしか見つかっていないような場合は体長を見積もる方法はなく，クエスチョンマークだけを入れている．

　体重を決めるのはもっと難しい．たった1～2kgの赤ちゃん恐竜が何十トンの恐竜に育つこともある．だから，最も重い個体の体重を考えることにした．そのうえで，数字のかわりに（数字をあげると正確に量ったような気がするが，ほんの推測にすぎないので），現代のだいたい同じ大きさの動物で体重を表すことにした．現代の動物の体重のリストは以下のとおり．

現代の動物	体重	その他の例
ツバメ	57g以下	イエネズミ，フィンチ
ハト	58-453g	アオカケス，コマドリ，ラット
ニワトリ	0.45-2.27kg	カラス，タカ，カモメ
シチメンチョウ	2.27-9.1kg	イエネコ，ガチョウ，アライグマ
ビーバー	9.1-22.7kg	ヤマネコ，ジャッカル
オオカミ	22.7-45kg	ヒヒ，ヤギ
ヒツジ	45-91kg	ヒョウ
ライオン	91-227kg	トラ
ハイイログマ	227-454kg	シマウマ
ウマ	454-907kg	バイソン，コディアックヒグマ
サイ	0.9-3.6トン	カバ，キリン
ゾウ	3.6-7.2トン	シャチ

7.2-14.4トンと推定される恐竜は「ゾウ2頭分」，10.8-21.6トンなら「ゾウ3頭分」のように表現した．比較のためにいうと，（これまでで最大の動物である）最大のシロナガスクジラは230トンなので，この方式でいうとだいたいゾウ27頭分ということになる．

　体長の推定と同じように，恐竜の多くの属はとても断片的な化石だけから見つかっているので，おおよそでしか体重を推測できなかったものには相当する動物名の後ろにクエスチョンマークをつけ，それさえも難しいものにはクエスチョンマークだけをのせている．

　恐竜の化石が発見された場所も記した．もちろん他の場所でも生きていたにちがいない．実際，例えばアメリカ合衆国西部の北のモンタナ州と南のニューメキシコ州で化石が発見されたのなら，まだ化石が見つかっていないだけで，その中間の州でも生息していたことはほとんど確実だろう．

　コロラド州 Highlands Ranch の Fred Barmwater 氏には本当に感謝している．古いデータを更新しやすいように編集してくれた．デンバー自然科学博物館（Denver Museum of Nature and Science）かどこかで Barmwater 氏に会ったのなら，私からの感謝を伝えてほしい．

　同じような恐竜の名前と分類のデータベースで私のお勧めは以下のとおり（URL は 2009 年 11 月 30 日現在のものに修正）．

◗ **Thescelosaurus!** http://www.thescelosaurus.com/ Justin Tweet による恐竜の名前と系統についてのまとめサイト
◗ **Dinodata** http://www.dinodata.org/ 恐竜の名前と分類，発見，ニュースなど，たくさんの情報がある．ニュースレターの購読には，無料だが登録が必要．
◗ **Dinosauria On** http://www.dinosauria.com/ 恐竜のニュース，エッセイ，その他の情報が集められている．恐竜や翼竜，その他の爬虫類の名前の語源や発音に関する情報もある．
◗ George Olshevsky の **Dinosaur Genera List** http://www.polychora.com/dinolist.html George Olshevsky のサイト．

[2008 年 7 月 31 日版への注意]
　2008 年 7 月 31 日の最新版では，108 の新しい属と 55 の新しい分類カテゴリーの追加を含んでいる．
　2008 年 7 月 31 日に 26 の新しい属名と正式名がつけられるのを待っている属を加えた．加えられた新しい属は，以下のとおりである（属名のアルファベット順）．
　アキレサウルス Achillesaurus, アルバートニクス Albertonykus, アレトアラオルニス Alethoalaornis, アニクソサウルス Aniksosaurus, アリストサウルス Aristosaurus, アシュロサウルス Asylosaurus, アウストラロドクス Australodocus, バルチサウルス Balochisaurus, ベルベロナウルス Berberosaurus, ブラーフィーサウルス Brohisaurus, シードロレステス Cedrorestes, ケラシノプス Cerasinops, ケレバウィス Cerebavis, ダコタドン Dakotadon, ターリンホーオルニス Dalingheornis, ターシャンプサウルス Dashanpusaurus, ディケラトゥス Diceratus, ディダクテュレオルニス Didactylornis, ドロードン Dollodon, ドンベイティタン Dongbeititan, トンヤンゴサウルス Dongyangosaurus, ドラコウェーナートル Dracovenator, ドロモメロン Dromomeron, エルスオルニス Elsornis, エナンティオフェニックス Enantiophoenix, エオカルカリア Eocarcharia, エオコンフウシウソルニス Eoconfuciusornis, エオクルソル Eocursor, エオマメンチサウルス Eomamenchisaurus, フスイサウルス Fusuisaurus, フタロンコサウルス Futalognkosaurus, ギガントラプトル Gigantoraptor, ギガントスピノサウルス Gigantspinosaurus, グラキアリサウルス Glacialisaurus, ホワンホーティタン Huanghetitan, ケートラニサウルス Khetranisaurus, コウタリナウルス Koutalisaurus, ラムプルーサウラ Lamplughsaura, リャオニンゴルニス Liaoningornis, ロフォストロフェウス Lophostropheus, ローリーカートサウルス Loricatosaurus, ルアンチュアンラプトル Luanchuanraptor, マクログリュフォサウルス Macrogryphosaurus, マハーカーラ Mahakala, マンテノサウルス Mantellisaurus, マリーサウルス Marisaurus, マーティンアウィス Martinavis, マシャカノサウルス Maxakalisaurus, ミクロケラトゥス Microceratus, マイエレンサウルス Muyelensaurus, ナンニンゴサウルス Nanringosaurus, ナーノサウルス Nanosaurus, ノプシャスポンデュルス Nopcsaspondylus, オルコラプトル Orkoraptor, オルニトタルスス Ornithotarsus, オリュクトドロメウス Oryctodromeus, オスニエロサウルス Othnielosaurus, パキサウルス Pakisaurus, パルクシナウルス Paluxysaurus, パンティドラコ Pantydraco, パラプロトプテリクス Paraprotopteryx, ペンゴルニス Pengornis, プラダニア Pradhania, キンシュウサウルス Qingxiusaurus, サッシサウルス Sacisaurus, サハリヤニア Sahaliyania, シャナグ Shanag, シノカリオプテリクス Sinocalliopteryx, スライマニサウルス Sulaimanisaurus, スジョウサウルス Suzhousaurus, サイオフィタリーア Theiophytalia, トゥリアサウルス Turiasaurus, ウベラバティタン Uberabatitan, ウルバコドン Urbacodon, ウェーラフローンス Velafrons, ウラガサウルス Wulagasaurus, クセノポセイドン Xenoposeidon, シュアンホワケラトプス Xuanhuaceratops, ヤマケラトプス Yamaceratops,

チョーチャンゴサウルス *Zhejiangosaurus*, チョンゴルニス *Zhongornis*, チョンユアンサウルス *Zhongyuansaurus*, チューチョンゴサウルス *Zhuchengosaurus*.

　カテゴリーが 2008 年 7 月 31 日に加えられた分類カテゴリーは以下のとおりである（掲載順）.

　ラゲルペトン類，シレサウルス類（以上，11 章）ディロフォサウルス類とその親戚（13 章），「メガロサウルス類」，メガラプトル類（14 章），原始的なオヴィラプトル類，エルミサウルス類，「インゲニア類」（19 章），サペオルニス類，コンフウシウソルニス類，原始的なエナンティオルニス類，原始的なエウエナンティオルニス類，アウィサウルス類，ゴビプテリクス類，ロンギプテリクス類，原始的な真鳥類，ヤノルニス形類，進化した真鳥類（21 章），原始的な竜脚形類，プラテオサウルス類，リオハサウルス類，マッソスポンデュルス類，竜脚類に近い系統（22 章），原始的な竜脚類，ウルカーノドン類，原始的な真竜脚類，原始的なケティオサウルス類，マメンチサウルス類，トゥリアサウルス類，原始的な新竜脚類（23 章），アパトサウルス類，ディプロドクス類（24 章），アルギロサウルス類，アエオロサウルス類，ロンコサウルス類，アンタルクトサウルス類，ネメグトサウルス類（25 章），原始的な剣竜類，ステゴサウルス類（28 章），原始的な新鳥盤類，ゼピュロサウルス類（30 章），ドゥリュオサウルス類，カンプトサウルス類，原始的なステュラコステルナン（31 章），原始的なランベオサウルス類，パラサウロロフス類，コリトサウルス類，原始的なハドロサウルス類，グリュポサウルス類，サウロロフス類，エドモントサウルス類（32 章），原始的な厚頭竜類，パキケファロサウルス類（33 章），チャオヤングサウルス類ほかの原始的な角竜類，プシッタコサウルス類（34 章）

　以上の追加分については，新しい属名には「*」を，もともとの原著に属名がなく，新しく属名が掲載された場合は「^」を，新しい分類カテゴリーには「**」をつけている.

原始的な恐竜形類 恐竜類にはとても近い順戚たち（11 章）

この動物たちは本当の意味での恐竜類ではないが、最も近い系統として考えられている。

属名	名前の意味	年代	体長	大きさ	生息場所	メモ
アグノスフィテュス *Agnosphitys*	未知の父	三畳紀後期 (2億1650万年－2億360万年前)	70cm	ニワトリ	イギリス	恐竜なのか、とても近い系統なのかは不明。
ラゴスクス *Lagosuchus*	ウサギワニ	三畳紀中期 (2億3700万年－2億2800万年前)	51cm	ハト	アルゼンチン	マラスクスと同じ種類かもしれない。
マラスクス *Marasuchus*	マーラ（マーラは南アメリカのウサギに形と生態が似ている齧歯類の一種）	三畳紀中期 (2億3700万年－2億2800万年前)	51cm	ハト	アルゼンチン	もともとはラゴスクスの一種とされていた。
サルトプス *Saltopus*	ジャンプする足	三畳紀後期 (2億1650万年－2億360万年前)	60cm	ハト	イギリス	サルトプスは岩石中の骨が溶けてしまって、残された空洞となった、一種の雌型 (negative fossil) だけが見つかっている。
スクレロモクルス *Scleromochlus*	硬い支柱	三畳紀後期 (2億1650万年－2億360万年前)	20cm	スズメ	イギリス	翼竜（空飛ぶ爬虫類）の祖先と考えられる。
スポンディロソマ *Spondylosoma*	脊椎のある身体	三畳紀中期 (2億3700万年－2億2800万年前)	不明	不明	ブラジル	本当は原始的な恐竜形類、初期の恐竜、その他の主竜形類のどれかもしれない。
テユワス *Teyuwasu*	大きなトカゲ	三畳紀後期 (2億2800万年－2億1650万年前)	不明	ピバ	ブラジル	右脚の太ももと向こうずねの骨だけが見つかっている。
トリアレステス *Trialestes*	三畳紀のどろぼう	三畳紀後期 (2億2800万年－2億1650万年前)	不明	シチメンチョウ	アルゼンチン	骨格の腕の部分は、本当は原始的なワニ類のものかもしれない。

ラゲルペトン類** ―原始的な恐竜類にとても近い親戚たち（11 章）

最近の研究によると、これらの原始的な恐竜形類はひとまとまりのグループとされている。

属名	名前の意味	年代	体長	大きさ	生息場所	メモ
ドロモメロン* *Dromomeron*	走る大腿骨	三畳紀後期 (2億2800万年－2億1650万年前)	80cm	ニワトリ	（アメリカ）ニューメキシコ州	アルゼンチンのラゲルペトンによく似ている。
ラゲルペトン *Lagerpeton*	ウサギ爬虫類	三畳紀後期 (2億2800万年－2億1650万年前)	80cm	ニワトリ	アルゼンチン	ウサギのように飛び跳ねていたのかもしれない。

シレサウルス類** ―恐竜類にいちばん近い親戚たち（11 章）

原著刊行後の新しい発見により、シレサウルス類は恐竜類に近い系統ではあるが三畳紀では、シレサウルス類は恐竜類にいちばん近い系統とされている。現在、シレサウルス類は恐竜類にいちばん近い系統（レヴエウルトサウルス類）のものとされるようになった。三畳紀の鳥盤類の多くの化石の断片が、シレサウルス類が新たに見つけられた植物食性のワニ類のものとされるようになった。

属名	名前の意味	年代	体長	大きさ	生息場所	メモ
クルロスクーサウルス *Crurosuuus*	（テキサス州）クロロビーパー郡の爬虫類	三畳紀後期 (2億2800万年－2億1650万年前)	小型	ニワトリ？	（アメリカ）テキサス州	歯だけが見つかっている。鳥盤類の恐竜とされてきたが、本当は恐竜形類よりもワニ類の系統からかもしれない。
ガルトニア *Galtonia*	（アメリカの古生物学者）ピーター・ガルトンにちなむ	三畳紀後期 (2億2800万年－2億1650万年前)	不明	シチメンチョウ？	（アメリカ）ペンシルベニア州	歯だけが見つかっていて、最初は古竜脚類とされた。本当は恐竜形類より古竜脚類よりも植物食性のワニ類の系統からかもしれない。

属名	名前の意味	年代	体長	大きさ	生息場所	メモ
エウコエロフィシス Eucoelophysis	真のコエロフィシス	三畳紀後期 (2億2800万年—2億1650万年前)	3m	ビーバー	(アメリカ)ニューメキシコ州	以前は獣脚類のコエロフィシス類とされていた。
クルツィザノフスキーサウルス Krzyzanowskisaurus	(アメリカの化石コレクター)スタン・クルツィザノフスキーの爬虫類	三畳紀後期 (2億2800万年—2億1650万年前)	不明	不明	(アメリカ)アリゾナ州、ニューメキシコ州	歯だけが見つかっていて、恐竜形類よりも植物食性のワニ類の系統のようだ。
ルイスクス Lewisuchus	アメリカの化石プレパレーター)アーノルド・ルイスのワニ	三畳紀中期 (2億3700万年—2億2800万年前)	1.2m	ニワトリ	アルゼンチン	アセトドラゴスクスと同じ種類と考える人もいれば、原始的な竜脚類の系統と考える人もいる。
ルシアノサウルス Lucianosaurus	(ニューメキシコ州)ルシアノ・メサの爬虫類	三畳紀後期 (2億1650万年—2億360万年前)	不明	シチメンチョウ？	(アメリカ)ニューメキシコ州	歯だけが見つかっている。恐竜形類よりも植物食性のワニ類の系統かもしれない。
ペキノサウルス Pekinosaurus	ペキン層の爬虫類	三畳紀後期 (2億2800万年—2億1650万年前)	不明	ニワトリ	(アメリカ)ノースカロライナ州	歯だけが見つかっている。恐竜形類よりも植物食性のワニ類の系統かもしれない。
プロテコヴァサウルス Protecovasaurus	テコヴァサウルスの前	三畳紀後期 (2億2800万年—2億1650万年前)	不明	ニワトリ？	(アメリカ)テキサス州	歯だけが見つかっていて、雑食性の鳥盤類とされた。以前は恐竜形類と同じ植物食性のワニ類の系統かもしれない。
アセウドラゴスクス Pseudolagosuchus	偽物のラゴスクス	三畳紀中期 (2億3700万年—2億2800万年前)	1.3m	ニワトリ？	アルゼンチン	ルイスクスと同じ種類かもしれない。
サッシサウルス* Sacisaurus	(ブラジルの伝説に出てくる1本脚の生物)サッシの爬虫類	三畳紀後期 (2億2800万年—2億1650万年前)	2.3m	シチメンチョウ	ブラジル	シレサウルスに似ていて、鳥盤類の恐竜の前歯骨に似た、歯を欠く歯骨の前部がある。
シレサウルス Silesaurus	(ポーランド)シレジアの爬虫類	三畳紀後期 (2億2800万年—2億1650万年前)	2.3m	シチメンチョウ	ポーランド	たくさんの個体が見つかっていて、恐竜に最も近い系統として有名である。
テクノサウルス Technosaurus	テキサス工科大学の爬虫類	三畳紀後期 (2億2800万年—2億1650万年前)	1m	ビーバー	(アメリカ)テキサス州	頭骨の一部、脊椎、その他の数本の骨が見つかっている。以前は原始的な鳥盤類とされていた。
テコヴァサウルス Tecovasaurus	テコヴァ層の爬虫類	三畳紀後期 (2億2800万年—2億1650万年前)	不明	ビーバー？	フランス、(アメリカ)アリゾナ州、テキサス州	歯だけが見つかっている。以前は原始的な鳥盤類とされたが、シレサウルス類かワニ類の系統らしい。

原始的な竜盤類—初期のトカゲ型の骨盤をもつ恐竜(12章)
竜盤類に含まれる。しかし、最も古く、最も原始的な獣脚類(真の竜脚類)よりも前に分岐したものなのか、獣脚類と古竜脚類の共通の祖先なのかは議論の余地がある。

属名	名前の意味	年代	体長	大きさ	生息場所	メモ
アルウォーカーリア Alwalkeria	(イギリスの古生物学者)エリック・ウォーカーにちなむ	三畳紀後期 (2億1650万年—2億360万年前)	50cm?	シチメンチョウ	インド	知られているコレクションは、おそらく複数の生物の骨を組み合わせたものだろう。その中には初期の竜盤類の骨が少なくとも数本は含まれている。
エオラプトル Eoraptor	夜明けのどろぼう	三畳紀後期 (2億2800万年—2億1650万年前)	1m	ビーバー	アルゼンチン	多数の骨格が見つかっているので、初期の恐竜の姿を最もよく表している。

*新しい属；**新しいグループ；^以前は名称不明だった恐竜の新しい属名

属名	名前の意味	年代	体長	大きさ	生息場所	メモ
シノサウルス *Sinosaurus*	中国の爬虫類	ジュラ紀前期（1億9960万年前〜1億8300万年前）	不明	不明	中国	数本の歯のついたあごの骨が見つかっている。中国にいた、原始的な肉食の竜盤類、真の獣脚類、恐竜以外の肉食動物の、どの可能性もある。

ヘレラサウルス類—原始的な竜盤類（12章）

原始的な竜盤類であるヘレラサウルス科に含まれるが、最も原始的な獣脚類と考える古生物学者もいる。

属名	名前の意味	年代	体長	大きさ	生息場所	メモ
ケイセオサウルス *Caseosaurus*	（アメリカの古生物学者）E.C.ケイスの爬虫類	三畳紀後期（2億2800万年〜2億1650万年前）	2m?	オオカミ	（アメリカ）ペンシルバニア州	キンデサウルスと同じ種かもしれない。現在ではわかっていることはほとんどない。
チンデサウルス *Chindesaurus*	（アリゾナ州）キンデ・ポイントの爬虫類	三畳紀後期（2億2800万年〜2億1650万年前）	2m?	オオカミ?	（アメリカ）アリゾナ州、ニューメキシコ州	最初の標本は、昔のアニメの恐竜にちなんで「ガーティ」と名づけられた。
ヘレラサウルス *Herrerasaurus*	（アルゼンチンの農夫）ヴィクトリノ・ヘレラの爬虫類	三畳紀後期（2億2800万年〜2億1650万年前）	4m	ハイイログマ	アルゼンチン	強力なハンターだが、おそらくずっと大きいサウロスクスという捕食者サウロスクスには食べられていただろう。
スタウリコサウルス *Staurikosaurus*	南十字星の爬虫類	三畳紀後期（2億2800万年〜2億1650万年前）	2m	オオカミ	ブラジル	長い間、最も古く原始的な獣脚類とされていた。

コエロフィシス類—鼻先のねじれた初期の恐竜（13章）とグアイバサウルス（12章）

コエロフィシス上科の恐竜は、原始的な獣脚類の中でとても繁栄したグループ。実際、現在知られている最も原始的な獣脚類である。グアイバサウルスはもっと原始的で、原始的な竜盤類とされることもある。

属名	名前の意味	年代	体長	大きさ	生息場所	メモ
キャンポサウルス *Camposaurus*	（アメリカの古生物学者）チャールズ・ルイス・キャンプの爬虫類	三畳紀後期（2億2800万年〜2億1650万年前）	3m?	ビーバー	（アメリカ）アリゾナ州	以前はヘレラサウルス類とされていた。わかっていることはほとんどない。北アメリカで最も古い恐竜かもしれない。
コエロフィシス *Coelophysis*	中空の形	三畳紀後期（2億2800万年〜2億360万年前）	2.7m	ビーバー	（アメリカ）アリゾナ州、ニューメキシコ州	コエロフィシス類が見つかっている中で最も完全な標本が見つかっている場で多くの完全な骨格を含む、たくさんの骨格が発見されている。「ゴーストランチ」石切り場を含む。
グアイバサウルス *Guaibasaurus*	（ブラジル）グアイバ川の爬虫類	三畳紀後期（2億2800万年〜2億1650万年前）	2m	ビーバー	ブラジル	すらりとした初期の竜盤類。以前は竜脚形類と獣脚類を中間的なものと考えられたが、いまでは最も原始的な獣脚類とされている。

属名 / Genus	意味・由来	時代	体長	比較動物	産地	備考
ゴジラサウルス Gojirasaurus	ゴジラ爬虫類	三畳紀後期 (2億1650万年—2億360万年前)	5.5m	ライオン	(アメリカ)ニューメキシコ州	この名前の由来は、特に巨大だったからでも、日本映画の怪獣ゴジラに似ていたからでもない。(アメリカの古生物学者)ケネス・カーペンターは自分の「ヒーロー」の名前を恐竜につけたかったのである。初期のコエロフィシス類の大ファンで、真のコエロフィシス類か、ディロフォサウルス類というよりスパイサウルスのような中間的な形態だったのかもしれない。
リリエンシュテルヌス Liliensternus	(ドイツの古生物学者)ヒューゴー・ルエル・リリエンシュテルンにちなむ	三畳紀後期 (2億1650万年—2億360万年前)	5.2m	ライオン	ドイツ	ずっと前から見つかっているが、完全な記載はまだ行われていない。
メガプノサウルス Megapnosaurus	大きな死んだ爬虫類	ジュラ紀前期 (1億9960万年—1億8960万年前)	2.2m	ビーバー	南アフリカ、ジンバブエ、イギリス?	「シンタルスス(Syntarsus)」の名前のほうが知られているが、この名前は甲虫類の一種に使われていた。コエロフィシス類の生き残りと考える古生物学者もいる。
ポドケサウルス Podokesaurus	足の速い爬虫類	ジュラ紀前期 (1億8960万年—1億7560万年前)	1.5m	シチメンチョウ	(アメリカ)マサチューセッツ州	この恐竜のもともとの、そしてただ1体の明確な標本は、不幸にも博物館の火事のために失われてしまった。
プロコンプソグナトゥス Procompsognathus	コンプソグナトゥスの前	三畳紀後期 (2億1650万年—2億360万年前)	1.1m	ニワトリ	ドイツ	小さなコエロフィシス類で、おそらくセギサウルスやポドケサウルスに近い系統。
サルコサウルス Sarcosaurus	肉の爬虫類	ジュラ紀前期 (1億9960万年—1億9650万年前)	不明	ヒツジ	イギリス	いろいろな骨が見つかっているが、正確な姿を決めるのには十分ではない。
セギサウルス Segisaurus	(アリゾナ州)セギ渓谷	ジュラ紀前期 (1億8960万年—1億7560万年前)	1.5m	シチメンチョウ	(アメリカ)アリゾナ州	頭骨を除いてはほとんど完全な骨格が見つかっている。骨の中味のつまっている骨と考えられていたが、さらに調査された結果、他の獣脚類のような中が空洞になっている骨だとわかった。
ロフォストロフェウス^ Lophostropheus	飾りのある脊椎	ジュラ紀前期 (1億9960万年—1億9650万年前)	3m	ライオン	フランス	もともとはリリエンシュテルヌスの初期の種とされていた。
正式名なし	(以前は"Syntarsus" kayentakata)	ジュラ紀前期 (1億9960万年—1億8960万年前)	2.2m	ビーバー	(アメリカ)アリゾナ州	もともとは「シンタルスス」(今はメガプノサウルス)の一種とされていた。1対の小さなとさかがある。
正式名なし	(以前は"Zanclodon" cambrensis)	三畳紀後期 (2億360万年—1億9960万年前)	不明	不明	イギリス	あごの骨だけが見つかっている。
未記載		ジュラ紀前期 (1億9960万年—1億8960万年前)	1.1m?	ニワトリ?	(アメリカ)アリゾナ州	まだ記載されていない恐竜の新しい属名。小さなコエロフィシス類。

*:新しい属 ; **:新しいグループ ; ^:以前は名称不明だった恐竜の新しい属名

ディロフォサウルス類**とその親戚——吻部のわじわな大きな恐竜 (13章)

以前はほとんどがユニュュコエロフィシス類か原始的なテタヌラ類と考えられていたが、今ではスパエサウルス以外は自然分類群として認められている。

属名	名前の意味	年代	体長	大きさ	生息場所	メモ
クリオロフォサウルス *Cryolophosaurus*	凍ったとさかをもつ爬虫類	ジュラ紀前期 (1億8960万年-1億8300万年前)	6.1m	ウマ	南極大陸	頭に変わったとさかがあった。以前は原始的なカルノサウルス類が原始的なテタヌラ類とされていた。
ディロフォサウルス *Dilophosaurus*	二重のとさかをもつ爬虫類	ジュラ紀前期 (1億9960万年-1億8960万年前)	7m	ハイイロマ	(アメリカ) アリゾナ州	映画で描かれたようなえり飾りもないし、毒を吹きかけたという証拠もない。
ドラコヴェナートル* *Dracovenator*	ドラゴンハンター	ジュラ紀前期 (1億9960万年-1億8960万年前)	7m	ハイイロマ	南アメリカ	ディロフォサウルスとズパエサウルスに近縁。頭骨の一部が復元されている。
ズパエサウルス *Zupaysaurus*	悪魔の爬虫類	三畳紀後期 (2億1650万年-1億9960万年前)	5.2m	ライオン	アルゼンチン	中くらいの大きさのときがある獣脚類で、以前は最も古いテタヌラ類とされていた。ユエロフィシス類とディロフォサウルス類のよりなもっと進化した獣脚類との中間的な恐竜。
正体不明	(以前は〜)	ジュラ紀前期 (1億9000万年-1億8800万年前)	6m		中国	頭に1対のとさかがあるので、もしかしたらディロフォサウルス類かもしれない。

原始的なケラトサウルス類——初期のケラトサウルス類 (13章)

この恐竜はケラトサウルス類に含まれるが、ノアサウルス科やアベリサウルス科のような特殊化したケラトサウルス類ではない。

属名	名前の意味	年代	体長	大きさ	生息場所	メモ
バハリアサウルス *Bahariasaurus*	(エジプト) バハリアの爬虫類	白亜紀前期から後期 (1億1200万年-9350万年前)	サイ	12m?	エジプト、ニジェール？	デルタドロメウスと同じ種類かもしれない。
ベルベロサウルス* *Berberosaurus*	(アフリカ北部の民族) ベルベル人の爬虫類	ジュラ紀前期 (1億8300万年-1億7560万年前)	6.2m	ライオン	モロッコ	確かなケラトサウルス類としては最も古く、もともとはアベリサウルス類とされていたが、最近の研究によってもっと原始的なケラトサウルス類と考えられる。
ベタスクス *Betasuchus*	"B" ワニ	白亜紀後期 (7060万年-6550万年前)	不明	不明	オランダ	もともとはオルニトミモサウルス類とされていたが、アベリサウルス類かもしれない。
ケラトサウルス *Ceratosaurus*	角のある爬虫類	ジュラ紀後期 (1億5570万年-1億5080万年前)	6.1m	クマ	(アメリカ) コロラド州、ユタ州、ポルトガル、リンザニア	最もよく知られているケラトサウルス類。鼻の上に幅の狭い角、両眼の上にしゅしゅとした小さな角がある。全身骨格がみつかった最初の大型の獣脚類。
チュアンドンゴコエルルス *Chuandongocoelurus*	(中国) 川東のコエルルス	ジュラ紀中期 (1億6770万年-1億6120万年前)	不明	不明	中国	おそらくエラフロサウルスに近い系統である。

属名	名前の意味	年代	体長	大きさ	生息場所	メモ
デルタドロメウス Deltadromeus	三角州のランナー	白亜紀前期から後期 (1億1200万年—9350万年前)	8m	サイ	モロッコ、エジプト？	頭骨は知られていない。「デルタドロメウスの歯」が化石ショップで売られているが、本当にデルタドロメウスのものかどうかはわからない。以前はコエルロサウルス類の巨大なノアサウルス類とされていたが、今では原始的なケラトサウルス類と考えられている。
エラフロサウルス Elaphrosaurus	快速の爬虫類	ジュラ紀後期 (1億5570万年—1億5080万年前)	6.2m	ライオン	タンザニア；おそらく(アメリカ)コロラド州	ずっと原始的なオルニトミモサウルス類とされていて、まだコエロフィシス類の生き残りと考える人もいる。残念ながら頭骨が見つかっていない。
ゲニュオデクテス Genyodectes	かみつくあご	白亜紀前期 (1億2500万年—9960万年前)	不明	サイ？	アルゼンチン	南アメリカで最初に発見された恐竜の一つ。ケラトサウルスに近い系統のようにみえるが、あごの一部分しか見つかっていない。
イロケレシア Ilokelesia	肉食の爬虫類	白亜紀後期 (9700万年—9350万年前)	不明	不明	アルゼンチン	真のアベリサウルス類の椎骨だけが見つかっている。
ジャバルプリア Jubbulpuria	(インド) ジャバルプルから	白亜紀後期 (7060万年—6550万年前)	不明	不明	インド	二つの小さな椎骨だけが見つかっている。
ルコウサウルス Lukousaurus	(中国) 蘆溝橋の爬虫類	ジュラ紀前期 (1億9960万年—1億8300万年前)	不明	不明	中国	頭骨の小さな前半部しか見つかっていない。恐竜といえるかどうかさえわからない。
ピヴェットーサウルス Piveteausaurus	(フランスの古生物学者)ジャン・ピヴェットーの爬虫類	ジュラ紀中期 (1億6470万年—1億6120万年前)	11m?	サイ？	フランス	頭蓋はケラトサウルスのものに似ている。メガロサウルス類と考える人もいる。
スピノストロフェウス Spinostropheus	とげのある脊椎	白亜紀前期 (1億3640万年—1億2500万年前)	6.2m	ライオン	ニジェール	もともとはエラフロサウルスの後期の一種とされていた。

ノアサウルス類—すらりとしたケラトサウルス類 (13章)
ノアサウルス科の恐竜はすらりとした脚の速いケラトサウルス類で、多様なグループだった。

属名	名前の意味	年代	体長	大きさ	生息場所	メモ
コンプソスクス Compsosuchus	繊細なワニ	白亜紀後期 (7060万年—6550万年前)	不明	不明	インド	首の椎骨だけが見つかっている。
ゲヌサウルス Genusaurus	ひざ爬虫類	白亜紀前期 (1億1200万年—9960万年前)	3m?	不明	フランス	以前はアベリサウルス類とされていた。
ラエヴィスクス Laevisuchus	滑らかなワニ	白亜紀後期 (7060万年—6550万年前)	不明	不明	インド	この小さな獣脚類についてはよくわかっていない。
リガブエイノ Ligabueino	(イタリアの恐竜ハンター)ジャンカルロ・リガブエの爬虫類	白亜紀前期 (1億3000万年—1億2000万年前)	70cm	不明	アルゼンチン	最も古いノアサウルス類の一つ。
マシアカサウルス Masiakasaurus	意地悪な爬虫類	白亜紀後期 (7060万年—6550万年前)	1.5m	ビーバー	マダガスカル	めずらしい歯をした、最も完全な骨格が見つかっているノアサウルス類。

*新しい属；**新しいグループ；^以前は名称不明だった恐竜の新しい属名

●恐竜リスト

属名	名前の意味	年代	体長	大きさ	生息場所	メモ
ノアサウルス Noasaurus	アルゼンチン北西部の爬虫類	白亜紀後期 (7060万年―6350万年前)	2.4m	ビーバー	アルゼンチン	この恐竜の大きなかぎつめは、以前はデイノニコサウルスのように脚についていたものと考えられていたが、実際は手についていた。
ウェロキサウルス Velocisaurus	迅速な爬虫類	白亜紀後期 (8600万年―8300万年前)	不明	ニワトリ	アルゼンチン	足以外のことはたいしてわかっていない。

アベリサウルス類――人くい靴い胸のケラトサウルス類 (13章)
アベリサウルス科は白亜紀後期の南半球の大陸に君臨した捕食者である。短い鼻先、その関係で小さな歯、とても短くて大い腕が特徴だった。

属名	名前の意味	年代	体長	大きさ	生息場所	メモ
アベリサウルス Abelisaurus	(アルゼンチンの博物館館長) ロベルト・アベルの爬虫類	白亜紀後期 (8350万年―7060万年前)	6.5m?	サイ	アルゼンチン	はっきりとアベリサウルス科に属するこ とされた最初の恐竜。ほとんど完全な人きな頭骨だけが見つかっている。
アウカサウルス Aucasaurus	(アルゼンチンの化石発掘地) アウカ・マウエボの爬虫類	白亜紀後期 (8300万年―7800万年前)	4.2m	ハイイロクマ	アルゼンチン	完全な全身骨格が見つかっているが、まだ十分には記載されていない。
カルノタウルス Carnotaurus	肉（食の）雄牛	白亜紀後期 (8350万年―6550万年前)	8m	サイ	アルゼンチン	皮膚の印象を伴った比較的完全な骨格が見つかった最初のアベリサウルス類だが、それによってこの恐前の胸筋はとても小さかったことがわかる。
コエルロイデス Coeluroides	コエルルスのような	白亜紀後期 (7060万年―6550万年前)	不明	不明	インド	尾の椎骨はジャバルプリア（おそらくこの種の子ども）のものに似ているが、もっと大きい。
ドリプトサウロイデス Dryptosauroides	ドリプトサウルスのような	白亜紀後期 (7060万年―6550万年前)	不明	ゾウ?	インド	アベリサウルス類カルノタウルスのものよりも大きな尾の椎骨が見つかっている。
エクリクシナトサウルス Ekrixinatosaurus	爆発で生まれた爬虫類	白亜紀後期 (9960万年―9700万年前)	6.1m	サイ	アルゼンチン	岩盤をダイナマイトで爆破した際に見つかったので、この名前がついた。
インドサウルス Indosaurus	インドの爬虫類	白亜紀後期 (7060万年―6550万年前)	不明	ハイイロクマ	インド	もともとは頭骨の一部しか見つかっていなかったが、長い間、カルノサウルス類ティラノサウルスの頭骨と全身骨格が発見された。十分に記載されていない。アベリサウルスに似ている。
インドスクス Indosuchus	インドのワニ	白亜紀後期 (7060万年―6550万年前)	不明	クマ?	インド	インドサウルスと同様に、長い間アベリサウルス類ティラノサウルスと呼ばれていたが、カルノタウルスの発見によって、南半球の巨大な獣脚類の明確なグループにに含まれることがわかった。
クリプトプス Kryptops	隠された顔	白亜紀前期 (1億2500万年―1億1200万年前)	6.1m	サイ	ニジェール	骨格の一部が発見されている。

属名	名前の意味	年代	体長	大きさ	生息場所	メモ
ラメタサウルス Lametasaurus	ラメタ層の爬虫類	白亜紀後期 (7060万年—6550万年前)	不明	ウマ?	インド	ワニ類とティラノサウルス類のうろこが混ざっていた。アベリサウルス類の特徴がある骨に名前がつけられた。
マジュンガサウルス Majungasaurus	(マダガスカル)マジュンガ地方の爬虫類	白亜紀後期 (7060万年—6550万年前)	9m	サイ	マダガスカル	「マジュンガトルス」Majungatholusともよばれる。頭が分厚いドーム状になっていたために、もともと堅頭竜類と考えられてきた。ほとんど完全な全身骨格が見つかったことによって、身体の大きさが異なる2個体がいたことがわかった。
オルニトミモイデス Ornithomimoides	オルニトミムスのような	白亜紀後期 (7060万年—6550万年前)	不明	不明	インド	アベリサウルス類の特徴がある尾の椎骨が見つかっている。
ピュクノネモサウルス Pycnonemosaurus	密林の爬虫類	白亜紀後期 (7060万年—6550万年前)	6m	サイ	ブラジル	1950年代に化石が採集されたが、2002年まで記載されなかった。
クイルメサウルス Quilmesaurus	(アルゼンチンの先住民族)クイルメスの爬虫類	白亜紀後期 (7280万年—6680万年前)	6m	サイ	アルゼンチン	脚の一部だけが見つかっている。
ラジャサウルス Rajasaurus	王の爬虫類	白亜紀後期 (7060万年—6550万年前)	6m	サイ	インド	おそらく、ラメタサウルスとインドサウルスの片方か両方と同じ種類だが、ずっと状態のよい化石が見つかっている。
ルゴプス Rugops	肌の荒れた顔	白亜紀後期 (9960万年—9350万年前)	6m	サイ	ニジェール	初期のアベリサウルス類。顔にある血管を通す穴は多数の角で覆われていたことを示している。
タラスコサウルス Tarascosaurus	(中世のフランスの伝説上の怪物)タラスクの爬虫類	白亜紀後期 (8350万年—8000万年前)	6m	サイ	フランス	脊椎や大きもの骨が何本か見つかっているが、すべてが同じ種類のものではないかもしれない。
ヴィタクリディンドラ Vitakridindra	(パキスタンの)ヴィタクリの獣	白亜紀後期 (7060万年—6550万年前)	6m?	サイ?	パキスタン	たくさんの骨が見つかっているが、十分にクリーニングされていない。独立した新しい属なのか、(たとえばインドサウルスのような)インドの近くですでに名づけられた種と同じものなのかは不確かである。
クセノタルソサウルス Xenotarsosaurus	不思議なかかとの爬虫類	白亜紀後期 (9960万年—9350万年前)	6m?	サイ?	アルゼンチン	椎骨が何本かほとんど完全な脚の骨が見つかっており、名前にもかかわらず、かかとは他のケラトサウルス類と似ている。

原始的なテタヌラ類—初期の堅い尾をもつ恐竜(14章)
この恐竜はテタヌラ類に合まれるが、スピノサウルス類、カルノサウルス類、コエルロサウルス類のようなもっと進化したテタヌラ類の明確なメンバーではない。

属名	名前の意味	年代	体長	大きさ	生息場所	メモ
ベックレスピナクス Becklespinax	(イギリスの化石コレクター)サミュエル・ハズバンド・ベックレの背骨	白亜紀前期 (1億3000万年—1億2500万年前)	8m?	サイ?	イギリス	高い棘をもつ椎骨しか見つかっていない。以前はメガロサウルスのものとされていた。

* 新しい属；** 新しいグループ；^ 以前は名称不明だった恐竜の新しい属名

378 ●恐竜リスト

名前	意味	時代	年代	大きさ	比較	国	備考
チランタイサウルス *Chilantaisaurus*	(吉爾泰山の)ジランタイ(の爬虫類	白亜紀前期	(1億2500万年〜9960万年前)	13m?	ゾウ	中国	大きな獣脚類。おそらくはスピノサウルス類(メガラプトル系)だが、カルノサウルス系(アロサウルス類)に近いのかもしれない、断片に当てはまるのはこれだけ。
コンドルラプトル *Condorraptor*	化石が見つかったセロ・コンドルのどろぼう	ジュラ紀中期	(1億6470万年〜1億6120万年前)	不明	ビーバー	アルゼンチン	1つの個体のものと推定されるばらばらになった多くの骨が見つかっている。以前は原始的なコエルロサウルス類とされていたが、ピアトニツキサウルスに近い系統。
イリオスクス *Iliosuchus*	ワニのような腸骨	ジュラ紀中期	(1億6770万年〜1億6470万年前)	1.5m?	ビーバー	イギリス	1対の腸骨(寛骨上部)しか見つかっていない。
カイジャンゴサウルス *Kaijiangosaurus*	(中国の)開江の爬虫類	ジュラ紀中期	(1億6770万年〜1億6120万年前)	6m?	ウマ?	中国	原始的なカルノサウルス類かもしれない。
ケルマイサウルス *Kelmayisaurus*	(中国の)カラマイ市の爬虫類	白亜紀前期 (年代は不確定)		不明	不明	中国	あごの骨だけが不完全に記載されている。本当はテタヌラ類ではなく(であったとしてもケラトサウルス類ではな)、原始的なコエルロサウルス類や剣竜の仲間だと思われていた系統の一つ。
マーショサウルス *Marshosaurus*	(アメリカの古生物学者)オスニエル・チャールズ・マーシュの爬虫類	ジュラ紀後期	(1億5570万年〜1億5080万年前)	5m	ライオン	(アメリカ)ユタ州	不完全に化石が見つかっている。スピノサウルス類、カルノサウルス類、原始的なコエルロサウルス類(の頭骨を、少しずつ備えている)、中空の頭頂部に穴がある。以前は原始的なカルノサウルス類とされたが、現在はそれより近い系統ではないと考えられている。
モノロフォサウルス *Monolophosaurus*	突起を1つもつ爬虫類	ジュラ紀中期	(1億6770万年〜1億6120万年前)	5m	ハイイログマ	中国	頭骨の頭頂部に沿って大きな、中空の突起がある。
オズラプトル *Ozraptor*	(オーストラリアのニックネーム)オズのどろぼう	ジュラ紀中期	(1億7160万年〜1億6770万年前)	2m	不明	オーストラリア	かかとしか見つかっていない。おそらくケラトサウルス類。
ピアトニツキサウルス *Piatnitzkysaurus*	(アルゼンチンの地質学者)アレハンドロ・マティエビチ・ピアトニツキの爬虫類	ジュラ紀中期	(1億6470万年〜1億6120万年前)	6m	ハイイログマ	アルゼンチン	原始的なスピノサウルス類の中で最も完全な骨格が見つかっているものの一つ。以前は原始的なカルノサウルス類とされたが、コンドルラプトルにより近い系統。
ラザナンドロンゴーベ *Razanandrongobe*	大きなトカゲの祖先	ジュラ紀中期	(1億6770万年〜1億6470万年前)	不明	不明	マダガスカル	とても厚い歯を備えた、ばらばらな断片的な試料が見つかっている。おそらく恐竜ではなく、ワニ類の系統だろう。
ヴァルドラプトル *Valdoraptor*	ウィールド層群のどろぼう	白亜紀前期	(1億3000万年〜1億2500万年前)	5m?	ライオン?	イギリス	不完全な足だけが見つかっている。
シュエンハノサウルス *Xuanhanosaurus*	(中国)宣漢県の爬虫類	ジュラ紀中期	(1億6770万年〜1億6120万年前)	6m	ハイイログマ	中国	状態のいい前肢とその他の骨が見つかっている。
正式名なし		ジュラ紀前期	(1億9960万年〜1億8960万年前)	不明	ビーバー	(アメリカ)アリゾナ州	おそらく足だけのテタヌラ類。最も古いテタヌラ類。

属名	名前の意味	年代	体長	大きさ	生息場所	メモ
正式名なし		ジュラ紀中期 (1億6770万年-1億6120万年前)	8m	ウマ	中国	状態のいい骨格とその他のスーチュアノサウルスとよばれていたが、残念ながらこの名前はこの特徴的な原始的なテタヌラ類とは関係のない一式の歯が見つかっている。
正式名なし		ジュラ紀前期 (1億9650万年-1億8960万年前)	8m	サイ	イタリア	とても大きな恐竜の骨格の一部が見つかっている。
正式名なし		ジュラ紀後期 (1億6770万年-1億6120万年前)	12m	ゾウ	ドイツ	"ミュンデンの怪物"とよばれている。がっしりしたつくりの巨大な捕食動物の骨格。トルヴォサウルスのようなスピノサウルス類と判明するかもしれない。

"メガロサウルス類"** ―原始的で、巨大な肉食恐竜 (14章)

最近の研究によると"メガロサウルス類"は自然分類群ではないが、そのかわり肉食恐竜の系統でスピノサウルス類やメガラプトル類に近い系統で、その他のテタヌラ類からは遠いものを指す。

属名	名前の意味	年代	体長	大きさ	生息場所	メモ
アフロヴェナートル *Afrovenator*	アフリカのハンター	白亜紀前期 (1億3640万年-1億2500万年前)	7.6m	ウマ	ニジェール	当時としては原始的な姿の獣脚類だった。巨大な竜脚類イオバリアと同時代に生息しており、若いイオバリアは狩りの対象となっていたかもしれない。
デュブレイユイオサウルス *Dubreuillosaurus*	(この恐竜を発見した)デューブルイユ家の爬虫類	ジュラ紀中期 (1億6770万年-1億6470万年前)	7.6m	ウマ	フランス	もともとはとがったつくりのポエキロプレウロンの新種とされていた。
エドマーカ *Edmarka*	(コロラド大学の科学者)ル・エドマークにちなむ	ジュラ紀後期 (1億5570万年-1億5080万年前)	11m	サイ	(アメリカ)ワイオミング州	多くの古生物学者はトルヴォサウルスと同じ恐竜と考えている。エドマーカとよばれる化石の中には"ブロントラプトル"とよばれるメガロサウルス類のものがあるとする古生物学者もいる。
エウストレプトスポンデュルス *Eustreptospondylus*	とても曲がった椎骨	ジュラ紀中期 (1億6470万年-1億6120万年前)	7m	ライオン	イギリス	若い個体のほぼ完全な骨格が見つかっている。マグノサウルスの一種と考える人もいる。
マグノサウルス *Magnosaurus*	巨大な爬虫類	ジュラ紀中期 (1億7560万年-1億6770万年前)	不明	ライオン	イギリス	エウストレプトスポンデュルスと同じ恐竜と考える人もいる。
メガロサウルス *Megalosaurus*	大きな爬虫類	ジュラ紀中期 (1億7560万年-1億5570万年前)	9m	サイ	イギリス	中生代の恐竜で最初に名づけられたにもかかわらず、わかっていないことが多い。メガロサウルスとされた多くの化石は、その後、別の獣脚類のものだということが判明した。そのような化石は、本当はメガロサウルスというよりは、カルノサウルス類に近い系統といったことができるだろう。

* 新しい属 ; ** 新しいグループ ; " " 以前は名称不明だった恐竜の新しい属名

380 ●恐竜リスト

属名	名前の意味	年代	体長	大きさ	生息場所	メモ
ストリアカントサウルス *Metriacanthosaurus*	中くらいのとげのある爬虫類	ジュラ紀後期 (1億6120万年―1億5570万年前)	8m?	リス	イギリス	本当はカルノサウルス類かもしれない。
ポエキロプレウロン *Poekilopleuron*	変化に富んだ助骨	ジュラ紀中期 (1億6770万年―1億6470万年前)	9m	サイ	フランス	最初に発見された恐竜の一つ。オリジナルの化石は第二次世界大戦中に破壊されてしまった。
ストレプトスポンディルス *Streptospondylus*	さかさまの椎骨	ジュラ紀中期から後期 (1億6470万年―1億5570万年前)	不明	不明	フランス	もともとはワニ類の化石とされていた。
トルヴォサウルス *Torvosaurus*	残酷な爬虫類	ジュラ紀後期 (1億5570万年―1億5080万年前)	12m	ゾウ	(アメリカ) コロラド州、ユタ州、ポルトガル?	力強い腕を備えた、大きな、がっしりしたつくりのメガロサウルス類。
正式属名なし (以前は "*Megalosaurus*" *hesperis*)		ジュラ紀中期 (1億7560万年―1億6770万年前)	不明	不明	イギリス	メガロサウルスに似た頭骨だけが見つかっていたが、マグノサウルスのものかもしれない。

スピノサウルス類――ワニもどきの恐竜 (14章)

スピノサウルス類の恐竜は、ワニに似た巨大な円錐形の歯を備えた鼻先が特徴である。現代のワニと同じように、魚と陸上動物の両方をえさとしていたのだろう。

属名	名前の意味	年代	体長	大きさ	生息場所	メモ
アンガトゥラマ *Angaturama*	高貴なもの	白亜紀前期 (1億1200万年―9960万年前)	8m?	サイ?	ブラジル	頭骨の一部だけが見つかっている。イリテイターと同じ恐竜かもしれない。
バリオニクス *Baryonyx*	重いかぎつめ	白亜紀前期 (1億4020万年―1億1200万年前)	10m	サイ	イギリス、スペイン	オリジナルの標本のニックネームは"クロー"(かぎつめ) だった。
クリスタトゥサウルス *Cristatusaurus*	突起のある爬虫類	白亜紀前期 (1億2500万年―1億1120万年前)	10m?	サイ?	ニジェール	数本の骨だけが見つかっている。スコミムスかバリオニクスと同じ恐竜の可能性がある。
イッリタートル *Irritator*	イライラさせるもの	白亜紀前期 (1億1200万年―9960万年前)	8m?	サイ?	ブラジル	頭骨の一部だけが見つかっている。コレクターが頭骨に偽物の骨を加えたことが、この化石の研究者をいらいらさせたことが名前の由来である。
シアモサウルス *Siamosaurus*	シャム (タイの古い名前) の爬虫類	白亜紀前期 (1億4550万年―1億2500万年前)	不明	不明	タイ	もともとは歯が見つかっていたが、それは恐竜ではなく魚類のものではないかと考える人もいた。新しく見つかった化石によって、本当に白亜紀前期のタイにいたスピノサウルス類だとわかった。
スピノサウルス *Spinosaurus*	棘のある爬虫類	白亜紀前期から後期 (1億1120万年―9350万年前)	16m	ゾウ	エジプト、モロッコ、ケニア?、チュニジア?	すべての獣脚類の中で最大のものの一つ。オリジナルの標本は第二次世界大戦中に破壊されてしまったが、最近になって、完全ではないが数個の標本が発見されている。
スコミムス *Suchomimus*	ワニもどき	白亜紀前期 (1億2500万年―1億1200万年前)	11m	サイ	ニジェール	単純にアフリカのバリオニクスだと考える人もいる。

属名	名前の意味	年代	体長	大きさ	生息場所	メモ
スコサウルス Suchosaurus	ワニ爬虫類	白亜紀前期 (1億4020万年―1億2500万年前)	10m?	サイ?	イギリス	もともとはワニ類とされていた。バリオニクスと同じ恐竜かもしれない。

メガラプトル類* ―巨大なかぎ爪をもつ恐竜 (14章)
まだよくわかっていないが、このグループはスピノサウルス類かカルカロドントサウルス類と近い系統のようにみえる。

属名	名前の意味	年代	体長	大きさ	生息場所	メモ
メガラプトル Megaraptor	大きなどろぼう	白亜紀後期 (9100万年―8800万年前)	9m	サイ	アルゼンチン	もともとはドロマエオサウルス類のような足のかぎ爪をもっているとされていたが、それはスピノサウルス類（またはカルカロドントサウルス類?）のような巨大な手のかぎ爪だということがわかった。
正式属名なし*		白亜紀前期 (1億2500万年―9960万年前)	9m?	サイ?	オーストラリア	腕の骨だけ見つかっている。

原始的なカルノサウルス類―初期の巨大な肉食恐竜 (15章)
ジュラ紀後期から白亜紀前期の最上位の捕食者はカルノサウルス類だった。

属名	名前の意味	年代	体長	大きさ	生息場所	メモ
エレクトロプス Erectopus	直立した足	白亜紀前期 (1億1200万年―9960万年前)	不明	ライオン	フランス	オリジナルの標本は第二次世界大戦中に破壊されてしまったが、研究のためのキャストが残されていた。
フクイラプトル Fukuiraptor	福井県のどろぼう	白亜紀前期 (1億3640万年―1億2500万年前)	5m	ライオン	日本	巨大なかぎ爪を含む数本の骨が見つかったとき、足にかぎ爪を備えた巨大なドロマエオサウルス類のラプトルだとされた。しかし、後から発見された標本によって、足ではなく手のかぎ爪だということがわかった。
ロウリニャンノサウルス Lourinhanosaurus	（ポルトガル）ロウリニャンの爬虫類	ジュラ紀後期 (1億5080万年―1億4550万年前)	5m	ライオン	ポルトガル	ロウリニャンサウルスの営巣地が発見されたため、多くの卵と未成体が見つかっている。カルノサウルス類ではなくスピノサウルス類かもしれない。
シャモティラヌス Siamotyrannus	シャム（タイの古い名前）の暴君	白亜紀前期 (1億4550万年―1億2500万年前)	6m?	ウマ?	タイ	もともとはティラノサウルス類とされていた。
シジルマッササウルス Sigilmassasaurus	（モロッコ）シジルマッサの爬虫類	白亜紀後期 (9960万年―9350万年前)	不明	サイ	モロッコ：エジプト	カルカロドントサウルスと同じ恐竜と考える人もいる。もともとはスピノサウルスの一種とされていた。

* 新しい属；** 新しいグループ；^ 以前は名称不明だった恐竜の新しい属名

シンラプトル類―中国の巨大な肉食恐竜（15章）

シンラプトル類の恐竜はジュラ紀中期と後期の中国からしか見つかっていない。

属名	名前の意味	年代	体長	大きさ	生息場所	メモ
ガソサウルス *Gasosaurus*	ガスの爬虫類	ジュラ紀中期 (1億6770万年―1億6120万年前)	3.5m	ライオン	中国	原始的なシンラプトル類.
シンラプトル *Sinraptor*	中国のどろぼう	ジュラ紀中期から後期 (1億6770万年―1億5570万年前)	8.8m	サイ	中国	完全な骨格が何体か見つかっている.
ヤンチュアノサウルス *Yangchuanosaurus*	(中国) 永川県の爬虫類	ジュラ紀後期 (1億6120万年―1億5570万年前)	10.5m	サイ	中国	最大のシンラプトル類で、ジュラ紀のシンラプトル類の中でも最大のものの一つ.

アロサウルス類―アメリカとヨーロッパの巨大な肉食恐竜（15章）

カルカロドントサウルス類の中でいちばん有名なアロサウルス科のメンバーである.

属名	名前の意味	年代	体長	大きさ	生息場所	メモ
アロサウルス *Allosaurus*	(脊椎の) 奇妙な爬虫類	ジュラ紀後期 (1億5570万年―1億5080万年前)	12m	サイ	ポルトガル；(アメリカ) コロラド州、ニューメキシコ州、ユタ州、ワイオミング州	いちばん有名なジュラ紀の獣脚類で、恐竜の中で最も研究されている。未成体から成体まで何十体もの骨格が見つかっている.
サウロファガナクス *Saurophaganax*	爬虫類を食べる王	ジュラ紀後期 (1億5570万年―1億5080万年前)	13m	ゾウ	(アメリカ) オクラホマ州	アロサウルスの巨大な種と考える人もいる.

カルカロドントサウルス類―巨大な肉食恐竜（15章）

最後の、そして最大のカルカロドントサウルス科の恐竜は白亜紀に生息していた.

属名	名前の意味	年代	体長	大きさ	生息場所	メモ
アクロカントサウルス *Acrocanthosaurus*	高いとげをもつ爬虫類	白亜紀前期 (1億2500万年―9960万年前)	12m	サイ	(アメリカ) オクラホマ州、テキサス州、ユタ州、(おそらく) メリーランド州	ティラノサウルス類が進化するまで、北アメリカで最大の獣脚類だった。歩行跡から竜脚類を狩っていたことがわかる.
カルカロドントサウルス *Carcharodontosaurus*	カルカロドン *Carcharodon* (ホオジロザメの学名) の爬虫類	白亜紀前期と後期 (1億1200万年―9350万年前)	12m	サイ	アルジェリア；エジプト；モロッコ；ニジェール	まとまった状態のいい骨格はないが、ほとんど完全な頭骨とばらばらになったいろいろな骨が見つかっている.
エオカルカリア* *Eocarcharia*	夜明けのカルカロドントサウルス類	白亜紀前期 (1億2500万年―1億1200万年前)	6.1m	サイ	ニジェール	新たに発見された。アクロカントサウルスに近い系統の恐竜.
ギガノトサウルス *Giganotosaurus*	巨大な南の爬虫類	白亜紀後期 (9960万年―9700万年前)	13.2m	ゾウ	アルゼンチン	すべての獣脚類の中で最大のものの一つ。オリジナルのギガノトサウルス骨格の頭骨よりも8%大きい顎骨の一部が見つかっている.
マプサウルス *Mapusaurus*	地球の爬虫類	白亜紀後期 (9700万年―9350万年前)	12.6m	ゾウ	アルゼンチン	論文に記載されるまでは、マプサウルスはギガノトサウルスの新種と考える人もいた。大きさの異なる個体の骨格がまとまって見つかっており、群れをつくっていたと推定されている.

属名	名前の意味	年代	体長	大きさ	生息場所	メモ
ネオヴェーナートル Neovenator	新しいハンター	白亜紀前期 (1億3000万年前-1億2500万年前)	7.5m	ウマ	イギリス	最初は鼻先に小さな突起のあるアロサウルス類とされた。
ティランノティタン Tyrannotitan	巨大な暴君	白亜紀前期 (1億2500万年前-1億1200万年前)	12.2m	ゾウ	アルゼンチン	とても大きなカルカロドントサウルス類。
正式名なし		白亜紀後期 (8300万年前-7800万年前)	11.5m	サイ	アルゼンチン	最近わかったカルカロドントサウルス類、骨の中に空洞が多い。

原始的なコエルロサウルス類―初期の沼毛恐竜 (16章)

このような小さな恐竜は初期のコエルロサウルス類である。

属名	名前の意味	年代	体長	大きさ	生息場所	メモ
アニクソサウルス* Aniksosaurus	春の爬虫類（南半球では春分の日である9月21日に見つかったため）	白亜紀後期 (9960万年前-9350万年前)	2m	オオカミ	アルゼンチン	がっしりしたつくりの小さな獣脚類。
バガラアタン Bagaraatan	小さな捕食者	白亜紀後期 (7060万年前-6850万年前)	3.4m	ヒツジ	モンゴル	おそらくはティラノサウルス類。
コエルルス Coelurus	中空の尾	ジュラ紀後期 (1億5570万年前-1億5080万年前)	2m	ビーバー	(アメリカ) ユタ州、ワイオミング州	長い脚をした、速く走る獣脚類。おそらくは初期のティラノサウルス類。
ジュラヴェーナートル Juravenator	ジュラ紀のハンター	ジュラ紀後期 (1億5570万年前-1億5080万年前)	80cm	ニワトリ	ドイツ	もともとはコンプソグナトゥス類とされていた。うろこ状の皮膚片が保存されているが、原羽毛の印象も残されている。
ネッドコルバーティア Nedcolbertia	(アメリカの古生物学者) エドウィン・"ネッド"・コルバートにちなむ	白亜紀前期 (1億3000万年前-1億2500万年前)	不明	ビーバー	(アメリカ) ユタ州	長い脚をした獣脚類。まだよくわかっていない。
ヌクウェバサウルス Nqwebasaurus	(南アフリカ) ヌクウェバの爬虫類	白亜紀前期 (1億4550万年前-1億3640万年前)	30cm	ニワトリ	南アフリカ	おそらく初期のオルニトミモサウルス類に近い系統の恐竜。
オルニトレステス Ornitholestes	鳥どろぼう	ジュラ紀後期 (1億5570万年前-1億5080万年前)	2m	ビーバー	(アメリカ) ワイオミング州、ユタ州	おそらくは原始的なティラノサウルス類。脚はコエルルスより短くがっしりしている。
ファエドロロサウルス Phaedrolosaurus	すばやい爬虫類	白亜紀前期 (年代は不確定)	7m?	サイ?	中国	1本の歯だけが見つかっている。以前、骨はシンジャンゴウェーナートルという独自の名前がつけられていた。
プロケラトサウルス Proceratosaurus	ケラトサウルスの前	ジュラ紀中期 (1億6770万年前-1億6470万年前)	3m	オオカミ	イギリス	不完全な頭骨が1つだけ見つかっている。おそらく初期のティラノサウルス類。
リチャーデステシア^ Richardoestesia	(アメリカの古生物学者) リチャード・エステスにちなむ	白亜紀後期 (8350万年前-6550万年前)	不明	不明	アメリカとカナダ西部の全体	オリジナルの標本は1対の骨の下のあごだけ。この恐竜の脈沿いのアメリカとカナダで見つかっている。他の部分がどのような姿をしていたのかは、まったくの謎である。

＊新しい属；＊＊新しいグループ；^以前は名称不明だった恐竜の新しい属名

恐竜リスト

属名	名前の意味	年代	体長	大きさ	生息場所	メモ
スキピオニクス Scipionyx	(イタリアの地質学者スキピオーネ・ブレイスラックとローマ時代の将軍プブリウス・コルネリウス・スキピオ・アフリカヌスの両方にちなむ)スキピオのかぎ爪	白亜紀前期(1億1200万年—9960万年前)	30cm	ハト	イタリア	孵化したての子どもしか見つかっていないため、どのくらい大きくなるかは誰にもわからない。唯一の軟組織が化石となって残っていた。
タニコラグレウス Tanycolagreus	長い肢のハンター	ジュラ紀後期(1億5570万年—1億5080万年前)	3.3m	オオカミ	(アメリカ)コロラド州、ユタ州、ワイオミング州	おそらくとても原始的なティラノサウルス類。最初はコエルルスの新種とされた。
テイヌロサウルス Teinurosaurus	尾が伸びた爬虫類	ジュラ紀後期(1億5570万年—1億5080万年前)	不明	不明	フランス	椎骨が1つだけ見つかっていたが、第二次世界大戦中に破壊されてしまった。
ティミムス Timimus	ティム・リッチもどき	白亜紀前期(1億1200万年—9960万年前)	3m?	オオカミ?	オーストラリア	大腿骨が1つだけ見つかっている。おそらくはオルニトミモサウルス類。
トゥグルサウルス Tugulusaurus	トゥグル層群の爬虫類	白亜紀前期(年代は不確定)	不明	オオカミ	中国	以前はオルニトミモサウルス類とされていたが、さまざまなグループの特徴が混ざったコエルロサウルス類のようだ。
シンジャンゴヴェナートル Xinjiangovenator	(中国)新疆のハンター	白亜紀前期(年代は不確定)	4m	オオカミ	中国	バガラアタンなどの他のマニラプトル類の脛骨の間のみある恐竜の完全な化石だけが見つかっている。

コンプソグナトゥス類—小さな初期のコエルロサウルス類 (16章)

原始的なコエルロサウルス類のありふれたグループが、腕の短いコンプソグナトゥス科である。

属名	名前の意味	年代	体長	大きさ	生息場所	メモ
アリストスクス Aristosuchus	優れたワニ	白亜紀前期(1億3000万年—1億2500万年前)	2m	ビーバー	イギリス	大きめのコンプソグナトゥス類の一つである。
コンプソグナトゥス Compsognathus	繊細なあご	ジュラ紀後期(1億5570万年—1億4550万年前)	1.3m	シチメンチョウ	フランス、ドイツ	ほぼ完全な骨格がみつかった、最初の中生代の小型恐竜の一つ。
フアシアグナトゥス Huaxiagnathus	中国のあご	白亜紀前期(1億2500万年—1億2000万年前)	1.8m	ビーバー	中国	発見されたとき、大きなシノサウロプテリクスとされた。
ミリスキア Mirischia	驚くべき骨盤	白亜紀前期(1億1200万年—9960万年前)	2.1m	ビーバー	ブラジル	この恐竜は腰の右側と左側が対称的ではない。
シノカリオプテリクス* Sinocalliopteryx	中国の美しい羽	白亜紀前期(1億2500万年—1億2160万年前)	2.1m	ビーバー	中国	義昌層の多くの獣脚類と同様に、羽毛(またはおそらく原羽毛)が見つかっている。
シノサウロプテリクス Sinosauropteryx	中国の羽毛爬虫類	白亜紀前期(1億2500万年—1億2000万年前)	1.3m	シチメンチョウ	中国	鳥類以外で、初めて羽毛(または少なくとも原羽毛)が見つかった恐竜である。

原始的なティラノサウルス類―初期のティラノサウルス類恐竜（17章）
このコエルロサウルス類はティラノサウルス上科には含まれるが、もっと進化したティラノサウルス科の恐竜ではない。

属名	名前の意味	年代	体長	大きさ	生息場所	メモ
アヴィアティラニス Aviatyrannis	暴君の祖父	ジュラ紀後期（1億5570万年―1億5080万年前）	4m?	ライオン	ポルトガル；(アメリカ) サウスダコタ州？	数本の骨と歯だけが見つかっている。
カラモサウルス Calamosaurus	アシの爬虫類	白亜紀前期（1億3000万年―1億2500万年前）	不明	不明	イギリス	カラモスポンディルスやアリストスクスと間違えられることが多いが、エオティラヌスのような初期のティラノサウルス類のようだ。
ディロング Dilong	皇帝ドラゴン	白亜紀前期（1億2500万年―1億2000万年前）	1.5m	ビーバー	中国	原始的なティラノサウルス類で最も完全な骨格が見つかっているものの一つで、原羽毛を備えていたことが最初に発見された。
ドリプトサウルス Dryptosaurus	切り裂く爬虫類	白亜紀後期（7100万年―6800万年前）	6m	サイ	(アメリカ) ニュージャージー州	発見によって、骨格から2足歩行していた獣脚類だとわかった。
エオティラヌス Eotyrannus	夜明けの暴君	白亜紀前期（1億3000万年―1億2500万年前）	4.5mか、それ以上だったかもしれない	ライオンか、ハイイログマ	イギリス	長い脚と長い腕をもった初期のティラノサウルス類。
グアンロング Guanlong	かんむりのあるドラゴン	ジュラ紀後期（1億6120万年―1億5570万年前）	3m	ヒツジ	中国、アメリカ	みごとな頭骨の突起をもった、初期のティラノサウルス類で最も完全な骨格。
イテミルス Itemirus	(ウズベキスタン) イテミル・サイトにちなむ	白亜紀後期（9350万年―8930万年前）	不明	不明	モンゴル	脳頭蓋だけが見つかっている。
ラボカニア Labocania	ラ・ボカ・リオン層にちなむ	白亜紀後期（8350万年―7060万年前）	7.5m?	サイ	メキシコ	メキシコで最初に命名された獣脚類。
サンタナラプトル Santanaraptor	サンタナ層のどろぼう	白亜紀前期（1億1200万年―9960万年前）	1.3m	ビーバー	ブラジル	骨格の一部だけが見つかっているが、筋肉組織が化石となっている。
ストークソサウルス Stokesosaurus	(アメリカの古生物学者) ウィリアム・リー・ストークスの爬虫類	ジュラ紀後期（1億5570万年―1億5080万年前）	4m?	ライオン？	イギリス、(アメリカ) ユタ州	最も古く見つかったティラノサウルス類。
正式名なし		白亜紀前期（1億2500万年―9960万年前）	6m?	ウマ	中国	以前は、原始的なタヌヌラ類のチランタイサウルスの一種とされていた。

原始的なティラノサウルス類―初期の、巨大なティラノサウルス類恐竜（17章）
ティラノサウルス科に属するが、ほっそりとしたアルバートサウルス亜科でもどっしりとしたティラノサウルス亜科でもない。

属名	名前の意味	年代	体長	大きさ	生息場所	メモ
アレクトロサウルス Alectrosaurus	仲間のいない爬虫類	白亜紀後期（9500万年―8000万年前）	5m?	ウマ	中国、モンゴル	骨格の一部だけが見つかっている。原始的で、足の速いティラノサウルス類恐竜。
アパラチオサウルス Appalachiosaurus	アパラチア山脈の爬虫類	白亜紀後期（8350万年―7600万年前）	6.5m	ウマ	(アメリカ) アラバマ州	アメリカ南部で最も完全な骨格が見つかった恐竜の一つ。

＊新しい属；＊＊新しいグループ；^以前は名称不明だった恐竜の新しい属名

●恐竜リスト

アルバートサウルス類——ほっそりした巨大なティラノサウルス類恐竜（17章）
アルバートサウルス類は北アメリカ西部からしか見つかっていない。

属名	名前の意味	年代	体長	大きさ	生息場所	メモ
アルバートサウルス *Albertosaurus*	（カナダ）アルバータ州の爬虫類	白亜紀後期（7280万年—6680万年前）	8.6m	サイ	（カナダ）アルバータ州；（アメリカ）モンタナ州	化石によると、おそらく家族で暮らしており、狩りも群れで行ったらしい。
ゴルゴサウルス *Gorgosaurus*	荒々しい爬虫類	白亜紀後期（8000万年—7280万年前）	8.6m	サイ	（カナダ）アルバータ州；（アメリカ）モンタナ州	アルバートサウルス属の2番目の種と考えられることもある。多くの骨格が見つかっている。

ティラノサウルス類——どっしりとした、巨大なティラノサウルス類恐竜（17章）
恐竜時代の終わり、北アメリカ西部とアジア東部と中央部で最上位の捕食者だった。

属名	名前の意味	年代	体長	大きさ	生息場所	メモ
アリオラムス *Alioramus*	他の分枝	白亜紀後期（7060万年—6850万年前）	6m?	ウマ	モンゴル	状態のとてもいい頭骨と、他に、鼻の上の突起とされる断片的な骨が見つかっている。若いタルボサウルスかもしれないと考える人もいる。
ダスプレトサウルス *Daspletosaurus*	ものすごい爬虫類	白亜紀後期（8000万年—7280万年前）	9m	サイ	（カナダ）アルバータ州；（アメリカ）モンタナ州、ニューメキシコ州	モンタナ州とニューメキシコ州の標本はダスプレトサウルスの新種かもしれない。
ナノティランヌス *Nanotyrannus*	小さな暴君	白亜紀後期（6680万年—6550万年前）	6m	ウマ	（アメリカ）モンタナ州	鼻の凹凸以外は若いティラノサウルスにちがいないと考えている。
タルボサウルス *Tarbosaurus*	恐ろしい爬虫類	白亜紀後期（7060万年—6850万年前）	10m	サイ	中国；モンゴル	中国で見つかった最大の獣脚類。ティラノサウルスの一種とされることもある。
ティラノサウルス *Tyrannosaurus*	暴君爬虫類	白亜紀後期（6680万年—6550万年前）	12.4m	ゾウ	（カナダ）サスカチュワン州、アルバータ州；（アメリカ）コロラド州、モンタナ州、ワイオミング州、サウスダコタ州、ニューメキシコ州、テキサス州？	最大のティラノサウルス類、最大のコエルロサウルス類であり、北アメリカで見つかった最大の獣脚類でもある。
正式属名なし*		白亜紀後期（8000万年—7280万年前）	10m	サイ	（アメリカ）モンタナ州	頭骨が1つだけ見つかっている。ティラノサウルスの直系の祖先かもしれない。

*オルニトミモサウルス類（ダチョウ恐竜）ははっそりしていて、かたちからもダチョウに似ている。雑食または植物食の獣脚類である。頭が小さく、くちばしがありミミモサウルス類ではない。
オルニトミモサウルス科にはかなり進化したダチョウ恐竜しか含まないが、もっと進化しないオルニトミモサウルス科には含まれない。

原始的なオルニトミモサウルス類——初期のダチョウ恐竜（18章）

属名	名前の意味	年代	体長	大きさ	生息場所	メモ
デイノケイルス *Deinocheirus*	恐ろしい手	白亜紀後期（7060万年—6850万年前）	12m?	ゾウ	モンゴル	2.4mもある腕と数本の椎骨だけ見つかっている。ティラノサウルスぐらいの大きさのオルニトミモサウルス類だったらしい。

属名	名前の意味	年代	体長	大きさ	生息場所	メモ
ガルディミムス *Garudimimus*	(インド神話の鳥)ガルーダもどき	白亜紀後期(9960万年−8930万年前)	4m	ヒツジ	モンゴル	ほとんど完全な頭骨と部分的な骨格が見つかっている。
ハルピュミムス *Harpymimus*	(ギリシャ神話の鳥)ハーピーもどき	白亜紀前期(1億3640万年−1億2500万年前)	5m	ヒツジ	モンゴル	砕けてはいるが、完全に近い骨格が見つかっている。ハルピミムスは歯のあるオルニトミモサウルス類として最初に発見された。
ペレカニミムス *Pelecanimimus*	ペリカンもどき	白亜紀前期(1億3000万年−1億2500万年前)	1.8m	オオカミ	スペイン	ペレカニミムスには、他の獣脚類のなかでいちばん多い220本の歯が見つかっている。
シェンゾウサウルス *Shenzhousaurus*	神州(中国)の爬虫類	白亜紀前期(1億2500万年−1億2000万年前)	2m	ヒツジ	中国	1つの個体の前半身が見つかっている。
シノルニトミムス *Sinornithomimus*	中国のオルニトミムス	白亜紀後期(8580万年−8350万年前)	2.5m	ヒツジ	中国	完全に近い骨格を含む多くの個体がいっしょに見つかっているので、シノルニトミムスは群れで暮らしていたと考えられる。
正式属名なし*		白亜紀前期(1億4550万年−1億2500万年前)	3m?	ヒツジ?	タイ	アーントメタクリルサスを含む、骨格のばらばらな部分が見つかっている。

オルニトミムス類―進化したダチョウ恐竜 (18章)

この恐竜は、中生代の恐竜で最も足が速かった。

属名	名前の意味	年代	体長	大きさ	生息場所	メモ
アンセリミムス *Anserimimus*	ガンもどき	白亜紀後期(7060万年−6850万年前)	3m	ヒツジ	モンゴル	まっすぐでかぎ爪をもつオルニトミムス類ということしかわかっていない。
アルカエオルニトミムス *Archaeornithomimus*	古代のオルニトミムス	白亜紀後期(9960万年−8580万年前)	3.4m	ヒツジ	中国	よくわかっていないオルニトミムス類のひとつ。
ガリミムス *Gallimimus*	ニワトリもどき	白亜紀後期(7060万年−6850万年前)	6m	クマ	モンゴル	赤ん坊、子供、そして成体と、それぞれの骨格が最も見つかっているダチョウ恐竜である。
オルニトミムス *Ornithomimus*	鳥もどき	白亜紀後期(8000万年−6550万年前)	3.5m	ライオン	(カナダ)アルバータ州、サスカチュワン州;(アメリカ)モンタナ州、ワイオミング州、ユタ州、コロラド州、サウスダコタ州	最初はまったく不完全な化石しか見つかっていなかったが、完全に近い頭骨と骨格が発見されて以前はドロミケイオミムス"*Dromiceiomimus*"とよばれていたが、今ではオルニトミムスの一種と考えられている。
ストルティオミムス *Struthiomimus*	ダチョウもどき	白亜紀後期(8000万年−6550万年前)	5m	ライオン	(カナダ)アルバータ州;(アメリカ)ワイオミング州	完全に近い骨格が見つかった最初のオルニトミムス類で、これによってダチョウ恐竜の本当の姿が明らかになった。ワイオミング州でみつかった骨格の通称「クロー」はこの属の後期の代表者であろう。
正式属名なし*		白亜紀後期(8000万年−7280万年前)	6m	ウマ	(アメリカ)モンタナ州	カナダから数本のばらばらの骨しか見つかっていない、ガリミムス属の大きさのオルニトミムス類。

*:新しい属；**:新しいグループ；†:以前は名称不明だった恐竜の新しい属名

原始的なアルファレスサウルス類――初期の、親指がかぎ爪になった恐竜（18章）
アルヴァレスサウルス科は、奇妙で小さな、白亜紀のコエルロサウルス類である。

属名	名前の意味	年代	体長	大きさ	生息場所	メモ
アキレサウルス* Achillesaurus	（ギリシャ伝説の足の速い英雄）アキレスの爬虫類	白亜紀後期 （8600万年－8300万年前）	1.4m?	シチメンチョウ	アルゼンチン	骨格の一部だけが見つかっている。
アルヴァレスサウルス Alvarezsaurus	（歴史家）ドン・グレゴリオ・アルヴァレスの恐竜	白亜紀後期 （8600万年－8300万年前）	1.4m?	シチメンチョウ	アルゼンチン	骨格の一部だけが見つかっている。
ブラデュクネメ Bradycneme	厚い皮膚	白亜紀後期 （7060万年－6550万年前）	不明	シチメンチョウ	ルーマニア	この標本はフクロウやドロマエオサウルス類の化石とされることもある。
ヘプタステオルニス Heptasteornis	7つの町の鳥	白亜紀後期 （7060万年－6550万年前）	不明	シチメンチョウ	ルーマニア	ブラデュクネメと同じように、フクロウやドロマエオサウルス類の化石とされることもある。
パタゴニクス Patagonykus	（アルゼンチン）パタゴニアのかぎ爪	白亜紀後期 （9100万年－8800万年前）	1.7m	ビーバー	アルゼンチン	古生物学者は、この恐竜によってアルヴァレスサウルスと（以前は近い系統ではないとされていた）モノニクス類とを結びつけて考えるようになった。
ラパトール Rapator	盗賊	白亜紀前期 （1億1200万年～9960万年前）	不明	ハイイロクマ	オーストラリア	手の骨が1つだけ見つかっている、初期の、とても大きなアルヴァレスサウルス類のようだ。

モノニクス類――進化した、親指がかぎ爪になった恐竜（18章）
特殊な縮んだ足のアルヴァレスサウルス類は、モノニクス亜科に含まれる。

属名	名前の意味	年代	体長	大きさ	生息場所	メモ
アルバートニクス* Albertonykus	アルバータ州のかぎつめ	白亜紀後期 （7280万年－6680万年前）	90cm	シチメンチョウ	（カナダ）アルバータ州	北アメリカで最も完全に近い（といってもまだまだ不完全だが）骨格が見つかっているアルヴァレスサウルス類。
モノニクス Mononykus	1本のかぎつめ	白亜紀後期 （8580万年－7060万年前）	90cm	シチメンチョウ	モンゴル	比較的完全な骨格が見つかった、最初の完全なアルヴァレスサウルス類。以前は初期の鳥類や鳥類かそれに近いとモモサウルス類とされていた。
パルウィクルソル Parvicursor	小さなランナー	白亜紀後期 （8580万年－7060万年前）	30cm	ハト	モンゴル	骨格の一部が見つかっている。シュヴウイアやモノニクスに近い系統の小さな恐竜。
シュヴウイア Shuvuuia	鳥	白亜紀後期 （8580万年－7060万年前）	60cm	ニワトリ	モンゴル	アルヴァレスサウルス類の最も保存状態のよい頭骨を含む、すばらしい化石が見つかっている。
正式属名なし* 		白亜紀後期 （8580万年－7060万年前）	60cm	ニワトリ	モンゴル	すばらしい骨格が見つかったらしい。シュヴウイアとして記載された。しかし、新しい研究によると、本当はパルウィクルソルにとても近い系統とされている。

属名	名前の意味	年代	体長	大きさ	生息場所	メモ
正式属名なし*	以前は "Ornithomimus" minutus	白亜紀後期 (6680万年—6550万年前)	30cm	ハト	(アメリカ) コロラド州	北アメリカで見つかったモノニクス類のはらばらの骨が、以前はオルニトミムスのこの小さな種のものとされていた。

原始的なマニラプトル類—初期の羽毛恐竜（19, 20章）

マニラプトル類は最も進化したコエルロサウルス類を含むグループである。以下は、アルヴァレスサウルス類、オヴィラプトロサウルス類、テリジノサウルス類、デイノニコサウルス類、鳥類以外のマニラプトル類である。

属名	名前の意味	年代	体長	大きさ	生息場所	メモ
エピデンドロサウルス Epidendrosaurus	枝の上の爬虫類	ジュラ紀中期 (1億7160万年—1億6470万年前？)	30cm	ハト	中国	最初に見つかったエピデンドロサウルスは孵化したてだった。2番目の標本は別の名前がつけられたが、これはおそらく成長したエピデンドロサウルスだろう。この恐竜の生息年代は不確かだが、本当は白亜紀前期かもしれない。
エウロニュコドン Euronychodon	ヨーロッパのかぎ爪	白亜紀後期 (8350万年—6550万年前)	不明	不明	ポルトガル	歯だけが見つかっている。同じような歯が白亜紀後期のウズベキスタンから発見されている。
カクル Kakuru	祖先のヘビ	白亜紀前期 (1億2500万年—1億1200万年前)	1.5m?	シチメンチョウ	オーストラリア	本当はオヴィラプトロサウルス類かアベリサウルス類のものかもしれない脛骨の下部とつま先の骨だけが見つかっている。
ヌテテス Nuthetes	モニター	白亜紀前期 (1億4550万年—1億4020万年前)	1.8m?	シチメンチョウ	イギリス	もしかするとドロマエオサウルス類かもしれない。
オルコラプトル* Orkoraptor	ギザギザの川（原地の言葉でOrr Korr）のどろぼう	白亜紀後期 (7060万年—6550万年前)	不明	不明	アルゼンチン	ほとんどわかっていない。かなり大きい。
パラエオプテリクス Palaeopteryx	古代の翼	ジュラ紀後期 (1億5570万年—1億5080万年前)	30cm?	ハト？	(アメリカ) コロラド州	寛骨と大腿骨だけが見つかっている。おそらく初期の鳥類か初期のデイノニコサウルス類。
パロニュコドン Paronychodon	かぎ爪のような歯	白亜紀後期 (8350万年—6550万年前)	不明	不明	(アメリカ) モンタナ州、ニューメキシコ州、ワイオミング州	歯だけ見つかっている。
ペドペンナ Pedopenna	羽毛のある足	ジュラ紀中期 (1億7160万年—1億6470万年前)	60cm?	ニワトリ？	中国	腕の一部と羽毛のある脚が見つかっている。この恐竜の化石が発見された岩石の年代は不確かで、白亜紀前期のものかもしれない。
ヤーヴァーランディア Yaverlandia	(ワイト島の) ヤーヴァーランドから	白亜紀前期 (1億3000万年—1億2500万年前)	不明	ビーバー	イギリス	頭骨の頂部だけが見つかっている。もともとは厚頭竜類とされていた。
イシャノサウルス Yixianosaurus	義県層の爬虫類	白亜紀前期 (1億2500万年—1億2000万年前)	不明	シチメンチョウ	中国	とても長い手を備えた不完全な骨格が見つかっている。

*新しい属；**新しいグループ；˙：以前は名称不明だった恐竜の新しい属名

恐竜リスト

原始的なオヴィラプトロサウルス類 — 初期の卵どろぼう恐竜（19章）

オヴィラプトロサウルス類は、短いくちばしをもつ、雑食性の獣脚類の多様なグループである。

属名	名前の意味	年代	体長	大きさ	生息場所	メモ
アウィミムス Avimimus	鳥もどき	白亜紀後期（9960万年―7060万年前）	1.5m	シチメンチョウ	中国、モンゴル	奇妙な、身体の太った、首が長く、尾が短く、脚が長い、初期のオヴィラプトロサウルス類である。足跡から、大きな群れをつくっていたことがわかる。
カエナグナタシア Caenagnathasia	アジアのカエナグナトゥス	白亜紀後期（9350万年―8930万年前）	1m?	シチメンチョウ	ウズベキスタン	歯のないあごだけが見つかっている。
カエナグナトゥス Caenagnathus	最近のあご	白亜紀後期（8000万年―7280万年前）	2m?	オオカミ	（カナダ）アルバータ州	あごだけが見つかっている。以前はキロステノテスと同じ恐竜と考えられていたが、現在では区別されている。
カラモスポンデュルス Calamospondylus	アシのような脊椎	白亜紀前期	不明	不明	イギリス	ばらばらになった椎骨によると、それが初期のオヴィラプトロサウルス類か、またはオヴィラプトロサウルス類とデリノサウルス類の両方に近い系統だということがわかる。
カウディプテリクス Caudipteryx	尾羽	白亜紀前期（1億2500万年―1億1060万年前）	90cm	シチメンチョウ	中国	中国の義県層で少なくとも三種の羽毛ある小型恐竜の一つ。
インキシウォサウルス Incisivosaurus	門歯のある爬虫類	白亜紀前期（1億2820万年―1億2500万年前）	90cm?	シチメンチョウ	中国	頭骨だけが見つかっているが、プロトアルカエオプテリクスかそれに近い系統の恐竜のものかもしれない。
ミクロウェーナートル Microvenator	小さなハンター	白亜紀前期（1億1800万年―1億1000万年前）	1.3m	シチメンチョウ	（アメリカ）モンタナ州	骨格の断片が見つかっている。以前はディノニクスと考えられていたが、歯が発見され大きかったので、メガドントサウルス（歯の大きな爬虫類）とよばれていた。
プロトアルカエオプテリクス Protarchaeopteryx	最初のアルカエオプテリクス	白亜紀前期（1億2500万年―1億2000万年前）	70cm	シチメンチョウ	中国	不完全な骨格が見つかっている。本当はインキシウォサウルスかそれに近い系統の恐竜のものかもしれない。
シャンヤンゴサウルス Shanyangosaurus	山陽層の爬虫類	白亜紀後期（7060万年―6550万年前）	1.7m	ビーバー	中国	不完全な骨格が見つかっている。他のマニラプトル類のものかもしれない。
テコエルルス Thecocoelurus	包まれたコエルルス	白亜紀前期（1億3000万年―1億2500万年前）	7m?	ハイイロクマ	イギリス（イングランド）	不完全な脊椎が一つ見つかっている。ひょっとするとオヴィラプトロサウルス類ではなく、テリジノサウルス類かもしれない。

原始的なオヴィラプトル類** ―進化した卵どろぼう恐竜の原始的なメンバー (19章)

新しい研究によって、オヴィラプトロサウルス類内の系統関係が明らかにされた。進化したグループ（オヴィラプトル科）は、エルミサウルス類、"インゲニア"類、その他の竜に分けられる。ここでとりあげるのは、最後のグループである。

属名	名前の意味	年代	体長	大きさ	生息場所	メモ
ギガントラプトル* Gigantoraptor	巨大などろぼう	白亜紀後期 (9500万年―8000万年前)	8.6m	サイ	中国	ティラノサウルス類のアルバートサウルスほどの大きさで、オヴィラプトロサウルス類で群を抜いて大きい。脚の長さも獣脚類の中で最も長い。白亜紀後期の中国で見つかった巨大な獣脚類の中でもギガントラプトルに近い系統によるものかもしれない。
ノミンギア Nomingia	（ゴビ砂漠）ノミンギン地域から	白亜紀後期 (7060万年―6850万年前)	1.5m	シチメンチョウ	モンゴル	この恐竜の下半身の先だけが見つかっていて、進化した鳥類のような尾の基部（尾端骨）があった。
オヴィラプトル Oviraptor	卵どろぼう	白亜紀後期 (8580万年―7060万年前)	1.5m	シチメンチョウ	モンゴル	他のオヴィラプトル類より頭骨が長めだった。もともとの標本は、プロトケラトプスのものと間違えられた卵がある巣とともに発見された。
シーシンギア Shixinggia	（中国）始興県にちなむ	白亜紀後期 (7060万年―6550万年前)	1.5m?	シチメンチョウ？	中国	骨格の一部が見つかっている。

エルミサウルス類** ―高いくるぶしのある卵どろぼう恐竜 (19章)

カエナグナトゥス科によばれていたが、新しい研究によるとカエナグナトゥスはオヴィラプトロサウルス類の中でもっと原始的だということがわかった。進化したエルミサウルス類はアークトメタタルサス (arctometatarsus) によって速く走ることのできるオヴィラプトロサウルス類のグループである。

属名	名前の意味	年代	体長	大きさ	生息場所	メモ
キティパティ Citipati	（密教に伝わる墓地の王）キティパティ	白亜紀後期 (8580万年―7060万年前)	2.7m	オオカミ	モンゴル	ほぼ完全な頭骨と骨格が数体見つかっている。オヴィラプトルと別の属だとわかる前には、このときかのある恐竜頭骨はオヴィラプトルのものとして表示されることが多かった。巣の中で横たわっている数体が発見されている。
キロステノテス Chirostenotes	幅の狭い手をもつもの	白亜紀後期 (8000万年―6680万年前)	2m?	オオカミ	（カナダ）アルバータ州	北アメリカで見つかった最初のオヴィラプトロサウルス類。
エルミサウルス Elmisaurus	後ろ足の爬虫類	白亜紀後期 (8000万年―6850万年前)	2m?	オオカミ	モンゴル；（カナダ）アルバータ州	最初は手と足が見つかった。
ハグリフュス Hagryphus	西部の砂漠のかぎ爪	白亜紀後期 (8000万年―7280万年前)	3m?	ヒツジ	（アメリカ）ユタ州	北アメリカで新たに発見された大きなオヴィラプトロサウルス類。
ネメグトマイア Nemegtomaia	ネメグト層のよい母親	白亜紀後期 (7060万年―6850万年前)	1.5m	シチメンチョウ	モンゴル	最初は"Nemegtia"と名づけられたが、その名前は甲殻類ですでに使われていた。

*新しい属；**新しいグループ；⁺以前は名称不明だった恐竜の新しい属名

●恐竜リスト

属名	名前の意味	年代	体長	大きさ	生息場所	メモ
リンチェニア *Rinchenia*	(モンゴルの古生物学者) リンチェン・バルスボルドにちなむ	白亜紀後期 (7060万年前―6850万年前)	1.5m	シチメンチョウ	モンゴル	背が高く、とさかのあるオヴィラプトル類。
正式名なし		白亜紀後期 (6680万年前―6550万年前)	5m	ライオン	(アメリカ) モンタナ州	見つかったものの中で最大のオヴィラプトロサウルス類
正式名なし*		白亜紀後期 (8580万年前―7060万年前)	1.5m	シチメンチョウ	モンゴル	以前はオヴィラプトルの標本とされていたが、オヴィラプトル類、とさかのあるエルミミサウルス類である。

[インゲニア類**] 一頭の滑らかな卵どろぼう恐竜 (19章)
典型的な滑らかな、丸い頭をした、小さなオヴィラプトル類である。

属名	名前の意味	年代	体長	大きさ	生息場所	メモ
コンコラプトル *Conchoraptor*	貝どろぼう	白亜紀後期 (8580万年前―7060万年前)	1.5m	シチメンチョウ	モンゴル	小さなとさかしかもっていなかった。化石が見つかった場所に小さな貝殻があったためにで貝を食べていたと考えられてこの名前がつけられた。
ヘユアンニア *Heyuannia*	(中国) 河源市にちなむ	白亜紀後期 (年代は不確定)	1.5m	シチメンチョウ	中国	とても状態のよい骨格が見つかっている。
カーン *Khaan*	支配者	白亜紀後期 (8580万年前―7060万年前)	1.5m	シチメンチョウ	モンゴル	ほとんど完全な頭骨と骨格が何体か見つかっている。コンコラプトルや「インゲニア」に似ている。
正式属名なし	(以前は *"Ingenia" yanshini*)	白亜紀後期 (8580万年前―6850万年前)	1.8m	シチメンチョウ	モンゴル	以前は「インゲニア」とされていたが、その名前は昆虫で使われていた。

原始的なテリジノサウルス類―初期のナマケモノ恐竜 (19章)
テリジノサウルス類の初期のメンバーである。テリジノサウルス類にはファルカリウスともっと進化したテリジノサウルス上科の恐竜が含まれる。

属名	名前の意味	年代	体長	大きさ	生息場所	メモ
アラシャサウルス *Alxasaurus*	(内モンゴル) アラシャン砂漠の爬虫類	白亜紀前期 (1億2500万年前―1億1200万年前)	3.8m	ハイイロクマ	中国	原始的凹凸が最初に見つかり、この発見でこの奇妙な恐竜が本当に獣脚類のマニラプトル類であることがわかった。
ベイピャオサウルス *Beipiaosaurus*	(中国) 北票市の爬虫類	白亜紀前期 (1億2500万年前―1億2000万年前)	1.9m	ヒツジ	中国	羽毛の印象が見つかった最初のテリジノサウルス類。
ファルカリウス *Falcarius*	鎌の刃	白亜紀前期 (1億3000万年前―1億2500万年前)	4m	ハイイロクマ	(アメリカ) ユタ州	多数の (たぶん何百もの) 個体が重なって見つかった。この恐竜はもっと進化したテリジノサウルス類とは違って、細長い3本指のつま先のある、比較的長い脚をもっていた。

属名	名前の意味	年代	体長	大きさ	生息場所	メモ
ノトロニクス *Nothronychus*	ナマケモノのかぎ爪	白亜紀後期（9350万年—8930万年前）	5.3m	サイ	（アメリカ）ニューメキシコ州、ユタ州	北アメリカで最初に発見されたテリジノサウルス類。奇妙に広がった骨盤をしていた。
スジョウサウルス* *Suzhousaurus*	（中国の酒泉地域の以前の名前）蘇州の爬虫類	白亜紀前期（1億4550万年—1億2500万年前）	7m	サイ	中国	中国の大きなテリジノサウルス類。ノトロニクスにとても近い系統。

テリジノサウルス類—進化したナマケモノ恐竜（19章）
テリジノサウルス科の恐竜は白亜紀後期のさらに特殊化したテリジノサウルス類である。

属名	名前の意味	年代	体長	大きさ	生息場所	メモ
エニグモサウルス *Enigmosaurus*	謎の爬虫類	白亜紀後期（9960万年—8580万年前）	5m	ウマ	モンゴル	骨盤だけが見つかっていて、エルリコサウルスと同じ恐竜の可能性がとても高い。
エルリアンサウルス *Erliansaurus*	（中国）二連の爬虫類	白亜紀後期（9960万年—8580万年前）	2.6m	ライオン	中国	原始的なテリジノサウルス類と進化したテリジノサウルス類をつなぐものである。
エルリコサウルス *Erlikosaurus*	（モンゴル）二連の死神）エルリクの爬虫類	白亜紀後期（9960万年—8580万年前）	3.4m	ハイイロクマ	中国：モンゴル	もともとの標本はとても保存状態のよい頭骨を含んでいた。
ナンシュンゴサウルス *Nanshiungosaurus*	南雄層の爬虫類	白亜紀後期（7060万年—6850万年前）	4.4m	ウマ	中国	最初はとても奇妙な小さな竜脚類とされた。
ネイモンゴサウルス *Neimongosaurus*	内モンゴルの爬虫類	白亜紀後期（9960万年—8580万年前）	2.3m	ライオン	中国	首が長く、下あごが深い。テリジノサウルス類。
セグノサウルス *Segnosaurus*	のろまな爬虫類	白亜紀後期（9960万年—8580万年前）	7m	サイ	中国：モンゴル	腕以外の部分も見つかった最初のテリジノサウルス類。最初は肉食性の獣脚類とされていた。
テリジノサウルス *Therizinosaurus*	大鎌の爬虫類	白亜紀後期（7060万年—6850万年前）	9.6m	ゾウ	モンゴル	巨大な、力強い腕をもつ、最大のテリジノサウルス類。同じ岩から見つかった足の部分が足も同じ種のものだろう。

原始的なドロマエオサウルス類—初期のラプトル恐竜（20章）
ラプトル恐竜のグループ（デイノニコサウルス類）は2つに大きく分けられる。一つはドロマエオサウルス科で、身体は重く、脚は短く、腕は長い。

属名	名前の意味	年代	体長	大きさ	生息場所	メモ
ドロマエオサウロイデス *Dromaeosauroides*	ドロマエオサウルスのような	白亜紀前期（1億4550万年—1億3640万年前）	不明	不明	デンマーク	歯だけが見つかっている。
ルアンチュアンラプトル* *Luanchuanraptor*	（中国）欒川県のどろぼう	白亜紀後期（年代は不確定）	1.8m?	シチメンチョウ	中国	ゴビ砂漠と東北地方以外の中国で見つかった最初のドロマエオサウルス類。
マハーカラ* *Mahakala*	（チベット仏教の）護法神マハーカーラ	白亜紀後期（8580万年—7060万年前）	70cm	ニワトリ	モンゴル	生きていた当時、とても原始的な（そして、もかさな）ドロマエオサウルス類。
オルニトデスムス *Ornithodesmus*	鳥とのつながり	白亜紀前期（1億3000万年—1億2500万年前）	不明	シチメンチョウ	イギリス	腰部の椎骨だけが見つかっている。

*新しい属；**新しいグループ；*以前は名称不明だった恐竜の新しい属名

属名	名前の意味	年代	体長	大きさ	生息場所	メモ
ピューロラプトル Pyroraptor	火どろぼう	白亜紀後期 (7280万年—6680万年前)	不明	オオカミ？	フランス	かなり断片的で、ヴァリラプトルと同じ恐竜かもしれない。
ヴァーリラプトル Variraptor	（フランス）ヴァール県のどろぼう	白亜紀後期 (7280万年—6680万年前)	2.7m	オオカミ？	フランス	かなり断片的で、ピロラプトルと同じ恐竜かもしれない。

ウネンラギア類—鼻先の長い、南のラプトル恐竜 (20章)

ウネンラギア亜科の恐竜は最近は南の大陸から見つかる、鼻先の長いドロマエオサウルス類のグループである。

属名	名前の意味	年代	体長	大きさ	生息場所	メモ
ブイトレラプトル Buitreraptor	ハゲワシの止まり木（そこで発見された）ハンター	白亜紀後期 (9960万年—9700万年前)	1.3m	シチメンチョウ	アルゼンチン	最もよくわかっているウネンラギア類。
ネウケンラプトル Neuquenraptor	（アルゼンチン）ネウケン州のどろぼう	白亜紀後期 (9100万年—8800万年前)	1.8m	シチメンチョウ	アルゼンチン	完全にはわかっていないが、おそらくウネンラギアと同じ恐竜。
ラホナヴィス Rahonavis	雲からの脅威の鳥	白亜紀後期 (7060万年—6550万年前)	70cm	ニワトリ	マダガスカル	前腕の隆起は、そこに強力な風切り羽がついていたことを示している。
シャナグ* Shanag	（仏教の黒い帽子をかぶったツアム踊り）シャナグ	白亜紀前期 (1億4550万年—1億2500万年前)	70cm	ニワトリ	モンゴル	小さなドロマエオサウルス類で、南の大陸以外で最初のウネンラギア類と確認された。
ウネンラギア Unenlagia	半分の鳥	白亜紀後期 (9100万年—8800万年前)	2.3m	ビーバー	アルゼンチン	もともとは初期の鳥類（そうでなくてもドロマエオサウルス類より鳥類に近い系統）とされた。
ウンキロサウルス Unquillosaurus	（アルゼンチン）ウンキロ川の爬虫類	白亜紀後期 (8350万年—7060万年前)	3m?	オオカミ	アルゼンチン	以前はカルノノサウルス類や他の大きな獣脚類と考えられていた。多くの本やウェブサイトでは間違って11mもの大きさとされている。腰や数本の骨だけが見つかっている。
正式名なし		白亜紀後期 (7800万年—6550万年前)	6m	ライオン	アルゼンチン	巨大なウネンラギア類で、ユタラプトルぐらいの大きさ。

ミクロラプトル類—小さなラプトル恐竜 (20章)

ミクロラプトル亜科の恐竜は小さな、木登りをするラプトル類のグループで、白亜紀前期の中国からいちばん見つかっている。

属名	名前の意味	年代	体長	大きさ	生息場所	メモ
グラキリラプトル Graciliraptor	すらりとしたどろぼう	白亜紀前期 (1億2500万年—1億2000万年前)	90cm	シチメンチョウ	中国	他の一般的なミクロラプトル類よりも不完全な骨格が見つかっている。
ミクロラプトル Microraptor	小さなどろぼう	白亜紀前期 (1億2000万年—1億1000万年前)	90cm	シチメンチョウ	中国	多くの骨格が見つかっている。その中には以前「クリプトウォランス Cryptovolans」とよばれていた標本も入っている。
シノルニトサウルス Sinornithosaurus	中国の鳥爬虫類	白亜紀前期 (1億2500万年—1億2000万年前)	90cm	シチメンチョウ	中国	羽毛が初めて発見されたディニにコサウルス類、顔の骨に奇妙なしわがあった。

ヴェロキラプトル類——すらりとしたラプトル恐竜（20章）
ヴェロキラプトルやデイノニクスの親戚はドロマエオサウルス類の中でヴェロキラプトル亜科というグループをつくっている。

属名	名前の意味	年代	体長	大きさ	生息場所	メモ
バンビラプトル *Bambiraptor*	（童話の赤ちゃんジカ）バンビのどろぼう	白亜紀後期 （8000万年—7280万年前）	90cm	シチメンチョウ	（アメリカ）モンタナ州	最後まで生き残ったと考える人もいる。以前は北アメリカのヴェロキラプトルとされていた。
デイノニクス *Deinonychus*	恐ろしいかぎ爪	白亜紀前期 （1億1800万年—1億1000万年前）	4m	オオカミ	（アメリカ）モンタナ州、オクラホマ州、ワイオミング州、（おそらく）メリーランド州	比較的完全な骨格が見つかった最初のドロマエオサウルス類。この恐竜の発見は、恐竜温血説と恐竜と鳥類の関係を古生物学者が考えるきっかけとなった最も重要なものだった。
サウロルニトレステス *Saurornitholestes*	鳥のような爬虫類のどろぼう	白亜紀後期 （8000万年—7280万年前）	1.8m?	シチメンチョウ	（カナダ）アルバータ州、（アメリカ）ニューメキシコ州	おそらくドロマエオサウルス類。
ツァーガン *Tsaagan*	白	白亜紀後期 （8580万年—7060万年前）	1.8m?	ビーバー	モンゴル	状態のいい頭骨と椎骨がいくつか見つかっている。たいていのヴェロキラプトルよりも力強い鼻先をもっていた。
ヴェロキラプトル *Velociraptor*	すばやいどろぼう	白亜紀後期 （8580万年—7060万年前）	1.8m	ビーバー	中国：モンゴル	ジュラシック・パークのおかげで、最も有名なドロマエオサウルス類で、状態のいい頭骨と骨格がたくさん見つかっている。

ドロマエオサウルス類——身体の重いラプトル恐竜（20章）
ドロマエオサウルス類は身体の最も重くがっしりしたつくりのラプトル恐竜である。

属名	名前の意味	年代	体長	大きさ	生息場所	メモ
アキロバートル *Achillobator*	アキレス腱の英雄	白亜紀後期 （9960万年—8580万年前）	6m	ライオン	モンゴル	不完全な骨格が見つかっていて、最も大きく最も重くがっしりしたつくりのドロマエオサウルス類の一つ。
アダサウルス *Adasaurus*	（モンゴルの悪霊）アダの爬虫類	白亜紀後期 （7060万年—6850万年前）	1.8m	ビーバー	モンゴル	このモンゴルの恐竜についてはほとんどわかっていない。
アトロキラプトル *Atrociraptor*	残酷なハンター	白亜紀後期 （7280万年—6680万年前）	1.8m	ビーバー	（カナダ）アルバータ州	大きな鼻先のドロマエオサウルス類で、まだ部分的にしか見つかっていない。
ドロマエオサウルス *Dromaeosaurus*	すばやい爬虫類	白亜紀後期 （8000万年—7280万年前）	1.8m?	ビーバー	（カナダ）アルバータ州、（アメリカ）モンタナ州	発見されたときはきわめて小さなティラノサウルス類だとされた。ディノニクスの発見によってはじめて、ドロマエオサウルス類が他の獣脚類と区別される点が明らかになった。
ユタラプトル *Utahraptor*	ユタのどろぼう	白亜紀前期 （1億3000万年—1億2500万年前）	7m	ハイイログマ	（アメリカ）ユタ州	現在、最大のドロマエオサウルス類。

*：新しい属；**：新しいグループ；^：以前は名称不明だった恐竜の新しい属名

トロオドン類—長い脚のラプトル恐竜（20章）
ドロマエオサウルス類に近い系統で、トロオドン科の恐竜はデイノニコサウルス類の別なグループをつくる。

属名	名前の意味	年代	体長	大きさ	生息場所	メモ
アルカエオルニトイデス Archaeornithoides	（アルカエオプテリクスの以前の名）アルカエオルニスに似た	白亜紀後期 (8580万年—7060万年前)	不明	不明	モンゴル	不完全な頭骨が見つかっていて、以前は孵化したてのタルボサウルスとされていた。
ボロゴヴィア Borogovia	（ルイス・キャロルのジャバウォッキーに登場する）ボロゴヴ	白亜紀後期 (8580万年—7060万年前)	2m?	ビーバー	モンゴル	後脚の一部が見つかっていて、サウロルニトイデスの一種と考える人もいた。
バイロノサウルス Byronosaurus	（遠征を支援した）バイロン・ジャフィの爬虫類	白亜紀後期 (8580万年—7060万年前)	1.5m?	シチメンチョウ	モンゴル	鼻先と他の数本の骨が見つかっている。
エロプテリクス Elopteryx	沼地の翼	白亜紀後期 (7060万年—6550万年前)	不明	不明	ルーマニア	以前は鳥類とされ、その後、ドロマエオサウルス類と考えられるようになった。
シンフェンゴプテリクス Jinfengopteryx	金色の鳳凰の羽	ジュラ紀後期か白亜紀前期 (年代は不確定)	70cm	ニワトリ	中国	もともとは原始的な鳥類とされ、原始的なトロオドン類のようだ。
コパリオン Koparion	外科用メス	ジュラ紀後期 (1億5570万年—1億5080万年前)	不明	不明	（アメリカ）ユタ州	歯だけが見つかっている。ワイオミング州で新しく発見された骨がコパリオンだと判明するかもしれない。
メイ Mei	眠っている（ドラゴン）	白亜紀前期 (1億2500万年—1億2000万年前)	70cm	ニワトリ	中国	眠っているように身を曲げた姿勢の、完全に近い骨格が見つかっている（火山灰から身を守っていたのかもしれないが）。
サウロルニトイデス Saurornithoides	鳥のような爬虫類	白亜紀前期 (8580万年—6850万年前)	2m?	オオカミ	モンゴル・中国	数体分の頭骨の一部と骨格が見つかっている。
シノルニトイデス Sinornithoides	中国の鳥に似た	白亜紀前期 (1億3000万年—1億2500万年前)	1.2m	ニワトリ	中国	メイのように、「眠っている」ような姿の化石が見つかっている。
シノヴェナートル Sinovenator	中国のハンター	白亜紀前期 (1億2500万年—1億2000万年前)	1.2m	ニワトリ	中国	ドロマエオサウルス類のような特徴がいくつかある、原始的なトロオドン類。
シヌソナスス Sinusonasus	曲がった鼻	白亜紀前期 (1億2500万年—1億2000万年前)	1.2m	ニワトリ	中国	曲がっている鼻骨が見つかったが、名前の由来である。
トチサウルス Tochisaurus	ダチョウの（足の）爬虫類	白亜紀後期 (7060万年—6850万年前)	不明	不明	モンゴル	足だけが見つかっている。
トロオドン Troodon	傷つける歯	白亜紀後期 (8000万年—7280万年前)	2.4m	ヒツジ	（カナダ）アルバータ州、（アメリカ）モンタナ州、ワイオミング州	北アメリカの白亜紀後期のトロオドン類の化石はすべて「トロオドン」とよばれていたが、もっと多くの骨格が発見されると、この地域のトロオドン類にはいくつかの違いが判明するかもしれない。そうならば「ステノニコサウルス Stenonychosaurus」や「ペクティノドン Pectinodon」といった古い名前が使われることになる。

属名		年代	大きさ	生息場所	メモ
ウルバコドン* Urbacodon	(ウズベキスタン、ロシア、ギリシア、アメリカ、カナダの合同古生物学探検隊) URBACの歯	白亜紀後期 (9960万年—8930万年前)	1.5m?	(アメリカ)ワイオミング州 ウズベキスタン	歯とあごが見つかっている。
正式名なし		白亜紀後期 (1億5570万年—1億5080万年前)	小型		不完全な骨格が見つかっている。骨が見つかっている最も古いトロオドン類。

尾の長い鳥群—最初の「鳥」(21章)

鳥群は現生鳥類と絶滅した系統を含んでいる。ここでリストされるものは、最も原始的な「鳥類」で、恐竜に典型的な、長く、骨のある尾をもっている。そのため、うまく飛ぶことにはたけていなかっただろう。

属名	名前の意味	年代	体長	大きさ	生息場所	メモ
アルカエオプテリクス (始祖鳥) Archaeopteryx	古代の翼	ジュラ紀後期 (1億5080万年—1億4550万年前)	40cm	ニワトリ	ドイツ；ポルトガル？	何十年もの間、原始的な鳥類として最も有名である。本当はデイノニコサウルス類のほうが現代の鳥類に近い系統かもしれない。
ダーリエンラプトル Dalianraptor	(中国) 大連市のどろぼう	白亜紀前期 (1億2160万年—1億1060万年前)	80cm	シチメンチョウ	中国	腕の短い (そのために飛べない) 恐竜。ジェホロルニス (熱河鳥) に似ているところとコンフウシウソルニス (孔子鳥) に似ているところがある。しかし、鳥類でさえなく、もっと原始的なマニラプトル類だろう。
ジェホロルニス (熱河鳥) Jeholornis	(中国) 熱河層群の鳥	白亜紀前期 (1億2000万年—1億1000万年前)	75cm	シチメンチョウ	中国	白亜紀の尾の長い鳥類の中で最も完全に見つかっているものの一つ。植物の種子と魚の両方を食べたことがわかっている。
ジシャンゴルニス (吉祥鳥) Jixiangornis	(中国の地質学者) Yin Jixiangの鳥	白亜紀前期 (1億2000万年—1億1000万年前)	80cm	シチメンチョウ	中国	ジェホロルニスと同じくらい見つかっている。
シェンツウラプトル Shenzhouraptor	神州 (中国) のどろぼう	白亜紀前期 (1億2000万年—1億1000万年前)	80cm	シチメンチョウ	中国	ジェホロルニスと同じくらい見つかっている。
ウェルンホフェリア Wellnhoferia	(ドイツの古生物学者) ペーター・ウェルンホファーにちなむ	ジュラ紀後期 (1億5080万年—1億4550万年前)	45cm	ニワトリ	ドイツ	アルカエオプテリクスにとても似ており、おそらくは同じ種類かもしれない。
ヤンダンゴルニス Yandangornis	(中国) 雁蕩の鳥	白亜紀後期 (8580万年—8350万年前)	80cm	シチメンチョウ	中国	歯がなく、尾の長い鳥類か、近い系統の動物。
ジョンゴルニス* Zhongornis	中間の鳥類	白亜紀前期 (1億3000万年—1億2500万年前)	12cm	スズメ	中国	典型的な長い尾と太くて短い尾の中間的な形をした鳥類。孵化したてなので、既知の鳥群の未成体であるかどうかはわからない。

* 新しい属；** 新しいグループ；^ 以前は名称不明だった恐竜の新しい属名

サベオルニス類** ― 大きく、器用な、短い尾の鳥 (21章)

これらの鳥群（もっと進化した種も含めて）は、長く骨のある尾のかわりに、短く尾端骨をもっていた。しかし、（もっと進化した種とは異なり）原始的な近い系統と同じような手とかぎ爪が発達していた。

属名	名前の意味	年代	体長	大きさ	生息場所	メモ
ディダクテュルオルニス* Didactylornis	2本指の鳥	白亜紀前期 (1億2000万年〜1億1000万年前)	30cm	シチメンチョウ	中国	数体の標本が見つかっている。
オムニウォローブテリクス Omnivoropteryx	翼のある雑食動物	白亜紀前期 (1億2000万年〜1億1000万年前)	30cm	シチメンチョウ	中国	サペオルニスにとてもよく似ており、おそらくは同じ種類かもしれない。
サペオルニス Sapeornis	古鳥類学会 (Society for Avian Paleontology and Evolution) の鳥	白亜紀前期 (1億2000万年〜1億1000万年前)	1.2m	シチメンチョウ	中国	あまり見つかっていない、大きな初期の鳥類。

コンフウシウソルニス類** ― 歯がなく、器用な短い尾の鳥 (21章)

コンフウシウソルニス類は、歯がない、嘴をもつ原始的な鳥群である。研究によると、まだうまくは飛べなかったようだ。

属名	名前の意味	年代	体長	大きさ	生息場所	メモ
チャンチェンゴルニス Changchengornis	（中国）万里の長城の鳥	白亜紀前期 (1億2500万年〜1億2160万年前)	20cm	ハト	中国	コンフウシウソルニスにとても近い系統。
チャオヤンギア Chuoyangia	（中国）朝陽から	白亜紀前期 (1億2000万年〜1億1000万年前)	15cm	ハト	中国	胴体と脚、脚がチャオヤンギアとして以前見つかったくちばしは、現世では別の鳥類ソンリンゴルニス Songlingornis のものと考えられている。
コンフウシウソルニス (孔子鳥) Confuciusornis	（中国）中国の思想家・孔子の鳥	白亜紀前期 (1億2500万年〜1億2000万年前)	50cm	ニワトリ	中国	おそらく中生代の恐竜化石の中で最も多く見つかったもの。何千もの標本が見つかっている。
エオコンフウシウソルニス* Eoconfuciusornis	夜明けのコンフウシウソルニス	白亜紀前期 (1億3640万年〜1億3000万年前)	15cm	ハト	中国	コンフウシウソルニスの初期の近い系統。
ジンチョウオルニス Jinzhouornis	（中国）錦州の鳥	白亜紀前期 (1億2500万年〜1億2000万年前)	15cm	ハト	中国	コンフウシウソルニスの近い系統。
リャオニンゴルニス Liaoningornis	（中国）遼寧省の鳥	白亜紀前期 (1億2500万年〜1億2160万年前)	20cm	ハト	中国	大きな胸骨をもつ原始的な鳥類の中でもっとも原始的なものの一つ。
プロオルニス Proornis	先立つ鳥	白亜紀前期 (1億3000万年〜1億2500万年前)	不明	ハト	北朝鮮	詳しくは研究されていない。手の形によれば、コンフウシウソルニスの近い系統のようだ。

原始的なエナンティオルニス類** (反鳥類、異鳥類) ―反対の鳥 (21章)

白亜紀の鳥群で最も多様なグループはエナンティオルニス類（反対の鳥）である。このリストの鳥たちはその中の原始的なもの。

属名	名前の意味	年代	体長	大きさ	生息場所	メモ
ケレバビス* Cerebavis	脳の鳥	白亜紀後期 (9960万年〜9350万年前)	不明	ハト	ロシア	固形物でみたされてできた脳のキャストが見つかっている。

属名	名前の意味	年代	体長	大きさ	生息場所	メモ
ターリンホーオルニス* Dalingheornis	（化石が見つかった）大凌河の鳥	白亜紀前期 (1億2500万年前－1億2000万年前)	不明	ハト	中国	だいていのエナンティオルニス類よりも長く骨のある尾をもっている。4本の指が異なる角度でついていて物をつかむことのできた最も古い鳥類であった
エルスオルニス* Elsornis	砂の鳥	白亜紀後期 (8880万年－7060万年前)	不明	ニワトリ	モンゴル	おそらくは飛べなかったエナンティオルニス類
エオアルラウィス Eoalulavis	夜明けの小翼（親指につく羽）をもつ鳥	白亜紀前期 (1億3000万年－1億2500万年前)	不明	ハト	スペイン	発見された当時は、小翼（親指につく特別な羽で、飛ぶ方向を定めるのに使う）をもつ最も古い鳥類だった。
イベロメソルニス Iberomesornis	スペインの中生代の鳥	白亜紀前期 (1億3000万年－1億2500万年前)	翼開長20cm	スズメ	スペイン	最も原始的なエナンティオルニス類の一つ。
ジベイニア Jibeinia	（中国）済北から	白亜紀前期 (1億2500万年－1億2160万年前)	不明	ハト	中国	コンフウシウソルニスと同じように復元されることがあるが、もっと典型的な歯のあるエナンティオルニス類であるようだ。
パラプロトプテリクス* Paraprotopteryx	プロトプテリクスと並ぶもの	白亜紀前期 (1億2500万年－1億2000万年前)	13cm	ハト	中国	4枚の長い尾羽をもつ最初の中生代の鳥群。
ペンゴルニス* Pengornis	（中国の伝説の鳥）鵬	白亜紀前期 (1億2000万年－1億1000万年前)	50cm	ニワトリ	中国	白亜紀前期のエナンティオルニス類の中で最大のものの一つ。
プロトプテリクス Protopteryx	最初の翼	白亜紀前期 (1億3640万年－1億3000万年前)	13cm	ハト	中国	最も古く、最も原始的なエナンティオルニス類の一つ。
サザウィス Sazavis	粘土の鳥	白亜紀後期 (9350万年－8930万年前)	不明	ハト	ウズベキスタン	Bissetky層の多くの鳥類と同じように、骨の断片（この場合はむこうずねの下部）だけが見つかっている。

原始的なエウエナンティオルニス類**－進化した反対の鳥（21章）

エナンティオルニス類の中でもっとも進化したグループである。ここにリストしたものはエウエナンティオルニス類だが、アウイサウルス科、ゴビプテリクス科、そしてロンギプテリクス科のように明確に分類できないものである。

属名	名前の意味	年代	体長	大きさ	生息場所	メモ
アバウォルニス Abavornis	高祖父の鳥	白亜紀後期 (9350万年－8930万年前)	不明	ハト	ウズベキスタン	ばらばらになった肩甲骨が見つかっている。
アブエッラティオドントス Aberratiodontus	変わった歯	白亜紀前期 (1億2160万年－1億1060万年前)	30cm	ニワトリ	中国	「歯をむきだした」初期の鳥類の一つ。
アレトアラオルニス* Alethoallaornis	本当に翼のある鳥	白亜紀前期 (1億2000万年－1億1000万年前)	不明	ハト	中国	くちばしのするどいエナンティオルニス類。
アレクソルニス Alexornis	（アメリカの古生物学者）アレックス・ウェットモアの鳥	白亜紀後期 (8350万年－7060万年前)	不明	不明	メキシコ	この鳥類はほとんどわかっていない。
カテーノレイムース Catenoleimus	系統の生き残り	白亜紀後期 (9350万年－8930万年前)	不明	ハト	ウズベキスタン	保存状態のかなり悪い化石に基づいている。

*新しい属；**新しいグループ；*以前は名称不明だった恐竜の新しい属名

400 ●恐竜リスト

名前	意味	時代	翼開長	シチメンチョウ	産地	備考
エナンティオルニス *Enantiornis*	反対の鳥	白亜紀後期 (9350万年—6550万年前)	1m		アルゼンチン；ウズベキスタン	南アメリカでエナンティオルニス類が発見されたことによって、白亜紀の鳥類の重要なグループが存在していたことがわかった。ウズベキスタンの種は結局は別の新属だということが判明するかもしれない。
エオカタイオルニス *Eocathayornis*	夜明けのカタイオルニス	白亜紀前期 (1億2160万年—1億1060万年前)	不明	ハト	中国	名前にもかかわらず、特にカタイオルニス（現在ではシノルニス）に近い系統ではないようだ。
エクスプロロルニス *Explororis*	発見者の鳥	白亜紀後期 (9350万年—8930万年前)	不明	ハト	ウズベキスタン	骨格のいくつかの部分が見つかっているが、まだ全体は記載されてはいない。
グリリニア *Gurilynia*	(モンゴル)グリリン・ツァフから	白亜紀後期 (7060万年—6850万年前)	不明	ニワトリ	モンゴル	比較的大きなエナンティオルニス類。
インコロルニス *Incolornis*	居住者の鳥	白亜紀後期 (9350万年—8930万年前)	不明	ハト	ウズベキスタン	肩甲骨がいくつか見つかっている。
クスズーリア *Kuszholia*	天の川	白亜紀後期 (9350万年前)	不明	ハト	ウズベキスタン	この鳥類の骨格の部分らしいものが数個見つかっているが、それ(これが同一個体のものか)どうかは不確かである。
キズルクームアウィス *Kyzylkumavis*	(カザフスタン)キジルクームの鳥	白亜紀後期 (9350万年—8930万年前)	不明	ハト	ウズベキスタン	Bissuky層の多くの鳥類化石と同じように、骨の断片（この場合は上腕骨）だけが見つかっている。
ラルギロストロルニス *Largirostrornis*	大きなくちばしの鳥	白亜紀前期 (1億2000万年—1億1000万年前)	不明	ハト	中国	口先の長いエナンティオルニス類の一つ。
レクトアウィス *Lectavis*	Lecho層の鳥	白亜紀後期 (7060万年—6550万年前)	不明	ハト	アルゼンチン	部分的な後肢が見つかっている。
レネスオルニス *Lenesornis*	ロシアの古生物学者 Lev Nessov から	白亜紀後期 (9350万年—8930万年前)	不明	ハト	ウズベキスタン	腰部の脊椎だけが見つかっている。
リャオシオルニス *Liaoxiornis*	(中国)遼西の鳥	白亜紀前期 (1億2500万年—1億2000万年前)	7cm	スズメ	中国	中生代の鳥類の中で最も小さいが、おそらくはもっと大きな種の幼鳥だろう。
ロンチェンゴルニス *Longchengornis*	(中国)龍城の鳥	白亜紀前期 (1億2160万年—1億1060万年前)	不明	ハト	中国	この鳥類のことはあまりわかっていない。
マーティンアウィス* *Martinavis*	(アメリカの古生物学者)ラリー・マーティンの鳥	白亜紀後期 (7200万年—6700万年前)	不明	ハト	アルゼンチン；フランス；(アメリカ)ニューメキシコ州	最も広く見つかる化石鳥群の一つ。
ナナンティウス *Nanantius*	小型のエナンティオルニス	白亜紀前期から後期 (1億2000万年—7060万年前)	不明	ハト	オーストラリア；(おそらく)モンゴル	モンゴルの化石には歯がないが、新しい属のようだ。
ノゲロルニス *Noguerornis*	(スペイン)ノゲラ川の鳥	白亜紀前期 (1億4550万年—1億2800万年前)	不明	ハト	スペイン	スペインの白亜紀層から見つかっている数種のエナンティオルニス類の中の一つ。
オトゴルニス *Otogornis*	(内モンゴル)オトク旗の鳥	白亜紀前期 (1億2160万年—1億1060万年前)	不明	ハト	中国	前肢と肩だけが見つかっている。

属名	名前の意味	年代	体長	大きさ	生息場所	メモ
シノルニス *Sinornis*	中国の鳥	白亜紀前期 (1億2000万年〜1億1000万年前)	14cm	ハト	中国	ほぼ完全な骨格が見つかった最初のエナンティオルニス類。以前「カタイオルニス」とよばれた標本は、シノルニスの化石だということが判明した。
ユンガヴォルクリス *Yungavolucris*	(アルゼンチン) ユンガの鳥	白亜紀後期 (7060万年〜6550万年前)	不明	ハト	アルゼンチン	一続きの足が見つかっている。
ズィラオルニス *Zhyraornis*	(ウズベキスタン) Dzhyrakuduk の鳥	白亜紀後期 (9350万年〜8930万年前)	不明	ハト	ウズベキスタン	腰の椎骨が2ぞろいだけ見つかっている。

アヴィサウルス類** —進化した反対の鳥 (21章)
アヴィサウルス科はエナンティオルニス類の中の最も進化したグループである。

属名	名前の意味	年代	体長	大きさ	生息場所	メモ
アヴィサウルス *Avisaurus*	鳥爬虫類	白亜紀後期 (8000万年〜6550万年前)	翼開長1.2m	シチメンチョウ	(アメリカ) モンタナ州、アルゼンチン	おそらくはハシブトダカに相当するエナンティオルニス類。
コンコルニス *Concornis*	(スペイン) クエンカ州の鳥	白亜紀前期 (1億3000万年〜1億2500万年前)	15cm	ハト	スペイン	保存状態のよい骨格が見つかった最初のエナンティオルニス類。
クスピロストゥリソルニス *Cuspirostrisornis*	鼻のとがった鳥	白亜紀前期 (1億2000万年〜1億1000万年前)	不明	ニワトリ	中国	おそらくはアヴィサウルスに近縁。
エナンティオフェニックス* *Enantiophoenix*	反対の(伝説の鳥)フェニックス	白亜紀後期 (9960万年〜9350万年前)	14cm	スズメ	レバノン	レバノンで最初に見つかった恐竜化石のひとつ。
ハリムオルニス *Halimornis*	海にすむ鳥	白亜紀後期 (8350万年〜8000万年前)	不明	ハト	(アメリカ) アラバマ州	当時の海岸線から50km離れた場所で堆積した岩石の中から見つかり、エナンティオルニス類の何種かは海鳥だったことを示している。
ネウケンオルニス *Neuquenornis*	(アルゼンチン) ネウケン州の鳥	白亜紀後期 (8600万年〜8300万年前)	不明	ハト	アルゼンチン	部分的な骨格と胚のある卵が見つかっている。
ソロアヴィサウルス *Soroavisaurus*	アヴィサウルスの姉妹	白亜紀後期 (7060万年〜6550万年前)	不明	ニワトリ	アルゼンチン	足だけが見つかっている。アヴィサウルスの「姉妹群」(つまり最も近い系統)らしいことから名前がつけられた。

ゴビプテリクス類** —進化した反対の鳥 (21章)
ゴビプテリクス科は、たいていは小さなエナンティオルニス類である。

属名	名前の意味	年代	体長	大きさ	生息場所	メモ
ボルオチア *Boluochia*	(中国) 波羅赤から	白亜紀前期 (1億2000万年〜1億1000万年前)	不明	ハト	中国	エナンティオルニス類の中で歯のない稀種類。
ゴビプテリクス *Gobipteryx*	ゴビ砂漠の翼	白亜紀後期 (8580万年〜7060万年前)	不明	ハト	モンゴル	歯のない頭骨のペアが見つかっている。
ウェースクオルニス *Vescornis*	やせた(指でつまめる)鳥	白亜紀前期 (1億2500万年〜1億2160万年前)	12cm	ハト	中国	多くのエナンティオルニス類と同じように、翼に小さなかぎ爪がついている。

* 新しい属 ; ** 新しいグループ ; ˆ 以前は名称不明だった恐竜の新しい属名

ロンギプテリクス類** —進化した反対の鳥 (21章)

ロンギプテリクス科はエナンティオルニス類の3番目のグループである。

属名	名前の意味	年代	体長	大きさ	生息場所	メモ
ターピンファンゴルニス *Dapingfangornis*	(中国の化石産地) 太平房の鳥	白亜紀前期 (1億2160万年—1億1060万年前)	不明	ニワトリ	中国	たいていの白亜紀の鳥類のように、標本はおしつぶされている。ウェースタオルニスに似ているものもアプサラヴィエドントルスに似ているものもある。
エオエナンティオルニス *Eoenantiornis*	夜明けのエナンティオルニス	白亜紀前期 (1億2500万年—1億2160万年前)	10cm	スズメ	中国	比較的短く、丸い鼻先をもっていた。
ロンギプテリクス *Longipteryx*	長い翼	白亜紀前期 (1億2000万年—1億1000万年前)	14.5cm	ハト	中国	長い鼻先をもったエナンティオルニス類で、魚を捕まえていたかもしれない。
ロンギロストラヴィス *Longirostravis*	長い口先の鳥	白亜紀前期 (1億2500万年—1億2160万年前)	14.5cm	ハト	中国	もう一つの長い鼻先をもったエナンティオルニス類。虫や甲殻類を食べるために泥の中を探っていたのかもしれない。
正式名なし*		白亜紀前期 (1億1500万年—1億500万年前)	不明	ハト	中国	翼ととさきな骨が見つかっている。正式名がない別のエナンティオルニス。上記の種とは別である。名がないため別のエナンティオルニスと真鳥類のガンススとを同じグループで年代である。
正式名なし*		白亜紀前期 (1億1500万年—1億500万年前)	不明	ハト	中国	翼ととさきな骨が見つかっている別のエナンティオルニス類の種とは別である。

原始的な真鳥類** —現生鳥類の親戚 (21章)

真鳥類（本当の鳥）は現生鳥類と、エナンティオルニス類より現生鳥類に密接な関係のあるグループである。ここのリストの真鳥類はヘスペロルニス類より現生鳥類から遠い関係にある。

属名	名前の意味	年代	体長	大きさ	生息場所	メモ
アンビオルトゥス *Ambiortus*	不確実な起源	白亜紀前期 (1億3640万年—1億2500万年前)	不明	ニワトリ	モンゴル	この名前は進化した特徴と原始的な特徴が混ざりあっていることからつけられている。
アルカエオリュンクス *Archaeorhynchus*	古代のくちばし	白亜紀前期 (1億2500万年—1億2000万年前)	不明	ハト	中国	アヒルのような幅の広いくちばしをもっている。
エウロリムノルニス *Eurolimnornis*	ヨーロッパのヌマカマドリ	白亜紀前期 (1億4200万年—1億2800万年前)	不明	ハト	ルーマニア	数個の部分だけが見つかっている。おそらくはイクチオルニスの初期の近い系統の鳥類と考える人も、別の絶滅鳥類のグループと考える人もいる。
ガルガンチュアウィス *Gargantuavis*	(フランスの伝説の巨人) ガルガンチュアの鳥	白亜紀後期 (7060万年—6550万年前)	不明	ビーバー	フランス	おそらくは中生代で最大の鳥類。
ホルボティア *Holbotia*	(モンゴル) Kholbotu から	白亜紀前期 (1億3640万年—1億2500万年前)	不明	ニワトリ	モンゴル	おそらくはアンビオルトゥスと同じ属。

属名	名前の意味	年代	体長	大きさ	生息場所	メモ
ホンシャンオルニス Hongshanornis	(古代中国の) 紅山文化の鳥	白亜紀前期 (1億2500万年—1億2160万年前)	14cm	ハト	中国	羽毛の印象をもつ完全な骨格が見つかっている。前歯骨は鳥盤類と収斂進化した。
ホレスマウイス Horezmavis	(ウズベキスタン) ホレスムの鳥	白亜紀後期 (9350万年—8930万年前)	不明	ハト	ウズベキスタン	足だけが見つかっている
フルサンペス Hulsanpes	(モンゴル) フルサンの足	白亜紀後期 (7060万年—6850万年前)	不明	ニワトリ	モンゴル	足だけが見つかっている。もともとはドロマエオサウルス類とされていた (本当にそうかもしれない)。
リヤオニンゴルニス* Liaoningornis	(中国) 遼寧の鳥	白亜紀前期 (1億2500万年—1億2000万年前)	不明	スズメ	中国	中国で見つかった化石鳥類の一つ。中国の他の化石鳥類の赤ちゃんであることとはほぼ確実である。
リーメナウイス Limenavis	限界の鳥	白亜紀後期 (7280万年—6680万年前)	不明	ハト	アルゼンチン	部分的な翼だけ見つかっている。
パラエオクルスオルニス Palaeocursornis	古代の走る鳥	白亜紀前期 (1億4200万年—1億2800万年前)	不明	シチメンチョウ	ルーマニア	状態の悪い大腿骨だけが見つかっている。現生のダチョウとヒクイドリを含むグループの初期の代表とする人もいるが、それ以外の絶滅鳥類の初期グループだろう。
パタゴプテリクス Patagopteryx	(アルゼンチン) パタゴニアの翼	白亜紀後期 (8600万年—8300万年前)	50cm	シチメンチョウ	アルゼンチン	頭骨は完全ではないが、骨格の大部分が見つかっている。現生のニワトリや飛べない鳥類。
ピクシ Piksi	大きな鳥	白亜紀後期 (8000万年—7280万年前)	不明	ニワトリ	(アメリカ) モンタナ州	研究によれば、現生のシチメンチョウのような、身体の重い地上性の鳥類らしい。
プラタナウイス Platanavis	スズカケノキの鳥	白亜紀後期 (9350万年—8930万年前)	不明	ニワトリ	ウズベキスタン	腰の脊椎のひとそろいが見つかっている。
ウォローナ Vorona	鳥	白亜紀後期 (7060万年—6550万年前)	不明	ハト	マダガスカル	脚だけが見つかっている。
ワイリーア Wyleyia	(イギリスの化石コレクター) J.F. ワイリーにちなむ	白亜紀前期 (1億3000万年—1億2500万年前)	不明	ハト	イギリス	本当は鳥類ではないマニラプトル類かもしれない。

ヤノルニス形類**—中くらいの大きさの中国の真鳥類 (21章)
白亜紀の中国の、最近になって確立された鳥類のグループ。

属名	名前の意味	年代	体長	大きさ	生息場所	メモ
ソンリンゴルニス Songlingornis	松嶺 (山) の鳥	白亜紀前期 (1億2000万年—1億1000万年前)	不明	スズメ	中国	ヤノルニスとイシャノルニスに近縁。
ヤノルニス Yanornis	燕朝の鳥	白亜紀前期 (1億2000万年—1億1000万年前)	27.5cm	ニワトリ	中国	魚、おそらくは植物も食べていた。アルカエオラプトル Archaeoraptor の「骨格」は、ヤノルニスの前半身の標本とドロマエオサウルス類のミクロラプトルの後半身を組み合わせてつくった有名なにせものだった。
イーシェンオルニス Yixianornis	義県層の鳥	白亜紀前期 (1億2000万年—1億1000万年前)	20cm	ニワトリ	中国	ヤノルニスにとても近い系統。

*: 新しい属；**: 新しいグループ；`: 以前は名称不明だった恐竜の新しい属名

ヘスペロルニス類―飛べない、歯のある、泳ぐ鳥（21章）

ヘスペロルニス類は白亜紀後期の、歯があり、泳ぐことのできる鳥類である。

属名	名前の意味	年代	体長	大きさ	生息場所	メモ
アジアヘスペロルニス *Asiahesperornis*	アジアのヘスペロルニス	白亜紀後期（8580万年―8000万年前）	不明	シチメンチョウ	カザフスタン	脊椎が数個と部分的な脚だけが見つかっている。
バプトルニス *Baptornis*	潜水する鳥	白亜紀後期（8700万年―8200万年前）	1.2m	シチメンチョウ	（アメリカ）カンザス州	ほとんど完全な骨格が見つかっている。
カナダガ *Canadaga*	カナダの鳥	白亜紀後期（7060万年―6550万年前）	1.5m	ビーバー	（カナダ）ノースウエスト準州	最後の、そして最大のヘスペロルニス類。
コニオルニス *Coniornis*	白亜紀の鳥	白亜紀後期（8000万年―7280万年前）	不明	シチメンチョウ	（アメリカ）モンタナ州	脊椎と腔骨が見つかっている。
エナリオルニス *Enaliornis*	海の鳥	白亜紀後期（9960万年―9350万年前）	不明	ニワトリ	イギリス	断片的な骨格だけが見つかっている。最も古いエナンティオルニス類の一つで、おそらくは飛ぶことができた。
ヘスペロルニス *Hesperornis*	西の鳥	白亜紀後期（8700万年―8200万年前）	1.4m	ビーバー	（カナダ）アルバータ州、マニトバ州、ノースウエスト準州;（アメリカ）カンザス州、ネブラスカ州	数十の頭骨と骨格が見つかっている。ヘスペロルニス類の中で、最も研究され、最もありふれている。
ユーディノルニス *Judinornis*	ユーディンの鳥	白亜紀後期（7000万年―6830万年前）	不明	シチメンチョウ?	モンゴル	不完全にしか見つかっていない。明らかに淡水域で暮らしていたようだ。
パラヘスペロルニス *Parahesperornis*	ヘスペロルニスのそば	白亜紀後期（8700万年―8200万年前）	1.2m	シチメンチョウ	（アメリカ）カンザス州	ほとんど完全な骨格が見つかっている。
パスキアオルニス *Pasquiaornis*	パスキア丘陵の鳥	白亜紀後期（9960万年―9350万年前）	不明	シチメンチョウ	（カナダ）サスカチュワン州	脚の骨と頭骨が1つ見つかっている。
ポタムオルニス *Potamornis*	川の鳥	白亜紀後期（6680万年―6550万年前）	不明	シチメンチョウ	（アメリカ）ワイオミング州	少数の骨しか見つかっていない。明らかに淡水域で暮らしていたようだ。

進化した真鳥類**―現生鳥類に最も近い親戚（21章）

ここにリストされたものは、ヘスペロルニス類よりも現生鳥類にもっと近い系統である。

属名	名前の意味	年代	体長	大きさ	生息場所	メモ
アプサラヴィス *Apsaravis*	（仏教とヒンズー教の天女・水の妖精）アプサラの鳥	白亜紀後期（8580万年―7060万年前）	不明	ニワトリ	モンゴル	白亜紀後期で最も完全な鳥類化石の一つ（残念ながら頭骨がないが）。現生鳥類にとても近い。
ガンスス *Gansus*	（中国）甘粛省	白亜紀前期（1億1500万年―1億500万年前）	不明	ニワトリ	中国	多くの骨格が見つかっている（しかし、頭骨はまだ）。水かきのある足ともっと重い骸骨は、現生のアビやカイツブリのような足をかいて潜水していたことを示している。
ギルドアヴィス *Guildavis*	（アメリカの化石コレクター）E. W. ギルドの鳥	白亜紀後期（8700万年―8200万年前）	不明	ニワトリ	（アメリカ）カンザス州	以前は、イクティオルニスの種とリストされていた。

属名	名前の意味	年代	体長	大きさ	生息場所	メモ
イアケオルニス *Iaceornis*	無視された鳥	白亜紀後期 (8700万年－8200万年前)	25cm	ニワトリ	(アメリカ) カンザス州	以前は、イクティオルニスの種とされていた。
イクティオルニス *I. lubjuunis*	魚鳥	白亜紀後期 (8700万年－8200万年前)	25cm	ニワトリ	(アメリカ) アラバマ州、カンザス州	北アメリカで見つかった最初の化石鳥類の一つで、多くの白亜紀の鳥類が歯をもっていたことを示した最初の化石鳥類の一つ。

現生鳥類－現代型の鳥（21章）

この属のリストは、白亜紀にいた現代型鳥類のグループである。現在の鳥類は現生鳥類である。

属名	名前の意味	年代	体長	大きさ	生息場所	メモ
アナタラウィス *Anatalavis*	カモの翼をもつ鳥	白亜紀後期から古第三紀 (6680万年－4860万年前)	不明	ニワトリ	イギリス；(アメリカ) ニュージャージー州	カモとガンのグループの原始的なメンバー。新生代の古第三紀の化石が最も多いが、白亜紀末のニュージャージー州からこの属の古い種と考えられる断片的な化石が見つかっている。
アパトルニス *Apatornis*	人をあざむく (椎骨の) 鳥	白亜紀後期 (8700万年－8200万年前)	不明	ニワトリ	(アメリカ) カンザス州	以前はイクティオルニスの種とされていた。
オースティノルニス *Austinornis*	(テキサス州) オースティンの鳥	白亜紀後期 (8700万年－8200万年前)	不明	ニワトリ	(アメリカ) テキサス州	ニワトリとキジのグループの原始的なメンバー。
ケラモルニス *Ceramornis*	白亜紀の鳥	白亜紀後期 (6680万年－6550万年前)	不明	ニワトリ	(アメリカ) ワイオミング州	現代の浜鳥に似ている肩甲骨だけが見つかっている。
キモロプテリクス *Cimolopteryx*	白亜紀の翼	白亜紀後期 (8000万年－6550万年前)	不明	ニワトリ	(カナダ) サスカチュワン州、アルバータ州；(アメリカ) ワイオミング州	おそらくは現代の浜鳥の初期の典型。
ガロルニス *Gallornis*	フランスの鳥 (またはニワトリの鳥)	白亜紀前期 (1億4550万年－1億3000万年前)	不明	ニワトリ	フランス	腕と脚の断片だけが見つかっている。本当は鳥類ではないかもしれない。
グラクラウゥス *Graculavus*	ツメの祖先	白亜紀後期 (6680万年－6550万年前)	不明	シチメンチョウ	(アメリカ) ニュージャージー州、ワイオミング州	比較的大きな鳥類。
ラオルニス *Laornis*	石の鳥	白亜紀後期 (6680万年－6400万年前)	不明	ニワトリ	(アメリカ) ニュージャージー州	恐竜時代の最後の鳥の一つ。
ロンコデュテス *Lonchodytes*	ランス層のダイバー	白亜紀後期 (6680万年－6550万年前)	不明	ニワトリ	(アメリカ) ワイオミング州	1本の部分的な足が唯一の標本で、ひょっとすると現代のウミツバメの初期の近い系統かもしれない。
ネオガエオルニス *Neogaeornis*	新世界の鳥	白亜紀後期 (7060万年－6550万年前)	不明	ニワトリ	チリ	南アメリカで見つかった白亜紀の鳥類の最初の一つ。おそらくは現代のアビに近い系統だろう。
ノウァエサレアラ *Novacaesareala*	ニュージャージー州からの鳥	白亜紀後期から古第三紀 (6680万年－6400万年前)	不明	ニワトリ	(アメリカ) ニュージャージー州	トロティクスに近縁なので、ペリカンやツカツクドリ、ウを含むグループの初期の典型ということになる。
パラエオトゥリンガ *Palaeotringa*	古代の浜鳥	白亜紀後期から古第三紀 (6680万年－6400万年前)	不明	ニワトリ	(アメリカ) ニュージャージー州	数本のばらばらの骨が見つかっているが、現代のどの鳥類のグループの系統なのかは不明である。

*：新しい属；**：新しいグループ；^：以前は名称不明だった恐竜の新しい属名

属名	名前の意味	年代	体長	大きさ	生息場所	メモ
パリントロプス Palinitropus	後向きのやつとこ	白亜紀後期 (8000万年―6550万年前)	不明	ニワトリ	(カナダ)アルバータ州;(アメリカ)ワイオミング州	ニワトリとキジのグループの白亜紀のメンバー。
テルマトルニス Telmatornis	沼地の鳥	白亜紀後期から古第三紀 (6680万年―6400万年前)	不明	ニワトリ	(アメリカ)ニュージャージー州	おそらくはモロクロテラクスと同じ属。
テヴィオルニス Teviornis	(ロシアの古生物学者)ヴィオト・テレシェンコの鳥	白亜紀後期 (7060万年―6850万年前)	不明	ニワトリ	モンゴル	おそらくはカモメガンの祖先の系統。
トロティクス Torotix	フラミンゴ	白亜紀後期 (6680万年―6550万年前)	不明	ニワトリ	(アメリカ)ワイオミング州	名前にもかかわらず、現代のペリカンやタンカンドリ、ウを含む海鳥のグループの初期の典型のようだ。
テュットストニクス Tytthostonyx	小さなけづめ	白亜紀後期から古第三紀 (6680万年―6400万年前)	不明	ニワトリ	(アメリカ)ニュージャージー州	アホウドリやウミツバメ、ミズナギドリを含む主要な海鳥のグループの初期のメンバーと考える人もいる。
ヴェガウィス Vegavis	(南極)ヴェガ島の鳥	白亜紀後期 (7060万年―6550万年前)	不明	ニワトリ	南極	白亜紀のカモ。
ヴォルガウィス Volgavis	ヴォルガ川の鳥	白亜紀後期 (6680万年―6400万年前)		ニワトリ	ロシア	おそらくは現代のペリカンやタンカンドリのグループの系統。
正体なし	卵の中の胚	白亜紀後期 (8580万年―7060万年前)	不明	ハト	モンゴル	卵の中の胚化石が見つかっている。

原始的な竜脚形類* ― 最も原始的な、初期の、首の長い、植物食性の恐竜 (**22章**)

竜脚形類は、首の長い、植物食性の恐竜のグループである。最も原始的な竜脚形類は、後のものよりずっと小さかった。

属名	名前の意味	年代	体長	大きさ	生息場所	メモ
アシュロサウルス* Asylosaurus	神聖な場所の爬虫類	三畳紀後期 (2億360万年―1億9960万年前)	2.1m	オオカミ	イギリス	とても原始的な竜脚形類で、以前はテコドントサウルスの標本とされていた。
エフラアシア Efraasia	(ドイツの古生物学者)エーベルハルト・フラアスにちなむ	三畳紀後期 (2億1650万年―2億360万年前)	1m	シチメンチョウ	ドイツ	セッロサウルスの種とされることもあったが、新しい研究によるとより原始的な竜脚形類だと明確に示されている。
パンティドラコ* Pantydraco	(ウェールズの探石場)Panty-y-ffynnonのドラゴン	三畳紀後期 (2億360万年―1億9960万年前)	2.5m	オオカミ	イギリス	とても原始的な竜脚形類で、以前はテコドントサウルスの標本とされていた。いちばんのいい標本は未成体のものである。
プラテオサウラウス Plateosauravus	プラテオサウルスの祖先	三畳紀後期 (2億2800万年―2億1650万年前)	8m	ウマ	南アフリカ	この恐竜の化石をといっていた本では「エウスケロサウルス Euskelosaurus」とよんでいるが、本当はこの属である。
プラダニア Pradhania	(インドの化石コレクター) Dhuiya Pradhanにちなむ	ジュラ紀後期 (1億9650万年―1億8960万年前)	4m	ライオン	インド	断片的な化石だけが見つかっている。
ルーレイア Ruehleia	(ドイツの古生物学者) Hugo Ruehle von Lilienstemにちなむ	三畳紀後期 (2億1650万年―2億360万年前)	8m	ウマ	ドイツ	以前はプラテオサウルスの一種とされていた。

属名	名前の意味	年代	体長	大きさ	生息場所	メモ
サトゥルナリア *Saturnalia*	(ローマの祭) サトゥルナリア	三畳紀中期から後期 (2億2800万年－2億1650万年前)	1.5m	シチメンチョウ	ブラジル	最も原始的な竜脚形類の一つ。ブラジルのカーニバルの間に発見されたので、同じような古代の祭の名前が記載された。
テコドントサウルス *Thecodontosaurus*	歯がソケットに入った爬虫類	三畳紀後期 (2億360万年－1億9960万年前)	2.1m	オオカミ	イギリス	とても原始的な竜脚形類。テコドントサウルスとされてきた標本のいくつかは、アシェンロサウルスやパンディドラコのものと考えられている。

プラテオサウルス類**—最も原始的な、中心的な古竜脚形類である(22章)
最も原始的な、中心的な古竜脚形類のグループである。他の中心的な古竜脚類と同様に、以前は4足歩行するとされていたが、新しい研究によると厳密に2足歩行だと考えられている。

属名	名前の意味	年代	体長	大きさ	生息場所	メモ
プラテオサウルス *Plateosaurus*	幅の広い爬虫類	三畳紀後期 (2億1650万年－2億360万年前)	8m	ウマ	グリーンランド・フランス・ドイツ・スイス	最も研究されている古竜脚類。完全な頭骨と骨格を含む数十の個体が見つかっている。数種に区別できる。
セッロサウルス *Sellosaurus*	サドルの(脊椎の)爬虫類	三畳紀後期 (2億1650万年－2億360万年前)	6.5m	ハイイログマ	ドイツ	おそらくはプラテオサウルスの一種である。この化石から数種の原始的な古竜脚類と混同されていた。
ウナユサウルス *Unaysaurus*	黒い水の爬虫類	三畳紀後期 (2億2800万年－2億360万年前)	2.5m	ライオン	ブラジル	最近発見され、プラテオサウルスに似ているが、もっと小さい。

リオハサウルス類**—最も大きな、中心的な古竜脚形類(22章)
竜脚形類は、首の長い、植物食性の恐竜のグループである。最も原始的な古竜脚形類は、後のものよりずっと小さかった。

属名	名前の意味	年代	体長	大きさ	生息場所	メモ
エウクネメサウルス *Eucnemesaurus*	りっぱなすねの爬虫類	三畳紀後期 (2億1650万年－2億360万年前)	不明	サイ？	南アフリカ	リオハサウルスに似た古竜脚類。以前は肉食恐竜と考えられ、アリワリア *Aliwalia* と名づけられた大腿骨を含む。
リオハサウルス *Riojasaurus*	(アルゼンチン) リオハ州の爬虫類	三畳紀後期 (2億1650万年－2億360万年前)	10m	ゾウ	アルゼンチン	20以上の個体が見つかっている。以前はメラノロサウルスなどの竜脚類に近い系統とされていたが、新しい研究によると、プラテオサウルス、マッソスポンデュルスなどの典型的な古竜脚類にもっと近い系統と考えられている。

マッソスポンデュルス類**—首の長い、中心的な古竜脚類(22章)
竜脚形類は、首の長い、植物食性の恐竜のグループである。最も原始的な古竜脚形類は、後のものよりずっと小さかった。

属名	名前の意味	年代	体長	大きさ	生息場所	メモ
コロラディサウルス *Coloradisaurus*	(アルゼンチン) ロス・コロラドス層の爬虫類	三畳紀後期 (2億1650万年－2億360万年前)	4m	ライオン	アルゼンチン	状態のいい成体の頭骨が見つかっている。
グラキアリサウルス* *Glacialisaurus*	氷の爬虫類	ジュラ紀前期 (1億8960万年－1億8300万年前)	6.2m?	ウマ？	南極	ルーフェンゴサウルスにとてもよく似ている。クリオロフォサウルスと同じ採石場で見つかった。

*: 新しい属；**: 新しいグループ；^: 以前は名称不明だった恐竜の新しい属名

属名	名前の意味	年代	体長	大きさ	生息場所	メモ
ルーフェンゴサウルス *Lufengosaurus*	（中国）禄豊盆地の爬虫類	ジュラ紀前期 （1億9960万年－1億8300万年前）	6.2m	ウマ	中国	以前はプラテオサウルスとユンナノサウルスの両方に近い系統とされていたが、現在ではマッソスポンディルス類と考えられている。30以上の個体が見つかっている。
マッソスポンディルス *Massospondylus*	細長い脊椎	ジュラ紀前期 （1億9960万年－1億8300万年前）	4m	ライオン	レソト；南アフリカ；ジンバブエ	プラテオサウルスについてはよく研究されている古竜脚類。多くの状態のいい頭骨と骨格に加え、胚のある巣穴が見つかっている。
正式属名なし	（以前は "*Gyposaurus" sinensis*）	ジュラ紀前期 （1億9960万年－1億8300万年前）	8m	ウマ	中国	数体分の骨格が中国から見つかっている。もともとは "*Gyposaurus*"（今ではマッソスポンディルスとよばれている）の無効な名前の中国産の種とされていた。
正式名なし*		ジュラ紀前期 （1億9960万年－1億8300万年前）	4m	ライオン	（アメリカ）アリゾナ州	以前はマッソスポンディルスかアンモサウルス、今ではマッソスポンディデュルスとされていたが、今では未知の（おそらくマッソスポンディルス類の）属のように思われる。

竜脚類に近い系統**―進化した、首の長い、植物食性の初期の恐竜 (22章)
古竜脚類は竜脚類に最も近い系統である。2足歩行と4足歩行の両方に対応する名のそれぞれが、真の竜脚類のようにもっぱら4尾歩行のものもいた。

属名	名前の意味	年代	体長	大きさ	生息場所	メモ
アンモサウルス *Ammosaurus*	砂岩の爬虫類	ジュラ紀前期 （1億8960万年－1億7560万年前）	4.3m	ライオン	（アメリカ）コネチカット州	アンキサウルスとともに北アメリカで最初に見つかった古竜脚類。アンキサウルスと同一属と考える人もいる。
アンキサウルス *Anchisaurus*	近くの爬虫類	ジュラ紀前期 （1億8960万年－1億7560万年前）	2.4m	オオカミ	（アメリカ）コネチカット州、マサチューセッツ州	おそらくはアンモサウルスと同じ。
アリストサウルス* *Aristosaurus*	上級の爬虫類	ジュラ紀前期 （1億9650万年－1億8960万年前）	小型	不明	南アフリカ	未成体の骨格だけが見つかっている。
エシャノサウルス *Eshanosaurus*	（中国）峨山県の爬虫類	ジュラ紀前期 （1億9960万年－1億9650万年前）	不明	不明	中国	あごの下部だけが見られないほどにアンギンサウルス類と考える古生物学者もいる。確実なエウスケロサウルスの化石はまだで、十分に記載されていない。［エウスケロサウルス］のものとされていた化石は、今では古竜脚類のプラテオサウルスか初期の竜脚類アンテトニトルスのような違った恐竜のものだと考えられている。
エウスケロサウルス *Euskelosaurus*	いい脚の爬虫類	三畳紀後期 （2億2000万年－2億1000万年前）	8m	ウマ	南アフリカ；ジンバブエ	

属名	名前の意味	年代	体長	大きさ	生息場所	メモ
フレンギア *Fulengia*	(化石が見つかった中国雲南省) 擬豊のアナグラム (つづりかえ)	ジュラ紀前期 (1億9960万年–1億8300万年前)	1m	シチメンチョウ	中国	単にルーフェンゴサウルスの赤ん坊かもしれない。
ジンシャノサウルス *Jingshanosaurus*	(中国) 金山の爬虫類	ジュラ紀前期 (1億9960万年–1億8300万年前)	10m	サイ	中国	白亜紀のティタノサウルス類ジンシャノサウルス *Jiangshanosaurus* とごっちゃにしてはいけない。
ラムプルーサウラ* *Lamplughsaura*	(化石が発見されたインド統計学大学の設立者) Pamela Lamplugh Robinsonにちなむ	ジュラ紀前期 (1億9650万年–1億8960万年前)	10m	サイ	インド	少なくとも4個体の化石が見つかっていて、研究が完全に終わったときには最も完全に研究された古竜脚類となるだろう。
メラノロサウルス *Melanorosaurus*	(南アフリカ) ブラックマウンテンの爬虫類	三畳紀後期からジュラ紀前期 (2億1650万年–1億8960万年前)	10m	サイ	レソト：南アフリカ	おそらくは真の竜脚類に最も近い系統。
ムスサウルス *Mussaurus*	ネズミの爬虫類	三畳紀後期 (2億1650万年–2億360万年前)	赤ん坊のとき体長20cm	ニワトリ	アルゼンチン	もともとの標本は孵化したてで小さかったが、もっと大きな成体の化石も見つかっている。
タワサウルス *Tawasaurus*	(中国) Dawa村の爬虫類	ジュラ紀前期 (1億9960万年–1億8300万年前)	1m	シチメンチョウ	中国	単にルーフェンゴサウルスの赤ん坊かもしれない。
イーメノサウルス *Yimenosaurus*	(中国) 易門県の爬虫類	ジュラ紀前期 (1億8960万年–1億7560万年前)	7m	ウマ	中国	頭骨は短くて深く、古竜脚類より真竜脚類に似ている。数体分の骨格が見つかっている。
ユンナノサウルス *Yunnanosaurus*	(中国) 雲南省の爬虫類	三畳紀後期からジュラ紀中期 (2億1650万年–1億6770万年前)	7m	ウマ	中国	20以上の骨格が見つかっている。たいていの古竜脚類と異なり歯がスプーン形ではなく、マクロナリア類の竜脚類のような葉の形をではなく。新たに見つかった種は、ジュラ紀中期まで生きのびた唯一の古竜脚類として知られている。
正式名なし		三畳紀後期 (2億2800万年–2億1650万年前)	10m	ゾウ	レソト	アフリカの大きな竜脚形類で、学術雑誌で記載がされていない。
正式名なし*		三畳紀後期 (2億1650万年–2億360万年前)	7m?	ウマ?	フランス	ユンナノサウルスに似た属。
正式名なし		ジュラ紀前期 (1億8960万年–1億7560万年前)	2.1m	オオカミ	(アメリカ) コネチカット州	以前はヤレオサウルス "*Yaleosaurus*"という名で知られていた。アンキサウルスの標本とともにアンキサウルスでもアンキモサウルスでもない、新しい属名が必要だろう。

原始的な竜脚類は、初期の、巨大な、首の長い、巨大な、首の長い、4足歩行の竜脚形類である。以下の竜脚類の属は、もっと進化した真竜脚類のような歯と歯がくっつきあう特徴をもっていなかった。**(23章)**

属名	名前の意味	年代	体長	大きさ	生息場所	メモ
アンテトニトルス *Antetonitrus*	雷の前	三畳紀後期 (2億2000万年–2億1000万年前)	12.2m	ゾウ	南アフリカ	最も原始的な竜脚類の一つ。もともとは古竜脚類エウスケロサウルスの骨として分類されていた。

* 新しい属 ; ** 新しいグループ ; ^ 以前は名称不明だった恐竜の新しい属名

410 ●恐竜リスト

属名	名前の意味	年代	体長	大きさ	生息場所	メモ
アルカエオドントサウルス Archaeodontosaurus	古代の歯の爬虫類	ジュラ紀中期（1億6770万年－1億6470万年前）	不明	不明	マダガスカル	典型的な竜脚類よりもっと原始的な古竜脚類に似ていたとされていたからこの名前がついた。
ブリカナサウルス Blikanasaurus	（南アフリカ）ブリカナ山の爬虫類	三畳紀後期（2億2000万年－2億1000万年前）	5m	ライオン	南アフリカ	長い間巨大な古竜脚類とされてきたが、後肢の一部が見つかったため、おそらく最も古い竜脚類だとわかった。
キャメロティア Camelotia	（アーサー王の伝説の）キャメロット城にちなむ	三畳紀後期（2億360万年－1億9960万年前）	9m	ウマ	イギリス	おそらくは最も初期の巨大な竜脚類ではなく巨大な古竜脚類。
チンシャーキアンゴサウルス Chinshakiangosaurus	（中国）金沙江の爬虫類	ジュラ紀前期（年代は不確定）	9m	サイ	中国	おそらくは真の竜脚類ではなく大きな古竜脚類。
ゴンシアンノサウルス Gongxianosaurus	（中国）珙県の爬虫類	ジュラ紀前期（1億9960万年－1億7560万年前）	14m	ゾウ2頭分	中国	最も原始的な竜脚類の一つ。
イサノサウルス Isanosaurus	（タイ）イーサーンの爬虫類	三畳紀後期（2億1000万年前）	17m	ゾウ2頭分	タイ	とても原始的な竜脚類。
コタサウルス Kotasaurus	コタ層の爬虫類	ジュラ紀前期（1億8300万年－1億7560万年前）	9m	サイ	インド	ほとんど完全な骨格が見つかっているが、残念ながら頭骨はない。
レッセムサウルス Lessemsaurus	（アメリカの恐竜ライター）ドン・レッセムの爬虫類	三畳紀後期（2億1650万年－2億360万年前）	10m	ゾウ？	アルゼンチン	以前は巨大な古竜脚類とされていたが、アンフィコエリアスに近い系統のようだ。
オームデノサウルス Ohmdenosaurus	（ドイツ）オームデンの爬虫類	ジュラ紀前期（1億8300万年－1億7560万年前）	4m?	サイ	ドイツ	最初は鎧竜の骨と間違われていた！
プロトグナトサウルス Protognathosaurus	最初のあごの爬虫類	ジュラ紀中期（1億6770万年－1億6120万年前）	不明	不明	中国	あごだけが見つかっている。
ツーチョンゴサウルス Zizhongosaurus	（中国）資中県の爬虫類	ジュラ紀前期（1億8300万年－1億7560万年前）	9m	サイ	中国	中国の初期の竜脚類。ツーコンゴサウルス Zigongosaurus と混同してはいけない。

ウルカーノドン類**—原始的な、巨大な、首の長い、植物食性の恐竜（23章）

ウルカーノドン科は、側竜類よりは進化しているがダルーラクシアのグループである。原始的なところが多く、（竜脚類に近い系統や原始的な竜脚類のように）手をひらを広げた形ではなく、手を垂直の柱のようにして立っていた。最新（2008年夏）の研究によると、ウルカーノドン科と真竜脚類をまとめたグループに Gravisauria（重い爬虫類）という名前をつけている。

属名	名前の意味	年代	体長	大きさ	生息場所	メモ
タゾウダサウルス Tazoudasaurus	（モロッコ）タゾウダの爬虫類	ジュラ紀前期（1億8300万年－1億7560万年前）	9m	ゾウ	モロッコ	成体と未成体の両方が見つかっていて、ジンバブエのウルカーノドンにとてもよく似ている。成体は初期の竜脚類の中で最も完全な化石である。
ウルカーノドン Vulcanodon	火山の歯	ジュラ紀前期（1億9960万年－1億9650万年前）	6.5m	サイ	ジンバブエ	最も古い竜脚類の一つ。この植物食性の恐竜の歯は、もともと獣脚類のものとされていた！

原始的な真竜脚類**＊＊―初期の、丸っこい頭の、巨大な、首の長い、植物食性の恐竜（23章）

真竜脚類（本当の竜脚類）は、もっと初期の竜脚形類に比べて比較的短くて丸い頭立ちで、もっと原始的な竜脚類を含めた他の恐竜よりも短くて、ずんぐりした後肢をしていた。ほとんどすべての真竜脚類は、ゾウと同じくらいかそれよりも大きかった。以下のリストの属は、真竜脚類の中でももっと進化したグループであるケティオサウルス類、トゥリアサウルス類、新竜脚類のいずれにも属さないとされる。

属名	名前の意味	年代	体長	大きさ	生息場所	メモ
アブロサウルス Abrosaurus	繊細な（頭骨の）爬虫類	ジュラ紀中期 (1億6770万年-1億6120万年前)	不明	不明	中国	イベリアにとてもよく似ている。
アルゴアサウルス Algoasaurus	（南アフリカ）アルゴア湾の爬虫類	ジュラ紀後期から白亜紀前期 (1億4800万年-1億3800万年前)	9m?	サイ	南アフリカ	とても状態の悪い化石だけが見つかっている。アフリカで見つかった最初の竜脚類の化石として重要。
アミュグダロドン Amygdalodon	アーモンドの歯	ジュラ紀中期 (1億7160万年-1億6770万年前)	12m?	ゾウ？	アルゼンチン	3つの個体が見つかっているが、どれも完全ではない。
アジアトサウルス Asiatosaurus	アジアの爬虫類	ジュラ紀前期 (年代は不確定)	不明	不明	中国：モンゴル	おそらくエウヘロプスと同じ恐竜。
アトラサウルス Atlasaurus	アトラス山脈の爬虫類	ジュラ紀中期 (1億6770万年-1億6470万年前)	18m	ゾウ2頭分	モロッコ	ほとんど完全な骨格が見つかっている。以前は初期のブラキオサウルス類ではないかとされていた。
ケブサウルス Chebsaurus	十代の恐竜	ジュラ紀中期 (年代は不確定)	9m	サイ	アルジェリア	十分成長していない標本から名づけられた。かなりの量の骨格が見つかっている。
チュアンジェサウルス Chuanjiesaurus	（中国）川街村の爬虫類	ジュラ紀中期 (1億7160万年-1億6470万年前)	25m	ゾウ4頭分	中国	初期の竜脚類で最大のものの一つ。
フェルガナサウルス Ferganasaurus	（キルギス）フェルガナ渓谷の爬虫類	ジュラ紀中期 (1億6470万年-1億6120万年前)	14m	ゾウ2頭分	キルギス	イベリアと同じように、原始的なマクロナリアかもしれない。
イオバリア Jobaria	（ニジェール）の伝説の怪物 Jobarにちなむ	白亜紀前期 (1億3640万年-1億2500万年前)	24m	ゾウ4頭分	ニジェール	最高の状態の骨格が見つかっている。以前は原始的なマクロナリア類とされていたが、現在の研究によると、さらに以前ずっと原始的な恐竜であると考えられている。
プキョンゴサウルス Pukyongosaurus	（韓国）国立釜慶大学校の爬虫類	白亜紀前期 (1億3640万年-1億2000万年前)	不明	不明	韓国	高い脊椎をもつ種類。まだ十分に記載されていない。
チンリンゴサウルス Qinlingosaurus	（中国）秦嶺山脈の爬虫類	白亜紀後期 (6680万年-6550万年前)	不明	不明	中国	アジアで最後の竜脚類。
ロエトサウルス Rhoetosaurus	（ギリシャ神話の巨人）ロイトスの爬虫類	ジュラ紀中期 (1億7160万年-1億6770万年前)	12m	ゾウ2頭分	オーストラリア	後半身の骨格だけが見つかっている。
シュノサウルス Shunosaurus	（中国）四川省の爬虫類	ジュラ紀中期 (1億6170万年-1億6120万年前)	8.7m	ゾウ	中国	最も研究され、最もよくわかっている初期の竜脚類で、尾の棍棒をそなえた少数の一つ。
正式名なし		ジュラ紀中期から後期 (年代は不確定)	不明	不明	中国	カマラサウルスに似た頭骨をもつといわれているが、まだ十分に記載されていない。
正式名なし		ジュラ紀前期 (1億9650万年-1億8960万年前)	11m	ゾウ	中国	まだ十分に記載されていないが、比較的完全な化石が見つかっている。最も原始的な真竜脚類の一つ。以前は名称不明だった恐竜の新しい属名

＊新しい属；＊＊新しいグループ；^ 以前は名称不明だった恐竜の新しい属名

原始的なケティオサウルス類** ― 原始的なクジラ恐竜 (23章)

最近の研究によると、いくつかの研究によると、以下の属はマメンチサウルス類とともに「ケティオサウルス科」という1つの単系統群を構成している。将来の分析でこの考え方が支持されるかどうか、とても興味深い。ケティオサウルス類は「クジラ爬虫類」という意味で、最初に発見されたとき、クジラくらいの大きさの海洋性のワニ類と考えられたためである。

属名	名前の意味	年代	体長	大きさ	生息場所	メモ
バラパサウルス Barapasaurus	大きな脚の爬虫類	ジュラ紀前期 (1億9960万年〜1億7560万年前)	18.3m	ゾウ2頭分	インド	ジュラ紀前期の竜脚類の中で最もよくわかっているが、悲しいことに頭骨がまだ見つかっていない。
ケティオサウルス Cetiosaurus	クジラ爬虫類	ジュラ紀中期 (1億7160万年〜1億6470万年前)	14m	ゾウ2頭分	イギリス	最初に名前がつけられた竜脚類で、以前は巨大な海洋性のワニ類とされていた。
パタゴサウルス Patagosaurus	(アルゼンチン)パタゴニアの爬虫類	ジュラ紀中期 (1億6470万年〜1億6120万年前)	15m	ゾウ2頭分	アルゼンチン	十数体以上の、成体から未成体までの異なる年齢の標本が見つかっている。
テウェルチェサウルス Tehuelchesaurus	(アルゼンチンの先住民)テウェルチェの爬虫類	ジュラ紀後期 (1億5570万年〜1億4550万年前)	12m	ゾウ2頭分	アルゼンチン	オメイサウルスに似た竜脚類で、6角形のうろこの印象化石が見つかっている。

マメンチサウルス類** ― 中国の、首のとても長いクジラ爬虫類 (23章)

少なくともいくつかの研究によると、三つの前部属はケティオサウルス科の下位のグループに位置づけられる。ツリーで位置づけられるかもしれないが、マメンチサウルス類はエウヘロプス類に近い系統とする研究もある。エウヘロプス亜科の、ブラキオサウルス類やティタノサウルス類に近い系統とする研究もある。

属名	名前の意味	年代	体長	大きさ	生息場所	メモ
ダトウサウルス Datousaurus	族長の爬虫類	ジュラ紀中期 (1億6770万年〜1億6120万年前)	14m	ゾウ2頭分	中国	ひょっとすると原始的なディプロドクス類かもしれない。
エオマメンチサウルス* Eomamenchisaurus	夜明けのマメンチサウルス	ジュラ紀中期 (年代は不確定)	不明	不明	中国	初期のマメンチサウルス類。ひょっとすると同じ場所で見つかった[エウヘロプス類としてすでに記載された恐竜と同じ]種かもしれない。
フエイエサウルス Huiesaurus	チョウのような(椎骨の)爬虫類	ジュラ紀後期 (1億5080万年〜1億4550万年前)	20m?	ゾウ2頭分	中国	完全な前肢、脊椎、4つの歯が見つかっている。
マメンチサウルス Mamenchisaurus	(中国)馬門渓フェリーの爬虫類	ジュラ紀後期 (1億6120万年〜1億5570万年前)	26m	ゾウ3頭分	中国	恐竜の中で首の長さではいちばんである。
オメイサウルス Omeisaurus	(中国)峨嵋山の爬虫類	ジュラ紀中期から後期 (1億6770万年〜1億5570万年前)	15m	ゾウ2頭分	中国	首の長い竜脚類で、ひょっとするとマメンチサウルスに近い系統かもしれない。
ティエンシャノサウルス Tienshanosaurus	(中国)天山山脈の爬虫類	ジュラ紀後期 (1億6120万年〜1億5570万年前)	12m	ゾウ	中国	マメンチサウルスに似た恐竜。
ユウアンモウサウルス Yuanmousaurus	(中国)元謀の爬虫類	ジュラ紀中期 (年代は不確定)	15-20m?	ゾウ2頭分	中国	大きな、初期の竜脚類で、オメイサウルス、エウヘロプス、バタゴサウルスの特徴をもっている。
ヅーコンゴサウルス Zigongosaurus	(中国)自貢市の爬虫類	ジュラ紀中期 (1億6770万年〜1億6120万年前)	不明	不明	中国	オメイサウルスとマメンチサウルスに共通の特徴をもっている。
正式名なし*		ジュラ紀中期 (1億6770万年〜1億6120万年前)	20m?	ゾウ2頭分	中国	1つ以上の標本がオメイサウルスの一種とされたが、新しい属とされるかもしれない。

● 413

正式名なし*		ジュラ紀後期 (1億6120万年-1億5570万年前)	20m?	ゾウ2頭分	中国	1つ以上の種がマメンチサウルスとされたが、新しい属とされるかもしれない。

トゥリアサウルス類** コーロッパの、巨大な、首の長い、植物食性の恐竜（23章）
2006年の12月になって初めて確立されたジュラ後期から白亜紀前期にかけてのヨーロッパの竜脚類である。

属名	名前の意味	年代	体長	大きさ	生息場所	メモ
カルディオドン Cardiodon	ハート形の歯	ジュラ紀中期 (1億6770万年-1億6470万年前)	不明	不明	イギリス	ケティオサウルスのものとされることもある1本の新しい歯が見つかっている。ケティオサウルスの新しい研究によると、カルディオドンのものだということがはっきりと示された。
ガルヴェオサウルス Galveosaurus	(スペイン)ガルヴェの爬虫類	ジュラ後期から白亜紀前期 (1億5080万年-1億4020万年前)	14m	ゾウ2頭分	スペイン	ケティオサウルスに似た恐竜。古生物学者の2つのチームが同時にわずかに異なる名前でこれらの化石を記載してしまったので、GalveosaurusとよぶべきかGalvesaurusとよぶべきかで議論されることになった。
ロシラサウルス Losillasaurus	(スペイン)ロシラの爬虫類	ジュラ紀後期から白亜紀前期 (1億5080万年-1億4020万年前)	不明	不明	スペイン	以前は原始的なディプロドクス類か原始的なマクロナリア類のどちらかだとされていた。
オプロサウルス Oplosaurus	装甲の爬虫類	白亜紀前期 (1億3000万年-1億2500万年前)	不明	不明	(イギリス)インクランド	以前はアンキロサウルスのものとされていた歯が見つかっている。
トゥリアサウルス* Turiasaurus	(スペインで発見されたときの)場所の古名トゥリアの爬虫類	ジュラ後期から白亜紀前期 (1億5080万年-1億4020万年前)	30m	ゾウ4頭分	スペイン	ヨーロッパで最大の恐竜。

原始的な新竜脚類** ―初期の進化した、首の長い、巨大な、植物食性の恐竜（23-25章）
新竜脚類（新しい竜脚類）は、大部分がディプロドクス類かマクロナリア類に分類される。ここにあげた属は2つの主要なグループのどちらにも位置づけられないものである。

属名	名前の意味	年代	体長	大きさ	生息場所	メモ
ケティオサウリスクス Cetiosauriscus	ケティオサウルスのような	ジュラ紀中期 (1億6470万年-1億6120万年前)	15m	ゾウ2頭分	イギリス	伝統的に原始的なディプロドクス類とされてきたが、首の長いメイサウルスとマメンチサウルスに近い系統と考える古生物学者もいる。
ハプロカントサウルス Haplocanthosaurus	単純なとげの爬虫類	ジュラ紀後期 (1億5570万年-1億5080万年前)	21.5m	ゾウ3頭分	(アメリカ)コロラド州、ワイオミング州	原始的なディプロドクス系統、マクロナリア類のいずれかとされてきた。
クセノポセイドン Xenoposeidon	変わった(ギリシャの地震の)神ポセイドン	白亜紀前期 (1億4550万年-1億3640万年前)	不明	不明	イギリス	とても変な椎骨だけが見つかっている。
正式名なし	(以前は"Ornithopsis" greppini)	ジュラ紀後期 (1億5080万年-1億4550万年前)	15m?	ゾウ2頭分?	スイス	以前はケティオサウルスの一種とされていた。1本の骨には化石化した軟骨組織が保存されていた。

*新しい属 ; ** 新しいグループ ; †以前は名称不明だった恐竜の新しい属名

●恐竜リスト

原始的なディプロドクス類―初期の、むちのような尾をした恐竜

以下の恐竜はディプロドクス類だが、鼻先の幅が広いルーバーチーサウルス科、高い稜突起のあるディクラエオサウルス科、巨大なディプロドクス科には含まない。

属名	名前の意味	年代	体長	大きさ	生息場所	メモ
アマゾンサウルス Amazonsaurus	アマゾン川の爬虫類	白亜紀前期（1億1800万年〜1億1000万年前）	不明	不明	ブラジル	ひょっとするとディクラエオサウルス類かルーバーチーサウルス類かもしれない。
アンフィコエリアス Amphicoelias	両凹の（椎骨）	ジュラ紀後期（1億5570万年〜1億5080万年前）	45m?	ゾウ18頭分?	（アメリカ）コロラド州、モンタナ州	原始的なディプロドクス類で、今は失われてしまった標本の測定値が正しいならば、最大の恐竜の一つである。
アウストラロドクス* Australodocus	南のはり	ジュラ紀後期（1億5570万年〜1億5080万年前）	21m?	ゾウ2頭分?	タンザニア	トルニエリアと同じ場所で、もっと短い首のものがみつかった。
ディネイロサウルス Dinheirosaurus	（ポルトガルの）ボルト・ディネイロの爬虫類	ジュラ紀後期（1億5570万年〜1億5300万年前）	不明	ゾウ	ポルトガル	本当はディプロドクス類かもしれない。
ディスロコサウルス Dyslocosaurus	位置づけが難しい爬虫類	ジュラ紀後期（1億5570万年〜1億5080万年前）	18m?	ゾウ	（アメリカ）ワイオミング州	もともとは白亜紀後期の最後の化石とされていた。北アメリカで最初に名づけられた竜脚類だが、あまりよくわかっていない。
ディストロフェウス Dystrophaeus	粗い関節	ジュラ紀中期（1億6770万年〜1億6470万年前）	不明	不明	（アメリカ）ユタ州	ひょっとすると最古のディプロドクス類かもしれない。
正式属名なし	（以前は "Cetiosaurus" glymptonensis）				イギリス	

アパトサウルス類**―巨大な、むちのような尾をした恐竜（24章）

ディプロドクス科にはすべての恐竜の中で最長のものが含まれ、アパトサウルス亜科とディプロドクス亜科の2つの主要なグループに分けられる。両方のグループからは、とほうもなく大きな種が出現した。

属名	名前の意味	年代	体長	大きさ	生息場所	メモ
アパトサウルス Apatosaurus	欺く（逆V字形の）爬虫類	ジュラ紀後期（1億5570万年〜1億5080万年前）	26m	ゾウ4頭分	（アメリカ）ワイオミング州、ユタ州、オクラホマ州	以前は「ブロントサウルス "Brontosaurus"」とよばれていた種を含む。最も新しい研究によると、上記のものよりももっと大きかったかもしれないし、実際、最大の恐竜の地位に返り咲くかもしれない。
エオブロントサウルス Eobrontosaurus	夜明けの雷爬虫類	ジュラ紀後期（1億5570万年〜1億5080万年前）	21m	ゾウ3頭分	（アメリカ）ワイオミング州	以前はアパトサウルス（またはブロントサウルス）の一種とされていた。
スーパーサウルス Supersaurus	スーパー爬虫類	ジュラ紀後期（1億5570万年〜1億5080万年前）	34m	ゾウ4頭分	（アメリカ）コロラド州	以前はバロサウルスやディプロドクスのとても大きな個体にすぎないとされていた。「ジンボ」と名づけられた新しい標本による研究でアパトサウルスにもっと近い系統であることが示された。
スウワッセア Suuwassea	春に聞こえる最初の雷	ジュラ紀後期（1億5570万年〜1億5080万年前）	21m	ゾウ4頭分	（アメリカ）モンタナ州	ディクラエオサウルス類のような特徴もいくつかある。

ディプロドクス類** — 巨大な、むちのような尾をした恐竜 (24章)
ディプロドクス類にはすべての恐竜の中で最長のものが含まれている。

属名	名前の意味	年代	体長	大きさ	生息場所	メモ
バロサウルス Barosaurus	重い爬虫類	ジュラ紀後期 (1億5570万年 – 1億5080万年前)	26m	ゾウ2頭分	(アメリカ) ユタ州、サウスダコタ州	北アメリカのジュラ紀の恐竜の中でいちばん首が長い。
ディプロドクス Diplodocus	二重の (逆V字形の) はり	ジュラ紀後期 (1億5570万年 – 1億5080万年前)	30m	ゾウ4頭分	(アメリカ) コロラド州、モンタナ州、ニューメキシコ州、ワイオミング州、ユタ州	最も有名で、最も大きく、成長しきって以前、とても大きく、成長しきったディプロドクスは「セイスモサウルス」Seismosaurus とよばれていたように、ディプロドクスはすべての恐竜の中で最長のひとつである。典型的なディプロドクスの骨格は、だいたいゾウ2頭分の重さしかない。
トルニエリア Tornieria	(ドイツの古生物学者) ケスタフ・トルニエにちなむ	ジュラ紀後期 (1億5570万年 – 1億5080万年前)	26m?	ゾウ2頭分	タンザニア	バロサウルスのアフリカの種とも考えられている人もいる。

ディクラエオサウルス類 — 高い棘突起のある、むちのような尾をした恐竜 (24章)
この恐竜は竜脚類としては極端に首が短く、背中にとても高い棘突起があった。

属名	名前の意味	年代	体長	大きさ	生息場所	メモ
アマルガサウルス Amargasaurus	(アルゼンチン) ラ・アマルガ・クリークの爬虫類	白亜紀前期 (1億3000万年 – 1億2000万年前)	12m	サイ	アルゼンチン	首から背中、腰にかけて高い神経棘があった。
ブラキトラケロパン Brachytrachelopan	首の短い、羊飼いの神	ジュラ紀後期 (1億5570万年 – 1億5080万年前)	10m	サイ	アルゼンチン	最も小さく、最も首の短い竜脚類のひとつ。
ディクラエオサウルス Dicraeosaurus	二股の (神経棘の) 爬虫類	ジュラ紀後期 (1億5570万年 – 1億5080万年前)	14m	ゾウ	タンザニア	最もよくわかっているディクラエオサウルス類。

レバーチーサウルス類 — 芝刈り機恐竜 (24章)
最近の発見によって、レバーチーサウルス科は最も特殊なディプロドクス類になった。

属名	名前の意味	年代	体長	大きさ	生息場所	メモ
カタルテスラ Catartesaura	ハゲワシのとまり木 (そこで発見された) の爬虫類	白亜紀後期 (9960万年 – 9350万年前)	不明	不明	アルゼンチン	現在では数個の部分しか記述されていない。
ヒストリアサウルス Histriasaurus	(クロアチア) イストリアの爬虫類	白亜紀前期 (1億3640万年 – 1億2500万年前)	不明	不明	クロアチア	中部ヨーロッパのクロアチアの小さな部分から名づけられた最初の恐竜
リマエサウルス Limaysaurus	リオ・リマイ層群の爬虫類	白亜紀後期 (9960万年 – 9700万年前)	不明	不明	アルゼンチン	80%完全なるものを含む、数個体分の個体が見つかっている。
ニジェールサウルス Nigersaurus	ニジェールの爬虫類	白亜紀前期 (1億1800万年 – 1億1000万年前)	15m	ゾウ	ニジェール	レバーチーサウルス類の頭骨のもいい状態の標本が見つかっている。600本の歯があり、どの竜盤類よりも数が多い。
ノプシャスポンディュルス* Nopcsaspondylus	(ルーマニアの古生物学者) フランツ・ノプシャの椎骨	白亜紀後期 (8930万年 – 8580万年前)	不明	ゾウ	アルゼンチン	最後のレバーチーサウルス類で、したがって最後のディプロドクス類となる。

* 新しい属 ; ** 新しいグループ ; ^ 以前は名称不明だった恐竜の新しい属名

属名	名前の意味	年代	体長	大きさ	生息場所	メモ
ラヨンサウルス *Rayososaurus*	ラヨン層の爬虫類	白亜紀前期 （1億1700万年—1億年前）	不明	不明	アルゼンチン	比較的原始的なルーバーチーサウルス類。
ルーバーチーサウルス *Rebbachisaurus*	（モロッコのベルベル人）Ait Rebbachの爬虫類	白亜紀前期 （1億1200万年—9960万年前）	不明	ゾウ2頭分	モロッコ	1.5mの高い神経棘をもつ、最大のルーバーチーサウルス類。
サパラサウルス *Zapalasaurus*	（アルゼンチン）サパラ市の爬虫類	白亜紀前期 （1億3000万年—1億2000万年前）	不明	不明	アルゼンチン	脊椎が見つかっていて2006年に名づけられた。もともとは原始的なディプロドクス類とされていた。
正式名なし*		白亜紀前期 （1億3640万年—1億2500万年前）	不明	不明	スペイン；イギリス	ニジェールサウルスに近い系統。

原始的なマクロナリア類—初期の、鼻の大きな恐竜（25章）

マクロナリア類は極端に大きな鼻部をもつ竜脚類のグループである。これらの属はもっと進化したブラキオサウルス科やティタノサウルス類には含まれない。

属名	名前の意味	年代	体長	大きさ	生息場所	メモ
アエピサウルス *Aepisaurus*	高い爬虫類	白亜紀前期 （1億2500万年—1億1200万年前）	15m	ゾウ2頭分	フランス	ひょっとするともっと原始的な真竜脚類かもしれない。
アラゴサウルス *Aragosaurus*	（スペイン）アラゴンの爬虫類	白亜紀前期 （1億3000万年—1億2500万年前）	18m	ゾウ2頭分	スペイン	カマラサウルスに似た種。
アストロドン *Astrodon*	星の歯	白亜紀前期 （1億1800万年—1億1000万年前）	15m	ゾウ3頭分	（アメリカ）メリーランド州	歯と未成体の骨格、もっと大きな成体の骨がいくつか見つかっている。もともと"プレウロコエルス" "*Pleurocoelus*"とよばれていた化石を含んでいる。
ベッルサウルス *Bellusaurus*	すばらしい爬虫類	ジュラ紀後期 （1億6120万年—1億5570万年前）	5m	ウマ	中国	少なくとも17体の未成体の竜脚類の一部が見つかっている。
ボトリオスポンディルス *Bothriospondylus*	しわのある椎骨	ジュラ紀後期 （1億6120万年—1億5080万年前）	20.1m?	ゾウ3頭分	イギリス；フランス	さまざまな骨と歯で状態のいい骨格がフランスで発見されたが、まだ十分には研究されていない。ブラキオサウルス類とされることが多い。
カマラサウルス *Camarasaurus*	部屋のある（脊椎の）爬虫類	ジュラ紀後期 （1億5570万年—1億5080万年前）	18m	ゾウ2頭分	（アメリカ）コロラド州、ワイオミング州、ユタ州、モンタナ州、ニューメキシコ州	さまざまな骨と歯で状態のいい骨格がフランスで発見されたが（※）。北アメリカのジュラ紀で最もありふれた恐竜。
シーダロサウルス *Cedarosaurus*	シーダー山層の爬虫類	白亜紀前期 （1億3000万年—1億2500万年前）	不明	不明	（アメリカ）ユタ州	おそらくマストロドンに近い系統。
コンドロステオサウルス *Chondrosteosaurus*	骨が軟骨の爬虫類	白亜紀前期 （1億3000万年—1億2500万年前）	18m?	ゾウ2頭分	イギリス	椎骨だけが見つかっている。
ダアノサウルス *Daanosaurus*	（中国）大安の爬虫類	ジュラ紀後期 （年代は不確定）	不明	不明	中国	未成体の恐竜の化石が見つかっている。
ダーシャンプサウルス* *Dashanpusaurus*	（中国）大山舗（地区の）の爬虫類	ジュラ紀中期 （1億6770万年—1億6120万年前）	18m?	ゾウ2頭分	中国	みたところ比較的完全な骨格が見つかっているが、まだ十分には記載されていない。
ディノドクス *Dinodocus*	恐ろしいはり	白亜紀前期 （1億2500万年—9960万年前）	不明	不明	イギリス	歯だけが見つかっている。

属名	名前の意味	時代	体長	体重	発見地	備考
エルケトゥ Erketu	（モンゴルの創造神）エルケトゥ	白亜紀前期（年代は不確定）	不明	不明	モンゴル	首の長い竜脚類で、おそらくエウヘロプスの系統。
エウヘロプス Euhelopus	本当の沼地の足	ジュラ紀後期（1億5570万年—1億4800万年前）	12m	ゾウ	中国	首のとても長い竜脚類で、マメンチサウルスかオメイサウルスに近い系統とする人もいるし、ティタノサウルス類の系統と考える人もいる。
エウロパサウルス Europasaurus	ヨーロッパの爬虫類	ジュラ紀後期（1億5570万年—1億5080万年前）	6.2m	ウマ	ドイツ	最も小さな竜脚類の一つで、今ではドイツとなっている島で生きていた。
フスイサウルス* Fusuisaurus	（中国）扶綏県の爬虫類	白亜紀前期（1億1800万年—1億1000万年前）	不明	不明	中国	中国で新しく発見されたティタノサウルス類の系統。
ホワンホーティタン* Huanghetitan	（中国）黄河の巨人	白亜紀後期（年代は不確定）	不明	ゾウ3頭分？	中国	2種がつけられているが、部分的な骨格化石だけが見つかっている。とても厚い胸をしていた。
ジャイノサウルス Jainosaurus	（インドの古生物学者）Sohan Lal Jainの爬虫類	白亜紀後期（7060万年—6550万年前）	21.5m	ゾウ3頭分？	インド	恐竜時代の終わりのインドから見つかった巨大な竜脚類。以前はアンタルクトサウルスの一種とされていた。
ロウリニャサウルス Lourinhasaurus	（ポルトガル）ロウリニャの爬虫類	ジュラ紀後期（1億5300万年—1億4800万年前）	17m	ゾウ2頭分	ポルトガル	最初はアパトサウルス、それからカマラサウルスの一種とされていた。
マルマロスポンデュルス Marmarospondylus	大理石の椎骨	ジュラ紀中期（1億7160万年—1億6470万年前）	不明	不明	イギリス	ボスリオスポンデュルスに合まれるとされることも多い。
クラメリサウルス Klamelisaurus	（中国）カラマイの爬虫類	ジュラ紀後期（1億6120万年—1億5570万年前）	17m	ゾウ2頭分	中国	おとなのベッルサウルスかもしれない。
オルニトプシス Ornithopsis	鳥に似た（椎骨）	白亜紀前期（1億3000万年—1億2500万年前）	不明	不明	イギリス	2つの脊椎の後部だけが見つかっている。竜脚類が恐竜と考えられる前は、巨大な飛べないプテロダクティルス類とされていた。
テンダグリア Tendaguria	（タンザニア）テンダグル丘陵から	ジュラ紀後期（1億5570万年—1億5080万年前）	不明	ゾウ2頭分	タンザニア	脊椎だけが見つかっている。がっしりしたつくりの恐竜。ティタノサウルス類のヤネンシアと同じ恐竜かもしれない。
ウェネーノサウルス Venenosaurus	（シーダー山層の）ポイズントリップ部産の爬虫類	白亜紀前期（1億1800万年—1億1000万年前）	不明	不明	（アメリカ）ユタ州	未成体と成体の両方が見つかっている。
フォルクハイメリア Volkheimeria	（アルゼンチンの古生物学者）ウォルクハングア・フォルクハイマーにちなむ	ジュラ紀中期（1億6470万年—1億6120万年前）	9m	サイ	アルゼンチン	ひょっとするともっと原始的な真竜脚類かもしれない。
正式属名なし	（以前は"Ornithopsis" leedsii）	ジュラ紀中期（1億6470万年—1億6120万年前）	不明	不明	イギリス	椎骨と肋骨の断片が見つかっている。
正式名なし		ジュラ紀後期（1億5570万年—1億5080万年前）	不明	不明	フランス	1885年以来、断片的な化石っかっている、カマラサウルスに似ているかもしれない。

* 新しい属；** 新しいグループ；"　"以前は名称不明だった恐竜の新しい属名

属名	名前の意味	年代	体長	大きさ	生息場所	メモ
正式属名なし	(以前は "Ornithopsis" eucamerotus)	白亜紀前期 (1億3000万年—1億2500万年前)	不明	不明	イギリス	断片的な化石だけが見つかっている。
正式属名なし		白亜紀前期 (年代は不確定)	不明	不明	中国	とても大きな竜脚類。
正式属名なし*		白亜紀前期 (1億2500万年—1億2000万年前)	不明	不明	中国	有名な羽毛恐竜が発見された採石場で集められた歯だけが見つかっている。

ブラキオサウルス類—腕が長く、鼻の大きな恐竜 (25章)

首がとても長いマクロナリア類とブラキオサウルス科は最大の恐竜のいくつかを含んでいる。

属名	名前の意味	年代	体長	大きさ	生息場所	メモ
ブラキオサウルス *Brachiosaurus*	腕の爬虫類	ジュラ紀後期 (1億5570万年—1億5080万年前)	26m	ゾウ6頭分	(アメリカ) コロラド州、ユタ州；タンザニア	何年もの間、最大の恐竜とされていた。
ギラファティタン *Giraffatitan*	巨大なキリン	ジュラ紀後期 (1億5570万年—1億5080万年前)	26m	ゾウ6頭分	タンザニア；アルゼンチン？	たいていの古生物学者はブラキオサウルスの一種と考えている。
ルソティタン *Lusotitan*	ポルトガルの巨人	ジュラ紀後期 (1億5080万年—1億4550万年前)	不明	不明	ポルトガル	もともとはブラキオサウルスのポルトガルの種とされていた。
パルクシサウルス *Paluxysaurus*	(テキサス州) パラクシー川の爬虫類	白亜紀前期 (1億2500万年—1億1200万年前)	18.3m	ゾウ2頭分	(アメリカ) テキサス州	ひょっとするとシーダロサウルスに近い系統かもしれない。以前はアストロドンともされていた。
ペロロサウルス *Pelorosaurus*	巨大な爬虫類	白亜紀前期 (1億4020万年—1億2500万年前)	24m	ゾウ5頭分	イギリス	もっと大きなブラキオサウルスに似ている。
サウロポセイドン *Sauroposeidon*	(ギリシャの海と地震の神) セイドンの爬虫類	白亜紀前期 (1億1800万年—1億1000万年前)	30m	ゾウ8頭分	(アメリカ) オクラホマ州	巨大な竜脚類。首が完全に見つかると、ひょっとするとマメンチサウルスを上回るかもしれない。
ソノラサウルス *Sonorasaurus*	(アリゾナ州) ソノラ砂漠の爬虫類	白亜紀前期 (1億500万年—9960万年前)	15m	ゾウ3頭分	(アメリカ) アリゾナ州	小さな、保存状態のよくない竜脚類。
正式属名なし	(以前は "Cetiosaurus" humerocristatus)	ジュラ紀後期 (1億5570万年—1億5080万年前)	25m?	ゾウ4頭分？	イギリス	大きな (1.5m)、すらりとした上腕骨が見つかっている。
正式属名なし	(以前は "Pleurocoelus" valdensis)	白亜紀前期 (1億3000万年—1億2500万年前)	不明	不明	イギリス	歯と椎骨が見つかっている。
正式属名なし		白亜紀前期 (1億3000万年—1億2500万年前)	24m	ゾウ5頭分	イギリス	ワイト島の巨大なブラキオサウルス類。
正式属名なし*	(以前は "Brachiosaurus" nougaredi)	白亜紀前期 (1億1200万年—9960万年前)	不明	ゾウ5頭分	アルジェリア	北アフリカの巨大なブラキオサウルス類だが、ほとんど研究されていない。

原始的なティタノサウルス類—初期の、身体の幅が広い、鼻が大きな恐竜 (25章)

ティタノサウルス類の多くの特徴は、幅の広い身体である。新しく発見されたことや、多くの化石の研究によって、ティタノサウルス類内の多くの下位グループ間の関係が明らかになってきている。このリストは、さまざまな進化したグループ (エウティタノサウルス類、つまり本当のティタノサウルス類) には属さないか、ティタノサウルス類の系統のどこに位置づけられるか十分に研究されていないものである。

属名	名前の意味	年代	体長	大きさ	生息場所	メモ
アマルガティタニス *Amargatitanis*	(アルゼンチン) アマルガ層の巨人	白亜紀前期 (1億3000万年—1億2000万年前)	不明	不明	アルゼンチン	数個の部分だけが見つかっている。

名前	意味	時代	全長	体重	産地	備考
アンデサウルス Andesaurus	アンデス山脈の爬虫類	白亜紀後期 (9960万年〜9700万年前)	18m	ゾウ2頭分	アルゼンチン	ずっと大きなアルゼンチノサウルスに似ている。原始的なティタノサウルス類
アウストロサウルス Austrosaurus	南の爬虫類	白亜紀前期 (1億1200万年〜9960万年前)	20m?	ゾウ2頭分?	オーストラリア	オーストラリアで最大の恐竜。状態のいい骨格が見つかっているが、まだ詳細には記載されていない。
バルチサウルス* Balochisaurus	(パキスタン)バルチ族の爬虫類	白亜紀後期 (7060万年〜6550万年前)	不明	不明	パキスタン	鼻先の一部とばらばらの尾骨がいくつか見つかっている。
バウルティタン Bauruitian	(ブラジル)バウル層群の巨人	白亜紀後期 (8350万年〜6550万年前)	不明	不明	ブラジル	腰部と尾部の椎骨が見つかっている。
ブラーティーサウルス* Brohisaurus	(パキスタン)ブラーティー族の爬虫類	ジュラ紀後期 (1億5570万年〜1億5080万年前)	不明	不明	パキスタン	パキスタンで見つかった最初の恐竜の一つで、インド亜大陸のジュラ紀後期の少数の恐竜の一つである。
カンピュロドニスクス Campylodoniscus	曲がった歯	白亜紀後期 (7280万年〜6680万年前)	不明	不明	アルゼンチン	上あごだけが見つかっている。生きていた当時の典型的な竜脚類(ティタノサウルス類)よりも原始的な歯をもっていた。
チュブティサウルス Chubutisaurus	(アルゼンチン)チュブ州の爬虫類	白亜紀後期 (8930万年〜6550万年前)	23m	ゾウ4頭分	アルゼンチン	最も原始的なティタノサウルス類の一つ。
ドンベイティタン* Dongbeititan	(中国の古生物学者)董枝明の巨人	白亜紀前期 (1億2500万年〜1億2000万年前)	不明	不明	中国	羽毛をもつシノエロロサウルス類の標本と同じ層から見つかっている。
トンヤンゴサウルス* Dongyangosaurus	(中国)東陽市の爬虫類	白亜紀後期 (9960万年〜8500万年前)	15m?	ゾウ2頭分	中国	新しく発見された中国のティタノサウルス類の一つ。
ゴビティタン Gobititan	ゴビ砂漠の巨人	白亜紀前期から後期 (1億1200万年〜9350万年前)	不明	不明	中国	タンヴァイオサウルスに似た、尾から脚にかけての骨が見つかっている。
ヒプセロサウルス Hypselosaurus	高い爬虫類	白亜紀後期 (7060万年〜6550万年前)	12m	ゾウ2頭分	フランス	ヨーロッパの最後の竜脚類の一つ。フランスのティタノサウルス類の卵と巣は、ヒプセロサウルスのものとされている。
ユーティコサウルス Iuticosaurus	(ワイト島の古代民族)ジュート族の爬虫類	白亜紀前期 (1億3000万年〜1億2500万年前)	15m	ゾウ2頭分	イギリス	あまりよくわかっていないが、明らかにティタノサウルス類。
ヤネンシア Janenschia	(ドイツの古生物学者)ヴェルナー・ヤネンシュにちなむ	ジュラ紀後期 (1億5570万年〜1億5080万年前)	不明	ゾウ2頭分	タンザニア	股の骨だけが見つかっている。がっしりしたつくりの竜脚類。ディプロドクスと同じ竜脚類かもしれない。最も古いティタノサウルス類。
ジャンシャンサウルス Jiangshanosaurus	(中国)江山の爬虫類	白亜紀前期 (1億1200万年〜9960万年前)	不明	不明	中国	肩甲帯の特徴からティタノサウルス類だとわかる。もっと古い竜脚類ジンシャノサウルスと混同してはいけない。
チウタイサウルス Jiutaisaurus	(中国)九台村の爬虫類	白亜紀前期 (1億2500万年〜1億1200万年前)	不明	不明	中国	尾部の一連の椎骨だけが見つかっている。

* 新しい属；** 新しいグループ；^ 以前は名称不明だった恐竜の新しい属名

名前	意味	時代	体長	体重	産地	備考
カロンガサウルス Karongasaurus	(マラウイ)カロンガ地区の爬虫類	白亜紀前期(年代は不確定)	不明	ゾウ	マラウイ	あごと歯だけが見つかっている。
ケートラニサウルス* Khetranisaurus	(パキスタン) Khetran族の爬虫類	白亜紀後期(7060万年—6550万年前)	不明	不明	パキスタン	ばらばらの尾骨だけが見つかっている。
ラプラタサウルス Laplatasaurus	(アルゼンチン)ラプラタの爬虫類	白亜紀後期(7280万年—6680万年前)	18m	ゾウ3頭分	アルゼンチン	以前はティタノサウルスの一種とされていた。
ラパレントサウルス Lapparentosaurus	(フランスの古生物学者)アルベール・F・ラパランの爬虫類	ジュラ紀中期	不明	不明	マダガスカル	祖先ではないにせよ、ブラキオサウルスに近い系統。
リガブエサウルス Ligabuesaurus	(イタリアの恐竜ハンター)ジャンカルロ・リガブエの爬虫類	白亜紀前期(1億1700万年—1億年前)	不明	不明	アルゼンチン	長い前肢はブラキオサウルスに似ている。
マクルロサウルス Macrurosaurus	尾の長い爬虫類	白亜紀後期(9960万年—9350万年前)	12m	ゾウ	イギリス	骨格のさまざまな部分が見つかっている。ティタノサウルス類の骨も含まれてはいるが、他の竜脚類の骨も混ざっているかもしれない。
マリーサウルス* Marisaurus	(パキスタン) Mari族の爬虫類	白亜紀後期(7060万年—6550万年前)	不明	不明	パキスタン	頭骨の一部、椎骨、肋骨、肢の骨がいくつか見つかっている。
マシャカリサウルス Maxakalisaurus	(ブラジル)マシャカリ族の爬虫類	白亜紀後期(9350万年—8580万年前)	20m	ゾウ3頭分	ブラジル	ブラジルで最も大きい恐竜の一つ。ひょっとするとネメグトサウルス類、アンタルクトサウルス類、サルタサウルス類のどれかかもしれない。
パキサウルス* Pakisaurus	パキスタンの爬虫類	白亜紀後期(7060万年—6550万年前)	不明	不明	パキスタン	ばらばらの尾骨が少しだけ見つかっている。
プウィアンゴサウルス Phuwiangosaurus	(タイ)プウィアンの爬虫類	白亜紀前期(1億4020万年—1億3000万年前)	25m	ゾウ4頭分	タイ	タンヴァイオサウルスに似ている。
プエルタサウルス Puertasaurus	(アルゼンチンの化石ハンター)パブロ・プエルタの爬虫類	白亜紀後期(7060万年—6850万年前)	30m?	ゾウ11頭分	アルゼンチン	いくつかの椎骨だけ見つかっているが、とてつもない大きさである。
キンシュウサウルス* Qingxiusaurus	清秀な山の爬虫類	白亜紀後期(8580万年—7060万年前)	不明	不明	中国	最近発見された、中国の最後の竜脚類の一つ。
スライマニサウルス* Sulaimanisaurus	(パキスタンの)スライマン山脈の爬虫類	白亜紀後期(7060万年—6550万年前)	不明	不明	パキスタン	ばらばらの尾部の椎骨だけが見つかっている。
タンヴァイオサウルス Tangvayosaurus	(ラオス) Tang Vay村の爬虫類	白亜紀前期(1億2500万年—9960万年前)	不明	不明	ラオス	数体の個体が見つかっている。
ティタノサウルス Titanosaurus	(ギリシャ神話の巨人)ティタンの爬虫類	白亜紀後期(7060万年—6550万年前)	12m?	ゾウ?	インド	大きなグループの恐竜の代表になっているのにもかかわらず、ティタノサウルス属自体は数本の尾骨と大腿骨のみが見つかっているにすぎない。
ウベラバティタン* Uberabatitan	(ブラジル)ウベラバ市の巨人	白亜紀後期(7060万年—6550万年前)	不明	不明	ブラジル	つい最近発見された、最後のブラジルの竜脚類の一つ。
正式属名なし	(以前は"Pelorosaurus" becklesii)	白亜紀前期(1億3000万年—1億2500万年前)	不明	不明	イギリス	皮膚の印象を伴った前肢が見つかっている。

属名	名前の意味	年代	体長	大きさ	生息場所	メモ
正式属名なし (以前は "Pleurocoelus" valdensis)		白亜紀前期 (1億3000万年 — 1億2500万年前)	不明	不明	イギリス	断片的な化石だけが見つかっている
正式属名なし (以前は "Antarctosaurus" giganteus)		白亜紀後期 (8800万年 — 8600万年前)	33m?	ゾウ9頭分	アルゼンチン	以前はアンタルクトサウルスの一種とされていた。最も大きい恐竜の一つ。
正式属名なし (以前は "Antarctosaurus" jaxartensis)		白亜紀後期 (9350万年 — 8350万年前)	不明	不明	カザフスタン	以前はアンタルクトサウルスの一種とされていた。

アルギロサウルス類** — 進化した、身体の幅が広い、鼻が大きな恐竜 (25章)
アルギロサウルス科には、白亜紀後期の前半のとても大きなティタノサウルス類が含まれる。

属名	名前の意味	年代	体長	大きさ	生息場所	メモ
アルギロサウルス Argyrosaurus	銀の爬虫類	白亜紀後期 (9960万年 — 9350万年前)	28m?	ゾウ7頭分	アルゼンチン	当時の途方もない大きさの竜脚類の一つ。
パラリティタン Paralititan	海岸線の巨人	白亜紀後期 (9960万年 — 9350万年前)	32m	ゾウ10頭分	エジプト	沼地にすむ、巨大な爬虫類

アエオロサウルス類** — 進化した、身体の幅が広い、鼻が大きなティタノサウルス類のグループ (25章)
アエオロサウルス科は南アメリカのティタノサウルス類のグループである。

属名	名前の意味	年代	体長	大きさ	生息場所	メモ
アダマンティサウルス Adamantisaurus	アダマンティナ層の爬虫類	白亜紀後期 (7060万年 — 6550万年前)	不明	不明	ブラジル	尾骨に基づく。
アエオロサウルス Aeolosaurus	(ギリシャの風の神) アイオロスの爬虫類	白亜紀後期 (7280万年 — 6680万年前)	15m	ゾウ2頭分	アルゼンチン	ゴンドワナティタンに似たところがある。
ゴンドワナティタン Gondwanatitan	(南の超大陸) ゴンドワナの巨人	白亜紀後期 (8580万年 — 8350万年前)	不明	不明	ブラジル	アエオロサウルスに似ている。
マイエレンソサウルス* Muyelensaurus	(コロラド川の原地名の一つ) Muyelenの爬虫類	白亜紀後期 (9350万年 — 8580万年前)	14m	ゾウ2頭分	アルゼンチン	リンコンサウルスに最も近い系統。
リンコンサウルス Rinconsaurus	リンコンサウルスの化石発掘場) Rincon de los Sauces の爬虫類	白亜紀後期 (8930万年 — 8580万年前)	15m	ゾウ2頭分	アルゼンチン	アエオロサウルスに似たところがある。

ロンコサウルス類*^ — 主たる恐竜 (25章)
ロンコサウルス類 ("族長の爬虫類") は、最近発見された巨大なティタノサウルス類のグループである。

属名	名前の意味	年代	体長	大きさ	生息場所	メモ
フタロンコサウルス^ Futalognkosaurus	巨大な族長の爬虫類	白亜紀後期 (9350万年 — 8580万年前)	28m	ゾウ7頭分	アルゼンチン	最も完全な骨格が見つかっている、巨大なティタノサウルス類、メガラプトルと同じような環境で生きていた。
メンドササウルス Mendozasaurus	(アルゼンチン) メンドサ市	白亜紀後期 (9350万年 — 8580万年前)	22m	ゾウ3頭分	アルゼンチン	インドのイシサウルスと似ているところがあるが、現在の研究によると、巨大なフタロンコサウルスに近い系統である。

*新しい属 ; **新しいグループ ; ^ 以前は名称不明だった恐竜の新しい属名

アンタルクトサウルス類――首の高い、進化した、身体の幅が広い、鼻が大きな恐竜（25章）

アンタルクトサウルス科は、首の長い、広くいきわたったティタノサウルス類である。アンタルクトサウルス類はサルタサウルス類とともに（背中の表甲から「石に覆われた」という意味の）リストロティアというグループを構成している。

属名	名前の意味	年代	体長	大きさ	生息場所	メモ
アラモサウルス *Alamosaurus*	（ニューメキシコ州）Ojo Alamo の爬虫類	白亜紀後期 (6680万年－6550万年前)	21m	ゾウ4頭分	（アメリカ）テキサス州、ユタ州、ひょっとするとニューメキシコ州	北アメリカで最も新しい時代の竜脚類。
アンタルクトサウルス *Antarctosaurus*	南の爬虫類	白亜紀後期 (8300万年－7800万年前)	18m	ゾウ3頭分	アルゼンチン；チリ；ウルグアイ	ボニタサウラのような丸い鼻先をもつ。
アルゼンチノサウルス *Argentinosaurus*	アルゼンチンの爬虫類	白亜紀後期 (9700万年－9350万年前)	36.6m?	ゾウ13頭分	アルゼンチン	たぶん最大の恐竜。
ボニタサウラ *Bonitasaura*	（アルゼンチン）La Bonita Hill の爬虫類	白亜紀後期 (8580万年－8350万年前)	未成体で7m	不明	アルゼンチン	未成体の標本しか見つかっていないので、成体はもっと大きかっただろう。ほとんど完全な頭骨が見つかっている。
ボレアロサウルス *Borealosaurus*	北の爬虫類	白亜紀後期 (9960万年－8930万年前)	不明	不明	中国	尾部の椎骨はオピストコエリカウディアに似たところがある。
イシサウルス *Isisaurus*	インド統計大学の爬虫類	白亜紀後期 (7060万年－6550万年前)	18m	ゾウ3頭分	インド	以前はティタノサウルスの一種とされていた。
フアベイサウルス *Huabeisaurus*	華北の爬虫類	白亜紀後期 (8350万年－7060万年前)	不明	不明	中国	オピストコエリカウディアとネメグトサウルスに似た巨大な竜脚類。
オピストコエリカウディア *Opisthocoelicaudia*	後ろが中空の尾部（の脊椎）	白亜紀後期 (7060万年－6850万年前)	11.4m	ゾウ2頭分	モンゴル	頭部のない骨格だけ見つかっている。ひょっとするとネメグトサウルスと同じ恐竜かもしれない。
ペレグリニサウルス *Pellegrinisaurus*	（アルゼンチン）ペレグリニ湖の爬虫類	白亜紀後期 (7280万年－6680万年前)	22m	ゾウ3頭分	アルゼンチン	背中と尾部の椎骨と大腿骨が見つかっている。
ソノドサウルス *Sonidosaurus*	（中国）ソニド地方の爬虫類	白亜紀後期 (9500万年－8000万年前)	9m	サイ	中国	オピストコエリカウディアに似たところがある。
正式属名なし (以前は"*Antarctosaurus*" *braziliensis*)		白亜紀後期 (8580万年－8350万年前)	不明	不明	ブラジル	あまりよくわかっていない。

ネメグトサウルス類――口の幅が広い、進化した、身体の幅が広い、鼻が大きな恐竜（25章）

ネメグトサウルス科は、より幅の広い鼻先をもつ、広くいきわたったティタノサウルス類である。

属名	名前の意味	年代	体長	大きさ	生息場所	メモ
エジプトサウルス *Aegyptosaurus*	エジプトの爬虫類	白亜紀後期 (9960万年－9350万年前)	16m	ゾウ2頭分	エジプト	以前は、不完全だったにせよ、状態のいい骨格がみつかっていたが、第二次世界大戦中に破壊されてしまった。
アグスティニア *Agustinia*	（恐竜を発見するのを手伝った、アルゼンチンの若い学生）Agustin Martinelli にちなむ	白亜紀前期 (1億1700万年－1億年前)	不明	ゾウ	アルゼンチン	以前はステゴサウルスのものとされていた、とげのある装甲をもつティタノサウルス類。
アンペロサウルス *Ampelosaurus*	ブドウ園の爬虫類	白亜紀後期 (7060万年－6550万年前)	15m	ゾウ2頭分	フランス	ブドウ園で、多くの個体の骨が見つかっている。

● 423

属名	名前の意味	年代	体長	大きさ	生息場所	メモ
エパクトサウルス *Epachthosaurus*	重い爬虫類	白亜紀後期 (9960万年—9350万年前)	18m	ゾウ3頭分	アルゼンチン	以前は不完全な化石しか見つかっていなかったが、新しく骨格が発見されたことによって、このティタノサウルス類の詳細がもっとよくわかるようになった。
マジャーロサウルス *Magyarosaurus*	(ハンガリーの) マジャール人の爬虫類	白亜紀後期 (7060万年—6850万年前)	5.3m	ウマ	ルーマニア	最も小さい竜脚類の一つ。今ではトランシルヴァニアで局所的になっていた。
マラウィサウルス *Malawisaurus*	マラウイの爬虫類	白亜紀前期 (年代は不確定)	12m	ゾウ	マラウイ	短い顔と装甲をもっていた。ひょっとするとネメグトサウルス類か、あるいはロンコサウルス類に近い系統かもしれない。
ネメグトサウルス *Nemegtosaurus*	ネメグト層の爬虫類	白亜紀後期 (7060万年—6850万年前)	12m?	ゾウ	モンゴル	頭骨だけが見つかっている。ひょっとするとオピストコエリカウディアと同じ恐竜かもしれない。
ラペトサウルス *Rapetosaurus*	(マダガスカルの伝説のいた ずら好きな巨人) ラペトの爬虫類	白亜紀後期 (7060万年—6550万年前)	15m	ゾウ2頭分	マダガスカル	ほとんど完全な骨格が見つかっている。
トリゴノサウルス *Trigonosaurus*	(ブラジル) トリアングロ・ミネイロ地方の爬虫類	白亜紀後期 (8350万年—6550万年前)	不明	不明	ブラジル	接続した尾骨と、ばらばらの多くの骨が見つかっている。

サルタサウルス類 進化した、身体の幅が広い、鼻が大きな恐竜 (**25章**)
サルタサウルス科は、白亜紀後期の、口の幅が広い、ティタノサウルス類の中の特殊なグループである。

属名	名前の意味	年代	体長	大きさ	生息場所	メモ
ボナティタン *Bonatitan*	(アルゼンチンの古生物学者) ホセ・ボナパルトの巨人	白亜紀後期 (7280万年—6680万年前)	不明	不明	アルゼンチン	頭骨と尾骨の一部が見つかっている。
リラインサウルス *Lirainosaurus*	すらりとした爬虫類	白亜紀後期 (7280万年—6680万年前)	不明	不明	スペイン	数体の個体が見つかっている。
ロリコサウルス *Loricosaurus*	よろいの爬虫類	白亜紀後期 (7280万年—6680万年前)	不明	不明	アルゼンチン	以前はよろい竜のものとされた装甲が見つかっている。
ネウケンサウルス *Neuquensaurus*	(アルゼンチン) ネウケン州の爬虫類	白亜紀後期 (8580万年—8350万年前)	15m	ゾウ2頭分	アルゼンチン;ウルグアイ	サルタサウルスの系統だが、ずっと大きい。
クアエシトサウルス *Quaesitosaurus*	なみはずれた爬虫類	白亜紀後期 (8580万年—7060万年前)	12m?	ゾウ	モンゴル	ネメグトサウルスによく似ており、ひょっとすると祖先なのかもしれない。頭骨だけが見つかっている。
ロカサウルス *Rocasaurus*	(アルゼンチン) ヘネラル・ロカ市の爬虫類	白亜紀後期 (7280万年—6680万年前)	不明	不明	アルゼンチン	多くの骨が見つかっている。
サルタサウルス *Saltasaurus*	(アルゼンチン) サルタ州の爬虫類	白亜紀後期 (7280万年—6680万年前)	12m	ゾウ	アルゼンチン	小さい竜脚類。この発見によって、ティタノサウルス類の装甲が判明した。
正式名なし		白亜紀後期 (7060万年—6550万年前)	不明	ゾウ3頭分	マダガスカル	まだ十分に記載されていないが、ラペトサウルスからは区別された。

*新しい属;**新しいグループ;^以前は名称不明だった恐竜の新しい属名

原始的な鳥盤類—鳥型の骨盤をもつ初期の恐竜（26章）

鳥盤目（鳥型の骨盤をもつ恐竜）は、植物を食べている恐竜の主要なグループである。以下の属は、進化した鳥盤類（装甲をそなえた装盾類、くちばしをもつ鳥脚類、頭に飾りのある周飾頭類）のいずれにもはっきりとは属さない鳥盤類である。

属名	名前の意味	年代	体長	大きさ	生息場所	メモ
エオクルソル* *Eocursor*	夜明けのランナー	三畳紀後期 （2億1650万年—2億360万年前）	1m	シチメンチョウ	南アフリカ	三畳紀の鳥盤類で最も完全なものが見つかっている。
ファーブロサウルス *Fabrosaurus*	（フランスの地質学者）ジャン・ファーブルの爬虫類	ジュラ紀前期 （1億9650万年—1億8300万年前）	1m?	シチメンチョウ	レソト	歯のついた顎骨の一部だけが見つかっている。
ピサノサウルス *Pisanosaurus*	（アルゼンチンの古生物学者）ファン・ピサノの爬虫類	三畳紀後期 （2億2800万年—2億1650万年前）	1m?	シチメンチョウ?	アルゼンチン	前方がとがった恥骨とされる骨だけが見つかっている鳥盤類。
タヴェイロサウルス *Taveirosaurus*	（ポルトガル）Taveiro村の爬虫類	白亜紀後期 （7800万年—6800万年前）	不明	ビーバー?	ポルトガル	歯だけが見つかっている。
トリムクロドン *Trimucrodon*	3つの尖頭がある歯	ジュラ紀後期 （1億5570万年—1億5080万年前）	不明	シチメンチョウ?	ポルトガル	歯だけが見つかっている。

ヘテロドントサウルス類—たくましい鼻先をもった初期の鳥盤類（26章）

ヘテロドントサウルス科は初期の特殊化した鳥盤類のグループである。以前は鳥脚類とされていた。

属名	名前の意味	年代	体長	大きさ	生息場所	メモ
アブリクトサウルス *Abrictosaurus*	目覚めた爬虫類	ジュラ紀前期 （1億9960万年—1億8960万年前）	1.2m	シチメンチョウ	南アフリカ	ひょっとするとヘテロドントサウルスの子どもか雌の個体かもしれない。
エキノドン *Echinodon*	とげのある歯	白亜紀前期 （1億4550万年—1億4020万年前）、もしかするとジュラ紀後期 （1億5570万年—1億5080万年前）	60cm	ニワトリ	イギリス；おそらくアメリカ；コロラド州	イギリスで顎骨と歯が見つかっている。エキノドンとされる化石がコロラド州のジュラ紀後期の地層で見つかっている。
ゲラノサウルス *Geranosaurus*	ツルのような爬虫類	ジュラ紀前期 （1億9650万年—1億8960万年前）	不明	シチメンチョウ	南アフリカ	顎骨だけが見つかっている。
ヘテロドントサウルス *Heterodontosaurus*	異なる歯をもつ爬虫類	ジュラ紀前期 （1億9960万年—1億8960万年前）	1.1m	シチメンチョウ	南アフリカ	ヘテロドントサウルス類の中で最もよく見つかっている。
ラーナサウルス *Lanasaurus*	ウールの爬虫類	ジュラ紀前期 （1億9960万年—1億8960万年前）	1.2m?	シチメンチョウ?	南アフリカ	頭骨だけが見つかっている。ひょっとするとリコリヌスと同じ恐竜かもしれない。
リュコリヌス *Lycorhinus*	オオカミの鼻	ジュラ紀前期 （1億9960万年—1億8960万年前）	1.2m?	シチメンチョウ?	南アフリカ	顎骨だけが見つかっている。
正式名なし*		三畳紀後期 （2億1650万年—2億360万年前）	1m?	シチメンチョウ?	アルゼンチン	さまざまな骨が見つかっている。ヘテロドントサウルス類の恐竜の中で最も古い。

原始的な装盾類—初期の装甲を備えた恐竜（27章）

以下にあげた属は装盾類の初期の恐竜で、剣竜類にもよろい竜類にも属さない。

属名	名前の意味	年代	体長	大きさ	生息場所	メモ
ビィエノサウルス *Bienosaurus*	（中国の古生物学者）Mei Nien Bienの爬虫類	ジュラ紀前期 （1億9650万年—1億8960万年前）	4m?	ハイイログマ?	中国	スケリドサウルスに似たあごが見つかっている。

属名	名前の意味	年代	体長	大きさ	生息場所	メモ
エマウサウルス *Emausaurus*	EMAU（エルンスト・モーリッツ・アルント大学）の爬虫類	ジュラ紀前期（1億8300万年〜1億7560万年前）	2m	ヒツジ	ドイツ	最も古く、原始的な剣竜類かもしれない。
レソトサウルス *Lesothosaurus*	レソトの爬虫類	ジュラ紀前期（1億9650万年〜1億8300万年前）	1m	シナメンチョウ	レソト	ひょっとすると*ファブロサウルス*と同じ種かもしれない。以前は典型的な原始的鳥盤類とされていたが、新しい研究によって、最も原始的な（見つかっている範囲では）装甲を備えていない装盾類だと考えられている。
ルソタノサウルス *Lusitanosaurus*	ポルトガルの爬虫類	ジュラ紀前期（1億9650万年〜1億8960万年前）	不明	不明	ポルトガル	頭骨の上部だけが見つかっている。ひょっとすると*スケリドサウルス*と同じ恐竜かもしれない。
スケリドサウルス *Scelidosaurus*	すねの爬虫類	ジュラ紀前期（1億9650万年〜1億8300万年前）	4m	ハイイロクマ	イギリス；（アメリカ）アリゾナ州	状態のいい数体の骨格が見つかっている。最も原始的なよろい竜類と考える人もいる。
スクテロサウルス *Scutellosaurus*	小さな盾の爬虫類	ジュラ紀前期（1億9960万年〜1億8960万年前）	1.2m	ビーバー	（アメリカ）アリゾナ州	状態のいい化石が見つかっている、最も原始的な装盾類。
ターティサウルス *Tatisaurus*	（中国）大地村の爬虫類	ジュラ紀前期（1億9650万年〜1億8960万年前）	1.2m?	ビーバー?	中国	剣竜類と*スケリドサウルス*に似ている頭骨が見つかっている。

原始的な剣竜類—プレートのある初期の恐竜（28章）**
これは背中にひとそろいのスパイクともっと特殊化した装甲プレートをもつ装盾類である。このリストは剣竜類ではあるが、もっと特殊化したステゴサウルス科を含まない。

属名	名前の意味	年代	体長	大きさ	生息場所	メモ
チュンキンゴサウルス *Chungkingosaurus*	（中国）重慶の爬虫類	ジュラ紀後期（1億6120万年〜1億5570万年前）	3.5m	ハイイロクマ	中国	数体の骨格が見つかっている。かなり小さな剣竜類。
ギガントスピノサウルス* *Gigantspinosaurus*	巨大なとげの爬虫類	ジュラ紀後期（1億6120万年〜1億5570万年前）	7m	サイ	中国	肩に巨大なスパイクのある、原始的な剣竜類。
ファヤンゴサウルス *Huayangosaurus*	（中国の四川）華陽の古名）爬虫類	ジュラ紀中期（1億6770万年〜1億6120万年前）	4.5m	ウマ	中国	数体の骨格が見つかっている。最もよく見つかる原始的な剣竜類。
レグノサウルス *Regnosaurus*	（古代ブリタニアの部族）レグニ族の爬虫類	白亜紀前期（1億4550万年〜1億3640万年前）	4m?	ハイイロクマ	イギリス	この恐竜の化石で見つかっているのは、*ファヤンゴサウルス*に似た、あごの骨だけである。剣竜類のものではないのかもしれない。

ステゴサウルス類**—進化したプレートをもつ恐竜（28章）
ステゴサウルス科は剣竜類の進化した恐竜を含む。

属名	名前の意味	年代	体長	大きさ	生息場所	メモ
チアリンゴサウルス *Chialingosaurus*	（中国）嘉陵川の爬虫類	ジュラ紀後期（1億6120万年〜1億5570万年前）	4m	ハイイロクマ	中国	成長しきっていない個体の骨格の一部が見つかっている。
クラテロサウルス *Craterosaurus*	（頭骨が）コップ状の爬虫類	白亜紀前期（1億4550万年〜1億3640万年前）	4m?	ハイイロクマ?	イギリス	（頭骨と誤解され、名前の由来となった）椎骨だけが見つかっている。その化石は浸食されていて剣竜類のものかどうかははっきりしていない。

* 新しい属；** 新しいグループ；^ 以前は名称不明だった恐竜の新しい属名

名前	意味	時代	体長	大きさの比較	発見地	備考
ダケントルルス *Dacentrurus*	とげだらけの尾	ジュラ紀後期（1億6120万年－1億4550万年前）	8m	サイ	イギリス；ポルトガル、フランス	最大の剣竜類の一つで、たくさんの化石が見つかっているが、ほとんどは十分には研究されていない。
ヘスペロサウルス *Hesperosaurus*	西部の爬虫類	ジュラ紀後期（1億5570万年－1億5080万年前）	5m	サイ	（アメリカ）ワイオミング州	以前はダケントゥルルスに似ている、アメリカから見つかった剣竜類だとされたが、現在ではなく、とても近縁な恐竜と考えられている。
ヒプシロフス *Hypsirophus*	高い屋根の（脊椎）	ジュラ紀後期（1億5570万年－1億5080万年前）	7m?	サイ?	（アメリカ）コロラド州	数本の椎骨だけが見つかっている。ひょっとするとステゴサウルスそのものかもしれない。
ジャンジュノサウルス *Jiangjunosaurus*	将軍の爬虫類	ジュラ紀後期（1億6120万年－1億5570万年前）	7m	サイ	中国	中国西部から見つかっている。
ケントロサウルス *Kentrosaurus*	鋭い先端の爬虫類	ジュラ紀後期（1億5570万年－1億5080万年前）	5m	ウマ	タンザニア	30以上の骨格が見つかっていたが、収蔵されていたドイツの博物館は第二次世界大戦の際に爆撃され、ほとんどは破壊されてしまった。
レクソウィサウルス *Lexovisaurus*	（古代フランスの）レクソウィイ族の爬虫類	ジュラ紀中期から後期（1億6470万年－1億5080万年前）	5m	ウマ	イギリス；フランス	多くの点でケントロサウルスに似ている。
ローリーカートサウルス* *Loricatosaurus*	装甲を備えた爬虫類	ジュラ紀中期（1億6470万年－1億6120万年前）	5m	ウマ	イギリス；フランス	以前はレクソウィサウルスの一種とされていた。
パラントドン *Paranthodon*	（化石爬虫類）アントドンに近い	白亜紀前期（1億4550万年－1億3640万年前）	5m?	ウマ?	南アフリカ	頭骨の一部が見つかっている。
ステゴサウルス *Stegosaurus*	覆われた爬虫類	ジュラ紀後期（1億5570万年－1億5080万年前）	9m	サイ	（アメリカ）ユタ州、ワイオミング州；ポルトガル	最も有名な剣竜類。この属は真のステゴサウルス属ともっと小型のディラコドンの2つに分解すべきだと言う研究者もいる。一方、ウェルホサウルスとヘスペロサウルスはステゴサウルスの一種とすべきと考える古生物学者もいる。
トゥオジャンゴサウルス *Tuojiangosaurus*	（中国）沱江の爬虫類	ジュラ紀後期（1億6120万年－1億5570万年前）	7m	サイ	中国	中国の剣竜類で最大のもの。
ウェルホサウルス *Wuerhosaurus*	（中国）ウルホの爬虫類	白亜紀前期（年代は不確定）	6.1m	サイ	中国	最後の剣竜類の一つ。プレートやスパイクが突き出ていたのではなく、長く低いプレートが体に沿っていた。
正式名なし		ジュラ紀後期（1億5570万年－1億5080万年前）	5m	ウマ	チベット	十分に研究されていない、中生代のチベットで見つかった最初の恐竜。

原始的なよろい竜類—初期の装甲恐竜（29章）

原始的なよろい竜類は体を重い装甲で覆っていた。それぞれのよろい竜類の相互関係はまだよくわかっていない。次にあげた恐竜は確かによろい竜だが、もっと進化したノドサウルス科でもアンキロサウルス科でもないだろう。

属名	名前の意味	年代	体長	大きさ	生息場所	メモ
アカントフォリス Acanthopholis	とげのある甲羅	白亜紀前期から後期（1億500万年—9350万年前）	5.5m	ウマ	イギリス	見つかってから長くたつが、まだ十分に研究されていない。
アノプロサウルス Anoplosaurus	装甲のない爬虫類	白亜紀前期（1億500万年—9960万年前）	不明	不明	イギリス	おそらく原始的なノドサウルス類の幼体。
アンタルクトペルタ Antarctopelta	南極の盾	白亜紀後期（7500万年—7060万年前）	4m	不明	南極	南極から名前がついた最初の鳥盤類。
クライトンサウルス Crichtonsaurus	（『ジュラシック・パーク』の作者）マイケル・クライトンの爬虫類	白亜紀後期（9960万年—8930万年前）	不明	不明	中国	十分に研究されていない。アンキロサウルス科の恐竜にとてもよく似ている。
クリプトサウルス Cryptosaurus	隠された爬虫類	ジュラ紀後期（1億6120万年—1億5570万年前）	不明	不明	イギリス	大腿骨だけが見つかっている。以前は「クリプトドラコ」"Cryptodraco"ともよばれていた。
ドラコペルタ Dracopelta	ドラゴンの盾	ジュラ紀後期（1億5570万年—1億5080万年前）	2m	ヒツジ	ポルトガル	中くらいの大きさのよろい竜類。
ガーゴイレオサウルス Gargoyleosaurus	ガーゴイル爬虫類	ジュラ紀後期（1億5570万年—1億5080万年前）	3m	ライオン	（アメリカ）ワイオミング州	状態のいい標本がたくさん見つかっている。
ガストニア Gastonia	（発見者の）ロバート・ガストンにちなむ	白亜紀前期（1億3000万年—1億2500万年前）	6m	サイ	（アメリカ）ユタ州	ポラカントゥスにとてもよく似ている。
ヘイシャンサウルス Heishansaurus	（中国）黒山の爬虫類	白亜紀後期（8350万年—8000万年前）	不明	不明	中国	頭骨の一部だけが見つかっている。本当はピナキオサウルロスのものかもしれない。
ホプリトサウルス Hoplitosaurus	盾を運ぶ爬虫類	白亜紀前期（1億3000万年—1億2500万年前）	4m	ハイイロクマ	（アメリカ）サウスダコタ州	ガストニアとポラカントゥスに似ている。
ヒラエオサウルス Hylaeosaurus	（イギリス南部の）ウィールデン地方の爬虫類	白亜紀前期（1億4020万年—1億3640万年前）	5m	ウマ	イギリス	オーウェンのもともとの恐竜類の一つ。
リャオニンゴサウルス Liaoningosaurus	（中国）遼寧省の爬虫類	白亜紀前期（1億2500万年—1億2000万年前）	34cm（幼体時）	シチメンチョウ	中国	幼体のほとんど完全な骨格だけが見つかっている。
ミンミ Minmi	（オーストラリア）ミンミ交差点	白亜紀前期（1億2500万年—9960万年前）	2m	ヒツジ	オーストラリア	数体の骨格が見つかっている。脊椎に独特な構造がある。
ミムーラペルタ Mymoorapelta	（コロラド州）Mygatt-Moore発掘地の盾	ジュラ紀後期（1億5570万年—1億5080万年前）	2.7m	ライオン	（アメリカ）コロラド州	北アメリカで最初に命名されたジュラ紀のよろい竜。
ポラカントゥス Polacanthus	たくさんのとげ	白亜紀前期（1億3000万年—1億2500万年前）	4m	ハイイロクマ	イギリス；スペイン？	白亜紀前期のイギリスで最もふれた装盾類。
プリコノドン Priconodon	鋸歯	白亜紀前期（1億1800万年—1億1000万年前）	不明	不明	（アメリカ）メリーランド州	歯だけが見つかっている。ひょっとするとサウロペルタと同じ恐竜かもしれない。
プリオドントグナトゥス Priodontognathus	鋸歯のついたあご	ジュラ紀後期から白亜紀前期（正確な年代は不明確）	不明	不明	イギリス	あごの上部が見つかっている。書類の整理が十分ではなかったためにこの化石がどの地層から見つかったのか不明確である！

＊ 新しい属；＊＊ 新しいグループ；＾ 以前は名称不明だった恐竜の新しい属名

●恐竜リスト

属名	名前の意味	年代	体長	大きさ	生息場所	メモ
サルコレステス *Sarcolestes*	肉どろぼう	ジュラ紀中期 (1億6470万年〜1億6120万年前)	3m	ライオン	イギリス	以前は肉食恐竜とされていた。
テンチサウルス *Tianchisaurus*	（中国）天池の爬虫類	ジュラ紀中期 (1億6770万年〜1億6470万年前)	3m	ライオン	中国	「ジュラッソサウルス "*Jurassosaurus*"」とよばれていた。最も原始的なよろい竜類のひとつ。

ノドサウルス類―肩にスパイクのある戦車恐竜（29章）
このような竜類は肩の巨大なとげが特徴である。

属名	名前の意味	年代	体長	大きさ	生息場所	メモ
アレトペルタ *Aletopelta*	歩き回る盾	白亜紀後期 (8000万年〜7280万年前)	不明	不明	（アメリカ）カリフォルニア州	骨格の一部が見つかっている。カリフォルニア州で最初に命名された、中生代の恐竜。
アニマンタルクス *Animantarx*	生きている要塞	白亜紀前期から後期 (1億200万年〜9800万年前)	不明	不明	（アメリカ）ユタ州	小さなノドサウルス類。まだ完全に埋まっていたときも骨の放射能が検知されたため発見された。
シーダーペルタ *Cedarpelta*	シーダー山層の盾	白亜紀前期から後期 (1億200万年〜9800万年前)	9m	サイ	（アメリカ）ユタ州	アンキロサウルスに匹敵する最大のよろい竜類のひとつ。アンキロサウルス類と考える人もいる。
ダヌビオサウルス *Danubiosaurus*	ドナウ川（ドナウ川）の爬虫類	白亜紀後期 (8350万年〜8000万年前)	4m	ハイイロクマ	オーストリア	ひょっとするとストルティオサウルスと同じ恐竜かもしれない。
エドモントニア *Edmontonia*	エドモントン層から	白亜紀後期 (8000万年〜6550万年前)	7m	サイ	（カナダ）アルバータ州、（アメリカ）モンタナ州、ワイオミング州、サウスダコタ州、ニューメキシコ州、テキサス州	白亜紀後期の北アメリカでありふれたノドサウルス類。最も新しいエドモントニアは6550万年前のもので、デンバーサウルス "*Denversaurus*" と考える古生物学者もいる。
ヒエロサウルス *Hierosaurus*	神聖な爬虫類	白亜紀後期 (8700万年〜8200万年前)	4m	ハイイロクマ	（アメリカ）カンザス州	ノドサウルスと同じ恐竜と考えられることもある。
ハンガロサウルス *Hungarosaurus*	ハンガリーの爬虫類	白亜紀後期 (8500万年)	4m	ハイイロクマ	ハンガリー	ハンガリーで最初に命名された恐竜のひとつ。
ナイオブラーラサウルス *Niobrarasaurus*	ナイオブラーラ・チョークの爬虫類	白亜紀後期 (8700万年〜8200万年前)	5m	ハイイロクマ	（アメリカ）カンザス州	遺骸の一部がカンザス州の内海のまんなかに流れ出していたため化石化して見つかった。
ノドサウルス *Nodosaurus*	でこぼこの爬虫類	白亜紀後期 (9960万年〜9350万年前)	6.1m	ウマ	（アメリカ）ワイオミング州	最初に発見されたよろい竜類のひとつだが、部分的な標本しか見つかっていない。
パノプロサウルス *Panoplosaurus*	完璧な装甲のある爬虫類	白亜紀後期 (8000万年〜7280万年前)	7m	サイ	（カナダ）アルバータ州	状態のいい頭骨と骨格が見つかっている。
パウパウサウルス *Pawpawsaurus*	パウパウ層の爬虫類	白亜紀前期 (1億500万年〜9960万年前)	4.5m	ハイイロクマ	（アメリカ）テキサス州、おそらく（は）ユタ州	ひょっとするとテクササエテスと同じ恐竜かもしれない。
サウロペルタ *Sauropelta*	爬虫類の盾	白亜紀前期 (1億1800万年〜1億1000万年前)	7.6m	サイ	（アメリカ）ワイオミング州、モンタナ州、ユタ州	白亜紀前期の北アメリカのよろい竜のひとつ。たくさんの状態のいい骨格が見つかっている。

属名	名前の意味	年代	体長	大きさ	生息場所	メモ
シルヴィサウルス Silvisaurus	森林地帯の爬虫類	白亜紀後期 (9600万年―9350万年前)	4m	ハイイロクマ	(アメリカ) カンザス州	頭骨と前半身が見つかっている、特徴的なよろい竜類。
ステゴペルタ Stegopelta	覆われた盾	白亜紀前期から後期 (1億200万年―9800万年前)	4m	ハイイロクマ	(アメリカ) ワイオミング州	テクサセテスに近縁かも、本当は原始的なアンキロサウルス類かもしれない。
ストルティオサウルス Struthiosaurus	ダチョウ爬虫類	白亜紀後期 (8350万年―6550万年前)	4m	ハイイロクマ	オーストリア；フランス；ルーマニア；スペイン	白亜紀後期のヨーロッパでありふれた恐竜の一つ。
テクサセテス Texasetes	テキサス住まい	白亜紀前期 (1億500万年―9960万年前)	3m	ライオン	(アメリカ) テキサス州	パウパウサウルスと同じ恐竜かもしれない。
チョーチャンゴサウルス* Zhejiangosaurus	(中国) 浙江省の爬虫類	白亜紀後期 (9960万年―9350万年前)	4m	ハイイロクマ	中国	アジアの数少ない確実なノドサウルス類。
チョンユアンサウルス* Zhongyuansaurus	(中国の洛陽) 中原区の爬虫類	白亜紀後期 (8930万年―8580万年前)	4m	ハイイロクマ	中国	おしつぶされた (その他の点では状態のいい) 頭骨と、いろいろな骨が見つかっている。

アンキロサウルス類―こん棒状の尾をもつ戦車恐竜 (29章)

アンキロサウルス科の恐竜は尾の先に重装備のこん棒があった。

属名	名前の意味	年代	体長	大きさ	生息場所	メモ
アンキロサウルス Ankylosaurus	融合した爬虫類	白亜紀後期 (6680万年―6550万年前)	9m	サイ	(アメリカ) モンタナ州、ワイオミング州；(カナダ) アルバータ州	最後の、そして最大のアンキロサウルス類。
ビッセクティペルタ Bissektipelta	Bissekty層の盾	白亜紀後期 (9350万年―8930万年前)	不明	不明	ウズベキスタン	脳函だけが見つかっている。
エウオプロケファルス Euoplocephalus	十分に保護された頭	白亜紀後期 (8000万年―6680万年前)	7m	サイ	(アメリカ) モンタナ州；(カナダ) アルバータ州	たくさんの優れた標本が見つかっていて最もよく研究されているアンキロサウルス類。
グリプトドントペルタ Glyptodontopelta	(絶滅した装甲をもつ哺乳類) グリプトドンの盾	白亜紀後期 (6680万年―6550万年前)	5m	ウマ	(アメリカ) ニューメキシコ州	いくつかの装甲板だけが見つかっている。
ゴビサウルス Gobisaurus	ゴビ砂漠の爬虫類	白亜紀前期 (1億2500万年―9960万年前)	5m	ウマ	中国	シャモサウルスに似ている。
マレーエウス Maleevus	(ロシアの古生物学者) エヴゲニー・アレクサンドロヴィッチ・マレーエフにちなむ	白亜紀後期 (9960万年―8580万年前)	不明	不明	モンゴル	おそらくタラルルスと同じ恐竜。
ノドケファロサウルス Nodocephalosaurus	でこぼこの頭の爬虫類	白亜紀後期 (7280万年―6680万年前)	不明	不明	(アメリカ) ニューメキシコ州	アジアのサイカニアとタルキアに似ている。
ピナコサウルス Pinacosaurus	厚板の爬虫類	白亜紀後期 (8580万年―7060万年前)	5m	ウマ	モンゴル	とても小さな赤ん坊も含む、たくさんの標本が見つかっている。
サイカニア Saichania	美しいもの	白亜紀後期 (8580万年―7060万年前)	7m	サイ	モンゴル	腹部の装甲が見つかっている数少ないアンキロサウルス類の一つ。
シャモサウルス Shamosaurus	砂漠の爬虫類	白亜紀前期 (1億2000万年―1億1200万年前)	7m	サイ	モンゴル	原始的な、鼻の狭い (幅の狭い) アンキロサウルス類。
タラルルス Talarurus	小枝の尾	白亜紀後期 (9960万年―8580万年前)	5m	ウマ	モンゴル	比較的小さなこん棒のある尾と、たいていのアンキロサウルス類に比べて丸い (幅の狭い) 体だった。

*新しい属；**新しいグループ；^以前は名称不明だった恐竜の新しい属名

●恐竜リスト

属名	名前の意味	年代	体長	大きさ	生息場所	メモ
タルキア Tarchia	頭のいいもの	白亜紀後期 (7060万年－6850万年前)	8m	サイ	モンゴル	アジアで最大のアンキロサウルス類。
チアンゼノサウルス Tianzhenosaurus	(中国)天鎮郡の爬虫類	白亜紀後期 (8350万年－7060万年前)	4m	ハイイログマ	中国	この恐竜の2番目の標本がほとんど同時に"Shanxia"と命名された。
ツァガンテギア Tsagantegia	(モンゴル)ツァガン・テグにちなむ	白亜紀後期 (9960万年－8580万年前)	7m	サイ	モンゴル	鼻の長いアンキロサウルス類。

原始的な新鳥盤類**―くちばしがあり、頭に隆起のある恐竜の初期の親類*(30章)

最近の研究によって、以前は原始的な鳥脚類とされていた鳥盤類恐竜が本当はそうではないことがわかってきた。そのかわり、このリストは新鳥盤類(新しい鳥盤類。鳥脚類と周飾頭類を合む、もっと大きなグループ)の恐竜であるが、真の鳥脚類でも真の周飾頭類でもない。

属名	名前の意味	年代	体長	大きさ	生息場所	メモ
アギリサウルス Agilisaurus	すばしこい爬虫類	ジュラ紀中期 (1億6770万年－1億6120万年前)	1.7m	シチメンチョウ	中国	原始的な鳥脚類と長く考えられてきた。(ほぼ完全な骨格が見つかっている。)
アロコドン Alocodon	溝のある歯	ジュラ紀中期 (1億6470万年－1億6120万年前)	不明	シチメンチョウ？	ポルトガル	歯だけが見つかっている。
フェルガナケファレ Ferganocephale	(キルギス)フェルガナ谷の頭	ジュラ紀中期 (1億6470万年－1億6120万年前)	不明	ニワトリ？	キルギス	歯だけが見つかっている。もともとは厚頭竜類のものとされていた。
ゴンブサウルス Gongbusaurus	公共工事の爬虫類	ジュラ紀後期 (1億6570万年－1億6120万年前)	1.5m	ビーバー	中国	本当に原始的な鳥脚類かもしれないが、ゴンブサウルスのものとされている歯のいくつかは原始的な剣竜類のものかもしれない。
ヘキシンルサウルス Hexinlusaurus	(中国の古生物学者)何信禄の爬虫類	ジュラ紀中期 (1億6770万年－1億6120万年前)	1.8m	ビーバー	中国	ほぼ完全な骨格が見つかっている。原始的な鳥脚類と長く考えられてきた。
ナーノサウルス* Nanosaurus	とても小さな爬虫類	ジュラ紀後期 (1億5570万年－1億5080万年前)	80cm?	ニワトリ？	(アメリカ)ワイオミング州	とても不完全な断片が見つかってい ない。ひょっとするとオスニエリアかオトニエロサウルスのどちらかと同じ然種類かもしれない。
オスニエリア Othnielia	(アメリカの古生物学者)オスニエル・チャールズ・マーシュにちなむ	ジュラ紀後期 (1億5570万年－1億5080万年前)	80cm?	ニワトリ？	(アメリカ)コロラド州	オスニエリアのものとされていた、最も状態のいい骨格は、今では新しく名づけられたオスニエロサウルスのものとされている。本来のオスニエリアは大腿骨の化石に限られた。
オスニエロサウルス* Othnielosaurus	(アメリカの古生物学者)オスニエル・チャールズ・マーシュにちなむ	ジュラ紀後期 (1億5570万年－1億5080万年前)	1.4m	シチメンチョウ	(アメリカ)ユタ州、ワイオミング州	ジュラ紀後期の北アメリカで最もありふれた小型恐竜。以前はオスニエリアの標本とされていた。
フィロドン Phyllodon	葉のような歯	ジュラ紀後期 (1億5570万年－1億5080万年前)	1.4m	シチメンチョウ	ポルトガル	あごの一部と歯だけが見つかっている。ドリンカーに似ている。
ストゥロムバーギア Stormbergia	Stormberg層群にちなむ	ジュラ紀前期 (1億9650万年－1億8300万年前)	2m	オオカミ	レソト	2005年に命名された。レソトサウルスの大型の親類。
シャオサウルス Xiaosaurus	夜明けの爬虫類	ジュラ紀中期 (1億6770万年－1億6120万年前)	1m	シチメンチョウ	中国	とても原始的な鳥脚類かもしれない。

| 正式名なし | | 白亜紀前期 (1億1800万年－1億1000万年前) | 不明 | 不明 | (アメリカ)メリーランド州 | ばらばらな歯だけが見つかっている、ひょっとすると角竜類かもしれない。 |

原始的な鳥脚類－初期のくらしのある恐竜 (30章)

鳥脚類は多様性に富んだグループの鳥盤類である。初期の鳥脚類はすべて2足歩行だった。以前はヒプシロフォドン類とよばれていた。

属名	名前の意味	年代	体長	大きさ	生息場所	メモ
アトラスコプコサウルス *Atlascopcosaurus*	(掘削機械製造会社) アトラスコプコの爬虫類	白亜紀前期 (1億1800万年－1億1000万年前)	2m	ビーバー	オーストラリア	ゼピュロサウルスに多くの点で似ているが、その他の特徴はもっと大型のムッタブラサウルスに似ているところもある。
ブゲナサウラ *Bugenasaura*	大きなほおの爬虫類	白亜紀後期 (6680万年－6550万年前)	3m	オオカミ	(アメリカ)サウスダコタ州、モンタナ州	鼻の短い、テスケロサウルスの親類。
チャンチュンサウルス *Changchunsaurus*	(中国) 長春市の爬虫類	白亜紀前期 (1億2500万年－1億1200万年前)	4m?	ヒツジ?	中国	テスケロサウルスによく似ている。
ドリンカー *Drinker*	(アメリカの古生物学者) エド・ドリンカー・コープにちなむ	ジュラ紀後期 (1億5570万年－1億5080万年前)	2m	ビーバー	(アメリカ)ワイオミング州	オスニエリアに似ている。
エウケルコサウルス *Eucercosaurus*	りっぱな尾の爬虫類	白亜紀前期 (1億1200万年－9960万年前)	不明	不明	イギリス	以前はよろい竜類とされていた。
フルグロテリウム *Fulgurotherium*	(オーストラリア) ライトニング・リッジの獣	白亜紀前期 (1億1800万年－1億1000万年前)	2m	ビーバー	オーストラリア	この名前のもとには多くの骨が合まれていて、これらの化石でいったい何種が実際に代表されているのかを識別するのは難しい。
ガスパリニサウラ *Gasparinisaura*	(アルゼンチンの古生物学者) ズルマ B. ガスパリーニの爬虫類	白亜紀後期 (8300万年－7800万年前)	65cm	ニワトリ	アルゼンチン	ほぼ完全な骨格を含む、15体以上の個体が見つかっている。
ヒプシロフォドン *Hypsilophodon*	(現生のイグアナの昔の学名) *Hypsilophus*の歯	白亜紀前期 (1億3000万年－1億2500万年前)	1.8m	ビーバー	イギリス	幼体を含む、たくさんの骨格が見つかっている。
ジェホロサウルス *Jeholosaurus*	熱河層群の爬虫類	白亜紀前期 (1億2500万年－1億2000万年前)	80cm	ニワトリ	中国	もっと大型の鳥脚類の赤ちゃんにすぎないのかもしれない。現在わかっている南米の最も原始的な鳥脚類の一つ。
カンナサウルス *Kangnasaurus*	(南アフリカ) Kangnaの爬虫類	白亜紀前期 (年代は不確定)	不明	不明	南アフリカ	ひょっとするとドリュオサウルスと類縁かもしれない。
リアエリナサウラ *Leaellynasaura*	リアレン・リッチの爬虫類	白亜紀前期 (1億1800万年－1億1000万年前)	90cm	シチメンチョウ	オーストラリア	ヒプシロフォドンに似た、大きな目の恐竜。
ノトヒプシロフォドン *Notohypsilophodon*	南のヒプシロフォドン	白亜紀後期 (9960万年－9350万年前)	不明	不明	アルゼンチン	比較的少ない南アメリカの鳥脚類の一つ。
パークソサウルス *Parksosaurus*	(カナダの古生物学者) ウィリアム・アーサー・パークスの爬虫類	白亜紀後期 (7280万年－6680万年前)	2.5m	オオカミ	(カナダ) アルバータ州	テスケロサウルスの近い類縁。
カンタスサウルス *Qantassaurus*	航空会社カンタスの爬虫類	白亜紀前期 (1億1200万年－9960万年前)	1.4m?	シチメンチョウ	オーストラリア	顎骨と歯はラブドドン類に似ているところがある。

*: 新しい属 ; **: 新しいグループ ; ^: 以前は名称不明だった恐竜の新しい属名

恐竜リスト

属名	名前の意味	年代	体長	大きさ	生息場所	メモ
シルオサウルス *Siluosaurus*	シルクロードの爬虫類	白亜紀前期 (1億3000万年-1億2500万年前)	1.4m?	シチメンチョウ	中国	歯だけが見つかっている。
テスケロサウルス *Thescelosaurus*	驚くべき爬虫類	白亜紀後期 (6680万年-6550万年前)	4m?	ヒツジ	(アメリカ) コロラド州、モンタナ州、サウスダコタ州、ワイオミング州; (カナダ) アルバータ州、サスカチュワン州	「ウィロ」というニックネームのついた軟組織が保存された化石を含む、完全な骨格がいくつか見つかっている。
ヤンドゥサウルス *Yandusaurus*	塩都の爬虫類	ジュラ紀後期 (1億6120万年-1億5570万年前)	1.5m	シチメンチョウ	中国	比較的完全だが十分には記載されていない化石が見つかっている。最も原始的な鳥脚類の一つ。
正式属名なし	以前は "*Hypsilophodon*" *welandi*	白亜紀前期 (1億3000万年-1億2500万年前)	1.8m?	ビーバー	(アメリカ) サウスダコタ州	もともとはプシロフォドンのアメリカ合衆国産の化石とされていた。

ゼピュロサウルス類**—穴を掘る、くちばしがある恐竜 (30 章)

白亜紀中期から後期に北アメリカで見つかった恐竜の一群は、自然分類群としてまとめられるようだ。

属名	名前の意味	年代	体長	大きさ	生息場所	メモ
オロドロメウス *Orodromeus*	山のランナー	白亜紀後期 (8000万年-7280万年前)	2.5m	オオカミ	(アメリカ) モンタナ州	数体分の個体が見つかっている。しかし、以前オロドロメウスの巣と卵とされていたものは、本当はトロオドン類のものだった。
オリュクトドロメウス* *Oryctodromeus*	穴を掘るランナー	白亜紀後期 (9960万年-9350万年前)	2.1m	オオカミ	(アメリカ) モンタナ州	中生代で穴掘りをすることが確認された最初の恐竜。
ゼピュロサウルス *Zephyrosaurus*	(ギリシャの風の神) ゼピュロスの爬虫類	白亜紀前期 (1億1800万年-1億1000万年前)	1.8m	ビーバー	(アメリカ) ワイオミング州	骨格の一部と頭骨が数個見つかっている。

原始的なイグアノドン類—初期の進化にくちばしがある恐竜 (31 章)

イグアノドン類はたいていの、もっと原始的な鳥脚類よりも大型で、がっちりした体のつくりをしていた。白亜紀前期でもっともありふれた植物食恐竜である。以下の属はイグアノドン類だが、ラブドドン類、ドリオサウルス科、カンプトサウルス科、ステラコステルナ類のメンバーではない。

属名	名前の意味	年代	体長	大きさ	生息場所	メモ
アナビセティア *Anabisetia*	(アルゼンチンの考古学者) アナ・ビセッティにちなむ	白亜紀後期 (9400万年-9100万年前)	不明	不明	アルゼンチン	最も原始的なイグアノドン類の一つ。
マクログリュフォサウルス* *Macrogryphosaurus*	大きな、得体のしれない爬虫類	白亜紀後期 (8930万年-8580万年前)	6m	ウマ	アルゼンチン	タレンカウエンに近い親戚類。
ムッタブラサウルス *Muttaburrasaurus*	(オーストラリア) ムッタブラの爬虫類	白亜紀前期 (1億1200万年-9960万年前)	9m	サイ	オーストラリア	力強いあごと、大きな鼻のイグアノドン類。
タレンカウエン *Talenkauen*	小さな頭骨	白亜紀後期 (7060万年-6550万年前)	4m	ヒツジ	アルゼンチン	テスケロサウルスに似ているところもあるが、最も原始的なイグアノドン類だろう。
テノントサウルス *Tenontosaurus*	腱爬虫類	白亜紀前期 (1億1800万年-1億1000万年前)	7m	ウマ	(アメリカ) モンタナ州、オクラホマ州、テキサス州、ユタ州、ワイオミング州、おそらくメリーランド州	特に長く厚さのある尾をもつ、有名なイグアノドン類。

ラブドドン類—進化した、ヨーロッパのくちばしがある恐竜 (31章)
恐竜時代の終わりのヨーロッパで最も重要な、中型の植物食者。

属名	名前の意味	年代	体長	大きさ	生息場所	メモ
モクロドン *Mochlodon*	棒のような歯	白亜紀後期 (8350万年—8000万年前)	4.5m?	ライオン?	オーストリア	かなり不完全な断片が見つかっている。ラブドドンかザルモクセスと同じ恐竜かもしれない。
ラブドドン *Rhabdodon*	溝のついた歯	白亜紀後期 (7060万年—6550万年前)	4.5m	ライオン	フランス；スペイン	白亜紀後期のヨーロッパで最もありふれた鳥脚類の一つ。
ザルモクセス *Zalmoxes*	(ギリシャの哲学者ピタゴラスの奴隷）ザルモクシス	白亜紀後期 (7060万年—6850万年前)	4.5m	ライオン	ルーマニア	厚みのある鼻の鳥竜類はもともとは角竜類の一種とされていた。

ドリュオサウルス類**—小型の進化したくちばしがある恐竜 (31章)
ドリュオサウルス科には最古のものとして知られたイグアノドン類が2足歩行だった。すべてが2足歩行だった。多くは以前はヒプシロフォドン類の類型型だとされていた。

属名	名前の意味	年代	体長	大きさ	生息場所	メモ
カロヴォサウルス *Callovosaurus*	カロヴーゾ階の爬虫類	ジュラ紀中期 (1億6470万年—1億6120万年前)	不明	ライオン?	イギリス	不完全な大腿骨が見つかっている。現在の知見では最古のイグアノドン類である。
ドリュオサウルス *Dryosaurus*	木の爬虫類	ジュラ紀後期 (1億5570万年—1億5080万年前)	3m	ヒツジ	(アメリカ）ワイオミング州、コロラド州、ユタ州；タンザニア	アフリカ産の化石は「ディサロトサウルス」"*Dysalotosaurus*" という独自の属と考える古生物学者もいる。
ヴァルドサウルス *Valdosaurus*	ウィールド層群の爬虫類	白亜紀前期 (1億4550万年—1億1200万年前)	3m	ヒツジ	イギリス；ルーマニア；ニジェール	ドリュオサウルスによく似ている。

カンプトサウルス類**—中型の進化したくちばしがある恐竜 (31章)
カンプトサウルス科（カンプトサウルスとそれにに最も近い親類）は、中生代なかばの中型のイグアノドン類である。ステゴストゥデルナ類に最も近い親類。

属名	名前の意味	年代	体長	大きさ	生息場所	メモ
ビハリオサウルス *Bihariosaurus*	(ルーマニア）ビホルの爬虫類	白亜紀前期 (1億4550万年—1億3000万年前)	3m?	ヒツジ?	ルーマニア	カンプトサウルスに似た恐竜。
カンプトサウルス *Camptosaurus*	(背中が）柔軟な爬虫類	ジュラ紀後期 (1億5570万年—1億5080万年前)	7m	サイ	(アメリカ）コロラド州、オクラホマ州、ユタ州、ワイオミング州	赤ちゃんから大きな成体まで状態のいい発見の骨格が見つかっている。新しい発見によって本になって図示されるものよりもとがった鼻先をもつとわかった。
カムナリア *Cumnoria*	(イギリス）カムナーから	ジュラ紀後期 (1億5080万年—1億4550万年前)	5m	ライオン	イギリス	カンプトサウルスの一種とされることもある。
ドラコニュークス *Draconyx*	ドラゴンのかぎつめ	ジュラ紀後期 (1億5200万年—1億4800万年前)	6m	ウマ	ポルトガル	骨格の一部だけ見つかっている。カンプトサウルスに似ている。
正式属名なし	以前は "*Iguanodon*" *hoggi*	白亜紀前期 (1億4550万年—1億4020万年前)	7m?	ウマ	イギリス	もともとはイグアノドンの新種とされていたが、カムノリアかカンプトサウルスのどちらか（あるいはその両方）にもっと似ていて、ひょっとすると同じ恐竜かもしれない。

*新しい属; **新しいグループ；一以前は名称不明だった恐竜の新しい属名

434 ●恐竜リスト

原始なステュラコステルナ類は、ハドロサウルス科と、カンプトサウルス類よりもハドロサウルス類に近縁なすべての恐竜からなるイグアノドン類に含まれるグループである。原始的なステュラコステルナ類はスイス・アーミーナイフのような手をもっていた。

ステュラコステルナ類**—「スイス・アーミーナイフのような手をもつ、進化したくちばしがある恐竜（31章）」

属名	名前の意味	年代	体長	大きさ	生息場所	メモ
アルティリヌス Altirhinus	高い鼻	白亜紀前期 (1億2000万年―1億1200万年前)	8m	サイ	モンゴル	大きな鼻のイグアノドン類で、以前はイグアノドンのものとされていた。
シードゥロレステス* Cedrorestes	シーダー山層の住人	白亜紀前期 (1億3000万年―1億2500万年前)	6m?	ウマ？	(アメリカ) ユタ州	腰と脚が見つかっている。ハドロサウルス類の起源にとても近い。
クラスペドドン Craspedodon	境界のある歯	白亜紀後期 (8580万年―8350万年前)	不明	不明	ベルギー	イグアノドンのような歯だけが見つかっている。
ダコタドン* Dakotadon	ダコタ層の爬虫類	白亜紀前期 (1億3000万年―1億2500万年前)	6m?	ウマ？	(アメリカ)サウスダコタ州	以前は、北アメリカのイグアノドン類の種とされていた。
ドロドン Dollodon	(ベルギーの古生物学者)ル イ・ドローの歯	白亜紀前期 (1億3000万年―1億2000万年前)	8m	サイ	ベルギー	以前は、現在ではマンテリサウルス類Mantellisaurusとして再分類された。すらりとしたイグアノドン類の標本としていた。このすらりとしたベルギーのイグアノドン類は、これだけで独立した属と考えられる。
エオランビア Eolambia	夜明けのランベオサウルス類	白亜紀前期から後期 (1億200万年―9800万年前)	6.1m	サイ	(アメリカ) ユタ州	以前は最古のランベオサウルス類か初期のハドロサウルス類（私の本）もそう考えていた。アルティリヌスにとても近縁で、現在ではマンテリサウルス類」、マンテリサウルス "Probactrosaurus" mazongensis とよばれている。
フクイサウルス Fukuisaurus	福井県の硬い爬虫類	白亜紀前期 (1億3000万年―1億2500万年前)	6m	サイ	日本	比較的硬い頭骨をもつイグアノドン類。
イグアノドン Iguanodon	イグアナの歯	白亜紀前期 (1億3000万年―1億2000万年前)	13m	ゾウ	ベルギー：おそらくはイギリス：フランス：スペイン：ドイツ：ポルトガル：モンゴル	最も研究されている恐竜の一つ。以前は多くの種を含むとされていたが、現在ではベルギーの発掘場でよく見つかっている大型の一種に限定されている
ランチョウサウルス Lanzhousaurus	(中国) 蘭州の爬虫類	白亜紀前期 (1億3000万年―1億年前)	10m	サイ	中国	小さな歯がたくさんあるほかのイグアノドン類とは異なり、数本の(植物食恐竜では最大の)巨大な歯があるだけだった。
ルルドゥサウルス Lurdusaurus	重い爬虫類	白亜紀前期 (1億2500万年―1億1200万年前)	9m	サイ	ニジェール	ずんぐりしたイグアノドン類。
マンテリサウルス* Mantellisaurus	(初期の古生物学者)ギデオン・マンテル医師とメアリー・アン・マンテル夫妻の重い爬虫類	白亜紀前期 (1億2500万年―1億2000万年前)	8m	サイ	イギリス	以前はイグアノドンのすらりとした種とされていた。

属名	名前の意味	年代	体長	大きさ	生息場所	メモ
オウラノサウルス Ouranosaurus	勇敢な爬虫類（または監視する爬虫類）	白亜紀前期（1億2500万年－1億1200万年前）	6m	サイ	ニジェール	背にひれのある、すらりとしたイグアノドン類。
ペネロポグナトゥス Penelopognathus	カモのあご	白亜紀前期（1200万年－9960万年前）	6.1m	サイ	モンゴル	長く、すらりとしたあごが見つかっている。以前は原始的なハドロサウルス類とされていた。
プラニコクサ Planicoxa	平らな腰骨	白亜紀前期（1800万年－1000万年前）	不明	不明	（アメリカ）ユタ州	広い腰のイグアノドン類。
サイオフィタリア* Theiophytalia	（見つかったコロラド州の公園の名前）神々の園	白亜紀前期（1800万年－1000万年前）	6m	ウマ	（アメリカ）コロラド州	以前はカンプトサウルスの最も有名な頭骨とされ、多くの本に掲載された復元図のもとになっていたが、別の、もっと新しい時代の恐竜のものだということがわかった。
正式属名なし*	以前は "Iguanodon" dawsoni	白亜紀前期（1億4020万年－1億3640万年前）	6m?	ウマ?	イギリス	まだ十分に記載されていない、いとげのあるイグアノドン類。
正式属名なし*	以前は "Iguanodon" fittoni	白亜紀前期（1億4020万年－1億3640万年前）	6m?	ウマ?	イギリス	まだ十分に記載されていない、いとげのあるイグアノドン類。同じ岩から見つかった "Iguanodon" hollingtonensis と同じ恐竜かもしれない。
正式属名なし*	以前は "Iguanodon" hollingtonensis	白亜紀前期（1億4020万年－1億3640万年前）	9m?	サイ?	イギリス	大型の、イグアノドン類の初期の親戚。
正式属名なし*	以前は "Iguanodon" ottigeri	白亜紀前期（1億3000万年－1億2500万年前）	7m?	サイ?	（アメリカ）ユタ州	まだ十分に記載されていない、頬突起をもつイグアノドン類。
正式属名なし*	以前は "Probactrosaurus" maozongshanensis	白亜紀前期（1億3000万年－1億2500万年前）	9m?	サイ?	中国	もともとは原始的なハドロサウルス類の初期の種プロバクトロサウルス Probactrosaurus とされていた。新しい研究によってアルティリヌスやエオランビアに近縁だとわかった。

原始的なハドロサウルス類－初期のカモノハシ竜（32章）

ハドロサウルス上科（カモノハシ竜）は植物食恐竜で最も成功したものの一つだった。以下のハドロサウルス類はもっと進化したハドロサウルス科の恐竜には含まれない。

属名	名前の意味	年代	体長	大きさ	生息場所	メモ
エクゥイイュブス Equijubus	ウマのたてがみ	白亜紀前期から後期（1億200万年－9800万年前）	6.1m	サイ	中国	（大きな鼻を除いて）アルティリヌスとチンチョウサウルスに似ている。
チンチョウサウルス Jinzhousaurus	（中国）錦州の爬虫類	白亜紀前期（1億2500万年－1億2000万年前）	10m	サイ	中国	最も原始的なハドロサウルス類の一つ。
ナンヤンゴサウルス Nanyangosaurus	（中国）南陽市の爬虫類	白亜紀前期（1億1200万年－9960万年前）	6.1m	サイ	中国	頭骨を欠いた骨格が見つかっている。真のハドロサウルス類の祖先にとても近い。
プロバクトロサウルス Probactrosaurus	バクトロサウルスの前	白亜紀前期（1億3640万年－1億2500万年前）	3.5m	ライオン	中国	特殊化していない、初期のハドロサウルス類。

*新しい属 ; **新しいグループ ; ^以前は名称不明だった恐竜の新しい属名

属名	名前の意味	年代	体長	大きさ	生息場所	メモ
プロトハドロス *Protohadros*	最初のハドロサウルス類	白亜紀後期 (9960万年-9350万年前)	7m	サイ	(アメリカ) テキサス州	深いあごをした原始的なハドロサウルス類。(大きなあごをしたTVホスト) ジェイ・レノ恐竜というニックネームがある。
シュアンミアオサウルス *Shuangmiaosaurus*	(中国) 双廟村の爬虫類	白亜紀後期 (9960万年-8930万年前)	不明	不明	中国	頭骨が見つかっている。真のハドロサウルス類にとても近い。
チューチョンゴサウルス* *Zhuchengosaurus*	(中国) 諸城市の爬虫類	白亜紀前期から後期 (1億200万年-9800万年前)	16.6m	ゾウ3頭分	中国	数体の骨格が見つかっている。新しく発見された原始的なハドロサウルス類は、現在までに見つかっている最大の鳥盤類である。
正式属名なし	以前は *"Iguanodon" hilli*	白亜紀後期 (9960万年-9350万年前)	不明	不明	イギリス	不完全な歯だけが見つかっている。
正式属名なし	以前は *"Trachodon" cantabrigiensis*	白亜紀前期 (1億1200万年-9960万年前)	不明	不明	イギリス	歯だけが見つかっている。

原始的なハドロサウルス類—初期に特殊化したカモノハシ竜 (32章)

このカモノハシ竜は特殊化したハドロサウルス科でもくちばしの幅広いハドロサウルス亜科でもない、ときどきのあるランベオサウルス亜科でもない。

属名	名前の意味	年代	体長	大きさ	生息場所	メモ
アムトサウルス *Amtosaurus*	(モンゴル) アムトガイの爬虫類	白亜紀後期 (9960万年-8580万年前)	不明	不明	モンゴル	脳函の一部だけが見つかっている。最初はよろいりゅうとされていた！
バクトロサウルス *Bactrosaurus*	とげのある椎骨の爬虫類	白亜紀後期 (9960万年-8580万年前)	6.1m	サイ	モンゴル	以前は原始的なランベオサウルス類とされていた。
クラオサウルス *Claosaurus*	壊れた爬虫類	白亜紀後期 (8700万年-8200万年前)	3.7m	ライオン	(アメリカ) カンザス州	ほとんど完全な骨格が見つかっている原始的なハドロサウルス類、残念ながら、収集されたときには頭骨がなくなっていた。
ギルモアオサウルス *Gilmoreosaurus*	(アメリカの古生物学者) チャールズ・ホイットニー・ギルモアの爬虫類	白亜紀後期 (9900万年-0500万年前)	8m	サイ	中国	初期のすらりとしたハドロサウルス類。
ヒプシベマ *Hypsibema*	高い足どり	白亜紀後期 (8350万年-7060万年前)	15m?	ゾウ2頭分	(アメリカ) ノースカロライナ州	巨大なハドロサウルス類。悲しいことに、ばらばらの骨だけつかっている。
コウタリサウルス* *Koutalisaurus*	スプーン爬虫類	白亜紀後期 (7060万年-6550万年前)	8m?	サイ?	スペイン	この恐竜の骨は、もともとはパラロアブドドンのものとされていた。ハドロサウルス科だが、ランベオサウルス亜科でもハドロサウルス亜科でもない。
マンチュロサウルス *Mandschurosaurus*	(中国) 満州の爬虫類	白亜紀後期 (7060万年-6850万年前)	不明	不明	中国：ロシア	アジアの大型のハドロサウルス類。不運にも頭骨は未知である。
オルニソタルスス* *Ornithotarsus*	鳥の足首	白亜紀後期 (8350万年-7060万年前)	12m?	ゾウ	(アメリカ) ニュージャージー州	とても大型のハドロサウルス類。それほど多くの骨は見つかっていない。

属名	名前の意味	年代	体長	大きさ	生息場所	メモ
パララブドドン *Pararhabdodon*	ラブドドンに近い	白亜紀後期 (7060万年-6550万年前)	5m	ウマ	スペイン；フランス？	もともとはラブドドン類とされ、それからランベオサウルス亜科とハドロサウルス類と考えられていた。現在では原始的なハドロサウルス類と考えられている。
パーロサウルス *Parrosaurus*	(アメリカの動物学者) Eide Parr の爬虫類	白亜紀後期 (7060万年-6850万年前)	15m?	ゾウ2頭分？	(アメリカ) ミズーリ州	巨大なハドロサウルス類。尾の骨とあごの一部が見つかっているが、とても大きいので、もともとは竜脚類のものとされていた。
セケルノサウルス *Secernosaurus*	別々の爬虫類	白亜紀後期 (7060万年-6550万年前)	3m	ライオン	アルゼンチン	南アメリカの数少ないハドロサウルス類の一つ。
タニウス *Tanius*	(中国の地質学者) Xi Zhou Tan にちなむ	白亜紀後期 (7060万年-6850万年前)	8m?	サイ	中国	標本の破片だけが見つかっている。以前はハドロサウルス亜科かランベオサウルス亜科のどちらかとされていたが、現在ではもっと原始的ではないかと考えられている。
テルマトサウルス *Telmatosaurus*	沼地の爬虫類	白亜紀後期 (7060万年-6550万年前)	5m	ハイイロクマ	ルーマニア；フランス；スペイン	白亜紀後期のヨーロッパの原始的なハドロサウルス類。

原始的なランベオサウルス類**――とさかが中空のカモノハシ竜 (32章)

だいていのランベオサウルス亜科（ハドロサウルス科の2つの主要なグループの一つ）の標本には、鼻に通じる、中がからっぽのとさかがある。このランベオサウルス亜科のリストは、鼻がチューブになっているパラサウロロフスのようなとさかのあるコリトサウルス類にもはっきりと属していないはっきりしない恐竜である。

属名	名前の意味	年代	体長	大きさ	生息場所	メモ
アムーロサウルス *Amurosaurus*	(シベリア) アムール川の爬虫類	白亜紀後期 (6680万年-6550万年前)	不明	不明	ロシア	後期だが、原始的なランベオサウルス類。とさかの形はわからない。
アラロサウルス *Aralosaurus*	アラル海の爬虫類	白亜紀後期 (9350万年-8580万年前)	8m	サイ	カザフスタン	以前はグリプェーオサウルスに似ているとハドロサウルス亜科とされていたが、現在では最も原始的なランベオサウルス亜科ではないかと考えられている。とさかを欠いている。
ヤクサルトサウルス *Jaxartosaurus*	(カザフスタン) ヤクサルテス川の爬虫類	白亜紀後期 (9350万年-8350万年前)	9m	サイ	カザフスタン	幼体の化石が見つかっている。
ナンニンゴサウルス* *Nanningosaurus*	(中国) 南寧市の爬虫類	白亜紀後期 (8350万年-7060万年前)	8m?	サイ？	中国	不完全にしかわかっていない。中国南部の最初のランベオサウルス亜科。
サハリヤニア* *Sahaliyania*	黒	白亜紀後期 (7060万年-6550万年前)	8m?	サイ？	中国	アジアで最後のハドロサウルス類の一つ。
チンタオサウルス *Tsintaosaurus*	(中国) 青島市の爬虫類	白亜紀後期 (7060万年-6850万年前)	9m	サイ	中国	幅の狭い垂直のとさかが見られ、残りの骨格はパラサウロロフスに似ている。

*新しい属；**新しいグループ；?以前は名称不明だった恐竜の新しい属名

438 ●恐竜リスト

パラサウロロフス類** —— チューブ状のとさかのカモノハシ竜 (32章)
パラサウロロフス類はチューブ状のとさかのランベオサウルス亜科を含む。

属名	名前の意味	年代	体長	大きさ	生息場所	メモ
カロノサウルス *Charonosaurus*	(ギリシャ神話のステュクス川の船頭) カロンの爬虫類	白亜紀後期 (6680万年—6550万年前)	10m	サイ	ロシア	とさかが本当はどうだったのかはわからないが、パラサウロロフスに似ている。
パラサウロロフス *Parasaurolophus*	サウロロフスに近い	白亜紀後期 (8000万年—7280万年前)	10m	サイ	(アメリカ)ニューメキシコ州、ユタ州;(カナダ)アルバータ州	チューブの形をしたとさかがあった。

コリトサウルス類** —— チューブ状のとさかのあるカモノハシ竜 (32章)
コリトサウルス類 (またはヒパクロサウルス類) は、ヘルメットのようなとさかのあるランベオサウルス類である。

属名	名前の意味	年代	体長	大きさ	生息場所	メモ
バルスボルディア *Barsboldia*	(モンゴルの古生物学者) リンチェン・バルスボルドにちなむ	白亜紀後期 (7060万年—6850万年前)	10m?	サイ	モンゴル	背中側の半分の骨格だけが見つかっている。
コリトサウルス *Corythosaurus*	ヘルメット爬虫類	白亜紀後期 (8000万年—7280万年前)	9m	サイ	(カナダ) アルバータ州	皮膚の痕跡が残った、たくさんの個体の骨格と頭骨が見つかっている。
ヒパクロサウルス *Hypacrosaurus*	おそらくいちばん背の高い爬虫類	白亜紀後期 (8000万年—6680万年前)	10m	サイ	(カナダ) アルバータ州;(アメリカ) モンタナ州	卵、巣、成体になりかけの幼体など、群れ全体が見つかっている。
ランベオサウルス *Lambeosaurus*	(カナダの古生物学者ローレンス・モリス・ランベの) 爬虫類	白亜紀後期 (8000万年—7280万年前)	9m	サイ	(カナダ) アルバータ州	ランベオサウルスには、背中にかけてとがったヘルメット状のとさかがあった。
ニッポノサウルス *Nipponosaurus*	日本の爬虫類	白亜紀後期 (8580万年—8000万年前)	8m	サイ	ロシア (ニッポノサウルスが発見されたときは〈名前の由来となった〉日本領だったサハリンに固有)	十分に成長していない標本で、北アメリカのヒパクロサウルスによく似ている。
オロロティタン *Olorotitan*	巨大なハクチョウ	白亜紀後期 (6680万年—6550万年前)	12m	不明	ロシア	末端まで広がった、チューブ状のとさかのある、シベリアの巨大なランベオサウルス類。
ウェラフローンス* *Velafrons*	帆になった前頭部	白亜紀後期 (8000万年—7280万年前)	8m	サイ	メキシコ	メキシコで見つかった、最も完全な恐竜骨格の一つ。
正式属名なし*	以前は "*Lambeosaurus*" *laticaudus*	白亜紀後期 (8000万年—7280万年前)	15m	ゾウ2頭分	メキシコ	頭骨がないため、(本当にランベオサウルスなのかどうかは不明だが) このメキシコの恐竜は最大の鳥盤類化石の一つである。

原始的なハドロサウルス類*・幅の広い鼻のカモノハシ竜（32章）

ハドロサウルス亜科は、ハドロサウルス科または真のカモノハシ竜の中の2つの主要なグループのうちの1つである。このリストの恐竜は、ハドロサウルス亜科の主要なグループ、グリューポサウルス類、サウロロフス類、エドモントサウルス類のどれかに属しているとはいいきれないものである。

属名	名前の意味	年代	体長	大きさ	生息場所	メモ
アナサジサウルス *Anasazisaurus*	（アメリカ先住民）アナサジ族の爬虫類	白亜紀後期（8000万年－7280万年前）	不明	サイ	（アメリカ）ニューメキシコ州	頭骨の一部だけが見つかっている。クリトサウルスと同じ恐竜かもしれない。
ハドロサウルス *Hadrosaurus*	重い爬虫類	白亜紀後期（8350万年－8000万年前）	8m?	サイ	（アメリカ）ニュージャージー州	最初に見つかったカモノハシ竜で、後肢の上を別の恐竜が歩いた跡がある骨格が見つかっている。本当にハドロサウルス亜科なのかどうかはわからない。
クリトサウルス *Kritosaurus*	別々の爬虫類	白亜紀後期（8000万年－7280万年前）	9m	サイ	（アメリカ）ニューメキシコ州	グリューポサウルスと同じ恐竜かもしれないと考える古生物学者もいる。
ロフォロトン *Lophorhothon*	とさかのある鼻	白亜紀後期（8350万年－7060万年前）	8m	サイ	（アメリカ）アラバマ州、ノースカロライナ州	サウロロフスに似たハドロサウルス亜科とされることもあるが、ハドロサウルス類とはいえ、ハドロサウルス科でさえないかもしれない。
ナァショイビトサウルス *Naashoibitosaurus*	（カートランド層群）Naashoibito部層の爬虫類	白亜紀後期（8000万年－7280万年前）	9m	サイ	（アメリカ）ニューメキシコ州	頭骨の一部だけが見つかっている。クリトサウルスと同じ恐竜かもしれない。
ウラガサウルス* *Wulagasaurus*	（中国の発見場所）烏拉嘎の爬虫類	白亜紀後期（7060万年－6550万年前）	8m?	サイ	中国	ランベオサウルス亜科サハリヤニアと同じ岩から見つかった。
正式属名なし	以前は "*Kritosaurus*" *australis*	白亜紀後期（7280万年－6680万年前）	8m?	サイ	アルゼンチン	クリトサウルスまたはグリューポサウルスに似たハドロサウルス亜科の恐竜。
正式属名なし		白亜紀後期（7200万年－7060万年前）	11m	ゾウ	メキシコ	クリトサウルスに似た、巨大なハドロサウルス亜科の恐竜。ひょっとするとクリトサウルスの新種かもしれない。
*正式属名なし		白亜紀後期（8580万年－8000万年前）	2.5m	ウマ	イタリア	イタリアの「アントニー」というニックネームがついた化石は、ほとんど完全な小型のハドロサウルス亜科の恐竜である。まだ十分に研究されていないが、ハドロサウルス亜科というよりテルマトサウルスに似た原始的なハドロサウルス亜科の恐竜と判明するかもしれない。

*新しい属；**新しいグループ；以前は名称不明だった恐竜の新しい属名

グリューポサウルス類** — 幅の広い鼻のカモノハシ竜 (32章)
グリューポサウルス類は幅の広いくちばしのハドロサウルス亜科のグループである。

属名	名前の意味	年代	体長	大きさ	生息場所	メモ
ブラキロフォサウルス *Brachylophosaurus*	とさかの短い爬虫類	白亜紀後期 (8000万年―7280万年前)	8.5m	サイ	(カナダ) アルバータ州； (アメリカ) モンタナ州	グリューポサウルスのような アーチ状ではないが高い鼻をもっていた。「レオナルド」というニックネームがついた標本はすべての恐竜化石の中で保存状態が最もよい。
グリューポサウルス *Gryposaurus*	かぎ鼻の爬虫類	白亜紀後期 (8350万年―7280万年前)	8.5m	サイ	(カナダ) アルバータ州、 (アメリカ) モンタナ州、ユタ州	大きな鼻のハドロサウルス亜科。数種が見つかっている。
マイアサウラ *Maiasaura*	いい母親の爬虫類	白亜紀後期 (8000万年―7280万年前)	9m	サイ	(アメリカ) モンタナ州	卵、巣、胎仔、幼体など、群れ全体が見つかっている。

サウロロフス類** — とがったとさかの、幅の広い鼻のカモノハシ竜 (32章)
サウロロフス類はハドロサウルス亜科のグループで、鼻部から前頭部へかけて、時には後ろ向きにとがった硬いとさかをもつこともある。

属名	名前の意味	年代	体長	大きさ	生息場所	メモ
ケルベロサウルス *Kerberosaurus*	(ギリシャ神話の3つの頭をもつ)冥界の番犬)ケルベロスの爬虫類	白亜紀後期 (6680万年―6550万年前)	8m?	サイ	ロシア	わかっていることは少ないが、鼻は平らだったようだ。
プロサウロロフス *Prosaurolophus*	サウロロフス以前	白亜紀後期 (8000万年―7280万年前)	8m	サイ	(カナダ) アルバータ州、 (アメリカ) モンタナ州	いろいろな年齢のたくさんの骨格が見つかっている。
サウロロフス *Saurolophus*	とさかのある爬虫類	白亜紀後期 (7280万年―6680万年前)	12m	ゾウ	(カナダ) アルバータ州、モンゴル	皮膚の痕跡が残ったものがある。たくさんの骨格が見つかっている、モンゴルとカナダではありふれた恐竜である。幅の広い鼻で、頭から後ろ向きに突き出たスパイクがあった。

エドモントサウルス類** — とても幅の広い鼻のカモノハシ竜 (32章)
エドモントサウルス類はとりわけ幅の広いくちばしの、カモノハシ竜の中のカモノハシ竜だった。

属名	名前の意味	年代	体長	大きさ	生息場所	メモ
アナトティタン *Anatotitan*	巨大なアヒル	白亜紀後期 (6680万年―6550万年前)	12m	ゾウ	(アメリカ) モンタナ州、サウスダコタ州、ワイオミング州	典型的なカモノハシ竜の中のカモノハシ竜。エドモントサウルスの最も進化した種と考える人もいる。
エドモントサウルス *Edmontosaurus*	エドモントン層の爬虫類	白亜紀後期 (7060万年―6550万年前)	12m	ゾウ	(カナダ) アルバータ州、サスカチュワン州；(アメリカ) モンタナ州、ノースダコタ州、サウスダコタ州、コロラド州、ワイオミング州	状態のいいたくさんの頭骨と骨格が見つかっている。以前は「アナトサウルス」とよばれた種も含んだ後期の種である。

属名	名前の意味	年代	体長	大きさ	生息場所	メモ
シャントゥンゴサウルス *Shantungosaurus*	(中国)山東省の爬虫類	白亜紀後期 (7060万年—6850万年前)	15m?	ゾウ2頭分	中国	最大の鳥盤類チューチョンゴサウルスが発見されるまでは、最大のハドロサウルス亜科の恐竜だった。

原始的な厚頭竜類**―初期の石頭恐竜 (33章)

厚頭竜類の恐竜は、頭のまわりに隆起がある周飾頭類の2つの主要な系統のうちの一つで、厚い頭骨をもっていた。このリストには、石頭がもっと進化したパキケファロサウルス科の恐竜は含まれていない。

属名	名前の意味	年代	体長	大きさ	生息場所	メモ
ゴヨケファレ *Goyocephale*	飾りのついた頭	白亜紀後期 (8580万年—7060万年前)	1.8m	ビーバー	モンゴル	比較的完全な頭骨と骨格が見つかっている。
ホマロケファレ *Homalocephale*	水平な頭	白亜紀後期 (7060万年—6850万年前)	1.8m	オオカミ	モンゴル	頭頂部が平らな厚頭竜類で、とても状態のいい骨格が見つかっている。
ペイシャンサウルス *Peishansaurus*	(中国)北山の爬虫類	白亜紀後期 (8350万年—8000万年前)	不明	不明	中国	頭骨の一部だけが見つかっている。本当はよろい竜の幼体のものかもしれない。
ステノペリクス *Stenopelix*	幅の狭い骨盤	白亜紀前期 (1億3000万年—1億2500万年前)	1.5m	ビーバー	ドイツ	頭骨を欠いた骨格が見つかっている。ヨーロッパの初期の厚頭竜類か別の周飾頭類のどちらかである。
ワンナノサウルス *Wannanosaurus*	(中国)安徽省南部の爬虫類	白亜紀後期 (7060万年—6850万年前)	60cm	シナメンチョウ	中国	不完全な幼体の標本だけが見つかっている。

パキケファロサウルス類**―石頭恐竜 (33章)

進化した厚頭竜類であるパキケファロサウルス科の恐竜は、ドーム状の頭骨をもっていた。

属名	名前の意味	年代	体長	大きさ	生息場所	メモ
アラスカケファレ *Alaskacephale*	アラスカの頭	白亜紀後期 (7200万年—7060万年前)	不明	不明	(アメリカ)アラスカ州	ドーム状の頭だけが見つかっている。
コレピオケファレ *Colepiocephale*	指関節の頭	白亜紀後期 (8000万年—7280万年前)	1.8m	オオカミ	(カナダ)アルバータ州	以前はステゴケラスの一種とされていた。
ドラコレックス *Dracorex*	ドラゴンの王	白亜紀後期 (6680万年—6550万年前)	2.4m	オオカミ	(アメリカ)サウスダコタ州	ひょっとするとパキケファロサウルスかスティギモロクの幼体にすぎないのかもしれない。属種名 *D. hogwartsia* は、「ハリー・ポッター」シリーズのホグワーツ魔法魔術学校をたたえてつけられた。
グラウィトルス *Gravitholus*	重いドーム	白亜紀後期 (8000万年—7280万年前)	3m?	オオカミ?	(カナダ)アルバータ州	ドーム状の頭だけが見つかっている。
ハンススーエシア *Hanssuesia*	(オーストリア・カナダ・アメリカの古生物学者)ハンス・ディーター・スーエスにちなむ	白亜紀後期 (8000万年—7280万年前)	2.4m	オオカミ	(カナダ)アルバータ州、(アメリカ)モンタナ州	以前はステゴケラスの一種とされていた。数体の頭骨が見つかっている。
オルナトトルス *Ornatotholus*	装飾されたドーム	白亜紀後期 (8000万年—7280万年前)	2m?	オオカミ?	(カナダ)アルバータ州	ステゴケラスの幼体にまったくそっくりである。

*新しい属 ; **新しいグループ ; ^以前は名称不明だった恐竜の新しい属名

恐竜リスト

属名	名前の意味	年代	体長	大きさ	生息場所	メモ
パキケファロサウルス Pachycephalosaurus	厚い頭の爬虫類	白亜紀後期(6680万年—6550万年前)	7m	ハイイログマ	(アメリカ)ワイオミング州、モンタナ州、サウスダコタ州	とても大きなドーム状の頭骨と長い鼻の、最も大型で、最後の厚頭竜類の一つ。
プレノケファレ Prenocephale	傾斜のある頭	白亜紀後期(7060万年—6850万年前)	2.4m	オオカミ	モンゴル	かなりいい状態の頭骨が見つかっている。スファエロトルスとティロケファレはプレノケファレの一種にすぎないと考える古生物学者もいる。
スファエロトルス Sphaerotholus	球状のドーム	白亜紀後期(8000万年—6550万年前)	2.4m	オオカミ	(アメリカ)モンタナ州、ニューメキシコ州	丸いドーム状の頭の厚頭竜類で、プレノケファレにとてもよく似ている。
ステゴケラス Stegoceras	屋根の角	白亜紀後期(8000万年—7280万年前)	2m	オオカミ	(カナダ)アルバータ州	比較的原始的な、丸いドーム状の頭の厚頭竜類。
スティギモロク Stygimoloch	(ギリシャ神話で地下に流れるとされる)ステュクス川の悪鬼	白亜紀後期(6680万年—6550万年前)	3m	ライオン	(アメリカ)モンタナ州、ワイオミング州	大きく、長い鼻の厚頭竜類で、後頭部に大きなとげがはえていた。パキケファロサウルスに近縁かも。本当はパキリノサウルスの若い個体にすぎないのかもしれない。
ティロケファレ Tylocephale	ふくれた頭	白亜紀後期(8580万年—7060万年前)	2.4m	オオカミ	モンゴル	頭部とプレノケファレの中間的な形の丸い頭頂部の頭骨の一部だけが見つかっている。
正式属名なし	以前は"Troodon" bexellii	白亜紀後期(7500万年—7060万年前)	不明	不明	中国	中国産の進化した厚頭竜類。
正式名なし		白亜紀後期(6680万年—6550万年前)	2.4m	オオカミ	(アメリカ)モンタナ州、サウスダコタ州	パキケファロサウルスとステュギモロクの新しい近縁種か、どちらかの幼体にすぎないのかもしれない、ほとんど完全な頭骨と骨格が見つかっている。
正式名なし		白亜紀後期(8000万年—7280万年前)	不明	ニワトリ	(カナダ)アルバータ州	まだじゅうぶんに記載されていない、小さなドーム状の頭骨が見つかっている。

チャオヤンサウルス類※ほかの原始的な角竜類―初期のオウムのくちばしの恐竜(34章)
チャオヤンサウルス類を含む、最も初期の、最も原始的な角竜類(角のある恐竜)。

属名	名前の意味	年代	体長	大きさ	生息場所	メモ
チャオヤンサウルス Chaoyangsaurus	(中国)朝陽の爬虫類	ジュラ紀後期(1億5080万年—1億4550万年前)	60cm?	シチメンチョウ	中国	頭骨と前半身の一部が見つかっている。シュアンホワケラトプスにとても近い。
ミクロパキケファロサウルス Micropachycephalosaurus	小さなパキケファロサウルス	白亜紀後期(7060万年—6850万年前)	50cm	シチメンチョウ	中国	不完全な頭骨と骨盤が見つかっているが、名前にもかかわらず、もっと前にも考えられていたような厚頭竜類ではなく角竜類だろう。
インロング Yinlong	隠れたドラゴン	ジュラ紀後期(1億6120万年—1億5570万年前)	3m	オオカミ	中国	たくさんの、状態のいい頭骨と骨格が見つかっている。

属名	名前の意味	年代	体長	大きさ	生息場所	メモ
シュアンホワケラトプス* *Xuanhuaceratops*	(中国) 官化区の角のある顔	ジュラ紀後期 (1億5080万年—1億4550万年前)	60cm?	シチメンチョウ?	中国	チャオヤンゴサウルスにとても近い。

プシッタコサウルス類** — オウム恐竜 (34章)

プシッタコサウルス科は白亜紀前期のアジアの角竜類で重要なグループであった。たいていは2足歩行だった。

属名	名前の意味	年代	体長	大きさ	生息場所	メモ
ホンシャノサウルス *Hongshanosaurus*	(古代中国の) 紅山文化の爬虫類	白亜紀前期 (1億2500万年—1億2000万年前)	1.2m?	シチメンチョウ	中国	幼体と成体の頭骨が見つかっている。本当はプシッタコサウルスの一種かもしれない。
プシッタコサウルス *Psittacosaurus*	オウム爬虫類	白亜紀前期 (1億4020万年—9960万年前)	1.8m	ビーバー	中国：モンゴル：タイ？	数体の標本が見つかっているが、別の属として分類されるものがあるかもしれない、赤ん坊から成体までが見つかっている。最も研究されている恐竜の一つ。
正式属名なし	以前は "*Psittacosaurus*" *sibiricus*	白亜紀前期 (1億3640万年—9960万年前)	1.5m?	ビーバー	ロシア	まだちゃんと記載されていない。プシッタコサウルスに似ているが、角があるようだ。

原始的な新角竜類—初期のフリルのついた恐竜 (34章)

以下のフリルのついた恐竜は、レプトケラトプス科、プロトケラトプス科、ケラトプス科の恐竜ではない。

属名	名前の意味	年代	体長	大きさ	生息場所	メモ
アルカエオケラトプス *Archaeoceratops*	古代の角のある顔	白亜紀前期 (1億3000万年—1億2500万年前)	1.5m	ビーバー	中国	2足歩行で、すらりとした新角竜類。
アジアケラトプス *Asiaceratops*	アジアの角のある顔	白亜紀前期から後期 (1億200万年—9800万年前)	1.8m	ビーバー	ウズベキスタン	原始的な新角竜類なのか真のレプトケラトプス類なのかは不確定である。
アウロラケラトプス *Auroraceratops*	夜明けの角のある顔	白亜紀前期 (1億4020万年—9960万年前)	不明	オオカミ	中国	ずいぶんとこの顔の原始的な新角竜類。
クルケラトプス *Kulceratops*	湖の角のある顔	白亜紀前期 (1億1200万年—9960万年前)	不明	不明	中央アジア	ほとんど記載されておらず、あごの断片だけが見つかっている。中央アジアのどこで見つかったかさえちゃんと報告されていない。
リヤオケラトプス *Liaoceratops*	(中国) 遼寧省の角のある顔	白亜紀前期 (1億2500万年—1億2000万年前)	不明	ビーバー	中国	小型でフリルのある角竜類で、成体と幼体の両方の頭骨が見つかっている。
ノトケラトプス *Notoceratops*	南の角竜類	白亜紀後期 (7060万年—6850万年前)	不明	不明	アルゼンチン	あごの断片が見つかっているが、本当はハドロサウルス類のものかもしれない。
セレンディパケラトプス *Serendipaceratops*	(スリランカの伝説上の名前) セレンディップの角のある顔	白亜紀前期 (1億1800万年—1億1000万年前)	不明	シチメンチョウ?	オーストラリア	前腕部の骨だけが見つかっているが、角竜類のものではないかもしれない。
トゥーラノケラトプス *Turanoceratops*	(中央アジアのペルシャ語) トゥーランの角のある顔	白亜紀後期 (7060万年—6550万年前)	不明	不明	カザフスタン	角の芯と三重の歯根が見つかっているが、ズニケラトプスに似た恐竜か真のケラトプス類のものかもしれない。

*新しい属：**新しいグループ：^以前は名称不明だった恐竜の新しい属名

444 ●恐竜リスト

属名	名前の意味	年代	体長	大きさ	生息場所	メモ
ヤマケラトプス* *Yamaceratops*	（チベットの死神）ヤマの角のある顔	白亜紀前期（年代は未確定）	1.5m	ビーバー	モンゴル	頭骨の一部といろいろな部位のばらばらの骨が見つかっている。
ズニケラトプス *Zuniceratops*	（アメリカ先住民）ズニ族の角のある顔	白亜紀後期（9350万年〜8930万年前）	3.5m	ハイイログマ	（アメリカ）ニューメキシコ州	額には角があるが、鼻先には角がない。

レプトケラトプス類—小さなフリルのついた恐竜 (34章)
比較的短いフリルをもつ新角竜類である。

属名	名前の意味	年代	体長	大きさ	生息場所	メモ
バイノケラトプス *Bainoceratops*	（モンゴルの化石発掘場）Bayn Dzakの角のある顔	白亜紀後期（7500万年〜7060万年前）	不明	ビーバー	モンゴル	椎骨はプロトケラトプスよりもウダノケラトプスやレプトケラトプスに似ているように見える。
ケラシノプス* *Cerasinops*	サクランボの顔	白亜紀後期（8000万年〜7650万年前）	1.8m	ヒツジ	（アメリカ）モンタナ州	この恐竜の標本のひとつは（サクラ（Cera)というニックネームがついている。
グラキリケラトプス *Graciliceratops*	すらりとした角のある顔	白亜紀後期（9960万年〜8350万年前）	60cm	シチメンチョウ	モンゴル	すらりとした、ひょっとすると2足歩行の恐竜。おそらく幼体だろう
レプトケラトプス *Leptoceratops*	小さな角のある顔	白亜紀後期（6680万年〜6550万年前）	1.8m	ヒツジ	（カナダ）アルバータ州；（アメリカ）モンタナ州	北アメリカで最後の小型の角竜類。
ミクロケラトゥス* *Microceratus*	小さな角	白亜紀後期（9960万年〜8350万年前）	60cm?	シチメンチョウ？	モンゴル	以前は「ミクロケラトプス」"Microceratops"とよばれていた。かなり断片的な化石だけが見つかっている。
モンタノケラトプス *Montanoceratops*	モンタナの角のある顔	白亜紀後期（7280万年〜6680万年前）	3m	ライオン	（アメリカ）モンタナ州	以前は鼻先にあるとされた角は、ほおにある骨の間違いだった。
プレノケラトプス *Prenoceratops*	傾斜のある角のある顔	白亜紀後期（8000万年〜7280万年前）	3m	ライオン	（アメリカ）モンタナ州	大部分が幼体の群れが見つかっている。
ウダノケラトプス *Udanoceratops*	（モンゴル）ウダン・サイルの角のある顔	白亜紀後期（8580万年〜7060万年前）	4.5m	ハイイログマ	モンゴル	大型の、ひょっとすると2足歩行の角竜類。

プロトケラトプス類—深い尾をした、フリルのある恐竜 (34章)
プロトケラトプス科は、アジアにいて、4足歩行の恐竜で、深い尾と、フリルをもっていた。

属名	名前の意味	年代	体長	大きさ	生息場所	メモ
バガケラトプス *Bagaceratops*	小さな角のある顔	白亜紀後期（8580万年〜7060万年前）	90cm	シチメンチョウ	モンゴル	胎仔をもむくたくさんの標本が見つかっている。鼻先に小さな角があった。
ブレウィケラトプス *Breviceratops*	短い角のある顔	白亜紀後期（8580万年〜7060万年前）	2m	オオカミ	モンゴル	バガケラトプスと同じ恐竜かもしれない。
ラマケラトプス *Lamaceratops*	僧侶の角のある顔	白亜紀後期（8580万年〜7060万年前）	不明	オオカミ	モンゴル	バガケラトプスに似ており、鼻先に小さな角があった。
マグニロストゥリス *Magnirostris*	大きな吻部	白亜紀後期（7500万年〜7060万年前）	不明	オオカミ	中国	大きなくちばしと小さな角をもっていた。

属名	名前の意味	年代	体長	大きさ	生息場所	メモ
プラティケラトプス *Platyceratops*	平らな角のある顔	白亜紀後期(8580万年—7060万年前)	不明	オオカミ	モンゴル	保存状態の悪い頭骨1つをもとにしていて、バガケラトプスにとてもよく似ている。
プロトケラトプス *Protoceratops*	最初の角のある顔	白亜紀後期(8580万年—7060万年前)	2m	ライオン	モンゴル:中国	白亜紀後期のアジアで見つかる恐竜の中で最もありふれたものかもしれない。卵、胎仔、赤ん坊、幼体、成体が見つかっている。

セントロサウルス類—鼻先に角のある、真の角竜類 (35章)
ケラトプス科(真の角竜類)は、2つの主要なグループに分けられる。セントロサウルス亜科の恐竜は、すべてフリルの後ろの中心から突き出しているか少なくとも1対のスパイクをもっている。

属名	名前の意味	年代	体長	大きさ	生息場所	メモ
アケロウサウルス *Achelousaurus*	(ギリシャ神話の川の神)アケロオスの爬虫類	白亜紀後期(8000万年—7280万年前)	6m	サイ	(アメリカ)モンタナ州	パキリノサウルスに近縁で、やはりずんぐりした鼻と額をもっていた。
アルバータケラトプス *Albertaceratops*	(カナダ)アルバータの角のある顔	白亜紀後期(8000万年—7280万年前)	6m	サイ	(カナダ)アルバータ州; (アメリカ)モンタナ州	2007年に命名され、鼻先の角より長い角が額に見つかった、最初のセントロサウルス類。
アヴァケラトプス *Avaceratops*	(アメリカの化石ハンター)アヴァ・コールの角のある顔	白亜紀後期(8000万年—7280万年前)	2.5m	ハイイログマ	(アメリカ)モンタナ州	最初は幼体の標本だけが見つかっていたが、現在では別の化石も見つかっている。他のセントロサウルス類の幼体にすぎないと考える人もいたし、セントロサウルス亜科の中に独特のアヴァケラトプス亜属が立てられると考える人もいた。おそらく後者が正しいのだろう。
セントロサウルス *Centrosaurus*	突き出したフリルの爬虫類	白亜紀後期(8000万年—7280万年前)	5.7m	サイ	(カナダ)アルバータ州	皮膚の痕跡を伴ったほとんど完全な骨格と、いっしょに死んだ群れ全体が見つかっている。
エイニオサウルス *Einiosaurus*	バイソンの爬虫類	白亜紀後期(8000万年—7280万年前)	6m	サイ	(アメリカ)モンタナ州	曲がった角のセントロサウルス類。
パキリノサウルス *Pachyrhinosaurus*	厚い鼻の爬虫類	白亜紀後期(8000万年—6680万年前)	8m	サイ	(アメリカ)アラスカ州; (カナダ)アルバータ州	最後の、そして最大のセントロサウルス類。群れが見つかっている。
スティラコサウルス *Styracosaurus*	スパイクのついたフリルの爬虫類	白亜紀後期(8000万年—7280万年前)	5.5m	サイ	(カナダ)アルバータ州; (アメリカ)モンタナ州	数体の状態のいい標本が見つかっている。大きなスパイクとフリルで区別できる。
*正式名なし		白亜紀後期(8350万年—7600万年前)	5.5m	サイ	(アメリカ)ユタ州	知られている最古のセントロサウルス類。アルバータケラトプスのように、鼻先の角より額のほうが長かった。フリルの後ろから出た1対のスパイクはとりわけ長い。

* 新しい属;** 新しいグループ;^ 以前は名称不明だった恐竜の新しい属名

ケラトプス類―額に角のある、真の角竜類（35章）
ケラトプス亜科はケラトプス科（真の角竜類）の2つのグループのうちの一つで、大きな額の角と浅く、長い鼻先が特徴的な種である。

属名	名前の意味	年代	体長	大きさ	生息場所	メモ
アグジャケラトプス *Agujaceratops*	アグジャ層の角のある顔	白亜紀後期（8000万年―7280万年前）	7m	サイ	（アメリカ）テキサス州	以前はカスモサウルスの一種とされていた。群れが見つかっている。
アンキケラトプス *Anchiceratops*	中間的なフリルの角のある顔	白亜紀後期（8000万年―7280万年前）	6m	サイ	（カナダ）アルバータ州	比較的特徴のないケラトプス類。
アッリノケラトプス *Arrhinoceratops*	鼻のない角のある顔	白亜紀後期（7280万年―6680万年前）	7m	サイ	（カナダ）アルバータ州	名前にもかかわらず、本当は鼻の角があった。
ケラトプス *Ceratops*	角のある顔	白亜紀後期（8000万年―7280万年前）	2.5m?	ハイイロオオカミ?	（アメリカ）モンタナ州	よくわかっていないが、額の角は比較的小さかったようだ。
カスモサウルス *Chasmosaurus*	広く開いたフリルの爬虫類	白亜紀後期（8000万年―7280万年前）	7m	サイ	（カナダ）アルバータ州	少なくとも3つの種が見つかっていて、角の大きさと方向が異なるパターンを示している。
ディケラトゥス *Diceratus*	2つの角をもつもの	白亜紀後期（6680万年―6550万年前）	7.6m?	ゾウ	（アメリカ）ワイオミング州	以前は"*Diceratops*"とよばれていたが、すでに昆虫にこの名前がつけられていた。独自の属の一種とする人も、トリケラトプスの一種として、十分に育っていないケラトプスの個体にすぎないと考える人もいる。
エオトリケラトプス *Eotriceratops*	夜明けのトリケラトプス	白亜紀後期（7060万年―6850万年前）	9m	ゾウ	（カナダ）アルバータ州	頭骨の一部が見つかっている。この恐竜はトリケラトプスの直接の先祖かもしれない。
ペンタケラトプス *Pentaceratops*	5本の角のある顔	白亜紀後期（8000万年―7280万年前）	8m	ゾウ	（アメリカ）ニューメキシコ州	とても大きなケラトプス類。額の角、鼻先の突起から出た2本の角をあわせて、実際、すべてのケラトプスを合む角竜類の多くはほおから角が出ている。
トロサウルス *Torosaurus*	穴をあけられたフリルの爬虫類（雄牛の爬虫類ではない！）	白亜紀後期（6680万年―6550万年前）	7.6m	ゾウ	（アメリカ）ワイオミング州、モンタナ州、サウスダコタ州、ユタ州、ニューメキシコ州、テキサス州；（カナダ）サスカチュワン州	大きな、とても大きなケラトプス類。
トリケラトプス *Triceratops*	3つの角のある顔	白亜紀後期（6680万年―6550万年前）	9m	ゾウ	（アメリカ）コロラド州、ワイオミング州、モンタナ州、ノースダコタ州、サウスダコタ州；（カナダ）アルバータ州、サスカチュワン州	おそらく白亜紀の北アメリカ西部で最もありふれた恐竜。
正式名なし*		白亜紀後期（8000万年―7280万年前）	7m	サイ	（アメリカ）ユタ州	ペンタケラトプスとアグジャケラトプスに近縁。

* 原著に載っていなかった属名　** 原著に載っていなかった恐竜のグループ名　^ 原著に正式名が載っていなかった新しい属名
2008年7月31日に補足

監訳者あとがき

　本書は，Thomas R. Holtz, Jr.: Dinosaurs. The most complete, up to date encyclopedia for dinosaur lovers of all ages (2007), 427pp, Random House, New York の翻訳である．基本的に文章はホルツ1人が執筆しているが，恐竜学といってもその範囲は幅広い．より専門的なトピックについては33人の古生物学者によるコラムが加えられている（国際色豊かで，日本人としては北海道大学総合博物館の小林快次准教授が「オルニトミモサウルス類」について執筆しており，女性の研究者も何人か含まれている）．イラストはルイス・V. レイの魅力的な筆による．

　原著の記述をもとにホルツとレイを紹介しよう．

　トーマス・R. ホルツ（Thomas R. Holtz, Jr.）博士は，3歳のころ，プラスチックの恐竜，ティラノサウルスと「ブロントサウルス」（現在ではアパトサウルス）のおもちゃをもらって，古生物への情熱が芽ばえた．子どものトムは見た目にはまったく違う2種類の生物につながりがあるらしいことにとても驚いて，このことがその後の人生で系統分類と T. レックスにとりつかれるきっかけとなった．

　現在，ホルツは恐竜の系統発生とティラノサウルス類の専門家として世界的に有名な一人となっている（一方で彼は「恐竜オタクの王」を自称しており，金子隆一『知られざる日本の恐竜文化』（祥伝社新書）によると，ジャパニメーションの大ファンらしい）．専門的な論文を多数執筆するかたわら，数々の賞に輝いた "Walking with Dinosaurs" や "When Dinosaurs Roamed America" などの TV ドキュメンタリーの製作にも参加している（前者は『ウォーキング with ダイナソー～驚異の恐竜王国』として日本語版 DVD が発売されており，小畠郁生監訳『図説 恐竜の時代』（岩崎書店）という書籍もある）．ホルツは米国メリーランド大学カレッジパーク校の Earth, Life, and Time Program の代表者である．ウェブサイト www.geol.umd.edu/~tholtz にもっと詳しい情報がある．

　ルイス・V. レイ（Ruis V. Rey）はロンドン在住のスペイン人アーティストである．彼はメキシコのサンカルロスアカデミーで視覚芸術の修士号をとった．画家，彫刻家，ジャーナリスト，ライターとしてのレイは，12歳のとき，恐竜の本に絵を書き込んだことが最初だった．その後，彼の関心はシュルレアリスム，ファンタジー，SF に向けられたが，1970年代の「恐竜ルネサンス」（p.10 参照）の影響で，自然科学の世界に本格的に戻ってきた．それ以来，彼はプロの古生物アーティストとなり，自分で本を書いたり，世界のトップクラスの古生物学者に協力して出版にたずさわってきたりした．最近では絵筆，アクリル絵具，インク，キャンバス，画用紙のかわりにコンピュータのディスプレー上でデジタルな方法で絵を描き，まったく新しい世界を切り開いた．ウェブサイト www.ndirect.co.uk/~luisrey にもっと詳しい情報や作品が掲載されている（彼の絵は小畠郁生監訳『恐竜野外博物館』（朝倉書店）でも見ることができる）．

　ホルツの業績について補足しておく．読者の中には，一昔前の本の中で，ジュラ紀の肉食恐竜（アロサウルスなど）が進化して白亜紀の肉食恐竜（ティラノサウルスなど）になったと書いてあったのを覚えていらっしゃる方がいるかもしれない．そうではなく，ティラノサウルスは小型のコエロサウルス類恐竜から進化したことを明らかにした研究者の一人が本書の著者ホルツだった（p.117 参照）．そのときに重要な役割を果たしたのが「分岐論」という考え方である．分岐論の説明は p.51 以降に書かれているのでここでは省略するが，鳥類は獣脚類の恐竜の中から進化したという現在で

は主流の学説も分岐論の流れによって生まれてきたことも付け加えておこう（p.165 参照）．なお，分岐論では以前のリンネ式分類法と異なり，「科」「目」「綱」などの階級（ランク）は定義が不定不明で意味をなさない．また，新知見を反映した新規のクレード名がつくられる一方，既存の分類群名をクレード名として再定義した使用例もかなりある．本書では階級を示さずに「○○類」という表記を原則とした．ただし，「ケラトプス科」と「ケラトプス亜科」のように系統として区別せざるをえないもの，その他，前後のバランスを考えて伝統的な階級を訳語として使ったところがあるので，注意してほしい．

　（鳥類を除いて）はるか昔に絶滅した動物を扱うにもかかわらず，恐竜学の進歩は（他の自然科学と同じように）急速である．恐竜が竜盤類と鳥盤類に分けられることはご存知だろうが，一時はその2つをまとめた「恐竜類」というのは実は存在しないのではないかと考えられていたことがあり，たとえば1996年刊行の『岩波生物学辞典 第4版』でもそのような記述になっている．現在では恐竜は「自然分類群」としてきちんと定義されており（イグアノドンとメガロサウルスの最も新しい共通の祖先から生まれた子孫のすべて），そうした考えは過去のものといっていいだろう（p.61 参照）．

　ホルツは現役の研究者だけあって，このような恐竜学の発展の中に身を置いている．恐竜の本は数多いが，本書はすでにできあがった恐竜学を示すものではなく，変化していく恐竜学，あるいは進化しつつある恐竜学の解説に重点をおいているという点で，きわめてユニークな著作になっているといえよう．たとえば，「この恐竜は……という習性があったろう」というだけではなく，「昔は……のゆえに」こう考えられていたが，「今日では……の発見により」次のように考えられるようになった．「しかし，……の点でなお疑問が残っている」というような書き方なので，われわれ一般読者にとって面白いばかりでなく，おそらくは専門の恐竜研究者にとっても示唆的なものとなっている．原著の"The most complete, up to date encyclopedia for dinosaur lovers of all ages"というサブタイトルもうなずける．

　本書の巻末に付した属名リストを一覧してお気づきと思うが，未命名の種類まで掲載されコメントされている．属名リストのはしがきには，その最新ヴァージョンを知りたい人のために，ホルツのウェブサイトが明記されている．本訳書では，もちろんこの最新ヴァージョンを採用した．属名リストの作成はホルツが本書の執筆にあたり最も苦労したものであり，出版後も改訂を続けていくものであろう．以上があえて本書の訳出を考えた理由でもある．

　属名リストは本書の特徴であるが，本書の性格を考えてオリジナルのスペルとともにカタカナ表記を併記した．目新しい属名も多く，かなり苦労させられた．原著の第1刷では，属名の下に英語風の発音ガイドが記されていたが，ウェブサイト上の最新ヴァージョンではそれがなくなっている．国際動物命名規約では属種名はラテン語もしくはラテン語化したスペルにすることが規定されているが，属種名の発音のしかた，すなわち読み方は規定していない．つまり，英米語，ドイツ語，フランス語，ラテン語など，いずれの読み方もありうることに配慮したからかもしれない（p.45も参照）．

　属名を日本語で表記する場合，訳語として日本人になじみやすいものがよい．その意味で，日本での訳書はおおむねローマ字発音に近いラテン語風の読みでカタカナ表記を採用している．しかし，完全にラテン語化した発音に近づけたカタカナ読みに徹するとなると，それは単なる符号と化して意味や由来が不明となり，日本語訳という初心を無視したことにもなる．

　たとえば，ラテン語読みで気をつけねばならぬ点に次のような事柄がある．ラテン語の基本母音は日本語のローマ字と同じだが，yという母音が加わり，これはギリシャ語のυ（ユープシロン）

を写したものである．u と同じ円唇狭母音だが，u が舌の奥で発せられる母音であるのに対し，舌の前のほうで発せられる母音である．唇を丸めて前に突き出し，「ウー」と「ユー」といってみれば，音の出どころの後ろと前の違いがわかる．y はそのときの「ユー」に含まれる母音である（大西英文『はじめてのラテン語』，2006）．そういうわけで，ラテン語辞書では，カタカナ表記では y はユとして示される（大槻真一郎『科学用語 独 - 日 - 英 語源辞典 ラテン語篇』，1989）．これに対して，ドイツ語の ü，フランス語の u と同様に発音し，ユよりもむしろイに近いとする意見（江崎悌三「動物の学名」『新日本動物図鑑 下』付録，1965）もあるし，英語の y のように［i］と読んでも差し支えないとする意見（島崎三郎「解剖学用語（ラテン語）について」『解剖学雑誌』，1986）もある．私は基本的にはラテン語学者に従ってユと表記するようにしている．

次に二重母音には，ae（アエ），au（アウ），oe（オエ），eu（エウ），ui（ウイ），ei（エイ）がある．このうち ae は古くは ai と表記され発音もアイに近いし，oe は古くは oi と表記されオイに近い（大西，2006）．そのような経緯があったせいであろう，ae と oe はそれぞれアイとオイと発音すると述べる意見（江崎，1965; 島崎，1986）もあるし，ae（アエ）をアイ，oe（オエ）をオイと発音してもよい（平嶋義宏『生物学名命名法辞典』，1994）という意見もある．パリ国際解剖学会で議決された解剖用語では，英語のように ae と oe も e（エー）となっている．本書ではアエとオエを用いる．

子音の発音で注意することの一つは，c は常に［k］で，g は常に［g］，x は常に［ks］である．i (j) は日本語のヤ行の子音で，前者が古典的表記で使われる．v は英語の w に相当する子音ウ［w］であって，ヴ［v］ではないことに注目すべきだ．たとえば，ネオウェーナートル *Neovenator*，ウルカーノドン *Vulcanodon*．しかし，ウをヴと読んでも差し支えない（島崎，1986）とする説もある．t はタ行の子音［t］だが，ti, tu, ty はチ，ツ，チュではなく，ティ，トゥ，テュという音である．d はダ行の子音［d］で，di, du, dy はヂ，ヅ，ヂュではなく，ディ，ドゥ，デュと発音する（大西，2006）．

ch, ph, th, rh はそれぞれ帯気音を表すギリシャ文字を転写したもので，単一子音として扱われ，h がないのと同様に，c = k, p, t, r のように読むのが本来である．ch をドイツ式に読んだり，th を英語式に読んだりしてはいけない．ただし，ph については，後代の慣用に従って f と同じに読むのがよい（江崎，1965），ph を英語のように f と読んでもよかろう（島崎，1986），子音 ph については現在は f と同様にフと発音されている（平嶋，1994）というふうに自然科学の先輩たちはほぼフの読み方をとるが，英語，ドイツ語，フランス語のいずれも同一発音であるからだろうか．国際動物命名規約 58 条（9）により，種グループ名綴りでホモニムと見なされるからかもしれない．ラテン語学者の考えではない．

鼻音の m や n が 2 つ重なる場合（mm, nn）や，-mp, -mb となった場合はほぼ撥音（はねる音）のようになり，子音を 1 つずつ発音する（大西，2006）．たとえば，エオテュランヌス *Eotyrannus*，ナノテュランヌス *Nanotyrannus*．一方，bb, cc, dd, ff, ll, rr, ss の場合には，日本語の促音（つまる音）のようにして発音する（大西，2006）．たとえば，イッリタートル *Irritator*，マッソスポンデュルス *Massospondylus*．

以上はラテン語の場合の各音の発音規則であるが，近代の固有名詞や俗名からきた語の場合は，それぞれのもとの発音に従うので，上記の規則の例外になる（江崎，1965）．たとえば，アルバートサウルス *Albetosaurus*（Alberta から），マメンチサウルス *Mamenchisaurus*（馬門渓から），シーダロサウルス *Cedarosaurus*（Mt. Cedar から），ハンスズーエシア *Hanssuesia*（Hans Dieter Sues から），トウチャンゴサウルス *Tuojiangosaurus*（沱江から），カーネギーイ *carnegii*（Andrew Carnegie から），ルイーザエ *louisae*（女性名 Louisa から）．

最後に重要なことは，カタカナ表記をするということは，日本語化するということである．いわば外来の日本語を意味する．すでに以前から日本語化されて使用され，一般によく普及され定着しているカタカナ表記がある場合には，これをいちいちラテン語読みに改訂すると煩雑になり混乱を助長するので改訂を避け，在来のカタカナ表記を尊重するという考えである．たとえば，*Tyrannosaurus* はテュランノサウルスを避けティラノサウルス，*Velociraptor* はウェロキラプトルを避けヴェロキラプトル，*Supersaurus* はスペルサウルスを避けスーパーサウルス，*Gallimimus* はガッリミムスを避けガリミムスとする．属名の語尾も，すでに長年にわたり使われてきたカタカナ表記があればそれを採用し，ラテン語風読みを避けた．例えば *-pteryx* はプテリュクスを避けプテリクス，*-physis* はピュシスを避けフィシス，*-nykus* はニュクスを避けニクスなどとした．

今回の訳書の恐竜名表記については，以上に記したような事項を考慮したうえでの表記であることをご了承いただければ幸いである．もちろん，学名はラテン文字で綴らなければ的確でなく，日本語訳（カタカナ表記）は学名の書き換えにすぎない（渡辺千尋『国際動物命名規約提要』，1992）のはいうまでもない．

小畠郁生

監訳者
小畠郁生
訳者
池田比佐子（pp.1-67, pp.292-365）　加藤　珪（pp.68-211）　舟木夏浩・舟木秋子（pp.212-291）

写真の出典：p.2: photo by Michael Meskin, plastic dinosaurs courtesy of Mike Fredericks; p.4: courtesy of Thomas Holtz; p.5: courtesy of Luis Rey; p.6 (top): image #18103-f, photo by Thomson, American Museum of Natural History Library; p.6 (bottom): "Plot's Unrecognized Dinosaur Bone," 1676, Linda Hall Library of Science, Engineering & Technology; p.7: "Figuier's World Before the Deluge," 1867, Linda Hall Library of Science, Engineering & Technology; p.8: image #1265, "Dinner in the Iguanodon Model" © Natural History Museum, London; p.9 (top): from the Collections of the University of Pennsylvania Archives; p.9 (bottom): courtesy of Peabody Museum of Natural History, Yale University, New Haven, CT; p.10 (left): image #338695, photo by Schackelford, American Museum of Natural History Library; p.10 (right): © Peabody Museum of Natural History, Yale University, New Haven, CT; p.11: image courtesy of L. M. Witmer and Ohio University; p.13: Ingram Publishing/SuperStock; p.14 (top left): photo by D. W. Peterson, U.S. Geological Survey; p.14 (top right), p.15, p.16 (bottom), p.21, and p.22 (bottom): courtesy of Thomas Holtz; p.14 (bottom): photo by J. P. Lockwood, U.S. Geological Survey; p.16 (top): U.S. Geological Survey Bulletin 1309; p.23: photo by W. B. Hamilton, U.S. Geological Survey; p.28 (bottom): "The Blue Marble," NASA: Visible Earth (http://visibleearth.nasa.gov); p.29 (top and bottom) and p.30: courtesy of Thomas Holtz; p.31 and p.33 (bottom): courtesy of Jason C. Poole; p.32: photo by J. S. Lucas, courtesy of Carnegie Museum of Natural History; p.37 (left and right): courtesy of Thomas Holtz; p.41 (top): courtesy of Hunt Institute for Botanical Documentation, Carnegie Mellon University, Pittsburgh, PA; p.41 (bottom left): The Metropolitan Museum of Art, purchase, Lila Acheson Wallace Gift, 1990 (1990.59.1), photo © 1990 The Metropolitan Museum of Art; p.41 (bottom middle): The Metropolitan Museum of Art, gift of Katherine Keyes, in memory of her father, Homer Eaton Keyes, 1938 (38.157), photo © The Metropolitan Museum of Art; p.41 (bottom right): The Metropolitan Museum of Art, gift of Florene M. Schoenborn, 1994 (1994.486), photo © The Metropolitan Museum of Art; p.43 (left and right): Corel Photos; p.46: Library of Congress, Prints and Photographs Division, reproduction #LC-DIG-ggbain-03485; p.50: "Haeckel's Tree of Life" (1866); p.51: PhotoDisc; p.56: IT Stock Free; p.300 (right): courtesy of Museum of the Rockies; p.312 (left and right): PhotoDisc; p.321: photo by Dr. Anusuya Chinsamy-Turan; p.365: photo by Michael Meskin.

用語解説

本書で使用した専門用語の解説をまとめた．単系統と考えられる分類群名は，日本語の後に，最初に正式なラテン語形式，次に一般的な英語を補っている．＊は「用語解説」の中に説明項目となっていることを示している．[訳注：ここでは系統を示す意味で，「科」などの階級をつけて訳出した]

アエトサウルス類 aetosaur 三畳紀＊によくみられた，装甲をもつ植物食の主竜類＊のすべてのグループ．

アベリサウルス科 Abelisauridae abelisaulid 白亜紀＊を通じてゴンドワナ大陸＊でよくみられた，短い腕をもつケラトサウルス類＊．

アルバートサウルス亜科 Albertosaurinae albertosaurine 白亜紀＊後期の北アメリカ西部にいた，身体のほっそりしたティラノサウルス科＊のグループ．

アルヴァレズサウルス科 Alvarezsauridae alvarezsaurid 白亜紀＊のコエルロサウルス類＊で，奇妙な姿で，大きな親指をもつグループ．

アロサウルス科 Allosauridae allosaurid ジュラ紀＊後期によくみられた，身体の大きなカルノサウルス類＊（アロサウルス上科＊）のグループ．

アロサウルス上科 Allosauroidea allosauroid 頭骨の縁に沿った隆起のペアが特徴的な，身体の大きなカルノサウルス類＊のグループ．アロサウルス上科はアロサウルス科＊，カルカロドントサウルス科＊，シンラプトル科＊から構成される．

アンキロサウルス科 Ankylosauridae ankylosaurid 白亜紀＊の，棍棒のような尾をもつよろい竜下目＊のグループ．

イグアノドン類 Iguanodontia iguanodontian 歯がない上あごの前部が特徴的な，進化した鳥脚亜目＊のグループ．

胃石 gastrolith 水中での錘のためや消化を助けるために動物が飲み込んだ石．

遺伝 heredity 親から子へDNAによって伝えられる性質．

ヴェロキラプトル亜科 Velociraptorinae velociraptorine 白亜紀＊のローラシア大陸＊でみられた身体のすらりとしたドロマエオサウルス科＊のグループ．

ウネンラギア亜科 Unenlagiinae unenlagiine 白亜紀＊のゴンドワナ大陸＊でみられた長い鼻先をもつドロマエオサウルス科＊のグループ．

エナンティオルニス亜綱 Enantiornithes enantiornithine 白亜紀＊の鳥群＊のグループ．

オヴィラプトル科 Oviraptoridae oviraptorid 歯のない，進化したオヴィラプトロサウルス類＊のグループ．精巧なとさかをもつものが多い．

オヴィラプトロサウルス類 Oviraptorosauria oviraptorosaur 「卵どろぼう」恐竜．短い頭骨の，雑食性や植物食性のマニラプトル類＊．

オルニトミムス科 Ornithomimidae ornithomimid 歯のない，進化したオルニトミモサウルス類＊のグループ．

オルニトミモサウルス類 Ornithomimosauria ornithomimosaur 「ダチョウ恐竜」．長い肢をもつコエルロサウルス類＊のグループ．

温血動物 warm-blooded animal 体温のほとんどを身体の内部から得る動物．現代では，哺乳類＊，鳥類＊，一部の魚類が温血動物の例である．

カエナグナトゥス科 Caenagnathidae caenagnathid 狭まった足首をもつオヴィラプトロサウルス類＊のグループ．

角質（ケラチン）keratin 指の爪，体毛，かぎ爪，角の覆いなどの成分となっている，硬い天然物．

化石 fossil 生物の身体や行動の痕跡が岩石中に保存された遺物．

カルカロドントサウルス科 Carcharodontosauridae carcharodontosaurid 白亜紀＊の，身体の巨大なカルノサウルス類＊（アロサウルス上科＊）のグループ．

カルノサウルス類 Carnosauria carnosaur たい

ていは大きな頭と短いが強力な腕をもつ，テタヌラ類獣脚類のグループ．

紀 period 3番目に大きな地質年代*の単位．紀は2つかそれ以上の世*に分けられる．

気嚢 air sac 主竜類*にある呼吸器系の器官．呼吸，身体の冷却，保湿の役割があった．

恐竜様類 Dinosauromorpha dinosauromorph 完全に直立した姿勢と長い脚をもつ鳥頸類*のグループ．恐竜類*とそれに最も近縁なグループから構成される．

恐竜類 Dinosauria dinosaur 直立した肢，穴の開いた寛骨臼，ものをつかめる手が特徴的な恐竜様類*（鳥頸類*）のグループ．恐竜類は，イグアノドン Iguanodon とメガロサウルス Megalosaurus の最も新しい共通の祖先から派生した子孫のすべてで構成される．

空白（ギャップ） gap 地質学*では，浸食やそもそも岩石が形成されなかったなどの理由で，ある地点で特定の地質時代の地層が欠落していることをさす．

クレード clade ある祖先とその子孫から構成されるグループで，祖先の性質からどんなに形態的に変化しても同じ共有形質をもつ．

K/T 境界 K/T boundary 中生代*の白亜紀*（英語では Cretaceous だが，C で始まる紀*が多いため，地質学*ではドイツ語 Kreide の K が略称として用いられる）と新生代*の古第三紀*（以前の地質年代区分*では第三紀 Tertiary の頭文字をとって，地質学では T が略称として用いられる）の間にある，6550万年前の地質年代*の境界．K/T大量絶滅*が起こった．

K/T 大量絶滅 K/T mass extinction 恐竜時代が終わり，多くの動植物が消滅した，6550万年前のできごと．

系統発生 phylogeny 生物の系統樹．

ケラトサウルス類 Ceratosauria ceratosaur 短い指と特殊な寛骨をもつ獣脚亜目*のグループ．

ケラトプス亜科 Ceratopsinae ceratopsine 長く浅い鼻先と，額の大きな角が特徴的なケラトプス科*のグループ．カスモサウルス亜科とよばれることもある．

ケラトプス科 Ceratopsidae ceratopsid 身体の大きなネオケラトプス類*の中の，目と鼻の上に角

があり，デンタルバッテリー*を備えたグループ．真の角竜類である．白亜紀*後期の北アメリカ西部からのみ知られる．

原羽毛（プロトフェザー） protofeather ほとんどのコエルロサウルス類*の外皮を覆った綿毛の構造．祖先的な綿羽がマニラプトル類*のもつ真の羽毛に進化した．

顕生累代 Phanerozoic Eon 地球の歴史の中で，現在の累代*．古生代*，中生代*，新生代*から構成される．

原哺乳類 protomammal 哺乳類*に含まれない，すべての単弓類*．［訳注：Prototheria（原獣類）に"原哺乳類"の訳語があてられることもあるので注意］

剣竜下目 Stegosauria stegosaur 背中にある対になったプレート*とスパイク，尾の末端の尾棘*が特徴的なグループのプレートをもつ恐竜．

厚頭竜下目（堅頭竜下目） Pachycephalosauria pachycephalosaur 厚い頭骨が特徴的な周飾頭亜目*のグループ．白亜紀*だけから知られる．「石頭恐竜」「頭突き恐竜」．

コエルロサウルス類 Coelurosauria coelurosaur 幅の狭い手，細い尾，（ほとんどのグループでは）原始的な羽毛を備えたテタヌラ類*（獣脚亜目*）のグループ．コエルロサウルス類には，コンプソグナトゥス科*，ティラノサウルス科*，オルニトミムス科*，アルヴァレズサウルス科*，マニラプトル類*が含まれる．

コエロフィシス上科 Coelophysoidae coelophysoid 中生代*前半によくみられた，獣脚亜目*の中の，ねじれた鼻先をもち，身体のほっそりしたグループ．

古環境 paleoenvironment 岩石がつくられたときのその場所の環境．同じ場所でも現代の環境とはまったくことなっているかもしれない．

古生代 Paleozoic 5億4200万年前から2億5100万年前までの，顕生累代*の最も古い代*．古生代の最新の紀*はペルム紀*である．

古生物学 paleontology 化石として保存された過去の生物の研究．

古第三紀 Paleogene Period 6550万年前から2300万年前までの，新生代*の最初の紀*．

古竜脚下目 Prosauropoda 分岐論*によって，原始的な竜脚形亜目*のグループとする研究がある．

しかし，一方，古竜脚類は単系統ではないため，「古竜脚下目」という明確なグループは存在しないとする研究もある．

古竜脚類 prosauropod　厳密な竜脚類に含まれない，すべての竜脚形亜目*の恐竜．

ゴンドワナ大陸 Gondwana　現在の南アメリカ大陸，アフリカ大陸，マダガスカル島，インド亜大陸，南極大陸，オーストラリア大陸などの陸塊がまとまっていた超大陸．ゴンドワナ大陸は白亜紀*の間に分裂を始めた．

コンプソグナトゥス科 Compsognathidae compsognathid　ジュラ紀*後期と白亜紀*前期の，身体の小さな，原始的なコエルロサウルス類*のグループ．

サルタサウルス科 Saltasauridae saltasaurid　白亜紀*後期にみられた，進化した幅の広い口をもったティタノサウルス類*のグループ．

三畳紀 Triassic Period　2億5100万年前から1億9960万年前，中生代*の最初の紀*．三畳紀は，三畳紀前期，三畳紀中期，三畳紀後期に分けられる．

示準化石 index fossil　別々の場所の2つの地層が同じ時代のものかどうかを決める際に用いられる特定の種*の化石*．

自然選択（自然淘汰） natural selection　個体間の性質の違いが生き残るためのチャンスとなることがあり，その性質が次世代に受け継がれていくという，進化*が起こる主要なメカニズム．

種 species　生物分類学では，生物の分類の最小の単位で，すべての種はそれぞれ1つの特定の属*に含まれる．属種名は大文字で始まる属名とすべてが小文字の種名の2つの単語の組み合わせで，イタリック体で表示される．*Triceratops horridus*，*Tyrannosaurus rex*，*Mei long* が恐竜の属種名の例である．

獣脚亜目 Theropod theropod　足の3本趾と鎖骨が特徴的な2足歩行の竜盤目*恐竜．俗にいう「肉食恐竜」．コエロフィシス上科*，ケラトサウルス類*，テタヌラ類*が獣脚亜目の主要なグループである．

周飾頭亜目 Marginocephalia marginocephalian　頭骨の後ろのでっぱりが特徴的な鳥盤目*のグループ．周飾頭亜目には，角竜下目*と厚頭竜下目*が含まれる．

収斂進化 convergent evolution　2つ以上の異なったグループで，独立して同じ適応が進化*すること．

ジュラ紀 Jurassic Period　1億9960年前から1億4550年前の，中生代*の2番目，そして真ん中の紀*．ジュラ紀は，ジュラ紀前期，ジュラ紀中期，ジュラ紀後期に分けられる．

主竜類 Archosauria archosaur　前眼窩窓をもつ双弓類*のグループ．恐竜類*も含まれる．ワニ類*と鳥類*は現在まで生きている主竜類である．

進化 evolution　変化を伴う系統，生物の系統が時間を通じて変化していくという観察事実に基づく．

新生代 Cenozoic Era　6550万年前から現在までの，顕生累代*のうちの現代を含む代*．これまでは第三紀*と第四紀*に分けられていたが，今では公式には古第三紀*と新第三紀*，第四紀*に分けられる．「哺乳類*の時代」とよばれることも多い．

新第三紀 Neogene Period　2300万年前から258万8000年前までの，新生代*の2番目の紀*．

新角竜類（ネオケラトプス類） Neoceratopsia neoceratopsian　フリルが特徴的な角竜下目*のグループ．

シンラプトル科 Sinraptoridae sinraptorid　ジュラ紀*のアジアでみられた，原始的なアロサウルス上科*のグループ．

新竜脚類 Neosauropoda neosauropod　頭骨の上部の鼻孔，口の前方の集中した歯が特徴的な，進化した竜脚下目*のグループ．

スピノサウルス科 Spinosauridae spinosaurid　白亜紀*にみられた，身体の巨大な，長い鼻先，円錐形の歯をもつ，進化したスピノサウルス上科*のグループ．

スピノサウルス上科 Spinosauroidea spinosauroid　長い鼻先をもつテタヌラ類*のグループ．スピノサウルス上科はメガロサウルス科*とスピノサウルス科*を含む．

スプリッター splitter　属*や種*の中の変異について，ひとつの属や種の範囲を狭くとる科学者．反対の場合はランパー*．

世 epoch　地質年代区分*の比較的小さな単位．紀*は2つ以上の世に区分される．

生痕化石 trace fossil　生物が残した歩行跡*，巣，糞，穴などが岩石中に保存され，行動の証拠となる

化石*.

性選択（性淘汰） sexual selection 性質の違いが，同じ生物種の異性を最も魅力的にみせて，有利にはたらくことによる進化*.

脊椎動物 Vertebrata vertebrate 椎骨からなる背骨をもつグループの動物．

絶滅 extinction 種*やクレード*が完全に死に絶えた状態．

セントロサウルス亜科 Centrosaurinae centrosaurine 短く深い鼻先と，大きな鼻角が特徴的なケラトプス科*のグループ．

双弓類 Diapsida diapsid 頭骨の両側にあごを動かす筋肉を通す穴が2つある爬虫類*のグループ．双弓類には，絶滅した主竜形類だけではなく，近縁種であるトカゲ類，ヘビ類が含まれる．

装盾亜目 Thyreophora thyreophoran 皮骨*が特徴的な，武装した鳥盤目*のグループ．装盾亜目には，よろい竜下目*と剣竜下目*，それらに近縁な原始的なグループが含まれる．

属 genus（複数形 genera） 生物分類学では，生物の分類の単位で，1つまたは複数の種*から構成される．属名は1単語で，大文字で始まり，全体がイタリック体で表示される．*Triceratops*，*Tyrannosaurus*，*Mei* が恐竜の属の例である．

代 era 2番目に大きな地質年代区分*の単位．代は2つ以上の紀*に区分される．

体化石 body fossil 岩石中に保存された，生物の身体が化石*になったもの．骨，歯，殻，花粉，葉，木が体化石として残りやすい．

第三紀 Tertiary Period 以前の地質年代区分では，6550万年前から180万6000年前までの，新生代*の最初の紀*．現在では古第三紀*と新第三紀*に分けられている．

第四紀 Quaternary Period 258万8000年前から現在までの，新生代*の3番目，そして現代の紀*.

大量絶滅 mass extinction 地球の歴史の中で，地質学的には短い期間に多くの縁の遠い生物種グループが消滅するできごと．

多丘歯目 Multituberculata multituberculate 高度に特殊化した歯をもつ，原始的な絶滅哺乳類*のグループ．多丘歯目は中生代*ではありふれたグループで，K/T絶滅事変を生き抜いたが，新生代*前期に死に絶えた．

単弓類 Synapsida synapsid 頭骨の後方にある顎を動かす筋肉を通す1つの大きな穴が特徴的な有羊膜類*のグループ．

地質学 geology 地球の構造，歴史の研究．

地質学的時間 geologic time 地球の歴史の長い期間．

地質年代区分 geologic time scale 地質年代*を，累代*，代*，紀*，世*ほかの単位に公式に区切ったもの．

中生代 Mesozoic Era 2億5100万年前から6550万年前までの，顕生累代*の真ん中の代*．三畳紀*，ジュラ紀*，白亜紀*に分けられる．「爬虫類*の時代」や「恐竜類*の時代」とよばれることも多い．

鳥脚亜目 Ornithopoda ornithopod くちばしをもつ鳥盤目*のグループ．

鳥群 Aviare avialian 現生鳥類*と最も近縁な種*を含むマニラプトル類*のグループ．

鳥頸類 Ornithodira ornithodiran 鳥のような首と，単純な足首関節が特徴的な主竜類*のグループ．鳥頸類には，恐竜類*と（おそらく）翼竜類*，そしてそれらに近縁な生物が含まれる．

鳥盤目 Ornithischia ornithischian 前歯骨が特徴的で，「鳥型の骨盤をもつ」恐竜のグループ．イグアノドン *Iguanodon* と，メガロサウルス *Megalosaurus* よりもイグアノドンに近縁なすべての恐竜が含まれる．鳥盤目のおもなグループは，装盾亜目*，周飾頭亜目*，鳥脚亜目*である．鳥類*は鳥盤目ではなく，竜盤目*に含まれることに注意．

（現生）鳥類 Aves avian 現代型の鳥群*のグループ．恐竜類*の唯一の生き残りである．

角竜下目 Ceratopsia ceratopsian 嘴骨をもつ周飾頭亜目*のグループ．角竜という名前だが，角があるのは進化したものだけである．

ディキノドン類 dicynodont ペルム紀*から三畳紀*にみられた，雑食性・植物食性の単弓類*のすべてのグループ．

ディクラエオサウルス科 Dicraeosauridae dicraeosaurid ジュラ紀*後期と白亜紀*前期のゴンドワナ大陸*でみられた，首の短いディプロドクス上科*のグループ．

ディスプレー display 他の動物に「見せびらかす」ための動物の器官や行動．いろいろな用途のうち，配偶者を引きつけたり，捕食者を威嚇したりす

るために用いられたようだ．

ティタノサウルス類 Titanosauria titanosaur 幅の広い腰が特徴的なマクロナリア類*（竜脚下目*）のグループ．これまで知られている最大の恐竜が含まれている．

デイノニコサウルス類 Deinonychosauria deinonychosaur 第2趾の鎌形のかぎ爪が特徴的なマニラプトル類*（コエルロサウルス類*）のグループ．「ラプトル*恐竜」というニックネームがある．

ディプロドクス科 Diplodocidae diplodocid 長い首をもった，身体の巨大なグループのディプロドクス上科*恐竜．

ディプロドクス上科 Diplodocoidea diplodocoid 鉛筆のような歯，長い頭骨，ムチのような尾をもつ新竜脚類*のグループ．

ティラノサウルス亜科 Tyrannosaurinae tyrannosaurine 白亜紀*後期のアジアと北アメリカ西部にみられた，身体つきの重々しいティラノサウルス科*のグループ．

ティラノサウルス科 Tyrannosauridae tyrannosaurid 厚い歯と狭まった足首が特徴的な，進化した2本指のティラノサウルス上科のグループ．白亜紀*後期のアジアと北アメリカのみから知られている．ティラノサウルス科はアルバートサウルス亜科*とティラノサウルス亜科*を含んでいる．私の大好きな恐竜である！

ティラノサウルス上科 Tyrannosaurioidea tyrannosauroid 「暴君竜」．ものをけずりとる前歯が特徴的なコエルロサウルス類*のグループ．ティラノサウルス科*と原始的な近縁のグループが含まれる．

適応放散 adaptive radiation 地質学的には短い時間の間に，共通の祖先から多様な適応をとげた多くの系統が生じること．

テタヌラ類 Tetanurae tetanurine 大きな手と硬直した尾が特徴的な獣脚亜目*恐竜のグループ．スピノサウルス上科*，カルノサウルス類*，コエルロサウルス類*がテタヌラ類の主要なグループである．

テリジノサウルス科 Therizinosauridae therizinosaurid 進化したテリジノサウルス上科*のグループ．

テリジノサウルス上科 Therizinosauroidea therizinosauroid 「ナマケモノ恐竜」．植物食で，小さな頭と大きなかぎ爪をもつマニラプトル類*のグループ．

デンタルバッテリー（頬歯群） dental battery すりつぶしたり，薄切りにしたり，かみきるためにしっかりと組み合わさった歯列．すり減った歯は新しい歯で置き換えられるようになっていた．ハドロサウルス科*鳥脚亜目*，ケラトプス科*周飾頭亜目*とルーバーチーサウルス科*の竜脚下目*恐竜は，すべてデンタルバッテリーをもっていた．

特殊化 specialization 特定の目的または複数の目的のためにもっとよく機能するように，器官あるいは行動が先祖の性質から変更されること．

ドロマエオサウルス亜科 Dromaeosaurinae dromaeosaurine 白亜紀*のローラシア大陸*の，がっしりとした体格のドロマエオサウルス科*のグループ．

ドロマエオサウルス科 Dromaeosauridae dromaeosaurid 白亜紀*の，腕が長い捕食性のデイノニコサウルス類*のグループ．

ノアサウルス科 Noasauridae noasaurid すらりとした脚のケラトサウルス類*のグループ．

ノドサウルス科 Nodosauridae nodosaurid 肩の大きな棘が特徴的なよろい竜下目*のグループ．

白亜紀 Cretaceous Period 1億4550万年前から6550万年前の，中生代*の3番目，そして最後の紀*．白亜紀は，白亜紀前期と白亜紀後期に分けられる．

爬虫類 Reptilia reptile 特殊な色覚，水分をよい状態で一定に保つ腎臓などが特徴的な有羊膜類*のグループ．無弓類と双弓類を含む．現代の爬虫類には，カメ類，トカゲ類，ヘビ類，ムカシトカゲ類，ワニ類，鳥類*が含まれる．

ハドロサウルス亜科 Hadrosaurinae hadrosaurine 幅の広いくちばしをもつハドロサウルス科*のグループ．

ハドロサウルス科 Hadrosauridae hadrosaurid デンタルバッテリー*を備え，親指を欠くハドロサウルス上科*のグループ．特にローラシア大陸*では，白亜紀*後期で最もありふれたグループだった．

ハドロサウルス上科 Hadrosauroidea hadrosauroid 白亜紀*によくみられた，鼻先の前方が広がったイグアノドン類*（鳥脚亜目*）のグループ．カモノハシ竜というニックネームがある．

尾棘　thagomizer　剣竜下目*恐竜の，対になって横向きについている尾のスパイク．

皮骨　osteoderm　骨質の装甲板．

ヒプシロフォドン類　Hypsilophodontia　ヘテロドントサウルス科*とイグアノドン類*以外の鳥脚亜目*の恐竜に以前は正式に使われていた名前．しかしヒプシロフォドン類はおそらく単系統ではないため，分岐論*のルール上からいうと使われることはない．

プシッタコサウルス科　Psittacosauridae　psittacosaurid　原始的な角竜類のグループ．「オウム恐竜」．

プテロダクティルス亜目（翼指竜亜目）Pterodactyloidea　pterodactyloid, pterodactyl　たいてい短い尾と頭にとさかがある，進化した翼竜類*のグループ．

ブラキオサウルス科　Brachiosauridae　brachiosaurid　ジュラ紀*後期から白亜紀*前期によくみられた，長い前脚をもつマクロナリア類*のグループ．

プレート　plate　地質学*では，地球表面部の地殻を含んで構成される十数枚の岩盤のこと．恐竜の古生物学*では，ステゴサウルスの背中にある皮骨*の板をさす．

プロトケラトプス科　Protoceratopsidae　protoceratopsid　大きなフリルをもつネオケラトプス類*のグループ．

分岐図　cladgram　現在共有されている特徴に基づいて，生物間の関係を枝分かれで示した図．

分岐論（分岐分類学）cladistics　ヴィリ・ヘニッヒ（Willi Hennig）によって展開された生物分類の方法．分岐論では，生物間の共通の祖先を推測するために，現在共有されている特徴を用いる．

糞石　coprolite　化石になった糞のかたまり．

分類学　taxonomy　生物の集合に名前をつける規則および方法．

ヘスペロルニス類　Hesperornithes　hesperornithine　白亜紀*の，泳ぐことができ，くちばしに歯のはえた鳥群*のグループ．少なくとも一部のヘスペロルニス類は飛ぶことができなかった．

ヘテロドントサウルス科　Heterodontosauridae　heterodontosaurid　頑丈な厚い頭骨をもった，原始的な鳥盤目*のグループ．以前は原始的な鳥脚亜目*か，周飾頭亜目*に近縁な恐竜と考えられていた．

ペルム紀　Permian Period　2億9900万年前から2億5100万年前までの，古生代*の最新の紀*．

ペルム紀＝三畳紀大量絶滅　Permo-Triassic mass extinction　古生代*のペルム紀*と中生代*の三畳紀*の間の，2億5100万年前に起きた．地球の歴史上，最も多くの種*が消滅した．

ヘレラサウルス科　Herrerasauridae　herrerasaurid　三畳紀*の，原始的な肉食の竜盤目のグループ．ヘレラサウルス科の恐竜から獣脚亜目*になったと考える古生物学者もいる．

歩行跡　trackway　一連の足跡が化石になったもの．

哺乳類　Mammalia　mammal　身体が毛皮や体毛で覆われ，子を乳で育てる，進化した単弓類*のグループ．現代の哺乳類は，有胎盤類，有袋類，単孔類に分けられる．多丘歯目*は，多くの絶滅哺乳類の一例である．

ポラカントゥス科　Polacanthidae　polacanthid　原始的なよろい竜下目*のグループ．分岐論*によって「ポラカントゥス科」はアンキロサウルス科*とノドサウルス科*の初期のメンバーだけで，まったく独自の科でないとする研究もある．

マクロナリア類　Macronaria　macronarian　とても大きな鼻孔が特徴的な新竜脚類*のグループ．

マニラプトル類　Maniraptora　maniraptoran　半月状の手根骨を含む長い腕と，少なくとも腕や尾の真の羽毛が特徴的なコエルロサウルス類*のグループ．

ミクロラプトル亜科　Microraptorinae　microraptorine　白亜紀*前期の中国でみられた，身体の小さなドロマエオサウルス科*のグループ．ミクロラプトル亜科の恐竜は（おそらくは他のドロマエオサウルス科の恐竜も）両腕も両脚も長い羽毛で覆われていた．

ミトコンドリア　mitochondrion（複数形 mitochondria）生物の細胞の中にある小さな組織．栄養分と酸素を結合して，熱を放出する．

メガロサウルス科　Megalosauridae　megalosaurid　ジュラ紀*中期から白亜紀*前期の，原始的なスピノサウルス上科*の獣脚亜目*のグループ．

模式標本（基準標本，タイプ標本）type

specimen　種名を記載する際に基準とした化石や生物の標本.

モノニクス亜科　Mononykinae　mononykine　狭まった足首が特徴的なアルヴァレズサウルス科*のグループ.

有羊膜類（羊膜類）　Amniota　amniote　四肢動物の中で陸上で殻をもつ卵を産むようになったグループとその子孫.　有羊膜類には, 哺乳類*, 恐竜類*も含む爬虫類*, およびそれらに近縁な絶滅種が含まれる.

翼竜類　Pterosauria　pterosaur　翼に進化した前肢が特徴的な（おそらくは鳥頸類*の）双弓類*爬虫類*のグループ.　中生代*の「空飛ぶ爬虫類」. 翼竜は鳥類*でもそれ以外の恐竜でもない.

よろい竜下目（曲竜下目）　Ankylosauria ankylosaur　装盾亜目*の中で, 頭骨に重い装甲板をもつグループ.

ラブドドン科　Rhabdodontidae　rhabdodontid　白亜紀*後期のヨーロッパでみられた, 原始的なイグアノドン類*のグループ.

ラプトル　raptor　デイノニコサウルス類*のマニラプトル類*とワシやタカなどの猛禽の両方の意味がある非学術的な用語.

ランパー　lumper　属*や種*の中には多くの変異を含み, ひとつの属や種の範囲を広くとる科学者.　反対の場合はスプリッター*.

ランベオサウルス亜科　Lambeosaurinae lambeosaurine　中空のとさかをもつハドロサウルス科*のグループ.

竜脚下目　Sauropoda　sauropod　身体が巨大で, 4足歩行の, 進化した竜脚形亜目*のグループ.

竜脚形亜目　Sauropodomorpha　sauropodomorph 長い首, 小さな頭をもち, 植物食の竜盤目*のグループ.

竜盤目　Saurischia　saurischian　長い首と中空の脊椎が特徴的で,「トカゲ型の骨盤をもつ」恐竜のグループ.　メガロサウルス *Megalosaurus* と, イグアノドン *Iguanodon* よりもメガロサウルスに近縁なすべての恐竜が含まれる. 竜盤目のおもなグループは, ヘレラサウルス科*など, 竜脚形類*亜目, 鳥類*を含む獣脚亜目*である.

累代　eon　最も大きな地質年代区分*の単位. 複数の代から構成される. 私たち人類の時代も恐竜類*の時代も顕生累代*に含まれる.

ルーバーチーサウルス科　Rebbachisauridae rebbachisaurid　口の前部にデンタルバッテリー*を備え, 幅の広い口, 短い首をもつディプロドクス上科*のグループ.

冷血動物　cold-blooded animal　体温のほとんどを身体の外から得る動物.　現代では, 魚類, 両生類, （鳥類*を除く）爬虫類*が冷血動物の例である.

レプトケラトプス科　Leptoceratopsidae leptoceratopsid　白亜紀*後期に, アジアから北アメリカ西部でみられた身体の小さなネオケラトプス類*のグループ.

ローラシア大陸　Laurasia　現在の北アメリカ大陸, ヨーロッパ大陸,（インドを除く）アジア大陸の大部分などの陸塊がまとまっていた超大陸.

索　引

●ア
アウィアテュランニス　121
アウィミムス　143, 147, 160
アウカサウルス　83, 87
アエトサウルス類　63, 64, 178
アギリサウルス　246
アキロバートル　157, 353
アグスティニア　209
アクロカントサウルス　21, 102, 207
アケロウサウルス　287
足跡　308
足跡化石　303
アストロドン　210
アダサウルス　158
厚歯二枚貝類　348
アトラサウルス　204
アトラスコプコサウルス　246
アトロキラプトル　158
アナトティタン　47, 262, 307
アナビセティア　246
アニマンタルクス　236
アパトサウルス　2, 44, 184, 195, 196, 205, 298, 301, 319, 322, 340, 343
アパラチオサウルス　123
アフロウェーナートル　92
アブロサウルス　204
アベリサウルス　83, 84
アベリサウルス科　82
アマゾンサウルス　195, 199
アマルガサウルス　197
アラモサウルス　207, 353
アラロサウルス　262
アリオラムス　54
アリ食い恐竜　138
アリストスクス　111
アルヴァレズサウルス　137
アルヴァレズサウルス科　131
アルカエオケラトプス　280
アルカエオプテリクス　3, 10, 46, 49, 151, 152, 156, 163, 167, 172, 295, 319, 320, 342, 355
アルカエオルニトミムス　139

アルクトメタタルスス　133, 135
アルケロン　349
アルゼンチノサウルス　3, 104, 106, 189, 195, 203, 209, 294, 352, 354
アルダブラゾウガメ　298
アルティリヌス　252
アルバータケラトプス　286
アルバートサウルス　45, 54, 106, 124, 125, 128
アレクトロサウルス　123
アロサウルス　9, 12, 79, 81, 100, 101, 103, 107, 110, 115, 126, 193, 240, 246, 340
アンキケラトプス　288
アンキサウルス　180
アンキロサウルス　235, 307
アンキロサウルス科　237
アンセリミムス　139
アンタルクトサウルス　105, 203, 209
アンデサウルス　105
アンテトニトゥルス　187
アンドルーズ, ロイ・チャップマン　10
アンフィコエリアス　195
アンモサウルス　180
●イ
イアケオルニス　169
イグアノドン　7, 35, 176, 251, 351, 355, 357
イグアノドン類　251
イクティオルニス　169, 172, 363
イナノサウルス　187
石頭恐竜　275
イシサウルス　207, 362
イッリタートル　94
イノセラムス類　348
イーメノサウルス　180
イヨバリア　203, 204
インキシウォサウルス　142, 143, 147
インドスクス　87
インロング　273

●ウ
ウァルドサウルス　251
ウィロ　245
ウェルホサウルス　232
ヴェロキラプトル　2, 10, 38, 79, 151, 154, 281, 283, 317, 319, 343, 353
ウォレス, アルフレッド・ラッセル　47
雨痕　16
ウダノケラトプス　353
ウナユサウルス　179
ウネンラギア　155
ウミガメ類　349
羽毛　20, 37, 173
羽毛恐竜　351
ウルカーノドン　187, 189
ウルトラサウルス　206
うろこ　20
ウンキロサウルス　155
●エ
営巣地　293
エイニオサウルス　287
エウオプロケファルス　237
エウスケロサウルス　180
エウストレプトスポンデュルス　92
エウディモルフォドン　329
エウブロンテス　84
エウヘロプス　187
エオテュランヌス　120, 121, 122, 247, 355
エオラプトル　71, 72, 177, 332, 354
エオランビア　260
エキノドン　216, 340
エクウイイブス　257, 260
エシャノサウルス　147
エドマーカ　92, 126, 340
エドモントサウルス　124, 262, 322
エドモントニア　236
エナンティオルニス類　163, 172
エピオルニス　294
エピデンドロサウルス　154, 296
エフラアシア　175

エマウサウルス　223
エラフロサウルス　81, 87, 126, 135, 340
エルミサウルス　143

● オ
オヴィラプトル　141, 142, 143, 145, 294
オヴィラプトロサウルス類　141
オーウェン，リチャード　7
オウラノサウルス　198, 257
オストロム，ジョン　10
オスニエリア　246, 340
オッカムのかみそり　53
オームデノサウルス　187
オメイサウルス　185, 187
オルニトケイルス　348
オルニトミムス　132, 133, 137, 139
オルニトミモサウルス類　131, 133
オルニトレステス　109, 110, 340
オロドロメウス　245, 251, 300
オロロティタン　263
温血　311, 322

● カ
外温性　312
海生爬虫類　329, 338, 349
カウディプテリクス　37, 45, 114, 143, 147, 148, 153, 297
学名　41
ガーゴイレオサウルス　237, 340
ガストニア　238
ガスパリニサウラ　246
カスモサウルス　286
カスモサウルス亜科　287
化石化作用　19
化石の森　332
ガソサウルス　45, 100
滑空性爬虫類　330
カマラサウルス　184, 197, 203, 205, 340
カメ類　332
カモノハシ竜　259
カリー，フィリップ　114
ガリミムス　132, 133, 135, 139
カルヴァドサウルス　92
カルカロドントサウルス　104, 106, 352
ガルディミムス　133, 139
カルノサウリア　99

カルノサウルス類　99
カルノタウルス　83, 87, 115
カロヴォサウルス　251
カーン　45, 144
寛骨臼　67
カンタサウルス　246
カンプトサウルス　254, 340
緩慢代謝性　312
乾裂　16

● キ
ギガノトサウルス　106, 294, 352, 354
吉祥鳥（ジシャンゴルニス）　168, 297
キティパティ　147, 148, 296
気嚢　79, 99, 317
気嚢系の進化　70
キノドン類　64
ギポサウルス　180
キャスト　33
キュヴィエ，ジョルジュ　7, 46
急速な成長の時期　126
急速代謝性　311
頬歯群　199, 260, 313
恐竜　7
　——の赤ん坊　293
　——の足跡　21
　——の色や模様　40
　——の行動　303
　——の古病理学　323
　——の固有の特徴　66
　——の雌雄　291
　——の心臓　317
　——の成長速度　300
　——の生理機能　311
　——の絶滅　357
　——の谷　249
　——の卵　293
　——の脳　319
　——のミイラ　265
恐竜様類　66
魚竜類　329, 339
ギラファティタン　206
ギルモアオサウルス　261
キンデサウルス　71, 331
筋肉　20

● ク
グアンロン　118, 121

クシファクティヌス　349
くちばし　20
首長竜類　330, 339
クラオサウルス　261
クラテロサウルス　232
クリーヴランド・ロイド採掘場　103
クリオロフォサウルス　90
クリトサウルス　261
クリーニング　33
クリプトクリドゥス　337
グリューポサウルス　262
クレード　99
クロコディルス　319
グロビデンス　349

● ケ
ケイコウサウルス　328
ケイスオサウルス　71
系統樹　51
系統発生　50
ケツァルコアトルス　348
ケティオサウリスクス　195
ケティオサウルス　184, 187, 201
ゲニュオデクテス　82
ケラトサウルス　81, 87, 110, 126, 340
ケラトサウルス類（下目）　77, 81, 87
ケラトプス亜科　287
ケラトプス科　277, 279, 285
原羽毛　37, 114
堅頭類　56, 57
ケントロサウルス　231
原哺乳類　63, 64, 93, 326
剣竜類（下目）　69, 227, 229, 336

● コ
恒温性　311
広弓類　329, 339
孔子鳥（コンフウシウソルニス）　38, 163, 167, 168, 172
厚頭竜類（下目）　269, 277, 353
コエルルス　109, 110, 340
コエロサウリア　109
コエロサウルス類　109
コエロフィシス　70, 80, 81, 86, 87, 185, 332
コエロフィシス類（上科）　77, 79
ゴジラサウルス　81

古生物アーティスト 34
コタサウルス 187
骨板 230
ゴビサウルス 237
コープ，エドワード・ドリンカー 9
コプロライト →糞石
コモ・ブラフ 343
ゴヨケファレ 271
コリトサウルス 263, 352
古竜脚類 175, 335
ゴルゴサウルス 124, 125
コロラディサウルス 179
コンコラプトル 144
ゴンシアノサウルス 187
痕跡化石 102
ゴンドワナ 351
コンフウシウソルニス（孔子鳥） 38, 163, 167, 168, 172
ゴンブサウルス 215
コンプソグナトゥス 10, 86, 109, 110, 111, 322, 342, 355

●サ
サイカニア 237
細分派学者 43
サウロファガナクス 100, 104, 126, 340
サウロペルタ 159, 236
サウロポセイドン 21, 102, 189, 195, 207, 352
サウロルニトイデス 160
サウロルニトレステス 157
サウロロフス 262, 351
先取権の原則 43
叉骨 79
サトゥルナリア 175, 179
砂嚢 189
サペオルニス 172
サメ類 337
サルコスクス 348
サルタサウルス 105, 208, 293
サルタサウルス科 210
ザルモクセス 252
三畳紀 26, 325
三畳紀の地球 17

●シ
ジェホロサウルス 215, 246
ジェホロルニス（熱河鳥） 168, 172, 297
シェンゾウサウルス 133, 135, 168
歯骨 277
シャンゴルニス（吉祥鳥） 168, 297
示準化石 24
自然選択 47
自然分類群 61, 99
始祖鳥（アルカエオプテリクス） 3, 10, 46, 49, 151, 152, 156, 163, 167, 172, 295, 319, 320, 342, 355
シーダーペルタ 236
シヌソナス 159, 304
シノウェーナートル 157, 158, 160
シノサウロプテリクス 20, 37, 111, 113, 115, 118, 295
シノルニトイデス 160, 161
シノルニトサウルス 37, 114, 153, 156
シノルニトミムス 139
シベリア・トラップ 325
シモスクス 232, 348
シャオサウルス 45, 215, 246, 273
シャモサウルス 237
シャモテュランヌス 100
シャロヴィプテリクス 330
シャントゥンゴサウルス 262, 351
種 42
シュアンミアオサウルス 257
シュヴウイア 131, 137
獣脚類（亜目） 69, 70, 77, 330
周飾頭類（亜目） 277, 351
収斂進化 53, 62
シュノサウルス 187, 189
ジュラ紀 26, 335
鳥竜類 64, 326
条鰭類 338
シーリー，ハリー・G 69
シルウィサウルス 236
シレサウルス 65, 215
人為分類群 61
シンタルスス 87, 223
新角竜類 279, 285
シンフェンゴプテリクス 160

●ス
数値時間 23
スウワッセア 195, 340
スキピオニクス 111, 355
スクテロサウルス 221
スケリドサウルス 223, 229, 235, 355
スコミムス 94
スタウリコサウルス 71
スティラコサウルス 277, 287
ステゴケラス 269, 269
ステゴサウルス 9, 47, 227, 243, 246, 313, 340
ステノニコサウルス 161
ステノペリクス 272
ステュギモロク 269, 275
ストゥルティオサウルス 236
ストケソサウルス 121, 340
ストルティオミムス 3, 131, 132, 133, 139
ズニケラトプス 277, 285
巣の化石 210
スーパーサウルス 195, 340
ズパユサウルス 81
スピノサウルス 89, 93, 94, 96, 198, 243, 257, 352
スピノサウルス上科 89
スピノストロフェウス 82
スファエロトルス 269
スプリッター 43
スミス，ウィリアム 24
スミロスクス 331
スミロドン 364

●セ
生痕化石 18
セイスモサウルス 195
性選択 50
成長輪 298, 319, 321
生命の樹 50
セギサウルス 80
セグノサウルス類 147
セケルノサウルス 261
セッロサウルス 180
ゼピュロサウルス 246
前歯骨 213
セントロサウルス 287
セントロサウルス亜科 286

●ソ
装盾類 69, 221, 335
相対時間 23
層板骨 321
総被蓋咬合 177, 185

属　42
●タ
体化石　18
堆積岩　14
タイプ標本　43
大量絶滅　325
ダーウィン，チャールズ　44, 47
ダケントルルス　231
ダスプレトサウルス　54, 124
ダチョウ恐竜　133
タニュコラグレウス　110, 340
タニュストロフェウス　328
卵　293
タラルルス　237
タルキア　237
タルボサウルス　124, 241
タレンカウエン　251
●チ
チアリンゴサウルス　231
地下探査レーダー　12
チクチュルブ・クレーター　361
地質年代区分　25, 26
チャオヤングサウルス　280
チュンキンゴサウルス　231
鳥脚類　69, 243, 335, 350
鳥群　113
鳥頸類　64, 66
鳥盤類（目）　69, 213, 330
鳥類（綱）　163, 363
チョーク　348
チンタオサウルス　263
チンチョウサウルス　257, 260
チンリンゴサウルス　45
●ツ
ツァガンテギア　237
ツーチョンゴサウルス　45
角　20
角竜類（下目）　277, 351
●テ
ディアトリマ　363
ディキノドン類　63, 64, 178
ディクラエオサウルス　197
ディスプレー　305
ティタノサウルス類　205
ディネイロサウルス　195
ディノケイルス　12, 135, 351
ディノケファロサウルス　329
ディノサウリア　7

デイノスクス　348
デイノニクス　4, 10, 45, 47, 86, 151, 152, 154, 157, 159, 159, 161, 240, 246, 252, 322, 353
デイノニコサウルス類　114, 151
ディプロドクス　184, 191, 195, 196, 205, 340, 343
ディプロドクス科　194
ディプロドクス上科　191
ディメトロドン　93
ティラノサウルス　2, 11, 22, 54, 79, 121, 123, 124, 125, 126, 128, 129, 237, 243, 298, 305, 308, 320, 354, 357
──のかむ力　129
ティラノサウルス科　117
ティラノサウルス上科　117
ティラノサウルス・レックス　300
ディロフォサウルス　81, 87, 91, 109, 185, 223, 335
ディロング　37, 54, 112, 114, 115, 120, 121, 122
デカン・トラップ　361
適応放散　327, 363
テココエルルス　143
テコドントサウルス　175, 295
テスケロサウルス　245, 247, 251, 317
テタヌラ類　89, 335
テノントサウルス　159, 241, 252
デュブルイユオサウルス　92
テュランノティタン　104
テラトサウルス　176
テリジノサウルス　145, 146, 149
テリジノサウルス上科　141
デルタドロメウス　82
テルマトサウルス　261
デンタルバッテリー　199, 260, 313
●ト
頭骨の構造　58
頭骨よりうしろの骨格　59
闘争化石　283
トウチャンゴサウルス　3, 229, 231
ドゥリュプトサウルス　9, 122
棘　230
ドラコペルタ　238
ドリオサウルス　251, 340
トリケラトプス　3, 9, 45, 49, 124,

275, 277, 285, 291, 305
ドリンカー　246, 340
トルヴォサウルス　81, 91, 92, 110, 126, 240, 340
トルニエリア　197
ドレパノサウルス　330
トロオドン　157, 159, 160, 161, 245, 271, 296, 320
トロサウルス　285
ドロマエオサウルス　158
ドロミケイオミムス　139
●ナ
内温性　311
ナノテュランヌス　126
ナンヤンゴサウルス　260
●ニ
ニジェールサウルス　199
●ヌ
ヌクウェバサウルス　111
ネウケンサウルス　105
●ネ
ネウケンラプトル　155
ネオウェーナートル　101, 122
熱河鳥（ジェホロルニス）　168, 172, 297
ネメグトサウルス　351
ネメグトマイア　145
●ノ
ノアサウルス　82, 87
ノアサウルス科　82
ノドケファロサウルス　237
ノドサウルス　236
ノトサウルス類（科）　236, 329
ノトヒプシロフォドン　246
ノミンギア　143
●ハ
バイロノサウルス　45
バガケラトプス　281
パキケファロサウルス　269
パキプレウロサウルス類　329
パキリノサウルス　3, 287, 322
白亜紀　26, 345
白亜紀–第三紀大量絶滅　357
パークソサウルス　246
バクトロサウルス　260
パタゴサウルス　187
パタゴニクス　137
パタゴプテリクス　169

462 ● 索 引

バッカー，ロバート　11
バックランド，ウィリアム　7
ハドロサウルス　9, 261
ハドロサウルス亜科　260
ハドロサウルス科　260
ハドロサウルス上科　259
パノプロサウルス　236
羽ばたき　173
バプトルニス　170
ハプロカントサウルス　197, 204, 340
パラサウロロフス　262, 307
パラスクス類　63, 64
バラパサウルス　187
パラリティタン　104, 209, 352
バラントドン　232
バリオニクス　94, 97, 122, 347
パルウィクルソル　137
ハルティコサウルス　87
ハルプイムス　135, 139
バロサウルス　196, 340
パンゲア　328
反鳥類　168
バンビラプトル　45, 156
●ヒ
ピアトニツキサウルス　92
比較解剖学　46
尾棘　230
鼻孔　38
皮骨　221
ピサノサウルス　215, 331, 354
被子植物　345
ヒストリアサウルス　199
ヒッチコック，エドワード　9
ピナコサウルス　237, 239, 283
ヒパクロサウルス　263, 294
ヒプシロフォドン　122, 244, 251, 272, 295, 317
ヒプシロフォドン類　244
ヒプシロフス　231, 340
皮膚のあと　37
ヒラエオサウルス　7, 235, 238, 355
●フ
フアクシアグナトゥス　111
ファーブロサウルス　215
ファヤンゴサウルス　229
ファルカリウス　144, 147
ブイトレラプトル　155

フィールドジャケット　33
フクイラプトル　100
ブゲナサウラ　246
プシッタコサウルス　20, 38, 121, 158, 277, 295, 347
プシッタコサウルス科　279
プセウドゴスクス　65
フディエサウルス　45
プテロダクティルス　319, 336
プテロダクティルス類　337, 348
ブラキオサウルス　197, 203, 205, 246, 313, 340, 343
ブラキケラトプス　288
ブラキトラケロパン　197
ブラキロフォサウルス　261
プラコドゥス　328
プラコドゥス類　329
プラテオサウルス　47, 70, 176
ブリカナサウルス　186
フルグロテリウム　246
プレートテクトニクス　16
プレノケファレ　269
プレパレーター　31, 33
プロケラトサウルス　110
プロコンプソグナトゥス　70, 80, 295
プロサウロロフス　261
プロトアルカエオプテリクス　37, 143, 147, 148
プロトケラトプス　159, 281, 283, 291, 294, 353
プロトケラトプス科　280
プロトケラトプス目　279
プロトハドロス　260
プロトフェザー　114
プロバクトロサウルス　257, 260
ブロントサウルス　44, 195
分岐図　52
分岐分析　51
分岐分類法　54
分岐論　51
糞石（コプロライト）　19, 22, 210, 304
●ヘ
折衷派学者　43
ベイピャオサウルス　148
ヘキシンルサウルス　246, 273
ヘスペロサウルス　229, 231, 340

ヘスペロルニス　170, 172
ヘスペロルニス類　350
ヘッケル，エルンスト　50
ベルサウルス　204
ヘテロドントサウルス　216
ヘテロドントサウルス科　215
ペドペナ　154
ヘニッヒ，ヴィリ　44, 51
ヘビ類　347
ヘユアンニア　145
ペルム紀-三畳紀大量絶滅　325
ペレカニミムス　131, 133, 135, 139, 355
ヘレラサウルス　71, 72, 331, 354
ヘレラサウルス科　72
変温性　312
変化をともなう系統　49
ペンタケラトプス　285, 304
●ホ
放射線　12
放射年代　26
抱卵　115
ポエキロプレウロン　92
ほお　216
ホーキンズ，ベンジャミン・ウォーターハウス　8
ホーナー，ジャック　11
ボニタサウラ　207
哺乳類　332, 347, 363
ポポサウルス　331
ホマロケファレ　269
ポラカントゥス　238
ポラカントゥス科　239
ホンシャノサウルス　277
●マ
マイアサウラ　45, 261, 296
マクロナリア類　203
マシアカサウルス　82, 87
マジャーロサウルス　203, 207, 209
マーシュ，オスニエル・チャールズ　9
マジュンガサウルス　11, 84, 87
マーショサウルス　45
マッソスポンデュルス　3, 180, 307
マッドクラック　16
マプサウルス　104
マメンチサウルス　187
マラスクス　64

マンテル，ギデオン　7
マンテル，メアリー・アン　7
●ミ
ミクロウェーナートル　143
ミクロパキケファロサウルス　45
ミクロラプトル　37, 49, 114, 153, 156, 167, 296
ミトコンドリア　312
ミムーラペルタ　238, 340
ミリスキア　111
ミンミ　45, 235
●ム
ムスサウルス　179
ムッタブラサウルス　252, 352
●メ
メイ　160, 161
メガテリウム　364
メガプノサウルス　69, 81, 223
メガラプトル　96, 353
メガランコサウルス　330
メガロサウルス　7, 78, 89, 176, 185, 355, 357
メラノロサウルス　180
●モ
モササウルス類　350
模式標本　43
モノクロニウス　288
モノニクス　136, 137
モノロフォサウルス　185
モリソン層　340
モンタノケラトプス　280
●ヤ
ヤネンシア　207
ヤンチュアノサウルス　100, 231
ヤンドゥサウルス　221, 246, 273
●ユ
ユタラプトル　157, 210, 238
翼竜類　330, 336
●ヨ
よろい竜類　235, 336, 350
●ラ
ライディ，ジョゼフ　9
ラウイスクス類　64
ラゲルペトン　65
ラゴスクス　64
ラブドドン科　252
ラペトサウルス　210
ラホナウィス　155, 161, 167

ラヨソサウルス　199
ランパー　43
ランフォリンクス　336
ランベオサウルス　263
ランベオサウルス亜科　260
●リ
リアレナサウラ　45, 246, 352
リアレナサウラ・アミカグラフィカ　249
リオハサウルス　70, 179
リガブエイノ　87
リップルマーク　16
リマユサウルス　105, 199
リャオケラトプス　280
リャオニンゴサウルス　238
竜脚形類（亜目）　70, 175, 183, 330
竜脚類（下目）　69, 175, 183, 335, 352
竜盤目　70
リリエンシュテルヌス　81
鱗甲　221
リンチェニア　144
リンネ，カール・フォン　41
リンネ式分類法　41, 42
●ル
ルイスクス　65
ルーバーチーサウルス　199
ルルドゥサウルス　257
●レ
冷血　311, 322
レエドシクチス　338
レクソウィサウルス　231
レグノサウルス　232
レソトサウルス　69, 70, 215, 221, 243
レッセムサウルス　179
レプトケラトプス　280
レプトケラトプス科　280
レペノマムス　347
連痕　16
●ロ
ロウリニャノサウルス　100
ロシラサウルス　195
ローマー，アルフレッド・シャーウッド　64
ローラシア　351
ロンギスクアマ　330

●ワ
ワニ類　331, 335, 348
和名　42
ワンナノサウルス　269
●A
Abelisauridae　82
Abelisaurus　83
Abrosaurus　204
Achelousaurus　287
Achillobator　158, 353
Acrocanthosaurus　21, 102, 207
Adasaurus　158
Aepyornis　294
Afrovenator　92
Agilisaurus　246
Agustinia　209
Alamosaurus　207, 353
Albertaceratops　286
Albertosaurus　45, 54, 106, 124, 128
Alectrosaurus　123
Alioramus　54
Allosaurus　9, 12, 81, 107, 110, 193, 240, 246, 340
Altirhinus　252
Alvarezsauridae　131
Alvarezsaurus　137
Amargasaurus　197
Amazonsaurus　195
Ammosaurus　180
Amphicoelias　195
Anabisetia　246
Anatotitan　47, 262, 307
Anchiceratops　288
Anchisaurus　180
Andesaurus　105
Animantarx　236
Ankylosauria　235
Ankylosauridae　237
Ankylosaurus　235, 307
Anserimimus　139
Antarctosaurus　105, 203
Antetonitrus　187
Apatosaurus　2, 44, 184, 205, 298, 301, 319, 322, 340, 343
Appalachiosaurus　123
Aralosaurus　262
Archaeoceratops　280
Archaeopteryx　3, 10, 46, 151, 163,

172, 295, 319, 320, 342, 355
Archaeornithomimus 139
Archelon 349
Argentinosaurus 3, 104, 106, 189, 195, 203, 294, 352, 354
Aristosuchus 111
Astrodon 210
Atlasaurus 204
Atlascopcosaurus 246
Atrociraptor 158
Aucasaurus 87
Aves 163
Avialae 113, 163
Aviatyrannis 121
Avimimus 143, 160

● B

Bactrosaurus 260
Bagaceratops 281
Bambiraptor 45, 156
Baptornis 170
Barapasaurus 187
Barosaurus 196, 340
Baryonyx 94, 97, 122, 347
Beipiaosaurus 148
Bellusaurus 204
Blikanasaurus 186
Bonitasaura 207
Brachiosaurus 197, 203, 246, 313, 340, 343
Brachyceratops 288
Brachylophosaurus 261
Brachytrachelopan 197
Brontosaurus 44, 195
Bugenasaura 247
Buitreraptor 155
Byronosaurus 45

● C

Callovosaurus 251
Calvadosaurus 92
Camarasaurus 184, 197, 203, 340
Camptosaurus 254, 340
Carcharodontosaurus 106, 352
Carnosauria 99
Carnotaurus 83, 87, 115
Caseosaurus 71
Caudipteryx 37, 45, 114, 143, 153, 297
Cedarpelta 236

Centrosaurinae 286
Centrosaurus 287
Ceratopsia 277
Ceratopsidae 277, 279, 285
Ceratopsinae 287
Ceratosauria 77
Ceratosaurus 81, 87, 110, 126, 340
Cetiosauriscus 195
Cetiosaurus 184, 201
Chaoyangsaurus 280
Chasmosaurinae 287
Chasmosaurus 286
Chialingosaurus 231
Chindesaurus 71, 331
Chungkingosaurus 231
Citipati 147, 296
cladogram 52
Claosaurus 261
Coelophysis 70, 80, 86, 87, 185, 332
Coelophysoidea 77
Coelurosauria 109
Coelurus 109, 340
Coloradisaurus 179
Compsognathus 10, 86, 109, 322, 342, 355
Conchoraptor 144
Confuciusornis 38, 163, 172, 295
Corythosaurus 263, 352
Craterosaurus 232
Crocodylus 319
Cryolophosaurus 90
Cryptoclidus 337
CT スキャナー 11, 12

● D

Dacentrurus 231
Daspletosaurus 54, 124
Deinocheirus 12, 135, 351
Deinonychosauria 151
Deinonychus 4, 10, 45, 47, 86, 151, 240, 246, 252, 322, 353
Deinosuchus 348
Deltadromeus 82
Diatryma 363
Dicraeosaurus 197
Dilong 37, 54, 112
Dilophosaurus 81, 87, 109, 185, 223, 335
Dimetrodon 93

Dinheirosaurus 195
Dinocephalosaurus 329
Dinosaur Cove 249
Diplodocidae 194
Diplodocoidea 191
Diplodocus 184, 191, 205, 340, 343
DNA 12, 365
Dracopelta 238
Drepanosaurus 330
Drinker 246, 340
Dromiceiomimus 139
Dryosaurus 251, 340
Dryptosaurus 9, 122
Dubreuillosaurus 92

● E

Echinodon 216, 340
Edmarka 92, 126, 340
Edmontosaurus 124, 262, 322
Edmontonia 236
Efraasia 175
Einiosaurus 287
Elaphrosaurus 81, 87, 126, 135, 340
Elmisaurus 143
Emausaurus 223
Enantiornithes 163
Eolambia 260
Eoraptor 71, 177, 332, 354
Eotyrannus 121, 247, 355
Epidendrosaurus 154, 296
Equijubus 257, 260
Eshanosaurus 147
Eubrontes 84
Eudimorphodon 329
Euhelopus 187
Euoplocephalus 237
Euskelosaurus 180
Eustreptospondylus 92

● F

Fabrosaurus 215
Falcarius 144
Fukuiraptor 100
Fulgurotherium 246
furcula 79

● G

Gallimimus 135, 139
Gargoyleosaurus 237, 340
Garudimimus 133, 139
Gasosaurus 45, 100

Gasparinisaura 246
Gastonia 238
genus 42
Genyodectes 82
Geochelone gigantea 298
Giganotosaurus 106, 294, 352, 354
Gilmoreosaurus 261
Giraffatitan 206
Globidens 349
Gobisaurus 237
Gojirasaurus 81
Gongbusaurus 215
Gongxianosaurus 187
Gorgosaurus 124
Goyocephale 271
Gryposaurus 262
Guanlong 121
Gyposaurus 180

● H
Hadrosauridae 260
Hadrosaurinae 260
Hadrosauroidea 259
Hadrosaurus 9, 261
Halticosaurus 87
Haplocanthosaurus 197, 204, 340
Harpymimus 135, 139
Herrerasauridae 72
Herrerasaurus 71, 331, 354
Hesperornis 170, 172
Hesperosaurus 229, 231, 340
Heterodontosauridae 215
Heterodontosaurus 216
Hexinlusaurus 246, 273
Heyuannia 145
Histriasaurus 199
Homalocephale 269
Hongshanosaurus 277
Huanxiagnathus 111
Huayangosaurus 229
Hudiesaurus 45
Hylaeosaurus 7, 235, 238, 355
Hypacrosaurus 263, 294
Hypsilophodon 122, 244, 251, 272, 295, 317
Hypsilophodontia 244
Hypsirophus 231, 340

● I
Iaceornis 169

Ichthyornis 169, 172, 363
Iguanodon 7, 35, 176, 251, 351, 355, 357
Iguanodontia 251
Incisvosaurus 143
Indosuchus 87
Irritator 94
Isanosaurus 187
Isisaurus 207, 362

● J
Janenschia 207
Jeholornis 168, 172, 297
Jeholosaurus 215, 246
Jinfengopteryx 160
Jinzhousaurus 257, 260
Jixiangornis 168, 297
Jobaria 203

● K
Keichousaurus 328
Kentrosaurus 231
Khaan 45, 144
Kotasaurus 187
Kritosaurus 261
K/T 境界 357
K/T 絶滅 357

● L
Lagerpeton 64
Lagosuchus 64
Lambeosaurinae 260
Lambeosaurus 263
Leaellynasaura 45, 246, 352
Leaellynasaura amicagraphica 249
Leedsichthys 338
Leptoceratops 280
Leptoceratopsidae 280
Lesothosaurus 70, 215, 221, 243
Lessemsaurus 179
Lewisuchus 65
Lexovisaurus 231
Liaoceratops 280
Liaoningosaurus 238
Ligabueino 87
Liliensternus 81
Limaysaurus 105, 199
Longisquama 330
Losillasaurus 195
Lourinhanosaurus 100
Lurdusaurus 257

● M
Macronaria 203
Magyarosaurus 203
Maiasaura 45, 261, 296
Majungasaurus 11, 84, 87
Mamenchisaurus 187
Mapusaurus 104
Marasuchus 64
Marginocephalia 277
Marshosaurus 45
Masiakasaurus 82, 87
Massospondylus 3, 180, 307
Megalancosaurus 330
Megalosaurus 7, 78, 89, 176, 355, 357
Megapnosaurus 81, 223
Megaraptor 96, 353
Megatherium 364
Mei 160
Melanorosaurus 180
Microraptor 37, 49, 114, 153, 296
Microvenator 143
Minmi 45, 235
Mirischia 111
Monoclonius 288
Monolophosaurus 185
Mononykus 136
Montanoceratops 280
Mussaurus 179
Muttaburrasaurus 252, 352
Mymoorapelta 238, 340

● N
Nanotyrannus 126
Nanyangosaurus 260
Nemegtomaia 145
Nemegtosaurus 351
Neoceratopsia 279, 285
Neovenator 101, 122
Neuquenraptor 155
Neuquensaurus 105
Nigersaurus 199
Noasauridae 82
Noasaurus 82, 87
Nodocephalosaurus 237
Nodosauridae 236
Nodosaurus 236
Nomingia 143
Notohypsilophodon 246

Nqwebasaurus 111
● O
Ohmdenosaurus 187
Olorotitan 263
Omeisaurus 185
Ornithischia 69
Ornithischians 213
Ornithocheirus 348
Ornitholestes 109, 340
Ornithomimosauria 131
Ornithomimus 137, 139, 132
Ornithopoda 69, 243
Orodromeus 245, 251, 300
osteoderms 221
Othnielia 246, 340
Ouranosaurus 198, 257
Oviraptor 141, 142, 294
Oviraptorosauria 141
● P
Pachycephalosauria 269, 277
Pachycephalosaurus 269
Pachyrhinosaurus 3, 287, 322
Panoplosaurus 236
Paralititan 104, 209, 352
Paranthodon 232
Parasaurolophus 262, 307
Parksosaurus 246
Parvicursor 137
Patagonykus 137
Patagopteryx 169
Patagosaurus 187
Pedopenna 154
Pelecanimimus 131, 139, 355
Pentaceratops 285, 304
Piatnitzkysaurus 92
Pinacosaurus 237, 239, 283
Pisanosaurus 215, 331, 354
Placodus 328
Plateosaurus 47, 176
Poekilopleuron 92
Polacanthidae 239
Polacanthus 238
Poposaurus 331
Prenocephale 269
Probactrosaurus 257, 260
Proceratosaurus 110
Procompsognathus 70, 295
Prosaurolophus 261

Protarchaeopteryx 37, 143
Protoceratops 159, 281, 283, 291, 294, 353
Protoceratopsia 279
Protoceratopsidae 280
Protohadros 260
Pseudolagosuchus 65
Psittacosauridae 279
Psittacosaurus 20, 38, 121, 277, 295, 347
Pterodactylus 319, 336
● Q
Qantassaurus 246
Qinlingosaurus 45
Quetzalcoatlus 348
● R
Rahonavis 155
Rapetosaurus 210
Rayososaurus 199
Rebbachisaurus 199
Regnosaurus 232
Repenomamus 347
Rhabdodontidae 252
Rhamphorhynchus 336
Rinchenia 144
Riojasaurus 70, 179
● S
Saichania 237
Saltasauridae 210
Saltasaurus 208, 293
Sapeornis 172
Sarcosuchus 348
Saturnalia 175
Saurischia 70
Saurolophus 262, 351
Sauropelta 236, 159
Saurophaganax 101, 126, 340
Sauropoda 69, 175, 183
Sauropodomorpha 175, 183
Sauroposeidon 21, 102, 189, 195, 207, 352
Saurornithoides 160
Saurornitholestes 157
Scelidosaurus 223, 229, 235, 355
Scipionyx 111, 355
Scutellosaurus 221
Secernosaurus 261
Segisaurus 80

Seismosaurus 195
Sellosaurus 180
Shamosaurus 237
Shantungosaurus 262, 351
Sharovipteryx 330
Shenzhouraptor 168
Shenzhousaurus 133
Shuangmiaosaurus 257
Shunosaurus 187, 189
Shuvuuia 131
Siamotyrannus 100
Silesaurus 65, 215
Silvisaurus 236
Simosuchus 232, 348
Sinornithoides 160
Sinornithomimus 139
Sinornithosaurus 37, 114, 153
Sinosauropteryx 20, 37, 111, 118, 295
Sinovenator 160
Sinusonasus 159, 304
Smilodon 364
Smilosuchus 331
species 42
Sphaerotholus 269
Spinosauroidea 89
Spinosaurus 89, 198, 243, 257, 352
Spinostropheus 82
Staurikosaurus 71
Stegoceras 269
Stegosauria 69, 229
Stegosaurus 9, 47, 227, 243, 246, 313, 340
Stenonychosaurus 161
Stenopelix 272
Stokesosaurus 121, 340
Struthiomimus 3, 131, 132, 139
Struthiosaurus 236
Stygimoloch 269, 275
Styracosaurus 277, 287
Suchomimus 94
Supersaurus 195, 340
Suuwassea 195, 340
Syntarsus 87, 223
● T
Talarurus 237
Talenkauen 251
Tanycolagreus 110, 340

Tanystropheus 329
Tarbosaurus 124, 241
Tarchia 237
Telmatosaurus 261
Tenontosaurus 159, 241, 252
Teratosaurus 176
Tetanurae 89
thagomizer 230
Thecocoelurus 143
Thecodontosaurus 175, 295
Therizinosauroidea 141
Therizinosaurus 145
Theropoda 69, 77
Thescelosaurus 245, 247, 251, 317
Thyreophora 69, 221
Tornieria 197
Torosaurus 285
Torvosaurus 81, 92, 110, 126, 240, 340
Triceratops 3, 9, 45, 49, 275, 277, 285, 291, 305
Troodon 159, 245, 271, 296, 320
Tsagantegia 237
Tsintaosaurus 263
Tuojiangosaurus 3, 231
Tyrannosauridae 117
Tyrannosauroidea 117
Tyrannosaurus 2, 11, 22, 54, 128, 129, 237, 243, 298, 305, 308, 320, 354, 357
Tyrannosaurus rex 300
Tyrannotitan 104

● **U**
Udanoceratops 353
Ultrasaurus 206
Unaysaurus 179
Unenlagia 155
Unquillosaurus 155
Utahraptor 157, 210, 238

● **V**
Valdosaurus 251
Velociraptor 2, 10, 38, 281, 283, 317, 319, 343, 353
Vulcanodon 187, 189

● **W**
WAIR 149, 153
Wannanosaurus 269
Willo 245
wishbone 79
Wuerhosaurus 232

● **X**
Xiaosaurus 45, 215, 246, 273
Xiphactinus 349

● **Y**
Yandusaurus 221, 246, 273
Yangchuanosaurus 100, 231
Yimenosaurus 180
Yinlong 273

● **Z**
Zalmoxes 252
Zephyrosaurus 246
Zizhongosaurus 45
Zuniceratops 277, 285
Zupaysaurus 81

監訳者略歴

小畠 郁生（おばた いくお）

1929年　福岡県に生まれる
1956年　九州大学大学院（理学研究科）博士課程中退
　　　　国立科学博物館地学研究部長
　　　　大阪学院大学国際学部教授を経て
現　在　国立科学博物館名誉館員・理学博士
著　書　『恐竜学』（編著；東京大学出版会）
　　　　『恐竜大百科事典』（監訳；朝倉書店）
　　　　『恐竜イラスト百科事典』（監訳；朝倉書店）
　　　　『骨から見る生物の進化』（監訳；河出書房新社）
　　　　『生物の驚異的な形』（監訳；河出書房新社）
　　　　「白亜紀アンモナイトにみる進化パターン」
　　　　　（『講座進化2』所収；東京大学出版会）
　　　　『白亜紀の自然史』（東京大学出版会）
　　　　　ほか多数

ホルツ博士の最新恐竜事典　　　　定価はカバーに表示

2010年2月25日　初版第1刷
2011年9月30日　　　第2刷

　　　　　　　　監訳者　小　畠　郁　生
　　　　　　　　発行者　朝　倉　邦　造
　　　　　　　　発行所　株式会社 朝倉書店
　　　　　　　　　　　　東京都新宿区新小川町6-29
　　　　　　　　　　　　郵便番号　162-8707
　　　　　　　　　　　　電　話　03（3260）0141
　　　　　　　　　　　　FAX　03（3260）0180
　　　　　　　　　　　　http://www.asakura.co.jp

〈検印省略〉

© 2010〈無断複写・転載を禁ず〉　　壮光舎印刷・牧製本

ISBN 978-4-254-16263-9　C 3544　　　Printed in Japan

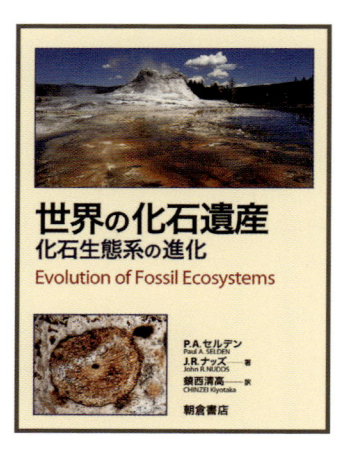

世界の化石遺産 化石生態系の進化

ポール・セルデン ジョン・ナッズ 著
鎮西清高 訳

A4変型判 160頁 本体4900円
ISBN 978-4-254-16261-5 C3044

化石産地を時代順にたどって生態系と進化を復元．〔内容〕エディアカラ／バージェス頁岩／フンスリュックスレート／ライニーチャート／メゾンクリーク／ホルツマーデン頁岩／モリソン層／ゾルンホーフェン石灰岩／サンタナ層とクラト層／グルーベ・メッセル／バルトのコハク／ランチョ・ラ・ブレア／博物館と産地訪問ほか

恐竜野外博物館

ヘンリー・ジー 著 ルイス・レイ 画
小畠郁生 監訳 池田比佐子 訳

A4変型判 144頁 本体3800円
ISBN 978-4-254-16252-3 C3044

現生の動物のように生き生きとした形で復元された，ヴァーチャル観察ガイドブック．ルイス・レイのすばらしいイラストが楽しめる．〔内容〕三畳紀（コエロフィシスほか）／ジュラ紀（マメンチサウルスほか）／白亜紀前・中期（ミクロラプトルほか）／白亜紀後期（トリケラトプス，ヴェロキラプトルほか）

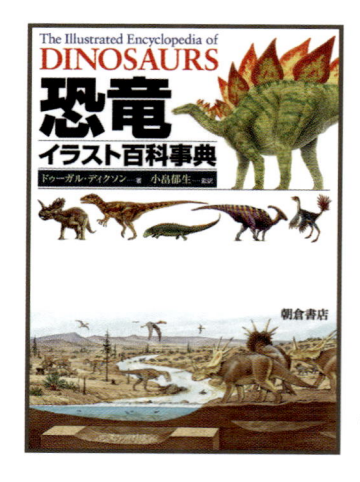

恐竜イラスト百科事典

ドゥーガル・ディクソン 著
小畠郁生 監訳 池田比佐子 舟木嘉浩 舟木秋子 加藤珪 訳

A4判 260頁 本体9500円
ISBN 978-4-254-16260-8 C3544

子どもから大人まで楽しめる最新恐竜図鑑．フクイラプトルなど世界各地から発見された中生代の生物355種を掲載．〔内容〕恐竜の時代（地質年代，系統と分類，生息地，絶滅，化石発掘）／世界の恐竜（コエロフィシス，プラテオサウルス，ウタツサウルス，ディロフォサウルス，メガロサウルス，ステゴサウルス，リオプレウロドン，ラムフォリンクス，ディロング，リアレナサウラ，ギガノトサウルス，パラサウロロフス，パラリティタン，トリケラトプス，アンキロサウルスほか）

（定価は2011年8月現在）